ISBN 978-0-331-41219-2
PIBN 10688308

BLIOTHÈQUE DE L'ÉCOLE DES HAUTES ÉTUDES,
PUBLIÉE SOUS LES AUSPICES DU MINISTÈRE DE L'INSTRUCTION PUBLIQUE.

BULLETIN

DES

IENCES MATHÉMATIQUES

RÉDIGÉ PAR MM. G. DARBOUX, J. HOÜEL ET J. TANNERY,

AVEC LA COLLABORATION DE

· CH. ANDRÉ, BATTAGLINI, BELTRAMI, BOUGAIEFF. BROCARD, BRUNEL,
, A. HARNACK, CH. HENRY, G. KOENIGS, LAISANT, LAMPE, LESPIAULT, S. L
NSION, A. MARRE, MOLK, POTOCKI, RADAU, RAYET, RAFFY, S. RINDI,
SAUVAGE, SCHOUTE, P. TANNERY, EM. ET ED. WEYR, ZEUTHEN, ETC.

SOUS LA DIRECTION DE LA COMMISSION DES HAUTES ÉTUDES.

DEUXIÈME SÉRIE.

TOME X. — JANVIER 1886.

(TOME XXI DE LA COLLECTION.)

PARIS,

GAUTHIER-VILLARS, IMPRIMEUR-LIBRAIRE
BUREAU DES LONGITUDES, DE L'ÉCOLE POLYTECHNIQUE,
SUCCESSEUR DE MALLET-BACHELIER,
Quai des Augustins, 55.

1886

Ce Journal paraît chaque mois.

LIBRAIRIE DE GAUTHIER-VILLARS,
QUAI DES GRANDS-AUGUSTINS, 55, A PARIS.

COURS D'ANALYSE

DE

L'ÉCOLE POLYTECHNIQUE

PAR

M. CAMILLE JORDAN,

Membre de l'Institut, Professeur à l'École Polytechnique.

3 VOLUMES IN-8, AVEC FIGURES DANS LE TEXTE, SE VENDANT SÉPARÉMENT :

Tome I. — CALCUL DIFFÉRENTIEL; 1882 .... 11 fr.
Tome II. — CALCUL INTÉGRAL (*Intégrales définies et indéfinies*); 1883. 12 fr.
Tome III. — CALCUL INTÉGRAL (*Équations différentielles. — Calcul des variations. — Développements divers. — Problèmes*)... (*Sous presse.*)

Extrait de la Préface.

Cet Ouvrage est, dans son ensemble, la reproduction des leçons que nous professons depuis quelques années à l'École Polytechnique. Nous y avons seulement ajouté, sur certains points, quelques développements nouveaux, mais sans altérer le caractère général de ce Cours. Il forme trois volumes, consacrés, le premier, au Calcul différentiel; le second, à la Théorie des intégrales; le troisième à l'Intégration des équations différentielles et aux éléments du Calcul des variations. Nous avons apporté un soin particulier à l'établissement des théorèmes fondamentaux. Il n'en est aucun dont la démonstration ne soit subordonnée à certaines restrictions. Nous nous sommes efforcé d'apporter dans cette discussion, parfois délicate, toute la précision et la rigueur compatibles avec un enseignement élémentaire. Nous aurons, d'ailleurs, à revenir, dans le supplément, sur quelques-unes de ces démonstrations.

On trouvera en outre, dans ce Livre, d'assez nombreuses applications. choisies, autant que possible, parmi celles qui se rattachent à quelque théorie générale d'Analyse, de Géométrie, de Mécanique ou de Physique mathématique, de préférence à celles qui ne sont que de simples exemples de calcul.

Extrait de la Table des matières.

INTRODUCTION. — *Première Partie : Calcul différentiel.* — CHAP. I. Dérivées et différentielles : 1. Définitions. 2. Dérivée et différentielle d'une fonction d'une seule variable. 3. Dérivées partielles; Différentielle totale. 4. Dérivées et

BULLETIN

DES

SCIENCES MATHÉMATIQUES.

COMMISSION DES HAUTES ÉTUDES.

AVIS.

Toutes les communications doivent être adressées à M. *Darboux*, Membre de l'Institut, rue Gay-Lussac, 36, Paris.

11860 Paris. — Imprimerie de GAUTHIER-VILLARS, quai des Augustins, 55

BIBLIOTHÈQUE DE L'ÉCOLE DES HAUTES ÉTUDES,
PUBLIÉE SOUS LES AUSPICES DU MINISTÈRE DE L'INSTRUCTION PUBLIQUE.

BULLETIN

DES

CIENCES MATHÉMATIQUES,

RÉDIGÉ PAR MM. G. DARBOUX, J. HOÜEL ET J. TANNERY,

AVEC LA COLLABORATION DE

MM. CH. ANDRÉ, BATTAGLINI, BELTRAMI, BOUGAIEF, BROCARD, BRUNEL, OURSAT, A. HARNACK, CH. HENRY, G. KOENIGS, LAISANT, LAMPE, LESPIAULT, S. LIE, MANSION, A. MARRE, MOLK, POTOCKI, RADAU, RAYET, RAFFY, S. RINDI, SAUVAGE, SCHOUTE, P. TANNERY, EM. ET ED. WEYR, ZEUTHEN, ETC.,

SOUS LA DIRECTION DE LA COMMISSION DES HAUTES ÉTUDES.

DEUXIÈME SÉRIE.

TOME X. — ANNÉE 1886.

(TOME XXI DE LA COLLECTION.)

PREMIÈRE PARTIE.

PARIS,

GAUTHIER-VILLARS, IMPRIMEUR-LIBRAIRE
DU BUREAU DES LONGITUDES, DE L'ÉCOLE POLYTECHNIQUE,
SUCCESSEUR DE MALLET-BACHELIER,
Quai des Augustins, 55.

1886

1886, March 2 - 1887, Jan. 8.

Haven fund.

BULLETIN

DES

SCIENCES MATHÉMATIQUES.

PREMIÈRE PARTIE.

COMPTES RENDUS ET ANALYSES.

DESPEYROUS, ancien professeur à la Faculté des Sciences de Toulouse. — COURS DE MÉCANIQUE, t. II, avec des Notes par M. *G. Darboux*, Membre de l'Institut, professeur à la Sorbonne; 1 vol. grand in-8°, 615 p. A. Hermann, Paris, 1885.

Nous avons déjà présenté aux lecteurs du *Bulletin* le premier Tome de cet Ouvrage; le second, qui le complète, contient la fin de la Dynamique du point matériel, la Dynamique des systèmes, l'Hydrostatique et l'Hydrodynamique, et enfin de nouvelles Notes importantes, tout à fait neuves, de M. G. Darboux.

Le Volume débute par la théorie de l'attraction et du potentiel. L'attraction des ellipsoïdes y est exposée d'après la méthode d'Ivory; peut-être quelques lecteurs regretteront-ils que les propriétés des ellipsoïdes de niveau et quelques théorèmes de M. Chasles n'aient pas trouvé place dans l'exposition si nette de l'éminent professeur. Après avoir démontré les propriétés générales du potentiel newtonien et du potentiel cylindrique, l'auteur nous donne un Chapitre intéressant sur le calcul du mouvement des planètes et des comètes; cette étude constitue une solide introduction au Cours d'Astronomie. Dans l'étude du mouvement sur une surface, qui vient ensuite, nous relevons une consciencieuse discussion du problème du pendule conique, où se trouve rapportée la démonstration du théorème de M. Puiseux, théorème qui intervient si utilement dans l'interprétation de l'expérience de Foucault.

La théorie des mouvements relatifs clôt la Dynamique du point matériel. Les applications de cette théorie offrent généralement certaines difficultés aux débutants; aussi seront-ils heureux de trouver sur ce sujet un guide attentif, qui ne dédaigne pas les détails, lorsque plus de précision et plus de clarté peuvent en résulter. Toutes les applications classiques sont traitées; le calcul de l'expérience de Foucault y occupe une place importante.

Dynamique des systèmes.

L'auteur ne se borne pas à énoncer et à démontrer les principes généraux : il a soin d'en montrer la portée immédiate sur les exemples les plus proches et les plus frappants; l'application qu'il en fait au système planétaire complète heureusement le Chapitre déjà cité, relatif au mouvement des planètes : à ce propos on trouvera établie la formule bien connue d'où Jacobi a déduit de si remarquables conséquences sur la stabilité de notre système solaire.

Pour si nombreux que soient les problèmes dits *classiques*, ils ne suffisent pas à rompre les élèves à la pratique des méthodes de la Dynamique. Aussi trouvons-nous un Chapitre entier consacré à la résolution de problèmes variés, choisis avec tact, et à leur discussion complète: ce sont d'excellents modèles.

La théorie des moments d'inertie sert de préambule géométrique à l'étude du mouvement d'un corps solide. L'auteur a introduit la notion du second ellipsoïde central et démontré le théorème de Binet, qui rattache les propriétés des axes d'inertie aux propriétés focales de cet ellipsoïde.

Après la rotation autour d'un axe fixe, qui comprend entre-autres applications la *notion dynamique* des axes d'inertie, nous arrivons à l'importante théorie du mouvement autour d'un point fixe.

M. Despeyrous affectionnait ce sujet, et en a fait l'objet de plusieurs Mémoires. Il a d'abord nettement séparé et détaillé dans cette étude les questions préalables de Cinématique qu'elle suscite : relations entre les rotations et les angles d'Euler, composantes de la vitesse d'un point du corps, expression de la force vive et des composantes de l'axe des moments de quantité de mouvement à l'aide des rotations et des constantes de l'ellipsoïde d'inertie. On se rappelle que les axes des rotations, ainsi que les diverses composantes dont il est ici question, sont dirigés suivant des axes mobiles entraînés par le corps. Le côté dynamique du problème se réduit à l'application du théorème des moments, qui exige encore la solution d'une question de Cinématique, l'évaluation des dérivées des moments; or on part de composantes dirigées suivant des axes mobiles, il faut donc dans l'évaluation des dérivées tenir compte du mouvement de ces axes : de là une difficulté qu'il s'agit d'aplanir aux élèves. On doit, il est vrai, à M. Resal une méthode parfaite d'élégance et de concision; mais elle exige, pour être bien comprise, que l'on soit familiarisé avec les opérations sur les segments. M. Despeyrous en préfère une autre, un peu plus longue, mais qui ne doit rien qu'à elle-même et rachète par la clarté ce qu'elle perd en concision. La théorie célèbre de Poinsot, augmentée de l'intégration des équations d'Euler par les fonctions elliptiques, et deux importantes études sur le gyroscope et la toupie couronnent cette exposition de la rotation autour d'un point fixe, qui constitue l'un des plus beaux Chapitres de l'Ouvrage.

Un Chapitre sur les forces instantanées et les percussions termine cette partie de la Dynamique.

Malgré le rôle dominateur du principe des vitesses virtuelles, les géomètres s'accordent généralement à reconnaître qu'il serait tout à fait déplacé de vouloir au moyen de ce principe introduire les débutants dans le domaine de la Mécanique; Lagrange lui-même ne paraît pas l'avoir voulu. Mais, placé à la fin du Cours, ce principe en résume heureusement les propositions fondamentales et leur donne encore plus de force et d'étendue. Déjà imbus de l'*esprit mécanique,* les élèves ne courent plus le risque de confondre cette science avec une formule d'Analyse, la chose avec son symbole. M. Despeyrous consacre donc les trois derniers Chapitres de la Dynamique au principe des vitesses virtuelles, puis au principe de d'Alembert, d'où il passe aisément aux équations de Lagrange et d'Hamilton, pour arriver enfin au grand théorème par lequel Jacobi identifie le problème de la Dynamique avec la théorie des équations aux dérivées partielles. Dans la démonstration du principe des vitesses virtuelles, l'auteur reproduit la méthode d'Ampère. Toute cette partie est accompagnée de très nombreuses applications, classiques ou non, sur lesquelles nous ne pouvons insister.

Le Cours se termine par l'Hydrostatique et l'Hydrodynamique. On y trouvera les principes fondamentaux de ces deux Sciences, avec les développements nécessaires concernant les fluides pesants et le régime permanent.

En terminant cette analyse du Cours lui-même, nous ne pouvons qu'attirer encore une fois l'attention sur les qualités spéciales qui en font un excellent livre d'enseignement. Ajoutons cependant que, soit par les matières, soit par les méthodes et les formes, ce second Volume nous paraît réellement supérieur au premier.

Notes de M. Darboux.

Plusieurs de ces Notes constituent de vrais Mémoires que de récentes Communications à l'Académie faisaient désirer et pressentir.

Dans la Note XIV ([1]), M. Darboux reprend par une méthode nouvelle la recherche, due à M. Bertrand, de la loi de force centrale pour laquelle les trajectoires sont des courbes fermées. La Note XV contient l'extension de la même recherche au cas du mouvement sur une surface de révolution. Mais ici le problème comporte la détermination de deux fonctions arbitraires, en sorte que le problème n'est possible que pour certaines formes de la courbe méridienne. Dans le cas général, la détermination de cette courbe dépend d'une intégrale hyperelliptique, mais des réductions peuvent se présenter : c'est ainsi que l'on trouve en particulier la sphère, et des surfaces applicables sur la sphère. Un cas spécial est celui de la recherche des surfaces de révolution dont les géodésiques sont fermées; leur détermination se ramène à une quadrature. On trouve que le problème n'est possible que si la surface possède un parallèle maximum; si le plan de ce parallèle est en même temps un plan de symétrie de la surface, celle-ci est une sphère, ou bien une surface de révolution applicable sur la sphère,

---

([1]) On a continué le numérotage des Notes du premier Volume, qui en contient treize.

de telle manière que le rapport des rayons des parallèles correspondants soit constant et commensurable.

La Note XVI est consacrée à une extension du théorème d'Ivory sur l'attraction des ellipsoïdes. Si l'on sait trouver l'attraction d'un ellipsoïde homogène quelconque avec une loi d'attraction exprimée par la formule $\psi(r)$, on saura aussi trouver celle qui se rapporte à la loi d'attraction $\psi(\sqrt{r^2+k^2})\dfrac{r}{\sqrt{r^2+k^2}}$, où k est une arbitraire. Par exemple, en partant de la loi de Newton $\frac{1}{r^2}$, on trouve

$$\frac{r}{(r^2+k^2)^{\frac{3}{2}}};$$

en développant alors soit suivant les puissances de r, soit suivant celles de k, on arrive à ce résultat, que l'on peut déterminer l'attraction chaque fois que la loi est de la forme r^n, où n est un entier pair négatif ou impair positif.

Les Notes qui suivent apportent à la théorie de Poinsot sur la rotation des corps de nombreux et profonds compléments.

Note XVII. — La forme sous laquelle l'auteur nous présente les équations du mouvement du pôle sur l'herpolhodie le conduit d'abord naturellement à une extension très générale du problème, dans laquelle l'ellipsoïde d'inertie peut être remplacé par une surface à centre du second degré quelconque; la forme générale des équations et les propriétés du mouvement se trouvent conservées, *du moins en partie*. Nous ajoutons cette restriction, qui ne vise que des distinctions allant du réel à l'imaginaire ou bien l'ordre de grandeur relative de certaines quantités. C'est ainsi, par exemple, que l'herpolhodie, conçue dans ce sens général, peut avoir ou n'avoir pas de points d'inflexion : suivant une remarque de M. de Sparre et contrairement à l'opinion de Poinsot, on sait que l'herpolhodie relative à un ellipsoïde d'inertie en est toujours privée : M. Darboux démontre cette importante proposition.

On doit à Poinsot une seconde représentation du mouvement; elle consiste à faire rouler un cône C', lié au corps, sur un plan P', qui tourne lui-même uniformément autour de la droite qui le perce normalement au sommet fixe du cône. M. Darboux nous montre ce fait intéressant, qu'en associant les deux représentations de

Poinsot, on peut réaliser une *représentation du temps :* ainsi se trouve comblée une lacune dont on avait fait un grief à la belle méthode de Poinsot. Mais, et c'est ici qu'éclate l'utilité de l'extension imaginée par M. Darboux, les deux modes de représentation de Poinsot ne sont que des cas particuliers d'un mode beaucoup plus général qui a été déjà signalé par M. Sylvester. M. Darboux part du théorème suivant : *Étant donnée une polhodie* (P), *tracée sur un ellipsoïde ou sur toute autre surface à centre du second degré* (E), *si l'on porte des longueurs égales sur les normales à la surface ayant leur pied sur la polhodie, le lieu des extrémités de ces longueurs est une nouvelle polhodie* (P_1) *tracée sur une surface* (E_1) *homofocale à une homothétique de* (E). *De plus, les normales à la surface* (E) *aux différents points de* (P) *sont aussi normales à la surface* (E_1) *aux différents points de* (P_1).

Il se trouve, d'après ce théorème, que le mouvement peut être représenté en *faisant rouler l'une quelconque des surfaces* (E_1) *sur un plan* (P_1) *tournant lui-même uniformément* autour de l'axe fixe des moments de quantité de mouvement, auquel il est d'ailleurs perpendiculaire. En particulier, on trouve que parmi les surfaces (E_1) il en est trois qui se réduisent à des coniques (deux ellipses et une hyperbole) ; l'une de ces surfaces est un cône ayant son sommet au point fixe, et l'on retrouve ainsi le second mode de représentation de Poinsot. L'auteur termine cette Note par quelques remarques sur le mouvement oscillatoire moyen dont la notion est due à Jacobi.

La Note XVIII étudie les mouvements de Poinsot qui admettent une même polhodie. Après avoir ouvert quelques aperçus sur un mode général de correspondance entre les mouvements de Poinsot, M. Darboux étudie un mode spécial dans lequel les rotations sont à chaque instant égales et contraires, et où la polhodie est la même. L'intersection (P) de deux quadriques à centres dont les axes coïncident est toujours une polhodie sur deux quadriques concentriques. Pour distinguer le cas de réalité et d'imaginarité de ces deux quadriques, on remarque que la courbe (P) est toujours orthogonale à une série simplement infinie de quadriques homofocales de même espèce ; le cas de réalité correspond au cas où ces quadriques sont des hyperboloïdes à une nappe. Alors, par tout point M de (P) il passe un hyperboloïde du système et les deux génératrices qui se croisent en M sont précisément les deux normales en M aux deux surfaces sur lesquelles la courbe (P) est une polhodie. Nous ne pouvons pénétrer dans le détail des conséquences curieuses que M. Darboux sait tirer de cette remarque, et des liens inattendus qu'il établit entre la théorie de Poinsot et la déformation d'un hyperboloïde en des hyperboloïdes homofocaux. La théorie présentée dans la Note précédente s'y retrouve, augmentée de circonstances géométriques qui en rehaussent l'intérêt. Signalons ce théorème : *Si l'on déforme un hyperboloïde en laissant fixe une génératrice, tous les points de la génératrice parallèle décrivent des plans.* Nous retrouvons plus loin cette proposition.

Note XIX. — Dans la Note précédente, l'auteur a envisagé en passant le mouvement relatif de deux corps fixés par un même point et animés chacun d'un mouvement absolu répondant à une seule et même polhodie. Ce mouvement relatif s'obtient en faisant rouler l'un sur l'autre les deux cônes qui ont respectivement pour base les deux herpolhodies, avec une vitesse de rotation double de celle qui est commune (au sens près) aux deux mouvements absolus.

Dans la présente Note, on démontre que ce mouvement est le plus général que puisse posséder un corps pesant de révolution suspendu par un point de son axe, lorsque, dans le point de suspension, l'ellipsoïde d'inertie se réduit à une sphère. Mais, lorsque cette dernière circonstance fait défaut, il existe un mouvement intermédiaire où elle a lieu, et qui est lié de la façon la plus simple au mouvement donné. M. Darboux met en évidence le lien étroit qui unit ce résultat à une belle proposition due à Jacobi. L'auteur remarque encore que, dans le cas général, le mouvement peut être représenté par le roulement sur une sphère d'un cône ayant pour base une herpolhodie. Tandis que l'extrémité de la rotation décrit dans le corps une herpolhodie, elle décrit dans l'espace une courbe sphérique qui se réduit à une herpolhodie lorsque la sphère se réduit à un plan. Citons à ce sujet le beau théorème suivant qui complète les résultats de la dernière Note :

Si trois points d'une droite invariable sont assujettis à décrire des sphères dont les centres sont en ligne droite, tous les autres points de la droite décrivent des sphères; et, sauf le cas *exceptionnel où la droite fait avec la ligne des centres un angle constant, il y a toujours un point* M *de la droite qui décrit un plan. Déplacez alors le point* M, *dans le plan qu'il décrit, perpendiculairement à la projection de la droite sur ce plan, la courbe que décrit le point* M *est une herpolhodie;* quant aux courbes décrites par les autres points de la droite sur leurs sphères respectives, ce sont précisément ces courbes sphériques définies plus haut. Ajoutons que dans ce déplacement la droite mobile reste normale à la trajectoire de l'un quelconque de ses points.

Il résulte de cette proposition un procédé pratique pour décrire un plan à l'aide de quatre tiges seulement : de là un petit appareil dont la construction a pu être réalisée.

Dans la XXe Note, M. Darboux fait remarquer que la méthode employée par Lagrange dans le problème précédent s'applique, avec quelques légères modifications, au cas où le solide de révolution, fixé par un point de son axe, est sollicité par des forces dont le potentiel dépend uniquement de l'angle que fait l'axe du corps avec une droite fixe.

Dans la XXIe Note on trouvera une étude très étendue sur les percussions et le choc des corps. L'auteur des Notes y reproduit ses recherches publiées au tome IV, 2e série, du *Bulletin;* aussi, malgré l'importance de cette Note, jugeons-nous inutile de l'analyser.

Enfin, dans la XXIIe et dernière Note, l'auteur expose les rapports de la théorie des moments d'inertie avec celle des surfaces homofocales. Le principe de la méthode consiste à attribuer un paramètre non seulement à chaque droite (moment d'inertie), mais encore à chaque point et à chaque plan de l'espace. Les plans de même paramètre enveloppent une quadrique, et, en faisant ensuite varier ce paramètre, on obtient un système de quadriques homofocales. Telle est l'origine du lien si remarquable découvert par Binet. Les mêmes considérations conduisent à l'étude des surfaces dont les normales sont tangentes à deux quadriques homofocales. La Note se termine par quelques indications sur le complexe des droites d'égal paramètre; ce complexe est quadratique, il a été l'objet des études de M. Painvin.

On voit assez, par ce qui précède, que le Livre que nous présentons aux lecteurs du *Bulletin* n'offrira pas seulement un intérêt pédagogique. Les élèves trouveront certainement dans le Cours de

M. Despeyrous tout le nécessaire, nous voulons dire tout ce qui doit faire le fond d'une connaissance sérieuse de la Mécanique; mais ils iront chercher dans les Notes de M. Darboux de ce superflu qui s'impose à tous, élèves et maîtres, et qui devient le nécessaire pour un esprit véritablement sensible à l'élévation et à l'élégance géométriques. G. K.

LÉONARD DE VINCI. — Le manuscrit A de la Bibliothèque de l'Institut, publié en fac-similés (procédé Arosa) avec transcription littérale, traduction française, préface et table méthodique par M. *Charles Ravaisson-Mollien.* Paris, A. Quantin, 1881, in-folio.

On sait que le célèbre auteur de la *Joconde* était pour son époque (1452-1519) un homme universel; si de son vivant il n'a publié aucun des nombreux Ouvrages qu'il méditait, il reste de lui d'importants manuscrits dont la collection la plus considérable (douze Volumes) se trouve à la Bibliothèque de l'Institut.

De ces manuscrits, on a, dès le XVIIe siècle (1651), tiré un *Traité de la Peinture* réédité depuis plusieurs fois et en dernier lieu par Manzi. Depuis cette époque divers érudits en ont publié différents extraits, dont la partie la plus importante forme un *Traité du mouvement et de la mesure de l'eau* (Bologne, 1828).

L'intérêt excité par ces publications justifie le projet d'édition intégrale formé par M. Ravaisson-Mollien et qu'il a commencé à mettre à exécution. La reproduction en fac-similés, jointe à la transcription et à la traduction, était d'ailleurs nécessitée par ce fait que d'une part il ne s'agit nullement d'une rédaction définitive, mais seulement de matériaux, et la plupart du temps de simples notes, confuses, sans ordre, souvent raturées, et parfois aussi peu compréhensibles que l'écriture en est peu lisible; d'autre part Léonard de Vinci écrivait à rebours, en sorte qu'on doit lire son texte dans un miroir.

Le manuscrit aujourd'hui publié a été marqué A par Venturi, lorsque la collection actuelle de l'Institut y parvint en 1796 de la Bibliothèque Ambrosienne de Milan, à la suite des conquêtes de Bonaparte en Italie; c'était le troisième de la collection léguée par

Arconati, en 1637, à l'Ambrosienne. Ce manuscrit contenait originairement cent quatorze feuillets; les cinquante derniers et de plus le feuillet 54 [1] ont disparu, très probablement volés par Libri.

L'exécution typographique du Volume fait autant d'honneur à la maison Quantin que l'on doit d'éloges à M. Ravaisson-Mollien pour la conscience scrupuleuse avec laquelle il s'est acquitté de sa tâche difficile. Si çà et là quelques mots restent douteux, on ne pouvait sans doute mieux lire qu'il ne l'a fait; quant à sa traduction, elle réunit la clarté (autant du moins qu'on peut la désirer) à la fidélité. Si sur quelques rares points on peut la discuter, ceux qui l'utiliseront auront en tout cas, dans la transcription comme dans les fac-similés, moyen de la contrôler et de la rectifier au besoin selon leurs vues personnelles.

Je n'ai pas, bien entendu, l'intention d'analyser par le menu le manuscrit publié, où l'on trouve touchés toutes sortes de sujets, mais surtout la Perspective, la Mécanique et l'Hydraulique; je me bornerai à signaler ce qui y concerne la Géométrie proprement dite :

Fol. 5 *verso.* — Construction de la racine du nombre n comme moyenne géométrique entre n et l'unité; c'est l'idée originale qui forme le point de départ de la *Géométrie* de Descartes. Principes de la quadrature d'un polygone quelconque.

Fol. 6 *recto.* — Mesure de la hauteur par l'ombre; attendre que l'ombre du bâton auxiliaire soit double de la hauteur de ce bâton (procédé primitif conservé par la tradition de l'antiquité).

Fol. 6 *verso.* — Applications du théorème sur le carré de l'hypoténuse et du principe de similitude. De même 7 *recto*, 18 *verso*.

Fol. 11 *recto.* — Une médiane divise un triangle en deux parties équivalentes. Application à la division d'un triangle rectangle en un nombre *pair,* indéfini, de triangles rectangles équivalents.

---

(1) C'est par erreur que dans la pagination en tête des fac-similés ce n° 54 a été imprimé au lieu de 55. Quelques fautes d'impression analogues font tache dans cette belle publication.

Fol. 11 *verso.* — Division de la circonférence du cercle en 3, 6, 8, 12, 24, 48 parties égales, en partant de la propriété fondamentale de l'hexagone régulier. Le côté de l'octogone se déduit comme sous-tendant la somme de trois arcs de $\frac{2\pi}{24}$ chacun (cf. 12 *recto*).

Procédé approximatif pour la division de la circonférence en n parties égales. Ce procédé, passablement grossier, revient à admettre $\operatorname{tang}\frac{\pi}{n} = \frac{3}{n-1}$.

Fol. 12 *recto.* — Construction de l'octogone régulier en partant du carré.

Fol. 12 *verso.* — Construction approximative du côté du pentagone et de l'heptagone régulier; elle revient à admettre

$$\sin\frac{\pi}{5} = \frac{1}{\sqrt{3}} \qquad \text{et} \qquad \sin\frac{\pi}{7} = \frac{\sqrt{3}}{4}.$$

Fol. 13 *recto.* — Le triangle formé en joignant les milieux d'un triangle donné est semblable à ce dernier et équivalent au quart. Autres propositions élémentaires.

Fol. 13 *verso.* — Construction approximative du côté du pentagone régulier, marquée comme fausse, après un essai de démonstration; elle revient, comme plus haut, à admettre $\sin\frac{\pi}{5} = \frac{1}{\sqrt{3}}$.

Fol. 14 *recto.* — Construction dans un triangle rectangle isoscèle d'une série indéfinie de carrés dont chacun est de côté moitié moindre que le précédent.

Rapport de surfaces entre cercles, établi d'après le rapport des surfaces entre les carrés où ils sont inscrits (cf. 13 *verso* en haut et 15 *recto*).

Fol. 14 *verso.* — Équivalence des triangles de même base et de même hauteur, etc.

Fol. 15 *recto.* — Cercles dans le rapport double ou quadruple, d'après les carrés circonscrits dans le même rapport.

Fol. 15 *verso.* — Problèmes avec une seule ouverture de compas. Bissection d'un arc. Centre du triangle équilatéral. Trisection d'un arc courbe.

Cette dernière figure n'est certainement pas construite avec une seule ouverture de compas. Vinci paraît avoir déterminé le centre de l'arc considéré comme circulaire, divisé la corde en trois parties égales et joint au centre les points de division; quant à la trisection de la corde, il l'obtient par un procédé particulier.

Soit une droite AB à diviser en trois parties égales; en A et B j'élève deux perpendiculaires AC, BD dans deux directions opposées; je prends sur ces perpendiculaires des longueurs égales, sur l'une AC, CE, sur l'autre BD, DF; je joins CF, DE, ces deux droites partagent AB en trois parties égales (cf. 17 *recto*).

Fol. 16 *recto.* — Suite des problèmes avec une seule ouverture de compas. Centre d'un arc de cercle donné. Perpendiculaire au milieu d'une droite (cf. 17 *recto*).

Fol. 16 *verso.* — Division d'une droite en deux, trois, six parties égales. Construction de l'hexagone régulier de côté donné (cf. 17 *recto*).

Fol. 17 *verso.* — Construction, sur un côté donné, du triangle équilatéral, du carré et du pentagone régulier (approximation : $\sin\frac{\pi}{5} = \frac{1}{\sqrt{3}}$ comme plus haut).

Fol. 18 *recto.* — Angles d'un quart, d'un sixième, d'un huitième de la circonférence ([1]).

Léonard de Vinci propose de classer les angles aigus en 12 degrés et les obtus de même.

C'est tout ce que l'on rencontre pour la Géométrie proprement dite.

Évidemment l'auteur de la *Joconde* n'est pas un géomètre; ses connaissances pratiques dans la Science sont assez étendues, comme le prouve suffisamment sa perspective; mais, comme théorie,

---

([1]) La traduction, lignes 4 et 5 est erronée; il faut lire : « *anb* est la moitié du carré; *ts* est le huitième du plus petit cercle. »

il est au contraire à un niveau très peu élevé : il ne sait pas mettre une démonstration sur ses pieds, il procède par intuition, parfois il fait ses constructions par de simples tâtonnements (17 *verso*), ou il se contente d'approximations plus ou moins grossières. Bref il n'a jamais étudié Euclide.

On ne peut non plus le considérer comme l'inventeur des quelques procédés de construction qu'il a notés dans son manuscrit. Comment les a-t-il appris, à quelles sources en général a-t-il puisé ses connaissances scientifiques? Ce sont là des questions d'autant plus difficiles à résoudre que Vinci paraît plus original, même dans ses erreurs les plus évidentes, et que, d'autre part, il a l'habitude de ne citer aucune autorité; on ne trouvera pas un seul nom propre dans tout le manuscrit A, et, s'il rapporte parfois des opinions étrangères pour les réfuter, il le fait en termes vagues et qui ne nous donnent aucune indication.

Cependant on peut affirmer que sa géométrie provient de sources arabes; elle offre notamment de singulières analogies avec le *Traité des constructions géométriques* d'Abou'l Wéfâ (manuscrit 169, ancien fonds persan, de la Bibliothèque Nationale) qui est connu par le sommaire qu'en a publié Woepcke dans le *Journal asiatique* de 1855, et par les extraits traduits par M. Léon Rodet dans le *Bullettino* Boncompagni de septembre 1883. Je remarque particulièrement dans ce Traité (Chap. II, 1 *bis*) la trisection de la droite par le même procédé que Léonard de Vinci, la même construction de l'octogone régulier, de nombreux problèmes avec une seule ouverture de compas (1) et une construction de l'heptagone régulier qui revient à celle de Léonard de Vinci (2). Si enfin le procédé de ce dernier pour le pentagone régulier ne se retrouve pas dans Abou'l Wéfâ, celui-ci n'en donne pas moins

(1) Quoique ces problèmes semblent avoir été connus des Grecs, ils ont particulièrement été cultivés par les Arabes, dont les compas imparfaits se prêtaient mal aux changements d'ouverture.

(2) Il est possible que cette construction remonte à Archimède, auquel les Arabes attribuent un Livre sur l'heptagone; l'approximation est assez singulière, car l'erreur n'atteint pas six minutes et demi pour l'angle au centre $\frac{2\pi}{7}$. Pour le pentagone, la construction de Léonard de Vinci est au contraire passablement grossière : l'erreur sur l'angle au centre $\frac{2\pi}{5}$ est d'environ un degré et demi.

pour cette figure des constructions approximatives, d'ailleurs plus satisfaisantes.

Ces rapprochements me paraissent suffisants pour justifier l'opinion que j'ai émise; il est clair au reste que la façon dont ces constructions sont venues à la connaissance de Léonard de Vinci reste complètement incertaine, et qu'il ne faut nullement voir là une preuve qu'il ait fait un long voyage en Orient et qu'il s'y soit même fait mahométan, comme un érudit allemand l'a supposé sur des indices passablement vagues et en contradiction avec tout ce que l'on sait de la vie du célèbre peintre.

Si l'instruction théorique de Vinci avait été plus complète, peut-être son originalité en aurait-elle souffert, mais il aurait sans doute évité nombre de faux pas.

Pour permettre de le juger à cet égard, je me contenterai de signaler les folios 20 (*verso*), 21 (*recto*). Il croit possible de déterminer la distance du Soleil ou d'une planète au moyen d'une base prise entre deux signaux visibles l'un de l'autre (1), et pour mesurer le rayon de la Terre, il propose le moyen suivant :

Mesurer les distances entre deux fils à plomb au sommet d'une tour de cent brasses et à son pied; conclure le rayon de la Terre d'après la théorie des triangles semblables.

En somme, il ne semble guère que la publication des manuscrits de Léonard de Vinci promette pour la Géométrie autre chose qu'un petit nombre de renseignements historiques d'intérêt assez mince; mais une pareille constatation ne peut évidemment jeter aucune défaveur sur l'œuvre entreprise par M. Ravaisson-Mollien, et, à l'occasion des volumes suivants, j'essayerai de montrer qu'en ce qui concerne telle ou telle branche des Mathématiques appliquées, l'importance des écrits de Léonard de Vinci ne peut être niée.

PAUL TANNERY.

---

(1) Il suppose d'ailleurs qu'on opère dans deux cabanes fermées, avec des trous qui laissent passer un rayon solaire; l'observation doit se faire quand, dans l'une des cabanes, le rayon suit une perpendiculaire (le traducteur dit à tort une verticale) à la droite qui joint les deux signaux; à ce moment, indiqué par un feu, le second observateur mesure l'écart de l'image solaire par rapport à la perpendiculaire de la cabane où il se trouve. La distance se calcule immédiatement par proportion.

DOMSCH (P.). — Ueber die Darstellung der Flächen vierter Ordnung mit Doppelkegelschnitt durch hyperelliptische Functionen. Inaugural-Dissertation, 66 p. in-8°. Greifswald, 1885.

Les surfaces du quatrième degré à conique double pouvant être transformées homographiquement en cyclides, il suffit, pour savoir exprimer les coordonnées des points d'une surface du quatrième degré à conique double, au moyen des fonctions hyperelliptiques, de savoir résoudre ce problème pour les cyclides; c'est uniquement de ces dernières surfaces que s'occupe M. Domsch.

Son travail comprend deux parties bien distinctes :

La première a pour point de départ les recherches de M. Darboux [*Recherches sur les surfaces orthogonales* (*Annales de l'École Normale,* t. II, 1865); *Sur une classe remarquable de surfaces algébriques*].

L'auteur rappelle comment, étant donnée une sphère, en faisant correspondre à chaque point les deux points centres des sphères de rayon nul qui passent par le cercle d'intersection de la sphère et du plan polaire du point considéré, on peut transformer une surface du second degré en une cyclide. Si l'on considère un faisceau de surfaces du second degré inscrites dans une même surface développable du quatrième degré dont fasse partie la sphère fondamentale, et qu'on applique à ces surfaces la transformation précédente, on obtient un faisceau de cyclides homofocales dont l'équation prend la forme normale

$$\frac{s_1^2}{a_1-\lambda}+\frac{s_2^2}{a_2-\lambda}+\frac{s_3^2}{a_3-\lambda}+\frac{s_4^2}{a_4-\lambda}=0,$$

en employant des coordonnées pentasphériques, définies par la sphère fondamentale et par les quatre sphères qui sont, dans la transformation précédemment définie, les images des quatre faces du tétraèdre conjugué par rapport à toutes les surfaces du second degré du faisceau considéré. En partant de là, M. Domsch fait une étude rapide des cyclides, au point de vue de leurs formes, de leurs lignes de courbure et de leurs lignes géodésiques. Puis, profitant d'une remarque due à M. Staude [*Geometrische Deutung des Additionstheorems der hyperelliptischen Integrale und*

Functionen 1. *Ordn. im System der confocalen Flächen* 2. *Grades* (*Math. Ann.*, t. XXII, p. 1)] concernant la congruence des tangentes communes à deux surfaces du second degré homofocales, il développe des résultats analogues à ceux de M. Staude pour la congruence des cercles bitangents à deux cyclides homofocales, congruence qui n'est autre chose que l'image de la première.

La deuxième Partie se rapporte aux relations entre les cyclides et la surface de Kummer.

M. Lie [*Ueber Complexe, insbesondere Linien-und Kugel-Complexe* (*Math. Annalen*, t. V, p. 145)] a indiqué une transformation de contact qui permet de changer une surface de Kummer en une cyclide et un faisceau de surfaces de Kummer tangentes le long d'une ligne asymptotique du huitième ordre en un faisceau de cyclides homofocales. On connaît, d'ailleurs, trois moyens pour exprimer les coordonnées d'un point de la surface de Kummer par des fonctions hyperelliptiques : on en aura donc trois aussi pour les cyclides. En particulier, le procédé qui consiste à prendre pour variables, relativement à la surface de Kummer, les paramètres des lignes asymptotiques, conduit à prendre pour variables, sur la cyclide correspondante, les paramètres des lignes de courbure.

Enfin, dans un Chapitre final, l'Auteur rapproche les deux parties de son travail et développe quelques relations intéressantes entre un faisceau de surfaces de Kummer et un faisceau de surfaces du second degré. J. T.

SCHWERING (K.). — THEORIE UND ANWENDUNG DER LINIEN-KOORDINATEN IN DER ANALYTISCHEN GEOMETRIE DER EBENE. Leipzig, Teubner, 1884, 96 p., 2 pl.

KRIMPHOFF (W). — BEITRAG ZUR ANALYTISCHEN BEHANDLUNG DER UMHÜLLUNGSCURVEN. Coesfeld, Otten, 16 p.

Dans le troisième Volume de la seconde série du *Bulletin*, il a été déjà donné un exposé d'un système nouveau de coordonnées trouvé par Schwering, professeur à Coesfeld (Westphalie) et appliqué par lui, avec succès, à la solution de plusieurs problèmes de la théorie des courbes. Il s'agit aujourd'hui d'un Mémoire où sont exposés systématiquement les avantages de ce nouveau mode de coordonnées-lignes. Dans la plupart des écrits, ces coordonnées ont simplement pour rôle de simplifier les calculs; elles se présentent ici comme notion fondamentale ayant absolument la même valeur que les coordonnées-points. Il ne pouvait d'ailleurs en être autrement, puisque, d'après la démonstration de Victor Schlegel, le système de Schwering est réciproque de celui de Descartes.

Supposons deux droites parallèles rencontrées en O et Q par une droite qui leur est perpendiculaire. Si une droite variable rencontre en A et B les deux parallèles, les segments OA et QB comptés dans le même sens sont les coordonnées de AB. Il est évident que, si l'on prend pour axes des u et des v deux tangentes parallèles aux extrémités d'un diamètre d'un cercle de rayon r, l'équation du cercle considéré comme enveloppe de ses tangentes est

$$(u+v)^2-(u-v)^2=4r^2, \qquad uv=r^2.$$

Il est étonnant de voir avec quelle simplicité se déduisent alors dans le cercle les propriétés polaires. En choisissant convenablement les axes du système, les équations de l'ellipse et de l'hyperbole peuvent être amenées à la même forme. Pour la parabole, on a

$$(u+v)(u-v)=e^2.$$

La forme élégante de ces équations nous rappelle ce que nous avons dit dans notre monographie [*Parabolische Logarithmen und parabolische Trigonometrie* (Leipzig, 1882)] relativement à la transformation de l'équation de la lemniscate dans le système orthogonal. Comme représentation au moyen d'un paramètre, on pouvait en effet recommander, s'il s'agit de coniques à centres, les équations $u=re^{\lambda}$, $v=re^{-\lambda}$, et, au contraire, pour la parabole, la substitution analogue $u=r\cos\text{hyp}\,\lambda$, $v=r\sin\text{hyp}\,\lambda$, puisque l'on a $\cos\text{hyp}\,\lambda\pm\sin\text{hyp}\,\lambda=e^{\pm\lambda}$.

L'équation d'un point est naturellement linéaire; l'auteur lui donne différentes formes et l'on voit rapidement que le principe des notations abrégées de Plücker est encore ici applicable. Si, par exemple, $L = 0$, $M = 0$ sont les équations de deux points sous leur forme normale, $L + M = 0$ est l'équation du milieu de la ligne qui les joint. L'auteur discute complètement l'équation générale du second degré; il montre comment se comporte le nouveau système dans l'étude des courbes algébriques et en Géométrie infinitésimale. Citons, par exemple, l'équation si simple de la hessienne (p. 63). Enfin, dans le dernier Chapitre de ce petit travail, si remarquable par la clarté et l'élégance, l'auteur passe à l'éxamen de quelques courbes supérieures, aux lignes focales et à la courbe de Cassini.

Le Mémoire de M. Krimphoff, collègue de Schwering, se rattache à ce Chapitre. L'auteur a reconnu que l'hypocycloïde à trois points de rebroussement, qui a fait l'objet des recherches si intéressantes de Steiner et de Cremona, peut être très simplement traité au moyen des nouvelles coordonnées-lignes, et que, d'ailleurs, la même conclusion s'applique aux enveloppes. L'auteur se propose et résout toute une série de questions remarquables sur des courbes de cette nature. Il emploie simultanément les coordonnées de Descartes et de Schwering, en sorte que ses calculs permettent de reconnaître d'une façon évidente l'analogie des deux systèmes que nous avons relevée plus haut. Remarquons encore que les *arguments* employés pour la première fois, croyons-nous, par Grunert et qui lui ont été si utiles dans la théorie analytique des coniques, trouvent ici à chaque instant leur application; il en est naturellement de même des fonctions hyperboliques. Nous n'avons, par exemple, qu'à renvoyer à la démonstration de ce théorème: *La somme des arguments correspondant aux quatre points d'intersection d'un cercle et d'une hyperbole est égale à zéro.*

Ce travail aura l'avantage de faire connaître et apprécier la belle méthode de Schwering. S. Günther.

REMARQUES SUR LES FORMES QUADRATIQUES DE DÉTERMINANT NÉGATIF;

PAR M. HERMITE.

Considérons les formes réduites qui représentent des classes non ambiguës; elles se groupent deux à deux en formes telles que

$$(A, B, C), \quad (A, -B, C),$$

qu'on nomme opposées, et, si l'on suppose le coefficient moyen positif, on a les conditions

$$2B < A, \qquad A < C.$$

Nous pouvons donc les obtenir toutes, en faisant parcourir aux nombres entiers, r, s, t, dans l'expression

$$(2s + r, s, 2s + r + t),$$

la suite indéfinie 1, 2, 3, ..., chacune d'elles n'étant donnée qu'une seule fois. Cela étant, considérons la série suivante :

$$S = 2\Sigma q^{(2s+r)(2s+r+t)-s^2},$$

où la sommation s'étend aux valeurs considérées de r, s, t; il est clair que, si on l'ordonne suivant les puissances croissantes de la variable, le coefficient de q^N sera précisément le nombre des formes réduites non ambiguës et, par conséquent, le nombre des classes de cette espèce dont le déterminant est $-N$. Observons maintenant que l'indéterminée t figurant au premier degré dans l'exposant, la sommation relative aux valeurs $t = 1, 2, 3, \ldots$ peut s'effectuer, ce qui donne

$$S = 2\sum \frac{q^{(2s+r)^2+2s+r-s^2}}{1-q^{2s+r}}$$

ou bien, en posant $2s + r = n$,

$$S = 2\sum \frac{q^{n^2+n-s^2}}{1-q^n}.$$

Dans cette expression de notre série, n n'est pas inférieur à trois, puisque r et s sont au moins égaux à l'unité, et représente tous les entiers à partir de cette limite. J'ajoute que, d'après la condition $2s + r = n$, le nombre variable s parcourt la série finie

$$s = 1, 2, 3, \ldots, \nu,$$

où ν désigne le plus grand entier contenu dans $\frac{n-1}{2}$. Ce point établi, j'ai à considérer les classes ambiguës qui demandent une attention particulière, en me plaçant à un point de vue un peu différent de celui de Gauss, à l'article 257 des *Disquisitiones arithmeticæ : De multitudine classium ancipitum*. Les formes réduites sont alors

1°	$(A, 0, C)$,	$A \leqq C$,
2°	$(2B, B, C)$,	$2B \leqq C$,
3°	$(A, 2B, A)$,	$2B < A$,

et, pour un déterminant donné $-N$, on les obtient successivement comme il suit.

Décomposons N en deux facteurs et soit

$$N = nn',$$

nous ferons, dans le premier cas, $A = n$, $C = n'$, en supposant $n \leqq n'$. Soit donc

$$n' = n + i \qquad (i = 0, 1, 2, \ldots);$$

leur nombre sera le coefficient de q^N dans la série

$$S_1 = \Sigma q^{n(n+i)},$$

ou bien, si l'on fait la sommation par rapport à i,

$$S_1 = \sum \frac{q^{n^2}}{1-q^n} \qquad (n = 1, 2, 3, \ldots).$$

Le deuxième cas nous conduit à l'égalité

$$2BC - B^2 = nn';$$

d'où

$$B = n, \qquad 2C - B = n' \qquad \text{et} \qquad C = \frac{n'+n}{2}.$$

Il faut donc supposer $n' \equiv n \pmod 2$, afin que C soit entier, et la condition $2B \leqq C$ nous donne ensuite

$$n' \geqq 3n.$$

Dans le troisième enfin, ayant

$$A^2 - B^2 = nn'.$$

nous ferons

$$A - B = n, \qquad A + B = n',$$

d'où

$$A = \frac{n' + n}{2}, \qquad B = \frac{n' - n}{2}.$$

On doit prendre par conséquent $n' \equiv n \pmod 2$, $n < n'$, le signe $<$ excluant l'égalité, et la condition $2B < A$ devient

$$n' < 3n.$$

De là résulte que le second et le troisième cas ont en commun les conditions $n \equiv n' \pmod 2$, $n' > n$, mais dans l'un il faut supposer $n' \geqq 3n$ et dans l'autre $n' < 3n$. Le nombre des formes réduites qui appartiennent aux deux cas est donc le nombre total des solutions de l'égalité

$$N = nn',$$

sous les conditions $n < n'$, $n \equiv n' \pmod 2$.

Soit

$$n' = n + 2i \qquad (i = 1, 2, 3, \ldots);$$

cette quantité sera par conséquent le coefficient de q^N dans la série

$$S_2 = \Sigma q^{n(n+2i)},$$

qui se met immédiatement sous la forme

$$S_2 = \sum \frac{q^{n^2+2n}}{1 - q^{2n}} \qquad (n = 1, 2, 3, \ldots).$$

Les trois suites auxquelles nous venons de parvenir conduisent ainsi à une fonction explicite de la variable q, représentée par la somme

$$S + S_1 + S_2,$$

dont le développement suivant la puissance de q donne le nombre des classes de formes quadratiques de déterminant $-N$ comme coefficient de q^N (¹).

(¹) Un résultat analogue vient de m'être communiqué par M. Kronecker, sous la forme suivante :

$$6\Sigma G(n) q^n = \sum \frac{1 + q^{n+n'}}{1 - q^{n+n'}} q^{nn'} + 2 \sum \frac{q^n}{1 - q^n}.$$
$$n = 1, 2, 3, \ldots, \qquad n' = 1, 2, 3, \ldots.$$

La fonction $G(n)$ qui y figure a été introduite par l'illustre géomètre dans

L'expression qui correspond aux formes ambiguës, S_1+S_2, peut encore s'écrire

$$S_1+S_2=\sum\frac{q^{n^2}(1+q^n)}{1-q^{2n}}+\sum\frac{q^{n^2+2n}}{1-q^{2n}}=\sum\frac{q^{n^2}(1+q^{2n})}{1-q^{2n}}+\sum\frac{q^{n^2+n}}{1-q^{2n}},$$

puis, en séparant dans le second membre la partie paire et la partie impaire,

$$S_1+S_2=\sum\frac{q^{m^2}(1+q^{2m})}{1-q^{2m}}+\sum\frac{q^{4n^2}(1+q^{4n})}{1-q^{4n}}+\sum\frac{q^{n^2+n}}{1-q^{2n}}.$$

Dans cette relation on suppose toujours

$$n=1, 2, 3, \ldots,$$

mais on prend

$$m=1, 3, 5, \ldots.$$

Sous cette nouvelle forme elle devient susceptible d'une transformation que je vais indiquer, et qu'on tire de l'équation de Clausen (¹)

$$\sum\frac{q^n}{1-q^n}=\sum\frac{q^{n^2}(1+q^n)}{1-q^n}.$$

A cet effet j'observe qu'en égalant dans les deux membres les parties paires et impaires, on obtient les égalités

$$\sum\frac{q^m}{1-q^{2m}}=\sum\frac{q^{m^2}(1+q^{2m})}{1-q^{2m}}$$

et

$$\sum\frac{q^{2n}}{1-q^{4n}}+\sum\frac{q^{2n}}{1-q^{2n}}=\sum\frac{q^{4n^2}(1+q^{4n})}{1-q^{4n}}+\sum\frac{2q^{n^2+n}}{1-q^{2n}}.$$

Or l'équation même de Clausen donne, par le changement de q en q^{4n},

$$\sum\frac{q^{4n}}{1-q^{4n}}=\sum\frac{q^{4n^2}(1+q^{4n})}{1-q^{4n}};$$

---

son Mémoire célèbre sur le nombre des classes différentes de formes quadratiques de déterminant négatif (*Journal de Borchardt*, t. 57, p. 248, et *Journal de Liouville*, 1860). Elle ne diffère que par une modification légère du nombre des classes de déterminant $-n$. [*Voir* aussi sur cette même fonction les § 6 et 7 du Mémoire sur les formes bilinéaires à quatre variables (*Mémoires de l'Académie des Sciences de Berlin*, 1883), qui est l'un des plus beaux et des plus importants travaux arithmétiques de notre époque.]

(¹) *Fundamenta*, p. 187.

et, si l'on retranche membre à membre de la relation précédente, on trouve, après une réduction facile,

$$\sum \frac{q^{2n}}{1-q^{4n}} = \sum \frac{q^{n^2+n}}{1-q^{2n}}.$$

Nous pouvons maintenant remplacer dans la valeur de $S_1 + S_2$ les trois sommes qui y figurent par les expressions auxquelles nous venons de parvenir; il vient ainsi

$$S_1 + S_2 = \sum \frac{q^m}{1-q^m} + \sum \frac{q^{4n}}{1-q^{4n}} + \sum \frac{q^{2n}}{1-q^{4n}}$$

et, en simplifiant,

$$S_1 + S_2 = \sum \frac{q^m}{1-q^{2m}} + \sum \frac{q^{2n}}{1-q^{2n}}.$$

De cette transformation analytique se conclut immédiatement, sous la forme la plus simple, la détermination du nombre des classes ambiguës pour un déterminant donné $-N$.

Supposons d'abord que N soit un nombre impair M; le coefficient de q^M est donné par la première somme et, d'après sa propriété caractéristique, a pour expression le nombre des diviseurs de M, que je désigne suivant l'usage par $\varphi(M)$. Soit ensuite $N = 2^n M$; la seconde somme, qui est seule à considérer dans ce cas, fait voir que le coefficient de q^N est alors $\varphi\left(\frac{N}{2}\right)$ et, par conséquent $n\varphi(M)$. Cette valeur si simple du nombre des classes ambiguës s'obtient également par la voie de l'Arithmétique, mais la méthode analytique est plus rapide, parce qu'elle évite d'avoir à considérer le cas particulier où N est un carré, qui est exceptionnel tant pour les formes (A, o, C) que pour celles des deux autres espèces.

Je reviens maintenant à la série $\Sigma H(n) q^n$, où $H(n)$ désigne le nombre des classes de déterminant $-n$, afin d'indiquer une conséquence de l'expression que nous avons obtenue, à savoir

$$\Sigma H(n) q^n = \sum \frac{q^{n^2}}{1-q^n} + \sum \frac{q^{n^2+2n}}{1-q^{2n}} + 2\sum \frac{q^{n^2+n'-s^2}}{1-q^n}.$$

Divisons, à cet effet, les deux membres par $1-q$ et développons ensuite suivant les puissances croissantes de q; on trouvera d'abord, dans le premier, pour le coefficient de q^N, la quantité

$$U = H(1) + H(2) + \ldots + H(N).$$

Si l'on fait ensuite usage de cette équation, que j'ai donnée ailleurs (*Acta mathematica*, 5 : 4, p. 311), où $E(x)$ représente l'entier contenu dans x, à savoir

$$\frac{q^b}{(1-q)(1-q^a)}=\sum E\left(\frac{N+a-b}{a}\right)q^N,$$

on obtient immédiatement

$$U=\sum E\left(\frac{N+n-n^2}{n}\right)+\sum E\left(\frac{N-n^2}{2n}\right)+2\sum E\left(\frac{N+s^2-n^2}{n}\right).$$

Voici une remarque à laquelle donne lieu cette forme analytique de U par le symbole arithmétique E. On remarquera que, dans les deux premières sommes, le nombre variable n a pour limite supérieure l'entier contenu dans $\sqrt{N}$, que je désignerai par ν. En négligeant une quantité qui ne peut surpasser ν, nous pouvons donc écrire

$$\sum E\left(\frac{N+n-n^2}{n}\right)=\sum\frac{N+n-n^2}{n}=N\left(1+\frac{1}{2}+\frac{1}{3}+\ldots+\frac{1}{\nu}\right)-\frac{\nu^2-\nu}{2},$$
$$\sum E\left(\frac{N-n^2}{2n}\right)=\sum\frac{N-n^2}{2n}=\frac{N}{2}\left(1+\frac{1}{2}+\frac{1}{3}+\ldots+\frac{1}{\nu}\right)-\frac{\nu^2+\nu}{4},$$

et, par conséquent, si l'on néglige les quantités de l'ordre de $\sqrt{N}$,

$$\sum E\left(\frac{N+n-n^2}{n}\right)=N\left(\frac{1}{2}\log N+C\right)-\frac{N}{2},$$
$$\sum E\left(\frac{N-n^2}{2n}\right)=\frac{N}{2}\left(\frac{1}{2}\log N+C\right)-\frac{N}{4},$$

C étant la constante d'Euler. A l'égard de la dernière somme $\sum E\left(\frac{N+s^2-n^2}{n}\right)$, où l'on doit prendre

$$s=1,\ 2,\ 3,\ \ldots \quad\text{et}\quad n=2s+1,\ 2s+2,\ 2s+3,\ \ldots,$$

je représente un moment s et n par l'abscisse et l'ordonnée x et y d'un point rapporté à des axes rectangulaires. Ayant ainsi les conditions

$$y>2x,\qquad N+x^2-y^2>0,$$

devant de plus supposer x et y positifs, on voit que les points considérés sont à l'intérieur d'un secteur hyperbolique qui a pour sommet l'origine et pour côtés les portions de l'axe transverse et de la droite $y = 2x$, comprises entre le centre et l'arc de l'hyperbole

$$N + x^2 - y^2 = 0.$$

L'aire de ce secteur qui s'obtient facilement est

$$\frac{N \log 3}{4};$$

nous en tirons cette conséquence que le nombre des points contenus à son intérieur est de l'ordre de grandeur de N; aux quantités près de cet ordre, on a donc

$$\sum E\left(\frac{N + s^2 - n^2}{n}\right) = \sum \frac{n + s^2 - n^2}{n}$$

et, par conséquent,

$$U = \frac{3}{4} N \log N + 2 \sum \frac{N + s^2 - n^2}{n}.$$

On doit prendre, comme nous l'avons vu dans la série double qui figure au second membre,

$$s = 1,\ 2,\ 3,\ \ldots,\qquad n = 2s + 1,\ 2s + 2,\ 2s + 4,\ \ldots,$$

avec la condition

$$N + s^2 - n^2 > 0.$$

Une évaluation approchée de cette suite pour de grandes valeurs de N est donnée par l'intégrale double

$$\iint \frac{N + x^2 - y^2}{y}\, dx\, dy,$$

où l'on suppose

$$y > 2x,\qquad N + x^2 - y^2 > 0;$$

elle est égale à $\frac{\pi N^{\frac{3}{2}}}{9}$, d'où résulte

$$U = \frac{2\pi N^{\frac{3}{2}}}{9},$$

en négligeant les termes moindres. Ce résultat ouvre une voie pour parvenir aux belles propositions sur la valeur moyenne du nombre des classes proprement primitives, énoncées par Gauss, *Disquisitiones arithmeticæ*, art. 302, et que M. Lipschitz a le premier réussi à démontrer [*Ueber die asymptotischen Gesetze von gewissen Gattungen zahlentheoretischer Functionen* (*Comptes rendus de l'Académie des Sciences de Berlin*, 1865, p. 174)].

SUR QUELQUES FORMULES DONNÉES DANS LE COURS D'ANALYSE DE L'ÉCOLE POLYTECHNIQUE DE M. HERMITE;

PAR M. PTASZITSKY.

Dans son *Cours d'Analyse de l'École Polytechnique*, p. 64, M. Hermite a donné plusieurs développements en séries des fonctions à plusieurs variables. Je me suis proposé d'expliquer la manière d'obtenir ces développements.

Soit

$$f_1(x, u) = \Sigma\varphi_1^{(m)}(u)x^m, \quad f_2(y, u) = \Sigma\varphi_2^{(n)}(u)y^n, \quad f_3(z, u) = \Sigma\varphi_3^{(p)}(u)z^p, \quad \ldots$$

La fonction

$$\Phi(x, y, z, \ldots) = \int_a^b f_1(x, u) f_2(y, u) f_3(z, u) \ldots du$$

est développable suivant les puissances entières et positives de x, y, z, ... On trouve

$$\Phi(x, y, z, \ldots) = \Sigma \mathcal{A}_{(m, n, p, \ldots)} x^m y^n z^p \ldots,$$

où

$$\mathcal{A}_{(m, n, p, \ldots)} = \int_a^b \varphi_1^{(m)}(u)\varphi_2^{(n)}(u)\varphi_3^{(p)}(u)\ldots du.$$

En posant

$$(1) \quad f_1(x, u) = \frac{1}{1 - xu}, \quad f_2(y, u) = \frac{1}{1 - y(1-u)}, \quad a = 0, \quad b = 1,$$

$$(2) \quad f_1(x, u) = \frac{u^{-\frac{1}{2}}}{1 - xu}, \quad f_2(y, u) = \frac{(1-u)^{-\frac{1}{2}}}{1 - y(1-u)}, \quad a = 0, \quad b = 1,$$

on obtient

$$(1) \quad \frac{\log(1-x)(1-y)}{xy - x - y} = \sum \frac{1.2.3\ldots m.1.2.3\ldots n}{1.2.3\ldots(m+n+1)} x^m y^n,$$

$$(2) \quad \frac{(1-x)^{-\frac{1}{2}} + (1-y)^{-\frac{1}{2}}}{1 + (1-x)^{\frac{1}{2}}(1-y)^{\frac{1}{2}}} = \sum \frac{1.3.5\ldots(2m-1).1.3.5\ldots(2n-1)}{2.4.6\ldots(2m+2n)} x^m y^n.$$

Prenons la série de Lagrange

$$z = a + x\varphi(z),$$

$$f(z) - f(a) = \sum \frac{x^m}{1.2.3\ldots m} \frac{d^{m-1}}{da^{m-1}}[\varphi(a)^m f'(a)]$$

En différentiant par rapport à a, on trouve

$$\mathfrak{F}(z)\frac{dz}{da} = \sum \frac{x^m}{1.2.3\ldots m} \frac{d^m}{da^m}[\varphi(a)^m \mathfrak{F}(a)].$$

après avoir remplacé $f'(z)$ par $\mathfrak{F}(z)$.

Posons

$$\varphi(a) = a^2, \quad \mathfrak{F}(a) = \frac{1}{1 - ay}.$$

On obtient

$$z = a + xz^2,$$

$$\mathfrak{F}(z)\frac{dz}{da} = \Sigma \varphi_m(y) x^m,$$

$$\varphi_m(y) = \sum \frac{(2m+n)(2m+n-1)\ldots(m+n+1)}{1.2.3\ldots m} a^{m+n} y^n.$$

La valeur z est celle des deux racines de l'équation

$$z = a + xz^2,$$

qui pour $x = 0$ devient égale à a. Il s'ensuit

$$z = \frac{1 - \sqrt{1 - 4ax}}{2x}, \quad \frac{dz}{dx} = \frac{1}{\sqrt{1 - 4ax}},$$

la racine carrée étant prise positivement.

En remarquant que

$$(1 + \sqrt{1 - 4ax})(1 - \sqrt{1 - 4ax}) = 4ax,$$

on trouve

$$\mathfrak{F}(z)\frac{dz}{da} = \frac{1 + (1 - 4ax)^{-\frac{1}{2}}}{1 - 2ay + (1 - 4ax)^{\frac{1}{2}}}.$$

En posant $a = 1$ et remplaçant x et y par $\frac{x^2}{4}$ et $\frac{y}{2}$, on obtient le développement

$$\frac{1 + (1 - x^2)^{-\frac{1}{2}}}{1 - y + (1 - x^2)^{\frac{1}{2}}} = \sum \frac{(2m+n)(2m+n-1)\ldots(m+n+1)}{1.2.3\ldots m.2^n} x^{2m} y^n.$$

Dans le *Cours d'Analyse*, p. 301, on rencontre la formule

$$\varphi_m(y) = \frac{1}{\sqrt{1-y^2}} \int_y^1 \frac{y^{2m+1}\,dv}{\sqrt{1-y^2}}$$
$$= \frac{2.4.6\ldots2m}{3.5.7\ldots(2m+1)}\left[1+\tfrac{1}{2}y^2+\frac{1.3}{2.4}y^4+\ldots+\frac{1.3.5\ldots(2m-1)}{2.4.6\ldots2m}y^{2m}\right].$$

En calculant la valeur

$$\phi(x,y) = \Sigma\varphi_m(y)x^m,$$

on obtient

$$\phi(x,y) = \frac{\arc\cos\sqrt{\dfrac{1-x}{1-xy^2}}}{\sqrt{x(1-x)(1-y^2)}}.$$

Après avoir remplacé y^2 par $\frac{y}{x}$, on trouve

$$\frac{\arc\cos\sqrt{\dfrac{1-x}{1-y}}}{\sqrt{(1-x)(x-y)}} = 1+\tfrac{2}{3}(x+\tfrac{1}{2}y)+\frac{2.4}{3.5}\left(x^2+\tfrac{1}{2}xy+\frac{1.3}{2.4}y^2\right)+\ldots.$$

Pour obtenir le développement de la fonction

$$\frac{\arc\cos\left[\dfrac{(1-y)^{\frac{1}{2}}}{1+(1-x)^{\frac{1}{2}}}+\dfrac{(1-y)^{-\frac{1}{2}}}{1+(1-x)^{-\frac{1}{2}}}\right]}{\sqrt{y(1-x)(x-y)}},$$

on pose

$$\varphi^m(y) = \frac{-1}{y\sqrt{1-y^2}}\int_0^y \frac{y^{2m+2}\,dy}{\sqrt{1-y^2}} + \frac{1}{y\sqrt{1-y^2}}\,\frac{1.3.5\ldots(2m+1)}{2.4.6\ldots(2m+2)}\int_0^y \frac{dv}{\sqrt{1-y^2}},$$

et l'on remplace y^2 par $\frac{y}{x}$ dans le résultat final.

OTHÈQUE DE L'ÉCOLE DES HAUTES ÉTUDES,
EE SOUS LES AUSPICES DU MINISTÈRE DE L'INSTRUCTION PUBLIQUE.

BULLETIN

DES

NCES MATHÉMATIQUES,

IGÉ PAR MM. G. DARBOUX, J. HOÜEL ET J. TANNERY,

AVEC LA COLLABORATION DE

ANDRÉ, BATTAGLINI, BELTRAMI, BOUGAIEFF, BROCARD, BRUNEL,
ARNACK, CH. HENRY, G. KOENIGS, LAISANT, LAMPE, LESPIAULT, S. LIE,
', A. MARRE, MOLK, POTOCKI, RADAU, RAYET, RAFFY, S. RINDI,
·E, SCHOUTE, P. TANNERY, EM. ET ED. WEYR, ZEUTHEN, ETC.

S LA DIRECTION DE LA COMMISSION DES HAUTES ÉTUDES.

DEUXIÈME SÉRIE.

TOME X. — FÉVRIER 1886.

(TOME XXI DE LA COLLECTION.)

PARIS,

IER-VILLARS, IMPRIMEUR-LIBRAIRE
DES LONGITUDES, DE L'ÉCOLE POLYTECHNIQUE,
SUCCESSEUR DE MALLET-BACHELIER,
Quai des Augustins, 55.

1886

Ce Journal paraît chaque mois.

La Rédaction du *Bulletin*, dans l'intérêt de la régularité de la publication et d'une bonne correction des épreuves, et, plus encore, en vue d'épargner à l'Imprimerie des frais considérables autant qu'inutiles de remaniements, prie instamment ses collaborateurs d'apporter toujours le plus grand soin possible dans l'exécution matérielle de leurs manuscrits, surtout en ce qui concerne les formules mathématiques et la transcription des noms propres. Il est à désirer que la disposition des articles soit conforme à celle qui a été adoptée une fois pour toutes dans les livraisons [illegible]

PUBLICATIONS PÉRIODIQUES.

(Librairie Gauthier-Villars, quai des Augustins, 55, Paris.)

	FORMAT.	PÉRIODICITÉ.	PARIS.	FRANCE et ALGÉRIE.	UNION POSTALE.
			fr.	fr.	fr.
Annales scientifiques de l'École Normale supérieure	In-4	Mensuel	30	35	35
Bulletin astronomique, publié sous les auspices de l'Observatoire de Paris, par F. Tisserand	Gd in-8	Mensuel	16	18	18
Bulletin hebdomadaire de l'Association scientifique de France	In-8	Hebdomad.	15	15	17
Bulletin de la Société française de Photographie	Gd in-8	Mensuel	12	12	15
Bulletin de la Société internationale des Électriciens	Gd in-8	Mensuel	25	27	27
Bulletin de la Société mathématique de France	Gd in-8	6 Nos	15	16	16
Bulletin des Sciences mathématiques, publié par G. Darboux. J. Hoüel et J. Tannery	Gd in-8	Mensuel	18	20	20
Comptes rendus hebdomadaires des séances de l'Académie des Sciences	In-4	Hebdomad.	20	30	34
Journal de l'École Polytechnique (2 Cahiers par an). Prix de chaque cahier	In-4	Semestriel	12	12	12
Journal de Mathématiques pures et appliquées, fondé par Liouville, continué par H. Resal, et publié, depuis 1885, par Camille Jordan	In-4	Trimestriel	30	35	35
Journal de Physique théorique et appliquée, fondé par d'Almeida, publié par E. Bouty, A. Cornu, F. Mascart et A. Potier	Gd in-8	Mensuel	15	15	15
Journal de l'Industrie photographique, organe de la Chambre syndicale de la Photographie	Gd in-8	Mensuel	7	7	7
L'Astronomie, Revue mensuelle d'Astronomie populaire, de Météorologie et de Physique du Globe; publiée par Camille Flammarion	Gd in-8	Mensuel	12	13	14
Nouvelles Annales de Mathématiques, rédigées par Gerono et Brisse	In-8	Mensuel	15	17	17
American Journal of Mathematics pure and applied. Editor in chief Sylvester	Gd in-4	Trimestriel	30	30	30
Bulletin de l'Association belge de Photographie	Gd in-8	Mensuel	27	27	27
Mathésis, Recueil mathématique à l'usage des Écoles spéciales et des Établissements d'instruction moyenne; publié par Mansion et Neuberg	Gd in-8	Mensuel	9	9	9

Les abonnements sont faits pour un an et partent de Janvier. — Envoyer un mandat de poste ou valeur sur Paris à M. Gauthier-Villars, Éditeur, quai des Grands-Augustins, 55, à Paris. On peut aussi s'abonner, sans supplément de frais, en versant le prix de l'abonnement dans un des bureaux de poste de France et de l'Union postale. — Lorsque l'abonnement n'est pas payé en souscrivant, le prix est augmenté de 50 centimes pour frais de recouvrement.

COMPTES RENDUS ET ANALYSES.

HERMITE. — SUR QUELQUES APPLICATIONS DES FONCTIONS ELLIPTIQUES. 1 vol. in-4°; 146 p. Paris, Gauthier-Villars, 1885.

Depuis plusieurs années, M. Hermite a offert à l'admiration des géomètres, sous le titre qui précède, un nombre considérable de résultats; ceux-ci étaient dispersés dans les *Comptes rendus;* le public savant sera heureux de les trouver réunis. C'est rendre à l'éditeur un grand et juste hommage que de dire que le Volume qu'il nous présente est digne, par la beauté de l'exécution typographique, des matières qu'il contient.

Le *Bulletin* a eu bien des fois l'occasion de parler des *Applications des fonctions elliptiques;* la plupart des articles qui les composent ont été analysés avec détail à mesure qu'ils paraissaient; il convient aujourd'hui d'essayer d'en résumer l'esprit et d'en montrer l'unité.

C'est l'étude approfondie de l'équation de Lamé

$$\frac{d^2y}{dx^2} = [n(n+1)k^2 \operatorname{sn}^2 x + h]y$$

et des fonctions doublement périodiques de seconde espèce qui est le véritable sujet du Livre. A ce sujet viennent se rattacher des applications à la Mécanique, le problème de la rotation d'un corps solide autour d'un point fixe, dans le cas où il n'y a pas de forces extérieures, le pendule sphérique, l'élastique et diverses applications analytiques parmi lesquelles les plus considérables se rapportent à des types d'équations différentielles linéaires à coefficients doublement périodiques et à intégrales uniformes. Il suffira au lecteur, pour connaître la façon dont l'auteur renouvelle les sujets qu'il traite, de jeter un coup d'œil sur les applications à la Mécanique.

On sait que M. Hermite désigne sous le nom de *fonctions doublement périodiques* de seconde espèce des fonctions uniformes $F(x)$, sans points singuliers essentiels à distance finie, jouissant des propriétés que définissent les équations

$$F(x+2K) = \mu F(x) \text{ (1)},$$
$$F(x+2iK') = \mu' F(x).$$

Les constantes μ, μ' sont les multiplicateurs. Telle est la fonction

$$f(x) = \frac{H'(0)H(x+\omega)e^{\lambda x}}{H(\omega)H(x)},$$

où ω et λ sont des constantes. Cette dernière fonction qui, dans le rectangle des périodes, n'a qu'un pôle simple, pour $x=0$, avec un résidu égal à un, joue, dans la théorie des fonctions doublement périodiques de seconde espèce, le rôle d'*élément simple*. En remarquant que, pour une détermination convenable des constantes λ, ω, la fonction de z

$$\Phi(z) = F(z)f(x-z)$$

est une fonction doublement périodique de z et en écrivant simplement que, dans le rectangle des périodes, la somme des résidus est nulle, on parvient à la formule

$$F(x) = \Sigma[Af(x-a) + A_1 D_x f(x-a) + \ldots + A_n D_x^n f(x-a)],$$

où la sommation se rapporte à tous les pôles a de la fonction $F(x)$ dans le rectangle des périodes et où les constantes $A, A_1, \ldots, A_n$ relatives à l'un de ces pôles a sont définies par le développement

$$F(a+\varepsilon) = A\varepsilon^{-1} + A_1 D_\varepsilon \varepsilon^{-1} + A_2 D_\varepsilon^2 \varepsilon^{-1} + \ldots$$
$$+ A_n D_\varepsilon^n \varepsilon^{-1} + a_0 + a_1\varepsilon + a_2\varepsilon^2 + \ldots;$$

cette formule de décomposition joue un rôle prépondérant dans toutes les applications de la théorie des fonctions doublement périodiques de seconde espèce; elle contient comme cas particulier la formule analogue de décomposition pour les fonctions doublement périodiques ordinaires, donnée jadis par M. Hermite dans la célèbre Note du Traité de Lacroix. Signalons en passant les belles

---

(1) Les symboles K, K', comme plus loin Θ, H, Θ_1, H_1, ..., ont les significations adoptées dans les *Fundamenta nova*.

conséquences qu'en tire l'auteur en l'appliquant aux fonctions

$$F(x) = \frac{\Theta(x+a)\Theta(x+b)\ldots\Theta(x+l)e^{\lambda x}}{\Theta^n x},$$

$$F_1(x) = \frac{H(x+a)H(x+b)\ldots H(x+l)e^{\lambda x}}{H^n(x)},$$

déjà considérées dans la lettre à M. Heine sur l'intégration de l'équation de Lamé (*Journal de Crelle*, t. 89) et ce fait essentiel pour la suite que, en traitant par le même moyen la fonction

$$y = k^2 \operatorname{sn}^2 x \chi(x, \omega),$$

où

$$\chi(x, \omega) = \frac{H'(0)H(x+\omega)}{\Theta(\omega)\Theta(x)} e^{-\frac{\Theta'(\omega)}{\Theta(\omega)}(x - iK') + \frac{i\pi\omega}{2K}},$$

on voit que la fonction y vérifie l'équation

$$\frac{d^2y}{dx^2} = (2k^2 \operatorname{sn}^2 x - 1 - k^2 + k^2 \operatorname{sn}^2 \omega)y,$$

en sorte que l'on obtient par la formule

$$y = C\chi(x, \omega) + C'\chi(-x, \omega),$$

où C et C′ sont des constantes arbitraires, la solution complète de l'équation différentielle qui précède, équation qui n'est autre que l'équation de Lamé, pour $n = 1$, les constantes h et ω étant liées par la relation

$$h = -1 - k^2 - k^2 \operatorname{sn}^2 \omega.$$

Le problème de la rotation d'un corps solide autour d'un point fixe, quand il n'y a pas de forces accélératrices, dépend de cette équation de Lamé, précisément dans le cas de $n = 1$. M. Hermite parvient directement à l'expression des neuf cosinus $a, b, c; a', b', c'; a'', b'', c''$ des angles que les axes fixes (x, y, z) font avec les axes mobiles (ξ, η, ζ), sans passer par les angles d'Euler. En prenant pour l'axe des z l'axe du couple résultant des quantités de mouvement, on obtient immédiatement les cosinus a'', b'', c'' sous la forme

$$a'' = -\frac{\operatorname{cn} u}{\operatorname{cn} \omega}, \qquad b'' = \frac{\operatorname{dn} u}{\operatorname{cn} \omega}, \qquad c'' = \frac{\operatorname{sn} \omega \operatorname{dn} u}{i \operatorname{cn} \omega};$$

ω est une constante, u est le temps t multiplié par un facteur constant. M. Hermite, pour déterminer les autres cosinus, introduit, comme l'avait déjà fait M. Brill, les quantités

$$A = a + ia', \qquad B = b + ib', \qquad C = c + ic';$$

on trouve sans peine

$$B = \frac{\mathrm{cn}(u-\omega)}{\mathrm{sn}(u-\omega)} A, \qquad C = \frac{A}{i\,\mathrm{sn}(u-\omega)},$$

en sorte que tout revient à la détermination de A; l'auteur y parvient de deux manières, d'abord par un procédé élémentaire, qui repose uniquement sur la décomposition en éléments simples d'une fonction doublement périodique ordinaire, puis en montrant que la quantité A, multipliée par un facteur exponentiel, vérifie une équation de Lamé, dans le cas de $n = 1$; les résultats précédemment obtenus pour cette équation fournissent immédiatement les formules de Jacobi. Après quelques indications sur les résultats obtenus, dans cette théorie, par Chelini et par M. Siacci, l'auteur s'occupe de l'herpoloïde, pour laquelle il donne les expressions de l'arc, de l'aire, du rayon de courbure; les questions analogues sont ensuite résolues pour la courbe décrite par un point quelconque du corps solide.

Le problème de la rotation est ensuite repris par une méthode nouvelle, qui permet de garder dans les calculs une symétrie parfaite; je me contenterai, en laissant de côté le problème mécanique, de signaler quelques résultats analytiques importants.

Adoptant la seconde notation de Jacobi, où les symboles θ_0, θ_1, θ_2, θ_3 remplacent Θ, H, H_1, Θ_1, M. Hermite introduit les fonctions

$$\Phi_s = \frac{\theta_s(u+\alpha)e^{\lambda u}}{R_s\theta_0(u)},$$

où α et λ sont des constantes, où R_s est le résidu relatif au pôle $u = 0$, où enfin l'indice s doit être pris suivant le module 4; ce symbolisme permet de n'employer qu'un seul système de formules pour les quatre fonctions θ. Ces fonctions peuvent évidemment servir d'éléments simples pour la décomposition des fonctions doublement périodiques de seconde espèce qui admettent les mêmes multiplicateurs; en appliquant cette méthode aux fonctions $ik\,\mathrm{cn}\,u\,\Phi_s(u)$, $k\,\mathrm{sn}\,u\,\Phi_s(u)$, $i\,\mathrm{dn}\,u\,\Phi_s(u)$, et en remplaçant, pour la symétrie, $ik\,\mathrm{cn}\,u$, $k\,\mathrm{sn}\,u$, $i\,\mathrm{dn}\,u$ par U_1, U_2, U_3, on arrive au résultat suivant : les fonctions

$$X_1 = \Phi_s e^{-\frac{u}{2}(\varepsilon_s + \varepsilon_{2+s})},$$

$$X_2 = \Phi_s e^{-\frac{u}{2}(\varepsilon_s + \varepsilon_{1-s})},$$

$$X_3 = \Phi_s e^{-\frac{u}{2}(\varepsilon_s + \varepsilon_{3-s})},$$

où l'on a posé

$$\varepsilon_s = \lambda + D_a \log \theta_{1-s}(a),$$

vérifient les équations linéaires du second ordre

$$D_u^2 X_1 - D_u \log U_1 D_u X_1 - (\delta_1^2 + \delta_1 D_u \log U_1 + U_1^2) X_1 = 0,$$
$$D_u^2 X_2 - D_u \log U_2 D_u X_2 - (\delta_2^2 + \delta_2 D_u \log U_2 + U_2^2) X_2 = 0,$$
$$D_u^2 X_3 - D_u \log U_3 D_u X_3 - (\delta_3^2 + \delta_3 D_u \log U_3 + U_3^2) X_3 = 0,$$

en posant, pour abréger l'écriture,

$$\delta_1 = \tfrac{1}{2}(\varepsilon_s - \varepsilon_{2+s}), \qquad \delta_2 = \tfrac{1}{2}(\varepsilon_s - \varepsilon_{1-s}), \qquad \delta_3 = \tfrac{1}{2}(\varepsilon_s - \varepsilon_{3-s}),$$

et les intégrales générales de ces équations sont respectivement

$$X_1 = C \frac{\theta_s(u+a)}{\theta_0(u)} e^{-\frac{u}{2} D_a \log \theta_{1-s} \theta_{3-s}} + C' \frac{\theta_{2+s}(u-a)}{\theta_0(u)} e^{\frac{u}{2} D_a \log \theta_{1-s} \theta_{3-s}},$$

$$X_2 = C \frac{\theta_s(u+a)}{\theta_0(u)} e^{-\frac{u}{2} D_a \log \theta_s \theta_{1-s}} + C' \frac{\theta_{1-s}(u-a)}{\theta_0(u)} e^{\frac{u}{2} D_a \log \theta_s \theta_{1-s}},$$

$$X_3 = C \frac{\theta_s(u+a)}{\theta_0(u)} e^{-\frac{u}{2} D_a \log \theta_s \theta_{2+s}} + C' \frac{\theta_{2-s}(u-a)}{\theta_0(u)} e^{\frac{u}{2} D_a \log \theta_s \theta_{2+s}};$$

on a mis en général θ_s à la place de $\theta_s(a)$.

La forme de ces équations ou d'autres analogues et de leurs intégrales conduit naturellement à la recherche de types d'équations différentielles linéaires, à coefficients doublement périodiques et à intégrales uniformes; M. Picard a fait remarquer que les intégrales de pareilles équations sont des fonctions doublement périodiques de seconde espèce. A cette occasion, M. Hermite pose la question suivante.

Soit en général

$$f(u) = \frac{H'(0)\Theta(u+\omega) e^{\left[\lambda - \frac{\Theta'(\omega)}{\Theta(\omega)}\right] u}}{H(u)\Theta(\omega)}$$

la fonction doublement périodique de seconde espèce la plus générale admettant pour seul pôle $u = 0$; désignons par $f_p(u)$ ce que devient $f(u)$ quand on y remplace les constantes ω, λ par ω_p, λ_p : si l'on pose

$$y = C_1 f_1(u) + C_2 f_2(u) + \ldots + C_n f_n(u),$$

et si l'on forme l'équation différentielle linéaire d'ordre n qui admet y comme intégrale complète,

$$\Phi_0(u) y^{(n)} + \Phi_1(u) y^{(n-1)} + \ldots + \Phi_n(u) y,$$

on reconnaît sans peine que les coefficients de cette équation sont des fonctions doublement périodiques de seconde espèce, avec le pôle $u = 0$ d'ordre de multiplicité $n+1$, sauf pour le premier, pour lequel l'ordre de multiplicité est n, en sorte qu'on est amené à poser

$$\frac{\Phi_i(u)}{\Phi_0(u)} = \text{const.} + \frac{A_1 \operatorname{sn} a_1}{\operatorname{sn} u \operatorname{sn}(u - a_1)} + \frac{A_2 \operatorname{sn} a_2}{\operatorname{sn} u \operatorname{sn}(u - a_2)} + \ldots + \frac{A_n \operatorname{sn} a_n}{\operatorname{sn} u \operatorname{sn}(u - a_n)}.$$

Inversement, étant donnée une équation différentielle linéaire d'ordre n dont les coefficients ont la forme qui précède, à quelles conditions doivent satisfaire les constantes A pour que l'intégrale complète de cette équation soit une fonction uniforme de u? M. Hermite résout complètement la question dans le cas de $n = 2$, il intègre explicitement le type d'équations différentielles linéaires auquel il parvient ainsi, savoir

$$y'' - \left[\frac{\operatorname{sn} a}{\operatorname{sn} u \operatorname{sn}(u-a)} + \frac{\operatorname{sn} b}{\operatorname{sn} u \operatorname{sn}(u-b)}\right] y' + \left[\frac{A \operatorname{sn} a}{\operatorname{sn} u \operatorname{sn}(u-a)} + \frac{B \operatorname{sn} b}{\operatorname{sn} u \operatorname{sn}(u-b)} + \frac{1}{\operatorname{sn}^2(a-b)} - C\right] y = 0,$$

où

$$A = \frac{\operatorname{sn} b}{\operatorname{sn} a \operatorname{sn}(a-b)} + C,$$

$$B = \frac{\operatorname{sn} a}{\operatorname{sn} b \operatorname{sn}(b-a)} - C,$$

et vérifie sur cet exemple particulier le théorème de M. Picard. L'intégration de cette équation conduit à l'intégration de l'équation de Lamé pour $n = 2$.

Quant au problème général qu'on vient de poser, M. Hermite le restreint à la recherche des équations du type considéré pour lesquelles $\Phi_0(u)$ se réduit à une constante, ainsi que cela a lieu pour l'équation de Lamé. C'est un problème qu'a traité M. Mittag-Leffler dans un Mémoire inséré dans les *Annali di Matematica*, 2ᵉ série, t. XI, et analysé dans le *Bulletin*, 2ᵉ Série, t. VIII, 2ᵉ Partie, p. 190. M. Hermite résume les résultats obtenus par le géomètre suédois.

Avant de traiter le cas général de l'équation de Lamé, M. Hermite développe deux applications relatives à la Mécanique : l'une concerne l'*élastique;* l'autre le pendule sphérique.

L'étude de l'élastique se fait encore complètement au moyen des fonctions doublement périodiques de seconde espèce à pôle unique; M. Hermite traite successivement le cas où la courbe est plane et celui où elle est gauche; il donne dans cette dernière supposition les expressions des rayons de courbure et de torsion et signale un cas particulier où le rayon de torsion est constant.

Quant au problème du pendule sphérique, sa solution dépend de l'intégration de l'équation de Lamé dans le cas de $n = 2$; les constantes sont déterminées explicitement.

Les dernières pages des *Applications* sont consacrées à l'étude de la solution de l'équation de Lamé

$$\frac{d^2y}{dx^2} - [n(n+1)k^2 \operatorname{sn}^2 x + h]y = 0,$$

dans toute sa généralité. Les méthodes de M. Fuchs, jointes au théorème de M. Picard, montrent que l'intégrale de cette équation est une fonction doublement périodique de seconde espèce et permettent de l'obtenir ainsi par des procédés généraux; l'auteur développe toutefois une solution directe qui permet de résoudre entièrement le difficile problème de la détermination explicite des constantes.

Il établit d'abord qu'on vérifie l'équation

$$D_x^2 y = \left[\frac{n(n+1)}{\operatorname{sn}^2 \varepsilon} + h\right] y,$$

en posant

$$y = \frac{1}{\varepsilon^n} + \frac{h_1}{\varepsilon^{n-2}} + \ldots + \frac{h_i}{\varepsilon^{n-2i}} + \ldots,$$

lorsqu'on prend pour les coefficients h_1, h_2, ..., h_i, ... des valeurs convenables qui s'expriment au moyen de n et de h, puis que, en faisant

$$f(x) = e^{\lambda(x-iK')}\chi(x),$$

où $\chi(x)$ a la même signification qu'au début de cet article, on satisfait à l'équation de Lamé par les expressions

$$F(x) = -\frac{D_x^{2\nu-1} f(x)}{\Gamma(2\nu)} - h_1 \frac{D_x^{2\nu-3} f(x)}{\Gamma(2\nu-2)} - \ldots - h_{\nu-1} D_x f(x),$$

ou

$$F(x) = +\frac{D_x^{2\nu-2} f(x)}{\Gamma(2\nu-1)} + h_1 \frac{D_x^{2\nu-4} f(x)}{\Gamma(2\nu-3)} + \ldots + h_{\nu-1} f(x),$$

suivant que l'on a

$$n = 2\nu \quad \text{ou} \quad n = 2\nu - 1,$$

en choisissant convenablement les constantes λ et ω; dès lors l'intégrale générale de l'équation de Lamé sera donnée par la formule

$$y = CF(x) + C'F(-x),$$

pourvu toutefois que le rapport des deux fonctions $F(x)$, $F(-x)$ ne se réduise pas à une constante. Cette dernière circonstance, qui se présente quand les valeurs absolues des multiplicateurs μ et μ' de $F(x)$ deviennent égales à l'unité, correspond au cas, traité par Lamé, où l'équation différentielle est vérifiée par des fonctions doublement périodiques ordinaires; une étude spéciale de ce cas est nécessaire.

Pour en revenir au cas général, tout est ramené à exprimer ω et λ au moyen des données n et h; la méthode précédemment expliquée fait dépendre la détermination de ces constantes d'équations algébriques en $\operatorname{sn}\omega$ et λ; mais la complication de ces équations, que M. Hermite traite toutefois dans le cas de $n = 3$, ne permet guère d'espérer qu'on puisse en tirer une solution générale. C'est par une voie tout autre, ayant son point de départ dans l'étude du produit des deux solutions $F(x)$, $F(-x)$ que M. Hermite parvient à la solution cherchée; ce produit, mis sous la forme

$$\Phi(x) = (-1)^n \mu' F(x) F(-x),$$

est une fonction doublement périodique ordinaire, qui s'exprime linéairement au moyen de $\operatorname{sn}^2 x$ et de ses dérivées, les coefficients étant des polynômes entiers en h que l'on sait former explicitement; on parvient ensuite à l'expression de la quantité

$$\sqrt{N} = (-1)^{n+1}\mu'[F(x)F'(-x) + F'(x)F(-x)],$$

qui, en vertu d'une proposition élémentaire, doit se réduire à une constante. N est en effet un polynôme entier en h de degré $2n+1$; puis, finalement, $\operatorname{sn}^2\omega$ et $\frac{\lambda}{\sqrt{N}}$ s'obtiennent sous forme de fractions rationnelles en h.

La supposition $N = 0$ entraîne la conséquence

$$\frac{F(x)}{F(-x)} = \text{const.};$$

c'est une circonstance dont on a parlé plus haut : on a de cette façon les valeurs de h pour lesquelles elle se présente.

M. Hermite a dédié son Livre à la mémoire de C.-V. Borchardt.

J. T.

MOBIUS. — Gesammelte Werke. Erster Band. 1 vol. in-8°; xx-633 pages. Leipzig, Hirzel, 1885.

La réimpression des Œuvres de Möbius était assurément désirable; les géomètres qui ont retrouvé ou développé ses doctrines ne doivent ni faire oublier son nom, ni détourner ceux qui étudient les Mathématiques de la lecture de ses écrits; longtemps encore le commerce de ce génie si personnel sera profitable. Il faut donc savoir gré à la *Königl. Sächs. Gesellschaft der Wissenschaften* de l'édition qu'elle nous offre; c'est d'ailleurs un devoir pieux que la savante Société remplit envers l'un de ses plus illustres fondateurs.

Le premier Volume des Œuvres de Möbius contient le *Barycentrische Calcul* et divers Mémoires de Géométrie. Il commence par une intéressante Préface de M. Baltzer, qui a retracé la vie de Möbius et analysé rapidement ses principaux travaux.

Le *Calcul barycentrique* a été le premier titre de gloire de Möbius. L'Auteur paraît bien avoir eu le premier une idée nette du principe des signes : la chose en tous cas n'est guère douteuse pour ce qui concerne les signes à attribuer aux aires et aux volumes. C'est lui qui, le premier, a introduit des coordonnées homogènes, les coordonnées barycentriques, les poids (positifs ou négatifs) qu'il faudrait placer aux sommets du triangle ou du tétraèdre de référence pour que le point que l'on veut déterminer fût le centre de gravité du système de ces poids; dans beaucoup de questions, ces coordonnées sont les plus avantageuses. C'est lui qui a fait le premier l'étude du rapport anharmonique, de la transformation collinéaire (homographique) et de l'*affinité* qui en est un cas particulier. L'égalité est elle-même un mode particulier de l'affinité. Möbius regarde comme égales deux figures dont l'une est égale, au sens ordinaire du mot ou, pour parler comme lui, égale et *congruente* à la symétrique de l'autre; il fait observer que, pour faire coïncider deux pareilles figures, il faudrait à l'espace une dimension de plus. M. Baltzer remarque plaisamment, à ce sujet, que Möbius ne soupçonnait probablement pas le parti que les Spirites prétendraient un jour tirer de cette doctrine. Enfin, la dernière Section du *Calcul barycentrique,* consacrée à l'étude des coniques regardées comme des courbes rationnelles, est, aujourd'hui encore, pleine d'intérêt.

La lecture du *Calcul barycentrique* paraît avoir offert quelques difficultés aux contemporains de l'Auteur; M. Baltzer cite un passage du *Bulletin de Férussac* où Cauchy s'exprime ainsi : « Il ne nous est pas facile de donner, par forme d'extrait, une idée satisfaisante à nos lecteurs de cet Ouvrage, où tout est nouveau, aussi bien la forme que le fond, les idées aussi bien que les notations et les termes. C'est une autre méthode de Géométrie analytique dont les bases sont assurément moins simples; ce n'est que par une étude plus approfondie qu'on peut décider si les avantages de cette méthode en compensent les difficultés. » Les notations de Möbius semblent aussi avoir effrayé Gauss, au moins pendant un moment. Aujourd'hui, que les idées de Möbius sont dans le domaine public des géomètres, il n'y a aucune difficulté à se familiariser avec ses notations. Quoi qu'il en soit, les paroles de Cauchy sont faites pour consoler les auteurs de comptes rendus des peines qu'ils éprouvent parfois à parler des livres nouveaux. Ils ont derrière eux un exemple singulièrement illustre.

Parmi les Mémoires contenus dans ce premier Volume, il convient de citer particulièrement les suivants :

Sur une certaine relation dualistique entre les figures de l'espace.

Sur la composition des rotations infiniment petites.

Le titre du second Mémoire indique suffisamment son objet; les matières qu'il contient sont entrées dans l'enseignement classique. Quant au premier, on y trouvera développée l'étude de ce genre de réciprocité entre un point et un plan qui résulte de la considération d'un complexe linéaire. C'est l'équivalent du premier Chapitre de la *Neue Geometrie des Raumes* de Plücker. Möbius avait antérieurement touché ce sujet dans une Note intitulée : deux tétraèdres peuvent-ils être à la fois inscrits et circonscrits l'un à l'autre?

C'est M. Baltzer qui s'est chargé de l'édition de ce premier Volume. La publication du second Volume, qui sera sans doute terminée quand ces lignes paraîtront, est dirigée par M. Klein. Il contiendra divers Mémoires de Géométrie. La Statique et les travaux de Mécanique céleste paraîtront dans les tomes III et IV, que préparent MM. Klein et Scheibner. J. T.

LANGE (J.). — Die Berührungskreise eines ebenen Dreiecks und deren Berührungskreise. — Wissenschaftliche Beilage zum Programm der Friedrichs-Werderschen Oberrealschule. Berlin, 1884. In-4°, 19 pages, 3 Tables lithogr.

Dans chaque Traité de Géométrie élémentaire, on trouve des propositions sur les points, dits remarquables, d'un triangle : les points où se rencontrent respectivement les hauteurs, les médianes, les bissectrices, les perpendiculaires menées par les milieux des côtés. M. Lange augmente l'effectif de ces théorèmes en considérant dans son Mémoire un grand nombre d'autres points intéressants et non moins remarquables. Ce sont les points d'intersection de trois lignes qui joignent les points de contact des côtés et des cercles inscrits au triangle, respectivement aux centres de ces cercles, aux sommets du triangle, aux milieux des côtés, au centre du cercle circonscrit, ou bien entre eux.

Le travail se divise en deux Chapitres dont le premier développe les relations de position, le second celles de mesure. Les n°s 1-10 servent à établir l'existence des points en question et à montrer qu'ils se rangent en plusieurs groupes, chacun situé sur une droite. Les numéros suivants s'attachent à un Mémoire de M. *Schröter* [*Erweiterung einiger bekannten Eigenschaften des ebenen Dreiecks* (*Journ. für Math.*, t. 68, p. 208)]; M. Lange y enseigne des constructions très simples qui conduisent à certaines droites importantes : elles touchent au même point le cercle des neuf points et un quelconque des cercles inscrits. De là il conclut que ceux-ci sont touchés par celui-là (théorème de *Feuerbach*). Cette recherche fait encore voir d'autres droites passant trois à trois par le même point, et des points situés trois à trois sur une droite. En joignant (n^os^ **21-23**) les points où se touchent le cercle des neuf points et les cercles inscrits, on parvient à des propositions sur ces lignes. Enfin la construction des seize cercles qui touchent les cercles inscrits pris trois à trois montre qu'ils passent trois à trois par un quelconque des points déjà mentionnés et que certains rayons de ces circonférences menés par ces points sont perpendiculaires aux côtés du triangle.

Le second Chapitre développe les calculs qu'on doit effectuer pour arriver aux relations métriques les plus importantes qui subsistent pour les segments des droites engendrés par les points considérés. Signalons surtout les cinq équations groupées dans un Tableau à la fin du Mémoire, pour les rayons des seize cercles mentionnés; équations non moins élégantes et d'une nature aussi simple que les relations connues $\rho_1 + \rho_2 + \rho_3 - \rho = 4r$ ....

L'auteur facilite la lecture du travail par une notation choisie selon un principe lucide; l'exactitude de ses figures aide à en saisir les propriétés. Comme il n'a mis en jeu que les ressources de la Géométrie élémentaire en dédaignant même l'emploi de la Trigonométrie, ses développements sont bien appropriés à servir de problèmes pour les élèves qui ont terminé leur cours de Géométrie plane : c'est ce point de vue qui a décidé M. Lange à achever et à publier ce genre de recherches.

MÉLANGES.

NOTE SUR LES EXPRESSIONS QUI, DANS DIVERSES PARTIES DU PLAN, REPRÉSENTENT DES FONCTIONS DISTINCTES;

Par M. J. LERCH.

Dans les premières Leçons de son Cours, professé à l'Université de Berlin pendant le semestre d'hiver 1884-1885, M. Kronecker a exposé le problème de la résolution des équations, et a montré qu'il revient à la recherche d'une expression qui représente indifféremment une des variables $x_1, x_2, \ldots, x_n$ comme fonction des quantités $f_1, f_2, \ldots, f_n$ définies par l'équation identique

$$x^n - f_1 x^{n-1} + f_2 x^{n-2} - \ldots \pm f_n = (x - x_1)(x - x_2)\ldots(x - x_n).$$

M. Kronecker a insisté sur cette manière de concevoir le problème, et il a ajouté qu'on la rencontre déjà dans les travaux fondamentaux de Vandermonde. Puis, passant à la résolution *algébrique*, il a remarqué que l'on cherche ordinairement à former les fonctions de $f_1, f_2, \ldots, f_n$ qui doivent représenter une quelconque des variables x au moyen des équations *binômes*. Comme une des propriétés les plus importantes de ces équations est de ne contenir qu'un seul paramètre, on est conduit à généraliser la question de la résolution algébrique en employant quelques autres équations auxiliaires possédant la même propriété.

Pour bien éclaircir ces considérations préliminaires, M. Kronecker, traitant le cas des équations du second ordre, a exposé la méthode ordinaire qui conduit à l'expression

$$\tfrac{1}{2}(x_1 + x_2) + \tfrac{1}{2}\sqrt{(x_1 - x_2)^2},$$

représentant indifféremment x_1 et x_2 à l'aide du signe $\sqrt{\ }$, c'est-à-dire d'une fonction $\sqrt{t}$, définie par l'équation binôme

$$y^2 = t;$$

puis, il a donné l'expression

$$\frac{x_1 + x_2}{1 + W\left(\dfrac{x_1^2 + x_2^2}{x_1 x_2}\right)},$$

représentant aussi indifféremment x_1 et x_2, si l'on définit la fonction d'un seul paramètre $W(t)$ par l'équation

$$W(t)^2 - tW(t) + 1 = 0$$

ou par la fraction continue

$$W(t) = \cfrac{1}{t - \cfrac{1}{t - \cfrac{1}{t - \dots}}}$$

Cette remarque m'a rappelé une expression dont je me suis occupé il y a quinze mois, et qui n'est qu'un cas particulier de celle que nous allons développer.

De l'équation du second ordre

$$x^2 - (x_1 + x_2)x + x_1 x_2 = 0,$$

ayant pour racines les deux quantités x_1 et x_2, on déduit immédiatement

$$x = x_1 + x_2 - \frac{x_1 x_2}{x},$$

en prenant pour x une quelconque de ces deux racines x_1 et x_2.

On est ainsi naturellement amené à rechercher si la fraction continue périodique

$$(1) \qquad \alpha = x_1 + x_2 - \cfrac{x_1 x_2}{x_1 + x_2 - \cfrac{x_1 x_2}{x_1 + x_2 - \dots}}$$

est convergente et si elle représente l'une de ces deux racines x_1, x_2.

Rien n'est plus facile que l'étude de cette expression (1). Désignons, en effet, par α_n sa réduite d'ordre n; nous avons évidemment

$$\alpha_{n+1} = x_1 + x_2 - \frac{x_1 x_2}{\alpha_n};$$

d'où résulte la relation

$$\alpha_{n+1}\alpha_n - (x_1 + x_2)\alpha_n + x_1 x_2 = 0,$$

qui exprime que les valeurs α_n et α_{n+1} sont liées par une relation homographique.

D'après un théorème, très souvent appliqué dans la Géométrie projective, cette relation est équivalente à la suivante :

$$\frac{\alpha_{n+1}-\alpha'}{\alpha_{n+1}-\alpha''}=c\,\frac{\alpha_n-\alpha'}{\alpha_n-\alpha''},$$

α' et α'' désignant les coordonnées des deux points doubles de cette homographie et c étant une constante facile à calculer.

Mais les points doubles sont donnés par les racines x_1 et x_2, et l'on obtient aisément

$$\frac{\alpha_{n+1}-x_1}{\alpha_{n+1}-x_2}=\frac{x_2}{x_1}\,\frac{\alpha_n-x_1}{\alpha_n-x_2};$$

d'où il résulte

$$\frac{\alpha_{n+1}-x_1}{\alpha_{n+1}-x_2}=\left(\frac{x_2}{x_1}\right)^n\frac{\alpha_1-x_1}{\alpha_1-x_2}=\left(\frac{x_2}{x_1}\right)^{n+1}\frac{\alpha_0-x_1}{\alpha_0-x_2},$$

ou, parce que $\alpha_0=x_1+x_2$,

$$\frac{\alpha_{n+1}-x_1}{\alpha_{n+1}-x_2}=\left(\frac{x_2}{x_1}\right)^{n+2}.$$

Si maintenant le module de x_1 est plus grand que celui de x_2, cette quantité deviendra infiniment petite pour les valeurs infiniment croissantes de n, et la quantité α_{n+1} se rapprochera indéfiniment de la limite x_1, de telle sorte que, dans ce cas, l'expression (1) est convergente et représente la valeur x_1.

Si les modules des deux quantités x_1 et x_2 sont égaux, l'expression $\left(\frac{x_2}{x_1}\right)^{n+2}$ n'a pas de limite, et par conséquent la fraction continue (1) sera divergente.

Nous sommes ainsi conduits à ce résultat que l'expression (1) converge vers la plus grande en valeur absolue des deux quantités x_1 et x_2, dont les modules sont supposés différents, et nous avons une expression uniforme composée de fonctions symétriques des deux quantités x_1 et x_2, représentant une seule de ces deux quantités.

Nous en pourrions déduire un grand nombre de conséquences, mais je ne veux en signaler que les suivantes :

(*a*) Si l'on regarde $x_1=z$ comme variable complexe, et $x_2=a$

comme constante, on a l'expression

$$(2)\qquad \alpha = a + z - \cfrac{az}{a + z - \cfrac{az}{a + z - \ldots}}$$

qui est convergente si le point représentant dans le plan la quantité z ne se trouve pas sur la circonférence ayant le point zéro pour centre et passant par le point a ; si le point z se trouve à l'intérieur de ce cercle, l'expression (2) est constante et égale à a, et s'il se trouve à l'extérieur de ce cercle, elle est égale à z.

(b) L'expression (2) n'est qu'un cas particulier de celle que l'on obtient en prenant pour x_1 et x_2 deux fonctions rationnelles de z quelconques $\varphi(z)$ et $\psi(z)$, de telle sorte que l'on a

$$(3)\qquad \alpha = \varphi(z) + \psi(z) - \cfrac{\varphi(z)\psi(x)}{\varphi(z) + \psi(z) - \cfrac{\varphi(z)\psi(z)}{\varphi(z) + \psi(z) - \ldots}},$$

et le plan des z se subdivisera en diverses régions de telle façon que, dans les unes, l'expression (3) est égale à $\varphi(x)$, dans les autres à $\psi(x)$, suivant que le module de $\varphi(z)$ ou celui de $\psi(z)$ est le plus grand dans la région considérée.

(c) Prenons, par exemple,

$$x_1 = z + 1, \qquad x_2 = z - 1,$$

l'expression α nous donnera ou $z + 1$ ou $z - 1$, suivant que z se trouve ou à droite ou à gauche de l'axe imaginaire, de telle sorte que l'expression $\alpha - z$ nous donnera le signe de la partie réelle de z, celle-ci étant supposée différente de zéro, et si, en particulier, z est réelle et égale à x, elle nous donnera le signe de la quantité x elle-même, ce que nous exprimons par la formule

$$\sin x = x - \cfrac{x^2 - 1}{2x - \cfrac{x^2 - 1}{2x - \ldots}}$$

On voit que l'on en peut déduire une infinité d'expressions présentant des coupures de représentation, et cela d'une manière plus simple que toutes les autres connues jusqu'à présent.

Le lecteur a déjà aperçu que l'existence d'expressions représentant des fonctions distinctes se déduit immédiatement des considérations que nous avons rappelées au commencement.

Supposons, en effet, que l'on ait trouvé une expression uniforme

$$x = V(a_1, a_2, \ldots, a_n)$$

représentant une racine quelconque de l'équation

$$x^n - a_1 x^{n-1} + a_2 x^{n-2} - \ldots \pm a_n = 0,$$

expression convergente pour tous les systèmes de valeurs a_1, a_2, ..., a_n, à l'exception de certains systèmes singuliers constituant une variété d'ordre $(n-1)$. D'après le principe de Vandermonde, on peut remplacer dans cette expression les coefficients a par les n fonctions symétriques $f_1, f_2, \ldots, f_n$, des n variables indépendantes $x_1, x_2, \ldots, x_n$ et l'expression uniforme

$$x = V(f_1, f_2, \ldots, f_n)$$

sera convergente en général et aura pour valeur une racine x_k déterminée.

Si l'on y substitue des fonctions rationnelles $\varphi_1(z)$, $\varphi_2(z)$, ..., $\varphi_n(z)$ au lieu de $x_1, x_2, \ldots, x_n$, on obtient une expression uniforme en z, qui, dans diverses parties du plan des z, représente les diverses fonctions $\varphi_k(z)$.

Il me semble que c'est la voie la plus naturelle pouvant nous amener à des expressions affectées de coupures, expressions dont on a donné de nombreux exemples dans les derniers temps.

Berlin, juillet 1885.

LE RÉSUMÉ HISTORIQUE DE PROCLUS;

PAR M. PAUL TANNERY.

J'aborde maintenant le long fragment historique inséré par Proclus dans la seconde partie de son Prologue (p. 64-70); je vais donner la traduction intégrale de ce texte capital pour l'histoire de la Géométrie; j'examinerai ensuite à quelles sources Proclus a dû puiser en réalité et ce qu'il peut avoir tiré de son propre fonds.

a [1]. « Il convient désormais de parler de l'origine de la Géométrie dans la période actuelle; car, comme l'a dit le surhumain Aristote, les mêmes pensées sont venues à plusieurs reprises aux hommes suivant certaines périodes déterminées de l'univers, et ce n'est pas de notre temps, ou dans celui que nous connaissons par l'histoire, que les sciences se sont constituées pour la première fois; mais elles apparaissent et tour à tour disparaissent suivant les retours de révolutions célestes, dont on ne peut assigner le nombre pour le passé ni pour l'avenir. C'est donc pour la période actuelle seulement qu'il faut considérer les commencements des arts et des sciences.

b. « Nous dirons que, suivant la tradition générale, ce sont les Égyptiens qui ont les premiers inventé la Géométrie, et qu'elle est née de la mesure des terrains, qu'il leur fallait sans cesse renouveler à cause des crues du Nil qui fait disparaître les bornes des propriétés.

c. « Il ne faut pas s'étonner qu'un besoin pratique ait occasionné l'invention de cette science ou des autres, puisque tout ce qui est soumis à la génération procède de l'imparfait au parfait; il y a donc progrès naturel de la sensation au raisonnement, de celui-ci à l'intelligence pure. De même donc que la connaissance exacte des nombres a commencé chez les Phéniciens à la suite du trafic et des transactions auxquelles ils se livraient, la Géométrie a été inventée par les Égyptiens pour la raison que j'ai dite.

d. « Thalès, le premier, ayant été en Égypte, en rapporta cette théorie dans l'Hellade; lui-même fit plusieurs découvertes et mit ses successeurs sur la voie de plusieurs autres, par ses tentatives d'un caractère tantôt plus général, tantôt plus restreint au concret.

e. « Après lui, Mamercos [2] (Mamertinos?) frère du poète

---

(1) La subdivision du texte en paragraphes marqués par des lettres est destinée à faciliter les renvois ultérieurs.

(2) La leçon des manuscrits est douteuse : Mamertinos est la forme donnée par Suidas; le fragment pseudo-héronien porte Mamertios.

Stésichore, est mentionné comme s'étant enflammé pour la Géométrie, et Hippias d'Elis rapporte qu'il s'y fit de la réputation.

f. « Après eux, Pythagore transforma cette étude, et en fit un enseignement libéral; car il remonta aux principes supérieurs et rechercha les théorèmes abstraitement et par l'intelligence pure; c'est à lui que l'on doit la découverte des *irrationnelles* et la construction des figures du *cosmos* [*les polyèdres réguliers*].

g. « Après lui, Anaxagore de Clazomène s'occupa de diverses questions géométriques, de même qu'Œnopide de Chios, un peu plus jeune qu'Anaxagore; Platon, dans ses *Rivaux*, fait mention de tous deux comme de mathématiciens en réputation.

h. « Puis devinrent célèbres en Géométrie : Hippocrate de Chios, l'inventeur de la quadrature de la *lunule* et Théodore de Cyrène. Hippocrate fut le premier qui composa des *Éléments*.

i. « Après eux vécut Platon qui fit prendre aux Mathématiques en général, à la Géométrie en particulier, un essor immense, grâce au zèle qu'il déploya pour elles, et dont témoignent assez ses écrits tout remplis de discours mathématiques, et qui, à chaque instant, éveillent l'ardeur pour ces sciences chez ceux qui s'adonnent à la philosophie.

j. « Vers le même temps vivaient Léodamas de Thasos, Archytas de Tarente, et Théétète d'Athènes, qui augmentèrent le nombre des théorèmes et en firent un ensemble plus scientifique; Néoclide (plus jeune que Léodamas) et son disciple Léon, qui agrandirent singulièrement les connaissances antérieures, en sorte que Léon put composer des *Éléments* très supérieurs par le nombre et l'importance des démonstrations; ce fut aussi lui qui inventa les *distinctions* (διορισμοί), quand le problème cherché est possible et quand il est impossible ([1]).

k. « Eudoxe de Cnide, un peu plus jeune que Léon, et disciple

---

([1]) Dans les ouvrages classiques, toutes les fois qu'un problème est astreint, pour être possible, à certaines conditions, celles-ci sont insérées dans l'énoncé du problème sous la rubrique : δεῖ δὴ (il faut que). Elles constituent ce qu'on appelle le διορισμός.

des amis de Platon, augmenta le premier le nombre des théorèmes dits *généraux;* il ajouta trois nouvelles *analogies* aux trois anciennes (1), et fit progresser les questions relatives à la *section* (2), questions soulevées par Platon et pour lesquelles il fit usage des *analyses.*

l. « Amyclas d'Héraclée, disciple de Platon, Ménechme, élève d'Eudoxe et de Platon, Dinostrate, frère de Ménechme, perfectionnèrent l'ensemble de la Géométrie. Theudios de Magnésie s'acquit une réputation singulière dans les Mathématiques comme aussi dans les autres branches de la Philosophie; il rédigea d'excellents *Éléments* et rendit plus générales diverses définitions (3). Athénée de Cyzique vécut à la même époque et fut célèbre comme mathématicien, en particulier comme géomètre. Tous ces savants se réunissaient à l'Académie et faisaient leurs recherches en commun.

m. « Hermotime, de Colophon, poursuivit les découvertes d'Eudoxe et de Théétète, trouva diverses propositions des *Éléments,* et composa une partie des *Lieux.* Philippe de Medma (4), disciple de Platon qui le tourna vers les Mathématiques, fit des recherches suivant les indications de son maître, mais il se proposa aussi toutes les questions qu'il crut utiles pour la philosophie de Platon. C'est jusqu'à ce Philippe que *ceux qui ont écrit les histoires* conduisent le développement de la Géométrie.

n. « Euclide, l'auteur des *Éléments,* n'est pas beaucoup plus jeune; il a mis en ordre divers travaux d'Eudoxe, amélioré ceux de

---

(1) L'arithmétique, la géométrique et l'harmonique; celles d'Eudoxe sont définies par les relations suivantes entre le moyen m et les extrêmes $a > b$:

$$1^\circ \quad \frac{a-m}{m-b} = \frac{b}{a}; \qquad 2^\circ \quad \frac{a-m}{m-b} = \frac{b}{m}; \qquad 3^\circ \quad \frac{a-m}{m-b} = \frac{m}{a}.$$

(2) La section en moyenne et extrême raison, d'après Bretschneider, dont l'opinion a, depuis, été généralement admise; la section des corps ronds, d'après l'interprétation antérieure que je montrerai être la plus probable.

(3) Le texte est douteux; peut-être : « rendit plus générales diverses propositions particulières ».

(4) Μεδμαῖος doit certainement être lu au lieu de Μενδαῖος; mais il ne semble pas qu'il faille distinguer ce Philippe de celui dit ordinairement d'Opunte. (*Voir* Boeckh, *Sonnenkreise der Alten* (Berlin, 1863), p. 34-40.

Théétète, et aussi donné des démonstrations irréfutables pour ce que ses prédécesseurs n'avaient pas assez rigoureusement prouvé.

o. « Euclide vivait sous Ptolémée I, car il est mentionné par Archimède, qui naquit vers la fin du règne de ce souverain, et d'autre part on rapporte que Ptolémée demanda un jour à Euclide s'il n'y avait pas pour la Géométrie de route plus courte que celle des *Éléments;* il eut cette réponse : « Il n'y a pas en Géométrie de chemin fait pour les rois ». Euclide est donc plus récent que les disciples de Platon, mais plus ancien qu'Ératosthène et Archimède, car ces derniers étaient contemporains, comme Ératosthène le dit quelque part.

p. « Euclide était d'ailleurs Platonicien d'opinion, et bien familier avec la philosophie du Maître : aussi s'est-il proposé comme but final de l'ensemble de ses *Éléments,* la construction des figures appelées platoniciennes (*les cinq polyèdres réguliers*).

q. « Il y a de lui nombre d'autres Ouvrages de Mathématiques, écrits avec une singulière exactitude et pleins de science théorique. Tels sont ses *Optiques*, ses *Catoptriques*, ses Éléments de Musique, et encore son livre *sur les Divisions* ([1]).

r. « Mais on admire singulièrement ses *Éléments* de Géométrie, pour l'ordre qui y règne, le choix des théorèmes et problèmes pris comme éléments (car il n'a nullement inséré tous ceux qu'il pouvait donner, mais bien seulement ceux qui sont susceptibles de jouer le rôle d'éléments), et aussi la variété des raisonnements, conduits suivant tous les modes et produisant la conviction, tantôt en partant des causes, tantôt en remontant des faits, mais toujours irréfutables, exacts, et du caractère le plus scientifique. Ajoutez tous les procédés de la dialectique : la méthode de *division* (διαιρετική), dans la reconnaissance des espèces, celle de *définition* (ὁριστική), dans les raisons en essence, l'*apodictique,* dans les marches des principes au cherché, l'*analytique,* dans celles inverses, du cherché aux principes. Le même Traité nous montre encore, exactement distinguées, les diverses espèces des *réciproques,* tantôt plus simples,

---

([1]) L'Ouvrage géométrique copié par Mahomet de Bagdad, dans le Traité de même titre qui fait partie de l'édition d'Euclide par Grégory.

tantôt plus composées, en tant que la réciprocité peut avoir lieu, soit de la totalité à la totalité, soit de la totalité à la partie, ou inversement, soit enfin de partie à partie. Parlerons-nous de la teneur continue de l'invention, de l'économie et de l'ordre des antécédents et des conséquents, de la puissance avec laquelle il établit chaque point? Si tu veux y ajouter ou retrancher, tu reconnaîtras que tu t'écartes de la science, et te laisses emporter en dehors, vers l'erreur ou l'ignorance.

s. « Nombre de choses, à vrai dire, paraissent bien offrir la vérité, et découler des principes de la science, mais s'écartent de ces principes vers l'erreur et trompent les esprits superficiels. Euclide a donc aussi donné les procédés qu'emploie l'intelligence clairvoyante, et grâce auxquels il est possible d'exercer les débutants dans l'étude de la Géométrie, à reconnaître les paralogismes et à éviter les erreurs. C'est dans l'écrit qu'il a intitulé Ψευδάρια que ce travail a été accompli, qu'il a énuméré séparément et en ordre les divers genres de faux raisonnements, exerçant pour chacun notre intelligence par des théorèmes de toute sorte, où il oppose le vrai au faux, et où avec la preuve il fait concorder la réfutation de l'erreur. Ainsi ce Livre a pour but la purification et l'exercice de l'intelligence, tandis que les *Éléments* sont un guide sûr et accompli pour la contemplation scientifique des objets de la Géométrie. »

2. D'ordinaire, on reconnaît comme empruntée à Eudème la partie de ce fragment (*b-m*) qui concerne les temps antérieurs à Euclide; mais on admet que cet emprunt a été fait par Proclus, car il est trop clair qu'en tout cas nous n'avons pas le texte même d'Eudème, et l'on considère le commentateur d'Euclide comme ayant rédige toute la partie (*n-s*) relative à l'auteur des *Éléments*.

Je vais essayer de montrer que le fragment tout entier appartient à Geminus, sauf les quelques légères altérations que Proclus a pu se permettre.

En premier lieu, j'appelle l'attention sur le paragraphe *a*; ce singulier hors-d'œuvre ne correspond pas à une doctrine assez invétérée chez Proclus, pour qu'on puisse croire qu'il l'ait écrit sans y avoir été au moins incité par quelque auteur qu'il avait sous les yeux. L'autorité d'Aristote ne doit pas non plus nous faire illusion, quoique le Stagirite dise bien quelque chose (*Metaph.*, XI, 8, 13) qui justifie suffisamment la citation de Proclus; ce n'est point là une doctrine du Lycée ([1]), et un tel développement serait aussi singulier dans l'*Histoire géométrique* d'Eudème qu'il l'est dans Proclus. La croyance qu'indique ce paragraphe est au contraire bien connue comme faisant partie des dogmes stoïciens; nous devons donc soupçonner là la main de Geminus, sauf à laisser à Proclus la mention d'Aristote.

Passons maintenant à la partie du fragment qui concerne Euclide; les mentions précises d'Eudoxe et de Théétète (*n*), dont Proclus n'a certainement pas les ouvrages, indiquent assez que, pour ce qu'il dit d'Euclide, il a encore une autorité postérieure à Eudème.

La petite discussion chronologique (*o*), sur l'époque où vivait Euclide, ne peut être de Proclus, homme qui se contente toujours de s'en référer à la tradition; elle répond au contraire tout à fait aux habitudes du temps de Geminus, alors que la chronologie venait à peine de se fonder. Cette discussion nous prouve d'ailleurs une chose, c'est que son auteur, quel qu'il soit, n'en savait pas plus que nous sur les dates de la vie d'Euclide.

Je ne m'arrête pas au renseignement (*p*) que Proclus aurait pu tenir d'une tradition quelconque, ni à la liste (*q*) incomplète des Ouvrages attribués à Euclide et que nous avons encore ([2]), mais je relève la digression (*s*) sur les *Pseudaria*. Évidemment Proclus en parle comme s'il avait l'Ouvrage entre les mains; qui peut croire cependant que de son temps un livre dont nous ne trouvons ailleurs qu'une seule mention ([3]) ait été, comme il semble le dire, encore suivi dans l'enseignement? Qui peut croire qu'un commen-

---

([1]) Aristote, comme Platon, qui admet de même des périodes successives de civilisation aboutissant à des cataclysmes, croit en tout cas que la race humaine n'est pas détruite et conserve des traces des connaissances antérieures.

([2]) Cependant, si les *Données* et les *Porismes* n'y figurent pas, c'est sans doute parce que Geminus se réservait d'en parler plus loin et qu'il l'avait fait après l'endroit où Proclus s'est arrêté; les *Divisions* ne méritaient pas une mention plus détaillée. Quant aux *Phénomènes*, leur omission ici ne peut étonner.

([3]) Alexand. Aphrod. in Arist. σοφιστ. ἐλέγχ. (Venise, 1520), fol. 25, B. Peut-être aussi le scholiaste du *Théétète* de Platon, 141 B.

tateur d'Euclide ait possédé un pareil Ouvrage, sans en rien tirer pour une seule remarque, même incidente? Il y a certes là une des preuves les plus palpables que le fragment est copié en son entier, et dès lors, à qui peut-il être emprunté, si ce n'est à Geminus?

Quant à l'éloge des *Éléments* qui précède (*r*), il suffit de remarquer que, dans le commentaire de Proclus, il n'est nullement à sa place; il se comprend très bien au contraire dans le plan que paraît avoir suivi Geminus, parlant des Ouvrages d'Euclide après avoir brièvement rappelé les travaux antérieurs, et commençant ainsi l'exposé des théories géométriques en relevant les mérites de l'œuvre classique où se trouvaient développés les éléments de ces théories.

3. Nous possédons dès maintenant des motifs suffisants pour penser que c'est à Geminus également que Proclus emprunte le résumé de l'histoire antérieure à Euclide, et que, s'il vient originairement d'Eudème, c'est Geminus qui a fait le premier extrait. Examinons donc ce résumé plus attentivement et cherchons à discerner, dans cette hypothèse, s'il n'y a pas d'autre trace nous indiquant que Proclus n'avait nullement Eudème sous la main.

Tout d'abord, écartons une question préjudicielle : on nous parle (*m*) de *ceux qui ont écrit les histoires*. Geminus avait-il, lui, à sa disposition d'autres historiens qu'Eudème?

On répète souvent, d'après Diogène Laërce (V, 48, 50), que Théophraste, comme Eudème, disciple d'Aristote, avait, lui aussi, composé quatre Livres d'*Histoires géométriques,* six d'*Histoire astrologique,* un d'*Histoires arithmétiques*. Mais, comme Usener l'a remarqué le premier, il est probable que cette donnée nous fournit seulement le nombre de livres historiques composés par Eudème, le seul sous le nom duquel soient citées de telles histoires, tandis que Théophraste n'est cité que comme auteur d'*Histoires physiques* (seize Livres), et que les quelques renseignements qui proviennent en outre de lui sur l'histoire astronomique doivent être empruntés à des écrits spéciaux, comme celui *sur le Ciel,* etc. Il suffit d'ajouter que le prétendu catalogue des écrits de Théophraste est formé de quatre listes successives par ordre alphabétique, dont la troisième et la quatrième, qui parlent des *Histoires mathématiques,* ne contiennent aucun ouvrage authentique de l'auteur des *Caractères,* mais seulement des écrits de la même école.

La mention que fait également Diogène Laërce (IV, 13) de cinq Livres Περὶ γεωμετρῶν (sur les géomètres), qu'aurait écrits Xénocrate, disciple de Platon et contemporain d'Eudème, n'est guère plus acceptable. Aucune trace ne se rencontre ailleurs d'un pareil écrit dont le titre peut être corrompu et lu Περὶ γεωμετρικῶν (sur la Géométrie); d'autre part, il semble que la source de Diogène Laërce ait réuni sous ce titre commun cinq Livres distincts qui sont énumérés ensuite, et dont aucun n'a de caractère historique ([1]).

Mais, si Eudème est le seul historien de la Géométrie avant Euclide, comment Geminus aura-t-il pu employer le pluriel?

Il est aisé de voir que, quoique Eudème ait été la source principale, comme le témoigne assez l'exclusivisme de la liste des géomètres nommés ([2]), Geminus a dû chercher d'autres renseignements que les siens, sinon chez des historiens spéciaux qui n'existaient pas, au moins chez les écrivains qui pouvaient compléter Eudème, et cela suffit pour justifier l'expression dont il s'est servi.

On le soupçonne, quand on rencontre dans le fragment la tradition sur les débordements du Nil (*b*), qui remonte à Hérodote, et l'attribution aux Phéniciens de l'invention de l'Arithmétique (*c*). Sur ces deux points, en effet, le fragment s'écarte de l'opinion formelle d'Aristote (*Metaph.*, I, 1), qui voit dans les loisirs des prêtres égyptiens la cause déterminante de la formation première des Mathématiques. Platon admettait également et à juste titre que la science des nombres venait originairement de l'Égypte; enfin, quand Jamblique nous dit que Thalès emprunte aux Égyptiens sa définition de l'unité, il nous fournit un renseignement qui doit venir plus ou moins directement d'Eudème et qui contredit également la prétendue origine phénicienne.

([1]) Je remarque incidemment que le *Périgènes*, auteur d'un ouvrage sur les Mathématiques chaldéennes, cité par le scholiaste d'Apollonius (Nesselmann, p. 1-2), est évidemment Épigène de Byzance, dont parlent Sénèque et Pline.

([2]) Notamment l'omission de Démocrite; il est bien peu croyable d'ailleurs qu'en dehors d'Athènes ou de l'Académie, il n'y ait pas eu un nom à citer à partir d'Hippocrate de Chios. La Sicile notamment a dû avoir des géomètres entre Mamercos et Archimède, quand elle a eu des astronomes originaux comme Ecphante et Hicétas.

On reconnaît, d'autre part, une source particulière utilisée par Geminus, quand on voit citer (*e*) Hippias d'Elis à propos de Mamercos. Cette citation ne peut en effet appartenir à Proclus qui n'avait point certainement l'ouvrage d'Hippias; si elle était d'Eudème, Geminus ne l'aurait pas sans doute conservée dans l'extrait, tandis qu'il aura voulu donner une preuve de son érudition, en parlant d'un géomètre omis par le disciple d'Aristote. Au reste, la mention du polygraphe Hippias devait probablement se référer à des vers du poète Stésichore, et n'a donc pas de valeur historique réelle.

La mention des *Rivaux* de Platon (*g*) conduit aux mêmes conclusions; à la rigueur, elle aurait pu être faite par Proclus; mais, comme le dialogue est apocryphe, cette citation n'est certainement pas d'Eudème, tandis que Geminus pouvait déjà la faire.

A la vérité, Eudème avait parlé d'Œnopide; nous sommes donc conduits à supposer qu'il avait omis Anaxagore, et que c'est ce dernier que Geminus aura voulu placer, d'après le témoignage qu'il invoquait, à côté de l'astronome de Chios. Il est certain pourtant que ce témoignage est d'autant plus insuffisant qu'il concerne une discussion astronomique et non pas géométrique : nous n'avons pas de preuves valables en fait qu'Anaxagore se soit sérieusement occupé de Géométrie (¹). Son Ouvrage sur la perspective, mentionné par Vitruve, pouvait ne pas réclamer des connaissances bien étendues, et le trait rapporté par Plutarque (*de Exsilio*, C. 17), qu'il composa dans sa prison une *Quadrature du cercle*, s'il n'est pas inventé à plaisir, ne prouve nullement qu'Anaxagore fût à la hauteur, comme géomètre, même des sophistes Antiphon et Bryson. En tout cas, sa conception du monde semble bien prouver que ses connaissances géométriques n'étaient pas au niveau de son originalité comme physicien.

Dans la suite du fragment, nous reconnaissons aussi dans le retour perpétuel aux *Éléments* la main d'un auteur qui recherche les origines de l'œuvre d'Euclide, qui lui est donc postérieur. C'est bien le même qui va rapprocher (*n*) de cette œuvre les travaux

---

(¹) Pas plus que les autres physiciens de l'école ionique après Thalès. L'ὅλης Γεωμετρίας ὑποτύπωσιν ἔδειξεν de Suidas sur Anaximandre doit sans doute se rapporter à la figuration de la Terre sur une mappemonde, qui fut l'œuvre du Milésien.

d'Eudoxe et de Théétète; il en a lu l'exposition détaillée dans Eudème et il résume ainsi son impression, de même qu'il l'a fait plus haut à plusieurs reprises. La façon dont il parle des *Lieux* à propos d'Hermotine (*m*) est bien aussi d'un écrivain au temps duquel ce sujet comprenait une matière considérable, tandis qu'au temps d'Eudème on commençait seulement à l'aborder.

Je me résume : les renseignements que fournit notre fragment pour les temps antérieurs à Euclide étaient épars dans les quatre Livres d'Eudème, composés sans doute par ordre des matières, suivant l'usage de son école. Si Proclus avait eu ces Livres entre les mains, il n'aurait point fait l'extrait que nous avons, et il nous aurait fourni en temps et lieu beaucoup plus de détails tirés d'Eudème que nous n'en trouvons malheureusement chez lui. Tout, au contraire, indique la main de Geminus, pour lequel cet extrait, avec le morceau qui suit sur Euclide, forme un ensemble rentrant naturellement dans le cadre qu'il s'était tracé; nous avons donc assez de probabilités pour pouvoir lui attribuer la totalité du fragment historique.

4. Il me reste à indiquer une conséquence importante qui s'ensuit relativement à un témoignage de ce fragment relatif à Platon et à Eudoxe (*k*).

Bretschneider a pensé que la *section* dont il est parlé dans ce passage était la section d'une ligne en moyenne et extrême raison, et qu'Eudème avait en vue les théories du Livre XIII d'Euclide, sur les polyèdres réguliers, lequel débute précisément par des théorèmes où intervient cette division en moyenne et extrême raison et pour lesquels, à côté des démonstrations d'Euclide, les manuscrits en ont conservé d'autres, par analyse et synthèse. Ce seraient là, d'après lui, des débris des *analyses* d'Eudoxe.

Contre cette dernière conclusion, Heiberg a objecté très justement que ces démonstrations ne peuvent, philologiquement parlant, être regardées que comme l'œuvre d'un scholiaste très postérieur à Euclide. Mais la thèse générale elle-même, quoique très séduisante, surtout si l'on croit retrouver dans le fragment historique un texte d'Eudème, n'a guère plus de valeur que la conjecture qui s'y rattache.

A mon sens, il s'agit, comme on le croyait avant Bretschneider, de la section des solides ([1]) et des travaux qui ont préludé à l'invention des coniques. Mais j'ajoute que selon toute probabilité la donnée dont il s'agit appartient à Geminus, non pas à Eudème; que, d'autre part, elle est empreinte d'un caractère légendaire qui en diminue singulièrement la valeur.

La donnée qui précède immédiatement, relative à l'invention par Eudoxe de trois *analogies* nouvelles, excite tout d'abord nos soupçons; comme ces *analogies* semblent avoir toujours été considérées comme rentrant dans l'Arithmétique, il est improbable qu'Eudème en ait parlé à propos de la Géométrie; d'un autre côté, Jamblique les attribue tantôt à Eudoxe, tantôt à Archytas; la tradition n'était donc pas bien assurée à cet égard. Il est donc possible qu'ici Geminus se soit écarté d'Eudème; en tout cas, pour Eudoxe, il a cherché d'autres renseignements que ceux que fournissaient les *Histoires géométriques*.

Quant à l'invention des sections coniques, il est très probable qu'Eudème n'en avait point parlé. Si l'on considère que son Ouvrage ne comprenait que quatre Livres, et que la quadrature des lunules se trouvait exposée, très longuement d'ailleurs, dans le second, il paraît impossible qu'un Traité aussi restreint comme dimensions et entrant dans autant de détails ait pu comprendre la théorie des coniques.

Cette conjecture est confirmée par le passage de Geminus que cite Eutocius (sur Apollonius) au sujet de l'histoire des coniques. Dans ce passage, Geminus a évidemment emprunté à Eudème ce qu'il dit de la façon dont les anciens démontraient l'égalité à deux droits de la somme des angles d'un triangle; mais, pour l'invention même des coniques, il semble réduit aux connaissances qu'il pouvait tirer lui-même des écrits antérieurs à Apollonius, et Eutocius, qui le cite pour réfuter l'opinion d'Héraclite ([2]), ne peut y trouver l'attribution de l'invention à un personnage déterminé.

([1]) L'emploi du singulier, quand d'ailleurs le texte serait plus assuré qu'il ne l'est, ne prouve rien. Il est au reste impossible de montrer un texte où il soit parlé d'une section proprement dite, à savoir celle en moyenne et extrême raison; un peu plus haut Proclus (p. 60, 17-19) s'exprime tout autrement.

([2]) Nom douteux. Il avait écrit une vie d'Archimède, où il attribuait au Syracusain l'invention des coniques.

Geminus cependant, mais dans un autre passage et d'une façon tout incidente (*Proclus,* p. 111), avait reconnu Ménechme comme l'inventeur des coniques, mais il s'appuyait expressément sur un vers où Érastothène parlait des triades de Ménechme, les sections du cône, et qui se trouve dans la lettre conservée par Eutocius (sur Archimède). Ce témoignage, postérieur à Eudème, n'est pas évidemment suffisant pour trancher complètement la question.

Enfin les solutions du problème de Délos, attribuées à Ménechme par Eutocius, ne paraissent pas remonter à Eudème, comme celle qui nous est restée sous le nom d'Archytas; est-il nécessaire d'ajouter que ces solutions peuvent très bien avoir été imaginées après coup, et qu'elles doivent nous être suspectes jusqu'à un certain point, surtout quand nous trouvons déjà dans l'une d'elles l'équation de l'hyperbole rapportée à ses asymptotes?

Ménechme peut très bien avoir distingué le premier les trois coniques et établi leur équation au sommet, mais son maître Eudoxe peut, par exemple, avoir considéré la section plane du cylindre ([1]), et peut-être Geminus retrouvait-il dans un de ses écrits encore existants le nom antique de θυρεός (bouclier), appliqué autrefois à l'ellipse; cela suffisait pour lui attribuer d'avoir étudié les questions relatives *à la section des corps.*

Mais il est aussi très possible que Geminus ait forgé complètement sa donnée pour faire remonter jusqu'à Platon le principe de l'invention. Dans ce cas, Eudoxe, comme maître de Ménechme, était un intermédiaire naturel.

5. Dès le temps de Geminus en effet, avait cours, dans le milieu philosophique, la légende qui attribuait à Platon une part considérable dans le développement de la Géométrie. Ce que dit du Maître le passage (*l*) du fragment historique peut bien être considéré comme exact ou tout au moins comme représentant fidèlement le témoignage d'Eudème, qui devait déjà être quelque peu porté à s'exagérer le rôle de Platon comme promoteur de la Géo-

---

([1]) Eudoxe, pour représenter les mouvements des planètes, avait étudié une courbe qui est l'intersection d'une sphère par un cylindre tangent antérieurement; Archytas avait déjà, dans sa solution du problème de Délos, au moins posé la question d'intersections encore plus complexes.

métrie. Mais, quand nous arrivons au passage sur Eudoxe, la légende a pris corps, Platon a inventé l'analyse et soulevé les questions sur la *section*.

Sur la prétendue invention de l'analyse, je reviendrai ailleurs; quant à l'autre élément de la légende, il ne me paraît pas difficile d'en reconnaître l'origine : au Livre VII de la *République*, où il parle longuement des diverses sciences mathématiques, Platon constate que les théories géométriques concernant les solides sont encore à peine ébauchées. Si l'on considère que cependant la construction des cinq polyèdres réguliers était attribuée aux Pythagoriciens, que la découverte capitale d'Eudoxe sur le volume de la pyramide présente un caractère pratique qui ne permettait guère aux disciples de Platon de l'apprécier à sa juste valeur, une seule théorie se présentait comme représentant le *desideratum* du Maître, c'était celle qui, en tout cas, apparut vers la même époque, la théorie de la section du cône. C'est donc à elle que s'attache la légende et dès lors c'est à Platon lui-même qu'à tort ou à raison elle fait remonter l'origine de la question.

Dans ces conditions, nous pouvons d'autant moins nous prononcer sur la valeur réelle de cette tradition que, d'une part, elle s'appuie en fait sur des textes de Platon pour l'interprétation complète desquels les éléments nous font défaut, mais que d'un autre côté, si cette légende a peut-être un fond de vérité, nous la voyons s'accroître bientôt de développements inadmissibles.

Qu'elle ait été rattachée dès l'origine au fameux problème de Délos, il est à peine utile de le faire remarquer, puisque, historiquement parlant, les sections coniques apparaissent tout d'abord comme appliquées à la solution de ce problème. A la vérité, dans sa lettre à Ptolémée, Ératosthène n'indique nullement que Platon lui-même se soit occupé de ce problème, mais dans son *Platonicien* (1), il racontait déjà que c'était au chef de l'Académie que s'étaient adressés les Déliens, embarrassés par l'oracle, et il lui attribuait d'avoir dit : « Si le Dieu a fait cette réponse, ce n'est pas qu'il eût besoin d'un autel double, mais il a voulu reprocher aux Grecs de négliger les Mathématiques, il blâme leur dédain pour la Géométrie. »

(1) *Théon de Smyrne*. Arith., Chap. I.

La légende ira en grossissant de plus en plus; bientôt on attribuera à Platon une solution déterminée du problème, solution pratique d'une rare élégance au reste, mais certainement postérieure à Ératosthène; aux derniers temps, d'après Philopon, ce sera Platon qui aura ramené la duplication du cube à l'invention des deux moyennes proportionnelles, réduction que cependant Ératosthène attribue formellement à Hippocrate de Chios.

Mais arrêtons-nous à Plutarque. Il nous raconte (*Quest. conviv.*, VIII, 9-2, CI. — *Vita Marcelli,* C. 14, 5) que Platon a blâmé Eudoxe, Archytas et Ménechme d'avoir employé pour la duplication du cube des instruments et des dispositions mécaniques, d'avoir ainsi rabaissé jusqu'aux objets sensibles une science dont les spéculations doivent être exclusivement abstraites. Ce fut aussi lui qui sépara définitivement la Géométrie de la Mécanique et réduisit celle-ci au rôle secondaire qu'elle garda jusqu'à Archimède.

Ce récit de Plutarque est ordinairement accepté sans défiance : comment nier cependant qu'il ne soit forgé à plaisir d'après le caractère général de la philosophie de Platon et sans tenir aucun compte de ce qu'étaient les solutions d'Eudoxe, d'Archytas et de Ménechme? Par une singulière contradiction avec une autre forme de la légende, la solution attribuée à Platon est, avant celle d'Eratosthène, la seule qui suppose l'emploi d'un instrument, celles d'Archytas et de Ménechme sont aussi théoriques que possible, et il n'y a pas à douter que celle d'Eudoxe, que nous n'avons plus, ne leur ressemblât sous ce rapport.

Si Diogène Laërce nous dit (VIII, 83) (¹) qu'Archytas fut le premier à introduire des mouvements d'instrument dans une figure géométrique pour trouver la duplication du cube par l'intersection d'un cône, d'un cylindre et d'un tore, ce peut être vrai en tant que ces mouvements sont considérés comme purement abstraits; mais on répète simplement sous une forme encore plus inadmissible la donnée de Plutarque, si l'on entend que le Tarentin aura effectivement tenté de réaliser mécaniquement sa construction; il aurait, à ce compte, certainement tenu la gageure de trouver le pro-

(¹) C'est d'après une autre source évidemment que le même auteur indique Archytas comme le géomètre dont parle Platon à mots couverts, au Livre VII de la *République*, pour le proposer comme maître aux mathématiciens.

cédé manuel le plus impraticable qu'il fût possible d'imaginer.

Ce que l'on peut seulement concéder, c'est que les surfaces considérées par Archytas rentraient dans celles qui, pratiquement et à l'aide du tour, pouvaient être réalisées avec autant d'exactitude que la surface plane et qui, dès lors, avaient droit, à tous égards, d'être introduites dans les spéculations géométriques. Si, d'autre part, Ératosthène, dans sa lettre à Ptolémée, nous dit que Ménechme a été jusqu'à lui le seul qui ait tenté une solution plus ou moins pratique, je ne puis, pour ma part du moins, supposer une description continue d'une conique pas plus qu'une construction par points, je ne puis penser qu'à une construction d'un cône et à sa section effective, pour obtenir par exemple une parabole d'un paramètre donné; mais, en fait, une pareille solution reste toujours purement théorique.

Le témoignage d'Ératosthène suffit, en tout cas, pour repousser les récits de Plutarque, mais la légende platonicienne n'en embarrasse pas moins d'un voile désormais impénétrable les origines de la théorie des coniques.

LIOTHÈQUE DE L'ÉCOLE DES HAUTES ÉTUDES,
BLIÉE SOUS LES AUSPICES DU MINISTÈRE DE L'INSTRUCTION PUBLIQUE.

BULLETIN
DES
ENCES MATHÉMATIQUES,

RÉDIGÉ PAR MM. G. DARBOUX, J. HOÜEL ET J. TANNERY,

AVEC LA COLLABORATION DE

CH. ANDRÉ, BATTAGLINI, BELTRAMI, BOUGAIEFF, BROCARD, BRUNEL,
A. HARNACK, CH. HENRY, G. KOENIGS, LAISANT, LAMPE, LESPIAULT, S. LIE,
SION, A. MARRE, MOLK, POTOCKI, RADAU, RAYET, RAFFY, S. RINDI,
UVAGE, SCHOUTE, P. TANNERY, EM. ET ED. WEYR, ZEUTHEN, ETC.

SOUS LA DIRECTION DE LA COMMISSION DES HAUTES ÉTUDES.

DEUXIÈME SÉRIE.
TOME X. — MARS 1886.
(TOME XXI DE LA COLLECTION.)

PARIS,
UTHIER-VILLARS, IMPRIMEUR-LIBRAIRE
REAU DES LONGITUDES, DE L'ÉCOLE POLYTECHNIQUE,
SUCCESSEUR DE MALLET-BACHELIER,
Quai des Augustins, 55.

1886

Ce Recueil paraît chaque mois.

La Rédaction du *Bulletin*, dans l'intérêt de la régularité de la publication et d'une bonne correction des épreuves, et, plus encore, en vue d'épargner à l'Im-primerie des frais considérables autant qu'inutiles de remaniements, prie instamment ses collaborateurs d'apporter toujours le plus grand soin possible dans l'exé-

PUBLICATIONS PÉRIODIQUES.

(Librairie Gauthier-Villars, quai des Augustins, 55, Paris.)

	FORMAT.	PÉRIODICITÉ.	PARIS.	FRANCE et ALGÉRIE.	UNION POSTALE.
			fr.	fr.	fr.
Annales scientifiques de l'École Normale supérieure	In-4	Mensuel	30	35	35
Bulletin astronomique, publié sous les auspices de l'Observatoire de Paris, par F. Tisserand	Gd in-8	Mensuel	16	18	18
Bulletin hebdomadaire de l'Association scientifique de France	In-8	Hebdomad.	15	15	17
Bulletin de la Société française de Photographie	Gd in-8	Mensuel	12	12	15
Bulletin de la Société internationale des Électriciens	Gd in-8	Mensuel	25	27	27
Bulletin de la Société mathématique de France	Gd in-8	6 Nos	15	16	16
Bulletin des Sciences mathématiques, publié par G. Darboux, J. Hoüel et J. Tannery	Gd in-8	Mensuel	18	20	20
Comptes rendus hebdomadaires des séances de l'Académie des Sciences	In-4	Hebdomad.	20	30	34
Journal de l'École Polytechnique (2 Cahiers par an). Prix de chaque cahier	In-4	Semestriel	12	12	12
Journal de Mathématiques pures et appliquées, fondé par Liouville, continué par H. Resal, et publié, depuis 1885, par Camille Jordan	In-4	Trimestriel	30	35	35
Journal de Physique théorique et appliquée, fondé par d'Almeida, publié par E. Bouty, A. Cornu, F. Mascart et A. Potier	Gd in-8	Mensuel	15	15	15
Journal de l'Industrie photographique, organe de la Chambre syndicale de la Photographie	Gd in-8	Mensuel	7	7	7
L'Astronomie, Revue mensuelle d'Astronomie populaire, de Météorologie et de Physique du Globe; publiée par Camille Flammarion	Gd in-8	Mensuel	12	13	14
Nouvelles Annales de Mathématiques, rédigées par Gerono et Brisse	In-8	Mensuel	15	17	17
American Journal of Mathematics pure and applied. Editor in chief Sylvester	Gd in-4	Trimestriel	30	30	30
Bulletin de l'Association belge de Photographie	Gd in-8	Mensuel	27	27	27
Mathésis, Recueil mathématique à l'usage des Écoles spéciales et des Établissements d'instruction moyenne; publié par Mansion et Neuberg	Gd in-8	Mensuel	9	9	9

Les abonnements sont faits pour un an et partent de Janvier. — Envoyer un mandat de poste ou valeur sur Paris à M. Gauthier-Villars, Éditeur, quai des Grands-Augustins, 55, à Paris. On peut aussi s'abonner, sans supplément de frais, en versant le prix de l'abonnement dans un des bureaux de poste de France et de l'Union postale. — Lorsque l'abonnement n'est pas payé en souscrivant, le prix est augmenté de 50 centimes pour frais de recouvrement.

COMPTES RENDUS ET ANALYSES.

Victor PROU. — Les ressorts-battants de la Chirobaliste d'Héron d'Alexandrie, d'après les expériences de 1878 et suivant la théorie qui en a été déduite en 1882 (*Mémoires de l'Académie des Inscriptions*, t. XXXI, Ire Partie).

La question de la construction des machines de guerre de l'antiquité est d'une grande importance pour l'Histoire des Sciences. Elle permettrait, si elle était résolue, de préciser l'étendue des connaissances des anciens en Mécanique expérimentale. Malheureusement les documents sont rares.

M. Victor Prou, qui s'est occupé spécialement des machines décrites par Héron, s'efforce de restituer la chirobaliste du savant alexandrin. Dans un de ses travaux antérieurs, il avait déjà proposé une solution du problème, mais cette solution ne l'avait pas satisfait. Celle qu'il donne aujourd'hui suppose que les anciens ont eu une connaissance approfondie des lois de la flexion. On avait admis jusqu'ici que les premières recherches théoriques sur cette question étaient de Galilée et que l'idée fondamentale, celle du travail égal des deux faces fléchissantes, n'avait été établie que par Charles Dupin au commencement de notre siècle. D'après M. Prou, au contraire, Philon aurait su fort bien que « la tranche centrale de chaque section transversale de la pièce supporte le minimum de fatigue et que ce sont les surfaces opposées (le dessus et le dessous), sur lesquelles agit perpendiculairement l'effort fléchissant, qui travaillent le plus ». Quel a été l'auteur de cette loi? M. Prou n'émet pas d'hypothèse sur ce point; il pense toutefois « qu'on ne peut contester aux Grecs le mérite d'avoir appliqué avec réflexion une théorie dont la recherche a égaré Galilée, Mariotte et Leibnitz ».

En partant de ce point, qu'il regarde comme acquis, l'auteur recherche dans le texte de Héron la construction des ressorts-battants de la chirobaliste. Il arrive à conclure qu'ils étaient formés, non comme il l'avait supposé antérieurement, d'une seule broche en acier, légèrement effilée, mais bien de huit lames minces d'acier trempé, jointives de champ, fléchies et étagées à la manière des ressorts de suspension de nos voitures modernes. Il confirme cette hypothèse par la considération des figures des manuscrits, qui semblent en effet présenter des arcs formés de plusieurs lamelles. Nous ne nous étendrons pas sur les autres détails de construction de la chirobaliste, que l'auteur décrit fort minutieusement et dont il donne la théorie.

Mentionnons seulement, dans le dernier Chapitre, une curieuse correction de l'auteur à un passage de Diodore de Sicile. Jusqu'ici on avait compris que les Égyptiens divisaient la stature d'un homme en vingt et une parties un quart. D'après M. Prou, cela veut dire qu'ils mesuraient les vingt et une parties principales du corps au module naturel de quart de pied ou de palme. L'auteur retrouve d'ailleurs ce module dans les dimensions de sa machine.

H.

CATALOGUE DE MODÈLES DE MATHÉMATIQUES, publiés par *L. Brill*, à Darmstadt.

Le *Bulletin* (1) a déjà eu plusieurs fois l'occasion d'attirer l'attention de ses lecteurs sur les intéressantes collections que M. Brill publie à Darmstadt.

Le nouveau Catalogue, qui vient de paraître, diffère des précédents, non seulement par les nouveautés assez nombreuses qu'il mentionne, mais encore par un double groupement des modèles, qui permet de se rendre un compte plus exact de l'importance acquise par ces collections.

La première Partie nous présente les modèles rangés en séries, suivant l'ordre chronologique de leur publication. La seconde Partie, au contraire, en offre le classement méthodique, d'après le genre d'intérêt théorique qui s'attache à chaque sujet. En outre, chaque mention est accompagnée d'une courte note, où se trouvent expliquées les propriétés géométriques les plus saillantes, et la méthode que l'on a suivie pour la construction. Ce Catalogue est donc une sorte de complément indispensable de la collection, un guide instructif qui nous met à même de la connaître et de l'apprécier.

---

(1) T. VIII$_2$, p. 7; t. VI$_2$, p. 5.

Premier groupe. — Surfaces du second ordre.
(29 modèles.)

Nous ne reviendrons pas sur ces modèles dont il a été déjà question dans le *Bulletin;* les quadriques s'y trouvent représentées en plâtre, en fil et en carton.

Deuxième groupe. — Surfaces algébriques d'ordre supérieur.

A. *Série des surfaces du troisième ordre* (21 modèles).

B. *Cyclides* (10 modèles).

Plusieurs de ces modèles sont nouveaux.

C. *Surfaces de Kummer* (3 modèles).

D. *Série de surfaces du quatrième ordre touchées par quatre plans suivant des cercles* (6 modèles).

Série nouvelle, remarquable par l'élégance de ses modèles; la célèbre surface romaine de Steiner en fait partie.

E. *Diverses surfaces algébriques du quatrième ordre, ou d'ordre supérieur* (4 modèles).

Troisième groupe. — Surfaces transcendantes.
(2 modèles.)

L'une de ces deux surfaces représente la fonction elliptique

$$\varphi = \mathrm{am}(u, k).$$

Quatrième groupe. — Courbes gauches.
(13 modèles.)

Huit des modèles de ce groupe figurent les diverses circonstances qu'une courbe gauche peut présenter, eu égard à ses singularités ou à celles de ses projections. Les autres modèles représentent des cubiques et des quartiques gauches. Pour représenter ces dernières, on a construit en fil deux quadriques réglées dont elles sont l'intersection : on a figuré de la même manière la développable dont ces courbes sont les arêtes.

Cinquième groupe. — Courbure des surfaces.

A. *Lignes de courbure. — Asymptotiques. — Géodésiques* (21 modèles).

Lignes de courbure et géodésiques sur les quadriques dans des cas très variés. Asymptotiques sur plusieurs surfaces de révolution.

B. *Surfaces à courbure constante et surfaces applicables* (14 modèles).

Cette série et la suivante présentent le plus grand intérêt; elles ont trait à l'une des parties les plus profondes et les plus curieuses de la Géométrie. Les travaux de Bour, par exemple, sont représentés par quatre surfaces à courbure constante positive, applicables l'une sur l'autre; par un hélicoïde applicable sur l'ellipsoïde de révolution, par l'alysséide et l'hélicoïde gauche correspondant. On trouve également plusieurs modèles de surfaces à courbure constante négative, auxquelles les travaux de M. Beltrami ont ajouté tant d'intérêt : citons notamment celle qui est engendrée par la révolution de la tractrice, et une remarquable surface dont les lignes de courbure d'un système sont planes, surface qui a fait l'objet des recherches de MM. Enneper, Bianchi et Kuen. Des feuilles minces en laiton permettent de réaliser l'applicabilité de ces surfaces les unes sur les autres.

C. *Surfaces à courbure moyenne constante. Surfaces minima* (9 modèles).

Plusieurs de ces surfaces ont été réalisées physiquement par M. Plateau dans ses mémorables recherches sur les liquides; ainsi l'on retrouve l'onduloïde, le nodoïde, etc. Parmi les surfaces minima, celle du neuvième ordre, étudiée par M. Enneper, mérite, à plusieurs titres, de fixer l'attention.

D. *Surfaces des centres. Surfaces focales* (5 modèles).

Sixième groupe. — Modèles pour la Géométrie projective, la Physique et la Mécanique.

Chaînette sur la sphère; pendule conique. Citons enfin divers modèles de la surface de l'onde, dont l'un, composé de pièces mobiles, permet de dégager la nappe intérieure de la surface.

G. K.

J. TANNERY. — INTRODUCTION A LA THÉORIE DES FONCTIONS D'UNE VARIABLE.

Préface.

Quoique les vérités mathématiques se déduisent, dans un ordre rigoureux, d'un petit nombre de principes réputés évidents, on ne parvient point à les posséder pleinement en commençant par ces principes, en en suivant pas à pas les déductions, en allant toujours dans le même sens du connu à l'inconnu, sans jamais revenir en arrière sur un chemin où l'on n'a rien laissé d'obscur. Le sens et la portée des principes échappent au débutant, qui saisit mal la distinction entre ce qu'on lui demande d'accorder et les conséquences purement logiques des hypothèses ou des axiomes; parfois, la démonstration lui paraît plus obscure que l'énoncé; c'est en vain qu'il s'attarderait dans la région des principes pour la mieux connaître, il faut que son esprit acquière des habitudes qu'il n'a pas, qu'il aille en avant, sans trop savoir ni où il va, ni d'où il part; il prendra confiance dans ce mode de raisonnement auquel il lui faut plier son intelligence, il s'habituera aux symboles et à leurs combinaisons. Revenant ensuite sur ses pas, il sera capable de voir, du point de départ et d'un seul coup d'œil, le chemin parcouru : quelques parties de la route resteront pour lui dans l'ombre, quelques-unes même seront peut-être entièrement obscures, mais d'autres sont vivement éclairées; il sait nettement comment on peut aller de cette vérité à cette autre; il sait où il doit porter son attention; ses yeux, mieux exercés, arrivent à voir clair dans ces passages difficiles dont il n'aurait jamais pu se rendre maître s'il ne les avait franchis; il est maintenant capable d'aller plus loin ou de suivre une autre direction; il entre en possession de vérités nouvelles qui s'ajoutent aux vérités anciennes et qui les éclairent; il s'étonne parfois des perspectives inattendues qui s'ouvrent devant lui et lui laissent voir, sous un aspect nouveau, des régions qu'il croyait connaître entièrement; peu à peu les ombres disparaissent et la beauté de la Science, si une dans sa riche diversité, lui apparaît avec tout son éclat.

Ce qui se passe dans l'esprit de celui qui étudie les Mathématiques n'est que l'image de ce qui s'est passé dans la création et l'organisation de la Science; dans ce long travail, la rigueur déductive n'a pas été seule à jouer un rôle. On peut raisonner fort bien et fort longtemps sans avancer d'un pas, et la rigueur n'empêche pas un raisonnement d'être inutile. Même en Mathématiques, c'est souvent par des chemins peu sûrs que l'on va à la découverte. Avant de faire la grande route qui y mène, il faut connaître la contrée où l'on veut aller; c'est cette connaissance même qui permet de trouver les voies les plus directes; c'est l'expérience seule qui indique les points où il faut porter l'effort; ce sont les difficultés, parfois imprévues, qui se dressent devant les géomètres, qui les forcent à revenir au point de départ, à chercher une route nouvelle qui permette de tourner l'obstacle. S'imagine-t-on, par exemple, les inventeurs du Calcul différentiel et intégral s'acharnant, avant d'aller plus loin, sur les notions de dérivée et d'intégrale définie? Ne valait-il pas mieux montrer la fécondité de ces notions, dont l'importance justifie le soin qu'on a mis à les éclaircir? Cette revision même, qu'on a faite de notre temps, l'aurait-on entreprise sans les questions que l'étude des fonctions et particulièrement des séries trigonométriques a posées d'une manière inévitable?

Pour en revenir à l'enseignement, il me semble que, dans notre système d'instruction, la revision des principes de l'Analyse s'impose nécessairement comme transition entre les matières que l'on traite dans les Cours de Mathématiques spéciales et celles que l'on étudie soit dans les Facultés, soit dans les Écoles d'enseignement supérieur. A la fin de la classe de Mathématiques spéciales, les élèves sont maîtres d'un nombre de faits mathématiques déjà considérable; ils possèdent les éléments de l'Algèbre, de la Géométrie analytique, et même du Calcul différentiel et intégral. Un classement rigoureux de ces matériaux est indispensable. C'est pour faciliter ce travail, en ce qui concerne l'Analyse, que je me suis décidé à publier le présent Livre, où j'ai développé quelques Leçons faites à l'École Normale en 1883. Je l'ai fait aussi élémentaire que j'ai pu, en m'efforçant de rapprocher les choses des principes, mais en essayant toutefois d'être particulièrement utile à ceux qui désirent pousser leurs études mathématiques beaucoup plus loin que je ne prétends les conduire.

Je n'ai eu qu'à me livrer à un travail d'arrangement et de rédaction : les faits mathématiques qui constituent et constitueront toujours les éléments de l'Analyse étaient acquis pour la plupart au commencement de ce siècle; à la vérité, bien des démonstrations laissaient à désirer; mais, après les exemples de rigueur donnés par Gauss, après les travaux de Cauchy (1), d'Abel (2), de Lejeune-Dirichlet (3), de Riemann (4), de M. O. Bonnet (5), de M. Heine (6), après l'enseignement de M. Weierstrass, divulgué et développé par ses disciples, après le Mémoire de M. Darboux sur les fonctions discontinues (7), les Livres de M. Dini (8) et de M. Lipschitz (9), il ne semble pas qu'il reste quelque chose d'essentiel à élucider dans les sujets auxquels je me suis borné.

On peut constituer entièrement l'Analyse avec la notion de nombre entier et les notions relatives à l'addition des nombres entiers; il est inutile de faire appel à aucun autre postulat, à aucune autre donnée de l'expérience; la notion de l'infini, dont il ne faut pas faire mystère en Mathématiques, se réduit à ceci : après chaque nombre entier, il y en a un autre. C'est à ce point de vue que j'ai essayé de me placer. A la vérité, pour être complet, il eût fallu reprendre la théorie des fractions; une fraction, du point de vue que j'indique, ne peut pas être regardée comme la réunion de parties égales de l'unité; ces mots *parties de l'unité* n'ont plus de sens; une fraction est un ensemble de deux nombres

---

(1) *Cours d'Analyse de l'École royale Polytechnique.* Paris, 1821.

(2) *Recherches sur la série* $1 + \frac{m}{1}x + \frac{m(m-1)}{1.2}x^2 + \ldots$ (*Œuvres*, 2e éd., t. I, p. 219. *Sur les séries*, t. II, p. 197).

(3) *Sur la convergence des séries trigonométriques qui servent à représenter une fonction arbitraire entre des limites données* (*Journal de Crelle*, t. IV, p. 157).

(4) *Sur la possibilité de représenter une fonction par une série trigonométrique.* (*Bulletin des Sciences mathématiques et astronomiques*, 1re série, t. V, p. 20).

(5) *Mémoire sur la théorie générale des séries* (*Mémoires couronnés*... publiés par l'Académie... de Belgique, t. XXIII).

(6) *Die Elemente der Functionenlehre* (*Journal de Crelle*, t. 74, p. 172).

(7) *Annales scientifiques de l'École Normale supérieure*, 2e série, t. IV, p. 57.

(8) *Fundamenti per la teorica delle funzioni di variabili reali.* Pise, 1878.

(9) *Lehrbuch der Analysis.* Bonn, 1877.

entiers, rangés dans un ordre déterminé; sur cette nouvelle espèce de nombres, il y a lieu de reprendre les définitions de l'égalité, de l'inégalité et des opérations arithmétiques. J'aurais dû aussi reprendre la théorie des nombres positifs et négatifs, théorie que l'on ne dégage pas toujours de la considération des grandeurs concrètes, et dans laquelle il faut encore reprendre à nouveau les définitions élémentaires. Mais tout cela est facile et les développements que j'aurais dû donner sur ces sujets auraient allongé mon livre et augmenté, sans grande utilité, la fatigue du lecteur. J'ai donc supposé acquise la théorie des opérations rationnelles sur les nombres entiers ou fractionnaires, positifs ou négatifs, et j'ai débuté par l'introduction des nombres irrationnels. J'ai développé une indication donnée par M. Joseph Bertrand dans son excellent Traité d'Arithmétique et qui consiste à définir un nombre irrationnel en disant quels sont tous les nombres rationnels qui sont plus petits et tous ceux qui sont plus grands que lui; c'est de cette façon que les nombres irrationnels s'introduisent le plus naturellement quand on traite de la mesure des grandeurs incommensurables avec l'unité; j'ai d'ailleurs cherché à dégager la notion de nombre irrationnel de son origine géométrique. J'ai appris par une citation de M. G. Cantor (*Grundlagen einer allgemeiner Mannichfaltigkeitslehre*, p. 21), que M. Dedekind avait développé la même idée dans un écrit intitulé *Stetigkeit und irrationale Zahlen* (Brunswick, 1872); je n'ai pas eu à ma disposition le travail de M. Dedekind, mais les développements d'une même idée se ressemblent forcément, et il y a lieu de supposer que ce qui est bon dans mon exposition se retrouve dans celle du géomètre allemand, qui a d'ailleurs bien d'autres titres de gloire. D'autres points de départ ont été indiqués : M. Weierstrass, qui ne craint pas de s'attarder sur ces matières dans un cours qui aboutit à l'étude des fonctions abéliennes, considère, si mes renseignements sont exacts, un nombre irrationnel comme la somme d'un nombre infini d'éléments rationnels, en précisant toutefois avec rigueur sous quelles conditions on peut parler de pareilles sommes et les employer; M. Heine, dans le Mémoire déjà cité *Die Elemente der Functionenlehre*, a proposé de dire qu'une suite infinie de nombres rationnels

$$u_1, \quad u_2, \quad \ldots, \quad u_n, \quad \ldots$$

a une *limite* lorsque, à chaque nombre rationnel positif ε correspond un indice n tel que la différence $u_{n+p} - u_n$ soit, pour toutes les valeurs du nombre entier positif p, inférieure à ε en valeur absolue. Cette définition admise, l'introduction des nombres irrationnels, comme limites de pareilles suites, ne souffre aucune difficulté; c'est la marche qu'ont suivie MM. Lipschitz, du Bois-Reymond, G. Cantor. Je trouve cette définition plus arbitraire que celle que j'ai adoptée, qui permet, dès qu'un nombre irrationnel est défini, de lui donner sa place dans l'échelle des nombres; cependant, comme on ne peut se dispenser de faire l'étude des suites qui jouissent de la propriété précédente, j'ai fait cette étude indépendamment de la théorie des opérations effectuées sur les nombres irrationnels, en montrant comment elle permettrait de constituer cette théorie. Le lecteur ne manquera pas de remarquer que mon exposition pourrait être abrégée en ne reprenant pas deux fois, comme j'ai fait, les choses au commencement.

Les notions de nombre irrationnel et de limite une fois acquises, les éléments de la théorie des séries et des produits infinis ne présentent aucune difficulté; les deux façons d'introduire ces notions y jouent un rôle essentiel; la seconde n'est d'ailleurs autre chose que le point de départ adopté par Cauchy, pour la théorie des séries, dans son *Cours d'Analyse de l'École royale Polytechnique,* Livre qu'on peut encore admirer, depuis le temps où Abel disait qu'*il devait être lu par tout analyste qui aime la rigueur dans les recherches mathématiques.* La notion de produit infini se relie étroitement à celle de série; les deux notions, à elles deux, ne tiennent pas plus de place dans l'esprit qu'une seule; j'ai cru devoir les développer concurremment.

Avant de parler des séries et des produits infinis dont les termes dépendent d'une variable, j'ai donné quelques théorèmes généraux relatifs aux fonctions d'une variable; je me suis efforcé de préciser les définitions, d'éclaircir les notions de continuité, de limites supérieure et inférieure. J'ai fait grand usage, dans ce Chapitre et ailleurs, du beau Mémoire de M. Darboux *Sur les fonctions discontinues.* J'ai repris ensuite les définitions des fonctions a^x, $\log x$, x^m; à propos de la fonction a^x, j'ai reproduit la démonstration par laquelle Cauchy déduit la forme de cette fonction de son théorème d'addition.

Dans le Chapitre suivant, je reprends la théorie des séries et des produits infinis; je me suis appesanti particulièrement sur les séries ordonnées suivant les puissances entières et positives d'une variable; à la vérité, j'ai supposé, là comme partout, la variable réelle : une variable imaginaire, c'est au fond deux variables réelles, et je tenais à me limiter au cas d'une seule variable; mais l'exposition est faite de manière à permettre la généralisation immédiatement et sans aucun effort; il n'y a, le plus souvent, qu'à mettre le mot *module* à la place des mots *valeur absolue*. Dans notre enseignement, on déduit d'habitude de la formule de Taylor les développements en série des fonctions trigonométriques, et l'on tire leurs développements en produits infinis ou en séries de fractions simples de propositions générales appartenant à la théorie des fonctions d'une variable imaginaire; il me paraît bien regrettable de laisser ignorer aux étudiants les procédés si simples, si naturels par lesquels Euler a obtenu ces développements; ils deviennent tous rigoureux par l'application d'un même raisonnement, de celui qui permet de déduire la continuité d'une série de l'uniformité de sa convergence. Il va sans dire que j'ai dû dégager la définition des fonctions circulaires de toute considération géométrique; j'ai terminé ce Chapitre en indiquant les propriétés les plus simples de la fonction $\Gamma(x)$, de manière à mettre le lecteur sur la voie du beau théorème de M. Weierstrass sur la décomposition d'une fonction transcendante entière en facteurs primaires.

J'aborde enfin les notions de dérivée et d'intégrale définie; mon but n'était pas d'écrire un Traité de Calcul différentiel et intégral; j'ai glissé sur les procédés de calcul, en insistant sur les théorèmes généraux.

Paris, le 20 octobre 1885.

JULES TANNERY.

MÉLANGES.

NOTE SUR LE MÉMOIRE DE M. PICARD « SUR LES INTÉGRALES DE DIFFÉRENTIELLES TOTALES ALGÉBRIQUES DE PREMIÈRE ESPÈCE »;

PAR M. A. CAYLEY.

On peut présenter l'analyse sur laquelle est fondé le Mémoire sous une forme plus symétrique en introduisant dès le commencement les fonctions homogènes.

Soit $f = (*)(x, y, z, t)^m$ une fonction du degré m des variables x, y, z, t, lesquelles seront toujours liées par l'équation $f = 0$: écrivons aussi $\frac{df}{dx}, \frac{df}{dy}, \frac{df}{dz}, \frac{df}{dt} = \mathrm{X, Y, Z, T}$, de manière que X, Y, Z, T sont des fonctions du degré $m-1$: et soient A, B, C, D des fonctions chacune du degré $m-3$ et Q une fonction du degré $m-4$, telles que $\mathrm{AX + BY + CZ + DT = Q}f$ identiquement; donc, en supposant $f = 0$, on aura

$$\mathrm{AX + BY + CZ + DT} = 0.$$

On vérifie sans peine que l'expression

$$d\Omega = \begin{vmatrix} \lambda & \mu & \nu & \rho \\ \mathrm{A} & \mathrm{B} & \mathrm{C} & \mathrm{D} \\ x & y & z & t \\ dx & dy & dz & dt \end{vmatrix} \div (\lambda \mathrm{X} + \mu \mathrm{Y} + \nu \mathrm{Z} + \rho \mathrm{T})$$

est indépendante des valeurs de λ, μ, ν, ρ, et ainsi égale à chacune des quatre expressions $d\Omega_x, d\Omega_y, d\Omega_z, d\Omega_t$,

$$= \frac{1}{\mathrm{X}} \begin{vmatrix} \mathrm{B} & \mathrm{C} & \mathrm{D} \\ y & z & t \\ dy & dz & dt \end{vmatrix}, \quad -\frac{1}{\mathrm{Y}} \begin{vmatrix} \mathrm{C} & \mathrm{D} & \mathrm{A} \\ z & t & x \\ dz & dt & dx \end{vmatrix},$$

$$\frac{1}{\mathrm{Z}} \begin{vmatrix} \mathrm{D} & \mathrm{A} & \mathrm{B} \\ t & x & y \\ dt & dx & dy \end{vmatrix}, \quad -\frac{1}{\mathrm{T}} \begin{vmatrix} \mathrm{A} & \mathrm{B} & \mathrm{C} \\ x & y & z \\ dx & dy & dz \end{vmatrix},$$

respectivement.

Cela étant, soit

$$d\Omega_t = -\frac{1}{\mathrm{T}} \begin{vmatrix} \mathrm{A} & \mathrm{B} & \mathrm{C} \\ x & y & z \\ dx & dy & dz \end{vmatrix} = \text{une différentielle totale};$$

en écrivant pour un moment $x, y, z = x't, y't, z't$, et en dénotant par f' la fonction $(*)(x', y', z', 1)^m$, et de même par $X', Y', Z', T', A', B', C'$ les valeurs correspondantes de X, Y, Z, T, A, B, C, les variables x', y', z' seront liées par l'équation $f' = 0$, ce qui donne

$$X'dx' + Y'dy' + Z'dz' = 0;$$

et l'on voit sans peine que l'expression de $d\Omega_t$ se réduit à

$$-\frac{1}{T'}\begin{vmatrix} A' & B' & C' \\ x' & y' & z' \\ dx' & dy' & dz' \end{vmatrix},$$

fonction de la forme

$$F'dx' + G'dy' + H'dz',$$

qui ne contient que les variables x', y', z'; donc, en omettant les accents, il est permis de prendre $t =$ const., ce qui donne

$$X\,dx + Y\,dy + Z\,dz = 0,$$

et avec cette relation entre les différentielles dx, dy, dz de faire que $d\Omega_t = F\,dx + G\,dy + H\,dz$ soit une différentielle totale : cela donne la condition

$$X\left(\frac{dG}{dz} - \frac{dH}{dy}\right) + Y\left(\frac{dH}{dx} - \frac{dF}{dz}\right) + Z\left(\frac{dF}{dy} - \frac{dG}{dx}\right) = 0,$$

ou enfin

$$\begin{aligned} &X\left(\frac{d}{dz}\frac{Cx - Az}{T} - \frac{d}{dy}\frac{Ay - Bx}{T}\right) \\ &+ Y\left(\frac{d}{dx}\frac{Ay - Bx}{T} - \frac{d}{dz}\frac{Bz - Cy}{T}\right) \\ &+ Z\left(\frac{d}{dy}\frac{Bz - Cy}{T} - \frac{d}{dx}\frac{Cx - Az}{T}\right) = 0. \end{aligned}$$

On a d'abord un terme $\mathfrak{A} \div T$, où

$$\begin{aligned} \mathfrak{A} = \ & Y\left[-2A + x\left(\frac{dA}{dx} + \frac{dB}{dy} + \frac{dC}{dz}\right) - \left(x\frac{dA}{dx} + y\frac{dA}{dy} + z\frac{dA}{dz}\right)\right] \\ &+ Y\left[-2B + y\left(\frac{dA}{dx} + \frac{dB}{dy} + \frac{dC}{dz}\right) - \left(x\frac{dB}{dx} + y\frac{dB}{dy} + z\frac{dB}{dz}\right)\right] \\ &+ Z\left[-2C + z\left(\frac{dA}{dx} + \frac{dB}{dy} + \frac{dC}{dz}\right) - \left(x\frac{dC}{dx} + y\frac{dC}{dy} + z\frac{dC}{dz}\right)\right] \end{aligned}$$

ou, en réduisant,

$$\begin{aligned}\mathfrak{A} =& -2(AX+BY+CZ)\\ &+(Xx+Yy+Zz)\left(\frac{dA}{dx}+\frac{dB}{dy}+\frac{dC}{dz}\right)\\ &-(m-3)(AX+BY+CZ)\\ &+t\left(X\frac{dA}{dt}+Y\frac{dB}{dt}+Z\frac{dC}{dt}\right)\\ =&(m-1)DT\\ &-Tt\left(\frac{dA}{dx}+\frac{dB}{dy}+\frac{dC}{dz}+\frac{dD}{dt}\right)\\ &+t\left(X\frac{dA}{dt}+Y\frac{dB}{dt}+Z\frac{dC}{dt}+T\frac{dD}{dt}\right);\end{aligned}$$

puis un terme $\mathfrak{B} \div T^2$, où

$$\begin{aligned}\mathfrak{B} =& -X\left[(Cx-Az)\frac{dT}{dz}-(Ay-Bx)\frac{dT}{dy}\right]\\ &-Y\left[(Ay-Bx)\frac{dT}{dx}-(Bz-Cy)\frac{dT}{dz}\right]\\ &-Z\left[(Bz-Cy)\frac{dT}{dy}-(Cx-Az)\frac{dT}{dx}\right],\end{aligned}$$

ou, en réduisant,

$$\begin{aligned}\mathfrak{B} =& \frac{dT}{dx}[(AX+BY+CZ)x-A(xX+yY+zZ)]\\ &+\frac{dT}{dy}[(AX+BY+CZ)y-B(xX+yY+zZ)]\\ &+\frac{dT}{dz}[(AX+BY+CZ)z-C(xX+yY+zZ)]\\ =&-DT\left(x\frac{dT}{dx}+y\frac{dT}{dy}+z\frac{dT}{dz}\right)\\ &+tT\left(A\frac{dT}{dx}+B\frac{dT}{dy}+C\frac{dT}{dz}\right)\\ =&-(m-1)DT^2\\ &+Tt\left(A\frac{dX}{dt}+B\frac{dY}{dt}+C\frac{dZ}{dt}+D\frac{dT}{dt}\right).\end{aligned}$$

Donc, en réunissant les deux parties, $o=\mathfrak{A}+\frac{\mathfrak{B}}{T}$, c'est-à-dire

$$\begin{aligned}o =& -Tt\left(\frac{dA}{dx}+\frac{dB}{dy}+\frac{dC}{dz}+\frac{dD}{dt}\right)\\ &+t\frac{d}{dt}(AX+BY+CZ+DT)\\ =&-Tt\left(\frac{dA}{dx}+\frac{dB}{dy}+\frac{dC}{dz}+\frac{dD}{dt}\right)\\ &+tQT,\end{aligned}$$

ou, en omettant le facteur $t\mathrm{T}$, on obtient enfin

$$o = \mathrm{Q} - \left(\frac{d\mathrm{A}}{dx} + \frac{d\mathrm{B}}{dy} + \frac{d\mathrm{C}}{dz} + \frac{d\mathrm{T}}{dt}\right),$$

c'est-à-dire que les fonctions A, B, C, D sont telles que

$$\mathrm{AX} + \mathrm{BY} + \mathrm{CZ} + \mathrm{DT} = \left(\frac{d\mathrm{A}}{dx} + \frac{d\mathrm{B}}{dy} + \frac{d\mathrm{C}}{dz} + \frac{d\mathrm{D}}{dt}\right)f;$$

et, cela étant, l'expression générale $d\Omega$, et de même chacune des expressions $d\Omega_x$, $d\Omega_y$, $d\Omega_z$, $d\Omega_t$, sera égale à une différentielle totale.

Cambridge, le 8 janvier 1886.

SUR TROIS FORMULES DE LA THÉORIE DES FONCTIONS ELLIPTIQUES;

PAR M. J.-A. MARTINS DA SILVA.

Dans les *Acta mathematica*, t. I, p. 368, M. Hermite a fait usage des formules qui donnent la décomposition en éléments simples des trois quantités

$$\mathrm{sn}\,x\,\mathrm{sn}(x+a), \quad \mathrm{cn}\,x\,\mathrm{cn}(x+a), \quad \mathrm{dn}\,x\,\mathrm{dn}(x+a),$$

pour démontrer une relation remarquable dans la théorie des fonctions elliptiques

D'une manière analogue je démontre facilement, au moyen de ces formules, les trois relations suivantes. Supposons les quatre quantités u, v, r, s assujetties à la condition

$$u + v + r + s = o;$$

on aura

$$(\mathrm{I})\quad \left\{\begin{aligned} &k^2\,\mathrm{sn}\,u\,\mathrm{sn}\,v\,\mathrm{cn}\,r\,\mathrm{cn}\,s \\ &\quad - k^2\,\mathrm{cn}\,u\,\mathrm{cn}\,v\,\mathrm{sn}\,r\,\mathrm{sn}\,s \\ &\quad - \mathrm{dn}\,u\,\mathrm{dn}\,v + \mathrm{dn}\,r\,\mathrm{dn}\,v = o, \end{aligned}\right.$$

$$(\mathrm{II})\quad \left\{\begin{aligned} &k'^2\,\mathrm{sn}\,u\,\mathrm{sn}\,v - k'^2\,\mathrm{sn}\,r\,\mathrm{sn}\,s \\ &\quad + \mathrm{dn}\,u\,\mathrm{dn}\,v\,\mathrm{cn}\,r\,\mathrm{cn}\,s \\ &\quad - \mathrm{cn}\,u\,\mathrm{cn}\,v\,\mathrm{dn}\,r\,\mathrm{dn}\,s = o, \end{aligned}\right.$$

$$(\mathrm{III})\quad \left\{\begin{aligned} &\mathrm{sn}\,u\,\mathrm{sn}\,v\,\mathrm{dn}\,r\,\mathrm{dn}\,s \\ &\quad - \mathrm{dn}\,u\,\mathrm{dn}\,v\,\mathrm{sn}\,r\,\mathrm{sn}\,s \\ &\quad + \mathrm{cn}\,r\,\mathrm{cn}\,s - \mathrm{cn}\,u\,\mathrm{cn}\,v = o. \end{aligned}\right.$$

Ces relations, déduites par M. Smith dans les *Proceedings of London Mathematical Society*, t. X, p. 91, sont synoptiques par rapport aux deux couples de quantités u, v, r, s et aux deux arguments des mêmes couples. Posons

$$(1)\qquad \begin{cases} u = x, \\ v = -(x+a), \\ r+s = a, \end{cases}$$

la relation (I) devient

$$(2)\qquad \begin{cases} -k^2 \operatorname{sn} x \operatorname{sn}(x+a) \operatorname{cn} r \operatorname{cn} s \\ -k^2 \operatorname{cn} x \operatorname{cn}(x+a) \operatorname{sn} r \operatorname{sn} s \\ -\operatorname{dn} x \operatorname{dn}(x+a) + \operatorname{dn} r \operatorname{dn} s = 0; \end{cases}$$

mais les formules du savant géomètre, M. Hermite, sont

$$(3)\qquad \begin{cases} \operatorname{sn} x \operatorname{sn}(x+a) = \mathrm{U}, \\ \operatorname{cn} x \operatorname{cn}(x+a) = \operatorname{cn} a - \operatorname{dn} a\, \mathrm{U}, \\ \operatorname{dn} x \operatorname{dn}(x+a) = \operatorname{dn} a - k^2 \operatorname{cn} a\, \mathrm{U}, \end{cases}$$

en supposant

$$\mathrm{U} = \frac{1}{k^2 \operatorname{sn} a}[\mathrm{Z}(x) - \mathrm{Z}(x+a) + \mathrm{Z}(a)],$$

$$\mathrm{Z}(x) = \frac{\Theta'(x)}{\Theta(x)};$$

appliquées dans la relation (2), elles donnent

$$\begin{aligned} &-k^2 \mathrm{U} \operatorname{cn} r \operatorname{cn} s \\ &-k^2(\operatorname{cn} a - \operatorname{dn} a\, \mathrm{U}) \operatorname{sn} r \operatorname{sn} s \\ &-(\operatorname{dn} a - k^2 \operatorname{cn} a\, \mathrm{U}) + \operatorname{dn} r \operatorname{dn} s = 0, \end{aligned}$$

ou

$$\begin{aligned} &k^2 \mathrm{U}(-\operatorname{cn} r \operatorname{cn} s + \operatorname{sn} r \operatorname{sn} s \operatorname{dn} a + \operatorname{cn} a) \\ &\quad -(k^2 \operatorname{sn} r \operatorname{sn} s \operatorname{cn} a + \operatorname{dn} a - \operatorname{dn} r \operatorname{dn} s) = 0. \end{aligned}$$

Il faut alors démontrer les formules

$$(4)\qquad \begin{cases} -\operatorname{cn} r \operatorname{cn} s + \operatorname{sn} r \operatorname{sn} s \operatorname{dn} a + \operatorname{cn} r = 0, \\ k^2 \operatorname{sn} r \operatorname{sn} s \operatorname{cn} a + \operatorname{dn} a - \operatorname{dn} r \operatorname{dn} s = 0. \end{cases}$$

Il suffit d'introduire les conditions (1) dans les formules (3), en remarquant l'égalité

$$a = -(u+v);$$

on obtient les formules (4), qui démontrent la relation (I).

Considérons maintenant la relation (II), il vient par un calcul semblable la relation

$$\begin{aligned}&-(k'^2\mathrm{U} - k'^2 \operatorname{sn} r \operatorname{sn} s\\ &+(\operatorname{dn} a - k^2 \operatorname{cn} a\mathrm{U}) \operatorname{cn} r \operatorname{cn} s\\ &-(\operatorname{cn} a - \operatorname{dn} a\mathrm{U}) \operatorname{dn} r \operatorname{dn} s = 0,\end{aligned}$$

ou

$$\begin{aligned}&\mathrm{U}(-k'^2 - k^2 \operatorname{cn} a \operatorname{cn} r \operatorname{cn} s + \operatorname{dn} a \operatorname{dn} r \operatorname{dn} s)\\ &\quad -(k'^2 \operatorname{sn} r \operatorname{sn} s - \operatorname{dn} a \operatorname{cn} r \operatorname{cn} s + \operatorname{cn} a \operatorname{dn} r \operatorname{dn} s) = 0.\end{aligned}$$

On connaît déjà les formules

$$\begin{aligned}-k'^2 - k^2 \operatorname{cn} a \operatorname{cn} r \operatorname{cn} s + \operatorname{dn} a \operatorname{dn} r \operatorname{dn} s = 0,\\ k'^2 \operatorname{sn} r \operatorname{sn} s - \operatorname{dn} a \operatorname{cn} r \operatorname{cn} s + \operatorname{cn} a \operatorname{dn} r \operatorname{dn} s = 0;\end{aligned}$$

ce sont les équations dont M. Hermite s'est servi pour obtenir la relation de M. Cayley (*loc. cit.*), et qui déterminent aussi la relation (II).

La relation (III) donne

$$\begin{aligned}&-\mathrm{U} \operatorname{dn} r \operatorname{dn} s - (\operatorname{dn} a - k^2 \operatorname{cn} a\mathrm{U}) \operatorname{sn} r \operatorname{sn} s\\ &\qquad + \operatorname{cn} r \operatorname{cn} s - (\operatorname{cn} a - \operatorname{dn} a\mathrm{U}) = 0\end{aligned}$$

ou bien

$$\begin{aligned}&\mathrm{U}(-\operatorname{dn} r \operatorname{dn} s + k^2 \operatorname{cn} a \operatorname{sn} r \operatorname{sn} s + \operatorname{dn} a)\\ &\quad -(\operatorname{dn} a \operatorname{sn} r \operatorname{sn} s - \operatorname{cn} r \operatorname{cn} s + \operatorname{cn} a) = 0.\end{aligned}$$

Les parenthèses comprennent les formules (4) qui démontrent notre question.

IOTHÈQUE DE L'ÉCOLE DES HAUTES ÉTUDES,

LIÉE SOUS LES AUSPICES DU MINISTÈRE DE L'INSTRUCTION PUBLIQUE.

BULLETIN

DES

ENCES MATHÉMATIQUES,

ÉDIGÉ PAR MM. G. DARBOUX, J. HOÜEL ET J. TANNERY,

AVEC LA COLLABORATION DE

CH. ANDRÉ, BATTAGLINI, BELTRAMI, BOUGAIEFF, BROCARD, BRUNEL,
A. HARNACK, CH. HENRY, G. KOENIGS, LAISANT, LAMPE, LESPIAULT, S. LIE,
SION, A. MARRE, MOLK, POTOCKI, RADAU, RAYET, RAFFY, S. RINDI,
VAGE, SCHOUTE, P. TANNERY, EM. ET ED. WEYR, ZEUTHEN, ETC.

SOUS LA DIRECTION DE LA COMMISSION DES HAUTES ÉTUDES.

DEUXIÈME SÉRIE.

TOME X. — AVRIL 1886.

(TOME XXI DE LA COLLECTION.)

PARIS,

UTHIER-VILLARS, IMPRIMEUR-LIBRAIRE

EAU DES LONGITUDES, DE L'ÉCOLE POLYTECHNIQUE,
SUCCESSEUR DE MALLET-BACHELIER,
Quai des Augustins, 55.

1886

Ce Recueil paraît chaque mois.

La Rédaction du *Bulletin*, dans l'intérêt de la régularité de la publication et d'une bonne correction des épreuves, et, plus encore, en vue d'épargner à l'Im-
... considérables autant qu'inutiles de remaniements, prie instamment ses collaborateurs d'appor er toujours le plus grand soin possible dans l'exé-

CAUCHY (A.). — **Œuvres complètes d'Augustin Cauchy**, publiées sous la direction de l'Académie des Sciences et sous les auspices du Ministre de l'Instruction publique, avec le concours de MM. *Valson* et *Collet*, docteurs ès Sciences. 26 volumes in-4.

Ire Série : **Mémoires, Notes et Articles extraits des Recueils de l'Académie des Sciences.** 11 volumes in-4.

IIe Série : **Mémoires extraits de divers Recueils, Ouvrages classiques, Mémoires publiés en corps d'ouvrage, Mémoires publiés séparément.** 15 volumes in-4.

Volumes parus.

Ire Série. Tome I; 1882 (*Théorie de la propagation des ondes à la surface d'un fluide pesant, d'une profondeur indéfinie. — Mémoires sur les intégrales définies*)........................ **25 fr.**

Tome IV; 1884 (*Extraits des Comptes rendus de l'Académie des Sciences*)........................ **25 fr.**

Tome V; 1885 (*Extraits des Comptes rendus de l'Académie des Sciences*)........................ **25 fr.**

Souscription.

Ire Série. — Tome VI; 1886 (*Extraits des Comptes rendus de l'Académie des Sciences*)........................ **25 fr.**

IIe Série. — Tome VI; 1886 (*Anciens Exercices de Mathématiques*).. **25 fr.**

Ces deux volumes, qui paraîtront en 1886, sont mis en souscription. Le prix de chacun d'eux est réduit, pour les souscripteurs qui feront leur versement à l'avance, à........................ **20 fr.**

Les anciens souscripteurs qui désirent continuer leur souscription sans avoir à se préoccuper des dates d'apparition des diverses parties de la Collection n'auront qu'à envoyer, lorsqu'ils recevront un volume, la somme de **20 fr.** pour leur souscription au volume suivant; et celui-ci leur sera expédié *franco* dès son apparition.

Nota. — Les volumes ne sont pas publiés d'après leur classement numérique, on suit l'ordre qui paraît intéresser le plus les lecteurs. La *Table détaillée* des volumes qui composeront les deux Séries est envoyée sur demande.

HOÜEL (J.), Professeur de Mathématiques à la Faculté des Sciences de Bordeaux. — **Cours de Calcul infinitésimal.** Quatre beaux volumes grand in-8, avec figures dans le texte; 1878-1879-1880-1881.

On vend séparément :

Tome I.........	15 fr.	Tome III.........	10 fr.
Tome II........	15 fr.	Tome IV..........	10 fr.

JORDAN (Camille), Membre de l'Institut, Professeur à l'École Polytechnique. — **Cours d'Analyse de l'Ecole Polytechnique.** 3 volumes in-8, avec figures dans le texte, se vendant séparément :

Tome I. — Calcul différentiel; 1882.......... 11 fr.

Tome II. — Calcul intégral (*Intégrales définies et indéfinies*); 1883........................ 12 fr.

Tome III. — Calcul intégral (*Equations différentielles. — Calcul des variations. — Développements divers. — Problèmes*)................ (*Sous presse.*)

COMPTES RENDUS ET ANALYSES.

GÜNTHER (S.). — LEHRBUCH DER GEOPHYSIK UND PHYSIKALISCHEN GEOGRAPHIE. Stuttgart, 1885. Zweiter Band. In-8°, XII-671 pages, 118 figures ([1]).

Le Traité de Géophysique n'est pas, à la vérité, une étude historique dans le sens des Mémoires antérieurs, dont une analyse très détaillée a été donnée au *Bulletin* (1878 et 1879). C'est réellement un Ouvrage didactique, ayant pour but de tracer rapidement au lecteur le Tableau des progrès accomplis dans la connaissance des divers objets dont l'étude se rattache à la Physique du globe.

Au premier examen de l'Ouvrage, le lecteur sera certainement frappé de l'extraordinaire profusion des données bibliographiques qu'il renferme. Plusieurs milliers de citations appuient l'autorité scientifique des assertions de l'auteur et permettent de recourir aux sources originales et de reprendre, s'il est nécessaire, l'étude des questions qui paraîtraient exiger de nouvelles recherches.

Nous désirerions cependant, à propos de ce Livre, comme aussi d'autres Recueils mathématiques, que les titres des Ouvrages cités fussent autant que possible accompagnés de la date de publication. Le numéro du Volume d'une collection telle que les *Comptes rendus de l'Académie,* les Annales et Journaux de Physique et de Chimie, les Mémoires des divers Instituts, est une donnée notoirement insuffisante au point de vue chronologique. L'indication du numéro de la série n'ajoute pas plus de clarté, car elle peut se rapporter à des séries de cinquante, vingt, douze ou dix Volumes et quelquefois moins encore. Au contraire, la seule mention de l'année donne immédiatement au lecteur une idée nette de l'évolution accomplie dans la Science, et elle lui permet de retrouver aisément l'Ouvrage dans la collection la plus étendue.

Nous croyons devoir insister sur la nécessité et l'utilité de cette observation, dont tout chercheur quelque peu familiarisé avec les

---

([1]) Voir *Bulletin,* VIII_2, p. 345-355; 1884.

travaux d'érudition saisira la portée pratique. En matière scientifique ou littéraire, mais surtout peut-être en Mathématiques, la bibliographie est la moitié de la Science.

Après cette digression, qui nous a semblé motivée, revenons au sujet que nous avons en vue.

Le second Volume de la Géophysique, dont nous allons nous occuper aujourd'hui, est d'un développement notablement supérieur à celui du premier. Il renferme six grandes subdivisions générales, consacrées au magnétisme terrestre, à l'étude de l'atmosphère, à la physique de l'Océan, à l'action mutuelle des terres et des mers, à l'influence des eaux et à la biologie.

Le Magnétisme et l'Électricité dans leurs manifestations à la surface du globe ont fixé l'attention des physiciens depuis un siècle à peine. Aujourd'hui, l'ingénieuse hypothèse du courant terrestre donne une explication naturelle aux phénomènes magnétiques; d'autre part, le magnétisme a été défini par trois composantes, la déclinaison, l'inclinaison et l'intensité, qui ont été évaluées au moyen d'instruments et ont permis de suivre avec précision, sur notre planète, le tracé des lignes caractéristiques du magnétisme terrestre, les isogones, les isoclines et les isodynamiques. Il est vrai que les quantités ainsi mesurées éprouvent des variations que l'on a cherché à rattacher à une périodicité analogue observée dans la fréquence des taches du Soleil. L'emploi d'instruments enregistreurs dans l'étude du magnétisme fournira, dans la suite, les éléments nécessaires à une appréciation définitive.

Toutes ces questions, nettement exposées dans les premiers Chapitres, servent d'introduction à la théorie du magnétisme terrestre, étudiée dans le Chapitre IV, d'après les idées de Gauss.

Le Chapitre V, qui termine cette quatrième Partie de l'Ouvrage, est consacré à un intéressant exposé de nos connaissances relatives à la lumière des aurores polaires, mais plus particulièrement de l'aurore boréale.

La cinquième Partie, intitulée *Étude de l'atmosphère*, contient d'abord une esquisse historique des progrès de la Météorologie, depuis les vagues notions des écrivains de l'antiquité jusqu'à l'époque moderne de la subdivision en Météorologie proprement dite ou Science du temps et Climatologie ou étude des climats.

La composition de l'atmosphère amène à traiter de la proportion d'acide carbonique, d'ozone, de divers gaz, de corps étrangers et de vapeur d'eau qu'elle renferme. Cette dernière éprouve des variations continuelles, par suite de sa production et de sa précipitation alternatives. Les phénomènes de la rosée, du givre, des nuages, de la pluie et de la neige et même la chute de blocs de glace offrent le sujet d'intéressantes remarques. Les ascensions aérostatiques ont fourni aussi de précieuses indications sur la composition de l'atmosphère, ainsi que sur sa forme, dont la connaissance a été d'ailleurs complétée par les résultats de méthodes fondées sur l'Optique, la Thermodynamique et l'Astronomie.

Le Chapitre suivant traite des méthodes d'observation et de réduction employées en Météorologie. Nous ne pouvons en donner ici qu'un aperçu rapide.

L'auteur examine les principaux types d'instruments adoptés par les météorologistes pour l'observation et la mesure des principales données atmosphériques : direction, vitesse et force du vent, évaporation, pression ou poids de l'atmosphère, tension de la vapeur d'eau et humidité relative, pluie, ozone, température, éléments que l'on a réussi à observer et à enregistrer, soit séparément, soit en totalité, au moyen de météorographes, à la liste desquels nous croyons devoir ajouter le baromètre-balance de M. Crova et la belle collection d'instruments enregistreurs imaginés et construits par M. Redier.

Quant à l'établissement des heures d'observations, l'entente ne paraît pas encore définitive entre tous les pays. Elle s'imposera, vraisemblablement, par l'extension donnée aux observations internationales simultanées.

Pour terminer ce Chapitre, l'auteur examine les méthodes par lesquelles on évalue les hauteurs des localités d'après les données barométriques ou thermométriques, l'emploi des tableaux graphiques en Météorologie, enfin la théorie de la méthode des moindres carrés et l'usage de la formule de réduction inventée par Bessel.

L'Optique tient une place considérable dans l'étude de la Météorologie. C'est déjà à un effet de perspective aérienne, expliqué encore insuffisamment, qu'il faut attribuer la dépression apparente de la voûte céleste et l'agrandissement apparent de la Lune et du Soleil à l'horizon. Ensuite, les rayons de lumière, passant du vide planétaire dans notre atmosphère, subissent des réfractions dont il faut tenir compte pour l'exactitude des observations astronomiques et géodésiques. A ce titre, il eût été intéressant de signaler Bouguer, Ivory et Bessel, qui sont, avec Laplace, les fondateurs de la théorie actuellement suivie dans l'étude de ces phénomènes.

Les proportions variables de vapeur d'eau ou de poussières d'une très grande ténuité que peut renfermer l'atmosphère donnent naissance à d'autres modifications de la lumière, telles que la scintillation des étoiles, la coloration et la transparence de la masse d'air, la formation des rayons crépusculaires, la polarisation, les raies telluriques du spectre solaire, l'illumination crépusculaire habituelle ou anomale. L'état thermométrique provoque aussi des réfractions spéciales au voisinage immédiat du sol, comme le mirage; enfin, la présence des gouttes de pluie ou des cristaux de neige détermine les phénomènes, maintenant bien connus, de l'arc-en-ciel, des halos, des cercles et couronnes solaires, etc.

Au Chapitre IV, l'auteur étudie l'électricité atmosphérique. Les notions qui s'y rapportent ont gagné quelque précision à la suite du perfectionnement des électromètres. On a ainsi reconnu la périodicité diurne et annuelle de l'intensité électrique, mais l'origine même de l'électricité de l'atmosphère est une question non encore absolument élucidée.

Le reste du Chapitre est consacré à l'exposé du système d'observations des orages institué dans divers pays, du principe et de la construction des paratonnerres, pour lesquels l'Académie des Sciences a souvent donné son avis.

Le Chapitre V traite de la Météorologie cosmique, c'est-à-dire des influences attribuées à la Lune et au Soleil dans la production ou la fréquence des variations atmosphériques. L'auteur de l'Ouvrage a publié, sur ce sujet, deux importants Mémoires parus en 1876 et en 1882, et auxquels nous devons renvoyer le lecteur.

M. Günther a donné, avec raison, plus d'importance au Chapitre suivant, réservé à la Météorologie dynamique et à l'étude des grands mouvements de l'atmosphère, science nouvelle, pressentie par notre illustre compatriote Lavoisier, mais pratiquement due aux patientes études des météorologistes anglais et américains, et puissamment développée aujourd'hui en Europe et chez toutes les nations civilisées.

Le point de départ de ces notions repose sur la discussion des observations barométriques, dont la comparaison est devenue si facile par l'emploi des instruments enregistreurs. Naguère, l'observateur isolé, privé de communications rapides avec ses voisins, ne pouvait faire que des conjectures très incertaines sur les variations qu'il remarquait dans la pression barométrique et dans la direction et l'intensité du vent. Maintenant, grâce aux règles formulées par Piddington, Espy, Reid, Redfield, Dove, Buys-Ballot, toutes les circonstances jouent un rôle important et bien défini. Les tempêtes cessent d'effrayer le navigateur et la connaissance de leur mouvement vient lui servir de sauvegarde. Par malheur, la violence et la rapidité d'irruption de la bourrasque déjouent quelquefois toutes les précautions et tous les efforts, et l'humanité paye encore un formidable tribut aux tempêtes qui viennent, à diverses reprises, désoler les populations maritimes.

Les études de Météorologie dynamique ont montré que l'atmosphère éprouve une sorte de déplacement général, caractéristique de la saison d'hiver et de la saison d'été; les lignes isobares ou d'égale pression n'occupent pas les mêmes places, pour les reprendre environ six mois après. Elle est soumise aussi à de grands courants périodiques, bien connus sous les tropiques, et dont la formation et la direction suivent les fluctuations des saisons astronomiques. Mais la théorie de certains autres phénomènes atmosphériques, tels que le siroco en Afrique et le fœhn en Europe, les trombes, les tornados, les typhons et la grêle, n'est pas encore entièrement fixée et exerce depuis longtemps la curiosité des météorologistes.

Après la Météorologie dynamique se présente la Météorologie statique ou Climatologie générale, qui a pour objet d'observer et de réunir toutes les données qui peuvent servir à caractériser l'état moyen de l'atmosphère en chaque point du globe. Les facteurs à intervenir dans cette étude sont, en première ligne, la température, l'humidité et la nébulosité; mais il faut y joindre l'anémologie, la pression, la pluie, ainsi que l'électricité atmosphérique et d'autres particularités plus ou moins locales, les productions végétales, la proximité des forêts.

Les climats diffèrent entre eux au point de vue de la quantité de chaleur solaire qui les définit et des circonstances topographiques ou de la situation géographique, dont l'influence contrarie ou modifie parfois notablement les premières caractéristiques. Ceci explique pourquoi l'on a été amené à établir une classification en climats continentaux, maritimes et des grandes altitudes. Une part importante doit être faite aussi à l'influence de l'absorption atmosphérique de la chaleur solaire.

Tout en restant dans des vues d'ensemble, les météorologistes ont eu l'idée de réunir les données climatologiques recueillies et de les traduire en tableaux graphiques se rapportant à la totalité du globe terrestre. La première notion ainsi acquise a été celle des isothermes et des pôles de froid. Elle est indiquée dans le Chapitre VII. Le suivant est plus spécialement consacré à l'analyse des Mémoires de Wojeikof sur la distribution géographique des pluies, et de Supan, sur la fréquence du vent dominant dans vingt-trois grandes régions du globe.

Le Chapitre IX étudie l'importante question des changements des climats. L'époque glaciaire, caractérisée par le développement extraordinaire des glaciers, a joué dans cet ordre d'idées un rôle fondamental. Nous avons vu, à propos de Mémoires antérieurs déjà cités ([1]), les hypothèses invoquées pour l'explication de cette transformation (Adhémar, Croll, Schmick, Pilar, etc.). Ces théories se trouvent ici reproduites avec de nouveaux développements, auxquels cependant il conviendrait d'ajouter un intéressant Mémoire de M. Carbonnelle, publié en 1877 dans le tome I des *Annales de la Société scientifique de Bruxelles*, et intitulé *Calcul de la chaleur diurne envoyée par le Soleil en un point quelconque de la surface terrestre*. Ce travail, comme l'a fait remarquer M. P. Mansion, a des applications importantes à la géographie; il explique la rapidité et la vigueur de la végétation dans les régions polaires, plaide en faveur d'une mer libre au

---

([1]) *Studien*, etc. Voir *Bulletin*, mars 1879, III_2, p. 97-105.

pôle et peut même servir à appuyer la théorie géologique de Croll.

Que les climats aient changé dans le cours des siècles, le fait est nettement établi par la succession des faunes et des flores géologiques, dont l'évolution a exigé des conditions atmosphériques et climatologiques très différentes. Mais, quant à fixer le nombre des siècles et surtout l'étendue et la nature des modifications ainsi éprouvées dans le changement des climats, il est difficile d'en acquérir une notion précise. En particulier, s'il ne s'agit que de la période comprenant les temps historiques, on a contesté avec quelque raison le fait d'une modification appréciable dans les climats des contrées européennes, pour ne parler que des mieux étudiés; mais il ne faut pas vouloir refuser à l'homme une influence, malheureuse il est vrai, dans les changements de climats. La dévastation des forêts, entre autres, a été une des causes principales auxquelles on doit attribuer la destruction des climats dans certaines localités, tandis que l'œuvre de reconstitution est lente et pénible et ses effets ne se font sentir que d'une façon assez incomplète.

La Météorologie pratique ou appliquée, étudiée au Chapitre X, comprend la prévision du temps, les avertissements agricoles, les avertissements maritimes organisés en vue de la navigation, les notions recueillies sur les routes à la mer, les instructions nautiques, enfin les applications de la Météorologie à la pratique médicale, pathologie, hygiène et balnéothérapie.

La prévision du temps à longue échéance et pour différents pays est un problème au-dessus des forces humaines; les gens qui se flattent de l'avoir résolu n'ont en réalité qu'un but de spéculation commerciale, basée sur le fonds d'inépuisable crédulité du public. En dehors de ce charlatanisme, la prévision à courte échéance, vingt-quatre à quarante-huit heures au plus, rend journellement de précieux services à l'agriculture et à la navigation, parce qu'elle est déduite de la connaissance de l'état atmosphérique sur de grandes régions et de la discussion rationnelle de lois générales observées dans le mouvement des tempêtes.

La sixième Partie de l'Ouvrage est consacrée à la description de l'Océan et à sa physique spéciale. Cette branche importante de la Physique du globe a été largement développée par Alexandre de Humboldt et Maury.

L'auteur indique les principes de cette étude, la répartition générale des eaux océaniques, les notions relatives au volume, au niveau, à la coloration, à la transparence, à la végétation et à la phosphorescence des mers.

Au Chapitre suivant, il étudie les particularités et la structure du littoral, la profondeur considérée comme élément géographique, les méthodes et instruments employés pour évaluer cette profondeur, avec un aperçu des résultats obtenus dans les principales mers, les rapports qui existent entre cette profondeur et l'altitude des divers continents, la proportion des quantités totales de terres solides et des eaux qui les recouvrent, enfin les conditions biologiques du fond des mers.

Le Chapitre III traite de la température et de la composition chimique des eaux des mers, ainsi que des moyens de mesure et d'analyse, et des hypothèses imaginées pour expliquer les résultats observés.

Une carte d'ensemble, fort intéressante, fait voir les diverses régions caractérisées par une densité déterminée.

Au Chapitre IV, l'auteur expose les résultats auxquels ont conduit l'étude et l'observation du mouvement des vagues, problème étudié par les plus grands analystes. Ce mouvement oscillatoire s'observe sur des étendues beaucoup moindres, telles que la surface des lacs de la Suisse, où ils ont été signalés dès 1740 par Jallabert sur le Léman, sous le nom de *seiches ou crues d'eau subites et passagères, qui se forment en été aux deux bouts du lac de Genève.* Ce phénomène a été étudié en détail et d'une façon complète par M. Forel.

Pour revenir aux oscillations plus fréquentes et mieux caractérisées de la surface des mers, il y a lieu d'étudier celles que provoque l'intensité variable du vent. Les recherches et observations faites à ce sujet ont montré que le cube de la hauteur des vagues soulevées était sensiblement proportionnel au carré de la vitesse du vent.

En opposition à ce mode naturel de production des vagues, il est juste de signaler l'action singulière que produit même une petite quantité d'huile projetée à la surface de l'eau. Cette influence que les corps gras exercent sur les petites rides de la surface de l'eau a été remarquée depuis très longtemps. D'après

M. Virlet d'Aoust, le fait a été signalé par Aristote, Pline et Plutarque. On peut joindre à ces témoignages celui de Tacite, dans sa description du lac Asphaltite (*Hist.*, V, 6). Les physiciens modernes ont aussi confirmé ces remarques : Franklin, Forel, van der Mensbrugghe, etc. L'expérience classique, attribuée à Nicklès, de la rotation du camphre sur de l'eau pure est une des plus concluantes. Le seul contact d'une baguette de verre passée dans les doigts, ce qui laisse sur elle une quantité à peine appréciable de corps gras, suffit pour arrêter le frémissement déterminé par le mouvement gyratoire du camphre. La persistance du sillage d'un bateau à vapeur sur une mer calme est aussi un fait à l'appui des mêmes observations : la présence de corps gras entraînés par l'eau chaude rejetée par le condenseur de la machine suffit pour former à la surface de l'eau un enduit visqueux, dont l'extrême ténuité ne paraît point modifier sensiblement l'énergie et l'effet de l'attraction capillaire.

Parmi les mouvements de la mer, on peut étudier aussi les vagues de tempête ou lames de fond, puis les oscillations périodiques plus connues sous les noms de *marée*, *flot* et *jusant*, *flux* et *reflux*, auxquelles se rattache la notion de l'établissement du port. Le développement historique de la théorie de ces phénomènes offre un grand intérêt; on en trouve le principe très nettement indiqué dans les écrits des premiers géographes et naturalistes, mais Newton et Laplace ont porté cette théorie au dernier degré de perfection.

Comme particularité à noter, les marées déterminent parfois de grands mouvements qui, suivant les localités et les circonstances topographiques, reçoivent le nom de *ras de marée* ou de *mascaret*, dans le voisinage de l'embouchure des fleuves tels que la Seine.

Le Chapitre V traite des grands courants qui déplacent une notable fraction de la masse des eaux, les transportant d'un mouvement continu de translation, différent en cela de la simple oscillation qui s'observe dans l'effet des vagues ordinaires et des marées. Les premières constatations précises de ces courants doivent être attribuées, suivant Peschel Ruge, aux navigateurs portugais qui, au XVe siècle, reconnurent le célèbre courant du Golfe ou *Gulf-Stream*, mais, à cette époque, le courant de la côte de Mozambique avait été déjà observé par Vasco de Gama, celui du *Gulf-*

Stream à la pointe de la Floride par Antonio d'Alamine, en 1513, et celui de la côte de Labrador vraisemblablement dès 1497, par Sébastien Cabot. En 1665, Athanase Koicher, le même qui, en 1580, avait figuré sur une mappemonde les premières lignes d'égale déclinaison magnétique, qu'il appelait *tractus chalyboeliticus,* avait aussi dressé une carte d'ensemble des courants maritimes connus de son temps.

Aujourd'hui, grâce aux travaux de Maury, tous les courants ont été complètement étudiés, et, loin d'être un obstacle aux navigateurs, ils sont devenus de véritables routes maritimes.

Le mode d'investigation de ces courants le plus habituellement employé est fondé sur l'observation du degré aréométrique et de la température des eaux. C'est ainsi que l'on a établi l'existence d'un grand courant chaud ou équatorial et d'un grand courant froid ou polaire, dans les deux régions Nord et Sud de l'océan Atlantique. Le courant équatorial de la région Nord offre un intérêt tout particulier : c'est celui du *Gulf-Stream* qui, se relevant sur les côtes occidentales de l'Europe, adoucit le climat des contrées septentrionales de l'ancien continent. L'étude de ses températures a occupé beaucoup de physiciens et de géologues ; de nombreuses observations, recueillies en 1851 par Ch. Sainte-Claire Deville, ont servi de base à l'établissement d'une carte des températures du golfe du Mexique jusqu'aux Antilles.

Nous ne pouvons que signaler ici les courants pareillement observés dans l'océan Pacifique, dans l'océan Indien, et dans les deux océans polaires, Arctique et Antarctique. Le lecteur en trouvera la description détaillée dans l'Ouvrage, ainsi que l'indication, sur un planisphère à échelle réduite, où toutefois l'on a oublié de noter la direction des principaux courants, omission qu'il sera aisé de réparer dans une nouvelle édition.

La théorie des courants maritimes est aujourd'hui à peu près complètement étudiée, et il est juste d'attribuer les premiers essais à un savant artiste, qui a marqué l'empreinte de son génie dans d'autres sciences, Léonard de Vinci (¹).

Le développement considérable des glaciers et des glaces flot-

---

(¹) *Studien*, etc. Voir *Bulletin*, octobre 1878, II., p 425-426.

tantes dans les régions polaires, et leur influence dans la Géologie, la classification des divers types de banquises ou d'*icebergs,* la discussion relative à l'existence d'une immense nappe de glace sur toute l'étendue des régions voisines du pôle, à partir du quatre-vingt-deuxième degré, d'après l'exploration du capitaine Nares en 1875 et en 1876; la répartition géographique des glaciers polaires et l'hypothèse d'une mer libre au pôle nord offrent le sujet des principaux paragraphes du Chapitre VI.

La septième Partie traite des rapports mutuels dynamiques entre les mers et les continents et des changements provoqués par cette réciprocité d'action.

Le rivage des mers éprouve des modifications de tracé ou de niveau dont on a pu reconnaître l'indice, d'une façon qui ne laisse aucun doute sur la réalité du phénomène, ni sur la continuité de l'action observée. Ces mouvements marquent, pour ainsi dire, une étape géologique contemporaine. Certains d'entre eux ont trouvé une explication assez plausible dans le voisinage de volcans en activité. Cet exemple se présente pour le temple de Pouzzolles; mais la généralité doit être attribuée à la structure même du globe terrestre, fort irrégulière et dissymétrique.

La conformation du rivage des mers est intimement liée au travail d'apport des vagues. Ce travail dépend de la constance ou de la variation lente du niveau des mers ou, plus exactement, des mouvements lents auxquels le sol est soumis. Il aboutit ordinairement à la constitution de terrasses, ou de boulevards étagés, ou de fjords, dont la formation a été expliquée par plusieurs théories.

La mer modifie et façonne le rivage par le déplacement qu'elle imprime aux sables qu'elle apporte et que le vent soulève à son tour. Enfin, l'influence combinée des mers et des fleuves détermine la formation de deltas, de lagunes, de cordons littoraux.

Le Chapitre III traite des caractères et de la classification des îles, et des intéressantes remarques auxquelles a donné lieu la formation contemporaine des récifs de corail.

La huitième Partie traite de la terre ferme et de l'eau douce qui existe à sa surface.

Après avoir examiné les rapports qui existent entre la Géogonie et la Cosmogonie, l'auteur expose le résumé des spéculations géogoniques jusqu'à l'époque de G. Werner, Lamarck et Hutton, qui présentèrent l'eau comme un important facteur dans la formation et la disposition des terrains. Dans notre siècle, ces théories ont rencontré quelques objections, d'où est résulté un conflit entre les partisans des grands bouleversements géologiques et ceux des transformations lentes et continues. Les géologues sont restés longtemps divisés sur la part à attribuer à l'action du feu central ou à celle des eaux. L'examen micrographique des roches et des minéraux a contribué, toutefois, à élucider les théories présentées pour la constitution de ces substances et la transformation des restes organisés en fossiles.

L'étude rétrospective de toutes ces lointaines évolutions a été grandement facilitée par le classement méthodique auquel on a réussi à les soumettre. Les terrains primitifs, paléozoïques, mésozoïques et cœnozoïques se subdivisent eux-mêmes en plusieurs étages, caractérisés par des fossiles de mieux en mieux déterminés. Le relief et le sol de la terre ferme ont donné matière également à d'intéressantes observations. De Humboldt a posé les principes de l'étude raisonnée des systèmes de montagnes, et Sonklar von Innstädten a publié une orographie générale qui fixe, d'une manière très satisfaisante, l'état actuel de la science géologique dans cette nouvelle nomenclature.

A côté des grands soulèvements si bien étudiés par les géologues, il faudrait noter aussi les dépressions locales, reconnues par certains explorateurs. L'idée d'y amener les eaux de la mer a servi de prétexte à des projets plus ou moins fantastiques. C'est ainsi que nous avons vu faire, pendant plusieurs années, une agitation aussi considérable qu'irréfléchie, autour du projet présenté par le commandant Roudaire pour amener les eaux de la Méditerranée dans les chotts du sud de la Tunisie. Nous ne rappellerons pas les objections adressées à une entreprise dont l'exécution était fort problématique, et dont la base était une légende assez vague et incertaine; mais il est une objection plus sérieuse à signaler ici, c'est que l'identification du lac Triton des géographes de l'antiquité a pu enfin être établie avec certitude. Ces dépressions ont réellement existé en Tunisie, au sud-est de Kairouan, mais nullement à l'endroit où le commandant Roudaire les a supposées pour les besoins de la cause. La Méditerranée a pu communiquer autrefois avec le lac Triton, tandis qu'elle n'a jamais pénétré dans le chott

Melrir, où elle ne pourrait arriver d'ailleurs, aujourd'hui, que par un canal traversant le chott Djerid, dont le niveau est plus élevé. Le projet de percement de ce terrain est inutile et extravagant; la modification que le climat de la région en éprouverait à peu près nulle, et les avantages politiques, commerciaux et financiers que l'on voudrait en tirer, illusoires ([1]).

Au Chapitre III, l'auteur expose les notions relatives à la présence de la neige et de la glace sur les hautes montagnes, ainsi que les faits généraux se rapportant aux caractères physiques et géologiques des glaciers, au phénomène des avalanches, au mouvement des glaciers, aux moraines, à l'influence des glaciers sur la forme du sol, etc.

Le Chapitre IV renferme l'exposé des données relatives à la formation, à la profondeur et à la nature de l'eau des lacs, ainsi que les systèmes de classification suivis par divers géologues. La description de ces eaux dormantes appelle, naturellement, celle des marais et des tourbières.

L'auteur expose ensuite la théorie des différentes espèces de sources, telles que les sources ordinaires, les sources minérales, les fontaines intermittentes, les sources artésiennes ou jaillissantes, les geysers et les sources à siphonnement d'eau salée, dont le fonctionnement est semblable à celui de l'injecteur Giffard. Un des plus curieux exemples existe dans l'île de Céphalonie.

Après les sources, les eaux courantes, avec les particularités observées dans leur régime, leur vitesse, ainsi que dans leur action érosive.

Les généralités sur la morphologie de la surface terrestre sont exposées dans le Chapitre V. L'auteur étudie la question de l'invariabilité des mers et des continents, le mécanisme intérieur de la Terre qui se refroidit et le plissement qui en résulte; la connexion naturelle des chaînes de montagnes d'après le récent Ouvrage de Suess, l'érosion et l'efflorescence, l'origine des vallées, des atterrissements et des dépressions, des steppes et des déserts, enfin les formations d'origine animale.

([1]) *Voir*, pour plus de détails, notre Mémoire spécial publié dans *les Mondes* de l'abbé Moigno (1877), et résumé dans l'*Année scientifique et industrielle* de M. L. Figuier, 21e année, p. 211-227; 1877.

L'Annexe formant la neuvième et dernière Partie renferme quelques pages que l'auteur a jugé devoir consacrer à la distribution géographique des races humaines, des races animales et des espèces végétales. Ces sujets d'étude n'ont peut-être pas, pour tous les savants, les mêmes liaisons avec la Physique du globe; cependant, on comprend qu'il existe une certaine corrélation entre les caractères du sol et du climat et les productions animales ou végétales qui en tirent leur subsistance. A ce titre, un rapide aperçu de ces notions peut très bien entrer dans le plan de la Géophysique.

Ici se termine le résumé, que nous avons rendu aussi fidèle que possible, de l'Ouvrage de M. le Dr S. Günther. Des travaux publiés par ce géomètre, celui-ci est le plus important et le plus considérable jusqu'à présent.

Déjà nos lecteurs ont pu apprécier l'érudition du savant Professeur dans les études de Géophysique; on peut dire que cet Ouvrage est le plus complet qui ait été publié sur un pareil sujet d'études, digne d'un géomètre profondément versé dans la bibliographie mathématique.

Quelques-unes des figures qui accompagnent le texte devront, nous semble-t-il, être modifiées dans une prochaine édition. Ainsi, la trajectoire des rayons dans les *fig.* 32 et 34 présente une courbure trop marquée; la *fig.* 81, représentant les divers types de glaces polaires, manque de netteté. Dans le Tome I, il y aurait à améliorer la *fig.* 20 et quelques autres détails. Les figures sont quelquefois reproduites d'après un Ouvrage original, suivant une disposition archaïque à laquelle on n'est plus habitué, et qui gagnerait souvent à être transformée d'après un type plus moderne.

Ces petites imperfections de détail méritent, d'ailleurs, à peine de fixer l'attention; elles ne doivent pas amoindrir les réelles qualités qui distinguent la Géophysique de M. Günther.

Il nous sera permis de fonder l'espoir que cet Ouvrage de longue étude, par la richesse et l'étendue de ses subdivisions, donnera un guide utile aux professeurs dans leur enseignement, aux élèves dans leurs travaux, et préparera sans doute la vocation à plus d'un d'entre eux, qui pourra dire alors, comme jadis Alexandre de Humboldt : *Je conçus l'idée d'une Physique du Monde.*

H. B.

Ch.-Em. RUELLE. — L'Introduction harmonique de Cléonide, la division du Canon d'Euclide le géomètre, Canons harmoniques de Florence. Traduction française avec commentaire perpétuel. Paris, Didot, 1884 (Extrait de la Collection des Auteurs grecs relatifs à la Musique).

Le traducteur fait précéder son travail d'un avertissement bibliographique très complet que rendait indispensable, d'ailleurs, le peu de sûreté de l'attribution. Son point de départ nous semble des mieux établis : les deux Traités ne sauraient avoir le même auteur; ils professent, en effet, des principes diamétralement opposés l'un à l'autre. Or il ne peut y avoir de doute sur le *Canon :* les manuscrits sont unanimes pour l'attribuer à Euclide; les auteurs anciens, Proclus, Marinus et l'auteur du commentaire sur les *Harmoniques* de Ptolémée l'affirment également; enfin il y a une concordance parfaite entre les critiques modernes. Seul Gregory pense que les propositions du canon ne pouvaient appartenir qu'à une époque postérieure : à quoi M. Ruelle répond que le *Timée* de Platon implique la présence des propositions relatives à la division du canon dans les écrits des Pythagoriciens.

La question de l'attribution du *Canon* peut donc être regardée comme résolue; mais quel sera alors l'auteur de l'*Introduction?* M. Ruelle cite en tout vingt-deux manuscrits de ce Traité; quinze portent le nom d'Euclide, trois l'attribuent à Pappus, cinq à Cléonide, un à Zosime, un, celui de Leyde, à un anonyme. Les critiques modernes ne s'accordent pas mieux. L'opinion qui semble mériter la préférence, d'après M. Ruelle, est celle émise par M. Charles de Jan. Ce savant a trouvé, dans un manuscrit d'Aristoxène conservé à Leyde, des notes marginales citant un Traité de Cléonide. Ces renvois, qui contiennent la ligne et la colonne du manuscrit visé, semblent concorder, dans la teneur et l'ordre des matières, avec l'*Introduction*. De là cette conclusion, que le traité est tout ce qui nous reste d'un Ouvrage perdu de Cléonide, conclusion adoptée par M. Ruelle. A ces indications, l'auteur a ajouté la liste des éditions des deux Traités. Ils ont été traduits par P. Forcadel, et, plus tard, par Pierre Hérigone. Les notes de M. Ruelle sont copieuses : celles de l'*Introduction* surtout présentent un grand intérêt, puisqu'elles nous renvoient aux notions correspondantes d'Aristoxène, pouvant ainsi, d'après l'idée émise par M. de Jan, servir à la reconstitution de ses ouvrages sur l'harmonique. Dans une « note additionnelle », M. Ruelle, d'après M. Stamm, donne la traduction de trois canons harmoniques de la bibliothèque de Florence. H.

SALMON (G.). — LESSONS INTRODUCTORY TO THE MODERN HIGHER ALGEBRA. Fourth edition in-8°, xv-360 p. Dublin, Hodges and C°, 1885.

Il nous suffira évidemment de signaler cette nouvelle édition de l'excellent *Traité d'Algèbre supérieure* qui a rendu tant de services aux étudiants et aux géomètres. L'auteur, aidé par son ami M. Catheart, nous présente un Ouvrage qui a été mis au courant des derniers progrès de la Science. Il ne nous reste qu'à exprimer un vœu : c'est de voir bientôt paraître une nouvelle traduction française de ces Leçons d'Algèbre moderne. On sait que la première traduction, enrichie de Notes par M. Hermite, est depuis longtemps épuisée.

BLIOTHÈQUE DE L'ÉCOLE DES HAUTES ÉTUDES,
UBLIÉE SOUS LES AUSPICES DU MINISTÈRE DE L'INSTRUCTION PUBLIQUE.

BULLETIN

DES

IENCES MATHÉMATIQUES,

RÉDIGÉ PAR MM. G. DARBOUX, J. HOÜEL ET J. TANNERY,

AVEC LA COLLABORATION DE

CH. ANDRÉ, BATTAGLINI, BELTRAMI, BOUGAIEFF, BROCARD, BRUNEL,
, A. HARNACK, CH. HENRY, G. KOENIGS, LAISANT, LAMPE, LESPIAULT, S. LIE,
NSION, A. MARRE, MOLK, POTOCKI, RADAU, RAYET, RAFFY, S. RINDI,
AUVAGE, SCHOUTE, P. TANNERY, EM. ET ED. WEYR, ZEUTHEN, ETC.

SOUS LA DIRECTION DE LA COMMISSION DES HAUTES ÉTUDES.

DEUXIÈME SÉRIE.

TOME X. — MAI 1886.

(TOME XXI DE LA COLLECTION.)

PARIS,

AUTHIER-VILLARS, IMPRIMEUR-LIBRAIRE
REAU DES LONGITUDES, DE L'ÉCOLE POLYTECHNIQUE,
SUCCESSEUR DE MALLET-BACHELIER,
Quai des Augustins, 55.

1886

Ce Recueil paraît chaque mois.

La Rédaction du *Bulletin*, dans l'intérêt de la régularité de la publication et d'une bonne correction des épreuves, et, plus encore, en vue d'épargner à l'imprimerie des frais considérables autant qu'inutiles de remaniements, prie instamment ses collaborateurs d'apporter toujours le plus grand soin possible dans l'exé-

LIBRAIRIE DE GAUTHIER-VILLARS,

QUAI DES AUGUSTINS, 55, A PARIS.

ABEL (Niels-Henrik). — **Œuvres complètes d'Abel.** Nouvelle édition publiée aux frais de l'État norvégien, par *L. Sylow* et *S. Lie*. 2 beaux volumes in-4; 1881 .... 30 fr.

ARAGO (F.). — **Œuvres complètes.** 17 volumes in-8, avec nombreuses figures .... 127 fr. 50 c.

On vend séparément :

Astronomie populaire. 4 volumes, avec un portrait d'Arago et 362 figures, dont 80 gravées sur acier et 282 gravées sur bois .... 30 fr.

Notices biographiques. 3 volumes, avec une Introduction aux *Œuvres d'Arago*, par A. de Humboldt .... 22 fr. 50 c.

Notices scientifiques. 5 volumes, avec 35 figures sur bois. 37 fr. 50 c.

Voyages scientifiques. 1 volume .... 7 fr. 50 c.

Mémoires scientifiques. 2 volumes, avec 53 figures sur bois. 15 fr.

Mélanges. 1 volume .... 7 fr. 50 c.

Tables analytiques. 1 volume d'environ 900 pages, précédé du discours prononcé aux funérailles d'Arago et d'une Notice chronologique sur ses Œuvres .... 7 fr. 50 c.

DUHAMEL. — **Des Méthodes dans les sciences de raisonnement.** 5 vol. in-8 .... 27 fr. 50 c.

Ire Partie : *Des méthodes communes à toutes les sciences de raisonnement.* 3e édition. In-8; 1885 .... 2 fr. 50 c.

IIe Partie : *Application des Méthodes à la science des nombres et à la science de l'étendue.* 2e édition. In-8; 1877 .... 7 fr. 50 c.

IIIe Partie : *Application de la science des nombres à la science de l'étendue.* 2e édition. In-8, avec figures; 1882 .... 7 fr. 50 c.

IVe Partie : *Application des Méthodes générales à la science des forces.* 2e édition. In-8, avec figures; 1886 .... 7 fr. 50 c.

Ve Partie : *Essai d'une application des Méthodes à la science de l'homme moral.* 2e édition. In-8; 1879 .... 2 fr. 50 c.

FAVARO (Antonio), Professeur à l'Université royale de Padoue. — **Leçons de Statique graphique,** traduites de l'italien par Paul Terrier, Ingénieur des Arts et Manufactures. 3 beaux volumes grand in-8, avec nombreuses figures, se vendant séparément :

Ire Partie : *Géométrie de position* (77 fig.); 1879 .... 7 fr.

IIe Partie : *Calcul graphique* avec *Appendices et Notes du Traducteur* (212 fig. et 2 planches); 1885 .... 12 fr.

IIIe Partie : *Statique graphique*, Théorie et applications. (*Sous presse.*)

PONCELET, Membre de l'Institut. — **Traité des Propriétés projectives des figures.** Ouvrage utile à ceux qui s'occupent des applications de la Géométrie descriptive et d'opérations géométriques sur le terrain. 2e édition, 1865-1866. 2 beaux volumes in-4 d'environ 450 pages chacun, imprimés sur carré fin satiné, avec de nombreuses planches gravées sur cuivre .... 40 fr.

Le Tome II se vend séparément .... 20 fr.

COMPTES RENDUS ET ANALYSES.

ERNST MACH. — Die Mechanik in ihrer Entwickelung historisch-kritisch dargestellt, Leipzig, Brockhaus (Internationale Wissenschaftliche Bibliothek, LIX Band).

L'Ouvrage important que M. E. Mach consacre au développement historique et critique de la Mécanique est divisé en cinq Parties : 1° développement des principes de la Statique; 2° développement des principes de la Dynamique; 3° application plus large des principes et développement déductif de la Mécanique; 4° développement formel de la Mécanique; 5° applications de la Mécanique à d'autres sciences. L'auteur s'est proposé de faire une critique de la Mécanique et il a pensé avec raison qu'il était indispensable de suivre pas à pas le développement historique de cette science.

Les premiers travaux concernent le levier : ils sont d'Archimède, comme chacun sait. L'auteur étudie longuement la loi d'équilibre dans un levier quelconque, et il s'efforce de montrer que la prétendue démonstration de cette loi, aussi bien sous sa forme primitive que sous la forme de Galilée et de Lagrange, n'en est pas une au fond : il est impossible de déduire mathématiquement l'égalité des moments statiques de la simple considération de l'équilibre de masses égales à distances égales.

La loi de l'équilibre sur un plan incliné au contraire semble parfaitement légitime; la démonstration qu'en a donnée Stevin est en même temps des plus simples : elle consiste à placer sur un triangle une chaîne sans fin et à supprimer ensuite la partie pendante : l'équilibre n'est pas changé.

Stevin a appliqué le principe de la composition des forces : ce sont Newton et Varignon (celui-ci indépendamment de Newton) qui l'ont énoncé clairement les premiers. Daniel Bernoulli a cru pouvoir en donner une démonstration géométrique : d'après l'auteur, c'est une vérité d'observation, tout comme les principes du levier et du plan incliné. Tant qu'une observation est nouvelle, on peut la rapprocher d'observations plus anciennes, partant mieux assises; mais, une fois la vérification venue pour la dernière, tous les points de départ sont équivalents : on peut donc édifier la Statique sur des principes divers. Stevin partait du plan incliné, Varignon de la composition des forces : on peut également s'appuyer sur le *principe des vitesses virtuelles* entrevu par Stevin, appliqué dans des cas spéciaux par Galilée et Torricelli et énoncé par Jean Bernoulli sous sa forme générale. Lagrange a pris ce principe pour base de sa *Mécanique analytique* en y ramenant la solution de tous les problèmes qui concernent l'équilibre : l'auteur trouve plus d'un point faible dans la démonstration de Lagrange : nous ne pouvons que renvoyer au Livre pour le détail.

Après un exposé rapide de la statique des fluides, l'auteur étudie la Dynamique. L'origine de cette science est dans les travaux de Galilée dont les découvertes (chute des corps, mouvement sur le plan incliné, pendule) sont exposées fidèlement. Le grand Florentin a été inspiré dans toute son activité scientifique par le *principe* métaphysique *de la continuité* qui n'a pas moins servi à Newton. Si Galilée a posé le principe de l'inertie de la matière, c'est qu'il se représentait la force (sans l'avoir exprimé nulle part) comme une entité causant des accélérations. Huygens continua vigoureusement l'œuvre de Galilée par sa résolution du problème du centre d'oscillation, pour laquelle il se servit du *principe des forces vives*.

L'auteur traduit en notations modernes les belles démonstrations de Huygens.

Newton introduit dans la Science le concept de *masse;* mais il n'a pas été heureux en définissant la masse la quantité de matière déterminée par le volume et la densité, puisque nous ne pouvons définir la densité que par la masse. L'auteur observe avec raison qu'il est impossible de définir la masse autrement que par le mouvement : deux masses égales sont telles qu'agissant l'une sur l'autre elles se communiquent des vitesses égales et contraires. Tout en s'inclinant profondément devant le génie de Newton, M. Mach fait encore observer que la considération par Newton des notions de temps et d'espace absolu est extra-scientifique. Personne ne saurait rien affirmer sur ces pures abstractions, tous nos principes mécaniques n'étant que des expériences sur des positions et des mouvements relatifs. Pour donner une idée du mouvement absolu, Newton fit l'expérience suivante : il suspendit un vase d'eau par un fil très long, tordit fortement le fil et imprima au vase une rotation qui nécessairement devient de plus en plus lente : les parois du vase communiquent peu à peu leur mouvement au liquide qui finit par s'éloigner de l'axe et monter autour des parois. Au début, dit Newton, quand le mouvement relatif de l'eau dans le vase est très grand, il ne s'éloigne pas de l'axe : quand son mouvement relatif diminue, il monte aux parois et son mouvement ascensionnel est le plus grand quand le mouvement relatif de l'eau dans le vase est nul. Il n'y a pas dans ce mouvement ascensionnel, répond M. Mach, de mouvement absolu ; cela prouve simplement que la rotation relative de l'eau contre les parois ne développe pas de forces centrifuges considérables, tandis qu'elles sont développées contre la masse de la Terre : personne ne saurait dire ce qui adviendrait si les parois du vase avaient quelques lieues d'épaisseur.

Les principes de Newton (principes de l'égalité de l'action et de la réaction, de la conservation du centre de gravité, etc.) suffisent, d'après l'auteur, pour résoudre tous les problèmes de la Mécanique : on peut cependant recourir avantageusement dans certains cas aux principes de la conservation de la quantité de mouvement de Descartes, de la conservation des aires d'Euler, de d'Arcy, de Bernoulli, au principe de d'Alembert, au principe des forces vives, au principe de la moindre action, au principe du moindre effort de Gauss : tous ces points de vue sont clairement exposés.

Dans un Chapitre intitulé : *Points de vue théologiques, animistiques et mystiques dans la Mécanique*, l'auteur marque par des exemples spécieux combien ces conceptions ont eu d'influence sur le développement de la Science. Un autre point qu'il n'a pas moins lumineusement mis en lumière est la fonction économique de la Science : toute généralisation nous épargne un effort de mémoire ou d'expérience dans un grand nombre de cas spéciaux : plus une science est développée, moins nous avons à faire d'essais particuliers : ce que l'on a appelé les lois de la nature sont de simples règles générales commodes, sans aucune existence nécessaire.

H.

NAZIMOW (P.-S.). — APPLICATION DE LA THÉORIE DES FONCTIONS ELLIPTIQUES A LA THÉORIE DES NOMBRES. Extrait des Mémoires scientifiques de l'Université impériale de Moscou. Section physico-mathématique, fascicule V, in-8°, 424 p.; 1885.

La Faculté physico-mathématique de Moscou avait, sur ma proposition, mis au concours, pour le prix du professeur Braschmann, le sujet suivant : *Application de la théorie des fonctions elliptiques à la théorie des nombres*. Conformément au Rapport que j'ai présenté à la Faculté, le prix a été décerné à mon ancien élève, M. Nazimow.

Son Ouvrage contient une exposition complète et originale des travaux qui se rapportent à ce sujet. Il peut être considéré comme une encyclopédie, où manque seulement la mention de quelques Mémoires dus à des savants anglais et italiens. Dans sa revue historique, l'auteur marque les époques principales du développement de cette partie de la Science.

C'est à Euler qu'appartient l'initiative de l'emploi des séries pour démontrer les propriétés des fonctions discontinues. C'est Euler qui a le premier résolu le problème du développement du produit infini $\Pi(1-x^n)$, suivant les puissances croissantes de x, et qui, le premier, a déduit de ce développement l'importante proposition relative à la somme des diviseurs d'un nombre, faisant ainsi d'un seul coup deux découvertes capitales. Ces découvertes avaient cela de remarquable, qu'Euler avait déjà étudié le produit $\Pi(1-x^n)$, bien avant que ce produit s'introduisît dans la théorie des fonctions elliptiques.

C'est à Jacobi que revient l'honneur d'avoir continué les découvertes d'Euler dans cette direction. Après avoir exposé dans les *Fundamenta nova* la théorie du développement des fonctions elliptiques en séries et en produits infinis, Jacobi indique quelques applications de ces séries à la résolution de différentes questions d'Arithmétique. Dans un autre travail ([1]), il obtient la décomposition d'un nombre de la forme $8n+4$ en une somme de quatre carrés impairs et le nombre des décompositions différentes d'un

([1]) *Journal de Crelle*, t. III, 2e Cahier.

nombre quelconque en quatre carrés. Voici comment Jacobi s'exprime, à propos de cette découverte : « En examinant avec attention l'algorithme d'analyse qui conduit à ces résultats remarquables, on parviendra à trouver des méthodes nouvelles pour la théorie des nombres ». Ce qui intéressait surtout Jacobi, c'étaient les démonstrations arithmétiques des résultats relatifs à la partition des nombres (*De partitione numerorum*). Ainsi, dans son Mémoire : *De compositione numerorum e quatuor quadratis* (1), Jacobi donne une preuve arithmétique du théorème des quatre carrés. Plus tard (2) il arrive, par une voie très longue, au nombre des décompositions d'un entier de la forme $24\alpha + 3$ en trois carrés de la forme $(6m \pm 1)^2$.

Cette méthode d'application immédiate des fonctions elliptiques à la théorie des nombres est appelée, par M. Nazimow, *première méthode de Jacobi*. Il me paraît préférable de l'appeler *méthode des constantes elliptiques*, car elle conduit Jacobi à des lois numériques par la seule considération des constantes elliptiques. Outre cette méthode, Jacobi en employait une autre, qui s'en rapproche un peu, et qu'il a exposée dans le t. XXXVII du *Journal de Crelle* (3). Après avoir reconnu qu'un même produit infini $\Pi(1 \pm q^m)$ s'exprime de différentes manières par des quotients de deux produits elliptiques, Jacobi tire de ces diverses formules une relation entre certaines séries doubles.

Dans ces séries figure la quantité $q = e^{-\pi\frac{K'}{K}}$ à des puissances dont les exposants sont des formes quadratiques. La comparaison des coefficients des mêmes puissances de q donne plusieurs théorèmes d'Arithmétique. M. Nazimow appelle cette méthode *seconde méthode de Jacobi*.

Presque en même temps que Jacobi, Lejeune-Dirichlet appliquait l'analyse à la théorie des nombres. Ses recherches se rattachent directement aux travaux de Gauss. Elles ont un caractère un peu différent de celles de Jacobi. Dirichlet ne recourt pas directement aux fonctions elliptiques, quoique plusieurs de ses résultats

---

(1) *Journal de Crelle*, t. XII.

(2) *Ibid.*, t. XXI.

(3) *Ueber unendliche Reihen deren Exponenten zugleich in zwei verschiedenen quadratischen Formen enthalten sind.*

définitifs dépendent des fonctions elliptiques ou des fonctions de Jacobi.

En 1839 et 1840, Dirichlet publia, dans le *Journal de Crelle* [1], des articles qui, plus tard, ont fait partie de ses Leçons sur la théorie des nombres. Il parvient, par des artifices de calcul, à déterminer le nombre des formes quadratiques binaires d'une espèce connue, qui ont un déterminant donné. Pour le cas des déterminants négatifs, le problème avait été résolu par Gauss, dans son Mémoire *De nexu inter multitudinem classium, in quas formæ binariæ secundi gradus distribuuntur, earumque determinantem.*

Dirichlet simplifia les formules de Gauss et traita la question dans le cas d'un déterminant positif.

L'égalité qui conduit aux formules définitives de Dirichlet peut être exprimée à l'aide des fonctions de Jacobi. Ainsi les recherches de Dirichlet équivalent à l'emploi des fonctions elliptiques. Cependant la solution du problème, dans le cas général, présente quelques difficultés, car on est conduit à des équations modulaires dont la forme générale n'est pas connue.

Dans le t. XXIV du *Journal de Crelle,* Dirichlet étend ses recherches aux cas des formes quadratiques binaires à coefficients et à variables imaginaires.

Dirichlet ne termina pas ses recherches sur ce sujet, mais d'ores et déjà il fut conduit à effectuer la sommation à l'aide des fonctions elliptiques, de sorte que le nombre des classes de formes quadratiques à coefficients imaginaires ne peut être obtenu sans le secours des fonctions elliptiques.

Pendant que ces travaux paraissaient, Gauss, Dirichlet et Eisenstein s'occupaient aussi de questions relatives aux fonctions dont dépend la division de la lemniscate. Gauss et Dirichlet furent conduits à ces problèmes en cherchant à étendre aux congruences de degré supérieur les résultats trouvés par Legendre pour les résidus quadratiques. A cet effet, Gauss introduisit dans la Science les entiers complexes. Ces nombres lui ont permis de créer la théorie des résidus biquadratiques. Aux travaux de Gauss se rat-

---

[1] *Recherches sur les diverses applications de l'Analyse infinitésimale à la théorie des nombres,* t. XIX et t. XXI.

tachent aussi, outre les travaux de Dirichlet, les recherches d'Eisenstein.

La théorie des fonctions lemniscatiques fournit à Eisenstein une première démonstration de la loi de réciprocité, qui parut dans le t. XXVIII du *Journal de Crelle*, puis une seconde (t. XXIX) et une troisième (t. XXX). De plus, Eisenstein appliqua ces fonctions à la théorie des résidus du huitième degré. Toutes les questions qu'il traite sont étroitement liées à la théorie de la multiplication complexe des fonctions elliptiques, qu'avaient fondée Abel et Jacobi.

C'est surtout à ces problèmes d'Arithmétique, qui dépendent de la multiplication complexe, que M. Kronecker s'attacha en 1857. Il publia sur ce sujet, dans les *Monatsberichte* de Berlin, une Note qui a été traduite dans le *Journal de Liouville* (¹). Après avoir énoncé sans démonstration quelques théorèmes sur les équations qui déterminent les modules pour lesquels a lieu la multiplication complexe, M. Kronecker indique la liaison de son sujet avec la théorie des formes quadratiques. A la fin de sa Note, il donne trois théorèmes d'Arithmétique dans lesquels entre la fonction $F(n)$, qui exprime le nombre de classes des formes à déterminant négatif. Il applique ces théorèmes à la résolution du problème de Dirichlet, pour tirer la valeur du nombre ν de la congruence

$$1.2.3.4\ldots\frac{n-1}{2}\equiv(-1)^{\nu}\pmod{n}$$

pour un nombre n de la forme $4\mu+3$.

Trois ans plus tard, M. Kronecker donne, dans le t. LVII du *Journal de Crelle*, huit théorèmes d'Arithmétique, qu'il déduit de la théorie de la multiplication complexe. Ses formules, qui s'obtiennent à l'aide des équations modulaires, n'exigent pas la connaissance de leurs coefficients et elles donnent le nombre des décompositions d'un entier en une somme de trois carrés.

Ce dernier problème a une histoire aussi longue que celui des quatre carrés. Il fut déjà mentionné par Fermat, à propos de son théorème sur la décomposition des nombres en une somme de trois nombres triangulaires. Legendre signala le rapport qu'il y a entre

(¹) *Journal de Mathématiques pures et appliquées*, 2ᵉ série, t. III, 1858.

la résolution de l'équation $x^2+y^2+z^2=k$ et la recherche du nombre des classes de formes à déterminant $-k$. Gauss résolut ce problème, et M. Kronecker simplifia définitivement la solution de Gauss.

Les formules de M. Kronecker se trouvent démontrées par M. Hermite dans les t. VII et IX du *Journal de Liouville* (1862). Dans son second Mémoire, M. Hermite donne une série de formules intéressantes, qui ne sont pas entrées dans les cours sur la théorie des fonctions elliptiques. M. Hermite démontre les formules de M. Kronecker sur les séries par des considérations différentes. En 1862, M. Kronecker ([1]) établit ses formules en les déduisant toutes d'une seule et même relation. Puis, en 1863, il appliqua les fonctions elliptiques à la détermination d'une valeur approchée de l'expression $T+U\sqrt{2}$, où T et U sont les racines de l'équation de Pell $T^2-DU^2=1$.

Un autre savant éminent, Liouville, a fait aussi beaucoup pour la question d'application des fonctions elliptiques à la théorie des nombres. Il résulte de sa correspondance avec M. Hermite, que Liouville pouvait déduire toutes les formules de M. Kronecker de ses propres formules générales où figurent des fonctions arbitraires, et qu'il avait obtenues, c'est lui-même qui le déclare, en suivant la méthode de Lejeune-Dirichlet. Lejeune-Dirichlet expose cette méthode dans sa lettre à Liouville, écrite en 1856, dans laquelle il démontre son théorème sur le nombre de décompositions d'un entier $4m$ (m impair) en une somme de quatre carrés impairs. En se servant des indications de Liouville, M. Baskakoff démontra, dans le Recueil mathématique, la plupart de ses formules et soumit à une analyse systématique les procédés de démonstration des formules arithmétiques. M. Nazimow, dans les *Notices scientifiques de l'Université de Moscou,* et moi-même dans le Recueil mathématique, nous avons prouvé que les formules de Liouville peuvent aussi être obtenues à l'aide des fonctions elliptiques.

J'ai montré que les fonctions elliptiques permettent de trouver une multitude de formules analogues et que toute loi générale où

([1]) *Monatsberichte der Akademie der Wissenschaften zu Berlin,* 1862.

entre une constante arbitraire peut être transformée en une loi numérique générale dépendant d'une fonction arbitraire. Mais la généralité des énoncés n'est pas accrue par la substitution d'une fonction arbitraire à une constante arbitraire.

La méthode de démonstration à l'aide des fonctions elliptiques est plus simple que par les procédés arithmétiques et donne des conditions auxquelles doivent satisfaire les fonctions arbitraires qui entrent dans ces formules.

La forme générale que Liouville donna à ces questions constitue un progrès immense pour la théorie des fonctions numériques. Les dernières recherches, relativement à ce sujet, sont exposées dans les articles de M. Gierster (1). Profitant des recherches de M. Klein sur la théorie des équations modulaires, M. Gierster donne de nouvelles formules analogues aux formules de M. Kronecker, mais qu'il démontre sans faire usage de celles-ci ni des propriétés des équations modulaires ordinaires.

L'Ouvrage de M. Nazimow est divisé en sept Chapitres.

Dans le premier Chapitre l'auteur expose la première méthode de Jacobi et indique son application à l'étude des formes quadratiques. Dans ce Chapitre, M. Nazimow se propose d'étudier la question générale de l'application des fonctions elliptiques à la détermination du nombre des solutions d'une équation du second degré de la forme $ax^2 + bxy + cy^2 = n$. Il ramène le problème à la considération d'une somme finie de fonctions de Jacobi et montre que cette somme peut être facilement exprimée en fonction du module k, lorsque a et $ac - b^2$ sont des puissances de 2. Puis, il applique ses méthodes à la détermination du nombre de solutions des équations

$$x^2 + 16y^2 = n, \qquad 4x^2 + 4xy + 3y^2 = n,$$

et de l'équation $nx^2 + my^2 = p$, où n et m sont impairs et p quelconque

Dans l'étude des différentes questions relatives aux équations à quatre et à six inconnues, l'auteur distingue deux classes d'équations :

(1) *Mathematische Annalen*, B. XVII, XIX, XXII.

1° Équations dont le nombre de solutions peut être déterminé à l'aide des formules de Landen;

2° Équations pour lesquelles il n'en est pas ainsi.

Parmi les premières, l'auteur considère l'équation de la forme

$$x^2 + y^2 + 2^m(z^2 + t^2) = n$$

et, en général, les différents cas des équations de la forme

$$x^2 + 2^\mu y^2 + 2^\nu z^2 + 2^\varepsilon t^2 = n.$$

Reprenant un à un les théorèmes énoncés sans démonstration par Liouville dans son Journal, l'auteur applique à certains exemples tous les procédés qui donnent le nombre de leurs solutions.

Parmi ces exemples, nous citerons les équations

$$\begin{aligned} x^2 + y^2 + z^2 + 2t^2 &= n, \\ x^2 + 2y^2 + 16z^2 + 16t^2 &= 8k + 3, \\ x^2 + 8y^2 + 8z^2 + 64t^2 &= 8k + 1, \\ \ldots\ldots\ldots\ldots\ldots\ldots\ldots\ldots\ldots \end{aligned}$$

En ce qui concerne la décomposition d'un nombre en six carrés, l'auteur montre que, toutes les fois qu'un problème ne peut être résolu à l'aide des fonctions de Jacobi, il faut recourir aux fonctions elliptiques à infinis triples.

Il signale ensuite un problème que, pas plus que Liouville, il n'a pu résoudre. C'est la détermination du nombre des solutions de l'équation $x^2 + 2y^2 + 3z^2 + 6t^2 = n$, pour n impair.

La principale difficulté de ces sortes de questions consiste dans la détermination d'une fonction elliptique convenable. Pour éclaircir tous les procédés particuliers par des exemples, l'auteur en fait l'application détaillée aux équations

$$\begin{aligned} x^2 + y^2 + 3(z^2 + t^2) &= n, \\ x^2 + xy + y^2 + z^2 + zt + t^2 &= n, \\ x^2 + y^2 + z^2 + 5t^2 &= n, \\ x^2 + 5y^2 + 5z^2 + 5t^2 &= n. \end{aligned}$$

Je crois pouvoir signaler ici une circonstance intéressante. J'ai montré que le nombre des décompositions de l'entier $n = 2^\alpha m$ (où m est impair) en huit carrés a pour expression

$$16\left[\xi_3(n) - 2\xi_3\left(\frac{n}{2}\right) + 16\xi_3\left(\frac{n}{4}\right)\right].$$

Le symbole $\xi_3(n)$ désigne la somme des cubes des diviseurs du nombre entier n, et, pour les arguments fractionnaires, la fonction $\xi_3(x)$ est nulle. M. Nazimow a trouvé que ce même nombre est égal à $\frac{16}{7}(8^{\alpha+1}-15)\xi_3(m)$.

En rapprochant ces deux solutions, nous obtenons pour tout entier $n=2^\alpha m$ (m impair) une relation nouvelle

$$\xi_3(n)-2\xi_3\left(\frac{n}{2}\right)+16\xi_3\left(\frac{n}{4}\right)=\frac{1}{7}(8^{\alpha+1}-15)\xi_3(m).$$

On voit ainsi s'ouvrir un champ tout nouveau pour des recherches qui conduiront à des théorèmes arithmétiques d'un genre particulier.

Dans le Tome XXXIX du *Journal de Crelle*, Eisenstein a montré que le nombre des décompositions d'un entier en dix carrés ne dépend qu'en partie de la somme des puissances des diviseurs de cet entier. Dans le tome IX de son Journal (2ᵉ série), Liouville dit, dans sa lettre à M. Besge, qu'il ne connaît le nombre des décompositions d'un entier en douze carrés que quand cet entier est pair. Dans le cas où l'entier est impair, Liouville n'a pas résolu la question. M. Nazimow en donne la solution. Dans l'expression qu'il obtient figure effectivement une fonction indépendante des diviseurs. Quant au nombre des décompositions d'un entier en dix carrés, l'auteur, pas plus que Liouville, n'en voit de solution satisfaisante.

Dans le Chapitre suivant, il expose la seconde méthode de Jacobi, fondée sur la considération de séries dont les exposants s'expriment à l'aide de deux formes quadratiques. A la fin de ce Chapitre, il indique l'égalité entre les sommes de certaines séries doubles, qui peuvent résulter de la considération des équations du troisième et du septième degré.

Dans le Chapitre III, M. Nazimow expose la démonstration donnée par M. Hermite des formules de M. Kronecker et la détermination du nombre des représentations d'un entier, soit par une somme de trois carrés, soit à l'aide d'une forme à trois variables.

Dans le Chapitre IV, l'auteur s'attache aux théorèmes numériques de Liouville, concernant les propriétés générales des fonctions analytiques et numériques. Après avoir exposé toutes les méthodes qui auraient pu servir à Liouville pour démontrer ses théorèmes avec des fonctions arbitraires, il rapporte une démonstration de M. Zolotareff ([1]) et montre que chaque théorème de la seconde méthode de Jacobi peut conduire à un théorème analogue à celui qu'a démontré M. Zolotareff.

Dans le Chapitre V, l'auteur expose la théorie des nombres complexes de Gauss, les propriétés de l'équation dont dépend la division d'une lemniscate entière par des nombres premiers impairs de Gauss, et il fait usage de ces propriétés pour démontrer les lois de réciprocité des résidus du quatrième et du huitième degré. Laissant de côté les généralisations des nombres complexes dues à MM. Kummer et Zolotareff, M. Nazimow ne sort pas des limites de l'exposition de Gauss et d'Eisenstein. A la fin du Chapitre, il ne fait qu'indiquer l'application que Dantscher ([2]) a faite des fonctions elliptiques à la démonstration de la loi de réciprocité des résidus du troisième degré.

Le Chapitre VI est consacré aux recherches de Dirichlet, en vue de déterminer le nombre de classes des formes binaires proprement primitives pour un déterminant donné.

Dans le Chapitre VII, l'auteur indique le rapport entre les formules de M. Kronecker et la multiplication complexe des fonctions elliptiques, ainsi que leur rapport avec les recherches de M. Gierster. Dans son Ouvrage, M. Nazimow n'a pas profité des simplifications introduites par la théorie des intégrales numériques par diviseurs. S'il ne simplifie pas non plus la recherche des lois numériques par l'introduction d'algorithmes convenables, c'est qu'il ne pouvait, lorsqu'il a écrit, connaître encore les recherches faites à ce sujet. Il ne paraît pas connaître davantage les recherches sur la décomposition des nombres en cinq carrés, qui font le sujet de deux Mémoires récemment couronnés par l'Académie des Sciences. Enfin il ne mentionne pas non plus l'Ouvrage de M. Catalan (*Recherches sur quelques produits indéfinis*). Mais cette omission ne peut être attribuée qu'à des circonstances purement accidentelles.

L'Ouvrage de M. Nazimow est très remarquable par l'étendue des recherches, par la profondeur des connaissances, par le talent

---

([1]) *Bulletin de l'Académie de Saint-Petersbourg*, t. XVI, n° 2.

([2]) DANTSCHER, *Math. Annalen*, B. XII, p. 241-253.

que l'auteur montre dans ses solutions, et il rendra de grands services dans l'étude de l'application des fonctions elliptiques à la théorie des nombres.

N. Bougaief.

MÉLANGES.

SUR UN PROBLÈME D'INTERPOLATION RELATIF AUX FONCTIONS ELLIPTIQUES;

Par M. P. APPELL.

La formule d'interpolation de Lagrange donne immédiatement la solution de la question suivante :

Former une fraction rationnelle de degré n dont les infinis au nombre de n sont connus et qui prend des valeurs données pour $(n+1)$ *valeurs particulières attribuées à la variable.*

Je me suis proposé de résoudre une question analogue qui peut s'énoncer ainsi :

Former une fonction elliptique d'ordre n dont les infinis, situés dans un parallélogramme élémentaire, sont connus et qui prend des valeurs données pour n valeurs attribuées à la variable.

Soient $F(x)$ la fonction cherchée aux périodes $2K$ et $2iK'$; $\alpha, \beta, \ldots, \lambda$ les n infinis donnés, différents ou non, situés dans un parallélogramme des périodes; il s'agit de déterminer cette fonction $F(x)$ sachant qu'elle prend des valeurs données

$$A,\quad B,\quad \ldots,\quad L$$

pour n valeurs distinctes

$$a,\quad b,\quad \ldots,\quad l$$

attribuées à x. Les valeurs $a, b, \ldots, l$ sont dites *distinctes,* quand aucune des différences de ces valeurs prises deux à deux n'est de la forme $2mK + 2m'iK'$, où m et m' sont entiers.

Le problème ainsi posé est possible et n'admet qu'une solution si la somme

$$s = a + b + \ldots + l$$

diffère de la somme des infinis

$$\sigma = \alpha + \beta + \ldots + \lambda$$

autrement que par des multiples des périodes, c'est-à-dire si la différence $s - \sigma$ n'est pas de la forme $2mK + 2m'iK'$.

En effet, supposons cette condition remplie, nous obtiendrons une fonction répondant à la question de la façon suivante :

Posons

$$f(x) = H(x-a)\,H(x-b)\ldots H(x-l),$$
$$\varphi(x) = H(x-\alpha)\,H(x-\beta)\ldots H(x-\lambda),$$

et considérons l'expression

$$F(x) = \frac{f(x)}{\varphi(x)}\left[\mathcal{A}\frac{H(x+s-\sigma-a)}{H(x-a)} + \mathcal{B}\frac{H(x+s-\sigma-b)}{H(x-b)} + \ldots + \mathcal{L}\frac{H(x+s-\sigma-l)}{H(x-l)}\right],$$

où $\mathcal{A}$, $\mathcal{B}$, ..., $\mathcal{L}$ sont des constantes quelconques. La fonction $F(x)$ ainsi définie est une fonction doublement périodique de x admettant, dans un parallélogramme élémentaire, les n pôles donnés α, β, ..., λ; cela se vérifie immédiatement d'après les propriétés fondamentales de la fonction H. Si maintenant, dans cette expression, nous faisons $x = a$, il vient

$$F(a) = \mathcal{A}\frac{f'(a)}{\varphi(a)}\,\frac{H(s-\sigma)}{H'(0)};$$

si l'on détermine $\mathcal{A}$ par l'équation

$$\mathcal{A}\frac{f'(a)}{\varphi(a)}\,\frac{H(s-\sigma)}{H'(0)} = A;$$

la fonction $F(x)$ prendra la valeur donnée A pour $x = a$. En déterminant de même les constantes $\mathcal{B}$, ..., $\mathcal{L}$ par les équations

$$\mathcal{B}\frac{f'(b)}{\varphi(b)}\,\frac{H(s-\sigma)}{H'(0)} = B,$$

$$\ldots\ldots\ldots\ldots\ldots\ldots\ldots,$$

$$\mathcal{L}\frac{f'(l)}{\varphi(l)}\,\frac{H(s-\sigma)}{H'(0)} = L,$$

on aura une fonction $F(x)$ remplissant les conditions de l'énoncé. Cette fonction sera

$$(1)\quad \left\{\begin{aligned} F(x) = \frac{H'(0)}{H(s-\sigma)}\frac{f(x)}{\varphi(x)}\Bigg[&\frac{A\varphi(a)}{f'(a)}\frac{H(x+s-\sigma-a)}{H(x-a)}\\ &+\frac{B\varphi(b)}{f'(b)}\frac{H(x+s-\sigma-b)}{H(x-b)}+\ldots\\ &+\frac{L\varphi(l)}{f'(l)}\frac{H(x+s-\sigma-l)}{H(x-l)}\Bigg].\end{aligned}\right.$$

Il est facile de voir maintenant que cette fonction $F(x)$ ainsi déterminée est la *seule* qui remplisse les conditions de l'énoncé; en effet, supposons pour un instant que $F_1(x)$ soit une seconde fonction remplissant ces mêmes conditions; alors la différence

$$F_1(x)-F(x)$$

serait une fonction doublement périodique d'ordre n admettant dans un parallélogramme élémentaire les n pôles $\alpha, \beta, \ldots, \lambda$ et les n zéros $a, b, \ldots, l$; comme la différence

$$a+b+\ldots+l-(\alpha+\beta+\ldots+\lambda)$$

n'est pas de la forme $2mK+2m'iK'$, une pareille fonction ne peut pas exister et est identiquement nulle. On a donc

$$F_1(x)=F(x),$$

ce qui démontre qu'il n'y a qu'une fonction prenant les valeurs données pour $x=a, b, \ldots, l$.

Les conclusions sont entièrement différentes quand la différence

$$a+b+\ldots+l-(\alpha+\beta+\ldots+\lambda),$$

c'est-à-dire $s-\sigma$, est de la forme $2mK+2m'iK'$. Alors le problème proposé est *impossible* ou *indéterminé*.

En effet, continuons à poser, comme plus haut,

$$\begin{aligned} f(x) &= H(x-a)H(x-b)\ldots H(x-l),\\ \varphi(x) &= H(x-\alpha)H(x-\beta)\ldots H(x-\lambda),\end{aligned}$$

et supposons que la différence $s-\sigma$ soit *nulle;* si la différence $s-\sigma$ était de la forme $2mK+2m'iK'$, il suffirait de remplacer le point a par le point homologue $a-2mK-2m'K'$ pour que la nouvelle différence $s-\sigma$ fût nulle. On peut donc toujours, dans le cas actuel, supposer cette différence nulle. Alors le rap_ port $\frac{f(x)}{\varphi(x)}$ est une fonction doublement périodique de x. Nous allons montrer que, si les constantes données ne satisfont pas à la relation

$$\frac{A\varphi(a)}{f'(a)}+\frac{B\varphi(b)}{f'(b)}+\ldots+\frac{L\varphi(l)}{f'(l)}=0,$$

le problème est impossible; si, au contraire, cette relation est vérifiée, le problème a une infinité de solutions.

Soit $F(x)$ la fonction cherchée qui admet les pôles $\alpha, \beta, \ldots, \lambda$ et qui prend les valeurs A, B, ..., L pour les déterminations a, b, ..., l de la variable x. Le produit

$$\Phi(x)=\frac{F(x)\varphi(x)}{f(x)}$$

sera une fonction doublement périodique admettant les pôles a, b, ..., l qui sont les zéros de $f(x)$ et n'admettant plus aucun des pôles $\alpha, \beta, \ldots, \lambda$, puisque $\varphi(x)$ s'annule en ces points. Les résidus de cette fonction $\Phi(x)$ relatifs aux pôles $a, b, \ldots, l$ sont

$$\frac{F(a)\varphi(a)}{f'(a)},\quad \frac{F(b)\varphi(b)}{f'(b)},\quad \ldots,\quad \frac{F(l)\varphi(l)}{f'(l)}$$

ou

$$\frac{A\varphi(a)}{f'(a)},\quad \frac{B\varphi(b)}{f'(b)},\quad \ldots,\quad \frac{L\varphi(l)}{f'(l)}.$$

La somme de ces résidus doit être *nulle;* pour que la fonction $F(x)$ puisse exister, il faut donc que les valeurs A, B, ..., L vérifient la relation

$$\frac{A\varphi(a)}{f'(a)}+\frac{B\varphi(b)}{f'(b)}+\ldots+\frac{L\varphi(l)}{f'(l)}=0.$$

Supposons cette relation remplie, alors la fonction

$$(2)\quad \begin{cases} F(x)=\dfrac{f(x)}{\varphi(x)}\Bigg[P+\dfrac{A\varphi(a)}{f'(a)}Z(x-a) \\ \qquad\qquad +\dfrac{B\varphi(b)}{f'(b)}Z(x-b)+\ldots+\dfrac{L\varphi(l)}{f'(l)}Z(x-l)\Bigg] \end{cases}$$

dans laquelle P désigne une constante et $Z(x)$ la fonction

$$\frac{d\log H(x)}{dx},$$

est une fonction doublement périodique remplissant, quel que soit P, les conditions demandées. On voit en effet que, quel que soit P, on a

$$F(a) = A, \quad F(b) = B, \quad \ldots, \quad F(l) = L.$$

De plus, cette fonction (2) est la plus générale qui réponde à la question. Pour le montrer, désignons par $F_1(x)$ ce que devient $F(x)$ pour $P = 0$,

$$F_1(x) = \frac{f(x)}{\varphi(x)}\left[\frac{A\varphi(a)}{f'(a)}Z(x-a) + \frac{B\varphi(b)}{f'(b)}Z(x-b) + \ldots + \frac{L\varphi(l)}{f'(l)}Z(x-l)\right],$$

et par $\Psi(x)$ la fonction la plus générale répondant à la question. La différence

$$\Psi(x) - F_1(x)$$

est une fonction elliptique devenant infinie aux points $\alpha, \beta, \ldots, \lambda$ et nulle aux points $a, b, \ldots, l$ sous la condition

$$\alpha + \beta + \ldots + \lambda = a + b + \ldots + l.$$

On a donc, en désignant par P une constante,

$$\Psi(x) - F_1(x) = P\frac{f(x)}{\varphi(x)};$$

d'où

$$\Psi(x) = P\frac{f(x)}{\varphi(x)} + F_1(x),$$

ce qui donne l'expression (2) précédemment obtenue.

Remarque. — Les résultats que nous venons de trouver relativement à la détermination ou à l'indétermination du problème pourraient se retrouver en mettant la fonction cherchée $F(x)$ sous la forme indiquée par M. Hermite

$$F(x) = P' + A'Z(x-\alpha) + B'Z(x-\beta) + \ldots + L'Z(x-\lambda)$$

avec

$$A' + B' + \ldots + L' = 0,$$

et écrivant

$$F(a) = A, \quad F(b) = B, \quad \ldots, \quad F(l) = L.$$

On aurait ainsi $(n+1)$ équations du premier degré pour déterminer les $(n+1)$ constantes

$$P', \quad A', \quad B', \quad \ldots, \quad L'.$$

Le déterminant de ces équations a été mis par M. Hermite sous une forme qui permet de les discuter facilement. (Voir *Journal de Crelle*, t. LXXXIII, p. 176.)

On pourrait également supposer la fonction cherchée $F(x)$ mise sous la forme

$$F(x) = Q\,\frac{H(x-x_1)H(x-x_2)\ldots H(x-x_n)}{H(x-\alpha)H(x-\beta)\ldots H(x-\lambda)}$$

avec

$$x_1 + x_2 + \ldots + x_n = \alpha + \beta + \ldots + \lambda.$$

En écrivant

$$F(a) = A, \quad F(b) = B, \qquad \ldots, \qquad F(l) = L,$$

on aurait $(n+1)$ équations pour déterminer les constantes

$$x_1, \quad x_2, \quad \ldots, \quad x_n, \quad Q.$$

Les n équations

$$(3)\qquad \begin{cases} x_1 + x_2 + \ldots + x_n = \alpha + \beta + \ldots + \lambda, \\ \dfrac{F(a)}{F(l)} = \dfrac{A}{L}, \quad \dfrac{F(b)}{F(l)} = \dfrac{B}{L}, \quad \ldots, \quad \dfrac{F(k)}{F(l)} = \dfrac{K}{L} \end{cases}$$

déterminent $x_1, x_2, \ldots, x_n$; puis la constante Q est donnée par l'équation

$$F(a) = A.$$

Les équations (3) constituent un cas particulier des équations envisagées par Clebsch dans le tome LXIV du *Journal de Crelle*, p. 233. (*Voir* également *Journal de Mathématiques pures et appliquées*, 4e série, t. I, p. 256.)

LA TRADITION TOUCHANT PYTHAGORE, OENOPIDE ET THALÈS;

Par M. Paul TANNERY.

1. Si le rôle de Platon en Mathématiques n'apparaît que comme un thème d'incertaines légendes, que dira-t-on de celui des anciens sages, de Thalès, de Pythagore? Quand bien même la tradition qui les concerne remonterait jusqu'à Eudème, quelle créance peut-elle mériter, alors qu'il s'agit de personnages antérieurs de deux à trois cents ans, et qui n'ont pas écrit, ou du moins, sous le nom desquels l'antiquité n'a jamais connu que des œuvres apocryphes? A tout le moins, peut-on reconnaître à quelles sources puisait le premier historien de la Géométrie?

Un passage de Jamblique, mal interprété jusqu'à présent, me semble permettre de donner à ces questions, au moins en ce qui regarde Pythagore, une réponse plus satisfaisante qu'on ne pouvait l'espérer *a priori*.

(*De pythagorica vita*, 89). « Voici comment les Pythagoriciens disent que la Géométrie fut rendue publique. L'argent des Pythagoriciens fut perdu par l'un d'eux (1); à la suite de ce malheur, on lui accorda de battre monnaie avec la Géométrie — et la Géométrie fut appelée *Tradition touchant Pythagore* (2). »

La curieuse donnée qui termine ce passage est une marque assurée de l'ancienneté de la source utilisée par Jamblique; cette donnée ne me paraît d'ailleurs susceptible que d'une seule explication. Il a dû exister, sous le titre indiqué, un Ouvrage de Géométrie qu'Eudème a eu entre les mains et duquel il a tiré les renseignements relatifs aux travaux de l'École de Pythagore.

---

(1) 'Αποβαλεῖν τινα τῆνο ὑσίαν τῶν Πυθαγορείων. On traduit d'ordinaire : « Un pythagoricien perdit sa fortune. » Cette interprétation ne tient nullement compte de la construction de la phrase, ni des mœurs de l'époque à laquelle se rapporte la tradition. Les Pythagoriciens vivaient en communauté; le dépositaire de la bourse commune la perd, il faut recourir à des moyens extraordinaires. Voilà la légende; autrement elle ne se tient pas.

(2) 'Εκαλεῖτο δὲ ἡ γεωμετρία πρὸς Πυθαγόρου ἱστορία, ce que Kiessling traduit : « Vocabatur autem Geometria a Pythagora *historia*. » Il semble avoir entendu : « Pythagore appelait la Géométrie *histoire* », interprétation insoutenable à tous les points de vue.

2. Examinons d'un peu plus près cette légende et voyons si nous pouvons en tirer quelque autre conclusion.

Il convient tout d'abord de remarquer que le même passage se retrouve dans le Livre de Jamblique Περὶ τῆς κοινῆς μαθηματικῆς (¹) avec une phrase intercalée avant la dernière :

« Les progrès des Mathématiques furent d'ailleurs dus ensuite surtout aux publications de deux hommes qui poussèrent plus avant, Théodore de Cyrène et Hippocrate de Chios. »

Cette intercalation, dans cette seconde rédaction, n'est qu'une glose qui rompt maladroitement le fil du récit. Mais cette glose, Jamblique l'emprunte évidemment à la tradition d'Eudème, et elle nous témoigne que le compilateur du IIIe siècle considérait l'Ἱστορία πρὸς Πυθαγόρου comme antérieure aux travaux d'Hippocrate. Il n'y a pas à douter que cette opinion ne fût aussi celle d'Eudème.

Il y a lieu, d'autre part, à examiner comment arrive, dans les deux passages de Jamblique, le récit relatif à la première publication de la Géométrie. Notre auteur vient d'exposer la différence des deux sectes qui reconnaissaient Pythagore comme Maître, les *Acousmatiques* d'un côté, les *Mathématiciens* de l'autre; ces derniers prétendaient garder seuls la véritable tradition; d'après eux, l'autre secte aurait, en réalité, été fondée par Hippasos, lequel aurait seulement pris comme point de départ l'enseignement exotérique de Pythagore. Cet Hippasos avait cependant, quant à lui, été initié aux doctrines réservées; mais, ayant divulgué la construction du dodécaèdre inscrit dans la sphère, il aurait péri en mer, en punition de son impiété, pour avoir voulu s'attribuer la gloire d'une invention qui appartenait à *Celui-là;* « car c'est ainsi qu'ils désignent Pythagore au lieu de prononcer son nom ». Suit le passage traduit plus haut, où l'on doit donc voir une légende propre à la secte des Mathématiciens.

Que cette légende soit inadmissible comme donnée première, pour ce qui regarde le secret observé dès l'origine sur les découvertes géométriques du Maître, il est à peine utile d'insister sur ce point. La *Tradition touchant Pythagore* n'aurait pas trouvé grand débit, si, jusque-là, la Science eût été complètement ignorée;

(¹) VILLOISON, *Anecdota græca*, II, p. 216.

cependant la légende est ancienne, et elle doit avoir un fond de vérité; en tout cas, on ne peut nier que, dès cette époque, la Géométrie ne fût en état de faire vivre ses adeptes; on ne peut guère douter qu'Hippocrate de Chios et Théodore de Cyrène n'aient tiré de l'argent de leur enseignement; c'est l'âge des sophistes, et les géomètres imitent les autres professeurs. La Science est déjà en honneur et la publication des découvertes de Pythagore est un travail lucratif; c'est le point qui mérite attention.

La légende concède au reste que, dès longtemps avant, des révélations partielles avaient eu lieu; tantôt il s'agit d'Hippasos et de la construction du dodécaèdre régulier, comme nous l'avons vu; tantôt (Jambl., *De vita pythag.*, 247) d'un affilié dont on tait le nom, et qui aurait enseigné aux profanes l'existence des quantités incommensurables; les Pythagoriciens l'auraient exclu de leur société et auraient, de son vivant, élevé son tombeau comme s'il était déjà mort; plus tard, les dieux l'auraient, lui aussi, fait périr dans un naufrage (¹).

Si cependant on doit ajouter foi au récit d'Apollonius (Jambl., 254-264) sur les troubles politiques où succomba l'Institut pythagorique, l'École aurait eu, contre Hippasos, des griefs certainement plus graves que les révélations qu'elle lui reprochait. D'après ce récit, dont les circonstances ne présentent rien d'improbable, ce qu'on ne peut guère dire d'aucun autre, les discordes auraient, à l'origine, moins présenté le caractère d'une révolte populaire contre l'autorité de l'aristocratie pythagorisante que d'une scission entre les membres de l'École, dont les uns favorisent la démocratie, dont les autres maintiennent les principes conservateurs. Pythagore s'est retiré de Crotone à Métaponte, sans doute aux premiers symptômes où son autorité s'est trouvée compromise; un des principaux chefs du parti aristocratique est ce Démocède dont Hérodote a raconté l'histoire, ce médecin fait prisonnier par les Perses, qui gagne la faveur de Darius, parvient à s'échapper et

(¹) Mais il y a d'autant moins de raisons de le distinguer d'Hippasos que dans la géométrie des *Éléments*, la théorie des incommensurables est intimement liée à celle des polyèdres réguliers, et que son objet semble être avant tout la définition des incommensurables que l'on rencontre dans la construction de ces polyèdres. On doit remarquer aussi que les points de doctrine en question sont de ceux que Pythagore n'a pas dû dépasser.

épouse la fille de Milon de Crotone. Mais, dans le parti populaire, se distinguent, avant même les démagogues Cylon et Ninon, des disciples du Maître, Hippasos en première ligne, et aussi un Théagès dont Stobée nous a conservé des fragments.

3. Pouvons-nous, d'après ces données, émettre quelques conjectures plausibles? Une grave difficulté subsiste, concernant la légende relative au secret imposé, dit-on, par Pythagore, pour les objets de son enseignement ésotérique. Quelle part de vérité peut contenir cette légende?

A priori, on devrait croire que si la prescription du secret a été effective, elle devait s'appliquer, non pas aux vérités géométriques [1], mais bien aux dogmes philosophiques. Tout au contraire, nous voyons ces dogmes, dans ce qu'ils ont de plus singulier, connus de très bonne heure (Xénophane, Héraclite, etc.), et c'est la révélation de découvertes mathématiques que la légende présente expressément comme l'impie violation des mystères réservés aux seuls initiés. Il nous faut donc bien reconnaître que les dogmes philosophiques de Pythagore, la métempsycose en particulier, étaient exotériques et que son enseignement réservé était essentiellement mathématique, sauf peut-être une partie mystique sur le caractère de laquelle nous ne serons probablement jamais bien renseignés.

Cette conclusion peut, ce me semble, recevoir une explication assez probable. Pythagore, en fait, n'a dû tenir secrètes ni ses doctrines, ni sa science. Mais, pour une raison ou pour une autre,

---

(1) Une jolie légende (Jamblique, 21-25) nous montre Pythagore, au moins à Samos, jouant un rôle qui n'est guère celui d'un homme jaloux de sa science, cherchant au contraire à la répandre parmi ses concitoyens. Il prend un jeune homme qui gagne sa vie comme manœuvre, mais dont il reconnaît l'heureux naturel, et lui enseigne l'Arithmétique et la Géométrie en le payant trois oboles (le prix de la journée) par théorème qu'il apprend. Lorsque son élève est assez avancé, il feint d'être tombé dans la misère, et le jeune homme lui offre à son tour de payer trois oboles par chaque nouveau théorème. Cet élève se serait appelé du même nom que le Maître; il y a là une invention postérieure, dont le but a été d'attribuer à un personnage différent certains enseignements que la tradition reçue ne permettait plus de concilier avec celles unanimement reconnues comme de Pythagore. Son homonyme devint donc l'auteur du régime carnivore recommandé aux athlètes, tandis que le Pythagore de la tradition est un végétarien.

il n'écrivit pas et préféra un enseignement oral. Dès lors, pour les Mathématiques qui ne sont pas accessibles à tous, son cours se ferma naturellement et le cercle de ses élèves devint d'autant plus facilement jaloux et exclusif qu'il les choisissait avec plus de soin.

Pour la Philosophie et la Physique qui n'était alors, elle aussi, qu'un tissu de conjectures, l'École produisit de bonne heure divers Ouvrages ([1]). Tout disciple, qui écrit pour son propre compte, rompt nécessairement plus ou moins avec le Maître; il tend à devenir chef à son tour. Avec les liens très étroits de confraternité qui unissaient les Pythagoriciens, toute publication personnelle était donc acte de dissidence; mais elle n'avait point comme conséquence forcée une rupture violente; seulement, ceux qui prétendaient garder fidèlement la tradition du Maître dûrent maintenir qu'aucun écrit ne pouvait exactement représenter cette tradition, et ils se bornèrent dès lors à la transmettre oralement dans un petit cercle d'initiés, jusqu'au jour où elle se trouva tellement défigurée qu'il ne fût plus possible de maintenir l'observation de la règle ([2]).

Mais, pour une publication mathématique, la question était toute différente; il ne s'agissait plns d'opinions plus ou moins plausibles, prêtant plus ou moins à controverse, mais bien de vérités indiscutables, dont la découverte était un titre de gloire certes aussi précieux à cette époque qu'il l'est de notre temps. Si donc Hippasos écrivit sur les plus hautes connaissances acquises au sein de l'École, s'il s'attribua des travaux peut-être faits en commun, et cela du vivant même de Pythagore, ce dernier dut en être vivement blessé, et les sentiments qu'il éprouva furent probablement partagés par la majorité de ses élèves. Les discordes qui éclatèrent à ce sujet purent être le motif de sa retraite à Métaponte; mais elles s'envenimèrent de plus en plus à Crotone, y prirent un caractère politique et aboutirent à des guerres civiles prolongées dont on sait le résultat.

([1]) Le plus ancien connu est celui d'Alcméon; plus tard Parménide et Empédocle pythagorisent plus ou moins; Hippasos paraît aussi avoir publié ses opinions sur la Physique.

([2]) Il est incontestable que les doctrines de Philolaos, en particulier sa conception cosmologique, renferment nombre d'éléments étrangers et postérieurs à Pythagore.

A la suite de ces événements, un groupe de Pythagoriciens exilés, se trouvant sans ressources, essaya de s'en créer au moyen de la publication des travaux mathématiques si malheureusement interrompus par les séditions (¹). C'est ainsi, semble-t-il, que l'on peut rétablir le sens de la légende; en tout cas, on ne peut guère douter qu'Eudème n'eût entre les mains un Ouvrage relativement considérable, car les renseignements qui nous en proviennent sont passablement nombreux et circonstanciés.

4. Resterait à déterminer maintenant l'époque à laquelle remonte la publication de cet Ouvrage, appelé par Jamblique la *Tradition touchant Pythagore*.

Il n'y a guère de doute qu'on ne doive la placer avant Hippocrate de Chios; mais, d'après le caractère des découvertes attribuées par Eudème à Œnopide (²), il faut, très probablement, regarder comme antérieurs les écrits de ce dernier. Nous pouvons dès lors indiquer le milieu du vᵉ siècle avant Jésus-Christ comme une date suffisamment approximative. La publication des travaux géométriques attribués à Pythagore semble ainsi tomber vers la fin des guerres civiles qui désolèrent la Grande-Grèce pendant près de cinquante ans et peu avant la pacification qui, sous l'arbitrage des Achéens, permit aux exilés de rentrer dans leur patrie, mais mit fin en même temps au rôle politique de l'association pythagoricienne (³).

Il est clair dès lors que le temps qui s'était écoulé depuis la mort de Pythagore avait été trop peu favorable aux loisirs géométriques, pour que l'on ne doive pas regarder l'Ouvrage publié comme représentant effectivement l'enseignement du Maître,

---

(¹) Je dis un groupe, car, d'après le récit d'Apollonius, les principaux Pythagoriciens, pendant leur exil, paraissent avoir surtout vécu comme médecins; Pythagore s'était beaucoup occupé de Médecine, et nombre de ses disciples l'imitèrent.

(²) La solution des deux problèmes élémentaires : « Abaisser, d'un point donné, une perpendiculaire sur une droite donnée ». « Construire un angle égal à un angle donné, le sommet et un côté de l'angle à construire étant donnés ».

(³) G.-J. Allman (*Greek Geometry from Thales to Euclid,* dans *Hermathena,* Vol. V, p. 186-189) a très nettement établi contre Zeller (*La Philosophie des Grecs,* trad. Boutroux, Vol. I, p. 325-327) que la période des guerres civiles de la Grande-Grèce n'a pu durer de 440 à 406 avant J.-C., qu'elle a commencé peu de temps après la ruine de Sybaris par les Crotoniates en 510, et que la fondation de Thurium, en 444, sur l'emplacement de Sybaris en marque définitivement le terme.

beaucoup plutôt que des découvertes postérieures. Il reste possible et même assez probable que certaines des propositions que renfermait cet Ouvrage fussent en réalité le fruit du travail poursuivi en commun par l'École sous la direction de Pythagore et du vivant de celui-ci. Cependant on peut lui en laisser toute la gloire, ainsi que l'ont fait ses disciples.

En résumé, l'histoire de la Géométrie, pour ce qui regarde Pythagore, semble se trouver dans une situation plus favorable que l'histoire de la Philosophie. Quand nous trouvons, dans Aristote, une doctrine attribuée aux Pythagoriciens ou à certains Pythagoriciens, nous ne savons dans quel Ouvrage elle se trouvait consignée et quelle valeur traditionnelle elle pouvait présenter; si, au contraire, Eudème attribue un théorème aux Pythagoriciens, nous avons droit de penser qu'il le trouvait dans un Traité écrit vers le milieu du ve siècle et ne contenant guère que des propositions réellement connues de Pythagore. A dater de cet Ouvrage anonyme, l'École ne produisit rien en Géométrie jusqu'à l'époque d'Archytas, après lequel les mathématiciens qu'elle a pu donner se confondent avec les disciples de Platon.

5. Sur ce premier Traité de Géométrie grecque dont l'existence puisse être soupçonnée, je me bornerai à remarquer pour le moment que, d'après le résumé historique de Proclus, le cadre était déjà celui que remplissent les *Éléments* d'Euclide. La démonstration de l'égalité à deux droits de la somme des angles de tout triangle (Eudème dans Proclus, p. 379) nous fait partir du Ier Livre, tandis que la découverte des incommensurables nous conduit jusqu'au Xe et la construction des polyèdres réguliers au XIIIe, où cette théorie couronne l'œuvre d'Euclide, comme elle couronnait déjà le Traité pythagoricien (¹).

(¹) Du cadre des *Éléments* on doit cependant retrancher, dans cette comparaison, les Livres arithmétiques (VII à IX) qui semblent bien étrangers, comme forme au moins, à la tradition pythagoricienne. Quel est le véritable auteur du prototype de ces Livres? Qui le premier aura imaginé d'adjoindre aux théorèmes de la Géométrie une suite de propositions rédigées suivant la même forme, mais touchant l'Arithmétique? Est-ce Hippocrate de Chios, et serait-ce là la justification véritable du titre d'*Éléments* (Στοιχεῖα) qu'il adopta, alors que ce titre, pour un Ouvrage traitant seulement de Géométrie, est évidemment impropre?

Quelles lacunes présentait ce dernier Traité? C'est un point que nous examinerons ultérieurement; sans doute elles étaient considérables : il n'en est pas moins vrai que toute la Géométrie élémentaire nous apparaît ici, comme sortie brusquement de la tête de Pythagore, de même que Minerve du cerveau de Jupiter. N'y avait-il eu vraiment rien avant ce génie créateur? C'est assez peu croyable; mais en tout cas Eudème ne connaît aucun écrit géométrique, et ses recherches ne lui permettent d'attribuer aux précurseurs qu'il nomme que des connaissances d'un degré relativement infime. Il est donc au moins très probable que le caractère purement théorique et abstrait qui distingue si nettement la Géométrie grecque lui a été en réalité imprimé par Pythagore, ainsi que le marque expressément le résumé historique de Proclus, et que les écrits antérieurs, s'il en a existé, avaient au contraire un objet concret et des tendances pratiques.

J'ai déjà énoncé un peu plus haut les deux problèmes dont Eudème attribuait la solution à Œnopide. Ils sont assez simples pour qu'on puisse penser qu'ils n'étaient point traités dans l'Ouvrage pythagoricien, d'autant que celui-ci n'était sans doute pas encore composé avec une méthode parfaite; mais évidemment Eudème ne pouvait en dénier la connaissance ni à Pythagore, ni même à Thalès. Si le premier était mis hors de cause en raison de la publication postérieure de sa géométrie, la conséquence à tirer pour ce qui concerne Thalès est qu'Eudème n'avait sous son nom que des propositions particulières, qui pouvaient même se trouver insérées dans la *Tradition touchant Pythagore*. Quant à Œnopide, une des deux citations de Proclus nous enseigne clairement à quelle source Eudème avait puisé ses informations.

(*Proclus*, p. 283). — « Ce problème : « Abaisser d'un point donné une perpendiculaire sur une droite donnée », fut, pour la première fois, cherché par Œnopide, qui le considéra comme utile pour l'Astrologie. Il emploie au lieu de κάθετος (perpendiculaire) l'expression archaïque κατὰ γνώμονα (suivant le gnomon), qui vient de ce que le gnomon est à angles droits sur l'horizon. »

Ainsi, c'était dans un Traité astronomique et non pas géométrique d'Œnopide qu'Eudème avait trouvé la plus ancienne solution connue de ce problème et qu'il y avait relevé la désignation primitive qu'il nous a conservée.

Le second problème (Euclid, I, 23. *Proclus*, p. 333) « qui est aussi plutôt une découverte d'Œnopide, comme le dit Eudème », pouvait sans aucun doute se rencontrer dans le même Ouvrage ([1]).

6. Pour Thalès, dont il nous reste à parler avant de revenir à Pythagore, si peu assurée qu'ait pu être la tradition venue jusqu'à Eudème, ce dernier possédait-il quelques documents anciens? On pourrait le croire à ce passage de Proclus (p. 250) :

« C'est à l'antique Thalès que l'on doit ce théorème, ainsi que tant d'autres découvertes; car il fut, dit-on, le premier à poser et à dire que dans tout triangle isoscèle les angles à la base sont égaux; au lieu d'*égaux* (ἴσας), il employait d'ailleurs l'expression archaïque de *semblables* (ὁμοίας) ».

Mais cette expression archaïque, Eudème ne pouvait-il la connaître par l'Ouvrage pythagoricien et, dès lors, la mettre dans la bouche de Thalès?

Une seconde citation (p. 299) semble bien prouver qu'il ne subsistait point de démonstrations attribuées à Thalès en même temps que certaines propositions :

« Ce théorème que, quand deux droites se coupent, les angles opposés par le sommet sont égaux, a été découvert en premier lieu par Thalès, comme le dit Eudème; Euclide en a donné la démonstration scientifique. »

Si donc Proclus nous dit (p. 157), dans un endroit qui, cette fois, doit d'ailleurs provenir directement de Geminus, que « la division en deux parties égales du cercle par le diamètre a été *dé-*

([1]) Le nom d'Œnopide se rencontre encore dans Proclus (p. 80), au milieu d'un passage emprunté à Geminus. « D'après Zénodote, celui qui a été un des successeurs d'Œnopide et un des disciples d'Andron, on distingue le théorème du problème en ce que, etc. » Cette distinction, sur laquelle je reviendrai, est, sans aucun doute, postérieure à Aristote, et probablement aussi à Eudème. Nous avons ainsi la preuve qu'Œnopide avait fondé, probablement à Chios, une école scientifique qui subsista longtemps, et de laquelle dut sortir Hippocrate. Malheureusement Andron et Zénodote sont complètement inconnus d'ailleurs, et le texte est, d'autre part, loin d'être parfaitement assuré.

montrée, dit-on, en premier lieu, par Thalès », nous devons d'autant moins croire à la justesse de l'expression ἀποδεῖξαι (démontrer), que cette propriété du diamètre, quoique énoncée dans les définitions d'Euclide, ne fait l'objet d'aucune démonstration des *Éléments.*

Enfin la dernière citation (p. 352) nous indique de la façon la plus claire comment Eudème procédait pour Thalès :

« Eudème, dans les *Histoires géométriques,* fait remonter ce théorème (I, 26) à Thalès; car il dit que ce dernier devait nécessairement s'en servir d'après la manière dont on rapporte qu'il déterminait la distance des vaisseaux en mer. »

La tradition, soit pythagoricienne, soit tout autre, attribuait à Thalès un procédé déterminé pour mesurer la distance à un point inaccessible; Eudème en concluait, sans autre donnée, que Thalès possédait les théorèmes indispensables pour rendre raison de ce procédé.

Malheureusement, nous ne savons nullement en quoi consistait cette solution d'un problème pratique attribuée à Thalès. La donnée qui s'y rapporte est absolument insuffisante pour le déterminer; cependant, s'il est permis de former une conjecture, il faut avant tout rechercher la solution la plus primitive parmi celles qui sont connues historiquement.

Il n'en est point à cet égard qui puisse lutter avec la *fluminis varatio* de l'agrimenseur romain Marcus Junius Nipsus (¹). Si imparfaite, si impraticable même qu'elle puisse être dans la plupart des cas, du moment où nous constatons historiquement son existence, il n'y a aucun motif sérieux pour l'écarter quand il s'agit de Thalès.

Soit à mesurer la distance du point A au point B inaccessible; on élève, sur le terrain, à AB une perpendiculaire AC de longueur quelconque, que l'on divise en deux parties égales au point D; en C on élève à AC, dans la direction opposée à AB, la perpendiculaire CE jusqu'à sa rencontre en E avec la droite BD. La longueur CE que l'on mesure sera égale à la longueur cherchée.

(¹) *Gromatici veteres, ex recensione Caroli Lachmanni.* Berlin, Reimer, 1848, p. 285-286.

En effet, les deux triangles ABD, DCE sont égaux comme ayant un côté égal (AD = DC par construction) compris entre deux angles égaux chacun à chacun. Or c'est là précisément le théorème I, 26 attribué par Eudème à Thalès. Quant à l'égalité des angles, elle a lieu pour ceux en A et E, parce qu'ils sont droits, pour ceux en D, parce qu'ils sont opposés par le sommet, et nous retrouvons encore ici un autre théorème que nous avons vu attribuer à Thalès. Notre conjecture reçoit par là une sérieuse confirmation.

7. Des autres solutions proposées pour représenter le procédé de Thalès, je rejette celle de Bretschneider, parce qu'elle est aussi peu avantageuse, qu'elle n'est pas constatée historiquement, parce qu'enfin elle suppose l'emploi d'un instrument propre à viser suivant un angle égal à un angle donné. La *fluminis varatio* ne réclame au contraire que l'équerre, les jalons et les instruments pour la mesure des longueurs, c'est-à-dire le matériel qu'ont possédé les arpenteurs bien avant la constitution de la Science.

J'écarte la solution par l'emploi de triangles semblables, parce qu'elle ne se retrouve pas chez les agrimenseurs romains, et qu'il est dès lors à présumer que chez les Grecs cette solution est d'une invention relativement récente et qu'elle n'a jamais été très répandue (¹). A la vérité, Plutarque (²) attribue à Thalès d'avoir mesuré la hauteur des pyramides d'après leur ombre comparée à celle d'un bâton; mais, dans cette donnée, Plutarque est l'écho d'un condisciple d'Eudème, non pas de ce dernier, et il dénature gravement le récit primitif (³), qui d'une part suppose l'égalité de l'ombre à l'objet, de l'autre n'indique nullement que les Égyptiens, maîtres de Thalès, ignorassent ce procédé élémentaire.

Quoique la solution, rapportée d'après Hiéronyme de Rhodes, suppose bien une certaine notion de la similitude, on doit en conclure que cette notion n'était pas encore assez familière pour être

(¹) Il n'y a pas à s'en étonner, la Géodésie a dû rester longtemps dans la routine, en raison de sa séparation d'avec la Géométrie. L'emploi des triangles semblables sur le terrain se trouve au reste indiqué dans le Traité de la *Dioptre* de Héron d'Alexandrie comme dans les *Cestes* de Sextus Julius Africanus.

(²) *Sept. Sap. Conviv.*, éd. Didot, M. 174, 39.

(³) *Diogène Laërce*, I, 37. « Hiéronyme (de Rhodes) dit qu'il mesura les pyramides en observant l'ombre, quand elle nous est égale. »

appliquée d'une façon réellement pratique à la mesure d'une hauteur verticale, et c'est bien ainsi sans doute que nous devons nous représenter cette notion soit chez les Égyptiens, soit chez Thalès,

La notion de la similitude est incontestablement une des premières que l'homme ait acquise; mais elle est restée longtemps concrète dans les arts du dessin ou de la construction, et c'est ainsi qu'elle nous apparaît en fait dans le papyrus mathématique d'Eisenlohr ([1]), lorsque nous y voyons, par exemple, calculer l'arête d'une pyramide d'après son rapport à sa projection sur la base. Si précise que nous semble déjà cette notion de la similitude, il y avait un pas immense à faire avant de l'appliquer à des problèmes pratiques d'une autre nature, soit sur le terrain dans l'arpentage, soit même pour des mesures par les ombres. Il fallait rendre d'abord cette notion purement abstraite, puis lui donner les diverses formes concrètes dont elle est susceptible. Ce pas ne semble avoir été fait que par les Grecs et cela probablement après Thalès ([2]).

8. Deux des théorèmes attribués à ce dernier par Eudème se trouvent, dans notre conjecture, rattachés, comme on l'a vu, à un problème pratique concret (αἰσθητικώτερον). Mais, d'après le résumé historique de Proclus, Eudème avait connaissance, par la tradition, au moins d'une autre question traitée par Thalès d'une façon plus abstraite (καθολικώτερον). Est-il donc possible de rattacher à un seul problème abstrait les deux autres propositions citées par Eudème?

Il me le semble, si l'on fait intervenir la dernière donnée précise que nous possédions sur les travaux géométriques de Thalès, et que nous a conservée Diogène Laërce (I, 24). « Pamphila (compilatrice de la fin du Ier siècle après J.-C.) dit qu'il apprit la Géométrie chez les Égyptiens, que le premier il inscrivit le triangle rectangle dans le demi-cercle, et qu'à cette occasion il sacrifia un bœuf. D'autres, par exemple Apollodore le logisticien, attribuent ce trait à Pythagore ».

([1]) *Voir* l'ingénieuse conjecture de M. Cantor : *Ueber den sogenannten Seqt der aegyptischen Mathematiker* (*Sitzb. der k. Akad. der Wissensch.* Wien. XC, 1884).

([2]) La mesure d'une hauteur verticale suivant le procédé indiqué par Plutarque se trouve en tout cas dans les *Optiques* d'Euclide, 19.

Il s'agit évidemment, soit de la propriété du demi-cercle que tous les angles qui y sont inscrits sont droits, soit de la réciproque que la demi-circonférence est le lieu des sommets des angles droits dont les côtés passent par les extrémités du diamètre ([1]). Mais ces deux propositions se tiennent d'assez près pour que l'on n'ait pas à faire de distinction entre elles; et il semble que Thalès a pu y être conduit en se proposant de construire sur le terrain un triangle rectangle dont l'hypoténuse est donnée de position, et un côté de l'angle droit donné de longueur seulement : problème pratique, mais conçu sous forme abstraite.

La donnée de Pamphila peut parfaitement provenir d'Eudème, car Proclus n'avait pas à parler de la proposition dont il s'agit dans son commentaire sur le Ier Livre d'Euclide. Quant à la légende sur le sacrifice d'un bœuf, elle peut venir d'une autre source; en tout cas, celle qui attribue ce sacrifice à Pythagore ne concernait certainement pas le même théorème, quoi que semble dire Diogène Laërce; mais nous n'avons pas à nous y arrêter pour le moment.

On conclut généralement du témoignage de Pamphila que Thalès connaissait l'égalité à deux droits de la somme des angles d'un triangle; mais il est essentiel d'observer qu'Eudème ne tirait nullement la même conclusion. D'après Proclus (p. 379), il attribuait formellement aux Pythagoriciens la découverte de ce théorème et reproduisait leur démonstration, analogue à la nôtre. A la vérité, dans Eutocius sur Apollonius (p. 9), Geminus s'exprime comme suit, en comparant à ce qui s'est passé pour ce théorème l'histoire de l'invention des coniques : « Les anciens ont considéré les deux droits d'abord pour chaque espèce de triangle, en premier lieu l'équilatéral, en second lieu l'isoscèle, en troisième lieu le scalène; ceux qui vinrent ensuite ont démontré généralement le théorème, que dans tout triangle la somme des trois angles intérieurs est égale à deux droits. »

On a admis que la démonstration des trois cas appartenait à Thalès et le théorème général aux Pythagoriciens. Mais cette conclusion est insoutenable, du moment où tous les témoignages

([1]) En parlant ici de lieu, j'emploie une notion qui n'a évidemment été précisée que bien plus tard.

concordent pour établir que ni Geminus ni Eudème n'ont eu entre leurs mains aucun écrit géométrique remontant à Thalès, que la tradition qui le concernait avait seulement conservé des solutions de problèmes pratiques, sans raisonnements. Ce qu'il faut dire simplement, c'est que dans l'Ouvrage géométrique des Pythagoriciens, la démonstration était faite pour les trois cas, que plus tard les deux premiers auront été supprimés comme inutiles.

Nous ne pouvons pas, en somme, juger ce que connaissait Thalès, ni ce qu'il ignorait; peut-être sa géométrie dépassait-elle de beaucoup les limites que lui assignait Eudème, peut-être cependant ne comportait-elle aucune démonstration en forme; mais la question n'est pas là. Le fait est que si la donnée relative à la propriété du demi-cercle remonte au disciple d'Aristote, celui-ci devait connaître une démonstration qui ne s'appuyait pas sur le théorème de la somme égale à deux droits. Mais cette démonstration ne pouvait évidemment se passer des deux propositions attribuées à Thalès et relatives, d'une part à l'égalité des deux portions du cercle séparées par le diamètre, de l'autre à l'égalité des angles à la base d'un triangle isoscèle (1).

Je crois avoir ainsi accompli la tâche que je m'étais proposée pour Thalès; je n'ai point cherché à déterminer ce qu'il a pu savoir, mais bien à préciser comment s'est formée la tradition qui concerne ses travaux géométriques; j'ai montré qu'elle se réduit probablement à deux données relatives à des solutions de problèmes pratiques et trop simples d'ailleurs pour qu'on en puisse tirer des conclusions assurées.

---

(1) Si dans un cercle dont AB est le diamètre, on mène par le centre O un autre diamètre COD, il est facile, avec les deux propositions précitées, et en admettant l'égalité des angles opposés par le sommet, théorème attribué à Thalès par Eudème, de démontrer que dans le quadrilatère ACBD les quatre angles sont égaux et les côtés opposés égaux entre eux. Or on a très bien pu, à l'époque dont il s'agit, définir le rectangle d'après ces propriétés.

OTHÈQUE DE L'ÉCOLE DES HAUTES ÉTUDES,
E SOUS LES AUSPICES DU MINISTÈRE DE L'INSTRUCTION PUBLIQUE.

BULLETIN

DES

NCES MATHÉMATIQUES,

DIGÉ PAR MM. G. DARBOUX, J. HOÜEL ET J. TANNERY,

AVEC LA COLLABORATION DE

. ANDRÉ, BATTAGLINI, BELTRAMI, BOUGAIEFF, BROCARD, BRUNEL,
HARNACK, CH. HENRY, G. KOENIGS, LAISANT, LAMPE, LESPIAULT, S. LIE,
N, A. MARRE, MOLK, POTOCKI, RADAU, RAYET, RAFFY, S. RINDI,
AGE, SCHOUTE, P. TANNERY, EM. ET ED. WEYR, ZEUTHEN, ETC.

OUS LA DIRECTION DE LA COMMISSION DES HAUTES ÉTUDES.

DEUXIÈME SÉRIE.

TOME X. — JUIN 1886.

(TOME XXI DE LA COLLECTION.)

PARIS,

THIER-VILLARS, IMPRIMEUR-LIBRAIRE
AU DES LONGITUDES, DE L'ÉCOLE POLYTECHNIQUE,
SUCCESSEUR DE MALLET-BACHELIER,
Quai des Augustins, 55.

1886

Ce Recueil paraît chaque mois.

La Rédaction du *Bulletin*, dans l'intérêt de la régularité de la publication et d'une bonne correction des épreuves, et, plus encore, en vue d'épargner à l'Imprimerie des frais considérables autant qu'inutiles de remaniements, prie instamment ses collaborateurs d'apporter toujours le plus grand soin possible dans l'exécution matérielle de leurs manuscrits, surtout en ce qui concerne les formules mathématiques et la transcription des noms propres. Il est à désirer que la disposition des articles soit conforme à celle qui a été adoptée une fois pour toutes dans les livraisons déjà publiées de la 2e Série du Recueil. Par exemple, dans les analyses des Ouvrages et Mémoires, le titre de chaque travail analysé devra être donné dans la langue originale, avec les indi-

---

ABEL (Niels-Henrik). — **Œuvres complètes d'Abel.** Nouvelle édition, publiée aux frais de l'Etat norvégien, par *L. Sylow* et *S. Lie*. 2 beaux volumes in-4; 1881 .... 30 fr.

BRIOT (Ch.), Professeur à la Faculté des Sciences de Paris. — **Théorie des fonctions abéliennes.** Un beau volume in-4; 1879 .... 15 fr.

BRIOT et BOUQUET, Professeurs à la Faculté des Sciences. — **Théorie des fonctions elliptiques.** 2e édition. In-4 de IV-700 pages, avec figures; 1875 .... 30 fr.

DOSTOR (G.), Docteur ès sciences, Professeur à la Faculté des Sciences de l'Université catholique de Paris. — **Éléments de la théorie des déterminants**, avec application à l'Algèbre, la Trigonométrie et la Géométrie analytique dans le plan et dans l'espace. 2e édition. In-8; 1883... 8 fr.

HERMITE, membre de l'Institut. — **Sur la fonction exponentielle.** In-4; 1874 .... 2 fr. 50 c.

HOÜEL (J.), Professeur de Mathématiques à la Faculté des Sciences de Bordeaux. — **Cours de Calcul infinitésimal.** Quatre beaux volumes grand in-8, avec figures dans le texte; 1878-1879-1880-1881.

On vend séparément :

Tome I............ 15 fr. Tome III.......... 10 fr.
Tome II........... 15 fr. Tome IV........... 10 fr.

JORDAN (Camille), Membre de l'Institut, Professeur à l'École Polytechnique. — **Cours d'Analyse de l'École Polytechnique.** 3 volumes in-8, avec figures dans le texte, se vendant séparément :

Tome I. — Calcul différentiel; 1882.................... 11 fr.

Tome II. — Calcul intégral (*Intégrales définies et indéfinies*); 1883.................... 12 fr.

Tome III. — Calcul intégral (*Équations différentielles. — Calcul des variations. — Développements divers. — Problèmes*) .... (*Sous presse.*)

JOURJON (Ch.), Ingénieur des Ponts et Chaussées. — **La divisibilité des fonctions entières démontrée sans les imaginaires**, à l'usage des classes de Mathématiques spéciales et des Cours pour la licence ès sciences mathématiques. In-8; 1886 .... 2 fr.

LAISANT (C.-A.), Député, Docteur ès Sciences, ancien Élève de l'École Polytechnique. — **Introduction à la méthode des quaternions.** In-8, avec figures; 1881 .... 6 fr.

LIAGRE (le Lieutenant-Général), Commandant et Directeur des études à l'École militaire de Bruxelles, Secrétaire perpétuel de l'Académie royale de Belgique. — **Calcul des probabilités et Théorie des erreurs**, *avec des applications aux Sciences d'observation en général et à la Géodésie en particulier.* Deuxième édition, revue par le Capitaine d'Etat-Major Camille Peny, professeur à l'École militaire de Bruxelles. Un fort volume in-8; 1878 .... 10 fr.

COMPTES RENDUS ET ANALYSES.

ZANOTTI BIANCO. — Il problema meccanico della figura della Terra. Parte prima, 1 vol. in-8°, 302 p.; 1880; Parte secunda, Libro primo, 1 vol. in-8°, 186 p.; 1885; Florence, Turin, Rome, Bocca frères.

La première Partie de l'Ouvrage que publie M. Bianco est remplie presque entièrement par le développement des théories mathématiques nécessaires pour l'étude du problème physique qui est son principal objet. Deux Chapitres sont consacrés aux propriétés les plus importantes du potentiel, deux autres au problème de l'attraction des ellipsoïdes. Ce dernier problème est traité par la méthode de Gauss modifiée et, dans quelque mesure, simplifiée par Somoff; au reste, d'après M. Heine, Gauss aurait aussi indiqué cette modification dans son enseignement oral. M. Bianco développe ensuite la solution que l'on doit à Chasles. Les deux Chapitres suivants se rapportent aux fonctions sphériques; l'auteur en établit les propriétés élémentaires et démontre, d'après Lejeune-Dirichlet, les propositions relatives au développement des fonctions en séries de fonctions sphériques. Dans le Chapitre suivant on traite de l'attraction par un sphéroïde, dans le cas général, dans le cas où le sphéroïde est homogène, dans le cas enfin où le sphéroïde est composé de couches homogènes, la densité variant d'une couche à l'autre. Dans le dernier Chapitre du Volume sont abordées d'intéressantes applications physiques; après avoir calculé l'attraction due à un prisme long et étroit, M. Bianco applique les résultats trouvés au massif de l'Himalaya; les nombres qu'il trouve concordent suffisamment avec les valeurs fournies par l'expérience pour la déviation du pendule; de même, les formules relatives à l'attraction causée par un disque circulaire de hauteur donnée et de grande étendue trouvent leur application dans l'étude des phénomènes de déviation observés à Moscou. Au reste, l'auteur développe dans ce Chapitre les diverses méthodes que l'on peut employer pour calculer les attractions dues aux irrégularités de la surface terrestre; on trouvera en particulier le résumé des recherches de Young et de Pratt sur ce sujet.

Le premier Livre de la seconde Partie est seul paru, il contient trois Chapitres. Le Chapitre I se rapporte aux figures d'équilibre d'une masse fluide homogène animée d'un mouvement de rotation. Après avoir rappelé la solution donnée par Huygens, dans le cas d'une force centrale constante. M. Bianco étudie, d'après Jacobi et d'après Laplace, le cas d'un ellipsoïde de révolution; d'après Liouville, le cas d'un ellipsoïde à trois axes inégaux; les résultats de la discussion sont résumés dans le théorème suivant :

Pour qu'une masse homogène, de densité ρ, *tournant avec la vitesse constante* w, *admette un ellipsoïde comme figure d'équilibre, il est nécessaire que la quantité* $v = \frac{w^2}{2\pi\rho}$ *soit comprise entre les limites zéro et* $v' = 0,2246$; *à toute valeur de* v *comprise entre zéro et* $v_0 = 0,18711$ *correspondent deux ellipsoïdes de révolution aplatis et un ellipsoïde à trois axes inégaux; pour* $v = v_0$, *l'ellipsoïde à trois axes inégaux se confond avec un des ellipsoïdes de révolution; pour* $v > v_0$, *on a deux ellipsoïdes de révolution qui coïncident à la limite* $v = v'$; *pour les valeurs de* v *supérieures à* v', *l'ellipsoïde ne peut plus être une figure d'équilibre.*

Le Chapitre II est consacré à la recherche de la figure d'équilibre d'une masse fluide hétérogène de constitution donnée, dont la forme diffère peu d'une sphère, et qui est animée d'un mouvement de rotation. Après avoir donné l'équation qui détermine la figure d'équilibre dans le cas le plus général, en supposant toutefois qu'on puisse négliger les actions extérieures, M. Bianco montre, d'après Laplace et Poisson, que si le sphéroïde était homogène, la seule figure d'équilibre possible serait celle d'un ellipsoïde de révolution aplati; il passe ensuite au cas d'un sphéroïde composé de couches homogènes peu différentes d'une sphère et dont la densité va en croissant à mesure qu'on se rapproche du centre; les résultats obtenus par Clairaut et par Laplace, et les recherches ultérieures faites dans la même direction, sont développés avec détails et comparés avec les nombres déduits de l'expérience.

Enfin le dernier Chapitre se rapporte à la détermination de la densité moyenne de la Terre. Les principales expériences faites pour cet objet sont relatées et discutées avec soin.

M. Bianco a joint à son exposition de nombreux renseignements bibliographiques et historiques. J. T.

DE COMMINES DE MARSILLY. — Les lois de la matière. Essais de Mécanique moléculaire. 1 vol. in-4°; 122 p. Paris, Gauthier-Villars, 1884.

Sous ce titre, l'auteur publie un essai d'explication des phénomènes matériels par l'hypothèse des forces centrales. C'est essentiellement l'étude des forces élastiques développées à l'intérieur des corps qu'il a en vue. Les corps sont supposés formés de molécules, constituées en assemblages réguliers; les molécules sont des réunions d'atomes qu'on peut regarder comme des points géométriques. Les actions moléculaires doivent être, d'après M. de Marsilly, attribuées à des attractions ou répulsions en raison inverse de puissances au moins égales à cinq; on n'a pas le droit, dans le calcul des actions moléculaires, de négliger les dimensions des molécules.

L'Ouvrage est divisé en cinq Sections :

Section I. — *Préliminaires.*

Section II. — *Forces élastiques, première étude.*

Section III. — *Forces élastiques, nouveaux développements. Approximations, expressions complètes des forces élastiques.*

Section IV. — *Équations de l'équilibre et du mouvement. Mouvement des centres de gravité; équations des moments et des forces vives; résultats.*

Section V. — *Approximation des équations d'équilibre et de mouvement.* J. T.

SANG. — A new Table of seven-place logarithms of all numbers continuously up to 200000. Williams and Norgate, London, 1883.

La Table des logarithmes des nombres à sept décimales de M. Sang diffère des Tables publiées jusqu'à ce jour en ce qu'elle donne immédiatement les logarithmes de tous les nombres depuis 1 jusqu'à 200000.

Si la disposition adoptée par M. Sang double le volume de la Table, elle rend, en revanche, l'interpolation beaucoup plus commode, la différence de deux logarithmes consécutifs ne pouvant, maintenant, aller que jusqu'à 217.

On sait que la première Table de logarithmes est le *Canon mirificus* (1614) de John Nepair qui ne contient, cependant, que les logarithmes hyperboliques des fonctions trigonométriques. Les logarithmes vulgaires des nombres depuis 10000 jusqu'à 20000 et de 90000 à 100000 ont été calculés avec quatorze décimales par Briggs qui les publia, en 1624, dans son *Arithmetica logarithmica.* Enfin Adriaen Vlack combla la lacune laissée par Briggs et calcula à dix décimales les logarithmes des nombres de 20000 à 90000 qui parurent en 1628, dans son *Arithmetica logarithmica.*

C'est à cela que se bornait le travail des calculateurs de Tables de logarithmes de nombres jusqu'à l'apparition de l'Ouvrage de M. Sang, si l'on excepte toutefois l'extension à 108000, qu'on trouve dans les Tables de Callet. Les éditeurs de Tables nouvelles ont donc d'habitude recours, soit à l'Ouvrage de Vlack, soit à la nouvelle édition qu'en donna Vega en 1794 sous le titre de *Thesaurus logarithmorum,* en se bornant à pousser plus loin le calcul des logarithmes qui se terminent par 500 dans Vega. Comme d'ailleurs il n'y a que 92 logarithmes de ce genre dans le *Thesaurus,* le calcul en est fait depuis longtemps par Bremiker et par d'autres calculateurs. Pour construire sa Table, M. Sang a eu, par conséquent, à calculer presque 100 000 nouveaux logarithmes.

Il est vrai que les logarithmes des nombres composés pouvaient s'obtenir facilement à l'aide de logarithmes déjà connus, de sorte qu'il aurait suffi de calculer les logarithmes des 8392 nombres premiers qui se trouvent entre 100000 et 200000. M. Sang a préféré procéder autrement. Il a calculé d'abord une Table des logarithmes de tous les nombres premiers jusqu'à 10037, à vingt-huit décimales. De cette Table, il en a déduit, par addition, une autre donnant les logarithmes de tous les nombres jusqu'à 10000, à vingt-huit décimales. Une Table analogue a été construite par M. Sang pour tous les nombres composés depuis 10000 jusqu'à 20000. Enfin, des deux dernières Tables, M. Sang a déduit, par interpolation, une nouvelle Table donnant à quinze décimales les logarithmes de tous les nombres depuis 100000 jusqu'à 370000. Quant aux logarithmes des nombres de 37000 à 100000, M. Sang les a empruntés à l'Ouvrage de Vlack. Ce dernier a même manqué d'induire M. Sang en erreur pour les logarithmes des nombres 38962 et 52943, mais dans le tirage que nous possédons ces erreurs sont déjà corrigées. On voit que M. Sang a fait un travail considérable, et tous ceux qui ont souvent l'occasion de se servir de logarithmes lui en seront reconnaissants.

Quant à l'extérieur, ce qui distingue la Table de M. Sang, c'est l'absence des filets qu'on trouve dans les autres Tables, soit pour séparer les colonnes de chiffres, soit pour séparer les lignes de cinq en cinq ou de dix en dix. Chez M. Sang, tous les chiffres d'une page sont entourés d'un cadre rectangulaire, puis il y a encore un filet vertical pour séparer les parties proportionnelles du reste des chiffres. Comme le format est un grand in-8° et que, par conséquent, on a pu laisser beaucoup de blanc entre les colonnes et entre les lignes, nous trouvons cet arrangement fort commode. L'auteur a fait précéder les trois premiers chiffres du logarithme d'une virgule retournée. Cette virgule nous semble complètement inutile : tout le monde sait que c'est la mantisse d'un logarithme qu'on trouve dans les Tables. Pour indiquer que le troisième chiffre du logarithme change, M. Sang remplace le quatrième chiffre, quand c'est zéro, par la *nokta arabe*, c'est-à-dire un losange noir. Ce signe ne nous semble pas bien choisi. L'objet d'un pareil signe est d'avertir le calculateur quand l'œil est déjà fixé sur le logarithme cherché, et non pas de distraire l'attention quand on est encore à parcourir la page à la recherche du logarithme. Nous aurions donc voulu que l'auteur se fût conformé au désir exprimé tant de fois par Gauss et qu'il eût supprimé ce signe ou du moins qu'il l'eût remplacé par un autre beaucoup moins visible. Pour le reste, l'auteur nous semble s'être bien pénétré du *superflua nocent* de Gauss, et c'est ainsi qu'on ne voit dans sa Table ni de ces arguments surchargés qui rendent si incommodes les Tables de Callet, ni de conversion de secondes en degrés au bas de la page, ce qui aurait grossi le format ou diminué la marge. Nous aurions voulu que l'auteur eût poussé encore plus loin le *superflua nocent* de Gauss et qu'il eût supprimé la pagination qui est bien inutile dans une Table de logarithmes. Chez M. Sang le numéro de la page se trouve dans l'intérieur du cadre rectangulaire que nous avons décrit plus haut et y semble être bien peu à sa place.

Quant à l'exécution typographique, elle ne laisse rien à désirer. L'Ouvrage n'est pas imprimé en elzévir; mais, comme les caractères sont grands et qu'on a laissé beaucoup d'espace entre les chiffres, il n'en est résulté aucun inconvénient, et l'Ouvrage est facile à lire. Le papier est très blanc, trop blanc peut-être; un papier de couleur aurait fatigué moins les yeux.

Il reste à nous rendre compte de l'exactitude de la Table et l'attention doit naturellement se porter sur la partie qui appartient à M. Sang en propre, c'est-à-dire sur la seconde centaine de mille. Nous avons eu recours au procédé suivant. En remarquant qu'on a

$$\log 2 = 0,3010299957$$

et en désignant par $2x$ un nombre pair dont le logarithme se trouve dans la Table de M. Sang, il est évident que la septième décimale de $\log 2x$ dans l'Ouvrage de M. Sang sera identique à la septième décimale de $\log x$ dans Vega quand les trois dernières décimales de $\log x$ forment un nombre inférieur à 543. Quand ce nombre est supérieur à 543, la septième décimale de $\log 2x$, chez M. Sang, doit surpasser d'une unité la septième décimale de $\log x$ dans Vega. Enfin, quand $\log x$, dans Vega, se termine par 543, il y a doute. Nous avons ainsi collationné les logarithmes des nombres 150000, 150002, 150004, ..., 152000 chez M. Sang, sur les logarithmes des nombres 75000, 75001, 75002, ..., 76000 dans Vega et nous n'avons jamais trouvé M. Sang en défaut.

Malgré les quelques imperfections sur lesquelles nous avons insisté un peu trop, peut-être, dans les pages précédentes, on voit que M. Sang a rempli un désidératum, celui de fournir aux calculateurs une Table des logarithmes des nombres non encombrée de choses superflues qui en auraient rendu l'emploi peu commode.

J. P.

CASEY (J.). — A TREATISE ON THE ANALYTICAL GEOMETRY OF THE POINT, LINE, CIRCLE AND CONIC SECTIONS, containing an account of its most recent extensions with numerous examples. 1 vol. in-12; 327 p. Dublin, Hodges and C°, 1885.

Les lecteurs trouveront dans ce petit Livre, tout élémentaire, les qualités habituelles des écrits de M. Casey. Les démonstrations y sont toujours d'une rare élégance; quelques-unes, particulièrement originales, avaient déjà été publiées par l'auteur, celles par exemple qui concernent l'équation d'un cercle tangent à trois cercles donnés et la décomposition du *tact-invariant* de deux coniques en un produit de six rapports anharmoniques. M. Casey a réuni dans son Livre les principaux résultats des études sur le triangle récemment faites par MM. Brocard, Neuberg, Lemoine, M'Cay et Tucker. Les applications et les exemples sont extrêmement nombreux et souvent très intéressants. J. T.

MÉLANGES.

SUR LA REPRÉSENTATION ASYMPTOTIQUE DE LA VALEUR NUMÉRIQUE OU DE LA PARTIE ENTIÈRE DES NOMBRES DE BERNOULLI;

PAR M. LIPSCHITZ.

Si l'on forme, pour les nombres successifs de *Bernoulli* B_m, l'équation, due à Clausen et von Staudt,

$$(-1)^m B_m = A_m + \frac{1}{2} + \frac{1}{\alpha} + \frac{1}{\beta} + \ldots + \frac{1}{\lambda},$$

où A_m désigne un nombre entier et où α, β, λ, ... sont tous les nombres premiers qui font $2m$ divisible par $(\alpha - 1)$, $(\beta - 1)$, ..., $(\lambda - 1)$, on peut observer que A_m pour les six premières valeurs de m est égal à l'unité négative, tandis que la valeur de A_m pour les valeurs suivantes de m devient positive ou négative, selon que m est pair ou impair. Ladite propriété suit directement de l'équation mentionnée au cas des valeurs impaires de m. En cherchant à la démontrer pour les valeurs paires, j'ai été conduit à un procédé qui donne en même temps une représentation asymptotique de la valeur numérique de B_m et pareillement de la partie entière dénotée par $(-1)^m A_m$.

Étant désignée, selon *Riemann*, par $\zeta(s)$, la série

$$\zeta(s) = 1 + \frac{1}{2^s} + \frac{1}{3^s} + \ldots,$$

où la partie réelle de la variable complexe s doit surpasser l'unité positive, on a, pour les valeurs entières et paires $2m$ de s, l'équation connue

$$\zeta(2m) = \frac{(2\pi)^{2m} B_m}{2\Gamma(2m+1)},$$

dont on déduit l'expression de B_m

$$B_m = 4m \frac{\Gamma(2m)}{(2\pi)^{2m}} \zeta(2m).$$

laquelle a été employée par M. Stern dans une Note intitulée : *Zur Theorie der Bernoullischen Zahlen* (*Borchardt's Journal f. d. reine und angewandte Mathematik*, t. **92**, p. 349), pour prouver que les nombres de Bernoulli, dès l'indice 4, vont toujours en croissant.

Il est convenable de déterminer ici la valeur de la fonction $\Gamma(2m)$ à l'aide d'une série semi-convergente, comme la série de Stirling. Mais on a raison de préférer à celle-ci une série qui en a été dérivée par *Gauss* dans les *Disquisitiones generales circa seriem infinitam* $1 + \frac{\alpha.\beta}{1.\gamma} + \ldots$ et dénotée par (59). Après y avoir remplacé la variable z par $s - \frac{1}{2}$, la caractéristique $\Pi(s-1)$ par $\Gamma(s)$, l'équation prend la forme suivante :

$$\log\Gamma(s) = \frac{1}{2}\log 2\pi + \left(s - \frac{1}{2}\right)\log\left(s - \frac{1}{2}\right) - \left(s - \frac{1}{2}\right)$$
$$- \left(1 - \frac{1}{2}\right)\frac{B_1}{1.2}\frac{1}{s - \frac{1}{2}} + \left(1 - \frac{1}{2^3}\right)\frac{B_2}{3.4}\frac{1}{(s - \frac{1}{2})^3} \mp \ldots$$

Pour une valeur quelconque complexe de s, dont la partie réelle est supérieure à $\frac{1}{2}$, on peut exprimer le reste du développement, arrêté à un terme quelconque par une intégrale définie, en faisant usage de la méthode et des intégrales définies spéciales, dont je me suis servi dans un Mémoire : *Ueber die Darstellung gewisser Functionen durch die Euler'sche Summenformel* (*Borchardt's Journal f. d. reine und angewandte Mathematik*, t. 56, p. 11).

On sait que, la partie réelle de s étant supposée positive, le logarithme naturel de $\Gamma(s)$ qui, pour une valeur réelle de s, se change dans une quantité réelle, est déterminé par l'intégrale définie

$$\log\Gamma(s) = \int_0^\infty \left[(s-1)e^{-y} - \frac{e^{-y}-e^{-sy}}{1-e^{-y}}\right]\frac{dy}{y},$$

d'où suit, en faisant $s=\frac{1}{2}$,

$$\log\sqrt{\pi} = \int_0^\infty \left(-\frac{e^{-y}}{2} - \frac{e^{-y}-e^{-sy}}{1-e^{-y}}\right)\frac{dy}{y}.$$

D'ailleurs, on a les équations

$$\log\sqrt{2} = \int_0^\infty \left(\frac{1}{y} - \frac{e^{-\frac{1}{2}y}}{1-e^{-y}}\right)\frac{dy}{y},$$

$$\left(s-\frac{1}{2}\right)\log\left(s-\frac{1}{2}\right) - \left(s-\frac{1}{2}\right)$$
$$= \int_0^\infty \left[\left(s-\frac{1}{2}\right)e^{-y} - \frac{1-e^{-\left(s-\frac{1}{2}\right)y}}{1-e^{-y}}\right]\frac{dy}{y};$$

dans la dernière la partie réelle de $s-\frac{1}{2}$ est supposée positive, le logarithme naturel devient réel pour une variable réelle s. Toutes ces équations étant réunies, vient le résultat

$$\log\Gamma(s) = \frac{1}{2}\log 2\pi + \left(s-\frac{1}{2}\right)\log\left(s-\frac{1}{2}\right) - \left(s-\frac{1}{2}\right)$$
$$+ \int_0^\infty \left(\frac{e^{-\frac{1}{2}y}}{1-e^{-y}} - \frac{1}{y}\right)\frac{e^{-\left(s-\frac{1}{2}\right)y}}{y}\,dy.$$

Le terme contenu dans une parenthèse sous le signe intégral est égal pour chaque valeur réelle de y à la série suivante, où k

parcourt tous les nombres positifs depuis l'unité jusqu'à l'infini,

$$\frac{1}{y} - \frac{e^{-\frac{1}{2}y}}{1-e^{-y}} = 2\sum_{1}^{\infty} \frac{(-1)^{k-1}y}{y^2+4k^2\pi^2}.$$

En développant suivant les puissances positives de y jusqu'à un certain terme, il est facile d'ajouter le reste exact et d'amener le résultat

$$\frac{1}{y} - \frac{e^{-\frac{1}{2}y}}{1-e^{-y}} = 2\sum_{1}^{\infty} \frac{(-1)^{k-1}y}{4k^2\pi^2}\left[1 - \frac{y^2}{(2k\pi)^2} \pm \ldots + \frac{(-1)^{m-1}y^{2m-2}}{(2k\pi)^{2m-2}} \right.$$
$$\left. + \frac{(-1)^m y^{2m}}{(2k\pi)^{2m-2}(4k^2\pi^2+y^2)}\right].$$

Comme la partie réelle de $s - \frac{1}{2}$ est supposée positive, il est justifié d'appliquer l'équation

$$\int_0^{\infty} y^{2m} e^{-\left(s-\frac{1}{2}\right)y} dy = \frac{\Gamma(2m+1)}{\left(s-\frac{1}{2}\right)^{2m+1}};$$

d'où découle l'équation

$$\int_0^{\infty} \left(\frac{e^{-\frac{1}{2}y}}{1-e^{-y}} - \frac{1}{y}\right) \frac{e^{-\left(s-\frac{1}{2}\right)y}}{y} dy$$
$$= -2\sum_{1}^{\infty} \frac{(-1)^{k-1}}{(2k\pi)^2} \frac{1}{s-\frac{1}{2}} + 2\sum_{1}^{\infty} \frac{(-1)^{k-1}}{(2k\pi)^4} \frac{\Gamma(3)}{\left(s-\frac{1}{2}\right)^3} \mp \ldots$$
$$+ (-1)^m 2\sum_{1}^{\infty} \frac{(-1)^{k-1}}{(2k\pi)^{2m}} \frac{\Gamma(2m-1)}{\left(s-\frac{1}{2}\right)^{2m-1}} + (-1)^{m+1} W_{m+1},$$

$$W_{m+1} = \int_0^{\infty} 2\sum_{1}^{\infty} \frac{(-1)^{k-1}}{(2k\pi)^{2m}} \frac{y^{2m}}{4k^2\pi^2+y^2} e^{-\left(s-\frac{1}{2}\right)y} dy.$$

Les facteurs des puissances négatives de la quantité $s - \frac{1}{2}$ se déterminent immédiatement par l'équation

$$\left(1 - \frac{1}{2^{s-1}}\right)\zeta(s) = \sum_{1}^{\infty} \frac{(-1)^{k-1}}{k^s},$$

qui donne

$$\sum_{1}^{\infty} \frac{(-1)^{k-1}}{k^{2m}} = \left(1 - \frac{1}{2^{2m-1}}\right) \frac{(2\pi)^{2m} B_m}{2\Gamma(2m+1)}.$$

On trouve donc l'équation qui a été proposée par *Gauss*, complétée par le reste $(-1)^{m+1}W_{m+1}$,

$$\log\Gamma(s) = \frac{1}{2}\log 2\pi + \left(s-\frac{1}{2}\right)\log\left(s-\frac{1}{2}\right) - \left(s-\frac{1}{2}\right)$$
$$-\left(1-\frac{1}{2}\right)\frac{B_1}{1.2}\frac{1}{s-\frac{1}{2}} + \left(1-\frac{1}{2^3}\right)\frac{B_2}{3.4}\frac{1}{(s-\frac{1}{2})^3} \mp \ldots$$
$$+(-1)^m\left(1-\frac{1}{2^{2m-1}}\right)\frac{B_m}{(2m-1)2m}\frac{1}{(s-\frac{1}{2})^{2m-1}}$$
$$+(-1)^{m+1}W_{m+1}.$$

Il faut avoir égard au fait que, dans l'intégrale définie par laquelle est représentée W_{m+1}, le facteur de la fonction exponentielle $e^{-\left(s-\frac{1}{2}\right)y}$, c'est-à-dire la somme

$$2\sum_1^\infty \frac{(-1)^{k-1}}{(2k\pi)^{2m}}\frac{y^{2m}}{4k^2\pi^2+y^2},$$

a une valeur toujours positive. Partant, pour les valeurs réelles de s, la fonction qui se trouve sous le signe intégral est également positive. Pour les valeurs complexes de s, on acquiert le module de cette fonction en remplaçant la variable s par sa partie réelle σ. En outre, on est facilement persuadé que, dans l'équation

$$2\sum_1^\infty \frac{(-1)^{k-1}}{(2k\pi)^{2m}}\frac{y^{2m}}{4k^2\pi^2+y^2} + 2\sum_1^\infty \frac{(-1)^{k-1}}{(2k\pi)^{2m}}\frac{y^{2m}}{4k^2\pi^2}\frac{y^2}{4k^2\pi^2+y^2}$$
$$= 2\sum_1^\infty \frac{(-1)^{k-1}}{(2k\pi)^{2m}}\frac{y^{2m}}{4k^2\pi^2},$$

la seconde série à gauche a de même une valeur positive. En conséquence, pour une valeur réelle de s, la fonction qui se trouve dans W_{m+1} sous le signe intégral va être augmentée si l'on substitue, au lieu de la série infinie, la suivante :

$$2\sum_1^\infty \frac{(-1)^{k-1}}{(2k\pi)^{2m}}\frac{y^{2m}}{4k^2\pi^2}.$$

Pareillement, pour les valeurs complexes de s, le module de la fonction respective est augmenté si l'on agit pareillement. Mais, si l'on fait ainsi, l'intégration s'exécutera, comme dans le terme général du développement, et l'on conclut que, pour une valeur réelle de s, la quantité positive W_{m+1} ne peut jamais surpasser la valeur

$$\left(1-\frac{1}{2^{2m+1}}\right)\frac{B_{m+1}}{(2m+1)(2m+2)}\frac{1}{(s-\frac{1}{2})^{2m+1}},$$

qui coïncide avec le terme le plus proche du dernier du développement, tandis que pour une valeur complexe de s le module du reste $(-1)^{m+1}W_{m+1}$ ne peut jamais être supérieur à la valeur de l'expression

$$\left(1-\frac{1}{2^{2m+1}}\right)\frac{B_{m+1}}{(2m+1)(2m+2)}\frac{1}{(\sigma-\frac{1}{2})^{2m+1}},$$

où s est remplacé par sa partie réelle σ.

Dans l'expression de B_m, qui va être étudiée, la fonction $\Gamma(2m)$ est divisée par la puissance $(2\pi)^{2m}$, de sorte qu'il faut considérer le logarithme du quotient $\frac{\Gamma(2m)}{(2\pi)^{2m}}$. Or il me semble digne d'attention que le logarithme du quotient $\frac{\Gamma(s)}{(2\pi)^s}$, exprimé à l'aide de la série présentement déduite, devient égal à la somme

$$\left(-s+\frac{1}{2}\right)\log 2\pi+\left(s-\frac{1}{2}\right)\log\left(s-\frac{1}{2}\right)-\left(s-\frac{1}{2}\right)$$
$$-\left(1-\frac{1}{2}\right)\frac{B_1}{1.2}\frac{1}{s-\frac{1}{2}}\pm\ldots,$$

qui s'accuse composée purement de fonctions très simples de la combinaison $s-\frac{1}{2}$. C'est ledit quotient qui entre dans la relation par laquelle Riemann, après avoir défini la fonction $\zeta(s)$ pour toutes les valeurs de la variable complexe s, a pu réduire $\zeta(1-s)$ à $\zeta(s)$. Cette relation, comme je l'ai fait remarquer dans un travail : *Beiträge zu der Kenntniss der Bernoullischen Zahlen* (*Journal f. Mathematik*, t. 96, p. 16), peut être énoncée ainsi :

$$\zeta(1-s)=2\cos\left(\frac{\pi}{2}s\right)\frac{\Gamma(s)}{(2\pi)^s}\zeta(s).$$

L'expression indiquée du logarithme du quotient $\frac{\Gamma(s)}{(2\pi)^s}$ étant juste pour chaque valeur de s, dont la partie réelle surpasse l'unité positive, et $\zeta(s)$ pour toutes ces valeurs étant défini par la série originale, ladite équation peut servir à déterminer $\zeta(1-s)$ partout où la partie réelle de l'argument $\zeta(1-s)$ est négative. C'est dans le même lieu que j'ai proposé et démontré les deux théorèmes sur les nombres de Bernoulli, que pour chaque nombre a le produit $a^{2m}(a^{2m}-1)B_m$, et que pour chaque couple de deux nombres premiers entre eux, a et b, le produit $(a^{2m}-1)(b^{2m}-1)B_m$ est égal à un multiple du nombre $2m$. En publiant ce Mémoire, je n'ai pas eu connaissance du fait, que je tiens à constater maintenant, que le premier des deux théorèmes a été énoncé et prouvé par M. Sylvester dans le *London and Edinburgh Philosophical Magazine*, vol. 21, febr. 1861.

Pour la valeur réelle $s = 2m$, le développement

$$\log\left[\frac{\Gamma(2m)}{(2\pi)^{2m}}\right] = \left(-2m+\frac{1}{2}\right)\log 2\pi + \left(2m-\frac{1}{2}\right)\log\left(2m-\frac{1}{2}\right) - \left(2m-\frac{1}{2}\right) - \frac{1}{24}\,\frac{1}{2m-\frac{1}{2}} \pm \ldots$$

jouit de la propriété déjà relevée que, si l'on prend seulement un nombre fini de termes successifs, l'erreur commise sera du même signe que le terme qui suit le dernier terme pris et ne surpassera jamais la valeur absolue de celui-ci. Il est donc clair que, dans l'expression de B_m, que j'écris maintenant ainsi

$$B_m = 4m\, e^{\log\left[\frac{\Gamma(2m)}{(2\pi)^{2m}}\right]}\zeta(2m),$$

on peut assigner pour la fonction exponentielle une expression trop petite ou trop grande, dont le rapport sera aussi approché de l'unité que l'on voudra. D'un autre côté, puisque la série

$$\zeta(2m) = 1 + \frac{1}{2^{2m}} + \frac{1}{3^{2m}} + \ldots$$

ne contient que des termes positifs, et que la somme commencée par un terme quelconque

$$\frac{1}{(a+1)^{2m}} + \frac{1}{(a+2)^{2m}} + \ldots$$

a une valeur plus petite que l'intégrale

$$\int_a^\infty \frac{dx}{x^{2m}} = \frac{1}{2m-1}\,\frac{1}{a^{2m-1}},$$

la valeur de $\zeta(2m)$ sera renfermée par les deux inégalités

$$1+\frac{1}{2^{2m}}+\ldots+\frac{1}{a^{2m}}<\zeta(2m)<1+\frac{1}{2^{2m}}+\ldots+\frac{2m+a-1}{2m-1}\frac{1}{a^{2m}}.$$

La valeur numérique de B_m pour des valeurs de m assez grandes est donc contenue entre deux limites, dont le rapport peut être rapproché de l'unité à volonté, et les représentations asymptotiques respectives y sont fournies par l'usage de la série semi-convergente pour $\log\left[\frac{\Gamma(m)}{(2\pi)^{2m}}\right]$, dont les termes successifs contiennent les nombres de Bernoulli eux-mêmes selon leur ordre.

En coupant les deux développements dès leurs premiers termes décroissants, viennent les deux inégalités

$$B_m<4m\left(\frac{2m-\frac{1}{2}}{2\pi e}\right)^{2m-\frac{1}{2}}\left(1+\frac{2m+1}{2m-1}\frac{1}{2^{2m}}\right),$$

$$B_m>4m\left(\frac{2m-\frac{1}{2}}{2\pi e}\right)^{2m-\frac{1}{2}}e^{-\frac{1}{24}\frac{1}{2m-\frac{1}{2}}}\left(1+\frac{1}{2^m}\right).$$

La seconde suffit à prouver la propriété énoncée des nombres entiers A_m, que pour chaque nombre pair, qui est plus grand que le nombre six, la valeur de A_m est positive.

Évidemment, dans l'équation

$$(-1)^m B_m = A_m+\frac{1}{2}+\frac{1}{\alpha}+\frac{1}{\beta}+\ldots+\frac{1}{\lambda},$$

le nombre premier le plus grand λ au plus peut être égal à $2m+1$. Partant, on a

$$\frac{1}{2}+\frac{1}{\alpha}+\frac{1}{\beta}+\ldots+\frac{1}{\lambda}\leqq\frac{1}{2}+\frac{1}{3}+\ldots+\frac{1}{2m+1},$$

puis, parce que la somme à droite a une valeur plus petite que $\log(2m+1)$,

$$\frac{1}{2}+\frac{1}{\alpha}+\frac{1}{\beta}+\ldots+\frac{1}{\lambda}<\log(2m+1).$$

La proposition indiquée sera donc prouvée aussitôt qu'il sera démontré que, pour $m\geqq 8$, vaut l'inégalité

$$\log B_m-\log\log(2m+1)>0.$$

Mais de l'inégalité marquée on conclut la suivante :

$$\log B_m - \log\log(2m+1) > \log 4m - \left(2m - \frac{1}{2}\right)\log 2\pi$$
$$+ \left(2m-\frac{1}{2}\right)\log\left(2m-\frac{1}{2}\right) - \left(2m-\frac{1}{2}\right) - \frac{1}{24}\,\frac{1}{2m-\frac{1}{2}}$$
$$+ \log\left(1+\frac{1}{2^{2m}}\right) - \log\log(2m+1).$$

L'argument $2m$ étant remplacé derechef par s, je désignerai l'expression à droite par $F(s)$ et ferai voir que cette fonction reste positive pour toutes les valeurs de s, qui sont $\geqq 8$.

En effet, l'équation

$$F(s) = \log 2s - \left(s-\frac{1}{2}\right)\log 2\pi + \left(s-\frac{1}{2}\right)\log\left(s-\frac{1}{2}\right) - \left(s-\frac{1}{2}\right)$$
$$- \frac{1}{24}\,\frac{1}{s-\frac{1}{2}} + \log\left(1+\frac{1}{2^s}\right) - \log\log(s+1)$$

donne par la différentiation

$$\frac{dF(s)}{ds} = \frac{1}{s} - \log 2\pi + \log\left(s-\frac{1}{2}\right) + \frac{1}{24}\,\frac{1}{(s-\frac{1}{2})^2}$$
$$- \frac{\log 2}{2^s+1} - \frac{1}{(s+1)\log(s+1)}.$$

Or la substitution de la valeur $s=8$ fait naître pour $\frac{dF(s)}{ds}$ et $F(s)$ des valeurs positives, et, attendu que la dérivée $\frac{dF(s)}{ds}$ reste également positive pour les valeurs de s plus grandes que 8, la fonction doit rester de même positive. Donc le nombre entier A_m doit être positif pour chaque nombre m, qui est pair et $\geqq 8$.

Vu que, pour $m \geqq 8$, le nombre positif $(-1)^m A_m$ est égal à la somme de B_m et d'une quantité, qui est négative pour m pair, positive pour m impair, et dont la valeur absolue n'est pas supérieure à $\log(2m+1)$, on déduit des inégalités qui renferment B_m, des inégalités pour $(-1)^m A_m$ en diminuant la limite inférieure par $\log(2m+1)$ pour m pair, et en augmentant la limite supérieure par $\log(2m+1)$ pour m impair.

Les belles propriétés des nombres A_m, que M. Hermite a communiquées dans l'extrait d'une lettre adressée à Borchardt (*Journal f. Mathematik*, t. 81, p. 93), ont été le point de départ d'où je suis parvenu à faire voir, dans le Mémoire déjà mentionné, qu'il existe entre les nombres A_m et les nombres premiers une relation telle que, les N premiers nombres A_m étant donnés, il y a un système de N équations de degré premier, par la solution duquel est résolue la question, si quelqu'un des N premiers nombres impairs est un nombre premier ou non.

Par contre, il ne paraît pas sans intérêt de noter que, si l'on prend les logarithmes des deux côtés de l'équation par laquelle ci-dessus a été déterminé B_m, on arrive au logarithme de la fonction $\zeta(s)$ qui a été développé par Riemann pour approfondir la loi des nombres premiers. C'est ainsi que résulte l'équation

$$\log B_m = \log 4m + \log\left[\frac{\Gamma(2m)}{(2\pi)^{2m}}\right] + \Sigma p^{-2m} + \frac{1}{2}\Sigma p^{-4m} + \frac{1}{3}\Sigma p^{-6m} + \ldots,$$

où la lettre p parcourt la série de tous les nombres premiers.

Bonn, 29 janvier 1886.

BIBLIOTHÈQUE DE L'ÉCOLE DES HAUTES ÉTUDES,
PUBLIÉE SOUS LES AUSPICES DU MINISTÈRE DE L'INSTRUCTION PUBLIQUE.

BULLETIN
DES
SCIENCES MATHÉMATIQUES,

RÉDIGÉ PAR MM. G. DARBOUX, J. HOÜEL ET J. TANNERY,

AVEC LA COLLABORATION DE

MM. CH. ANDRÉ, BATTAGLINI, BELTRAMI, BOUGAIEFF, BROCARD, BRUNEL, GOURSAT, A. HARNACK, CH. HENRY, G. KOENIGS, LAISANT, LAMPE, LESPIAULT, S. LIE, MANSION, A. MARRE, MOLK, POTOCKI, RADAU, RAYET, RAFFY, S. RINDI, SAUVAGE, SCHOUTE, P. TANNERY, EM. ET ED. WEYR, ZEUTHEN, ETC.

SOUS LA DIRECTION DE LA COMMISSION DES HAUTES ÉTUDES.

DEUXIÈME SÉRIE.

TOME X. — JUILLET 1886.

(TOME XXI DE LA COLLECTION.)

PARIS,

GAUTHIER-VILLARS, IMPRIMEUR-LIBRAIRE
DU BUREAU DES LONGITUDES, DE L'ÉCOLE POLYTECHNIQUE,
SUCCESSEUR DE MALLET-BACHELIER,
Quai des Augustins, 55.

1886

Ce Recueil paraît chaque mois.

HERMITE, membre de l'Institut. — **Sur la fonction exponentielle.** In-4; 1874 .... 2 fr. 50 c.

HOÜEL (J.), Professeur de Mathématiques à la Faculté des Sciences de Bordeaux. — **Cours de Calcul infinitésimal.** Quatre beaux volumes grand in-8, avec figures dans le texte; 1878-1879-1880-1881.

On vend séparément :

Tome I .... 15 fr. Tome III .... 10 fr.
Tome II .... 15 fr. Tome IV .... 10 fr.

JORDAN (Camille), Membre de l'Institut, Professeur à l'École Polytechnique. — **Cours d'Analyse de l'École Polytechnique.** 3 volumes in-8, avec figures dans le texte, se vendant séparément :

Tome I. — CALCUL DIFFÉRENTIEL; 1882 .... 1 fr.

Tome II. — CALCUL INTÉGRAL (*Intégrales définies et indéfinies*); 1883 .... 12 fr.

Tome III. — CALCUL INTÉGRAL (*Equations différentielles. — Calcul des variations. — Développements divers. — Problèmes*) .... (*Sous presse.*)

JOURJON (Ch.), Ingénieur des Ponts et Chaussées. — **La divisibilité des fonctions entières démontrée sans les imaginaires**, à l'usage des classes de Mathématiques spéciales et des Cours pour la licence ès sciences mathématiques. In-8; 1886 .... 2 fr.

LAGRANGE. — **Œuvres complètes de Lagrange**, publiées par les soins de M. *J.-A. Serret*, Membre de l'Institut et de M. *G. Darboux*, Membre de l'Institut, sous les auspices du Ministre de l'Instruction publique. In-4, avec un beau portrait de Lagrange, gravé sur cuivre, par M. *Ach. Martinet.*

La Ire SÉRIE comprend tous les *Mémoires* imprimés dans les *Recueils des Académies de Turin, de Berlin et de Paris*, ainsi que les *Pièces diverses* publiées séparément. Cette série forme 7 volumes (Tomes I à VII; 1867-1877) qui se vendent séparément .... 30 fr.

La IIe SÉRIE, qui est en cours de publication, se compose de 7 volumes, qui renferment les Ouvrages didactiques, la Correspondance et les Mémoires inédits, savoir :

TOME VIII : *Résolution des équations numériques.* In-4; 1879. .... 18 fr.
TOME IX : *Théorie des fonctions analytiques.* In-4; 1881 .... 18 fr.
TOME X : *Leçons sur le calcul des fonctions.* In-4; 1884 .... 18 fr.
TOME XI : *Mécanique analytique* (Ire PARTIE) .... (*Sous presse.*)
TOME XII : *Mécanique analytique* (IIe PARTIE) .... (*id.*)
TOME XIII : *Correspondance inédite de Lagrange et d'Alembert*, publiée d'après les manuscrits autographes conservés à la Bibliothèque de l'Institut de France, et annotée par *Ludovic Lalanne.* In-4; 1882 .... 15 fr.

TOME XIV : *Correspondance avec divers savants* et *Mémoires inédits.* In-4 .... (*Sous presse.*)

LEBON (Ernest), Professeur de Géométrie descriptive. — **Mémoire sur l'épaisseur des berceaux horizontaux.** In-8; 1883 .... 1 fr.

Nous avons une douloureuse nouvelle à annoncer à nos lecteurs. Notre cher ami, notre collaborateur dévoué, Jules Hoüel est mort à Périers près de Caen, dans la matinée du 14 juin, à la suite d'une longue maladie qui, depuis longtemps, lui interdisait tout travail suivi. Le coup qui nous frappe est trop récent et la vie de M. Hoüel est trop bien remplie pour qu'il nous soit possible dès à présent d'apprécier avec le soin et l'autorité nécessaires les services nombreux que Jules Hoüel a rendus à la Science et à l'Enseignement. Par son zèle, par l'étendue incroyable de son esprit et de ses connaissances, par son activité incessante et infatigable, M. Hoüel était devenu depuis longtemps un des représentants les plus éminents de l'Enseignement supérieur dans notre pays. La part si active qu'il a prise à la fondation de ce Recueil, la vie nouvelle qu'il a réussi à imprimer à la Société des Sciences physiques et naturelles de Bordeaux, les nombreuses publications dans lesquelles il nous a fait connaître tant de recherches importantes faites à l'étranger, les travaux originaux qu'on lui doit sur le Calcul infinitésimal et la Mécanique céleste, son admirable habileté pour les Calculs numériques avaient rendu son nom justement célèbre en France et à l'étranger où il comptait de nombreux amis. Pour nous, qui sommes maintenant privé de son amitié et de ses conseils, il ne nous restera qu'à retracer tous ces mérites et à rendre à la mémoire de ce savant éminent, de cet homme de bien, l'hommage qui lui est dû.

G. D.

COMPTES RENDUS ET ANALYSES.

Maurice LÉVY (Membre de l'Institut, etc.). — La Statique graphique et ses applications aux constructions. 2ᵉ édition, Iʳᵉ Partie : *Principes et applications de Statique graphique pure*. 1 vol. in-8°; Paris, Gauthier-Villars; 1886.

Ce Volume est la seconde édition de l'Ouvrage important et déjà épuisé, publié par M. Lévy en 1874. De nombreux et sérieux changements ont été apportés à l'édition nouvelle.

D'abord, au lieu d'un Volume, l'auteur nous en promet quatre. Le premier, qui vient de paraître et dont nous allons entretenir le lecteur, est consacré aux principes et aux applications de Statique graphique pure; les Volumes suivants, en cours d'impression, traiteront des applications de la Statique graphique aux problèmes de la résistance des matériaux. Comme dans l'édition précédente, un atlas accompagne le Volume; mais on a introduit des figures dans le corps même du texte, dispositif certainement plus commode pour le lecteur.

Les matières traitées dans la première édition se retrouvent toutes dans ce premier Volume de la nouvelle.

Il est divisé en quatre Sections.

La première Section expose les notions préliminaires relatives au calcul graphique, à la statique et à l'élasticité. L'auteur rappelle plusieurs constructions ou propositions bien connues de la géométrie des segments et de la statique; il établit un certain nombre de définitions, et notamment la distinction entre les forces en équilibre et les forces qu'il appelle *supprimables*.

Cette distinction, qui n'a pas de raison d'être pour des solides géométriquement rigides, acquiert au contraire une importance capitale dans l'étude des corps flexibles que présentent les applications pratiques.

La seconde Section contient les principes de la Statique graphique. Après avoir donné la définition et les principales propriétés du polygone funiculaire, notamment en ce qui concerne la composition des forces dans le plan, l'auteur entre immédiatement dans les développements mécaniques qui en découlent. Équilibre des corps naturels libres ou non, recherche graphique des réactions des appuis, recherche des forces élastiques, le polygone des pressions et le polygone de Varignon, les figures réciproques, les moments et les forces parallèles. Cette Section se termine par un important Chapitre consacré à la détermination graphique des centres de gravité.

L'application de la Statique graphique à l'art des constructions forme la troisième Section, qui se trouve ainsi composée d'une suite de problèmes généraux et classiques, tels que les poutres droites, les ponts suspendus à charge fixe, les arcs avec ou sans encastrement, les ponts tournants, les grues tournantes, les charpentes et les cintres de voûtes.

L'importante théorie des moments de flexion et des efforts tranchants contient des innovations heureuses et dont le lecteur ne peut que se féliciter. M. Lévy a consacré plusieurs Chapitres à l'étude des moments fléchissants et des efforts tranchants produits par le passage d'un convoi, soit sur une poutre à deux appuis simples, soit sur une poutre à deux appuis par l'intermédiaire de poutrelles transversales.

La quatrième Section contient la théorie des figures réciproques de la Statique graphique, auxquelles les travaux de Maxwell et surtout de Cremona ont attaché un si grand intérêt.

Des Notes ont été ajoutées à la fin du Volume.

La première s'occupe de la détermination des dimensions des pièces d'une construction d'après la méthode fondée sur les expériences de Wöhler.

La seconde a trait au planimètre polaire, aux intégrateurs d'Amsler et à l'intégromètre de M. Marcel Deprez.

La troisième est intitulée : *Sur les courbes funiculaires, particulièrement celles d'égale résistance*. La Note III (*bis*) a spécialement pour objet le tracé d'un arc de parabole.

Enfin la Note IV contient, dans le cas des systèmes plans, la théorie des lignes isostatiques et des lignes de glissement, ainsi que son application au tracé de ces lignes dans une poutre à deux appuis simples.

Nous n'avons pas à faire ici l'éloge du Livre de M. Lévy. Le rapide épuisement de sa première édition dit assez avec quelle faveur le public l'a accueillie, et les innovations sérieuses, les additions importantes introduites par l'éminent professeur du Collège de France ne feront, nous n'en doutons pas, que confirmer ce légitime succès.

G. K.

T.-L. HEATH. — Diophantos of Alexandria (A study in the history of greek Algebra). Cambridge (University press), 1885. In-8°, XI-248 p.

1. Il semble vraiment que l'Université de Cambridge tienne à honneur de faire regagner à l'Angleterre le rang qu'elle occupait au siècle dernier pour les travaux concernant les Mathématiques anciennes. Tandis qu'Oxford ne paraît guère se préoccuper de voir ses célèbres éditions des grands géomètres grecs faire place à celles que nous donne Heiberg, voici que l'imprimerie de l'Université rivale publie coup sur coup, après le précis historique général de M. Gow (1), une très consciencieuse monographie de Diophante. Souhaitons que cette renaissance n'avorte pas, et qu'elle aboutisse à produire des œuvres auxquelles on puisse non seulement accorder une appréciation favorable, mais même prodiguer des éloges sans réserves.

M. Heath fait certainement preuve, comme mathématicien et comme philologue, d'une compétence suffisante pour le difficile sujet qu'il a traité. Son esprit est clair, méthodique, judicieux; il a étudié à fond les matériaux dont il disposait et fait acte de critique en les utilisant. Mais son érudition générale, pour l'histoire des Mathématiques, n'est pas encore assez étendue, ni assez au courant; il est resté trop cantonné dans le sujet qu'il étudiait, il n'a pas assez recherché les publications récentes. Aussi sa critique offre en général un caractère un peu étroit et se montre parfois assez mal informée.

Mais ce défaut disparaîtra avec l'âge; un autre est peut-être plus inquiétant pour les travaux futurs de M. Heath. Ce qui manque à son Livre, c'est l'originalité; à peine une vue nouvelle, une opinion qui ne soit déjà bien connue. J'avoue que, pour augurer de son

(1) *Voir* le compte rendu dans le numéro de juillet 1885.

avenir, j'aurais mieux aimé lui voir soutenir, comme il est arrivé à M. Gow, quelque thèse inédite et plus ou moins audacieuse, fût-elle même inacceptable; pour devenir un Moritz Cantor, il faut avoir pu écrire les *Beiträge*.

Ce qu'il y a de meilleur dans l'Ouvrage de M. Heath, c'est sans contredit un Appendice de quatre-vingt-deux pages où il a extrait la substance des Livres de Diophante, en telle sorte qu'un mathématicien puisse retrouver la solution des problèmes tout en obtenant une idée exacte des procédés de l'auteur grec. L'entreprise est singulièrement difficile; M. Heath s'en est tiré à son honneur, et il a rendu un service signalé à tous ceux qui peuvent désirer s'initier aux pratiques d'une analyse aujourd'hui négligée, mais qui se laissent effrayer, non sans motifs, par la traduction et les commentaires de Bachet.

Eu égard à l'importance que présente dès lors cet Appendice, je crois devoir signaler les quelques incorrections que j'y ai relevées, en dehors de celles qui ne présentent pas d'importance réelle :

I, 23. — La traduction de la condition de possibilité du problème, traduction faite d'après Bachet, est à contre-sens; la bonne interprétation a été donnée par le traducteur allemand Schulz (Berlin, 1822).

III, 6. — *By the previous problems*, il faut entendre, non pas le problème précédent, mais I, 18.

IV, 28. — *Irrational* est employé à tort pour désigner une valeur négative, absurde (ἄτοπον) aux yeux de Diophante, mais non pas ἄρρητον ou ἄλογον. De même V, 2.

IV, 37. — Il est contre l'esprit de Diophante, et tout aussi bien inutile, de poser le second nombre égal à $mx+n$ et non pas $x-1$.

V, 22. — L'énoncé est de trouver « trois nombres dont la somme fasse un nombre donné », etc., et non pas « dont la somme fasse un carré », etc.

V, 25. — La solution de Cossali, indiquée en note (le texte grec est corrompu), appartient en fait à Bachet. Quant à la véritable solution de Diophante, elle a été incontestablement reconstituée par Schulz; je crois devoir la donner sous forme algébrique, d'autant qu'il s'agit d'une question sur laquelle Fermat lui-même a échoué, en cherchant dans une voie toute différente.

Il s'agit de trouver trois triangles rectangles en nombres [1] (a_1, b_1, c_1), (a_2, b_2, c_2), (a_3, b_3, c_3), tels que $a_1 a_2 a_3 b_1 b_2 b_3$ soit un carré. Diophante se donne arbitrairement l'un des triangles, soit (a_3, b_3, c_3); le problème se ramène dès lors à trouver les deux autres, en sorte que le rapport $\frac{a_1 b_1}{a_2 b_2}$ soit un rapport donné.

Or Diophante sait (V, 24) trouver deux triangles $(\alpha_1, \beta_1, \gamma_1)$, $(\alpha_2, \beta_2, \gamma_2)$, tels que $\frac{\beta_1\gamma_1}{\beta_2\gamma_2}$ soit un rapport donné. Il lui suffit dès lors de savoir, d'un triangle (α, β, γ), déduire un triangle (a, b, c), tel que $ab = \frac{1}{2}\beta\gamma$. Or il n'y a pour cela qu'à poser

$$a = \frac{\alpha}{2}, \quad b = \frac{\beta\gamma}{\alpha}, \quad c = \frac{\beta^2 - \gamma^2}{2\alpha}.$$

V, 26. — Les positions numériques sont corrompues, comme le reste du problème, et à restituer d'après Schulz.

VI, 12. — La condition pour la solution de l'équation est que $60 + 2520$ et non pas $60m^2 + 2520$ devrait être un carré [2].

VI, 15 (ligne 15). — *The square is* < 6, lire *the square is* $<$ *area*, le carré est plus petit que l'aire.

2. Si j'ai dit plus haut que M. Heath ne fait guère preuve d'originalité, je dois d'autant plus signaler, à titre d'exception, sa thèse sur l'origine des symboles employés par Diophante pour désigner l'inconnue (ἀριθμός) et le *moins* (λείψει). Il y voit simplement des abréviations représentant pour chaque mot les deux premières lettres.

Comme je l'ai déjà indiqué à propos du Livre de M. Gow, je partage l'opinion que les symboles dont il s'agit sont effectivement des signes tachygraphiques; mais je ne considère nullement la question comme tranchée. En tout cas, M. Heath a su rendre sa

---

(1) Le triangle rectangle (a, b, c) où $a^2 = b^2 + c^2$, peut, d'après Diophante, être indifféremment en nombres fractionnaires ou en nombres entiers.

(2) P. 230, l. 18. — C'est probablement une faute d'impression.

thèse assez plausible et il eût été à désirer qu'il se fût laissé aller plus souvent à son ingéniosité.

Tout au contraire, en dehors de ce point, il est difficile d'en trouver quelque autre véritablement neuf; je ne dis pas cela au reste pour rabaisser le mérite de l'Ouvrage, ni pour nier l'intérêt réel qu'il présente. Certes il valait la peine de tirer du chaos de Nesselmann ce qu'il a dit de bon sur Diophante, fût-ce avec un peu de mauvais; il était utile de tirer des publications de Woepcke les indications qu'elles renferment sur l'influence de l'Algèbre grecque chez les Arabes; il convenait également d'utiliser les quelques passages de Diophante d'après le manuscrit dont s'est servi Bachet, comme les a publiés M. Léon Rodet (1). Ma remarque a donc surtout pour but d'expliquer pourquoi je n'entreprendrai pas d'analyser par le menu l'Ouvrage de M. Heath, mais me bornerai à présenter quelques observations sur divers points particuliers.

3. Si haïssable que soit le moi dans un compte rendu, il m'est difficile de passer complètement sous silence les critiques très minutieuses dont ont été l'objet, de la part de M. Heath, deux des travaux où j'ai eu l'occasion de parler de Diophante (2).

---

(1) *L'Algèbre d'Al-Khârizmi et les méthodes indienne et grecque* (*Journal asiatique*, 1878). — Je dois noter une singulière inadvertance qu'a commise M. Heath en citant mon savant ami, car je ne voudrais pas qu'on en rendît ce dernier responsable. L'abréviation ὁ $\bar{\alpha}^{\varsigma}$, notée page 59 et 62 comme une forme spéciale du symbole de l'inconnue, signifie seulement, bien entendu : ὁ πρῶτος (le premier) suivant le texte de Bachet. Je remarque également que les intéressants *diagrammes* assimilables aux équations modernes, et qui sur les marges des manuscrits représentent en abrégé la marche des problèmes des deux premiers Livres, tels enfin que celui qu'a reproduit M. Heath (p. 76) d'après M. Rodet, ne peuvent nullement être considérés comme de Diophante, mais sont dus au scoliaste, ainsi que Xylander l'avait déjà reconnu. Le fait est indiscutable, parce que plusieurs de ces *diagrammes* encore inédits sont entachés d'erreurs propres au scoliaste.

(2) *A quelle époque vivait Diophante* (*Bulletin des Sciences mathématiques*, 1879). *L'Arithmétique des Grecs dans Pappus* (*Mémoire de la Société des Sciences physiques et naturelles de Bordeaux*, 1880). M. Heath n'a pas connu mes articles: *La perte de sept Livres de Diophante* (*Bulletin*, juin 1884). *Les manuscrits de Diophante à Paris* (*Annales de la Faculté des Lettres de Bordeaux*, 3, 1884), qui lui auraient épargné diverses erreurs sur lesquelles je n'insisterai pas.

Sur le premier point, l'époque où vivait Diophante, il a adopté finalement ma conjecture, non pas comme réellement prouvée, mais comme ne prêtant pas à objection, ainsi que les autres qui ont été émises. Je n'ai jamais prétendu à une adhésion plus complète; je m'étais seulement proposé de discuter les diverses opinions émises ou possibles et de réunir les quelques rares indices qui me paraissaient désigner la fin du IIIe siècle. J'ai fait des réserves expresses sur la valeur de ces indices, et j'en ai laissé juge mon lecteur. M. Heath aurait certes pu, dès lors, se contenter de signaler ces réserves, sans perdre inutilement son temps à m'attribuer, pour les réfuter, des théories que je n'ai jamais émises.

Si, par exemple, j'ai indiqué les données concrètes du problème V, 33 comme se rapportant historiquement à l'époque précitée, je n'ai nullement prétendu qu'un problème n'ait jamais été posé avec des conditions en dehors de la réalité. Mais l'exemple du problème du bœuf d'Archimède, que m'oppose M. Heath, est en tout cas assez mal choisi; car, s'il conduit à un nombre réellement fantastique, il s'agit certainement, malgré l'épithète poétique de Σικελῆς, non pas de la Sicile, mais d'une île mythique, la Thrinacie; d'autre part l'impossibilité existe dans le résultat, non pas dans les données, ce qui est tout à fait différent.

M. Heath aurait pu me faire une objection beaucoup plus sérieuse. En fait l'énoncé versifié du problème V, 33, revient aux équations

$$x^2 - a = x_1 + x_2, \qquad x = \frac{x_1}{5} + \frac{x_2}{8}.$$

Diophante se donne d'autre part $a = 60$, et arrive à une solution fractionnaire; j'en avais conclu que les nombres 5 et 8 n'avaient pas été choisis pour les besoins de la cause, c'est-à-dire pour trouver une solution en nombres entiers. Mais, si l'on examine ce problème en lui-même, on voit qu'il conduit aux valeurs

$$x_1 = \frac{5}{3}(a + 8x - x^2), \qquad x_2 = \frac{8}{3}(x^2 - 5x - a);$$

d'où, pour que ces valeurs soient positives, x est seulement assujetti à la double condition

$$4 + \sqrt{16 + a} > x > \frac{5 + \sqrt{25 + 4a}}{2},$$

et peut toujours être pris en entier. Avec l'hypothèse de Diophante, $a = 60$, on a dès lors les deux solutions entières

$$(1) \qquad x = 12, \quad x_1 = 20, \quad x_2 = 64,$$
$$(2) \qquad x = 11, \quad x_1 = 16, \quad x_2 = 2.$$

Ma remarque était donc inexacte, si l'on admet que Diophante, dont la solution est d'ailleurs loin d'être satisfaisante, n'aura pas su retrouver les nombres entiers ([1]), que l'auteur du problème, peut-être très antérieur, avait probablement en vue.

On voit que je fais bon marché de ma prétendue théorie; M. Heath aurait sans doute mieux fait, pour avancer la question de l'époque où vivait Diophante, d'essayer de déterminer celle de Métrodore de Byzance, auquel on attribue l'épigramme arithmétique sur l'âge où mourut notre mathématicien; il aurait pu reconnaître qu'en fait la question est aussi douteuse pour le grammairien que pour Diophante.

J'ajouterai seulement que mon opinion sur l'époque de ce dernier s'appuie désormais sur de nouvelles probabilités, notamment sur celle que Diophante a été au plus tôt contemporain d'Anatolius.

4. Le second point sur lequel M. Heath m'a combattu est relatif à l'originalité de Diophante; il s'en tient à cet égard à l'opinion de Nesselmann, que je considère comme un peu trop favorable.

En qualifiant les *Arithmétiques* de compilation, analogue comme valeur à celle de Pappus, j'ai seulement voulu marquer l'impression personnelle qui résultait pour moi de l'étude de cet Ouvrage; je n'avais pas, dans des essais ayant un tout autre objet, à établir ma thèse, et je suis le premier à dire qu'elle ne pourra être valablement discutée qu'après la publication d'une édition critique de Diophante, laquelle permette d'apprécier philologiquement les différences de style que semblent offrir les divers problèmes de Diophante ([1]).

M. Heath s'est surtout efforcé de combattre les conclusions que je tirais accidentellement du problème des bœufs attribué à Archi-

---

([1]) J'ai déjà annoncé que je m'occupe d'une telle édition; j'ai d'ailleurs précisé tout récemment (*Bulletin*, 1885) le degré d'originalité que je reconnais en réalité à Diophante et qui peut-être satisfera M. Heath.

mède, et où je vois la preuve que des questions analogues à celles que traite Diophante, et même plus élevées, étaient en tout cas posées avant lui. Mon contradicteur soutient l'opinion de Struve, de Nesselmann (et de Vincent) qui rejettent l'authenticité de la dernière partie de l'énoncé, et, voyant que je n'ai même pas discuté cette opinion, il affirme qu'elle reste toujours valide.

Je n'avais certainement pas à tenir plus de compte de la thèse de Nesselmann que ce dernier n'a tenu compte du travail d'Hermann, publié en 1828, et où se trouvent victorieusement réfutés les arguments de Struve, que Nesselmann n'a nullement rajeunis. M. Heath ignore non seulement l'étude d'Hermann, mais même le travail capital de Krumbiegel et Amthor (voir *Bulletin*, 1881, p. 25); la preuve qu'il réclame n'est plus à faire, et je n'ai plus rien à y ajouter.

5. Si j'ai signalé avec plaisir la partie la plus satisfaisante de l'Ouvrage de M. Heath, j'ai le regret d'avoir à indiquer comme particulièrement défectueux tout ce qui est dit des notations de Diophante; mais je ne saurais trop répéter que, sous ce rapport, le texte de Bachet n'a absolument aucune valeur. Notamment pour les fractions, aucun des exemples cités par M. Heath ne se retrouve dans les manuscrits, et tout ce qu'il a dit du cas où le dénominateur est x ou une de ses puissances, vrai pour la vulgate, est faux pour Diophante.

J'ajouterai qu'après avoir collationné les cinq manuscrits des *Arithmétiques* qui sont à Paris, je ne me crois pas en état de traiter à fond la question des notations de Diophante. Toutefois je puis dire ceci :

Bachet a systématiquement exprimé les fractions en inscrivant le dénominateur en exposant (en haut à droite) du numérateur; or, dans la majorité des cas, le dénominateur manque dans les manuscrits, et, lorsqu'il est exprimé, on le rencontre indifféremment écrit, soit seulement à la suite du numérateur, soit en exposant, soit immédiatement au-dessus, ce qui paraît la forme authentique. Mais il est néanmoins possible qu'assez souvent, surtout lorsqu'il y a de suite plusieurs fractions ayant un dénominateur commun, Diophante l'ait omis, le manque du signe spécial de l'unité indiquant suffisamment que les nombres ne sont pas entiers.

Quand d'ailleurs le numérateur est l'unité (et qu'il n'y a pas plusieurs fractions réduites au même dénominateur), le numérateur n'est pas exprimé, et le dénominateur est inscrit sur la ligne avec un signe particulier, suivant l'usage ordinaire des Grecs; pour $\frac{1}{2}$, les manuscrits donnent toujours l'abréviation spéciale bien connue, et la forme α^{β} est une invention de Bachet. De même pour $\beta^{\gamma} = \frac{2}{3}$.

Enfin, dans le cas où le dénominateur n'est pas un nombre déterminé, mais x ou une de ses puissances, jamais le symbole ne se trouve en exposant; il est toujours inscrit avant le numérateur, et devrait être différencié par un signe spécial qui d'ailleurs manque la plupart du temps et dont je ne puis jusqu'à présent préciser la forme authentique.

6. Le Chapitre consacré par M. Heath aux méthodes de Diophante est plus satisfaisant; notre auteur a rejeté à bon droit l'opinion de Hankel qui ne voit dans les procédés de Diophante qu'une série d'artifices pleins d'ingéniosité, mais sans aucun lien entre eux. Il a, d'autre part, simplifié et éclairci l'exposé confus de Nesselmann, mais il n'a guère fait progresser la question, rien dit de réellement nouveau.

Il me semble nécessaire avant tout, pour qui veut étudier les méthodes de Diophante dans les problèmes indéterminés, de diviser ces problèmes en deux classes d'après leur nature intrinsèque.

En thèse générale, les énoncés des problèmes indéterminés conduisent à m équations entre $m+n$ inconnues; or, Diophante n'admettant que des solutions rationnelles, il s'agirait de tirer les valeurs des $m+n$ inconnues en fonctions rationnelles de n variables arbitraires. Lorsque cela est possible, l'*analyse* du problème peut être qualifiée d'*algébrique*. D'ailleurs Diophante dans ce cas choisit arbitrairement des nombres déterminés pour les n variables arbitraires; mais d'ordinaire la solution complète peut être trouvée en suivant la même marche que lui, et, en tous cas, les méthodes qu'il emploie sont relativement simples et susceptibles d'être classées facilement.

Je dirai, au contraire, que l'*analyse* est *numérique*, lorsque la solution algébrique ne peut être obtenue, tout ou partie des variables arbitraires se trouvant soumis à des conditions particulières de la nature de celles que l'on considère dans la théorie des nombres. Dans ce cas, ou bien Diophante donne à telle ou telle de ces variables des valeurs spéciales, ce qui donne à la solution un caractère particulier, ou bien il attribue à telle variable une valeur arbitraire qui le conduit à une impossibilité. Il reconnaît dès lors que le choix de cette variable est soumis à une condition pour que l'équation finale soit possible, et, reprenant le problème d'après cette condition, il traite la variable comme une inconnue. C'est là ce que M. Heath appelle « *method of reckoning backwards* ».

Dans ces problèmes, les procédés apparents de Diophante ne diffèrent pas essentiellement de ceux qu'il emploie dans la première classe; mais les déterminations spéciales de variables auxiliaires se présentent souvent, à première vue, comme des artifices dont la véritable raison reste à deviner, et c'est seulement par l'étude approfondie de ces artifices qu'on peut arriver à reconnaître les connaissances effectives de Diophante dans la théorie des nombres, sinon comme théorie, au moins comme pratique.

Pour juger véritablement Diophante, il faut d'ailleurs examiner à part comment il traite les problèmes de chacune des deux classes, en subdivisant celles-ci d'après la complication et la difficulté réelle des questions; il faut rechercher si, pour les problèmes d'analyse algébrique, il a toujours obtenu la solution et s'il y est arrivé de la façon la plus simple; pour ceux d'analyse numérique, il faut étudier le degré de généralité de chaque solution, se demander s'il est possible de l'avoir moins restreinte et essayer d'après cela de déterminer les lacunes qui existent dans les procédés de Diophante.

Je me borne à ces indications générales : si vagues qu'elles soient, peut-être suffiront-elles pour tenter quelque travailleur; car il s'agit d'un point de vue qui n'a pas encore été sérieusement envisagé, et qui doit renouveler l'étude de Diophante. Le sujet est d'ailleurs assez vaste et assez complexe pour réclamer les efforts de plus d'un chercheur; en tout cas, celui qui se proposerait de l'aborder, soit dans son ensemble, soit seulement partiellement, trouvera dans l'Appendice de M. Heath tous les matériaux nécessaires. L'auteur n'aurait-il donc rendu aux mathématiciens que le service de mettre à leur disposition un résumé aussi fidèle et aussi exact que le sien, ce service serait toujours du plus haut prix.

PAUL TANNERY.

MÉLANGES.

COMPOSITIONS DONNÉES AUX EXAMENS DE LICENCE DANS LES DIFFÉRENTES FACULTÉS DE FRANCE, EN 1885.

SESSION DE JUILLET.

Besançon.

Analyse. — Étant donnés un point O et une droite D, trouver une courbe telle que la portion de tangente MN, comprise entre le point de contact M et le point N où la tangente rencontre la droite D, soit vue du point O sous un angle constant.

Mécanique. — Deux points matériels, dont la masse est l'unité, *s'attirent* suivant la loi $\frac{\Delta}{k^2}$, où Δ représente leur distance et $\frac{1}{k^2}$ un coefficient de proportionnalité. Chacun de ces points est en outre attiré par trois plans rectangulaires A, B, C, perpendiculairement à ces plans et proportionnellement à la distance; on représentera par $\frac{1}{a^2}$, $\frac{1}{b^2}$, $\frac{1}{c^2}$ les coefficients de proportionnalité relatifs à chacun des plans A, B, C : ces coefficients sont les mêmes pour les deux points.

1° Étudier le mouvement du centre de gravité du système;

2° Étudier le mouvement de l'un des points autour de l'autre;

3° Étudier le mouvement individuel de chaque point dans l'espace.

On cherchera les conditions pour que les trajectoires dans ces divers mouvements soient algébriques, et l'on insistera dans cette hypothèse sur le cas où les vitesses initiales sont nulles. Le mouvement présente dans ce cas des circonstances de tautochronisme que l'on mettra en lumière.

Épreuve pratique. — Le 27 mai 1885, aux époques t', t'' d'un chronomètre, temps moyen, savoir :

$$t' = 11^h 41^m 10^s,$$
$$t'' = 11^h 45^m 40^s,$$

on vise, avec la lunette d'un théodolite bien rectifié et nivelé, l'étoile polaire successivement pour les deux positions du cercle de hauteur. Les lectures correspondantes sur ce cercle sont

$$l' = 13°26'15'',$$
$$l'' = 101°31'\ 5''.$$

On demande la latitude φ de l'observateur, en supposant connus

		h m s
La correction du chronomètre.....	$C =$	$-2.37.40$
Le temps sidéral à midi moyen.....	$\theta =$	$4.20.47,7$
L'ascension droite de la polaire....	$A =$	$1.16.33,4$
La déclinaison de cette étoile......	$\mathcal{D} =$	$88°41'32'',9$

Bordeaux.

Analyse. — Soit C une courbe du troisième degré donnée, ayant un point double en O.

Un angle droit MON tourne autour du point O et ses côtés rencontrent respectivement en M et N la courbe C.

Déterminer l'enveloppe de la droite MN.

Considérer, en particulier, le cas où la courbe C a pour équation

$$(1) \qquad \lambda y^2 = x^3,$$
$$(2) \qquad x^3 + y^3 = \mu xy.$$

Mécanique. — 1° Décomposer en deux parties la force vive qui résulte du double mouvement d'un système matériel.

2° *Application.* — On donne, dans un plan vertical, deux

tiges, DE, FH homogènes, égales, pesantes et librement articulées à leur centre commun de gravité C. Elles sont, en outre, assujetties à passer constamment, l'une par le point fixe A, l'autre par le point fixe B, la droite AB étant supposée horizontale.

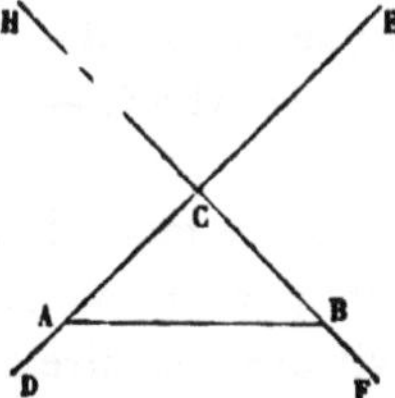

On demande de démontrer que, si le système part du repos, l'angle C étant supposé primitivement droit, et les deux tiges également inclinées sur AB, la vitesse du point C, au moment où il atteindra le milieu de AB, est donnée par la formule

$$v_1 = \sqrt{\frac{gb^4}{b^2 + K^2}},$$

b désignant la longueur AB et MK^2 le moment d'inertie de chacune des tiges, par rapport à son centre de gravité.

Caen.

Analyse. — 1° Intégrer l'équation différentielle

$$xy\frac{d^2y}{dx^2} + x\left(\frac{dy}{dx}\right)^2 - y\frac{dy}{dx} = 0;$$

montrer qu'on peut disposer de l'une des arbitraires qui entrent dans l'intégrale générale, de manière que cette équation intégrale représente, en coordonnées rectangulaires, un faisceau de courbes coupant l'axe des y en deux points fixes; étudier les trajectoires orthogonales de ces courbes.

2° Étant donnés trois axes rectangulaires Ox, Oy, Oz, on considère la parabole définie par les équations

$$z = 0, \qquad x^2 = y;$$

par un point quelconque M de cette courbe on mène une ordonnée

MP parallèle à Oz et égale à quatre fois la mesure de l'aire plane comprise entre la corde OM et l'arc de parabole qu'elle sous-tend. Cela posé, on demande d'étudier la courbe C lieu du point P, d'évaluer l'arc OP de cette courbe en fonction des coordonnées du point P; enfin de calculer les rayons de première et seconde courbure en un point quelconque de C : des valeurs obtenues pour ces rayons on conclura que la courbe C est une hélice.

Mécanique. — 1° Un point se meut de manière que son accélération totale passe toujours par un point fixe O : montrer que la trajectoire est plane, la vitesse aréolaire autour du point O constante, et l'accélération centripète égale à $\pm \frac{v^2 dp}{r\,dr}$, v désignant la vitesse du mobile, r et p les distances correspondantes du point O au mobile et à la tangente à sa trajectoire. Exprimer la courbure d'une courbe plane en fonction du rayon vecteur et de la distance du pôle à la tangente.

2° Dans un plan donné, déterminer une courbe C, telle qu'un point matériel M, attiré vers un point O du plan par une force inversement proportionnelle au cube de OM, et assujetti à se mouvoir sur la courbe C, exerce sur elle une pression dont la grandeur est constante, égale au triple de la force qui agit sur M, quand il passe en un point donné de C; de plus, lors de ce passage, M a une vitesse telle que, s'il pouvait quitter la courbe C, il décrirait un cercle autour du point O; enfin on néglige les résistances passives et l'on suppose que la pression exercée sur C est dirigée suivant la portion de la normale qui fait un angle obtus avec la direction MO.

Épreuve pratique. — Faire l'épure de l'intersection de deux cônes dont les sommets sont en deux points donnés de la ligne de terre, et qui sont tous deux circonscrits à une sphère tangente aux deux plans de projection.

Clermont.

Analyse. — Toute surface réglée peut être considérée comme engendrée par une ligne droite assujettie à s'appuyer sur trois directrices.

Montrer que la recherche des lignes asymptotiques se ramène à des quadratures lorsqu'une des directrices est une ligne droite. Ces quadratures peuvent s'effectuer lorsque deux des directrices sont des lignes droites.

Mécanique. — Chaque point d'un fil de longueur donnée et ayant ses extrémités fixes est attiré par un centre fixe en raison inverse du cube de la distance; étudier la figure d'équilibre et la tension en chaque point.

Déterminer les constantes introduites par les intégrations au moyen des données du problème.

Dijon.

Analyse. — Théorie de l'enveloppe d'une surface variable dont l'équation générale contient un paramètre indéterminé : énoncer les propriétés fondamentales des surfaces développables.

Mécanique. — Un cylindre circulaire droit homogène pesant

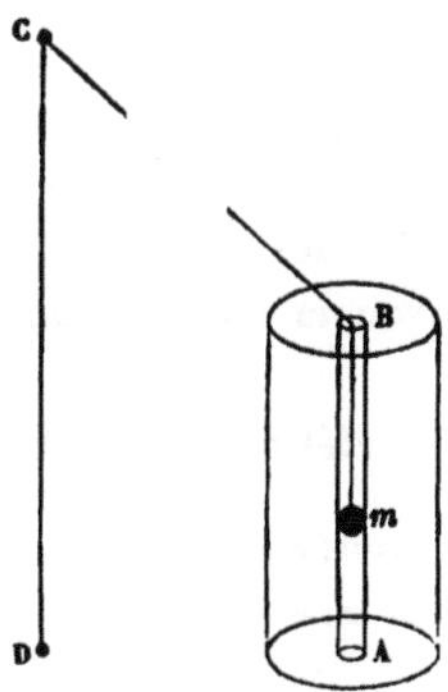

repose sur un plan horizontal le long duquel il peut glisser sans frottement.

Il est creusé, suivant son axe, par un tube vertical AB de diamètre très petit. Un fil flexible est attaché, à une extrémité, à un point fixe C et se termine, à l'autre, par une sphère pesante m qui peut glisser sans frottement à l'intérieur du tube AB. La longueur totale du fil CBm est égale à la distance CD du point C au plan horizontal.

On demande le mouvement du système sachant qu'il est abandonné sans vitesse initiale dans une position telle que la sphère pesante m soit en haut du tube.

On négligera la masse du fil et l'on supposera qu'il glisse sans frottement en B, seul point où il touche le tube.

Épreuve pratique. — Un cône a pour sommet un point dont les projections o, o' sont situées sur une ligne de rappel coupant la ligne de terre en ω et l'on a $\omega o = 50^{mm}$, $\omega o' = 30^{mm}$; la base de ce cône est une circonférence décrite dans le plan horizontal avec o pour centre et un rayon de 25^{mm}.

D'autre part, un point (s, s') est situé dans le plan horizontal à une distance de 50^{mm} de la ligne de terre et de 35^{mm} de la ligne $o\omega$, à sa droite.

Cela posé, on demande de construire sur les deux plans de projection les contours apparents d'un cône de révolution de demi-ouverture égale à 30° et de sommet (s, s') que l'on placera en avant du cône donné, de manière qu'il lui soit tangent, ainsi qu'au plan horizontal.

Grenoble.

Analyse. — 1° Recherche des points d'une courbe pour lesquels le cercle osculateur a, avec la courbe, un contact d'ordre supérieur au second.

Application aux courbes définies par les équations

$$x = a(n\omega - \sin\omega),$$
$$y = a(n - \cos\omega).$$

2° Calculer l'intégrale

$$u = \int_{-\infty}^{+\infty} \frac{dx}{(x^2 - 2\beta i x - \beta^2 - \alpha^2)^{n+1}},$$

en supposant n entier et positif.

Mécanique. — Un tube rectiligne, à section infiniment petite, est animé d'un mouvement hélicoïdal uniforme par rapport à un axe qui lui est perpendiculaire.

Un point matériel non pesant, qui se meut sans frottement à l'intérieur du tube, est soumis à l'action d'une force dirigée à chaque instant suivant la perpendiculaire à l'axe et proportionnelle à la distance à l'axe. On demande les mouvements relatif et absolu du point et la pression sur l'axe.

Données :

a distance du tube à l'axe;

ω et m vitesses de rotation et de translation du mouvement hélicoïdal;

μ coefficient d'attraction pour l'unité de masse à l'unité de distance.

On supposera le point placé à l'origine en repos absolu à la distance a de l'axe.

Cas particuliers : $\mu = 2\omega^2$, $\mu = \omega^2$; quelle est, dans chacun de ces cas, la projection de la trajectoire absolue sur un plan perpendiculaire à l'axe?

Étudier le dernier cas ($\mu = \omega^2$) en tenant compte du frottement.

Astronomie. — Une hauteur du bord inférieur du Soleil a été mesurée à Grenoble, dans la matinée, et trouvée égale à

$$48°53'55'',$$

la température étant de 23° et la pression atmosphérique de 742^{mm}.

On demande l'heure vraie. Données :

Latitude	$\lambda = 45°.11'.22''$,
Déclinaison du Soleil....	$\mathcal{D} = 18.16.36$,
Demi-diamètre du Soleil.	$15.51,5$.

Formule de réfraction

$$\theta = 60'',6 \frac{H}{760} \frac{1}{1+\alpha t} \tang z,$$

$$\alpha = 0,00366.$$

Lille.

Analyse. — 1° Une famille de courbes planes étant représentée en coordonnées rectangulaires x et y par une équation de la forme $f(x, y) = c$, où c est le paramètre de la famille et où, pour toutes les valeurs finies de x et de y, la fonction donnée $f(x, y)$ est finie et continue ainsi que ses dérivées partielles des deux premiers ordres, on demande d'assigner les points du plan où la courbure de ces courbes peut être infinie.

2° Étude des lignes de plus grande pente, dans la surface dont l'ordonnée verticale z, fonction de deux coordonnées horizontales rectangulaires x et y, a pour expression

$$z = \frac{a^2 x}{x^2 - y^2},$$

où a est une ligne constante donnée.

Mécanique. — 1. Un corps M de forme quelconque attire, suivant la loi newtonienne, un point extérieur situé à une distance a du centre de gravité de M. Trouver l'expression du potentiel de cette attraction :

1° En négligeant les termes dont le rapport au terme principal est du même ordre de grandeur que $\left(\frac{l}{a}\right)^2$, l étant une des dimensions de M;

2° En conservant ces termes.

2. Déterminer le mouvement d'un point pesant, assujetti à glisser, avec frottement, sur une tige rigide et rectiligne, pendant que cette tige tourne d'un mouvement uniforme, dans un plan vertical, autour de l'un de ses points qui est fixe. Outre le frottement, qui est proportionnel à la pression normale, le point éprouve, en sens contraire de sa vitesse, une résistance proportionnelle à cette vitesse.

Épreuve pratique. — Une étoile dont les coordonnées sont :

$$Æ = 41°18'27'',$$
$$D = 22°17'34'' \text{ boréale},$$

est vue, avec un azimut de

$$\alpha = 76^\circ 31' 12''$$

par un observateur placé à une latitude boréale de 51°10′8″.

On demande quelle est l'heure sidérale au moment de l'observation, et à quelle hauteur est alors l'étoile au-dessus de l'horizon?

Lyon.

Analyse. — Trouver l'intégrale générale de l'équation

$$x^2 \frac{d^3y}{dx^3} - 9x \frac{d^2y}{dx^2} + 9 \frac{dy}{dx} = 1 + 2x + 3x^2 \mathrm{L}\,x.$$

Mécanique. — Mouvement d'une barre cylindrique homogène libre et soustraite à l'action de toute force extérieure.

Astronomie. — Le 1er novembre 1885, à midi moyen de Paris, la planète Vénus aura pour coordonnées écliptiques héliocentriques :

Longitude	334°23′49″,8
Latitude	3°19′41″,5
Log. distance au Soleil	$\bar{1}$,8620191

Au même instant, les coordonnées du ☉ rapportées au centre de la Terre sont :

Longitude	219°14′50″,3
Latitude	0 0 0
Log. distance à la Terre	$\bar{1}$,9964407

Calculer les longitude et latitude géocentriques de la planète et sa distance à la Terre.

Marseille.

Analyse. — 1° Trouver une courbe telle, que la perpendiculaire abaissée de l'origine sur une tangente quelconque soit une fonction donnée $f(r)$ du rayon r allant de l'origine au point de contact de cette tangente.

Cas particuliers : $f(r) = kr$, $\frac{r^2}{a}$, $\sqrt{ar}$, $\frac{a^2}{r}$.

2° Une droite PM, rencontrant Oz en un point variable P, se meut en faisant un angle constant avec Oz. La distance OP étant une fonction quelconque de l'angle que fait avec Ox la projection de PM sur xOy, on demande de trouver l'équation différentielle des surfaces que cette droite peut engendrer et, ensuite, d'intégrer cette équation.

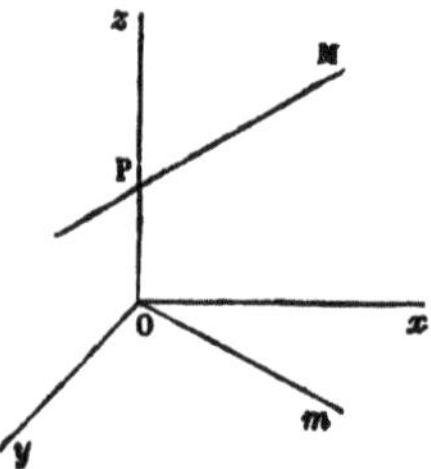

Mécanique. — Un disque C homogène est mobile autour de son centre C. Sur ce disque est enroulé un fil, inextensible et sans masse, qui entraîne le disque dans son mouvement.

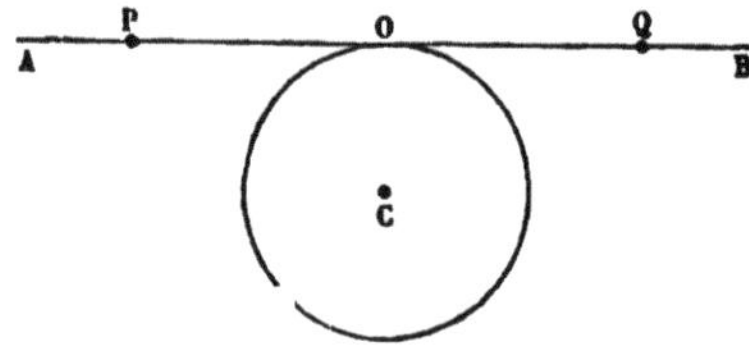

Aux deux extrémités du fil sont deux points P et Q matériels et non pesants, de même masse, assujettis à glisser sans frottement sur une droite fixe tangente en O au disque. Ces deux points sont repoussés par le point O proportionnellement à la distance : la répulsion à l'unité de distance est la même pour P et Q.

Le système étant mis en mouvement, on demande d'étudier ce mouvement.

Étudier, en particulier, le cas où la masse du disque serait quintuple de la masse de chacun des points et où, le point P étant en O et le fil étant tendu, on donnerait au point P la vitesse qu'il aurait si, étant libre et étant placé sans vitesse en O, il parcourait sous l'action du centre répulsif O le tiers de la distance à laquelle le point Q se trouve de O lorsque P est en O.

On examinera si le fil est toujours tendu.

Épreuve pratique. — 1° Déterminer la longitude d'un lieu par une observation de hauteur du Soleil.

Données :

Latitude de la station	$\varphi = 43^\circ.18'.17'',5$
Hauteur du centre du Soleil au-dessus de l'horizon..	$h = 42.26.13,4$
Déclinaison du Soleil	$\delta = 18.15.27,5$
Heure vraie de Paris	$t = 3^h\ 1^m 53^s,8$

La hauteur h du Soleil est supposée affranchie de l'effet de la réfraction et de celui de la parallaxe.

L'observation a été faite après le passage du Soleil au méridien.

2° Supposons la hauteur h du Soleil erronée de 30″ d'arc, quelle sera l'erreur correspondante de la longitude.

Montpellier.

Analyse. — 1° Intégrer l'équation linéaire du premier ordre

$$py - qx = -m,$$

où m est une constante donnée et où p et q désignent les dérivées partielles de la fonction z des variables indépendantes x, y. On pourra supposer que x, y, z sont les coordonnées rectangulaires d'un point variable d'une surface.

2° Intégrer la même équation après l'avoir préalablement transformée en introduisant, au lieu de x et y, les variables indépendantes ρ et ω conformément aux conditions

$$x = \rho \cos\omega, \qquad y = \rho \sin\omega.$$

3° Sections de la surface par des plans passant par l'axe des z, et par des cylindres de révolution autour de cet axe.

4° Calcul du volume compris entre deux pareils plans, deux pareils cylindres, la surface et un plan parallèle au plan des xy.

5° Équation des lignes de courbure de la surface, en prenant pour variables définitives ρ et z. L'intégration de cette équation peut s'effectuer par des quadratures.

Mécanique. — Étudier le mouvement autour d'un point fixe d'un corps solide qui n'est sollicité par aucune force. Définir et étudier la courbe appelée *polhodie*.

Astronomie. — On connaît la longitude vraie d'une planète

Dans son orbite..............................	$v = 162°.36'.31'',19$
L'inclinaison de l'orbite........................	$\varphi = \quad 1.34.30$
La longitude du nœud ascendant...............	$\theta = 131.58.55,90$

Trouver la latitude héliocentrique et la *réduction à l'écliptique*. Rapprocher cette dernière quantité du résultat obtenu par le calcul direct de la longitude héliocentrique.

Nancy.

Analyse. — Définir les sections normales principales et les rayons de courbure principaux en chaque point d'une surface.

Déterminer l'équation qui donne les rayons de courbure principaux.

Trouver l'équation des surfaces de révolution, pour lesquelles le produit des rayons de courbure principaux est constant.

Ramener la solution trouvée aux intégrales elliptiques de Legendre.

Mécanique. — Un point matériel M, de masse m, est attiré vers un centre fixe O avec une intensité égale à

$$\frac{mab^2(5e^{-2\theta}+1)}{r^2},$$

a et b désignant deux longueurs données, r étant la distance OM' et θ l'angle que fait ce rayon vecteur avec le rayon vecteur initial OM_0.

Trouver la trajectoire du point M. Calculer la position du mobile sur sa trajectoire à une époque quelconque.

On supposera la distance initiale OM_0 égale à a, et la vitesse initiale égale à $2b$. En outre, cette vitesse sera supposée inclinée de $45°$ sur le rayon vecteur OM_0.

Astronomie. — Une étoile se lève à $13^h 12^m 24^s,2$ et se couche à $4^h 3^m 2^s,8$ dans un lieu dont la latitude boréale est $41° 12' 54''$.

On demande de calculer :

1° L'ascension droite et la déclinaison de l'étoile ;

2° La hauteur de l'astre à $15^h 2^m 6^s,4$.

Poitiers.

Analyse. — Déterminer l'équation aux dérivées partielles des surfaces, telles que chaque plan tangent forme avec les plans coordonnés un tétraèdre dont le volume est constant.

Trouver une intégrale complète et la solution singulière de cette équation.

En supposant horizontal le plan xOy, déterminer les lignes de plus grande pente de la surface représentés par la solution singulière.

Trouver les ombilics de cette même surface.

Mécanique. — Un anneau dont le centre est fixe à l'origine des coordonnées a sa masse uniformément répartie sur la circonférence moyenne de rayon R; son plan fait un angle θ avec le plan des XY; il est attiré, suivant la loi de la nature, par une masse μ concentrée en un point situé à une distance a de l'origine, dans le plan des XY, sur une perpendiculaire à la ligne des nœuds menée par l'origine. On demande : 1° de calculer la grandeur du couple, dû à cette attraction, qui tend à faire tourner l'anneau autour de la ligne des nœuds ; 2° de déterminer la vitesse de précession qu'un couple constamment égal au précédent communiquerait à la ligne des nœuds, lorsqu'on supposera l'anneau animé d'une rotation propre n autour de son axe de figure, et l'angle θ constant; 3° d'indiquer la position de l'axe instantané et la vitesse angulaire autour de cet axe.

On supposera le rapport $\frac{R}{a}$ assez petit pour que, dans le développement des puissances de la distance d'un point quelconque de l'anneau au point μ, on puisse négliger les puissances de $\frac{R}{a}$ supérieures à la première.

Astronomie. — La longitude héliocentrique du nœud ascendant de l'orbite de Vénus est $75°19'52''$, l'inclinaison de $3°23'35''$; la distance de la planète au Soleil est les $0,723332$ de celle de la Terre au Soleil. Ceci posé, au moment où la Terre avait pour longitude héliocentrique celle du nœud ascendant, la distance angulaire de la planète au Soleil a été trouvée égale à $27°32'43''$.

Déduire de cette observation la longitude et la latitude héliocentriques de Vénus à cet instant.

Rennes.

Analyse. — Étant données les deux équations

$$2(x^2 - c)\varphi' + z + \varphi = 0,$$
$$y^2 + 2(z + \varphi)\varphi' = 0,$$

où φ désigne une fonction arbitraire du paramètre c et φ' sa dérivée par rapport à ce paramètre, on propose :

1° De former l'équation aux dérivées partielles des surfaces représentées par l'ensemble de ces deux équations;

2° D'intégrer cette équation;

3° De déterminer la fonction φ de manière que la trace de la surface correspondante sur le plan xOy soit une circonférence de rayon R ayant son centre à l'origine des coordonnées.

Mécanique. — Un point matériel libre M décrit suivant une loi inconnue un arc de cercle de rayon b situé dans le plan yz et dont le centre est à l'origine O des coordonnées. Pour un observateur, A parcourant uniformément dans le plan xy une circonférence de rayon a et de centre O, en même temps qu'il tourne sur lui-même autour d'un axe parallèle à Oz avec une vitesse angulaire égale à celle du rayon OA et de même sens, ce mouvement semble se faire dans un plan coupant xy en une trace ON dont l'angle avec OA a la valeur λ, et qui est incliné de α sur la partie NOA du plan xy. Déduire de ces données :

1° La loi du mouvement réel de M, sa trajectoire apparente, la loi du mouvement sur cette courbe et les valeurs en fonction du temps des vitesses dans ces deux mouvements ;

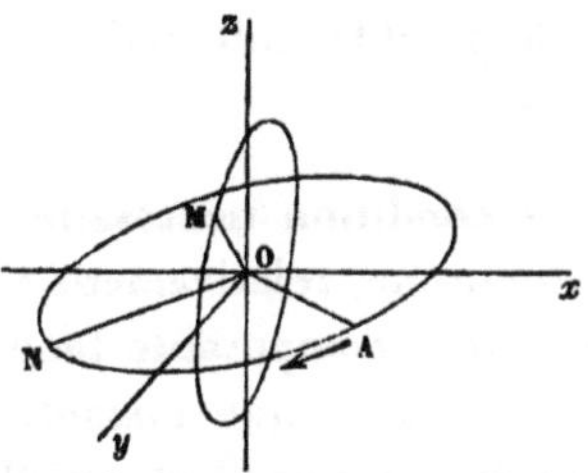

2° Les expressions des composantes tangentielles et normales des forces accélératrices, tant réelles qu'apparentes, en fonction de l'angle $yOM = \varphi$ et de ses multiples pour la première, et de l'angle $NOM = \varphi'$ et de ses multiples pour la seconde ;

3° Les valeurs en fonction des coordonnées relatives des forces fictives qu'il faudrait joindre à la force réelle pour former les équations différentielles du mouvement apparent de M.

Toulouse.

Analyse. — Soient OX, OY, OZ trois axes de coordonnées rectangulaires. On considère un cône de révolution autour de OZ, ayant son sommet à l'origine, et une courbe C située sur ce cône. En un point quelconque M de la courbe C on mène le plan osculateur qui coupe le plan des xy suivant une droite D, faisant un angle V avec la projection Om sur ce plan de la génératrice OM. On demande :

1° De déterminer la courbe C, de façon que l'angle V soit constant pour tous les points de cette courbe ;

2° D'évaluer l'arc de cette courbe, compté à partir du sommet du cône.

N. B. — On prendra pour variables les coordonnées polaires r et θ de la projection sur le plan xOy d'un point quelconque de la surface du cône.

Mécanique. — On appelle *courbe tautochrone* relativement à un de ses points O, pour un mobile qui la parcourt sous l'action d'une force déterminée, une courbe telle que le temps mis par ce mobile, partant d'un point quelconque A de la courbe sans vitesse initiale, pour atteindre le point O, soit toujours le même, quel que soit le point de départ A :

1° Démontrer que la condition nécessaire et suffisante pour qu'une courbe soit tautochrone, relativement à un de ses points O pris pour origine, c'est que la composante tangentielle de la force qui sollicite le mobile soit, à chaque instant, proportionnelle à l'arc qui sépare le point de l'origine O et qu'elle tende à rapprocher ce point de l'origine.

2° Démontrer que la courbe sera encore tautochrone si le mobile est soumis en outre à une résistance proportionnelle à la vitesse.

3° Démontrer que la chaînette est une courbe tautochrone relativement à son sommet pris pour origine, pour une force perpendiculaire à la directrice, dirigée vers cette directrice et proportionnelle à l'ordonnée.

4° Étudier toutes les circonstances du mouvement du point matériel sur cette chaînette, pour cette loi de la force.

Épreuve pratique. — On sait que la précession annuelle est représentée par les formules suivantes :

En ascension droite..................	$m + n \tang \delta \sin \alpha$
En déclinaison......................	$n \cos \alpha$

D'après Lalande, les coordonnées moyennes de l'étoile α de la Couronne étaient au commencement de 1800 :

$$\alpha = 15^h 26^m 13^s,3 \quad (\alpha \text{ est l'ascension droite}),$$
$$P = 62°36'14'',1 \quad (P \text{ est la distance polaire}).$$

On demande les coordonnées moyennes de cette étoile au commencement de 1885.

On a, d'après Struve, pour 1842,5,

$$m = 3^s,07163 \quad (\text{en temps}),$$
$$n = 20'',0570 \quad (\text{en arc}).$$

SESSION DE NOVEMBRE.

Besançon.

Analyse. — Étant donné le système de courbes (axes rectangulaires

$$f(x, y) = u, \qquad \varphi(x, y) = v,$$

on considère le quadrilatère curviligne compris entre les quatre courbes qui répondent aux valeurs u, v, $u + du$, $v + dv$ des paramètres. Calculer l'aire de ce quadrilatère en négligeant les quantités infiniment petites par rapport à sa valeur principale.

Appliquer le résultat obtenu à la détermination de l'aire comprise entre les portions situées dans l'angle positif des coordonnées des quatre courbes définies par l'équation

$$\frac{x^2}{\lambda^2} + \frac{y^2}{\lambda^2 - c^2} = 1,$$

où c est donné, et où λ^2 est supposé avoir les quatre valeurs $\frac{1}{2}c^2$, $\frac{2}{3}c^2$, $\frac{4}{3}c^2$, $\frac{5}{3}c^2$.

Mécanique. — Dans un milieu dont la résistance est proportionnelle à la vitesse, un point matériel pesant m est abandonné (sans vitesse initiale) en un point B d'une cycloïde dont l'axe est vertical et la convexité tournée vers le bas.

Le rayon du cercle générateur de la cycloïde est égal à r.

L'arc de cycloïde AB compté à partir du sommet A de la courbe est égal à a.

Le point m étant assujetti à se mouvoir sur la cycloïde, on demande d'étudier le mouvement de ce point et en particulier de déterminer le temps T qu'il emploiera pour arriver au sommet A.

Épreuve pratique. — On demande la longitude et la latitude d'une étoile connaissant son ascension droite A et sa déclinaison D

$$A = 2^h 14^m 20^s,6,$$
$$D = 19^\circ 38' \ 7'',$$

et prenant pour l'obliquité de l'écliptique

$$\omega = 23^\circ 27' 31''.$$

Caen.

Analyse. — 1° Démontrer la formule de Lagrange qui sert à développer z ou $\varphi(z)$ suivant les puissances entières et croissantes de t lorsqu'on a la relation

$$z = x + tf(z).$$

2° Étant donné le système d'équations

$$\frac{dy}{dx} + Ay + Bz = 0,$$

$$\frac{dz}{dx} + A'y + B'y = 0.$$

on demande de déterminer les coefficients constants A, B,A', B', sachant : 1° que e^{-2x} et e^{-7x} sont des valeurs particulières de y; 2° qu'en appliquant la méthode de d'Alembert pour l'intégration de ces équations et posant $y + \theta z = u$, on doit avoir pour θ les valeurs -1 et $+\frac{3}{2}$.

Mécanique. — 1° Une figure plane se meut sur un plan fixe, de manière que deux de ses points, A et B, glissent sur deux droites rectangulaires du plan fixe, et que le milieu de la droite AB ait une vitesse constante. Trouver, pour une position donnée de la figure, le lieu des points dont l'accélération tangentielle est nulle, et celui des points dont l'accélération centripète est nulle.

2° Un plan tourne avec une vitesse angulaire constante ω autour d'une droite fixe qu'il rencontre en un point O et avec laquelle il fait un angle dont le sinus est $\frac{1}{3}$; un point matériel M, assujetti à rester dans le plan donné sans éprouver de résistances passives, est attiré vers le point O par une force égale au produit de ω^2 par la masse du point mobile et par sa distance OM au point O. Déterminer le mouvement du point M; discuter la forme de sa trajectoire dans le plan mobile.

Épreuve pratique. — Calculer pour le 1er juillet 1880 à 10^h du soir (temps moyen) l'azimut et la distance zénithale de l'étoile α de la Grande Ourse, observée de la tour centrale de l'Abbaye aux Dames, à Caen.

Données :

Tour de l'Abbaye	Latitude........................	49° 11′ 14″
	Longitude.....................	2° 41′ 24″ O.
α de la Grande Ourse	Æ (temps sidéral)...............	$10^h 56^m 18^s,70$
	Déclinaison (boréale)............	62° 23′ 54″,2

Le printemps de 1880 a commencé le 20 mars à $5^h 23^m$ du matin (temps moyen de Paris).

Clermont.

Analyse. — Trouver les conoïdes tels que les trajectoires orthogonales des génératrices soient des lignes asymptotiques.

Mécanique. — Étudier le mouvement d'un point pesant dans un tube qui tourne uniformément dans un plan vertical autour d'un de ses points.

Du cas précédent on tirera la solution du cas où le tube tourne dans un plan horizontal; on déterminera et l'on discutera les éléments introduits.

Épreuve pratique. — Une droite fait un angle constant avec le plan horizontal, s'appuie sur une horizontale AB perpendiculaire à xy et reste à une distance constante d'une verticale CD. Construire l'intersection par un plan horizontal de la surface engendrée par la droite.

Dijon.

Analyse. — Trouver sous forme réelle les intégrales générales des équations différentielles simultanées :

$$\frac{dv}{dx} - \frac{dw}{dx} = -u,$$

$$\frac{dw}{dx} - \frac{du}{dx} = -v,$$

$$\frac{du}{dx} - \frac{dv}{dx} = -w,$$

où x, u, v, w désignent respectivement la variable indépendante et les trois fonctions inconnues.

Mécanique. — Une barre homogène pesante peut tourner autour d'une de ses extrémités O dans le plan vertical passant par le point O et un autre point O' situé à la même hauteur que O. A son autre extrémité A est attaché un fil flexible qui passe dans un anneau infiniment étroit placé en O', pend ensuite verticalement et se termine par un poids Q.

On négligera la masse du fil et le frottement du fil dans l'anneau. On désignera par a la longueur de la barre, par m sa masse, par m' celle du poids Q. On supposera que a est inférieur à OO' et que $a +$ OO' est inférieur à la longueur l du fil. On désignera OO' par d.

On demande le mouvement du système sachant qu'il est primitivement en repos, la barre OA étant horizontale et du côté opposé à celui de O' par rapport à O.

Épreuve pratique. — On a mesuré à deux époques différentes la déclinaison du Soleil. On a obtenu les deux valeurs suivantes :

$$21°53' \quad \text{et} \quad 23°26' ;$$

la déclinaison est boréale dans les deux cas.

On a mesuré également la différence des ascensions droites, qui a été trouvée égale à

$$2°32'.$$

On demande de calculer l'inclinaison de l'écliptique sur l'équateur.

(*A suivre*.)

ÈQUE DE L'ÉCOLE DES HAUTES ÉTUDES,

US LES AUSPICES DU MINISTÈRE DE L'INSTRUCTION PUBLIQUE.

BULLETIN

DES

CES MATHÉMATIQUES,

PAR MM. G. DARBOUX, J. HOÜEL ET J. TANNERY,

AVEC LA COLLABORATION DE

RÉ, BATTAGLINI, BELTRAMI, BOUGAIEFF, BROCARD, BRUNEL, ACK, CH. HENRY, G. KOENIGS, LAISANT, LAMPE, LESPIAULT, S. LIE, . MARRE, MOLK, POTOCKI, RADAU, RAYET, RAFFY, S. RINDI, SCHOUTE, P. TANNERY, EM. ET ED. WEYR, ZEUTHEN, ETC.

LA DIRECTION DE LA COMMISSION DES HAUTES ÉTUDES.

DEUXIÈME SÉRIE.

TOME X. — AOUT 1886.

(TOME XXI DE LA COLLECTION.)

PARIS,

HIER-VILLARS, IMPRIMEUR-LIBRAIRE

DES LONGITUDES, DE L'ÉCOLE POLYTECHNIQUE

SUCCESSEUR DE MALLET-BACHELIER,

uai des Augustins, 55.

1886

Ce Recueil paraît chaque mois.

La d[ir]ection du *Bulletin*, dans l'[int]érêt de la régularité de la publication et d'une [pro]mpte correction des épreuves, et, plus [...]e, en vue d'épargner à l'Imprimerie des frais [inu]tiles [résul]tant qu'inutiles de remaniements, prie [instamm]ent ses collaborateurs d'apporter toujours le plus grand soin [possi]ble dans l'exécution matérielle de leurs manuscrits, surtout en ce qui concerne les formules mathématiques et la transcription des noms propres. Il est à désirer que la disposition des [tabl]es soit [conform]e à celle qui a été [adopté]e une fois [pou]r toutes dans les livraisons déjà [publié]es de la 2e Série du [Recu]eil. Par [exem]ple, dans les articles de *Comptes rendus et Analyses des Ouvrages et Mémoires*, le titre de [chaq]ue travail analysé [dev]ra être [cité] dans la langue originale, avec les indications bibliographiques [...]s. La traduction française de ce titre ne sera indispensable que pour les Ouvrages écrits dans une langue peu répandue dans l'Europe [occid]entale, et [elle] sera mise au bas de la page.

LIBRAIRIE DE GAUTHIER-VILLARS,
QUAI DES AUGUSTINS, 55, A PARIS

Envoi franco dans toute l'Union postale contre mandat de poste ou valeur sur Paris.

COMPOSITIONS D'ANALYSE ET DE MÉCANIQUE

DONNÉES DEPUIS 1869 A LA SORBONNE

POUR LA LICENCE ÈS SCIENCES MATHÉMATIQUES,

SUIVIES D'EXERCICES

SUR LES VARIABLES IMAGINAIRES,

PAR E. VILLIÉ,

Ancien Ingénieur des Mines, Docteur ès Sciences,
Professeur à la Faculté libre des Sciences de Lille.

ÉNONCÉS ET SOLUTIONS.

UN VOLUME IN-8, AVEC FIGURES DANS LE TEXTE; 1885. — PRIX : 9 FR.

Préface.

Appelé à occuper, depuis sa fondation, la chaire d'Analyse à la Faculté libre des Sciences de Lille, j'ai dû, pour les besoins de mon enseignement, traiter un grand nombre d'exercices en vue des compositions écrites de la licence ès sciences mathématiques. Les résultats inespérés que j'ai obtenus, grâce à ce mode de préparation de mes élèves, m'ont engagé à publier ce Recueil, dans lequel sont résolus tous les problèmes d'Analyse et de Mécanique donnés en composition à la Sorbonne, depuis 1869, tant aux élèves de l'École Normale qu'aux élèves libres qui se sont présentés à la licence. J'y ai joint quelques questions proposées dans les autres Facultés et un certain nombre d'exercices sur les intégrales imaginaires et les fonctions doublement périodiques.

A la fin de cet Ouvrage, je donne les énoncés des questions d'Astronomie proposées à la Sorbonne pendant la période 1869-1884; ces exercices étant

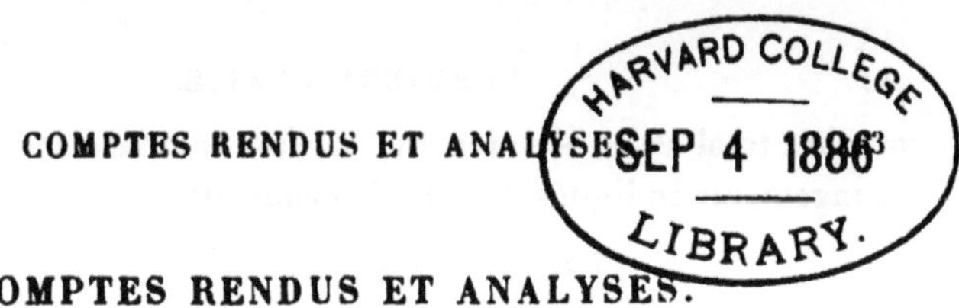

COMPTES RENDUS ET ANALYSES.

R. LIPSCHITZ. — Untersuchungen über die Summen von Quadraten. 1 vol. in-8°, 147 p., Bonn, Max Cohen und Sohn, 1886.

Le présent Volume contient trois Mémoires qui se rattachent à une Note communiquée à l'Académie des Sciences de Paris aux 11 et 18 octobre 1880, et intitulée : *Principes d'un calcul algébrique qui contient, comme espèces particulières, le calcul des quantités imaginaires et des quaternions*. M. Darboux ayant bien voulu insérer cette Note dans le Volume actuel du *Bulletin*, il m'est permis d'y renvoyer dans l'esquisse qui va suivre de mon travail.

1. Commençons par la considération d'une substitution

$$\begin{aligned} x_1 &= \alpha_{11} y_1 + \alpha_{12} y_2 + \ldots + \alpha_{1n} y_n, \\ x_2 &= \alpha_{21} y_1 + \alpha_{22} y_2 + \ldots + \alpha_{2n} y_n, \\ &\ldots\ldots\ldots\ldots\ldots\ldots\ldots\ldots\ldots \\ x_n &= \alpha_{n1} y_1 + \alpha_{n2} y_2 + \ldots + \alpha_{nn} y_n, \end{aligned}$$

où les coefficients $\alpha_{11}, \alpha_{12}, \ldots, \alpha_{nn}$ sont réels, dont le déterminant est égal à l'unité positive et qui satisfait à l'équation entre les variables réelles $x_1, x_2, \ldots, x_n$ et $y_1, y_2, \ldots, y_n$,

$$x_1^2 + x_2^2 + \ldots + x_n^2 = y_1^2 + y_2^2 + \ldots + y_n^2.$$

Nous appellerons tout d'abord l'attention sur certains procédés très simples, à l'aide desquels on fait découler de la substitution donnée, sans altérer les valeurs numériques des coefficients, des substitutions du même déterminant et appropriées au même problème de transformation d'une somme de n carrés en elle-même. Si l'on prend un nombre pair quelconque de lignes verticales de la substitution proposée et qu'on effectue la multiplication de tous leurs termes par l'unité négative, on parvient évidemment à une substitution nouvelle du même genre. Voilà le premier procédé dont nous nous servirons. En énumérant les substitutions ainsi acquises et y joignant la substitution originale, on trouve le nombre total 2^{n-1}. Maintenant, si l'on compare les résultats des changements indiqués dans le déterminant

$$\begin{vmatrix} \alpha_{11}+1 & \alpha_{12} & \dots & \alpha_{1n} \\ \alpha_{21} & \alpha_{22}+1 & \dots & \alpha_{2n} \\ \dots & \dots\dots & \dots & \dots \\ \alpha_{n1} & \alpha_{n2} & \dots & \alpha_{nn}+1 \end{vmatrix}$$

qui va être dénoté par D, on est conduit au théorème que toujours un seul entre les 2^{n-1} déterminants respectifs aura une valeur différente de zéro. Cette proposition, qui se trouve dans le Mémoire de M. Hurwitz : *Ueber die Perioden solcher eindeutiger 2n-fach periodischer Functionen, welche im Endlichen über all den Charakter rationaler Functionen besitzen und reell sind für reelle Werthe ihrer n Argumente* (*Journal für Mathematik*, t. XCIV, p. 7), peut être démontrée en faisant voir que la somme des 2^{n-1} déterminants désignés est égale au nombre 2^n. Ce point établi, dans le cas où, pour la substitution donnée, le déterminant D s'évanouit, on la remplacera par une autre du même genre à laquelle correspond un déterminant dont la valeur diffère de zéro. Il est donc établi que la substitution $\alpha_{11}, \alpha_{12}, \dots, \alpha_{nn}$ peut être préparée de ladite manière. En même temps, nous admettons que le déterminant D soit formé comme si les éléments $\alpha_{11}, \alpha_{12}, \dots, \alpha_{nn}$ étaient indépendants les uns des autres, de sorte que les éléments adjoints peuvent être désignés par la différentiation partielle. Cela étant, on tire facilement de la transformation donnée le système d'équations

$$\begin{aligned}
x_1 - y_1 = \frac{1}{D}\Big[\Big(D - 2\frac{\partial D}{\partial \alpha_{11}}\Big)(x_1+y_1) \\
- 2\frac{\partial D}{\partial \alpha_{21}}(x_2+y_2) - \dots - 2\frac{\partial D}{\partial \alpha_{n1}}(x_n+y_n)\Big], \\
x_2 - y_2 = \frac{1}{D}\Big[- 2\frac{\partial D}{\partial \alpha_{12}}(x_1+y_1) \\
+ \Big(D - 2\frac{\partial D}{\partial \alpha_{22}}\Big)(x_2+y_2) - \dots - 2\frac{\partial D}{\partial \alpha_{n2}}(x_n+y_n)\Big], \\
\dots\dots\dots\dots\dots\dots\dots\dots\dots\dots\dots\dots \\
x_n - y_n = \frac{1}{D}\Big[- 2\frac{\partial D}{\partial \alpha_{1n}}(x_1+y_1) \\
- 2\frac{\partial D}{\partial \alpha_{2n}}(x_2+y_2) - \dots + \Big(D - 2\frac{\partial D}{\partial \alpha_{nn}}\Big)(x_n+y_n)\Big].
\end{aligned}$$

En adjoignant une quantité quelconque, différente de zéro, λ_0, introduisons les éléments nouveaux

$$\frac{1}{D}\left(D - 2\frac{\partial D}{\partial\alpha_{aa}}\right) = \frac{\lambda_{aa}}{\lambda_0}, \qquad -\frac{2}{D}\frac{\partial D}{\partial\alpha_{ba}} = \frac{\lambda_{ab}}{\lambda_0}.$$

Comme conséquence du fait que l'expression

$$x_1^2 - y_1^2 + x_2^2 - y_2^2 + \ldots + x_n^2 - y_n^2$$

s'évanouit identiquement, pour tout nombre a et pour chaque combinaison de nombres différents a et b, on aura les équations

$$\lambda_{aa} = 0, \qquad \lambda_{ab} + \lambda_{ba} = 0.$$

Donc on obtient, pour les deux systèmes de variables, x_1, $x_2, \ldots, x_n$ et $y_1, y_2, \ldots, y_n$ le système d'équations

$$\begin{aligned}
\lambda_0 x_1 + \lambda_{21} x_2 + \ldots + \lambda_{n1} x_n &= \lambda_0 y_1 + \lambda_{12} y_2 + \ldots + \lambda_{1n} y_n,\\
\lambda_{12} x_1 + \lambda_0 x_2 + \ldots + \lambda_{n2} x_n &= \lambda_{21} y_1 + \lambda_0 y_2 + \ldots + \lambda_{2n} y_n,\\
\ldots\ldots\ldots\ldots\ldots\ldots\ldots\ldots\ldots\ldots&\ldots\ldots\ldots\ldots\ldots\ldots\ldots\ldots\ldots\ldots\\
\lambda_{1n} x_1 + \lambda_{2n} x_2 + \ldots + \lambda_0 x_n &= \lambda_{n1} y_1 + \lambda_{n2} y_2 + \ldots + \lambda_0 y_n,
\end{aligned}$$

qui se change dans le premier système de ma Note en faisant λ_0 égal à l'unité.

Je donnerai maintenant la loi de formation des déterminants des systèmes de fonctions linéaires à gauche et à droite, qui sont égaux. Ledit déterminant pour $n = 2$ s'offre comme égal à la somme de deux carrés

$$\lambda_0^2 + \lambda_{12}^2,$$

pour $n = 3$ au produit de λ_0 par la somme de quatre carrés

$$\lambda_0^2 + \lambda_{12}^2 + \lambda_{13}^2 + \lambda_{23}^2,$$

pour $n \gtreqless 4$ au produit de la puissance λ_0^{n-2} par une somme de 2^{n-1} carrés, que nous désignerons ainsi :

$$\lambda_0^2 + \lambda_{12}^2 + \ldots + \lambda_{1234}^2 + \ldots.$$

Ici les expressions à quatre, à six indices, etc., naissent des expressions pareilles de ma Note, dans ce sens que l'on y remplace d'abord les éléments λ_{ab} par les quotients respectifs $\frac{\lambda_{ab}}{\lambda_0}$, et qu'on fait ensuite la multiplication du résultat par λ_0. On a, par exemple, présentement

$$\lambda_{1234} = \frac{\lambda_{12}\lambda_{34} + \lambda_{13}\lambda_{42} + \lambda_{14}\lambda_{23}}{\lambda_0},$$

et en général, étant choisis $2r$ nombres quelconques $a, b, \ldots, f$, l'expression $\lambda_{ab\ldots f}$ est égale à une fraction au dénominateur λ_0^{r-1}, dont le numérateur est formé en posant toutes les permutations de première classe des nombres $a, b, \ldots, f$, en affectant ces nombres dans leur ordre, deux à deux, à la lettre λ, en choisissant toujours un seul des produits égaux et en prenant la somme de tous ces produits. Il faut bien avoir égard au fait, que le nombre 2^{n-1} des bases des carrés dans la somme

$$\lambda_0^2 + \lambda_{12}^2 + \ldots + \lambda_{1234}^2 + \ldots$$

coïncide avec le nombre des déterminants, dérivés par les changements de signe dans un nombre pair de lignes verticales du déterminant D. On verra bientôt que les deux sortes d'algorithmes sont intimement liées entre elles, et que les 2^{n-1} quantités λ_0, $\lambda_{12}, \ldots, \lambda_{1234}, \ldots$ constituent un système dont les éléments peuvent être employés et servir au même titre.

A l'aide de ces éléments et des symboles définis précédemment, la transformation donnée d'une somme de n carrés en elle-même, est exprimée par une seule équation symbolique comme il suit :

Pour $n = 2$ on a l'équation

$$(\lambda_0 + i_{12}\lambda_{12})(x_1 + i_{12}x_2) = (y_1 + i_{12}y_2)(\lambda_0 - i_{12}\lambda_{12}),$$

où i_{12} peut être remplacé par le symbole $\sqrt{-1}$, et où il est permis de changer l'ordre des deux facteurs complexes qui sont multipliés.

Pour $n = 3$ vient l'équation

$$\begin{aligned}(\lambda_0 + i_{12}\lambda_{12} + i_{13}\lambda_{13} + i_{23}\lambda_{23})(x_1 + i_{12}x_2 + i_{13}x_3)\\ = (y_1 + i_{12}y_2 + i_{13}y_3)(\lambda_0 - i_{12}\lambda_{12} - i_{13}\lambda_{13} + i_{23}\lambda_{23}),\end{aligned}$$

où l'expression $\lambda_0 + i_{12}\lambda_{12} + i_{13}\lambda_{13} + i_{23}\lambda_{23}$ coïncide avec le *quaternion de Hamilton*

$$\lambda_0 + i\lambda_{12} + j\lambda_{23} + k\lambda_{31},$$

et où l'on ne peut intervertir l'ordre des facteurs qui sont multipliés.

Dans le premier Mémoire la transformation d'une somme de deux ou de trois carrés en elle-même est traitée séparément, afin d'en donner une application arithmétique. On reconnaît facilement que, pour les substitutions dont les coefficients sont des nombres rationnels, les fractions $\frac{\lambda_{ab}}{\lambda_0}$ le deviennent également, de sorte que les quantités $\lambda_0, \lambda_{12}, \ldots$ peuvent être prises égales à des nombres entiers. Par cette voie, les substitutions à coefficients rationnels conduisent, lorsqu'il s'agit des sommes de deux carrés, à la théorie des nombres complexes entiers $a + b\sqrt{-1}$ et, pour les sommes de trois carrés, à la théorie des quaternions entiers. Le premier Mémoire est consacré au développement des principes correspondants de ces deux théories.

Dans les cas où $n \gtreqless 4$, exprimons les symboles $i_{12}, \ldots, i_{1231}, \ldots,$ par les *signes primitifs* $k_1, k_2, \ldots, k_n$ et formons les quatre *expressions complexes* (¹) *de l'ordre* $n^{\text{ième}}$

$$\begin{aligned}
\Lambda &= \lambda_0 + k_1 k_2 \lambda_{12} + \ldots + k_2 k_3 \lambda_{23} + \ldots + k_1 k_2 k_3 k_4 \lambda_{1234} + \ldots,\\
\Lambda_1 &= -k_1 \Lambda k_1 = \lambda_0 - k_1 k_2 \lambda_{12} + \ldots - k_2 k_3 \lambda_{23} + \ldots - k_1 k_2 k_3 k_4 \lambda_{1234} + \ldots,\\
X &= x_1 + k_1 k_2 x_2 + \ldots + k_1 k_n x_n,\\
Y &= y_1 + k_1 k_2 y_2 + \ldots + k_1 k_n y_n;
\end{aligned}$$

alors l'ensemble des n équations mentionnées et des $2^{n-1} - n$ équations déduites par le procédé indiqué dans ma Note est contenu dans l'équation

$$\Lambda X = Y \Lambda_1.$$

Mais, parce que cette relation ne désigne pas autre chose que la substitution première, de laquelle nous sommes parti, et parce que nous avons supposé le déterminant D qui s'y rapporte différent de

(¹) Je ne manque pas de faire remarquer que, dans le cours de mon Traité, l'opération dénotée par $\Lambda_1 = -k_1 \Lambda k_1$ se trouve appliquée plusieurs fois, de manière qu'on ait

$$\Lambda_{ab} = k_b k_a \Lambda k_a k_b, \qquad \Lambda_{abc} = -k_c k_b k_a \Lambda k_a k_b k_c,$$

et généralement, le nombre des indices $a, b, c, \ldots, f$ étant égal à l,

$$\Lambda_{abc\ldots f} = (-1)^l k_{f\ldots} k_b k_a \Lambda k_a k_{b\ldots} k_f = (-1)^{\frac{l(l+1)}{2}} k_a k_{b\ldots} k_f \Lambda k_a k_{b\ldots} k_f.$$

Les lecteurs du Traité sont priés de bien vouloir corriger dans le sens indiqué les formules (9) et (9′) de l'article 6 du deuxième Mémoire.

zéro, il est nécessaire, si nous voulons exprimer d'une manière semblable toutes les substitutions du même genre, de combiner la substitution donnée avec toutes celles qui ont pour effet de changer les signes d'un nombre pair quelconque de lignes verticales.

Désignons les indices des lignes verticales choisies d'une certaine manière par $a, b, \ldots, f$, un système de n variables nouvelles par $z_1, z_2, \ldots, z_n$; soient ensuite

$$\begin{aligned} Z &= z_1 + k_1 k_2 z_2 + \ldots + k_1 k_n z_n, \\ I &= k_a k_b \ldots k_f, \end{aligned}$$

enfin $I_1 = I$ ou $I_1 = -I$ selon que l'unité se trouve dans l'ensemble $a, b, \ldots, f$ ou non. Cela étant, la substitution résultante de la combinaison indiquée remplit la condition

$$x_1^2 + x_2^2 + \ldots + x_n^2 = z_1^2 + z_2^2 + \ldots + z_n^2$$

et est représentée par l'équation

$$IAX = ZI_1 A_1.$$

Si nous admettons que dans cette équation le symbole I et pareillement I_1 soient remplacés par l'unité, et en même temps Z par Y, cette équation comprend aussi l'équation antérieurement donnée

$$AX = YA_1,$$

et l'on peut être assuré que l'équation en question représente toutes les substitutions d'un déterminant égal à l'unité positive, par lesquelles une somme de n carrés est transformée en elle-même.

Le dessein de dériver d'une substitution donnée $\alpha_{11}, \alpha_{12}, \ldots, \alpha_{nn}$ des substitutions nouvelles du même genre, sans modifier les valeurs numériques des coefficients, peut être rempli aussi en choisissant un groupe de lignes verticales, indiquées, par exemple, par les indices a, b, c, d, puis un groupe de lignes horizontales, désignées par les indices p, q, et en multipliant par l'unité négative les coefficients du premier groupe, ensuite les coefficients du second; seulement il faut avoir égard à la condition que, pour conserver la valeur $+1$ du déterminant, la somme des deux nombres soit paire. Or on trouve que ce changement est reproduit dans l'équation symbolique

$$\Lambda X = Y\Lambda_1,$$

si l'on remplace l'expression Λ par l'expression

$$k_a k_b k_c k_d \Lambda k_p k_q.$$

En effet, la multiplication de Λ par les signes primitifs $k_a k_b k_c k_d$ à gauche correspond à l'interversion des signes dans les lignes verticales respectives, tandis que la multiplication de Λ par les signes primitifs $k_p k_q$ à droite correspond à l'interversion des signes dans les lignes horizontales respectives. Il semble naturel de concevoir les expressions, qui naissent de la manière exposée, d'une expression complexe Λ, comme un *ensemble de compagnons;* si l'on distingue chaque expression et son produit par l'unité négative, auxquels correspond une seule substitution, le nombre total des compagnons devient égal à 2^{2n-1}.

Attendu que la substitution donnée conduit par la résolution au système d'équations

$$\begin{aligned}
y_1 &= \alpha_{11}x_1 + \alpha_{21}x_2 + \ldots + \alpha_{n1}x_n,\\
y_2 &= \alpha_{12}x_1 + \alpha_{22}x_2 + \ldots + \alpha_{n2}x_n,\\
&\ldots\ldots\ldots\ldots\ldots\ldots\ldots\ldots\ldots,\\
y_n &= \alpha_{1n}x_1 + \alpha_{2n}x_2 + \ldots + \alpha_{nn}x_n,
\end{aligned}$$

il est clair que l'on obtient une substitution nouvelle du même genre en changeant les coefficients des lignes horizontales avec les coefficients des lignes verticales correspondantes. Or le changement correspondant de l'équation symbolique consiste en ce que l'on met à la place de Λ l'*expression conjuguée*

$$\Lambda' = \lambda_0 + k_2 k_1 \lambda_{12} + \ldots + k_4 k_3 k_2 k_1 \lambda_{1234} + \ldots,$$

où l'ordre des signes primitifs affectant chaque produit est interverti.

Entre une expression Λ et l'expression conjuguée Λ' il y a réciprocité. Le produit de Λ et Λ', qui devient égal à la somme déjà mentionnée de 2^{n-1} carrés

$$\lambda_0^2 + \lambda_{12}^2 + \ldots + \lambda_{1234}^2 + \ldots,$$

constitue la notion de la *norme de l'expression* Λ et sera dénoté par le signe

$$N(\Lambda).$$

Tous les compagnons de l'expression Λ, dont il a été question, ont la même norme $N(\Lambda)$. Pour compléter la compagnie, on ajoutera à chaque expression y déjà admise l'expression conjuguée correspondante, dont la norme est aussi la même. C'est par là que le nombre complet des compagnons s'élèvera à 2^{2n}. Mais ici se présente une distinction remarquable entre les expressions complexes $\lambda_0 + \sqrt{-1}\lambda_{12}$ du deuxième ordre et celles d'un ordre supérieur. On sait que dans le premier cas les quantités de la même compagnie sont les suivantes :

$$\begin{array}{rr}
\lambda_0 + \sqrt{-1}\lambda_{12}, & -(\lambda_0 + \sqrt{-1}\lambda_{12}), \\
\sqrt{-1}(\lambda_0 + \sqrt{-1}\lambda_{12}), & -\sqrt{-1}(\lambda_0 + \sqrt{-1}\lambda_{12}), \\
\lambda_0 - \sqrt{-1}\lambda_{12}, & -(\lambda_0 - \sqrt{-1}\lambda_{12}), \\
\sqrt{-1}(\lambda_0 - \sqrt{-1}\lambda_{12}), & -\sqrt{-1}(\lambda_0 - \sqrt{-1}\lambda_{12}),
\end{array}$$

leur nombre total étant huit.

Évidemment l'opération par laquelle Λ' est engendrée par Λ conduit maintenant à des expressions déjà produites par les opérations désignées antérieurement, de sorte que le cas $n = 2$ forme une exception à la loi générale, qui paraît pour la première fois dans le cas de $n = 3$, correspondant aux quaternions.

C'est la notion de la norme d'une expression complexe du $n^{\text{ième}}$ ordre, dont l'étude approfondie met en lumière la nature du déterminant désigné par D. En introduisant n quantités variables réelles, numériquement supérieures à l'unité $s_1, s_2, \ldots, s_n$, formons le déterminant

$$\begin{vmatrix}
\alpha_{11} + s_1 & \alpha_{12} & \ldots & \alpha_{1n} \\
\alpha_{21} & \alpha_{22} + s_2 & \ldots & \alpha_{2n} \\
\ldots & \ldots\ldots & \ldots & \ldots \\
\alpha_{n1} & \alpha_{n2} & \ldots & \alpha_{nn} + s_n
\end{vmatrix}$$

et désignons-le par $D(s_1, s_2, \ldots, s_n)$.

Or on peut démontrer que ce déterminant est égal à une fraction dont le dénominateur est la norme $N(\Lambda)$, et dont le numérateur est le produit tiré du produit

$$(s_1 + 1)(s_2 + 1)\ldots(s_n + 1).$$

et de la norme suivante :

$$\lambda_0^2 + \frac{s_1-1}{s_1+1}\frac{s_2-1}{s_2+1}\lambda_{12}^2 + \ldots + \frac{s_1-1}{s_1+1}\frac{s_2-1}{s_2+1}\frac{s_3-1}{s_3+1}\frac{s_4-1}{s_4+1}\lambda_{1234}^2 + \ldots.$$

Évidemment le déterminant D est actuellement représenté par $D(1, 1, \ldots, 1)$, tandis que l'on arrive aux déterminants, qui naissent de D en altérant les signes d'un nombre pair de lignes verticales de la substitution, en remplaçant les variables s aux indices correspondants par -1, les variables restantes par $+1$. On trouve donc les équations

$$\begin{aligned} N(\Lambda)D(\ \ 1,\ \ 1,\ \ 1,\ \ 1,\ldots,1) &= 2^n\lambda_0^2,\\ N(\Lambda)D(-1,-1,\ \ 1,\ \ 1,\ldots,1) &= 2^n\lambda_{12}^2,\\ N(\Lambda)D(-1,-1,-1,-1,\ldots,1) &= 2^n\lambda_{1234}^2,\\ \ldots\ldots\ldots\ldots\ldots\ldots\ldots\ldots\ldots&\ldots\ldots, \end{aligned}$$

et l'on est conduit à la conclusion que les déterminants correspondants ne peuvent jamais prendre des valeurs négatives, qu'ils sont proportionnels aux carrés des quantités $\lambda_0, \lambda_{12}, \ldots, \lambda_{1234}, \ldots$, et qu'un certain déterminant ne peut s'évanouir que si, en même temps, la quantité correspondante λ s'évanouit également.

Il faut maintenant signaler une distinction importante qui existe entre les cas $n = 2$ et $n = 3$ d'une part, et les cas où $n \overset{=}{>} 4$ de l'autre. Pour $n = 2$ dans l'expression

$$\lambda_0 + \sqrt{-1}\,\lambda_{12},$$

il y a deux quantités réelles indépendantes; pour $n = 3$ dans le quaternion

$$\lambda_0 + i\lambda_{12} + j\lambda_{23} + k\lambda_{31},$$

quatre quantités réelles indépendantes. Par contre, dans l'expression du $n^{\text{ième}}$ ordre

$$I\Lambda = I(\lambda_0 + k_1k_2\lambda_{12} + \ldots + k_1k_2k_3k_4\lambda_{1234} + \ldots),$$

où I désigne ou ± 1, ou k_ak_b, ou $k_ak_bk_ck_d \ldots$, il y a 2^{n-1} éléments réels, qui entrent linéairement, et qui sont exprimés rationnellement par le nombre $\frac{n(n-1)}{2} + 1$ d'éléments réels indépendants λ_0, λ_{ab}, où λ_0 doit être différent de zéro. Pendant que pour $n = 2$ et $n = 3$ les deux nombres 2^{n-1} et $\frac{n(n-1)}{2} + 1$ s'accordent, pour $n \gtreqless 4$ le premier est le plus grand. Cela vu, si l'on forme, à l'aide de 2^{n-1} éléments réels quelconques et des symboles introduits, une expression

$$\Phi = \varphi_0 + k_1 k_2 \varphi_{12} + \ldots + k_1 k_2 k_3 k_4 \varphi_{1234} + \ldots,$$

elle va être nommée une *expression non restreinte complexe du $n^{\text{ième}}$ ordre.*

Par contre, l'expression

$$\mathrm{I}\Lambda$$

sera dite une *expression régulière complexe du $n^{\text{ième}}$ ordre.* Les règles du calcul des expressions non restreintes complexes se trouvent exposées dans le Mémoire de W.-R. Clifford : *Applications of Grassmann's extensive Algebra* (*American Journal of Mathematics,* t. I, p. 350-358, et *Mathematical Papers,* p. 266-276), travail que je ne connaissais pas en publiant ma Note en 1880. Mais dans le Mémoire de Clifford n'entre point la définition des expressions régulières complexes.

Comme la totalité des expressions régulières complexes pour $n \gtreqless 4$ forme une partie des expressions non restreintes, c'est une question capitale de découvrir un ensemble de qualités qui peut servir comme diagnostic des expressions régulières. Afin d'en donner un énoncé, désignons par Φ' l'expression

$$\Phi' = \varphi_0 + k_2 k_1 \varphi_{12} + \ldots + k_4 k_3 k_2 k_1 \varphi_{1234} + \ldots,$$

conjuguée à Φ, où, dans chaque produit, l'ordre des signes primitifs est interverti. Alors on a ce théorème que, si une expression Φ a la propriété d'être une expression régulière, il faut et il suffit que le produit $\Phi'\Phi$ soit égal à une quantité réelle, différente de zéro, et que la combinaison $\Phi' k_a \Phi$, pour chaque indice a, soit égale à une somme où chaque quantité réelle est multipliée par un seul des signes primitifs $k_1, k_2, \ldots, k_n$, les produits des signes primitifs étant exclus. Appuyé sur cette proposition, on peut mettre chaque expression Φ, qui remplit lesdites conditions de la régularité, sous la forme

$$\mathrm{I}\Lambda = \mathrm{I}(\lambda_0 + k_1 k_2 \lambda_{12} + \ldots + k_1 k_2 k_3 k_4 \lambda_{1234} + \ldots),$$

où λ_0 diffère de zéro, et on peut le faire autant de fois qu'il y a, dans l'expression donnée Φ, de coefficients réels qui ne s'évanouissent pas. Conformément à ce que nous avons dit, l'expression

$$X = x_1 + k_1 k_2 x_2 + \ldots + k_1 k_n x_n$$

est toujours régulière, sa norme étant égale à la somme des n carrés

$$x_1^2 + x_2^2 + \ldots + x_n^2.$$

Les propriétés caractéristiques de la régularité permettent aussi de démontrer les deux théorèmes suivants : « Le produit de deux ou plusieurs expressions régulières complexes de l'ordre $n^{\text{ième}}$ est toujours égal à une expression complexe de l'ordre $n^{\text{ième}}$, qui est également régulière » ; puis : « La norme d'un produit d'un nombre quelconque d'expressions régulières complexes, prises dans une certaine succession, est égale au produit des normes des facteurs. »

Or dénotons par Λ une expression quelconque régulière complexe de l'ordre $n^{\text{ième}}$, par M une autre expression régulière; posons

$$Z = z_1 + k_1 k_2 z_2 + \ldots + k_1 k_n z_n,$$

et admettons les deux équations

$$\Lambda X = Y \Lambda_1,$$
$$MY = ZM_1,$$

qui représentent deux substitutions, par lesquelles on a respectivement

$$x_1^2 + x_2^2 + \ldots + x_n^2 = y_1^2 + y_2^2 + \ldots + y_n^2,$$
$$y_1^2 + y_2^2 + \ldots + y_n^2 = z_1^2 + z_2^2 + \ldots + z_n^2;$$

alors la combinaison des deux substitutions conduit à l'équation

$$M \Lambda X = Z M_1 \Lambda_1.$$

Ici, parce que Λ et M sont des expressions régulières, le produit $M\Lambda$ jouit de la même propriété et la norme de celui-ci $N(M\Lambda)$ est égale au produit des deux normes $N(M)$ et $N(\Lambda)$. Les résultats analogues subsistent évidemment pour une combinaison des substitutions, faite dans une certaine suite aussi souvent que l'on veut, de sorte que la combinaison des substitutions est réduite, en général, à la multiplication des expressions régulières complexes.

Quant aux *expressions régulières complexes entières de l'ordre* $n^{\text{ième}}$, dans lesquelles tous les éléments λ_0, λ_{12}, ...,

λ_{1231}, ... sont des nombres entiers, il est clair que leur norme $N(\Lambda)$ s'égale à un nombre entier positif. Jetons un coup d'œil sur celles dont la norme est égale à l'unité ou au nombre 2.

La condition que l'on ait

$$N(\Lambda)=1$$

est satisfaite seulement par les 2^n expressions

$$\pm 1,\ k_a k_b,\ k_a k_b k_c k_d,\ \ldots,$$

qui ont été dénotées auparavant par I, et qui constituent les 2^n *unités du système des expressions complexes de l'ordre n^{ieme}*.

Un intérêt particulier nous semble également attaché aux expressions régulières entières qui suffisent à l'équation

$$N(\Lambda)=2.$$

Toutes ces expressions sont contenues dans la forme

$$I(1+k_p k_q),$$

où p et q dénotent un couple quelconque de nombres différents, de sorte que le nombre total des expressions s'élève à $2^{n-1}n(n-1)$. Maintenant, examinons l'effet de la supposition que, dans l'équation

$$MY = ZM_1,$$

on fasse $M = 1 + k_p k_q$, où p et q soient différents de l'unité. Moyennant cela, le produit $M\Lambda$, qui se réfère à la substitution composée, dont il a été question, deviendra égal au produit $(1+k_p k_q)\Lambda$. La substitution par laquelle les variables $x_1, x_2, \ldots, x_n$ sont liées aux variables $y_1, y_2, \ldots, y_n$ étant désignée comme précédemment, il est visible qu'alors les variables $x_1, x_2, \ldots, x_n$ sont exprimées par les variables $z_1, z_2, \ldots, z_n$ à l'aide des équations

$$\begin{aligned}
x_1 &= \alpha_{11}z_1 + \ldots - \alpha_{1q}z_p + \ldots + \alpha_{1p}z_q + \ldots + \alpha_{1n}z_n,\\
x_2 &= \alpha_{21}z_1 + \ldots - \alpha_{2q}z_p + \ldots + \alpha_{2p}z_q + \ldots + \alpha_{2n}z_n,\\
&\ldots\ldots\ldots\ldots\ldots\ldots\ldots\ldots\ldots\ldots\ldots\ldots\\
x_n &= \alpha_{n1}z_1 + \ldots - \alpha_{nq}z_p + \ldots + \alpha_{np}z_q + \ldots + \alpha_{nn}z_n.
\end{aligned}$$

Ici les coefficients sont dérivés des coefficients de la substitution originale, si l'on prend négatifs les coefficients de la ligne verticale $q^{\text{ième}}$, et qu'on les échange ensuite avec les coefficients de la ligne verticale $p^{\text{ième}}$. On voit donc que la multiplication de l'expression Λ, faite à gauche par l'expression entière $1 + k_p k_q$, a pour effet de changer dans la substitution première, aux signes près, les coefficients des lignes verticales correspondants entre eux. Comme chaque permutation des lignes verticales est réductible à un certain nombre de changements de deux de ces lignes, il suffit d'appliquer à gauche de l'expression Λ comme facteurs successivement les expressions régulières entières correspondantes de la norme deux, pour représenter chaque permutation des lignes verticales de la substitution donnée. Afin de représenter une permutation quelconque des lignes horizontales, on se servira d'une multiplication semblable à droite de l'expression Λ. Tous ces changements de la substitution primitive sont signalés par la propriété caractéristique que nous avons mentionnée au commencement, que les valeurs numériques des coefficients n'en sont affectées en aucune manière.

La théorie générale, développée dans la première Partie du second Mémoire, donne lieu à une application exposée dans la seconde Partie, qui se réfère au problème du tétraèdre du plus grand volume, l'aire des faces étant donnée, et à l'extension de ce problème à une variété d'un ordre quelconque, dû à *C.-W. Borchardt*. Sans entrer dans aucun détail, nous nous bornons à faire remarquer que le rapport qui existe entre le problème en question et la théorie des sommes d'un nombre quelconque de carrés est fondé sur ce fait que la substitution contenue dans l'équation désignée par

$$\Lambda X = Y \Lambda_1,$$

qui satisfait à l'équation

$$x_1^2 + x_2^2 + \ldots + x_n^2 = y_1^2 + y_2^2 + \ldots + y_n^2,$$

a en même temps la propriété de satisfaire à l'équation

$$x_1^2 + x_2^2 + \ldots + x_n^2 - \frac{(\lambda_0 x_1 + \lambda_{21} x_2 + \ldots + \lambda_{n1} x_n)^2}{N(\Lambda)}$$
$$= y_1^2 + y_2^2 + \ldots + y_n^2 - \frac{(\lambda_0 y_1 + \lambda_{12} y_2 + \ldots + \lambda_{1n} y_n)^2}{N(\Lambda)},$$

comme on voit aisément.

En désignant les quantités complexes à deux éléments réels $a + b\sqrt{-1}$ comme quantités simplement complexes, l'étude de la transformation d'une somme de n carrés en elle-même est étendue, dans le troisième Mémoire, au domaine des quantités simplement complexes. Supposons donnée une substitution

$$\begin{aligned}
x_1 &= \alpha_{11}y_1 + \alpha_{12}y_2 + \ldots + \alpha_{1n}y_n,\\
x_2 &= \alpha_{21}y_1 + \alpha_{22}y_2 + \ldots + \alpha_{2n}y_n,\\
&\ldots\ldots\ldots\ldots\ldots\ldots\ldots\ldots,\\
x_n &= \alpha_{n1}y_1 + \alpha_{n2}y_2 + \ldots + \alpha_{nn}y_n,
\end{aligned}$$

où les variables $x_1, x_2, \ldots, x_n$, les variables $y_1, y_2, \ldots, y_n$ et les coefficients $\alpha_{11}, \alpha_{12}, \ldots, \alpha_{nn}$ soient simplement complexes, le déterminant égal à l'unité positive, et qui vérifie l'équation

$$x_1^2 + x_2^2 + \ldots + x_n^2 = y_1^2 + y_2^2 + \ldots + y_n^2.$$

Alors on s'assure, comme on l'a exposé, que l'on peut parvenir toujours à une substitution dans laquelle le déterminant

$$\begin{vmatrix}
\alpha_{11}+1 & \alpha_{12} & \ldots & \alpha_{1n}\\
\alpha_{21} & \alpha_{22}+1 & \ldots & \alpha_{2n}\\
\ldots & \ldots\ldots & \ldots & \ldots\\
\alpha_{n1} & \alpha_{n2} & \ldots & \alpha_{nn}+1
\end{vmatrix},$$

qui sera encore dénoté par D, a une valeur différente de zéro. Par l'introduction d'une quantité simplement complexe quelconque, différente de zéro, λ_0, et des éléments λ_{ab}, définis par des expressions parfaitement analogues à celles que nous avons mentionnées, on arrive au système d'équations

$$\begin{aligned}
\lambda_0 x_1 + \lambda_{21}x_2 + \ldots + \lambda_{n1}x_n &= \lambda_0 y_1 + \lambda_{12}y_2 + \ldots + \lambda_{1n}y_n,\\
\lambda_{12}x_1 + \lambda_0 x_2 + \ldots + \lambda_{n2}x_n &= \lambda_{21}y_1 + \lambda_0 y_2 + \ldots + \lambda_{2n}y_n,\\
&\ldots\ldots\ldots\ldots\ldots\ldots\ldots\ldots,\\
\lambda_{1n}x_1 + \lambda_{2n}x_2 + \ldots + \lambda_0 x_n &= \lambda_{n1}y_1 + \lambda_{n2}y_2 + \ldots + \lambda_0 y_n.
\end{aligned}$$

Le déterminant du système de fonctions linéaires à gauche et à droite est également le produit de la puissance λ_0^{n-2} et d'une somme de 2^{n-1} carrés, que nous désignerons comme auparavant par

$$\lambda_0^2 + \lambda_{12}^2 + \ldots + \lambda_{1234}^2 + \ldots.$$

C'est dans ce moment que se manifeste d'une manière frappante la différence décisive qui existe entre le domaine des quantités réelles et celui des quantités simplement complexes. Dans le premier domaine ladite somme de 2^{n-1} carrés ne peut jamais s'évanouir, vu que la base λ_0 du premier carré est supposée différente de zéro.

Dans le domaine des quantités simplement complexes, il peut très bien arriver qu'une somme de carrés s'évanouisse sans que les bases de tous les carrés deviennent égales à zéro. Mais, dans le cas actuel, il y a une circonstance à laquelle il faut avoir égard. La somme de 2^{n-1} carrés en question a la propriété d'être égale à une fraction dont le numérateur a pour valeur $2^n\lambda_0^2$, le dénominateur étant le déterminant D, différent de zéro. C'est donc pour cette raison particulière que la somme de 2^{n-1} carrés ne peut pas devenir égale à zéro.

Ayant dénoté par h le symbole $\sqrt{-1}$, qui entre dans les quantités simplement complexes employées jusqu'à présent, nous allons opérer sur le dernier système d'équations à l'aide de symboles, indépendants de h, qui seront dénotés comme auparavant et pour lesquels sont applicables les mêmes règles de calcul. Au cas de $n = 2$ le système de deux équations

$$\lambda_0 x_1 + \lambda_{21} x_2 = \lambda_0 y_1 + \lambda_{12} y_2,$$
$$\lambda_{12} x_1 + \lambda_0 x_2 = \lambda_{21} y_1 + \lambda_0 y_2$$

est réuni à l'égalité

$$(\lambda_0 + i_{12}\lambda_{12})(x_1 + i_{12}x_2) = (y_1 + i_{12}y_2)(\lambda_0 - i_{12}\lambda_{12}),$$

où le symbole i_{12} satisfait à la condition

$$i_{12}^2 = -1.$$

Si nous exprimons λ_0 et λ_{12} par leurs parties réelles a_{00}, a_{10}, a_{01}, a_{11}

$$\lambda_0 = a_{00} + ha_{10}, \qquad \lambda_{12} = a_{01} + ha_{11},$$

nous avons dans l'équation présente l'*expression bicomplexe de l'ordre deuxième*

$$\lambda_0 + i_{12}\lambda_{12} = a_{00} + ha_{10} + i_{12}(a_{01} + ha_{11}),$$

qui jouit de la propriété que le résultat de la multiplication de deux ou plusieurs telles expressions est indépendant de chaque permutation ou de chaque recueillement des facteurs. La *norme de l'expression* $\lambda_0 + i_{12}\lambda_{12}$ sera définie par l'équation

$$N(\lambda_0 + i_{12}\lambda_{12}) = \lambda_0^2 + \lambda_{12}^2,$$

et c'est cette norme, dont nous avons signalé la propriété de ne pas s'évanouir dans l'équation correspondant à la transformation donnée d'une somme de deux carrés en elle-même.

Au contraire, comme il est bien facile de faire en sorte que pour une expression $\lambda_0 + i_{12}\lambda_{12}$ la norme devienne égale à zéro, sans que λ_0 s'évanouisse, formons avec une expression de ladite qualité le système de deux équations

$$\begin{aligned} \lambda_0 x_1 + \lambda_{21} x_2 &= \lambda_0 y_1 + \lambda_{12} y_2, \\ \lambda_{21} x_1 + \lambda_0 x_2 &= \lambda_{21} y_1 + \lambda_0 y_2, \end{aligned}$$

et suivons-en les conséquences. Évidemment on peut lui donner la forme suivante

$$\begin{aligned} \lambda_0 x_1 - h\lambda_{21} y_2 &= \lambda_0 y_1 - h\lambda_{12} h x_2, \\ - h\lambda_{12} x_1 + \lambda_0 h y_2 &= - h\lambda_{21} y_1 + \lambda_0 h x_2, \end{aligned}$$

laquelle conduit, par l'application du symbole i_{12}, à l'équation

$$(\lambda_0 - i_{12} h\lambda_{12})(x_1 + i_{12} h y_2) = (y_1 + i_{12} h x_2)(\lambda_0 + i_{12} h\lambda_{12}).$$

Présentement la norme

$$N(\lambda_0 - i_{12} h\lambda_{12}) = \lambda_0^2 - \lambda_{12}^2$$

est nécessairement différente de zéro. L'équation trouvée a donc pour effet d'exprimer les variables x_1 et hy_2 comme de telles fonctions linéaires des variables $y_1 + h x_2$, que l'équation

$$x_1^2 + (hy_2)^2 = y_1^2 + (hx_2)^2$$

soit satisfaite. Il est donc démontré que l'expression bicomplexe $\lambda_0 + i_{12}\lambda_{12}$, dont la norme est égale à zéro, correspond à la transformation indiquée d'une différence de deux carrés en elle-même. En effet, l'équation de transformation dont il s'agit provient de l'équation

$$x_1^2 + x_2^2 = y_1^2 + y_2^2,$$

en faisant la transposition suivante de carrés multipliés par l'unité négative

$$x_1^2 - y_2^2 = y_1^2 - x_2^2.$$

L'expression introduite

$$\lambda_0 + i_{12}\lambda_{12} = a_{00} + ha_{10} + i_{12}a_{01} + i_{12}ha_{11}$$

peut être envisagée comme une quantité complexe formée de quatre éléments réels indépendants à l'aide de quatre unités 1, h, i_{12}, hi_{12}; cette quantité complexe étant du genre de celles pour lesquelles les règles de l'addition, soustraction, multiplication coïncident avec les règles applicables pour le domaine des quantités réelles. Les quantités complexes pareilles, formées de n éléments réels à l'aide de n unités, sont mentionnées dans le Mémoire de M. Frobenius : *Ueber lineäre Substitutionen und bilineäre Formen* (*Journal f. Mathematik*, t. **84**, p. 59); elles sont traitées amplement dans une Communication de M. Weierstrass, adressée à M. Schwarz : *Zur Theorie der aus n Haupteinheiten gebildeten complexen Grössen* et dans une Communication de M. Dedekind, ayant le même titre (*Nachrichten d. k. Ges. d. Wiss. zu Göttingen*, 12 novembre 1884 et 23 mars 1885). Pour comparer les représentations différentes des quantités complexes à quatre éléments réels indépendants, cherchons l'expression explicite des quantités $\lambda_0 + i_{12}\lambda_{12}$ dont la somme s'évanouit sans que λ_0 s'annule. Pour qu'il en soit ainsi, λ_{12} doit être égal à $h\lambda_0$ ou à $-h\lambda_0$; en conséquence,

$$a_{00} = a_{11}, \qquad a_{10} = -a_{01},$$

ou

$$a_{00} = -a_{11}, \qquad a_{10} = a_{01}.$$

La quantité respective $\lambda_0 + i_{12}\lambda_{12}$ devient donc égale à l'une des deux expressions

$$a_{00}(1 + hi_{12}) + a_{10}(h - i_{12}),$$

ou

$$a_{00}(1 - hi_{12}) + a_{10}(h + i_{12}).$$

Une quantité complexe, dont les éléments réels ne sont pas tous égaux à zéro, mais qui est telle que le produit de cette quantité par une autre quantité pareille s'évanouit identiquement, est nommée par M. Weierstrass un *diviseur de zéro*. En conséquence, une quantité complexe $\lambda_0 + i_{12}\lambda_{12}$, dont la norme s'évanouit, tandis que λ_0 n'est pas nul, est un *diviseur de zéro*. Chaque quantité complexe $\lambda_0 + i_{12}\lambda_{12}$ peut être mise, à l'aide des expressions précédemment obtenues, sous la forme

$$\begin{aligned}\lambda_0 + i_{12}\lambda_{12} = (a_{00} + a_{11})\frac{1 + hi_{12}}{2} + (a_{10} - a_{01})\frac{h - i_{12}}{2}, \\ + (a_{00} - a_{11})\frac{1 - hi_{12}}{2} + (a_{10} + a_{01})\frac{h + i_{12}}{2},\end{aligned}$$

qui coïncide avec la forme générale proposée par M. Weierstrass, si l'on remplace les quatre unités fondamentales simplifiées [1] par les combinaisons

$$e_1 = \frac{1 + hi_{12}}{2}, \qquad e_2 = \frac{h - i_{12}}{2},$$

$$e_3 = \frac{1 - hi_{12}}{2}, \qquad e_4 = \frac{h + i_{12}}{2},$$

ces quatre expressions ne contenant que les trois unités indépendantes 1, h, i_{12}.

Dans les cas où $n \geqq 3$, c'est par les procédés exposés que l'on ajoute aux n équations indiquées $2^{n-1} - n$ équations qui en sont déduites, et que l'on réunit le système complet au moyen de l'équation symbolique

$$\mathrm{A}\mathrm{X} = \mathrm{Y}\mathrm{A}_1,$$

où toutes les définitions sont conservées et où

$$\mathrm{A} = \lambda_0 + k_1 k_2 \lambda_{12} + \ldots + k_1 k_2 k_3 k_4 \lambda_{1234} + \ldots$$

est dite une *expression bicomplexe de l'ordre* $n^{\text{ième}}$. Le produit de A par l'expression conjuguée

$$\mathrm{A}' = \lambda_0 + k_2 k_1 \lambda_{12} + \ldots + k_4 k_3 k_2 k_1 \lambda_{1234} + \ldots$$

---

[1] Peut-être il ne sera pas inutile de rappeler l'attention au fait, que ces unités fondamentales simplifiées dans le Mémoire de M. Weierstrass sont désignées respectivement par $g^{(\mu)}$ et $k^{(\mu)}$, et que pour elles les règles des opérations sont contenues dans les règles des opérations pour les composants et dans les deux équations marquées (20) et (24).

Dans le troisième Mémoire de mon Traité, art. 1, formule (25), il faut lire

$$e_1 + e_2 = 1$$

art. 2, formule (10) pareillement, $e_1 + e_2 + \ldots + e_{q-1} = 1$.

donne la norme

$$N(A) = \lambda_0^2 + \lambda_{12}^2 + \ldots + \lambda_{1234}^2 + \ldots,$$

qui est égale à une quantité simplement complexe, et qui sous la supposition actuelle ne peut pas s'évanouir, comme nous l'avons mentionné auparavant.

Pareillement, on conclut que toutes les substitutions du déterminant 1 qui satisfont à l'équation

$$x_1^2 + x_2^2 + \ldots + x_n^2 = z_1^2 + z_2^2 + \ldots + z_n^2$$

sont exprimées par l'équation symbolique

$$JAX = ZJ_1A_1.$$

Si l'on a $n = 3$, l'expression bicomplexe JA coïncide avec le *biquaternion* dont la définition est introduite par Hamilton dans les *Lectures on Quaternions*, p. 639. Pour $n \gtreqless 4$, il faut distinguer d'un côté *les expressions bicomplexes de l'ordre* $n^{\text{ième}}$

$$\Phi = \varphi_0 + k_1 k_2 \varphi_{12} + \ldots + k_1 k_2 k_3 k_4 \varphi_{1234} + \ldots,$$

où les éléments simplement complexes φ_0, φ_{12}, ... ne sont assujettis à aucune condition, et de l'autre *les expressions régulières bicomplexes de l'ordre* $n^{\text{ième}}$, qui sont réductibles à la forme

$$JA.$$

Les expressions régulières bicomplexes sont signalées par des propriétés caractéristiques tout à fait analogues à celles des expressions régulières complexes, et la combinaison des substitutions par lesquelles une somme de n carrés est transformée en elle-même est représentée pareillement par la multiplication des expressions régulières bicomplexes.

Nous avons vu que, sous les suppositions admises dans les recherches que nous venons d'exposer, il ne peut pas arriver que, dans le système d'équations

$$\begin{array}{l}
\lambda_0 x_1 + \lambda_{21} x_2 + \ldots + \lambda_{n1} x_n = \lambda_0 y_1 + \lambda_{12} y_2 + \ldots + \lambda_{1n} y_n, \\
\lambda_{12} x_1 + \lambda_0 x_2 + \ldots + \lambda_{n2} x_n = \lambda_{21} y_1 + \lambda_0 y_2 + \ldots + \lambda_{2n} y_n, \\
\ldots\ldots\ldots\ldots\ldots\ldots\ldots\ldots\ldots\ldots\ldots\ldots\ldots\ldots, \\
\lambda_{1n} x_1 + \lambda_{2n} x_2 + \ldots + \lambda_0 x_n = \lambda_{n1} y_1 + \lambda_{n2} y_2 + \ldots + \lambda_0 y_n,
\end{array}$$

le déterminant correspondant des deux côtés que nous désignons par

$$\lambda_0^{n-2} N(A) = \lambda_0^{n-2}(\lambda_0^2 + \lambda_{12}^2 - \ldots - \lambda_{1234}^2 - \ldots)$$

s'évanouisse. Par contre, supposons les éléments λ_0 et λ_{ab} choisis ainsi, que λ_0 soit différent de zéro, mais $N(A) = 0$.

Cela étant, il est toujours possible de distribuer les nombres 2, 3, ..., n en deux groupes qui soient dénotés respectivement par $a_1, b_1, \ldots, d_1$ et $a, b, \ldots, l$ dans le but suivant. Le système donné d'équations est mis sous une forme telle que l'on a à gauche les quantités variables

$$x_1, \quad x_{a_1}, \quad x_{b_1}, \quad \ldots, \quad x_{d_1}; \quad -hy_a, \quad -hy_b, \quad \ldots, \quad -hy_l,$$

à droite les quantités variables

$$y_1, \quad y_{a_1}, \quad y_{b_1}, \quad \ldots, \quad y_{d_1}; \quad -hx_a, \quad -hx_b, \quad \ldots, \quad -hx_l,$$

et que pour ce nouveau système le déterminant des fonctions à gauche et à droite aura la même valeur, qui différera nécessairement de zéro. Ledit système représente une substitution où le premier système de variables est exprimé par le second, et qui satisfait à l'équation de transformation

$$\begin{aligned} & x_1^2 + x_{a_1}^2 + \ldots + x_{d_1}^2 + (hy_a)^2 + \ldots + (hy_l)^2 \\ = & y_1^2 + y_{a_1}^2 + \ldots + y_{d_1}^2 + (hx_a)^2 + \ldots + (hx_l)^2. \end{aligned}$$

D'ailleurs cette équation se change dans la relation

$$x_1^2 + x_2^2 + \ldots + x_n^2 = y_1^2 + y_2^2 + \ldots + y_n^2$$

en transposant les carrés correspondants, multipliés par l'unité négative, au côté opposé.

Enfin nous nous permettons de faire remarquer que la méthode exposée de la transformation d'une somme de n carrés en elle-même est également applicable à la transformation d'une forme quadratique de n variables en elle-même, dans le domaine des quantités simplement complexes, et que dans le domaine des quantités réelles la méthode n'est pas seulement appropriée aux *formes quadratiques essentiellement positives,* mais aussi aux *formes quadratiques indéfinies,* qui, si on les change dans une somme de carrés, contiennent une partie de carrés, multipliés par l'unité positive, les carrés restant multipliés par l'unité négative, et où le nombre des deux parties est indépendant de la substitution choisie selon la loi d'inertie des formes quadratiques.

MÉLANGES.

LA CONSTITUTION DES ÉLÉMENTS;

Par M. Paul TANNERY.

1. Dès le milieu du ve siècle avant J.-C., ai-je dit, il a dû exister un Traité de Géométrie portant le nom de Pythagore et présentant déjà le même cadre que les *Éléments* d'Euclide. Quels progrès successifs ont amené cette première ébauche, sans doute bien imparfaite encore, à la forme classique qui devait s'imposer à l'enseignement? Voilà ce qu'il serait intéressant de connaître.

Proclus, dans son résumé historique, nous a conservé les noms de trois ou quatre auteurs d'*Éléments* antérieurs à Euclide: Hippocrate de Chios, Léon, Theudios de Magnésie, Hermotime de Colophon (¹). Mais ces noms nous sont inconnus, sauf le premier, et les renseignements que nous possédons sur Hippocrate sont relatifs à des travaux en dehors du cadre d'Euclide; il nous faut donc chercher ailleurs.

Il est à remarquer que Proclus, quand il parle, soit des travaux d'Hermotime, soit de ceux d'Euclide, indique chaque fois, comme précurseurs, deux géomètres qu'il ne cite pas comme auteurs d'*Éléments,* mais sur les travaux desquels il a spécialement attiré l'attention. Il semble donc que ces deux géomètres, Eudoxe et Théétète, soient en réalité ceux qui aient joué le rôle le plus important dans le développement de la Géométrie, de Pythagore à Euclide.

Est-il permis de préciser ce rôle pour chacun d'eux, de déterminer les théories spéciales qui leur sont dues?

(¹) Il n'est pas très clair que ce dernier ait effectivement composé des *Éléments.*

2. Sur la part d'Eudoxe dans la constitution des *Éléments,* nous possédons deux données positives, d'une importance capitale, et qui suffiraient, sans ses autres travaux, trop souvent dépréciés par l'ignorance, pour assurer au Cnidien un rang parmi les premiers génies de l'antiquité.

Un scholie anonyme sur Euclide (peut-être provenant de Proclus) ([1]) dit que le Livre V d'Euclide, lequel contient la théorie des proportions, conçue généralement et comme applicable à l'Arithmétique et à la Musique aussi bien qu'à la Géométrie ([2]), est une invention d'Eudoxe.

Archimède (Préface *Sur la sphère et le cylindre*) lui attribue expressément la mesure de la pyramide et du cône, c'est-à-dire, en somme, ce que le Livre XII contient de véritablement capital. Il nous dit ailleurs (Préface de la *Quadrature de la parabole*) que les deux théorèmes sur ces mesures, ainsi que ceux qui concernent la proportionnalité des aires de deux cercles aux carrés de leurs rayons et des volumes de deux sphères aux cubes de leurs rayons, ont été démontrés à l'aide d'un *lemme* semblable à celui dont il se sert lui-même ([3]).

Or ce lemme se retrouve, sous une forme différente il est vrai, mais qui ne l'altère pas, dans la déf. 4 du Livre V d'Euclide, c'est-à-dire celui dont le fond est attribué à Eudoxe par le scholiaste anonyme ([4]). Quoique le théorème sur la proportionnalité des aires de deux cercles fût déjà connu d'Hippocrate, on peut donc considérer Eudoxe comme le véritable auteur du principe qui, pendant toute l'antiquité, a tenu le rôle que joue aujourd'hui le principe des limites; car, s'il ne l'a peut-être pas formulé le premier, il a su, avant tout autre, montrer la fécondité de ses applications; il a été ainsi le véritable précurseur d'Archimède pour les quadratures et les cubatures.

([1]) Knoche, *Untersuchungen über die neu aufgefundenen Scholien des Proklus zu Euclid's Elementen*, Herford, 1865.

([2]) C'est sans doute par là qu'il faut expliquer l'expression de théorèmes généraux (καθόλου) attribués à Eudoxe dans le résumé de Proclus.

([3]) Sous une forme un peu modernisée. « Si deux quantités (lignes, surfaces ou volumes) sont inégales, leur différence, ajoutée à elle-même un nombre de fois suffisant, finira par dépasser toute quantité donnée de même ordre. »

([4]) Il va sans dire qu'Euclide se sert de cette définition pour la démonstration des théorèmes dont il s'agit.

3. Le premier témoignage que nous avons cité exige peut-être certaines explications.

La différence la plus saillante que présente la Géométrie plane d'Euclide (ses six premiers Livres) avec les Traités élémentaires modernes consiste en ce que les Grecs introduisaient aussi tard que possible la notion de similitude. En fait, elle n'apparaît qu'au Livre VI; les triangles, les parallélogrammes, le cercle, les polygones réguliers ont déjà été étudiés dans toutes leurs propriétés essentielles; il ne s'agit plus que de traiter à part ce qui concerne les figures semblables, sans se servir d'aucune de leurs propriétés pour démontrer des théorèmes dont l'énoncé ne les suppose pas.

Euclide emploie d'ailleurs, dès son premier Livre, pour ses constructions et pour ses démonstrations, un artifice spécial qui supplée souvent pour lui la théorie de la similitude. Si, par un point quelconque d'une diagonale d'un parallélogramme, on mène des parallèles aux côtés, on divisera le parallélogramme en quatre autres, deux *péridiamétraux* (traversés par la diagonale) semblables entre eux, et deux *paraplérômes* (compléments) équivalents entre eux, et dont les côtés sont par conséquent réciproques. Cette équivalence se démontre directement de la façon la plus simple, et Euclide a dès lors le moyen, par exemple, de construire, sans employer le mot, une quatrième proportionnelle, comme second côté d'un *paraplérôme* dont le premier côté est connu avec le *paraplérôme* correspondant. Il suffit d'achever la figure parallélogrammique.

Or il est difficile de croire que cette singularité historique corresponde réellement à la marche du développement de la Géométrie. Comme je l'ai déjà remarqué, le principe de similitude est supposé par les arts du dessin, dès leurs premières tentatives; sa connaissance est bien constatée chez les Égyptiens et l'on peut d'autant moins refuser à Pythagore d'en avoir eu pleine conscience, que la tradition la plus constante lui attribue l'emploi de la proportion géométrique. On est donc amené à penser que la Géométrie de Pythagore ne procédait nullement comme celle d'Euclide, qu'elle suivait plutôt une marche bien plus voisine de celle de nos Traités élémentaires.

Mais, à l'origine, on fondait la corrélation entre la Géométrie et l'Arithmétique sur la proportion géométrique dans l'hypothèse de la commensurabilité de toutes les grandeurs, hypothèse certainement aussi naturelle qu'elle est fausse, et qui, à l'époque où Platon écrivait les *Lois,* était encore très répandue. La découverte de l'incommensurabilité par Pythagore dut donc causer, en Géométrie, un véritable scandale logique, et, pour y échapper, on dut tendre à restreindre autant que possible l'emploi du principe de similitude, en attendant qu'on fût arrivé à l'établir sur une théorie de la proportionnalité indépendante de l'hypothèse de la commensurabilité.

C'est à Eudoxe qu'appartient la gloire d'avoir créé cette théorie, puisque c'est là l'objet du Livre V des *Éléments;* la rigueur en est incontestable, et, si l'embarras de la forme géométrique a été un motif pour l'abandonner, il serait facile de l'en dégager, et elle soutiendrait alors sans aucun désavantage la comparaison avec les expositions modernes, si souvent défectueuses ([1]).

4. Il semble donc que, entre Pythagore et Euclide, la Géométrie plane ait subi dans son ensemble un remaniement profond, dont le moment décisif aura été le travail d'Eudoxe sur les proportions. Ce travail, en réalité, n'appartient pas à la Géométrie proprement dite, et, en bonne logique, il eût convenu de le placer en tête des *Éléments;* mais, pour être adopté, cet ordre était trop en désaccord avec la tradition et avec la gradation des difficultés. Euclide fut donc conduit à procéder suivant une tout autre marche.

Les circonstances que je viens d'essayer de retracer ont eu une conséquence spéciale sur laquelle je crois utile d'appeler l'attention.

Le principe de similitude se démontre en employant le postulatum des parallèles; mais, inversement, en formulant le principe sous une forme suffisamment simple et en l'admettant *a priori,* on pourrait s'en servir pour démontrer le postulatum des parallèles. La formule choisie peut enfin être assez claire pour lutter d'évidence intuitive avec le postulatum ([2]), et si on les proposait

---

([1]) Duhamel (*Éléments de Calcul infinitésimal*, t. I, p. 1-6, etc.) a suffisamment traité cette question pour que je n'insiste pas.

([2]) Par exemple, le rapport entre l'hypoténuse d'un triangle rectangle et un côté de l'angle droit est constant, si l'angle compris reste le même.

à quelque ouvrier, ignorant en Géométrie mais familier avec les pratiques de son art, il y aurait souvent chance pour qu'il prononçât en faveur du principe de similitude.

Il ne faut pas évidemment se représenter la Géométrie de Pythagore comme arrivée au degré de perfection qui date d'Euclide. La forme des démonstrations devait être, en général, aussi rigoureuse, mais le nombre des vérités admises comme primordiales était, sans doute, beaucoup plus considérable, et, si l'on met à part les travaux originaux d'Eudoxe et de Théétète, le progrès dut consister, en ce qui concerne le domaine des *Éléments,* beaucoup moins dans la découverte de propriétés nouvelles que dans la réduction des axiomes. Or il me semble hors de doute que du moment où l'abstraction géométrique commença, elle dut admettre sur le même pied, sous une forme ou sous une autre, d'une part, le principe de similitude, dérivé des arts du dessin, de l'autre, le postulatum des parallèles, qui, peut-être, provient plutôt de l'arpentage. Si, plus tard, l'un des deux principes passa au second plan, ce ne fut pas pour quelque raison *a priori,* qui n'existe pas, mais bien parce que la similitude fut reconnue dépendre d'une théorie générale, laquelle n'était point suffisamment élucidée. Ainsi l'ordre que nous continuons à suivre à cet égard n'a qu'une valeur simplement historique.

5. J'ai déjà eu l'occasion d'indiquer, à propos d'un passage du résumé historique de Proclus ([1]), comment Bretschneider avait été amené à voir, dans les démonstrations analytiques adjointes aux premières propositions du Livre XIII des *Eléments,* le débris d'un travail d'Eudoxe; il a semblé, d'après cela, que le Cnidien avait également apporté une contribution importante à la théorie des polyèdres réguliers, objet de ce Livre, théorie, nous le savons, déjà ébauchée par Pythagore.

Mais cette conclusion tombe, si, comme j'ai essayé de le montrer, l'interprétation de Bretschneider est inexacte. Tout au contraire, le témoignage de Suidas peut être invoqué pour affirmer que c'est à Théétète, non à Eudoxe, qu'a été emprunté comme fond le Livre XIII d'Euclide ([2]).

([1]) Voir *Bulletin,* 1886, p. 59.

([2]) « Théétète, d'Athènes, astrologue, philosophe, disciple de Socrate, enseigna

Si l'autorité de Suidas est souvent sans valeur, sa donnée peut recevoir une confirmation sérieuse d'après la nature d'un travail qu'on est unanime pour attribuer à Théétète.

Dans le dialogue auquel Platon a donné le nom de son condisciple se trouve un précieux document : Théodore de Cyrène, leur maître commun en Géométrie, avait composé un Ouvrage sur les lignes pouvant une surface [1] (côtés des carrés ayant cette surface) comme de trois pieds, de cinq pieds, pour montrer qu'elles sont incommensurables en longueur à la ligne d'un pied, et il avait ainsi examiné successivement toutes ces lignes jusqu'à celle pouvant 17 pieds.

Théétète, encore tout jeune, est représenté par Platon comme s'élevant au concept général de la ligne racine carrée incommensurable d'une aire rationnelle, ligne qu'il appelle δυναμένη (ῥητὴ δυνάμει μόνον σύμμετρος d'Euclide = rationnelle commensurable en puissance seulement), tandis qu'il appelle μῆκος (longueur) la racine carrée commensurable (ῥητὴ μήκει σύμμετρος d'Euclide = rationnelle commensurable en longueur).

On a vu là un motif suffisant pour regarder Théétète comme le fondateur de la théorie des incommensables, telle qu'elle est exposée dans le Livre X d'Euclide, avec une terminologie, toutefois, quelque peu modifiée, ainsi qu'on vient de le voir. En y joignant le Livre XIII, on a de la sorte un ensemble de travaux qui peuvent n'avoir point l'importance de ceux d'Eudoxe, mais suffisent pour placer Théétète au rang que lui assigne le résumé historique de Proclus.

6. Il convient de faire ressortir la liaison singulière qui existe entre les deux Livres précités d'Euclide, liaison qui fournit la confirmation dont peut avoir besoin la donnée de Suidas.

L'objet du Livre XIII semble moins, en fait, être la construction

---

à Héraclée. Il écrivit le premier « les cinq solides » comme on les appelle. Il vivait après la guerre du Péloponnèse.

» Théétète, d'Héraclée du Pont, philosophe, disciple de Platon. »

Il est probable que les deux Notices se rapportent au même personnage.

[1] Je considère le texte actuel de Platon comme corrompu par la substitution du mot δύναμις (puissance) au mot technique δυναμένη (pouvant). *Voir* mon article : *La langue mathématique de Platon*, dans les *Annales de la Faculté des Lettres de Bordeaux* (fasc. 3, p. 95; 1884).

des polyèdres réguliers et leur inscription dans la sphère (problèmes dont on peut très bien attribuer la solution à Pythagore), que la détermination des rapports qu'ont entre eux et avec le rayon de la sphère les côtés des cinq polyèdres. Cette question avait dû se poser déjà pour Pythagore, mais il n'avait évidemment pu la mener à bout; car, s'il découvrit l'incommensurabilité de lignes fournies par les constructions géométriques, ses travaux ne paraissent pas avoir été bien loin dans cette voie. En tout cas, l'Ouvrage publié par ses disciples ne devait renfermer, sur cette question, que la démonstration de l'incommensurabilité de la diagonale au côté du carré ([1]), puisque Théodore de Cyrène reprit la question à $\sqrt{3}$ ([2]).

Pour arriver au but dont il s'agissait, nous employons des notations algébriques; les Grecs imaginèrent de classer les irrationnelles fournies par les constructions géométriques, et le Livre X nous fournit ce classement, avec les propriétés, non seulement pour l'équation du second degré et pour l'équation bicarrée à coefficients rationnels, mais même en partie pour l'équation tricarrée.

Le Livre XIII s'appuie immédiatement sur ce classement; ainsi telle ligne que nous déterminons comme différence de deux radicaux est déterminée en tant qu'*apotome;* telle autre, de la forme $\sqrt{p+\sqrt{p^2-q}}$, est suffisamment désignée comme *majeure* (μείζων). Si l'on observe, d'autre part, que ce Livre contient plusieurs théorèmes qu'Euclide aurait certainement mieux placés dans le quatrième, où il traite des polygones réguliers, on est facilement induit à penser que l'on se trouve, pour le Livre XIII, en présence d'un ensemble introduit dans les *Éléments* avec très peu de modifications. Dès lors, les théories du Livre X, qui y sont employées, apparaissent comme provenant sans doute du même auteur, c'est-à-dire de Théétète, conformément aux données émanant de Platon et de Suidas.

([1]) Démonstration qui, au témoignage d'Aristote, se faisait par l'absurde, en prouvant qu'un nombre devrait être à la fois pair et impair. Ce semble donc être celle qu'on trouve précisément à la fin du Livre X d'Euclide.

([2]) Je crois inutile d'insister sur la difficulté que semblent avoir éprouvée les premiers géomètres à s'élever aux généralisations les plus simples, difficultés dont le témoignage de Platon nous fournit un exemple si curieux; on en a déjà vu un autre (Geminus dans Eutocius sur Apollonius, p. 9) à propos du théorème sur la somme des trois angles d'un triangle.

Il est à peine utile de faire remarquer qu'on ne peut nullement conclure de là que le Livre X tout entier soit dû à Théétète; tout au contraire, il est assez probable que la plus grande partie de la nomenclature, que ne suppose pas le Livre XIII, est postérieure, et l'état d'imperfection sensible où Euclide laisse cette théorie peut même indiquer que, avant lui, elle n'avait guère été travaillée depuis son fondateur (1).

7. Ainsi nous avons pu, avec une probabilité plus ou moins grande, reconstituer le rôle des deux géomètres qui nous sont indiqués comme ayant exercé la plus grande influence sur la doctrine des *Éléments*.

Il nous reste, pour contrôler le résultat de nos recherches, à passer rapidement en revue les données précises que nous possédons sur les travaux géométriques des pythagoriciens, et à examiner si, entre les théories dont il convient de leur supposer la connaissance et celles que nous avons attribuées à Eudoxe et à Théétète, ne se trouverait pas quelque lacune importante; dans ce cas, nous ne saurions guère qui l'aurait comblée.

Je relève exclusivement ce qui concerne la Géométrie, en suivant, d'ailleurs, l'ordre théorique.

a. (*Proclus*, p. 379). — « Eudème, le péripatéticien, fait remonter aux pythagoriciens l'invention de ce théorème (*Euclide*, I, 32) que, dans tout triangle, la somme des angles intérieurs est égale à deux droits. Il dit qu'ils le démontrent comme suit :

» Soit le triangle ABC; menez, par A, DE parallèle à BC. Puisque BC, DE sont parallèles et que les angles alternes-internes (ἐναλλάξ) sont égaux, on a

$$\widehat{DAB} = \widehat{ABC} \quad \text{et} \quad \widehat{EAC} = \widehat{ACB}.$$

Ajoutez de part et d'autre $\widehat{BAC}$. On aura donc

$$\widehat{DAB} + \widehat{BAC} + \widehat{CAE},$$

(1) La théorie des irrationnelles exige des notions sur les nombres; sont-ce les travaux de Théétète qui ont déterminé l'introduction dans les *Éléments* des Livres arithmétiques (VII à IX) au rang singulier qu'ils occupent? A-t-il lui-même travaillé sur ce sujet? Ces questions, actuellement, me paraissent insolubles.

c'est-à-dire

$$\widehat{DAB} + \widehat{BAE},$$

c'est-à-dire deux droits = la somme des trois angles du triangle ABC. La somme des trois angles d'un triangle est donc égale à deux droits. Telle est la démonstration des pythagoriciens. »

b. (*Proclus,* p. 304-305). — « Ainsi, six triangles équilatéraux, assemblés par le sommet, remplissent exactement les quatre angles droits; de même trois hexagones et quatre carrés. Tout autre polygone quelconque dont on multipliera l'angle donnera plus ou moins que quatre droits; cette somme n'est donnée exactement que par les seuls polygones précités, assemblés suivant les nombres donnés. C'est là un théorème pythagoricien. »

c. (*Proclus,* p. 426, sur Euclide, I, 47 : théorème du carré de l'hypoténuse). — « Si l'on écoute ceux qui veulent raconter l'histoire des anciens temps, on peut en trouver qui attribuent ce théorème à Pythagore et lui font sacrifier un bœuf après sa découverte. »

d. (*Proclus,* p. 419, sur Euclide, I, 43). — « Ce sont, nous dit-on d'après Eudème (οἱ περὶ τὸν Εὔδημον), d'anciennes découvertes dues à la muse des Pythagoriciens, que la *parabole* des aires, leur *hyperbole* ou leur *ellipse* (¹). C'est de là que, plus tard, on prit ces noms pour les transporter aux coniques, qu'on appela : l'une, *parabole* (comparaison), l'autre, *hyperbole* (excès), la troisième, *ellipse* (défaut); tandis que, pour ces hommes anciens et divins, c'était dans la construction plane des aires sur une droite déterminée qu'apparaissait la signification de ces termes. Si vous prenez la droite tout entière et que vous y terminiez l'aire donnée, on dit que vous faites la *parabole* de cette aire; si vous lui donnez une longueur qui dépasse la droite, c'est l'*hyperbole;* si une longueur inférieure, c'est l'*ellipse,* une partie de la droite restant alors en dehors de l'aire construite. C'est au Livre VI qu'Euclide traite de l'*hyperbole* et de l'*ellipse;* mais ici il avait besoin de la *parabole* par une droite donnée d'une aire équivalente à un

(¹) Soient A une aire donnée, p la longueur par rapport à laquelle se fait la *parabole*, il s'agit de construire l'inconnue x dans les équations $px = A$ (parabole simple), $px + mx^2 = A$ (parabole avec hyperbole), $px - mx^2 = A$ (parabole avec ellipse). C'est la nomenclature classique depuis Euclide.

triangle donné, pour nous fournir, après la construction (σύστασις, prop. 42) d'un parallélogramme équivalent à ce triangle, sa *parabole* par une droite déterminée. Ainsi, qu'on donne un triangle ayant une aire de 12 pieds et une droite dont la longueur soit de 4 pieds, nous faisons la *parabole* de l'aire du triangle sur la droite, si, prenant la longueur totale de 4 pieds, nous trouvons de combien de pieds doit être la largeur pour que le parallélogramme soit équivalent au triangle. Ainsi, ayant trouvé, dans ce cas, la largeur de 3 pieds, nous multiplions la longueur par la largeur, en supposant que l'angle donné soit droit, et nous avons l'aire. Voilà ce qu'est la *parabole* d'après l'antique tradition venue des Pythagoriciens. »

J'ai tenu à traduire *in extenso* ces passages de Proclus (ici Porphyre-Pappus) à cause de l'authenticité de la tradition qu'ils représentent. Je mentionnerai seulement les témoignages qui suivent :

e. Emploi du pentagone étoilé comme signe de reconnaissance par les Pythagoriciens (Lucien, *Pro lapsu in salut.* 5, etc.).

f. Le sacrifice légendaire a dû être offert par Pythagore, soit pour le théorème sur le carré de l'hypoténuse, soit pour la *parabole* des aires (Plutarque, *non posse suav. vivi sec. Epic.*, 11), soit plutôt pour la solution du problème suivant :

Construire une figure équivalente à une figure donnée et semblable à une seconde figure donnée (Plutarque, *Sympos.* VIII) (¹).

g. Construction des polyèdres réguliers (Proclus, p. 65) et, en particulier, inscription du dodécaèdre dans la sphère. (Jamblique, *De vit. Pyth.*, 18).

8. J'ai déjà suffisamment parlé des questions (*a*) et (*g*); il est clair que (*b*) dérive logiquement de (*a*), mais a dû être provoqué par les problèmes pratiques de décoration des carrelages ou des murailles, de même que la recherche des polyèdres réguliers doit avoir eu son origine dans des tentatives analogues d'architectes. Il est même très possible que ce soit la reconnaissance empirique de la propriété des triangles équilatéraux, assemblés autour d'un sommet commun, qui ait amené la découverte de l'égalité à deux

(¹) Plutarque, qui n'est nullement mathématicien, dit mal à propos « faire la parabole » au lieu de « construire ».

droits de la somme des angles de chacun de ces triangles ; on sera passé ensuite, d'après le témoignage de Geminus, d'abord au triangle isoscèle, enfin au scalène.

Le ton sur lequel Proclus parle de la découverte du carré de l'hypoténuse (*c*) prouve assez, sans en rapprocher les contradictions de Plutarque (*f*), que la légende du sacrifice n'était nullement assurée. Il semble qu'Eudème ne l'ait pas connue et qu'elle ait été appuyée uniquement, dans l'antiquité, sur deux vers anciens, rapportés par un logisticien du nom d'Apollodore (-ote), et qu'on peut traduire comme suit :

> Pythagore inventant la célèbre figure
> Offrit une victime et rendit grâce aux dieux,

témoignage bien insuffisant, certes, pour reconnaître le théorème auquel est resté attaché le nom du sage de Samos. Tout semble indiquer, au contraire, qu'il ne l'a pas emprunté aux Égyptiens (¹); cette proposition fut une des premières qu'il rencontra et nullement le couronnement de ses recherches.

Proclus paraît dire assez clairement (p. 426) que la démonstration donnée par Euclide (²) appartient à ce dernier; mais celle de Pythagore nous est absolument inconnue, et c'est peine bien inutile que de chercher les raisonnements les plus primitifs pour les lui attribuer. La Géométrie de Pythagore était déjà assez savante pour qu'il pût faire la démonstration par les triangles semblables.

9. La substance du Livre Ier d'Euclide, d'après des témoignages suffisamment précis de Proclus, appartient en tout cas aux Pythagoriciens et il leur attribue aussi nettement les théories du Livre VI.

Le problème que cite en dernier lieu Plutarque (*f*) (*Euclide*, VI, 25) se réduit à la connaissance du rapport des aires de deux figures semblables, proposition connue d'Hippocrate de Chios, à l'invention de deux quatrièmes ou troisièmes proportionnelles

---

(¹) M. Cantor (*Vorlesungen*, p. 56, etc.) a solidement établi qu'on ne peut dénier aux Égyptiens la connaissance de triangles rectangles en nombres particuliers. L'exemple des Chinois semble bien prouver qu'on pouvait arriver à reconnaître la loi générale ailleurs qu'en Grèce; je ne parle pas des *Çulvasûtras* hindous, parce qu'ils peuvent être postérieurs à la conquête d'Alexandre.

(²) Celle que nous appelons vulgairement le *pont-aux-ânes*, et que les Grecs désignent comme Θεώρημα τῆς νύμφης (George Pachymère, mss. de la Bibliothèque nationale).

[parabole simple (*d*) = 1,44] et d'une moyenne proportionnelle (II, 14). Ce problème est essentiel pour le cas de la parabole complète avec ellipse ou hyperbole, telle que la traite Euclide au Livre VI (28, 29), c'est-à-dire lorsque, dans l'équation à résoudre $px \pm mx^2 = A$, m est un rapport donné différent de l'unité (1).

C'est attribuer à Pythagore la construction géométrique des problèmes du second degré; mais, si les témoignages cités à cet égard peuvent paraître sujets à caution, il convient de remarquer que, comme nous le verrons, cette construction était très probablement connue d'Hippocrate de Chios; que, d'autre part, la connaissance du pentagone régulier (*e*) (*g*) par les Pythagoriciens prouve bien qu'ils savaient au moins résoudre un problème spécial du second degré, la division d'une ligne en moyenne et extrême raison.

Dès lors, ils semblent bien avoir au moins fourni le fond de toutes les théories importantes des *Éléments,* si l'on excepte, d'une part, celles que nous avons attribuées à Eudoxe ou à Théétète, de l'autre, la théorie proprement dite du cercle, c'est-à-dire le Livre III, auquel rien ne nous renvoie, car j'omets, comme sans valeur, l'assertion de Jamblique (Simplicius sur la Physique d'Aristote, 13, V), d'après laquelle ils auraient trouvé une quadrature du cercle.

Cependant ils avaient dû s'occuper spécialement du cercle que Pythagore disait être la plus belle des figures planes (*Diog. Laërce,* VIII, 19), et, en tout cas, la lacune n'aurait pas une importance relativement très grande.

L'insuffisance des preuves relatives à l'extension réelle des connaissances géométriques de Pythagore ne peut être niée; cependant il me semble que l'on peut dire, en résumé, que ces preuves ont été un peu trop négligées, et que tous les témoignages concordent assez pour rendre probable l'opinion que j'ai avancée, que, en thèse générale, le premier Ouvrage mathématique dû à l'École de Pythagore présentait déjà le même cadre que les éléments géométriques d'Euclide et qu'il remplissait assez complètement ce cadre, si l'on excepte les théories générales sur les proportions, sur les incommensurables et sur les cubatures dérivant de la mesure de la pyramide.

---

(1) Il est à remarquer que le cas simple, où $m = 1$, peut se déduire immédiatement des théorèmes II, 5 et 6.

THÈQUE DE L'ÉCOLE DES HAUTES ÉTUDES,
E SOUS LES AUSPICES DU MINISTÈRE DE L'INSTRUCTION PUBLIQUE.

BULLETIN

DES

NCES MATHÉMATIQUES,

IGÉ PAR MM. G. DARBOUX, J. HOÜEL ET J. TANNERY,

AVEC LA COLLABORATION DE

ANDRÉ, BATTAGLINI, BELTRAMI, BOUGAÏEFF, BROCARD, BRUNEL,
ARNACK, CH. HENRY, G. KOENIGS, LAISANT, LAMPE, LESPIAULT, S. LIE,
N, A. MARRE, MOLK, POTOCKI, RADAU, RAYET, RAFFY, S. RINDI,
GE, SCHOUTE, P. TANNERY, EM. ET ED. WEYR, ZEUTHEN, ETC.

US LA DIRECTION DE LA COMMISSION DES HAUTES ÉTUDES.

DEUXIÈME SÉRIE.

TOME X. — SEPTEMBRE 1886.

(TOME XXI DE LA COLLECTION.)

PARIS,

THIER-VILLARS, IMPRIMEUR-LIBRAIRE
U DES LONGITUDES, DE L'ÉCOLE POLYTECHNIQUE
SUCCESSEUR DE MALLET-BACHELIER,
Quai des Augustins, 55.

1886

Ce Recueil paraît chaque mois.

La Rédaction du *Bulletin*, dans l'intérêt de la régularité de la publication et d'une bonne correction des épreuves, et, plus encore, en vue d'épargner à l'Imprimerie des frais considérables autant qu'inutiles de remaniements, prie instamment ses collaborateurs d'apporter toujours le plus grand soin possible dans l'exécution de leurs manuscrits, surtout en ce qui concerne les formules mathématiques et la transcription des noms propres. Il est à désirer que la dispo- … à celle qui a été adoptée une fois pour toutes dans les livraisons déjà publiées de la 2e Série du B…

LIBRAIRIE DE GAUTHIER-VILLARS,

QUAI DES AUGUSTINS, 55, A PARIS

Envoi franco dans toute l'Union postale contre mandat de poste ou valeur sur Paris.

COMPOSITIONS D'ANALYSE ET DE MÉCANIQUE

DONNÉES DEPUIS 1869 A LA SORBONNE

POUR LA LICENCE ÈS SCIENCES MATHÉMATIQUES,

SUIVIES D'EXERCICES

SUR LES VARIABLES IMAGINAIRES,

PAR E. VILLIÉ,

Ancien Ingénieur des Mines, Docteur ès Sciences,
Professeur à la Faculté libre des Sciences de Lille.

ÉNONCÉS ET SOLUTIONS.

UN VOLUME IN-8, AVEC FIGURES DANS LE TEXTE; 1885. — PRIX : 9 FR.

Préface.

Appelé à occuper, depuis sa fondation, la chaire d'Analyse à la Faculté libre des Sciences de Lille, j'ai dû, pour les besoins de mon enseignement, traiter un grand nombre d'exercices en vue des compositions écrites de la licence ès sciences mathématiques. Les résultats inespérés que j'ai obtenus, grâce à ce mode de préparation de mes élèves, m'ont engagé à publier ce Recueil, dans lequel sont résolus tous les problèmes d'Analyse et de Mécanique donnés en composition à la Sorbonne, depuis 1869, tant aux élèves de l'École Normale qu'aux élèves libres qui se sont présentés à la licence. J'y ai joint quelques questions proposées dans les autres Facultés et un certain nombre d'exercices sur les intégrales imaginaires et les fonctions doublement périodiques.

A la fin de cet Ouvrage, je donne les énoncés des questions d'Astronomie proposées à la Sorbonne pendant la période 1869-1884; ces exercices étant

COMPTES RENDUS ET ANALYSES.

FROLOW. — Les carrés magiques. Nouvelle étude. 46 p. in-8°; 7 planches. Paris, Gauthier-Villars, 1886.

Cette *Nouvelle étude* est destinée à compléter et, sur quelques points, à rectifier le Livre de l'auteur intitulé : *Le problème d'Euler et les carrés magiques*. Il comprend trois Chapitres et trois Notes. Les Chapitres sont consacrés aux carrés magiques de 4, aux carrés magiques des racines plus grandes que 4, aux carrés magiques à enceinte et à bordure; on y trouvera divers développements sur les carrés *diaboliques* et même *semi-diaboliques*.

Les deux premières Notes se rapportent à une méthode due à M. Delannoy pour trouver le nombre des carrés de 4, et à des études du même auteur sur la marche du cavalier. La troisième se rapporte à la théorie des carrés diaboliques, d'après M. Lucas. Enfin les Planches contiennent des types de carrés magiques, diaboliques et semi-diaboliques. J. T.

AUTOLYCI de sphæra quæ movetur liber. — De ortibus et occasibus libri duo, — una cum scholiis antiquis e libris manu scriptis edidit, latina interpretatione et commentariis instruxit Fridericus Hultsch. Leipzig, Teubner, 1885.

La collection des auteurs grecs et latins de Teubner vient de s'augmenter, en même temps, de deux nouveaux Volumes appelés à figurer dans toute bibliothèque mathématique : c'est, d'une part, le quatrième Volume de l'édition critique d'Euclide par Heiberg (¹), de l'autre l'édition princeps d'Autolycus par Hultsch. Mais, si Euclide est trop connu pour qu'il soit besoin de recommander à

(¹) Ce quatrième Volume, comprenant les trois Livres des *Éléments* sur les solides, paraît avant le troisième que remplira le Livre X (*Sur les irrationnelles*).

nouveau ici l'excellente publication entreprise par le savant philologue danois, il n'en est pas de même de l'auteur dont l'illustre érudit de Dresde vient de tirer le texte des manuscrits où il restait négligé. Je crois donc devoir entrer dans quelques détails à son sujet.

Autolycus, de Pitane en Éolide, doit être considéré comme un contemporain d'Euclide et c'est à tort que Th.-H. Martin a voulu établir qu'il enseignait vers 322 et se trouvait, par conséquent, antérieur à l'auteur des *Éléments*. Son erreur vient de ce qu'il a admis la date donnée par Diogène Laërce (IV, 45), à savoir, Ol. CXX = 300 — 297 avant J.-C., comme celle où florissait le philosophe Arcésilas, qui fut concitoyen d'Autolycus et suivit, dans sa première jeunesse, les leçons de ce dernier. Diels a montré que cette date est fautive et qu'il faut probablement lire Ol. 126 = 276 avant J.-C. En effet, il ressort d'autres données de Diogène Laërce (IV, 59, 60) qu'Arcésilas mourut en 241, en laissant son école à Lacyde, et qu'il vécut 75 ans (IV, 44). Il est donc né en 316, date qui concorde d'ailleurs parfaitement avec toutes les circonstances connues de sa vie. C'est donc vers 300 environ qu'il suivait les leçons d'Autolycus, d'abord à Pitane, puis à Sardes, et nous devons croire que cette même date correspond, à très peu près, aussi à l'âge mûr d'Euclide.

Nous savons, d'autre part, qu'Autolycus soutint une polémique contre le mathématicien Aristhéros, qui fut maître du poète Aratus, contemporain d'Arcésilas (¹); cette seconde donnée confirme donc la première.

Il nous reste d'Autolycus deux petits Traités de Géométrie sphérique appliquée à l'Astronomie : l'un *Sur la sphère en mouvement* (12 théorèmes), l'autre en deux Livres *Sur les levers et couchers des étoiles* (13 et 18 théorèmes) (²).

(¹) SIMPLICIUS, *Comment. in Arist. de Cœlo.* — Autolycus défendait le système des sphères concentriques d'Eudoxe et cherchait à expliquer, néanmoins, les variations d'éclat des planètes, tandis qu'Aristothéros voyait là une preuve de la variation de leur distance à la Terre.

(²) Mohammed ben Ishâk (*Wenrich*, p. 209) lui attribue des commentaires sur les *Éléments* d'Euclide et sur les catégories d'Aristote. Cette assertion isolée n'a pas une grande valeur, et un véritable commentaire sur Euclide est bien im-

Une traduction latine incomplète et sans le nom d'Autolycus en a paru en 1501 dans l'Ouvrage de George Valla, *De expetiendis et fugiendis rebus;* une autre, faite sur l'arabe, a été donnée par Maurolycus, en 1558; enfin une troisième, sur six manuscrits grecs de Rome, par Auria, en 1587.

Quant au texte grec, on ne connaissait encore que celui des définitions et des énoncés des théorèmes, publié par Dasypodius en 1572 et Richard Hoche en 1877. On sait que c'était au XVIe siècle une opinion courante que le véritable Euclide ne comprenait que les énoncés, et que les démonstrations avaient été rédigées sept siècles après lui par Théon d'Alexandrie; une erreur analogue s'accrédita pour Autolycus, et il appartenait à F. Hultsch, après l'avoir reconnue le premier (¹), de la dissiper entièrement.

Si l'on fait abstraction de certaines traces de corruption partielle du texte primitif, il est en effet maintenant facile de constater que nous nous trouvons bien en présence d'une œuvre aussi antique que celle d'Euclide, et qui d'ailleurs, si elle n'atteint pas la perfection des *Éléments,* peut très bien être mise à côté des *Phénomènes.*

Une des causes qui ont pu faire douter de l'authenticité des démonstrations est que les scolies sur le premier Traité renvoient aux *Sphériques* de Théodose, auteur du Ier siècle avant l'ère chrétienne. Mais cela tient simplement à la façon dont les œuvres d'Autolycus nous ont été conservées; elles faisaient partie d'un recueil, déjà constitué au temps de Pappus et connu plus tard sous le nom de *Petite Astronomie,* par opposition à la *Grande Composition* de Ptolémée. Ce Recueil s'ouvrait par les *Sphériques* de Théodose, suivies du premier Traité d'Autolycus.

Cependant l'Ouvrage de Théodose ne peut représenter, pour nous, qu'une nouvelle rédaction d'une *Sphérique* ancienne, antérieure à Autolycus; car on ne peut traiter de la sphère en mouvement s'il n'a pas été traité de la sphère fixe. Il n'y a donc rien d'étonnant à voir Autolycus admettre comme démontrées des

---

probable à cette date. Toutefois il n'est nullement impossible qu'Autolycus ait écrit sur la géométrie de son contemporain, ou bien sur les *Éléments* qui avaient cours de son temps.

(¹) Voir la préface du second Volume de son édition de Pappus, 1877.

propositions que nous retrouvons plus ou moins textuellement dans Théodose, de même qu'il n'y a rien de surprenant à le voir admettre, sans citer Euclide, des théorèmes des *Éléments*.

F. Hultsch a, au reste, rigoureusement démontré l'existence de cette ancienne *Sphérique* sur laquelle se sont appuyés Euclide et Archimède, aussi bien qu'Autolycus; sans se prononcer sur l'auteur, il a bien voulu me citer à côté d'Heiberg comme attribuant cet Ouvrage à Eudoxe. Mais je puis ajouter aujourd'hui que, si j'ai émis cette opinion, ce n'est pas uniquement parce que l'on ne peut guère penser à un autre mathématicien.

J'ai déjà essayé de montrer (*Mémoires de la Société des Sciences physiques et naturelles de Bordeaux*, V_2, p. 237 à 258) que la méthode exposée par *Aristarque de Samos* pour la détermination des distances du Soleil et de la Lune appartient en réalité à Eudoxe; j'essayerai de même, à bref délai, de montrer que les données, conservées par Geminus, sur les dates assignées par Eudoxe aux levers et couchers des étoiles fixes, prouvent que le Cnidien fut le premier à ébaucher la théorie exposée par Autolycus dans son second Traité (¹). Il me paraît difficile, dans ces conditions, de douter que la théorie de la sphère ne fût déjà très avancée au temps d'Eudoxe et qu'il n'y ait consacré de sérieux travaux.

Ainsi Autolycus ne doit pas être considéré comme un auteur absolument original; il ne l'est pas, sans doute, plus qu'Euclide pour les *Éléments*, et cela doit nous expliquer la perfection relative des écrits conservés sous son nom et que F. Hultsch vient de mettre au jour.

Ce nouveau Volume est tel qu'on devait l'attendre de l'illustre éditeur de Héron et de Pappus; traduction soignée, reproduction des scolies grecs et de ceux d'Auria, notes précieuses, appareil critique donnant la collation de cinq manuscrits, index répondant à tous les besoins, le travail ne laisse rien à désirer pour les philologues; quant aux mathématiciens, F. Hultsch semble avoir mis une certaine coquetterie à leur laisser quelques sujets d'étude.

Peut-être se souvenait-il qu'on lui a reproché trop d'*athétèses*

(¹) J'indiquerai plus loin une hypothèse d'Autolycus qui appartient, sans conteste, à Eudoxe; on a déjà vu, au reste, un indice qui rattache notre mathématicien à l'École d'Astronomie de Cyzique.

dans son édition de Pappus; aussi cette fois, tout en indiquant avec soin les passages qui portent des traces de rédaction postérieure, il s'est montré très scrupuleux dans ses corrections et n'a pas soulevé certaines questions sur lesquelles je désire d'autant plus attirer l'attention.

Il me paraît certain, en effet, que la fin du second Livre du dernier Traité a subi un malencontreux remaniement, d'où sont résultées, d'une part, des altérations de texte qui défigurent la théorie, de l'autre l'interpolation d'au moins trois théorèmes.

Mais, pour expliquer ce dont il s'agit, il est nécessaire que j'analyse complètement ce second Traité d'Autolycus; le premier peut être considéré comme un préambule qui ne nous offre que des propositions bien familières pour nous; l'Ouvrage *Sur les levers et couchers* est, au contraire, particulièrement remarquable en ce qu'il renferme une théorie complète, faite par des procédés très simples, de phénomènes que nous traitons au moyen de calculs passablement complexes. Si d'ailleurs cette théorie se trouve inexacte dans certaines déterminations, cela vient de ce qu'Autolycus admet, comme résultats de l'observation, certaines données que nous devons rejeter; mais cette théorie, dont je vais essayer d'exposer l'essence sous forme moderne, n'en est pas moins géométriquement exacte, et réellement élégante.

Sans m'arrêter aux épithètes postérieures et bien inutiles de *cosmique, héliaque, acronique* [1], je vais rappeler tout d'abord les définitions très claires d'Autolycus pour les levers et couchers des étoiles fixes.

Une étoile est dite à son lever vrai du matin (l_m) ou du soir (l_s) lorsqu'elle franchit l'horizon du levant en même temps que le soleil franchit l'horizon du levant ou celui du couchant.

Les couchers vrais du matin (c_m) ou du soir (c_s) ont une définition correspondante.

Une étoile est dite à son lever (L_m) ou coucher (C_m) apparent du matin, lorsqu'elle franchit l'horizon en même temps que se lève un point de l'écliptique en avant du Soleil (ayant une longitude plus grande) d'un certain *arc de retard* minimum qui per-

[1] Achronique (ou chronique d'Auria) est un simple barbarisme.

met de voir effectivement le lever ou le coucher de l'étoile avant le lever du soleil.

Pour le lever apparent (L_s) ou le coucher apparent (C_s) du soir, ils ont lieu lorsque l'étoile franchit l'horizon en même temps que se couche un point de l'écliptique en arrière du Soleil (ayant une longitude plus petite) d'un certain *arc de retard* minimum qui permet de voir effectivement le lever ou le coucher de l'étoile après le coucher du soleil.

Les phénomènes annuels (levers ou couchers) ([1]) ainsi définis correspondent à des dates que l'on peut regarder comme déterminées par la longitude du Soleil au moment où ils ont lieu; je supposerai que les lettres dont je me sers pour désigner ces phases représentent précisément cette longitude.

Autolycus ne définit nullement la position des étoiles par des coordonnées analogues aux nôtres, mais bien en fait par les longitudes ([2]) des points de l'écliptique qui se lèvent et se couchent en même temps que l'étoile (c'est-à-dire par l_m et c_s), procédé évidemment suffisant.

Si l'on pose $c_s = l_m + \delta$, il est facile de voir que δ, nul pour une étoile sur l'écliptique, est positif pour les latitudes boréales, négatif pour les latitudes australes des étoiles. On aura d'ailleurs

$$l_s = l_m + \pi, \qquad c_m = c_s + \pi = \pi + l_m + \delta,$$

Quant aux *phases* (levers et couchers apparents), si l'on admet que, toutes choses égales d'ailleurs, l'étoile devient visible lorsque le soleil est descendu au-dessous de l'horizon d'un certain arc déterminé compté sur le vertical (hypothèse adoptée plus tard par Ptolémée), on peut poser, en distinguant deux arcs de retard différents r_1 et r_2,

$$L_m = l_m + r_1, \qquad L_s = \pi + l_m - r_1.$$
$$C_m = \pi + l_m + \delta + r_2, \qquad C_s = l_m + \delta - r_2.$$

([1]) Nous n'avons pas de mots spéciaux pour désigner ces levers et couchers par opposition à ceux de l'étoile dans chaque révolution diurne; il en était de même pour le coucher (δίυσις) chez les anciens; mais, malgré les divergences du texte, Autolycus me paraît avoir opposé le lever annuel (ἐπιτολή) au lever journalier (ἀνατολή).

([2]) J'abuse de ce mot, attendu que l'écliptique, qu'Autolycus appelle *zodiaque*, n'est encore divisé qu'en signes et fractions de signe.

Autolycus admet comme fait d'observations :

1° Que l'arc de retard est indépendant de l'inclinaison de l'écliptique sur l'horizon, qu'il est le même pour toutes les étoiles et égal à la moitié d'un signe. On peut donc poser $r_1 = r_2 = \frac{\pi}{12}$;

2° Que l'on peut négliger l'anomalie du Soleil (¹).

Si nous introduisons ces hypothèses dans notre exposé, il convient de remarquer que l'erreur dont elles sont affectées n'entachera pas les conséquences relatives à la classification des étoiles d'après l'ordre dans lequel se succèdent leurs *phases*, classification qui est l'objet principal de la théorie.

Prenons d'abord les étoiles situées sur l'écliptique même; à partir du lever apparent du matin, l'année peut se diviser en quatre périodes :

$$A = L_s - L_m = \frac{5}{6}\pi.$$

Pendant cinq mois, on peut voir l'étoile se lever pendant la nuit, mais on ne la voit pas se coucher :

$$B = C_m - L_s = \frac{\pi}{6}.$$

Pendant un mois, on voit l'étoile toute la nuit (sans qu'elle se lève ou se couche) :

$$C = C_s - C_m = \frac{5}{6}\pi.$$

Pendant cinq mois, l'étoile s'est levée dans la journée, on la voit se coucher pendant la nuit :

$$D = L_m - C_s = \frac{\pi}{6}.$$

Pendant un mois, l'étoile est invisible pendant la nuit; c'est ce que les anciens appelaient sa *crypsis*.

Partons de l'écliptique et passons aux étoiles boréales; pour les plus voisines, nous trouvons le même ordre de phases :

$$A = \frac{5}{6}\pi, \qquad B = \frac{\pi}{6} + \delta, \qquad C = \frac{5}{6}\pi, \qquad D = \frac{\pi}{6} - \delta.$$

(¹) Cette anomalie était, cependant, dès lors bien reconnue; Autolycus garde ici la tradition d'Eudoxe.

Seulement, à mesure que δ augmente, le temps de la *crypsis* diminue, tandis que croît d'autant la période où l'on voit l'étoile toute la nuit. C'est le cas de celles que nous appellerons *zodiaco-boréales*.

Lorsque l'on a $\delta = \frac{\pi}{6}$, il n'y a plus de *crypsis*, et $B = \frac{\pi}{3}$ (deux mois).

Au delà (étoiles boréales), l'ordre des phases est différent :

$$E = C_s - L_m = \delta - \frac{\pi}{6}.$$

On voit l'étoile se coucher après le soir, puis se relever avant le matin :

$$A' = L_s - C_s = \pi - \delta.$$

On voit l'étoile se lever pendant la nuit, on ne la voit pas se coucher :

$$B = C_m - L_s = \frac{\pi}{6} + \delta.$$

On voit l'étoile toute la nuit :

$$C' = L_m - C_m = \pi - \delta.$$

L'étoile s'est levée dans la journée, on la voit se coucher pendant la nuit.

Si l'on s'éloigne maintenant de l'écliptique vers les latitudes australes, on aura (changeant δ en $-d$) des étoiles (zodiaco-australes) offrant la première succession de phases que nous avons rencontrées, avec cette différence que la *crypsis* augmente, tandis que diminue le temps pendant lequel on voit l'étoile toute la nuit.

A la limite $B = 0$ et $D = \frac{\pi}{3}$, la *crypsis* dure deux mois et il y a une nuit où l'on voit l'étoile se lever au soir et se coucher au matin, en sorte qu'on peut l'observer décrivant toute la partie visible de son parallèle.

Passé cette limite, correspondant à $d = \frac{\pi}{6}$, on a (étoiles australes) l'ordre suivant :

$$A'' = C_m - L_m = \pi - d.$$

On voit l'étoile se lever pendant la nuit, mais non se coucher :

$$F = L_s - C_m = d - \frac{\pi}{6}.$$

On voit l'étoile décrire toute la partie visible de son parallèle :

$$C' = C_s - L_s = \pi - d,$$

L'étoile s'est levée dans la journée, on la voit se coucher pendant la nuit :

$$D = L_m - C_s = d + \frac{\pi}{6},$$

Il y a *crypsis*.

Tel est le résumé de la théorie exposée par Autolycus.

Si maintenant, dans le texte admis par F. Hultsch, nous considérons les énoncés des propositions II, 10, 11, 13, 16, nous voyons que la limite des valeurs de δ ou d, qui détermine la transition des étoiles zodiacales aux boréales et aux australes est fixée non pas à $\frac{\pi}{6}$ = un signe, mais à la moitié (ἔλαττον ἡμίσους ζωδίου), et cela d'ailleurs en contradiction avec les propositions voisines. L'erreur, quoique répétée dans le corps de la démonstration, doit être corrigée; elle provient de ce que la figure devrait être modifiée si la valeur de d ou δ était comprise entre $\frac{\pi}{6}$ et $\frac{\pi}{12}$; le correcteur n'a pas vu que le raisonnement n'en était pas moins valable.

D'autre part, il est évidemment indifférent de considérer l'étoile sur la figure, à son lever ou à son coucher; et Autolycus paraît avoir pris tantôt l'un, tantôt l'autre des deux cas; mais le reviseur a cru qu'il fallait faire double démonstration et il a intercalé dans les énoncés II, 8, 10, 12-18, les mots κατὰ τὰς ἀνατολάς ou κατὰ τὰς δύσεις qui n'ont aucune signification, puisqu'ils se rapportent seulement à la façon dont est faite la figure. Cependant il n'y a que trois démonstrations doubles. Voici, au reste, la correspondance des neuf dernières propositions du Livre II.

Étoiles zodiaco-boréales, 10 et 13; limite des zodiaco-boréales, 14; boréales, 15; zodiaco-australes, 11 et 16; limite des zodiaco-australes, 12 et 17; australes, 16. Je pense que dans les démonstrations doubles, les interpolées sont celles qui portent les n°s 11, 12, 13.

Il faut en outre, dans l'énoncé de 10 (p. 134, l. 8-9), supprimer les mots καὶ τοῦτον τὸν χρόνον κρύψιν ἄγειν. Il s'agit en effet (zodiaco-australes) de la période B. Le scolie 47, qui prouve qu'on ne voit, pendant ce temps, l'étoile ni se lever ni se coucher et conclut de là qu'il y a *crypsis*, est simplement absurde, comme le sont d'ailleurs deux ou trois autres.

Dans l'énoncé de 14 (limite des zodiaco-boréales), il convient de rétablir le texte de Hoche, car la *crypsis* cesse précisément à cette limite.

F. Hultsch a signalé une autre trace de perturbation : Le théorème II, 9, a pour objet de prouver que, sur un même parallèle, pour les étoiles qui ont une latitude boréale, la *crypsis* est moins longue que pour celles dont la latitude est australe. La démonstration suppose que la *crypsis* est moins longue pour les étoiles boréales que pour l'écliptique et moins longue pour l'écliptique que pour les australes. Des scolies renvoient au livre I, 10 et 15.

Or le théorème I, 10, a un autre objet, et 15 n'existe pas. Cependant I, 9, suffit pour le second point; il ne manque donc qu'un théorème pour le premier point et il pourrait être rétabli précisément d'après I, 9.

Il est d'ailleurs possible que les renvois des scolies aient été faits primitivement non pas au Livre I, mais bien au Livre II, et aux théorèmes 10 et 18 (ce dernier devant reprendre le numéro 15 après suppression des trois interpolés).

Voici encore quelques remarques critiques que je crois utiles.

Les figures des manuscrits ne sont nullement faites, en général, d'après le même principe que les nôtres; F. Hultsch a émis l'idée ingénieuse que la démonstration se faisait en réalité sur un globe mobile où l'on traçait des cercles, qu'il suffisait donc que les figures des manuscrits permissent de retrouver la disposition à donner à ces cercles; en tout cas, il a dû restituer des tracés un peu plus conformes à nos habitudes. Je crois devoir faire observer que bon nombre des figures des manuscrits peuvent s'expliquer comme projections stéréographiques, en sorte que les cercles qui empiètent sur l'hémisphère inférieur dépassent la section de la sphère par le plan de projection. Il y a là un système auquel nous pourrions encore recourir parfois dans l'enseignement élémentaire.

Les notations indiquées (p. 5, note) comme existant sur la première figure du manuscrit A se rapportent à l'Ἀναφορικὸς d'Hypsiclès qui, dans ce manuscrit, précède le premier Traité d'Autolycus.

Dans le scolie κβ (p. 18, l. 21-22), au lieu de ὡς ἐκ πορίσματος, je voudrais lire ὡς ἐκ τοῦ ὁρισμοῦ, car que les pôles soient aux extrémités du même diamètre, cela ressort d'une définition et non d'un porisme des *Sphériques* de Théodose. Ce scolie me paraît, au reste, donner la véritable marche de la démonstration, mal comprise par Auria.

P. 49, l. 20. Le scolie (α) me paraît se rapporter à la définition 8 et non à la définition 6 du Traité des *Levers et couchers*.

Le complément de la démonstration du théorème I, 4 (p. 66-70, l. 10) me paraît interpolé.

Les scolies d'Auria sont traduits, en général, du grec plus ou moins fidèlement; cependant ceux dont F. Hultsch n'a pas retrouvé les analogues me paraissent avoir été rédigés par Auria lui-même et n'avoir par suite aucune autorité. PAUL TANNERY.

MÉLANGES.

COMPOSITIONS DONNÉES AUX EXAMENS DE LICENCE DANS LES DIFFÉRENTES FACULTÉS DE FRANCE, EN 1885.

SESSION DE NOVEMBRE.

Grenoble.

Analyse. — 1° Lieu des centres de courbure des sections faites dans une surface S par les plans qui passent par un de ses points M.

2° Transformée, par rayons vecteurs réciproques, de la surface précédente, M étant le pôle de transformation, et $R_1 R_2$ son module. (R_1 et R_2 sont les rayons principaux pour le point M.)

3° La surface obtenue par la transformation précédente est aussi le lieu des perpendiculaires communes à la normale en M à la surface S et aux normales infiniment voisines.

Effectuer la quadrature suivante :

$$u = \int \frac{x^{\frac{n}{2}}\,dx}{\sqrt{a + x^{n+2}}}.$$

Mécanique. — Une tige pesante et homogène, de longueur donnée, peut glisser sans frottement, par une de ses extrémités, le long d'un axe vertical. Elle est de plus assujettie à former, avec la partie de cet axe dirigée dans le sens de la pesanteur, un angle constant α.

Le mouvement initial se réduit à une rotation de vitesse angulaire ω autour de l'axe. On demande le mouvement de la tige et la pression qu'elle exerce sur l'axe.

Astronomie. — Déterminer graphiquement ou par le calcul l'heure du milieu d'une éclipse de Lune et celle de l'entrée de la Lune dans l'ombre.

Données :

Le 16 février midi	Longitude de la Lune.	☾ = 133°57′51″,3	Latitude de λ = 0°26′49″,4
	Longitude du Soleil..	☉ = 327.43.40,1	»
Le 17 février midi	Longitude de la Lune.	☾ = 149. 4.16,8	λ = − 0.36.55,9
	Longitude du Soleil..	☉ = 328.44. 9,5	»
Parallaxe du Soleil...	P = 8″,96	Diamètre apparent du Soleil...	32′25″,02
» de la Lune..	p = 61′19″,2	» de la Lune..	33′28″,4

Lille.

Analyse. — On suppose qu'en un point d'une courbe plane dont l'équation est

$$F(x, y) = 0,$$

les trois expressions $\frac{\partial F}{\partial x}$, $\frac{\partial F}{\partial y}$, $\frac{\partial^2 F}{\partial x^2}\frac{\partial^2 F}{\partial y^2} - \left(\frac{\partial^2 F}{\partial x\,\partial y}\right)^2$ s'annulent. On demande quelle est ordinairement dans ces conditions la nature du point proposé.

Évaluer, dans la partie à coordonnées positives de la sphère ayant pour équation

$$x^2 + y^2 + z^2 = 1,$$

la surface comprise entre le plan des zx et le cylindre droit dont l'équation est

$$y^2 - y + z^2 = 0.$$

Mécanique. — 1° Principe des forces vives dans le mouvement d'un système matériel libre. Constance de l'énergie totale, dans le cas où le système est soustrait à l'action des forces extérieures.

2° Un point pesant, assujetti à se mouvoir avec frottement sur une circonférence verticale qu'il ne peut pas quitter, est lancé avec une vitesse donnée à partir du point le plus bas de la circonférence. Déterminer, pour une position donnée de ce point, sa vitesse et la pression normale qu'il exerce sur la courbe.

Épreuve pratique. — Un triangle sphérique ABC est donné par

$$a = 75^\circ.23'.\ 8'',4,$$
$$b = 65.24.32,6,$$
$$C = 59.12.17,4.$$

On demande de calculer le côté c :

1° En se servant des analogies de Neper, etc.;

2° En décomposant le triangle en deux triangles rectangles par l'arc de grand cercle BE perpendiculaire au côté AC.

Lyon.

Analyse. — Intégrale générale de l'équation

$$\left(\frac{dz}{dx}\right)^2 - x\frac{dz}{dx} + z = 0.$$

Supposons tracé sur une surface un contour dont tous les points soient infiniment voisins du point O pris sur cette surface. Si, par chacun des points de ce contour, on mène des normales à la surface, leurs traces, sur un plan parallèle au plan tangent en O, détermineront un contour infiniment petit.

On demande de démontrer que les aires comprises dans ces contours sont égales quand la distance des deux plans parallèles est égale à la somme des rayons de courbure principaux correspondant au point O.

Mécanique. — Un cône droit de révolution tourne d'un mouvement uniforme autour de son axe. On propose d'étudier la trajectoire du mouvement d'un point matériel non pesant assujetti à demeurer sur la surface du cône et animé seulement d'une vitesse initiale donnée.

Épreuve pratique. — Le 14 septembre 1885 (jour astronomique), à Santiago du Chili, dont les coordonnées géographiques sont

Latitude..........	33°26′42″,5 S.,
Longitude.........	$4^h 52^m 3^s$,03 O. de Paris,

on observe le centre du Soleil par

$$34°44'27'',3$$

de hauteur apparente, à l'est du méridien.

La parallaxe correspondante est......	7″,3
La réfraction........................	1′24″,2
La déclinaison du Soleil.............	+2°50′16″,3

Calculer le temps moyen de Paris à l'instant de cette observation, sachant que l'équation du temps (T. m. — T. v.) le 15, à midi vrai de Paris, est

$$+4^m 57^s,81$$

et varie de $+0^s,881$ par heure.

Marseille.

Analyse. — Déterminer une surface passant par l'origine des coordonnées et dont l'équation $u = 0$ satisfasse à l'équation à différentielle totale

$$du = (2x - 8z)\,dx + (2y - 10z)\,dy + (8z - 8x - 10y + 2)\,dz.$$

Les coordonnées étant supposées rectangulaires, on fait passer par leur origine un plan quelconque. Déterminer le rayon de courbure en ce point de la section faite par le plan dans la surface.

Mécanique. — Un point A se meut d'un mouvement uniforme sur la circonférence d'un cercle fixe C.

Un point B, non pesant, de masse m, est mobile sur une droite fixe X'X située dans le plan du cercle C.

Le point B est attiré par le point A proportionnellement à la distance; on demande de trouver le mouvement du point B en supposant qu'à l'origine des temps ce point soit situé sans vitesse au pied de la perpendiculaire menée du centre C du cercle donné sur la droite X'X et en supposant aussi qu'à cet instant le point A soit situé à l'intersection du cercle avec la parallèle à X'X menée par le point C.

On discutera la question selon que le mouvement du point B sur X'X se fera avec ou sans frottement.

En désignant par $K^2 m$ l'attraction exercée à l'unité de distance par A sur B, et en désignant par ω la vitesse angulaire du rayon CA, on examinera le cas particulier où K serait égal à ω.

Épreuve pratique. — Étant donnés :

a, demi grand axe de l'orbite d'une planète;
e, son excentricité;
E, anomalie excentrique,

on demande de calculer : le rayon vecteur r de la planète et l'anomalie vraie v.

Données numériques :

$$e = 0{,}0125343,$$
$$a = 2{,}651724,$$
$$E = 248^\circ 26' 18'',4.$$

Nancy.

Première question. — Valeur de $\int f(z)\,dz$ prise le long d'un contour fermé à l'intérieur duquel $f(z)$ est une fonction monodrome et continue, excepté en un certain nombre de pôles.

Appliquer le théorème au cas où $f(z)$ représente une fraction rationnelle

$$\frac{P_1 z^{n-1} + P_2 z^{n-2} + \ldots + P_n}{z^n + H_1 z^{n-1} + \ldots + H_n},$$

en supposant que toutes les parties du contour fermé s'éloignent à l'infini

Seconde question. — L'équation différentielle

$$x(1-x)\frac{d^2y}{dx^2} + [-p + (n - \beta - 1)x]\frac{dy}{dx} + n\beta y = 0,$$

où β est fractionnaire et où n et p sont deux nombres entiers positifs et tels que

$$p > n,$$

est satisfaite par un polynôme entier et rationnel, que l'on demande de déterminer. En conclure ensuite que la solution générale de l'équation différentielle peut s'exprimer sous forme finie. (Il y a plus : cette forme est entièrement algébrique.)

Mécanique. — On donne trois axes rectangulaires OX, OY, OZ, l'axe OZ étant vertical, et l'on considère la surface de révolution engendrée par l'hyperbole équilatère

$$y = 0, \qquad zx = a^2,$$

tournant autour de OZ. Étudier le mouvement d'un point matériel assujetti à demeurer sur cette surface et sollicité par une force perpendiculaire au plan des xy et proportionnelle à l'ordonnée z du mobile. Réaction de la surface.

Astronomie. — Calculer la longitude et la latitude d'un astre, connaissant l'ascension droite et la déclinaison :

Ascension droite.............	$\mathcal{R} = 14^h 30^m 7^s,25$,
Déclinaison..................	$\delta = 11^\circ 15' 46'',9$,
Inclinaison de l'écliptique.....	$\varepsilon = 23^\circ 27' \ 5''$.

Poitiers.

Analyse. — Étant donnée l'équation

$$x\frac{d^2y}{dx^2} - \frac{dy}{dx} + 4x^3y = 4x^3(1+x^2),$$

chercher ce qu'elle devient quand on remplace la variable x par une autre t liée à la précédente par la relation $x = \varphi(t)$.

Déterminer la fonction φ de manière à faire disparaître le terme contenant la dérivée première.

Donner l'intégrale générale de l'équation.

Si l'on développe par la formule de Maclaurin la fonction y définie par l'équation différentielle proposée, pourra-t-on prendre arbitrairement les valeurs initiales de y et de y'?

Mécanique. — Étudier, au moyen des équations d'Euler, le mouvement d'un corps solide, ayant un point fixe, et qui n'est soumis à l'action d'aucune force extérieure, dans l'hypothèse où il commencerait à tourner autour d'un axe très voisin de l'un des trois axes principaux d'inertie. On donnera, dans les divers cas qui peuvent se présenter, les expressions en fonction du temps des projections de la vitesse angulaire sur les axes pricipaux.

Épreuve pratique. — Calculer la distance zénithale et l'azimut d'une étoile ayant pour coordonnées

Æ...............	$0^h 2^m 26^s,57$,
δ...............	$61°32'40''$; δ (dist. polaire) :

1° Une heure après le passage au méridien,

2° Deux heures après ce passage.

Latitude du lieu............ $46°34'55''$.

Rennes.

Analyse. — Une surface est engendrée par une circonférence dont le plan reste parallèle au plan XOY, dont le centre se meut dans le plan ZOY et qui rencontre constamment l'axe OZ; quelle est la courbe que doit décrire le centre de cette circonférence pour que les projections sur le plan XOY des lignes asymptotiques de la surface qu'elle engendre forment deux familles de courbes orthogonales, et quelle est alors la nature de ces courbes?

Les axes de coordonnées sont supposés rectangulaires.

Mécanique. — Une barre pesante et homogène, de poids p, de longueur $2a$, s'appuie par ses deux extrémités A, A' sur deux droites fixes aA, $a'A'$ situées dans un même plan vertical et faisant avec l'horizon des angles de 45°. Cette barre étant d'abord placée verticalement, on l'abandonne à elle-même sans lui imprimer aucune vitesse. On demande :

1° Quel sera son mouvement?

2° Quelles tractions ou pressions elle exercera sur les deux droites fixes à une époque quelconque de ce mouvement?

Épreuve pratique. — Intersection d'un cône et d'un cylindre.

Le cône est de révolution, son axe est vertical, son sommet à $0^m,15$ du plan horizontal; les génératrices du cône font avec l'axe des angles de 30°.

Le cylindre a pour base une section du cône par un plan parallèle au plan horizontal à $0^m,08$ de ce plan. Les génératrices de ce cylindre forment des angles de 30° avec le plan horizontal, leurs projections horizontales sont inclinées de 45° sur la ligne de terre.

On représentera le volume du cône limité au plan horizontal en supposant enlevée la partie de ce volume intérieure au cylindre.

Toulouse.

Analyse. — 1° Démontrer que les normales à une surface réglée en tous les points d'une même génératrice forment un paraboloïde hyperbolique.

2° On envisage une surface réglée ayant un plan directeur P; soit C l'enveloppe des projections sur ce plan des génératrices rectilignes. Déterminer la courbe C de façon que l'un des deux plans directeurs du paraboloïde des normales relatif à chaque génératrice de la surface passe par une droite fixe perpendiculaire au plan P. Faire voir que, dans ce cas, l'axe du paraboloïde engendre un cylindre de révolution, à moins qu'il ne soit fixe.

Mécanique. — Démontrer que de toutes les courbes planes qui joignent deux points donnés A et B, celle qui sera parcourue dans le moins de temps possible par un point matériel soumis à l'action d'une force donnée jouit de cette propriété que la composante normale de la force est égale à la force centrifuge.

Application. — Rechercher la forme de la courbe brachistochrone lorsque la force qui sollicite le mobile émane d'un point fixe, est répulsive et varie proportionnellement au carré de la distance. Étudier toutes les circonstances du mouvement sur cette courbe et calculer la pression du mobile sur la trajectoire, dans le cas particulier où le centre de répulsion serait situé sur la courbe elle-même.

Épreuve pratique. — Sur une sphère dont le rayon est 8^m, les trois côtés d'un triangle sphérique ont respectivement 3^m, 4^m et 5^m. Calculer les angles de ce triangle avec toute la précision que comportent les Tables logarithmiques à sept décimales.

HIPPOCRATE DE CHIOS;

PAR M. PAUL TANNERY.

1. La publication, vers le milieu du ve siècle avant notre ère, des immortelles découvertes de Pythagore devait entraîner une double conséquence :

D'une part, l'Égypte pourra encore être regardée par les Grecs comme la source vénérée où il faut aller puiser les connaissances traditionnelles; mais désormais, pour la Géométrie au moins, les élèves en remontreront à leurs maîtres.

D'un autre côté, les mathématiciens grecs sont maintenant en mesure d'aborder immédiatement des questions s'élevant déjà audessus des éléments, ou du moins dépassant le cadre dans lequel Euclide les a renfermés.

Je reviendrai sur le premier point; quant au second, il suffit de remarquer que c'est en effet à l'époque précitée que remontent les problèmes de la quadrature du cercle, de la construction géométrique de la racine cubique, enfin de la division de l'angle dans un rapport donné.

C'est sans aucun doute pour ce dernier problème qu'Hippias d'Élis, sophiste contemporain de Socrate, inventa la *quadratrice*, premier exemple d'une courbe différente du cercle, et qui, contrairement aux habitudes classiques, doit avoir été construite par points ([1]). On sait d'ailleurs que son nom lui vient de ce que cette courbe se trouva conduire également à une solution du problème de la quadrature du cercle.

Mais cette quadrature, comme aussi la duplication du cube, nous ramène tout d'abord à Hippocrate de Chios.

2. Sur ce géomètre, nous trouvons un assez curieux renseignement dans la *Morale d'Eudème*, attribuée à Aristote, mais qui est probablement de son disciple, l'historien des Mathématiques; Hippocrate est donné (VII, 14) comme exemple d'un homme d'une intelligence remarquable sous certains rapports, nulle sous d'autres; bon géomètre, il se montrait, pour le reste, comme hébété et stupide : ainsi, dans un voyage commercial, il perdit, par sa sottise, une somme considérable qui lui fut extorquée par les percepteurs du cinquantième (douane athénienne), à Byzance.

Aristote (*Météorol.*, I, 6) le cite d'autre part, avec son disciple Eschyle, pour rapporter leur opinion sur les comètes, analogue à celle des Pythagoriciens; c'est une preuve qu'Hippocrate cultivait également toutes les sciences de son temps.

Le récit de Jean Philopon (*Comment. in Arist. Phys.*, fol. 13), qu'il faisait le commerce sur mer, que, pris par des corsaires, il vint les poursuivre inutilement à Athènes, et que, s'y étant mis à fréquenter les écoles des philosophes, il devint ainsi un géomètre fameux, ne doit être regardé que comme une amplification du passage de la *Morale d'Eudème*, en sorte que les détails particuliers qu'il offre n'ont aucune valeur. Loin de supposer qu'il y avait déjà à Athènes, dès le milieu du ve siècle, des écoles scientifiques renommées, il est à croire bien plutôt qu'Hippocrate, après y avoir peut-être été amené par des affaires de commerce, se mit à y

([1]) *Voir* mes *Notes pour l'histoire des lignes et surfaces courbes dans l'antiquité* dans le *Bulletin des Sciences mathématiques*, VII$_2$, p. 278-283; 1883. — M. Allman (*Hermathena*, IV, 7, p. 220) a parlé d'une « organic motion » pour le tracé de la quadratrice; mais, depuis (XI, 11, p. 423, note), il a adopté mon opinion.

professer un des premiers ce qu'il avait appris dans sa patrie, auprès d'Œnopide. Quoiqu'il connût d'ailleurs la Géométrie pythagoricienne qui venait d'être publiée, rien ne prouve qu'il ait eu des Pythagoriciens pour maîtres, car les témoignages tirés de Jamblique à cet égard reposent sur une fausse interprétation des passages que nous avons vus.

Je ne trouve pas non plus que les anciens emploient, en général, un ton défavorable en parlant d'Hippocrate, ainsi que le dit M. Allman (*Hermath.*, IV, 7, p. 227). Si l'on écarte pour le moment les passages d'Aristote sur la quadrature des lunules, passages sur lesquels nous reviendrons plus loin, il est certain que le Stagirite, ainsi qu'Eudème, parle d'Hippocrate, en tant que savant, en termes très honorables; de même Jamblique. Ératosthène (dans sa *Lettre à Ptolémée* [1]), ne le maltraite pas plus que les autres géomètres. Proclus (p. 213 = Geminus) est très louangeur :

« On dit que la première (ἀπαγωγή) (réduction d'un problème à un autre) sur les figures difficiles, a été faite par Hippocrate de Chios, celui qui a aussi quarré la lunule et a fait en Géométrie nombre d'autres découvertes, ayant eu, autant que pas un autre, un génie naturel pour ces questions. »

Quant aux témoignages d'Alexandre Aphrodisias, de Philopon, d'Eutocius, ils ont d'autant moins de valeur qu'ils se rattachent à une opinion erronée sur un paralogisme, faussement attribué à Hippocrate au sujet de la quadrature du cercle, ainsi que nous le verrons.

3. J'ai déjà fait observer que le témoignage sur l'*apagoge* employée par Hippocrate doit, ainsi que toute la tradition sur le problème de Délos, provenir non pas d'Eudème, mais d'Ératosthène. Ce dernier, dans sa lettre à Ptolémée, nous montre, bien avant l'oracle rendu aux Déliens, le problème de la duplication du cube déjà célèbre à Athènes; un poète tragique (Euripide?) l'a mis sur la scène. Minos, voulant élever un monument à son fils Glaucus, dit à l'architecte :

Pour un tombeau royal, tu le prends bien petit;
Il faut doubler le cube et ne pas t'y tromper.

---

(1) Eutocius sur Archimède (*Sphère et cylindre*, II, 2).

Ératosthène ajoute qu'Hippocrate ramena ce problème à l'invention de deux moyennes proportionnelles, et prétend qu'il n'alla pas plus loin, ce dont il est permis de douter dans une certaine mesure [1].

Si c'est là d'ailleurs la plus ancienne *apagoge* que constate l'histoire, il est difficile de croire qu'elle ait réellement été la première; Hippocrate avait dû trouver des exemples dans la Géométrie pythagoricienne, qui présentait déjà des démonstrations par l'absurde, et qui sans doute n'était pas astreinte à exposer directement la solution de tous les problèmes, en rejetant la marche d'invention, nécessairement *apagogique*, du moment où la question est un peu compliquée.

Nous touchons ici évidemment à l'invention de la méthode analytique que la tradition attribue à Platon. Il est douteux que cette tradition remonte effectivement à Eudème, mais elle doit déjà avoir été admise par Geminus; voici, au reste, le passage de Proclus sur ce sujet (p. 211, 14-212, 4).

« Pour l'invention des lemmes, le plus important est une disposition spéciale de l'intelligence; car on peut voir nombre de gens trouvant rapidement des solutions sans se servir de méthodes : tel nous avons connu Kratistos, si capable pour résoudre une question avec aussi peu de principes que possible, qui cependant ne s'aidait que de son naturel. Cependant on donne des méthodes; la plus belle est celle par l'analyse, qui ramène le cherché à un principe connu; c'est celle que Platon, à ce que l'on dit, fit connaître à Léodamas, et grâce à laquelle ce dernier est connu comme auteur de nombreuses découvertes en Géométrie. La seconde est la méthode de division, qui décompose en ses parties le genre proposé, et fournit un point de départ pour la démonstration de la construction du proposé, en éliminant les éléments étrangers; cette méthode a aussi été célébrée par Platon comme un utile auxiliaire dans toutes les sciences. En troisième lieu vient la méthode de

---

(1) Hippocrate était certes capable de ramener ce problème à une νεῦσις (inscription entre deux droites données d'une droite de longueur donnée et dont le prolongement passe par un point donné), ce qui est le principe de la solution de Nicomède par la conchoïde.

réduction à l'impossible, qui ne démontre pas directement la chose cherchée, mais réfute la contradictoire et arrive ainsi indirectement à la vérité. »

4. De même que les autres légendes que nous avons déja rencontrées sur le rôle de Platon comme géomètre, celle-ci doit nous inspirer une certaine défiance.

Tout d'abord, nous voyons, dans le passage de Proclus, la méthode analytique associée à une autre à laquelle le nom de Platon est également attaché. Mais il est clair que les classifications dichotomiques, telles que le philosophe en développe l'usage dans ses dialogues du *Sophiste* et du *Politique*, n'ont pas grand' chose à voir avec la Géométrie, et que la perfection des définitions ou l'ordre des théorèmes dans les éléments n'ont guère de liaison avec cette prétendue méthode de division.

Si, d'autre part, nous considérons la méthode analytique en elle-même, telle que nous la voyons pratiquée dans Apollonius et dans Pappus, nous n'y pouvons voir qu'une *apagoge* successive du problème posé à un autre, jusqu'à ce que l'on arrive à un problème connu; il nous est dès lors impossible de reconnaître en quoi, sur ce point, aurait consisté la découverte de Platon.

La réduction à l'absurde correspond naturellement, pour les théorèmes, à la marche apagogique pour les problèmes; cependant nous trouvons pour les théorèmes, par exemple dans les scholies sur le commencement du XIIIe Livre, des démonstrations par voie analytique; la relation à démontrer est supposée vraie et on la transforme successivement jusqu'à ce que l'on arrive à une relation admise dans l'énoncé. Serait-ce là l'invention de Platon?

Tel est, semble-t-il, le sens dans lequel il faut entendre ce qu'en dit Proclus : il parle, en effet, non de problèmes, mais de lemmes; le procédé dont il s'agit n'est nullement propre à l'invention; il sert, au contraire, naturellement pour la vérification et se trouve donc applicable à la démonstration des lemmes que l'on peut rencontrer admis par un auteur, sans que l'on en reconnaisse immédiatement la vérité. Mais cette question des lemmes n'a surgi que longtemps après Platon, et, en tout cas, l'importance de la découverte qu'on lui attribue se trouverait singulièrement restreinte.

Cependant l'introduction d'un personnage d'ailleurs aussi peu connu que Léodamas de Thasos [1] semble indiquer que cette légende est ancienne et qu'elle repose sur quelque fondement plausible. Mais si, comme il semble convenable, on recherche un tel fondement dans les écrits de Platon, on est conduit à une conjecture toute différente de celles qui précèdent.

Nulle part, Platon ne fait allusion à une méthode géométrique qu'il aurait inventée; mais il y a une méthode philosophique qu'il a décrite à la fin du livre VI de la *République*, et à laquelle tous ses disciples ont attaché une grande importance : remonter de l'hypothèse au principe non supposé; suivre la marche inverse du principe à l'hypothèse [2].

Nous retrouvons là l'opposition constante dans les démonstrations anciennes entre l'*analyse* et la *synthèse;* c'est par un singulier abus de langage que l'on appelle aujourd'hui *synthétiques* les démonstrations géométriques d'Euclide; il n'y a chez les anciens de *synthèse* que quand il y a eu *analyse*, que quand on recompose en ordre inverse la suite des propositions obtenues suivant la marche opposée [3].

Aujourd'hui, nous ne faisons plus de synthèses, parce qu'il est de règle de ne procéder en analyse que par conclusions immédiatement réversibles. Si A est vrai, B est vrai n'est employé que si l'on peut dire : B est vrai, donc A est vrai. Il est rare que les anciens aient été assez assurés de la pratique de leurs procédés pour se croire dispensés de faire la contre-épreuve, la synthèse après l'analyse [4].

---

[1] C'est à un Léodamas qu'est adressée la Lettre XI attribuée à Platon; il ne s'agit nullement de Géométrie, mais d'une constitution politique pour une colonie dont l'ami de Platon semble un des fondateurs. Le philosophe serait déjà vieux, ce qui n'est pas d'accord avec la chronologie du résumé historique de Proclus; le Socrate dont il est parlé dans la Lettre doit être Socrate le Jeune, dont parle Aristote (*Métaph.*, VI, 11); mais c'est peut-être un personnage fictif.

[2] Dans ce passage, Platon s'exprime d'ailleurs sur la Géométrie en termes qui ont pu servir de point de départ à la légende sur la méthode analytique, mais dont la signification est en réalité toute différente.

[3] Il est facile de se rendre compte que la marche d'Euclide ne suppose nullement, en thèse générale, une analyse préalable. Pour Archimède, la question peut être toute différente.

[4] Et encore, dans ce cas, ont-ils l'habitude, comme Diophante, d'indiquer que la synthèse reste à faire, mais qu'elle va de soi.

Ainsi, nous serions tentés de croire que l'œuvre de Platon aurait été de remarquer la convenance de la double marche et de régulariser ainsi, en lui donnant une complète rigueur logique, les procédés antérieurs d'une analyse incertaine et mal assurée. Mais la question reste trop douteuse pour qu'il soit possible de lui donner une solution précise.

5. J'aborde maintenant les recherches d'Hippocrate sur la quadrature du cercle, ou plutôt sur celle des lunules; mais je dois d'abord expliquer comment ces recherches nous ont été conservées.

Aristote parle, à diverses reprises, de la quadrature du cercle comme d'un problème non résolu; il distingue, parmi les fausses solutions données, deux sortes : les unes, purement sophistiques, s'attaquent aux principes mêmes de la Géométrie : telles sont celles d'Antiphon et de Bryson; il leur oppose celles qui, tout en respectant les principes de la Science, contiennent de faux raisonnements, comme celui d'Hippocrate ou la quadrature par les lunules (*Soph.*, *Elench.*, 11) ou bien encore la quadrature par les segments (*Phys.*, I, 2) (¹).

On doit encore remarquer un passage (*Analyt. prior.*, II, 25), où Aristote fait une allusion assez claire à un théorème d'Hippocrate, que nous verrons tout à l'heure.

« Ainsi (c'est un exemple d'*apagoge*), soit Δ la quadrature, E le rectiligne, Z le cercle; si entre E et Z il n'y avait qu'un seul intermédiaire, l'égalité à un rectiligne de la somme du cercle et de lunules, on serait près de la connaissance (²). »

Hippocrate avait, en effet, construit une lunule dont la somme avec un cercle est quarrable; Aristote veut dire que si c'était là le seul intermédiaire à chercher pour la quadrature du cercle, celle-ci serait obtenue; mais il en faudrait un second, à savoir la quadra-

---

(¹) Dès le vᵉ siècle, la quadrature du cercle était à Athènes un problème aussi célèbre que la duplication du cube; Aristophane (*Oiseaux*) met sur la scène l'astronome Méton proposant une solution (mécanique?).

(²) L'emploi de lettres arbitrairement choisies pour désigner des concepts, emploi dont on voit ici un exemple, est très fréquent dans Aristote; il n'en fallut pas moins deux mille ans avant que Viète introduisît cet emploi dans l'Algèbre.

ture de la lunule particulière en question; c'est là, du moins, ce qu'on doit supposer qu'il sous-entend (¹).

En tout cas, nous pouvons constater qu'Aristote connaît au moins un faux raisonnement, peut-être deux, conduisant à une prétendue quadrature du cercle par les lunules ou par les segments; le texte ajoute une fois le nom d'Hippocrate. Mais, pour accepter comme pleinement valable l'accusation ainsi lancée contre le géomètre de Chios, il faudrait être assuré :

1° Que cette mention d'Hippocrate vient bien d'Aristote lui-même et n'a pas été introduite dans le texte, dès une époque d'ailleurs très ancienne, à la suite d'une glose sans valeur, provoquée par le terme de *lunule;*

2° Qu'Aristote était incapable de faire une pareille accusation à la légère, sur un point qui n'avait pas d'importance pour lui, alors qu'il lui arrive assez souvent d'attribuer sciemment à Platon et à d'autres des erreurs qu'il réfute, mais dont ils ne sont nullement coupables.

6. Les commentateurs d'Aristote se sont préoccupés d'expliquer en quoi consistaient au juste les quadratures dont parle le Stagirite. Pour Antiphon, il n'y a guère de difficulté; partant du triangle équilatéral (Thémistius) ou de tout autre polygone régulier inscriptible dans le cercle (Simplicius), il doublait le nombre des côtés jusqu'à arriver, disait-il, à la coïncidence avec le cercle. On doit d'ailleurs supposer qu'il ne proposait nullement ce procédé au point de vue pratique, mais bien au point de vue théorique, et dès lors les critiques d'Aristote sont parfaitement justes (²).

Il convient de remarquer que Simplicius parle d'après Alexandre d'Aphrodisias, mais cite également Eudème; toutefois, comme il

(¹) Même ainsi, au reste, l'exemple est assez mal choisi; car, en réalité, il n'y a pas *apagoge* de la quadrature du cercle à celle de la lunule, puisque cette dernière quadrature est, dans le cas général, plus compliquée que celle du cercle.

(²) Antiphon paraît avoir été un sophiste athénien contemporain de Socrate, par conséquent d'Hippocrate de Chios; Bryson, fils d'Hérodore, d'Héraclée, appartient à la génération suivante: son enseignement semble avoir été voisin de celui des éristiques de Mégare; il a, d'autre part, composé des écrits moraux sur le modèle de ceux des Pythagoriciens de la même époque.

n'ajoute pas que c'est d'après l'*Histoire géométrique* de ce dernier, il faut entendre qu'il emprunte cette citation à un Commentaire sur la Physique d'Aristote. Ce Commentaire d'Eudème et celui d'Alexandre d'Aphrodisias, également perdu, forment en effet les deux sources principales auxquelles Simplicius emprunte le sien.

Pour Bryson, la question est moins claire; d'après Alexandre d'Aphrodisias, il inscrivait un carré dans le cercle et y circonscrivait un autre carré; puis il construisait un troisième carré intermédiaire entre les deux premiers et prétendait qu'il était égal au cercle, comme étant, en même temps que celui-ci, plus grand ou plus petit que les premiers carrés. Philopon rapporte que le maître de Proclus (Syrianus) rejetait l'assertion du commentateur du IIe siècle après J.-C., et il me paraît en effet difficile de la prendre au sérieux. Mais on n'a, pour cela, aucunement le droit de considérer Bryson comme un précurseur d'Archimède; car, quel que fût son raisonnement, il n'avait certainement aucune portée pratique. Peut-être même cherchait-il seulement à établir l'existence d'un certain carré équivalent au cercle.

Enfin, au sujet d'Hippocrate, Simplicius, dans son Commentaire sur la Physique d'Aristote, rapporte deux témoignages essentiellement différents : l'un d'Alexandre d'Aphrodisias, l'autre tiré de l'*Histoire géométrique d'Eudème*.

L'édition d'Alde Manuce (1526) est si incorrecte pour le fragment d'Eudème que, malgré son importance capitale, il a été négligé jusqu'à Bretschneider; tous les historiens antérieurs ont donc admis ce que rapportait Alexandre d'Aphrodisias : Hippocrate aurait quarré la lunule, dont l'arc extérieur est de 180°, l'intérieur de 90°; il aurait ensuite prétendu quarrer le cercle comme suit :

Si l'on partage une demi-circonférence de rayon R en trois parties égales, et que, sur les cordes égales au rayon, on décrive des demi-circonférences extérieures, on obtiendra trois lunules telles que, si on leur ajoute un demi-cercle de diamètre R, la somme sera égale au demi-hexagone inscrit dans le demi-cercle de rayon R. La quadrature du demi-cercle de diamètre R est donc ramenée à celle de la lunule, et cette dernière est supposée quarrable. L'erreur consiste en ce que, dans cette figure, la lunule a son arc intérieur de 60° seulement et n'est donc aucunement assimilable à la lunule déjà quarrée. Ce serait là le faux raisonnement auquel Aristote fait allusion.

7. Bretschneider (1870) parvint le premier à expliquer convenablement l'extrait d'Eudème conservé par Simplicius, et par reconnaître qu'aucun paralogisme n'y est attribué à Hippocrate; qu'au contraire on trouve dans cet extrait une suite de théorèmes aussi intéressants qu'irréprochables.

Quoique le document ne remonte pas à Hippocrate lui-même, il n'en serait pas moins inappréciable pour permettre de juger des connaissances géométriques de son époque, si malheureusement Simplicius, sous prétexte d'éclaircir un texte trop concis, ne s'était pas avisé d'y introduire des explications de son cru et de malencontreux développements, qui le défigurent singulièrement. La restitution du texte d'Eudème devient dès lors assez difficile pour que Bretschneider ait été entraîné à de graves erreurs, notamment à dénier à Hippocrate la connaissance de la propriété caractéristique des segments semblables, à savoir que tous les angles inscrits y sont égaux.

M. Allman (*Hermathena,* IV, n° 7, p. 196-202; 1881) a, le premier, donné une traduction du texte d'Eudème, en le débarrassant des interpolations de Simplicius, d'après des règles dont l'application peut être discutée dans les détails, mais dont les principes sont hors de conteste. L'année suivante (Berlin, 1882) paraissait l'édition critique du Commentaire de Simplicius sur les quatre premiers Livres de la Physique d'Aristote, avec un texte singulièrement amélioré et un essai de distinction des interpolations dans le fragment d'Eudème (p. 61-68). Pour cette distinction, le savant éditeur, H. Diels, s'était aidé des lumières de M. Usener de Bonn, qui, en procédant suivant des principes analogues à ceux de M. Allman, est arrivé à des résultats concordants sur divers points, divergents sur d'autres. M. Diels a, d'autre part, inséré dans sa Préface, à la suite de remarques de M. Usener (p. XXIII-XXVI), quelques pages (XXVI-XXXI) d'observations critiques qu'il m'avait demandées, et dans lesquelles, tout en proposant des explications ou des corrections particulières pour certains passages obscurs, j'ai soutenu une partie des conclusions de M. Allman, en abandonnant les autres.

J'ai repris depuis la question dans les *Mémoires de la Société des Sciences physiques et naturelles de Bordeaux* (V_2, p. 179-187; 1883), où j'ai publié le texte d'Eudème tel que je le comprenais, accompagné d'une traduction et des observations nécessaires. Enfin, M. Heiberg (*Philologus*, XLIII, 2, p. 337-344) a soumis ma restitution à une critique détaillée et proposé ses opinions sur divers points spéciaux.

La question ne peut évidemment être considérée comme épuisée; mais les lignes générales de la restitution sont désormais facilement assurées. S'il m'a paru, au reste, utile d'en rappeler l'historique, je crois sans intérêt de rentrer ici dans la controverse particulière; je vais donc me contenter d'exposer dans le langage moderne la théorie que renferme le texte en question; je ferai seulement deux remarques préalables.

Autant qu'on en peut juger, la forme des démonstrations d'Hippocrate était déjà, à très peu près, celle d'Euclide; il n'ignorait d'ailleurs aucun des théorèmes fondamentaux sur le cercle, fait d'autant plus important à constater que, pour cette théorie, nous avons moins de données relatives aux connaissances des Pythagoriciens.

Il avait démontré la proportionnalité des surfaces des cercles aux carrés des rayons et des surfaces de segments semblables aux carrés des cordes; malheureusement, nous ignorons si son principe de démonstration contenait, en germe, la méthode d'exhaustion, dont l'invention doit donc être laissée à Eudoxe.

8. Du théorème sur les surfaces des segments découle immédiatement le principe de la quadrature des lunules.

Si l'arc extérieur est à l'intérieur dans un rapport de similitude $\frac{m}{n}$, qu'on divise le premier en m, le second en n parties égales, et qu'on joigne dans chaque arc les points de division voisins (y compris les extrêmes), on retranchera ainsi de la lunule m segments, on en ajoutera n, et l'on passera ainsi au rectiligne formé par les cordes.

Ce rectiligne sera donc équivalent à la lunule, si les n segments ajoutés forment une surface égale à celle des m segments retranchés. Comme d'ailleurs tous ces segments sont semblables entre eux, il faudra donc que les carrés des cordes qui divisent les arcs extérieur et intérieur (ou bien ceux des rayons de ces arcs) soient entre eux dans le rapport $\frac{n}{m}$.

Pour que la lunule soit réellement quarrable, il faut, en outre, que la figure puisse être construite avec la règle et le compas, ce qui a lieu pour cinq valeurs déterminées de $\frac{m}{n}$, à savoir $\frac{2}{1}$, $\frac{3}{1}$, $\frac{3}{2}$, $\frac{5}{1}$, $\frac{5}{3}$; il y a donc cinq lunules quarrables.

D'après Eudème, Hippocrate a donné la quadrature des trois premières, et le fait qu'il passe de la deuxième à la troisième, et non à celle pour laquelle $\frac{m}{n} = \frac{4}{1}$, montre suffisamment qu'il se proposait effectivement de construire les lunules, et, quoique Eudème n'ait pas conservé ces constructions, sauf pour la première, quoiqu'il ait seulement ramené les autres à des problèmes déterminés, on ne doit pas douter qu'Hippocrate n'ait résolu ces problèmes ; le premier est en fait assez simple, le second suppose la solution géométrique de l'équation du second degré ; mais nous avons admis que cette solution était déjà connue des Pythagoriciens.

Dans un quatrième théorème, Hippocrate a construit une lunule dont la somme avec un cercle se trouve quarrable.

Le cercle ayant R pour rayon, l'arc extérieur de la lunule est de 120° et son rayon $R\sqrt{6}$, l'arc intérieur est de 60° ; la somme quarrable est égale au triangle maximum inscrit dans l'arc extérieur, plus l'hexagone inscrit dans le cercle [1].

---

(1) Il est facile de voir que le triangle en question se trouve lui-même équivalent à l'hexagone.

La solution d'Hippocrate peut être facilement généralisée.

Soient $\frac{2\pi r}{m}$ l'arc extérieur, $\frac{2\pi R}{n}$ l'arc intérieur qu'on supposera être tous deux des fractions de la circonférence susceptibles d'être obtenues avec la règle et le compas; soit ρ le rayon du cercle à ajouter; on le construira d'après la relation

$$\rho^2 = \frac{R^2}{n} - \frac{r^2}{m}.$$

Si l'on a

$$\frac{r^2}{m} - \frac{R^2}{n} > 0 \quad \text{et} \quad = \rho'^2,$$

c'est l'excès de la lunule sur le cercle du rayon ρ' qui sera quarrable.

9. En présence du témoignage d'Eudème, celui d'Alexandre d'Aphrodisias perd toute valeur; on doit cependant se demander quelle peut en être l'origine, et, d'autre part, à quelle fausse quadrature Aristote a pu faire allusion.

MM. Allman et Heiberg maintiennent encore que cette fausse quadrature peut être imputée à Hippocrate.

Le premier admet que ce dernier, élève des Pythagoriciens, aura publié, sans les bien comprendre, des travaux dus à ses maîtres, et qu'il aura pu, dès lors, y ajouter le paralogisme rapporté par Alexandre d'Aphrodisias.

Le second distingue deux fausses quadratures visées par Aristote : l'une, par les lunules, serait celle rapportée par Alexandre; l'autre, celle d'Hippocrate, ou par les segments, dériverait du dernier théorème développé par Eudème, et auquel Aristote, ainsi qu'on l'a vu, fait allusion ailleurs (*Analyt. prior.*, II, 25); l'erreur aurait encore consisté à prendre comme quarrable la lunule qui figure dans ce dernier théorème, quoiqu'elle diffère, essentiellement et à première vue, de chacune des trois lunules d'Hippocrate.

Cette conjecture d'Heiberg me paraît assez plausible, sauf pour ce qui concerne l'attribution du paralogisme à Hippocrate; car la mention de son nom par Aristote ne me paraît nullement, ainsi que je l'ai fait voir, constituer une preuve irrécusable. Je ne crois pas non plus qu'Hippocrate ait eu des Pythagoriciens pour maîtres, ou je ne vois pas de raison sérieuse pour supposer que le disciple n'ait pas égalé ses professeurs anonymes.

L'exemple de Grégoire de Saint-Vincent prouve certainement qu'un géomètre de valeur peut se laisser entraîner à des paralogismes dans la recherche d'un problème tel que celui de la quadrature du cercle; mais encore on ne peut admettre un paralogisme grossier et, d'autre part, conduisant à des conséquences dont l'inexactitude crève les yeux.

Si un véritable géomètre a cru pouvoir tirer de la théorie des lunules une quadrature du cercle, il a dû effectuer la construction; or, si l'un des paralogismes que nous avons vus conduisait à une valeur de π comprise entre 3 et $3\frac{1}{3}$ (limites pratiquement reconnues avant Archimède, d'après Aristarque de Samos), nous pourrions peut-être croire qu'Hippocrate, après avoir commis ce paralogisme, ne l'aurait pas reconnu. Mais que dire, quand les prétendues quadratures nous amènent pour π à des valeurs voisines de 4 ou dépassant ce nombre?

Aucun géomètre n'a jamais pu s'y laisser prendre; il n'y a jamais eu là que des sophismes d'école, analogues à tant d'autres plaisanteries rapportées par Aristote, et dont la tradition s'est perpétuée jusqu'à nous, même en Géométrie. Il est possible d'ailleurs qu'Euclide ait conservé un de ces sophismes dans ses Ψευδάρια, qu'Alexandre d'Aphrodisias connaissait encore, et dont il aura pu le tirer, en croyant y retrouver celui que le texte d'Aristote attribuait à Hippocrate.

Mais ce dernier doit être hautement reconnu comme bien au-dessus de cette accusation, et, loin de voir dans son dernier théorème une tentative d'arriver à la quadrature du cercle par celle des lunules, il faut y constater la conscience très nette de ce fait que la quadrature générale des lunules dépend de celle du cercle et, les cas singuliers mis à part, ne peut être obtenue directement.

QUE DE L'ÉCOLE DES HAUTES ÉTUDES,
LES AUSPICES DU MINISTÈRE DE L'INSTRUCTION PUBLIQUE.

BULLETIN

DES

ES MATHÉMATIQUES,

R MM. G. DARBOUX, J. HOÜEL ET J. TANNERY,

AVEC LA COLLABORATION DE

BATTAGLINI, BELTRAMI, BOUGAIEFF, BROCARD, BRUNEL,
, CH. HENRY, G. KOENIGS, LAISANT, LAMPE, LESPIAULT, S. LIE,
RRE, MOLK, POTOCKI, RADAU, RAYET, RAFFY, S. RINDI,
OUTE, P. TANNERY, EM. ET ED. WEYR, ZEUTHEN, ETC.

IRECTION DE LA COMMISSION DES HAUTES ÉTUDES.

DEUXIÈME SÉRIE.

TOME X. — OCTOBRE 1886.

(TOME XXI DE LA COLLECTION.)

PARIS,

-R-VILLARS, IMPRIMEUR-LIBRAIRE
S LONGITUDES, DE L'ÉCOLE POLYTECHNIQUE,
SUCCESSEUR DE MALLET-BACHELIER,
Quai des Augustins, 55.

1886

Ce Recueil paraît chaque mois.

La Rédaction du *Bulletin*, dans l'intérêt de la régularité de la publication et d'une bonne correction des épreuves, et, plus encore, en vue d'épargner à l'Imprimerie des frais considérables autant qu'inutiles de remaniements, prie instamment ses collaborateurs d'apporter toujours le plus grand soin possible dans l'exécution matérielle de leurs manuscrits, surtout en ce qui concerne les formules mathématiques et la transcription des noms propres. Il est à désirer que la disposition ... conforme à celle qui a été adoptée une fois pour toutes dans les livraisons déjà publiées de la 2e Série du Recueil. Par exemple, dans la ... *Mémoires*, le titre de chaque travail analysé dans ...

COMPTES RENDUS ET ANALYSES.

Formeln und Lehrsätze zum Gebrauche der Elliptischen Functionen. Rédigées et publiées par M. *H.-A. Schwarz* d'après les Leçons et les notations de M. le professeur *K. Weierstrass*. Göttingue, 1885 (10 feuilles in-4°).

Dans un chapitre de l'Analyse aussi riche en formules et en applications que l'est la théorie des fonctions elliptiques, la multiplicité des notations est un grave inconvénient, que les géomètres ont depuis longtemps ressenti. On ne pouvait que désirer qu'un mathématicien illustre proposât au monde savant et appuyât de l'autorité de ses propres découvertes un système de notations où l'arbitraire n'eût d'autre part que la recherche de l'élégance et de la simplicité. M. Weierstrass, dans son Cours de l'Université de Berlin, a entrepris cette œuvre, et M. Schwarz a bien voulu se charger de réunir dans un même tableau les notations, les formules et l'enchaînement des propositions, qui sont le fond de l'enseignement de l'éminent professeur de Berlin. M. Schwarz a supprimé la plupart des démonstrations; son but est surtout de présenter dans un ordre logique une suite d'énoncés et de formules.

Le point de départ est dans l'étude des fonctions $\varphi(u)$ qui possèdent un théorème d'addition algébrique, c'est-à-dire qui sont telles qu'une relation algébrique existe entre $\varphi(u)$, $\varphi(v)$ et $\varphi(u+v)$. Si l'on se borne à celles de ces fonctions qui sont *uniformes* dans tout le plan, on trouve que ces fonctions doivent être des fonctions rationnelles ou bien des fonctions périodiques. Elles peuvent dans ce dernier cas être *simplement* ou *doublement* périodiques. En s'en tenant aux fonctions uniformes doublement périodiques qui n'ont d'autre singularité essentielle que l'infini, M. Weierstrass leur donne le nom de *fonctions elliptiques*. On définit les *couples primitifs* de périodes, les *couples* de périodes *équivalents* et les *parallélogrammes* de périodes; la notion du *degré* d'une fonction elliptique étant acquise, on montre que toute fonction elliptique est au moins du second degré.

Laissant alors de côté ces considérations générales, on entreprend de construire *a priori*, et de la façon la plus simple, une fonction elliptique du plus petit degré possible et par conséquent du second.

Pour cela, M. Weierstrass part de la fonction $\sigma(u)$,

$$\sigma(u) = u \prod_w{}' \left(1 - \frac{u}{w}\right) e^{\frac{u}{w} + \frac{1}{2}\frac{u^2}{w^2}};$$

dans cette formule, qui définit $\sigma(u)$ par ses facteurs primaires, on suppose que w parcourt toute la série des valeurs de la forme $2\mu\omega + 2\mu'\omega'$, où μ et μ' sont deux entiers de signe quelconque, et ω, ω' deux constantes imaginaires; le signe *prime,* dont est affectée la caractéristique $\prod$, avertit que la valeur $w = 0$ doit être exclue. Ajoutons qu'on établit entre ω et ω' une distinction, importante par la suite, consistant en ce que l'on suppose positive la partie réelle de $\frac{\omega'}{\omega i}$, ce que M. Weierstrass exprime ainsi :

$$\mathfrak{R}\left(\frac{\omega'}{\omega i}\right) > 0.$$

On fait suivre ces définitions par l'exposé des propriétés de la fonction σ et de sa dérivée logarithmique, notamment en ce qui concerne le développement de ces fonctions, soit en sommes de puissances de u, soit en produits de fonctions trigonométriques.

Les coefficients de ces divers développements sont des polynômes entiers de deux constantes g_2, g_3, qui dépendent de ω, ω' et qui portent le nom caractéristique d'*invariants.* On a

$$g_2 = 2^2.3.5 \sum_w{}' \frac{1}{w^4}, \qquad g_3 = 2^2.5.7 \sum_w{}' \frac{1}{w^6};$$

la quantité w est, comme précédemment, de la forme $2\mu\omega + 2\mu'\omega'$, et le signe *prime,* qui affecte les sommes, avertit de l'exclusion de la valeur $w = 0$.

A ces éléments importants g_2 et g_3 se joignent les suivants

$$h = e^{\frac{\omega'}{\omega} i\pi}, \qquad \omega'' = \omega + \omega',$$

$$\eta = \frac{\sigma'(\omega)}{\sigma(\omega)}, \qquad \eta' = \frac{\sigma'(\omega')}{\sigma(\omega)}, \qquad \eta'' = \frac{\sigma'(\omega'')}{\sigma(\omega'')},$$

qui interviennent dans les formules fondamentales

$$\sigma(u+2\omega) = -e^{2\eta(u+\omega)}\sigma(u),$$
$$\sigma(u+2\omega') = -e^{2\eta'(u+\omega')}\sigma(u),$$
$$\sigma(u+2\bar{\omega}) = \mp e^{2\bar{\eta}(u+\bar{\omega})}\sigma(u).$$

Dans cette dernière formule on a posé, p et q étant deux entiers,

$$\bar{\omega} = p\omega + q\omega', \qquad \bar{\eta} = p\eta + q\eta',$$

et l'on doit prendre le signe inférieur ou supérieur, suivant que $\sigma(\bar{\omega})$ est nul ou non. On aura remarqué que la quantité h est celle que Jacobi appelle q.

Les résultats précédents conduisent aisément à des formules analogues pour la fonction $\frac{\sigma'(u)}{\sigma(u)}$.

Voici maintenant la fonction doublement périodique que M. Weierstrass déduit de la fonction σ. L'éminent géomètre appelle $p(u)$ la fonction

$$p(u) = -\frac{d^2 \log \sigma(u)}{du^2}.$$

Cette fonction est doublement périodique, du second degré, et admet un pôle double dans chaque parallélogramme, à savoir la valeur congruente à zéro.

On trouve pour $p(u)$ ce développement simple

$$p(u) = \frac{1}{u^2} + \frac{g_2}{2^2.5}u^2 + \frac{g_3}{2^2.7}u^4 + \frac{g_2^2}{2^4.3.5}u^6 + \ldots.$$

La fonction $p(u)$ est paire, et pour les coefficients des puissances de u il existe une loi simple de récurrence; ces coefficients ne cessent pas d'être des polynômes entiers en g_2 et g_3 dans tout le cours du développement.

La fonction $p(u)$ vérifie l'équation différentielle

$$p'^2(u) = 4p^3(u) - g_2 p(u) - g_3,$$

et l'on est ainsi conduit à introduire trois nouvelles quantités e_1, e_2, e_3, racines du polynôme du troisième degré qui figure au second membre.

On trouve que

$$e_1 = p(\omega), \qquad e_2 = p(\omega''), \qquad e_3 = p(\omega').$$

Les relations entre e_1, e_2, e_3 et g_2, g_3 sont du reste évidentes.

De la relation

$$p(u) - p(v) = -\frac{\sigma(u+v)\sigma(u-v)}{\sigma^2(u)\sigma^2(v)}$$

on tire, par la différentiation logarithmique, des formules d'addition pour la fonction $\frac{\sigma'(u)}{\sigma(u)}$, desquelles on passe ensuite à des formules du même genre pour la fonction $p(u)$.

Pour compléter l'intérêt qui s'attache aux fonctions σ et p, il reste à montrer que ces fonctions suffisent pour la représentation d'une fonction elliptique du degré r, quelconque. Il suffit pour cela de démontrer d'abord que, φ étant une telle fonction, on peut toujours trouver les $2r+1$ quantités $u_1, u_2, \ldots, u_r$; $v_1, v_2, \ldots, v_r$, C, de telle sorte que l'on ait

$$\varphi(u) = C\frac{\sigma(u-u_1)\sigma(u-u_2)\ldots\sigma(u-u_r)}{\sigma(u-v_1)\sigma(u-v_2)\ldots\sigma(u-v_r)};$$

entre les u et les v doit avoir lieu la relation

$$u_1 + u_2 + \ldots + u_r = v_1 + v_2 + \ldots + v_r.$$

En envisageant, par exemple, la fonction

$$\varphi(u_0, u_1, \ldots, u_n) = \begin{vmatrix} 1 & p(u_0) & p'(u_0) & \ldots & p^{(n-1)}(u_0) \\ 1 & p(u_1) & p'(u_1) & \ldots & p^{(n-1)}(u_1) \\ \cdot & \ldots & \ldots & \ldots & \ldots \\ 1 & p(u_n) & p'(u_n) & \ldots & p^{(n-1)}(u_n) \end{vmatrix},$$

et la considérant successivement comme une fonction de u_0, $u_1, \ldots, u_n$, on arrive à cette formule remarquable

$$\varphi(u_0, u_1, \ldots, u_n) = (-1)^{\frac{n(n-1)}{2}} 1!\,2!\,3!\ldots!\,n!\,\frac{\sigma(u_0+u_1+\ldots+u_n)\Pi_{\lambda,\mu}\sigma(u_\lambda - u_\mu)}{\sigma^{n+1}(u_0)\sigma^{n+1}(u_1)\ldots\sigma^{n+1}(u_n)},$$

où $\lambda < \mu$ et $\left.\begin{matrix}\lambda\\ \mu\end{matrix}\right\} = 0, 1, 2, \ldots, n.$

Cette fonction φ conduit à une autre forme de représentation des fonctions elliptiques, où figure seulement la fonction p, avec ses dérivées.

On établit ensuite ce théorème et les remarques auxquelles il donne lieu :

Toute fonction elliptique $\varphi(u)$, aux périodes 2ω, $2\omega'$, s'exprime rationnellement en fonction de $p(u)$ et de sa dérivée $p'(u)$ et, inversement, $p(u)$ peut être exprimée rationnellement à l'aide de $\varphi(u)$ et de $\varphi'(u)$.

On continue ce qui a trait à la représentation des fonctions elliptiques au moyen des fonctions σ et p, en exposant celle de la fonction $\frac{\sigma(nu)}{\sigma^{nn}(u)}$, ce qui conduit à des formules pour la multiplication. On termine enfin cette question en donnant la représentation d'une fonction elliptique à l'aide de la fonction $\frac{\sigma'(u)}{\sigma(u)}$ et de ses dérivées. La formule que l'on obtient offre la plus grande analogie avec celle que l'on doit à M. Hermite. Cette forme de la représentation fournit immédiatement l'intégrale d'une fonction elliptique quelconque.

Les développements précédents n'avaient trait qu'aux fonctions $\sigma(u)$, $\frac{\sigma'(u)}{\sigma(u)}$, $p(u)$, considérées en elles-mêmes, ou comme éléments simples de la théorie des fonctions elliptiques. On leur adjoint maintenant trois nouvelles fonctions

$$\sigma_1(u) = e^{-\eta u}\frac{\sigma(u+\omega)}{\sigma(\omega)},$$

$$\sigma_2(u) = e^{-\eta'' u}\frac{\sigma(u+\omega'')}{\sigma(\omega'')},$$

$$\sigma_3(u) = e^{-\eta' u}\frac{\sigma(u+\omega')}{\sigma(\omega')},$$

qui sont des fonctions holomorphes ainsi que $\sigma(u)$. On a les relations

$$p(u) - e_1 = \left[\frac{\sigma_1(u)}{\sigma(u)}\right]^2,$$

$$p(u) - e_2 = \left[\frac{\sigma_2(u)}{\sigma(u)}\right]^2,$$

$$p(u) - e_3 = \left[\frac{\sigma_3(u)}{\sigma(u)}\right]^2.$$

Les développements de ces fonctions σ, les formules résultant d'un accroissement de l'argument égal à une demi-période, les relations quadratiques qui relient les mêmes fonctions et enfin les équations différentielles du premier ordre que vérifient leurs quotients offrent une transition entre la théorie de M. Weierstrass et celle de Jacobi. C'est à ce sujet capital que sont consacrés la plupart des paragraphes qui suivent. Nous ne pouvons malheureusement entrer dans de trop grands détails sur ce sujet dont la substance est faite de formules. Citons du moins les titres des paragraphes :

Identification des quotients de fonctions σ avec les fonctions elliptiques de Jacobi.

Détermination d'un couple primitif de périodes de la fonction $p(u)$ à l'aide des quantités K, K'.

Détermination des radicaux qui figurent dans les formules de transformation des fonctions σ, dans le cas d'un couple spécial de périodes.

Détermination des quantités $\frac{\sigma'(\omega_1)}{\sigma(\omega_1)}$, $\frac{\sigma'(\omega_3)}{\sigma(\omega_3)}$ à l'aide des deux quantités E et E'.

Représentation des fonctions $\sigma(u)$, $\sigma_1(u)$, $\sigma_2(u)$, $\sigma_3(u)$ par des produits infinis.

Détermination, à l'aide de produits infinis, des radicaux qui figurent dans les formules de transformation des fonctions σ.

Les radicaux dont il s'agit sont $\sqrt{e_2-e_3}$, $\sqrt{e_1-e_3}$, $\sqrt{e_1-e_2}$, les quotients du premier et du troisième par le second représentant les modules k et k'. Les produits infinis à l'aide desquels on les exprime sont

$$h_0=(1-h^2)(1-h^4)(1-h^6)\ldots,\qquad h_1=(1+h^2)(1+h^4)(1+h^6)\ldots,$$
$$h_2=(1+h)\ (1+h^3)(1+a^5)\ldots,\qquad h_3=(1-h)\ (1-h^3)(1-h^5)\ldots$$

et on a les formules

$$h_1 h_2 h_3=1,$$

$$\sqrt{e_2-e_3}=\frac{\pi}{2\omega}4h^{\frac{1}{2}}h_0^2h_1^4,\qquad \sqrt{e_1-e_3}=\frac{\pi}{2\omega}h_0^2h_2^4,\qquad \sqrt{e_1-e_2}=\frac{\pi}{2\omega}h_0^2h_3^4,$$

qui, en se rappelant que h est la quantité appelée q par Jacobi, conduisent immédiatement aux relations capitales établies par cet illustre géomètre entre les modules et le rapport des périodes.

On traite ensuite les questions suivantes :

Passage d'un couple de périodes primitif à un autre équivalent;

Introduction des fonctions Θ. Expression des quatre fonctions σ à l'aide des fonctions $\vartheta(v, \tau)$ et $\Theta(u \mid \bar{\omega}, \bar{\omega}')$.

On rappelle à ce sujet la notation $\theta_{\mu,\nu}(x)$ de M. Hermite et ses affinités avec la notation ϑ de Jacobi.

Formules de transformation pour les fonctions ϑ.

Transformations linéaires des fonctions thêta.

Théorème d'addition pour les fonctions σ et Θ.

Les fonctions $E(u)$, $Z(u)$, $\Omega(u)$, $\Theta(u)$, $H(u)$, $\Pi(u, a)$ de Jacobi.

Développements de K, K′, h suivant les puissances du module k.

Développement de la quantité h suivant les puissances de la quantité l.

Cette quantité l n'est autre que $\frac{1-\sqrt{k'}}{1+\sqrt{k'}}$.

Passage d'un couple primitif de périodes $(2\omega_\lambda, 2\omega_\nu)$ aux couples $(2\omega_\nu, -2\omega_\lambda)$, $(2\omega_\lambda, 2\omega_\nu \pm 2\omega_\lambda)$.

Formules pour le calcul des périodes et l'expression des fonctions σ par les séries ϑ dans le cas d'invariants réels.

Calcul de la valeur de u qui correspond à une valeur donnée de $\wp(u)$ ou de $\wp'(u)$. La même question est reprise à part dans le cas spécial des invariants réels.

Le fascicule paru, qui contient dix feuilles, se termine par l'application des fonctions elliptiques à la représentation conforme sur un demi-plan de la surface d'un rectangle et de quelques autres contours.

Les géomètres sauront gré à M. Schwarz d'avoir réuni en quelques pages les notations et les méthodes si précieuses de M. Weierstrass, et nous ne pouvons que souhaiter de le voir mener à bonne fin une œuvre aussi utile. G. K.

C. RIQUIER. — Extension a l'hyperespace de la méthode de M. Carl Neumann pour la résolution de problèmes relatifs aux fonctions de variables réelles qui vérifient l'équation différentielle $\Delta F = 0$. — Thèse présentée à la Faculté des Sciences de Paris; Paris, A. Hermann, 1886. In-4°, 111 p.

Depuis longtemps déjà, les théories de la Mécanique rationnelle et de la Physique mathématique ont conduit les géomètres à l'étude des fonctions de variables réelles qui vérifient l'équation différentielle

$$\frac{\partial^2 F}{\partial x^2} + \frac{\partial^2 F}{\partial y^2} + \frac{\partial^2 F}{\partial z^2} = 0.$$

Les recherches se poursuivent dans la voie ouverte par Laplace, Green, Gauss, Thomson, Dirichlet et Riemann, et parmi les travaux remarquables publiés sur ce sujet depuis quelques années il faut citer au premier rang ceux de M. Carl Neumann (*Untersuchungen ueber das Logarithmische und Newton'sche Potential*, Leipzig, 1877). L'éminent géomètre s'est occupé des problèmes auxquels donnent lieu les fonctions dont il s'agit, lorsqu'on les assujettit à prendre des valeurs données sur une surface fermée, et il est parvenu à les résoudre dans des cas extrêmement étendus par une méthode fort élégante. Préoccupé surtout des applications physiques de ses théories, M. Neumann n'a pas cherché à les étendre au cas d'un nombre quelconque de variables. M. Riquier s'est proposé principalement de faire voir qu'elles subsistent, indépendamment de ce nombre, et qu'elles s'appliquent, avec les mêmes restrictions, aux surfaces fermées de l'espace à n dimensions.

Après quelques explications indispensables sur ce que l'on nomme l'*espace à n dimensions*, M. Riquier expose rigoureusement dans le premier Chapitre les propriétés générales des fonctions de n variables réelles qui vérifient l'équation différentielle

$$\Delta F = \frac{\partial^2 F}{\partial x^2} + \frac{\partial^2 F}{\partial y^2} + \ldots + \frac{\partial^2 F}{\partial t^2} = 0.$$

Il étend également à un nombre quelconque de variables la définition des fonctions *régulières à l'infini*, envisagées pour la première fois par W. Thomson ([1]), ainsi que la notion analytique de *masse*, déduite de leur considération. Il établit enfin trois théorèmes, dont chacun a pour but de faire voir qu'il ne peut exister plus d'une fonction satisfaisant à certaines conditions, variables d'un théorème à l'autre, et que nous ferons connaître dans un instant. Ces théorèmes conduisent naturellement à rechercher s'il existe effectivement une fonction satisfaisant à toutes les conditions indiquées par l'un ou par l'autre de leurs énoncés, et ainsi se trouvent posés les trois problèmes si importants résolus par M. Carl Neumann pour l'espace à trois dimensions. Dans le premier problème (principe de Dirichlet), on cherche une fonction finie et continue, ainsi que ses dérivées partielles, à l'intérieur d'une surface fermée, vérifiant l'équation différentielle $\Delta F = 0$, et prenant sur la surface des valeurs données qui forment un ensemble continu. Dans le second problème, on considère, au lieu de l'espace intérieur, l'espace extérieur à la surface fermée, et on ajoute aux données précédentes la valeur de la fonction à l'infini. Enfin le dernier problème présente avec le second cette différence : c'est que la fonction cherchée est assujettie à être régulière à l'infini, et que la masse de la fonction est donnée, au lieu de sa valeur à l'infini.

L'auteur expose ensuite les propriétés d'une intégrale remarquable, considérée par M. Neumann, et dont l'étude préalable est de la plus haute importance (Chapitre II); puis il aborde la belle méthode de la *moyenne arithmétique* (Chapitre III), applicable à toute surface convexe *non biétoilée*, c'est-à-dire à toute surface convexe d'une nature telle qu'il soit impossible d'assigner dans l'espace à n dimensions deux points fixes par l'un ou l'autre desquels passe nécessairement tout plan tangent. L'auteur, en étendant à l'hyperespace les recherches de M. Neumann, s'efforce de faire ressortir bien nettement la nécessité de ces restrictions, posées par l'éminent géomètre, et de mettre partout en pleine lumière la rigueur parfaite dont sa méthode est alors susceptible. Enfin il indique brièvement les quelques différences que présente avec le cas général celui des fonctions de *deux* variables.

([1]) *Handbuch der theoretischen Physik*, von Thomson und Tait; deutsche Uebersetzung von Helmholtz und Wertheim; erster Band, erster Theil, p. 156 et suivantes.

Le Chapitre IV traite du cas particulier de la sphère dans l'espace à n dimensions. L'auteur en donne deux solutions directes, en combinant les propriétés de l'intégrale de M. Neumann, tantôt avec celles du potentiel, tantôt avec le théorème de Thomson, préalablement généralisé, sur la transformation par rayons vecteurs réciproques. Il retrouve de cette manière et il étend à l'hyperespace des résultats auxquels on était arrivé par une autre voie pour l'espace à deux et à trois dimensions.

Enfin, le Chapitre V est consacré à l'exposition d'une méthode fondée en grande partie sur les propriétés de l'intégrale de M. Neumann, et à l'aide de laquelle l'auteur résout le problème *intérieur* dans quelques cas spéciaux de l'espace à n dimensions auxquels la méthode de la moyenne arithmétique n'est pas applicable. Citons entre autres le cas du parallélépipède rectangle.

CAPELLI (A.), GARBIERI (G.). — CORSO DI ANALISI ALGEBRICA. Volume primo : *Teorie introduttorie*. 1 vol. in-8°; 511 p. Padoue, Sachetto, 1886.

Il est difficile aujourd'hui à celui qui veut écrire un traité un peu étendu sur une partie des Mathématiques de rester toujours dans le même ordre d'idées ; le développement de la Science ne se fait pas en ligne droite ; les diverses théories s'embranchent et se mêlent, et, pour arriver à un point quelque peu éloigné du point de départ, il est nécessaire d'aller dans bien des directions différentes.

L'étonnement que le lecteur ne peut manquer d'éprouver en rencontrant dans le volume dont nous rendons compte des sujets aussi différents que ceux qui y sont traités cessera s'il se dit que les auteurs ont voulu sans doute écrire un traité quelque peu développé d'Analyse algébrique, et le sous-titre du volume *Teorie introduttorie* justifie suffisamment l'assemblage des matières assez hétérogènes qui s'y rencontrent.

L'Ouvrage commence par l'introduction de la notion de nombre irrationnel, dans toute sa généralité. Cette introduction, faite dans le sens des idées de M. Dedekind, m'a paru simple et rigoureuse. Sans doute, on peut dire que cette notion générale dépasse le champ de l'Algèbre; mais, là-même, elle est assurément d'un emploi commode; d'ailleurs, l'ensemble de choses, assez mal défini, que l'on entend sous le nom d'*Analyse algébrique*, s'étend au delà des limites de la pure Algèbre et comporte des notions transcendantes : telle est sans doute la pensée de MM. Capelli et Garbieri, puisque, dès le début, ils introduisent les exposants irrationnels et les logarithmes. La notion de nombre une fois généralisée, l'introduction de la notion de limite ne souffre pas de difficulté; les auteurs établissent la proposition de Cauchy relative à la condition nécessaire et suffisante pour qu'une suite infinie

$$u_1, \ u_2, \ \ldots, \ u_n, \ \ldots$$

admette une limite, et fondent, sur ce théorème, une théorie des séries, qui est d'ailleurs limitée aux propositions fondamentales.

Ils introduisent ensuite la notion de nombre complexe : cette introduction me semble laisser quelque obscurité; nous introduirons, disent-ils, « un nombre qui s'appellera *unité imaginaire*, qui s'indique par la lettre i, et qui satisfait par définition à l'équation

$$i^2 = -1 \text{ »}$$

Je ne crois pas qu'un étudiant puisse jamais arriver à comprendre cette phrase et il me paraîtrait préférable, pour rester au point de vue des auteurs, de dire qu'un nombre imaginaire est l'ensemble de deux nombres réels a, b rangés dans un ordre déterminé : la lettre i placée après l'un d'eux indique que ce nombre doit être regardé comme le second. Sans doute une pareille définition n'éclaire en aucune façon sur le rôle si considérable que les nombres imaginaires jouent dans l'Analyse, mais elle ne contient aucune contradiction; elle a seulement besoin d'être complétée par les définitions relatives à l'égalité et aux opérations arithmétiques, que l'on placera immédiatement après. Est-il besoin de dire que la critique que je viens de faire est purement verbale et ne porte en aucune façon sur le reste de l'exposition? Après les définitions, les auteurs développent la représentation géométrique et trigonométrique des nombres imaginaires, et les propositions fondamentales sur les séries absolument convergentes, à termes imaginaires.

Ils passent ensuite à des sujets d'un ordre tout différent, renfermés sous ce titre : *Opérations combinatoires.*

C'est d'abord une théorie des combinaisons à laquelle la formule du développement de la puissance $m^{\text{ième}}$ d'un polynôme sert de conclusion. C'est ensuite la théorie des substitutions, limitée aux notions indispensables pour l'étude algébrique des équations, produit de deux substitutions, décomposition d'une substitution en cycles, puissances d'une substitution, groupes, transitivité, primitivité, etc.

Dans les deux Chapitres qui suivent, les auteurs exposent la théorie des déterminants et des systèmes de formes linéaires.

Puis vient la théorie des polynômes entiers, et, en particulier, de la divisibilité, dans le cas d'un nombre quelconque de variables. Enfin le Volume se termine par les premières notions sur les dérivées.

On peut prévoir, par ce premier Volume, l'intérêt que présentera l'Ouvrage entier. Partout, ces théories préliminaires ont été poussées assez loin pour que le lecteur puisse désormais aborder les parties élevées de la Science, et cependant les auteurs ont eu le difficile mérite de se restreindre aux choses essentielles.

J. T.

BONCOMPAGNI (E.). — SUR L'HISTOIRE DES SCIENCES MATHÉMATIQUES ET PHYSIQUES DE M. MAXIMILIEN MARIE. In-12, 10 p.; Stockholm, 1886.

Le prince Boncompagni, avec sa sûreté et sa richesse habituelles d'informations, relève dans ce petit travail, inséré dans la *Bibliotheca mathematica,* diverses erreurs échappées à M. Maximilien Marie.

MATHIEU (E.). — THÉORIE DU POTENTIEL ET SES APPLICATIONS A L'ÉLECTROSTATIQUE ET AU MAGNÉTISME. Seconde Partie : *Électrostatique et Magnétisme.* In-4°, 235 p.; Paris, Gauthier-Villars, 1886.

Le Chapitre I contient les principes généraux de l'Électrostatique; l'auteur y reproduit, en la complétant, la démonstration qu'il avait donnée dans le *Journal de Borchardt* (1878) de la stabilité de l'équilibre statique sur les corps conducteurs.

Dans le Chapitre II, après avoir traité du potentiel d'une couche sphérique et des problèmes classiques qui s'y rapportent, M. Mathieu s'occupe du pouvoir des pointes, pour lesquelles il calcule la tension électrostatique. Le cas de deux conducteurs coniques indéfinis qui se touchent par leurs sommets donne des résultats particulièrement simples; mais le plus intéressant, au point de vue physique, des problèmes traités par l'auteur est celui de la distribution de l'électricité sur un conducteur conique placé dans un milieu suffisamment résistant. M. Mathieu développe ensuite le problème des deux sphères qui s'influencent mutuellement; le cas où les sphères sont en contact, celui où elles sont reliées par un fil conducteur sont traités avec détail. L'exposition de la méthode des images de W. Thomson, son application au cas de la calotte sphérique terminent ce Chapitre.

Le Chapitre suivant est consacré au rôle des diélectriques dans l'électrostatique. Le point de départ de M. Mathieu est le même que celui de Maxwell. Ainsi que ce dernier, il admet comme évident que deux corps conducteurs chargés d'électricité ne peuvent s'influencer que par le milieu diélectrique qui existe entre eux; comme lui, il cherche à préciser le rôle que joue ce milieu, à démêler les forces élastiques qui s'y développent et montre que ces forces satisfont aux mêmes équations que les forces qui se développent dans un corps solide sous l'influence des pressions exercées à la surface, mais il se sépare de Maxwell en montrant que la déformation du diélectrique ne peut être assimilée à celle d'un corps solide isotrope et rejette le *déplacement*, au sens que l'illustre physicien donne à ce mot : le milieu est incompressible, il est formé de molécules qui, par suite de l'électrisation des conducteurs, s'orientent suivant les lignes de force. M. Mathieu s'occupe ensuite de la distribution de l'électricité sur deux conducteurs qui s'influencent et sont placés dans deux diélectriques différents; puis il étudie les condensateurs et donne une théorie nouvelle du chargement et de la décharge.

La théorie générale du magnétisme est exposée dans le Chapitre IV; l'auteur rend un juste hommage à Poisson, dont il adopte la théorie, en la modifiant à la vérité au point de vue des hypothèses physiques, mais de façon à ne pas changer la forme des équations fondamentales. La partie la plus nouvelle de ce Chapitre se rapporte à l'induction magnétique d'un corps cristallisé. M. Mathieu admet que les flux de force qui proviennent du magnétisme se propagent de la même façon que les flux de chaleur.

Il résulte de là que l'action entre deux particules magnétiques m, m' dont les coordonnées sont x, y, z et x', y', z' est

$$\frac{R}{r^3} mm',$$

en posant

$$R = \sqrt{(x-x')^2+(y-y')^2+(z-z')^2},$$

$$r = \sqrt{\frac{(x-x')^2}{a}+\frac{(y-y')^2}{b}+\frac{(z-z')^2}{c}};$$

a, b, c sont des constantes qui caractérisent chaque cristal. Dès lors la théorie se poursuit à peu près comme pour les corps isotropes; de même que pour ces derniers tout le magnétisme induit se porte à la surface.

A la fin de ce même Chapitre, M. Mathieu reprend, d'un autre point de vue, la théorie du condensateur. La polarisation électrique d'un corps diélectrique, influencé par de l'électricité, étant toute semblable à la distribution du magnétisme induit dans le fer doux, on peut appliquer à cette polarisation les raisonnements qui ont servi pour l'induction magnétique : on établit ainsi directement les équations qui donnent la théorie du condensateur.

Le Chapitre V et dernier se rapporte aux problèmes particuliers de la théorie du magnétisme; l'auteur s'y occupe de la détermination du coefficient d'induction magnétique d'une substance au moyen d'une sphère de cette substance influencée par l'action terrestre, de l'induction magnétique d'une sphère pleine ou creuse, du magnétisme terrestre, du magnétisme induit dans un cylindre de rayon très petit par une force constante parallèle à son axe, de l'aiguille cylindrique d'acier aimantée à saturation, de la sphère cristallisée placée dans un champ magnétique uniforme, enfin de la détermination des constantes magnétiques d'un cristal par des expériences semblables à celles de Plücker. J. T.

LAURENT (H.). — **Traité d'Analyse.** Tome I : *Calcul différentiel, Applications analytiques et géométriques.* — 1 vol. in-8° ; 392 p. Paris, Gauthier-Villars, 1885.

M. Laurent publie le premier Volume d'un *Traité d'Analyse;* le plan de l'Ouvrage complet, qui comprendra sept Volumes, est détaillé dans la Préface. Cet Ouvrage rendra certainement des services par la quantité de matières et de faits qu'il contiendra : on peut être assuré, après la lecture du premier Volume, d'y trouver, sur un grand nombre de points, les démonstrations les plus simples et les plus élégantes. Nous sommes obligés, à la vérité, de faire quelques réserves sur quelques principes, définitions ou démonstrations ; mais, comme il s'agit de questions que l'auteur pense appartenir encore au domaine de la Métaphysique, où l'on ne s'entend point, il vaut mieux n'en pas parler. Ces réserves, d'ailleurs, deviendront sans doute inutiles à mesure qu'on s'éloignera davantage du point de départ.

Quoi qu'il en soit, voici l'ordre adopté dans ce premier Volume.

Deux Chapitres sont consacrés à la théorie des séries; deux autres, à la théorie des dérivées et à celle des différences, qui est traitée avec quelques détails. L'auteur introduit ensuite les notions relatives aux infiniment petits et aux différentielles; il traite, dans le Chapitre suivant, des fonctions de plusieurs variables. Au début du Chapitre VII, il donne quelques théorèmes sur les mineurs d'un déterminant et du déterminant adjoint, puis il expose les propriétés principales des déterminants fonctionnels; il traite ensuite des fonctions implicites et termine par la formule de Lagrange. Dans le Chapitre VIII, il est question des fonctions *monogènes* d'une variable imaginaire, et de la formule de Taylor relativement à de telles fonctions. M. Laurent développe ensuite la théorie du changement de variable; il donne en particulier les formules fondamentales relatives aux coordonnées orthogonales quelconques et, spécialement, aux coordonnées elliptiques. Dans le Chapitre X, il traite des substitutions linéaires, comme application du changement de variables et, à leur propos, de la réduction d'une ou deux formes quadratiques à une somme de carrés; on trouvera aussi, dans le même Chapitre, quelques notions relatives aux invariants, covariants, émanants, contrevariants, divariants, évectants et combinants. Le Chapitre XI est consacré à la théorie de l'élimination, à laquelle M. Laurent a ajouté quelques développements nouveaux. Enfin, les deux derniers Chapitres du Volume se rapportent l'un à la théorie des maxima et des minima, l'autre à la recherche des vraies valeurs des expressions qui se présentent sous une forme illusoire.

Chaque Chapitre est suivi d'exercices. J. T.

MÉLANGES.

SOLUTION D'UN PROBLÈME DE STEINER (¹);

PAR M. P.-H. SCHOUTE.

1. Problème général. — *Par un point donné* O *situé dans le plan d'une courbe algébrique* C_m^n *de l'ordre* n *et de la classe* m *on mène une sécante* l *à la courbe et aux* n *points où cette sécante* l *coupe la courbe on trace les tangentes à la courbe. Trouver le lieu engendré par les* $\frac{n(n-1)}{2}$ *points d'intersection mutuelle de ces* n *tangentes, quand la sécante* l *tourne autour du point* O.

Sur une droite donnée d *située dans le plan d'une courbe algébrique* C_m^n *de l'ordre* n *et de la classe* m *on choisit un point* P *d'où l'on mène les* m *tangentes à la courbe. Trouver l'enveloppe engendrée par les* $\frac{m(m-1)}{2}$ *droites qui passent par deux des* m *points de contact, quand le point* P *parcourt la droite* d (²).

(¹) *Journal der reinen und angewandten Mathematik*, t. XLV, p. 375, et t. XLVII, p. 106; ou *Jacob Steiner's gesammelte Werke*, t. II, p. 489, problèmes 12, 13, 14, et p. 599, problème 5.

(²) Quand d est la droite à l'infini, on trouve, comme le remarque Steiner, le point de contact de l'enveloppe avec une quelconque de ses tangentes t comme le point d'intersection de cette tangente et de la droite qui joint les centres de courbure de la courbe C_m^n aux deux points dont l'union a mené à la tangente t de

2. *Réciprocité.* — Les deux parties du problème sont évidemment réciproques l'une de l'autre, quand on échange mutuellement m et n dans une des deux parties. Mais il est curieux que, même en conservant les notations données, l'ordre du lieu de la première partie est égal à la classe de l'enveloppe de la seconde partie. En effet, le nombre des points d'intersection du lieu de la première partie et de la droite d de la seconde partie indique précisément le nombre des points P de d qui fournissent une tangente de l'enveloppe passant par le point O, c'est-à-dire la classe de l'enveloppe. C'est pour cette raison que nous ne nous occuperons dans la solution générale que de la première partie du problème.

Nous remarquons que l'échange mutuel de m et n dans les deux parties à la fois n'affecte ni l'ordre du lieu ni la classe de l'enveloppe. Mais les cas particuliers nous montreront qu'en général la classe du lieu n'est pas égale à l'ordre de l'enveloppe, de manière que l'échange mutuel de m et n comporte celui des valeurs de ces deux quantités.

3. *Première solution.* — Soient

C (*fig.* 1) la courbe donnée;

A un des n points d'intersection de la transversale l par O et de la courbe;

a la tangente en A à la courbe C;

A_1 le point d'intersection de la tangente a et d'une droite fixe quelconque d;

O_1 un point fixe de cette dernière droite.

Référons la transversale l à un système d'axes rectangulaires Ox et Oy à origine O par l'équation $y = tx$, le point A_1 au point fixe O_1 par la distance $O_1A_1 = z$ et cherchons l'équation $f(t, z) = 0$, qui exprime la relation de dépendance entre t et z. Parce qu'une

---

l'enveloppe. On a donc, pour une position quelconque de la droite d, une construction analogue où les deux centres de courbure sont remplacés par des *quasi-centres de courbure* par rapport à une conique absolue qui se compose de deux points situés sur la droite d. Et même cette remarque peut mener à une construction de la tangente en un point donné à la courbe, cherchée dans la première partie, au moyen du principe de dualité.

même transversale l procure n points A_1, l'équation $f(t, z) = 0$ est de l'ordre n en z; parce que du point A_1 on peut mener m tangentes à la courbe C, l'équation est de l'ordre m en t. Donc cette équation peut être mise sous la forme

$$A_0 z^n + A_1 z^{n-1} + \ldots + A_{n-1} z + A_n = 0,$$

où les coefficients A représentent des fonctions algébriques réelles et entières de l'ordre m en t. Or le discriminant de cette équation, c'est-à-dire la condition que cette équation en z ait une racine

Fig. 1.

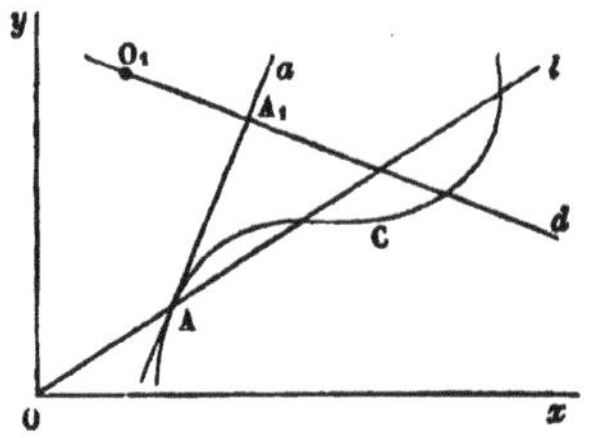

double (et cette condition exprime évidemment en général qu'un des points du lieu cherché se trouve sur d) est, comme on sait, de l'ordre $2(n-1)$ dans les coefficients A, c'est-à-dire de l'ordre $2(n-1)m$ en t; il y a donc $2(n-1)m$ transversales, qui donnent un point d'intersection du lieu en question et de la droite d, de manière que le nombre de ces points d'intersection ou l'ordre du lieu serait $2(n-1)m$, si ce nombre ne devait pas subir des corrections.

4. *Seconde solution.* — D'un autre côté, l'équation $f(t, z) = 0$ peut être mise sous la forme

$$B_0 t^m + B_1 t^{m-1} + \ldots + B_{m-1} t + B_m = 0,$$

où les coefficients B représentent des fonctions algébriques réelles et entières de l'ordre n en z. Et la condition que cette équation en t ait une racine double (laquelle condition exprime tout aussi bien qu'un des points du lieu se trouve sur la droite d, parce qu'elle exprime que deux des points de contact des tangentes par un même point de la droite d à la courbe C sont en ligne droite avec O) est de l'ordre $2(m-1)$ dans les coefficients B et contient donc la variable z à la puissance $2(m-1)n$, de manière que l'ordre du lieu cherché serait $2(m-1)n$, si ce nombre ne devait pas subir des corrections.

5. *Concordance des résultats.* — En général, les deux résultats que nous venons d'obtenir ne sont pas d'accord. Cela tient à ce que nous n'avons pas tenu compte des solutions impropres des équations dans les coefficients A et dans les coefficients B. D'abord, parmi les racines de l'équation de l'ordre $2(n-1)m$ en t on trouve les m valeurs de t qui correspondent aux tangentes de C par O et parmi les racines de l'équation de l'ordre $2(m-1)n$ en z on trouve les n valeurs de z qui correspondent aux points d'intersection de C et de la droite d. Et il est évident que ces deux systèmes de valeurs sont également à rejeter. Ensuite chaque point de rebroussement de C diminue le nombre trouvé dans la première solution d'une unité et chaque point d'inflexion a la même influence sur le nombre trouvé dans la seconde solution. Les deux nombres deviennent donc $(2n-3)m-r$ et $(2m-3)n-i$, quantités évidemment égales en vertu de la relation connue $r-i=3(n-m)$ de Plücker entre l'ordre n, la classe m, le nombre r des points de rebroussement et le nombre i des points d'inflexion.

6. *Correction finale des résultats concordants.* — L'ordre du lieu cherché dans la première partie du problème n'est que la *moitié* des deux nombres égaux trouvés plus haut. En effet, chaque racine de l'équation dans les coefficients A, qui, dénuée des facteurs impropres, est de l'ordre $(2n-3)m-r$ en t, est racine double de cette équation; car, suivant le caractère spécial de la correspondance entre t et z, la supposition qu'on ait deux fois $z=z_0$ pour $t=t_0$ amène qu'on a deux fois $t=t_0$ pour $z=z_0$, de manière que dans l'équation deux valeurs égales t_0 de t se rapportent à la coïncidence de deux valeurs égales z_0 de z. On trouve donc que le nombre de ces racines doubles de l'équation en t, qui fournissent des points du lieu situés sur la droite d, est représenté par $\frac{(2n-3)m-r}{2}$. Et l'on démontre de la même ma-

nière que la seconde solution mène au nombre égal $\frac{(2m-3)n-i}{2}$ (¹).

7. *Réduction de l'ordre du lieu et de la classe de l'enveloppe.* — Quand la courbe donnée C_m^n passe par O, la tangente t_0 en O à cette courbe fait partie un nombre de $m-1$ fois du lieu cherché, parce qu'on peut mener par un point quelconque de t_0

(¹) Voici une question bien évidente, qui montre l'influence de cette propriété caractéristique de la correspondance.

Considérons deux coniques C^2 et Γ_2 situées dans un même plan et rapportons les points P de C^2 à une variable t et les tangentes l de Γ_2 à une variable z de manière qu'à un point P de C^2 et à une tangente l de Γ_2 corresponde une seule valeur de t et de z et réciproquement, ce qui est possible d'après la génération des coniques par faisceaux de rayons projectifs et par ponctuelles projectives. Cela posé, la condition que le point P déterminé par t se trouve sur la tangente l déterminée par z peut être mise sous les deux formes

$$A_0t^2+2A_1t+A_2=0 \qquad \text{et} \qquad B_0z^2+2B_1z+B_2=0,$$

où les A sont des formes algébriques du second ordre en z et les B des formes algébriques du second ordre en t. Et, dans ce cas général, la condition

$$A_0A_2-A_1^2=0$$

de l'égalité des deux racines de l'équation en t se rapporte aux tangentes communes des deux coniques qui sont distinctes les unes des autres, tandis que la condition $B_0B_2-B_1^2=0$ de l'égalité des deux racines de l'équation en z se rapporte aux points communs des deux coniques qui également sont distinctes les unes des autres. Eh bien, quand la supposition que pour $t=t_0$ on a deux fois $z=z_0$ amène qu'on a deux fois $t=t_0$ pour $z=z_0$, chaque tangente commune des deux coniques touche ces deux courbes au même point; ce qui prouve que dans ce cas les deux coniques ont double contact. Mais alors les deux conditions

$$A_0A_2-A_1^2=0, \qquad B_0B_2-B_1^2=0$$

n'admettent que des racines doubles, etc.

Dans une première tentative pour déterminer la classe de l'enveloppe (*Gesammelte Werke*, t. II, p. 589, note), Steiner trouva

$$\tfrac{1}{2}n(n-1)(2n-3).$$

Cela prouve que Steiner lui-même a eu égard à la réduction en question : mais, parce qu'il n'a pas fait attention aux points singuliers de la courbe C_m^n, son résultat n'est pas général.

Plusieurs des résultats généraux trouvés par Steiner dans le Mémoire célèbre sur les courbes à centres exigent une amplification qui se rapporte aux points singuliers de la courbe originale C_m^n.

un nombre de $m-1$ tangentes qui diffèrent de t_0. Dans ce cas l'ordre du lieu est donc $\frac{(2n-5)m+2-r}{2}$. De la même manière on trouve que la classe de l'enveloppe s'abaisse à $\frac{(2m-5)n+2-i}{2}$, quand la courbe donnée C_m^n est touchée par la droite d.

8. *Particularités du lieu et de l'enveloppe dans le cas particulier* $n=3$, $m=6$ (¹). — Le lieu C^9 a trois points triples Q situés sur une droite q.

Les points d'intersection de C^9 et de la courbe donnée C^3 se composent :

1° De six points R situés sur une conique r^2;

2° De six points de contact situés sur une conique s^2, qui comptent doublement comme point d'intersection;

3° De neuf points 3T, 3U, 3V situés sur trois droites t, u, v.

Les coniques r^2 et s^2 ont double contact sur la droite q.

Les droites q, t, u, v passent par un même point W.

Quand le point O se déplace le long d'une droite donnée d, les droites q, t, u, v enveloppent quatre coniques q^2, t^2, u^2, v^2, dont chacune des trois dernières touche la courbe donnée C^3 en trois points.

Le lieu C^4, qui correspond au cas d'une courbe donnée C^3 qui passe par O, a trois points doubles situés sur C^3; quand O est un point d'inflexion de C^3, la courbe C^4 se compose d'une droite simple et d'une droite triple.

L'enveloppe Γ_6 a six tangentes triples q', qui forment les six côtés d'un quadrangle complet Φ.

Les tangentes communes de Γ_6 et de la cubique donnée se composent :

1° De trois tangentes simplement communes;

2° De douze tangentes doublement communes, qui passent quatre à quatre par trois points de C^3 en ligne droite;

3° De neuf tangentes triplement communes.

(¹) Nous surpassons le cas simple $n=2$, où le lieu n'est autre chose que la polaire du point O et l'enveloppe le pôle de la droite d par rapport à la conique. Ce cas bien simple montre tout de suite la nécessité de la correction indiquée dans l'article 6.

Quand la droite d tourne autour d'un point O', les sommets du quadrangle complet Φ engendrent une conique et les côtés enveloppent une courbe de la sixième classe.

L'enveloppe Γ_7, qui correspond à une tangente d de C^3, a trois tangentes triples.

L'enveloppe Γ_5, qui correspond à une tangente d'inflexion d de C^3, n'a qu'une seule tangente triple.

9. *Démonstration des particularités du lieu.* — Nous démontrerons dans ce qui suit les propriétés intéressantes du lieu C^9 et de l'enveloppe Γ_9, indiquées pour la plus grande partie par Steiner quand il posait le problème pour le cas particulier d'une courbe donnée C^3_6, d'une manière tout à fait indépendante de l'étude du problème généralisé. En ne nous occupant tout de suite que du lieu, nous commencerons par l'exposé d'une déduction nouvelle de son ordre.

Quand la transversale l coupe C^3 en trois points A, dont les tangentes a passent par un même point A_1, elle fait partie de la première polaire du point A_1, de manière que A_1 se trouve sur la droite polaire du point O et sur la courbe hessienne H^3 de C^3. Donc le lieu cherché a trois points triples Q, les points d'intersection de la droite polaire q du point O et de la hessienne H^3 de C^3.

Le lieu cherché est du neuvième ordre, parce que la droite q n'en contient que les trois points triples Q. En effet, la première polaire d'un point quelconque de q passe par O, ce qui prouve que deux de ses six points d'intersection avec C^3 ne sauraient se trouver en ligne droite avec O sans qu'elle dégénérât en deux droites. Et cela arrive seulement quand le point de q se trouve sur la hessienne.

Parmi les points d'intersection du lieu C^9 et de la cubique donnée, les six points R sont les points de contact des tangentes de C^3 qui passent par O et les six points S sont les troisièmes points communs à C^3 et à ces tangentes, c'est-à-dire que les six points S sont les points tangentiels des six points R. Chaque point R compte une fois parmi ces points d'intersection, parce qu'il est le point d'intersection de deux tangentes consécutives de C^3 et que le lieu C^9 touche en ce point la première polaire du point O; chaque point S compte deux fois parmi ces points d'intersection, parce qu'il est le point d'intersection de la tangente s en S avec deux tangentes consécutives en R. Et, tandis que les six points R sont sur une conique r^2, la première polaire du point O, les six points S sont aussi sur une conique s^2, le satellite (*conica satellite* de M. Cremona) (¹) du point O. Donc les coniques r^2 et s^2 se touchent en deux points situés sur la droite polaire q de O, de manière que les tangentes communes passent par O.

La position d'un autre point d'intersection T de C^9 et de C^3 est indiquée dans la *fig.* 2; un tel point T se présente donc aussitôt

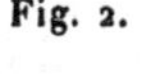

Fig. 2.

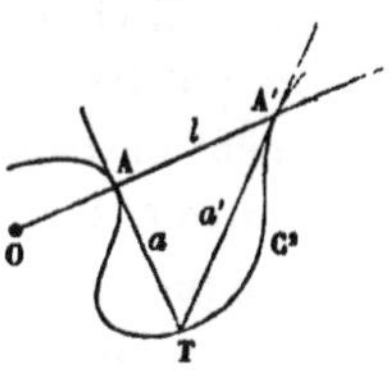

que la transversale l passe par deux points conjugués A et A', dont les tangentes a et a' se rencontrent sur la courbe. Si donc nous considérons la courbe C^3 donnée comme la hessienne d'une autre courbe $\overline{C}^3$ [et l'on sait (²) que cela est possible de trois manières, qui correspondent aux trois systèmes de points conjugués de C^3],

---

(¹) CREMONA, *Introduction à la théorie géométrique des courbes planes*, Chap. III, § 22.

SALMON, *Théorie des courbes planes d'ordre supérieur.*

Voici un théorème nouveau, qui découle immédiatement de la démonstration analytique :

Il y a une cubique nouvelle C'^3, *qui touche les six tangentes par* O *à* C^3 *aux points d'intersection de ces tangentes avec* r^2, *qui diffèrent des points* R; *elle coupe ces tangentes aux points d'intersection de ces tangentes avec* s^2, *qui diffèrent des points* S. *Cette cubique nouvelle passe par les trois points d'intersection de* C^3 *et de la droite* q, *de manière que les six autres points d'intersection de* C^3 *et* C'^3 *se trouvent sur une conique* w^2. *Cette conique* w^2 *a double contact avec* r^2 *et* s^2 *sur la droite* q *et un des six rapports anharmoniques de* r^2, s^2, w^2 *et la droite* q *comptée doublement est* 3. *Et l'homologie involutive à centre* O *et à axe d'homologie* q, *qui fait correspondre les coniques* r^2, s^2, w^2 *à elles-mêmes transforme* C^3 *en* C'^3 *et réciproquement.*

Il saute aux yeux que ce théorème d'origine analytique se démontre géométriquement en deux mots, quand on commence par la fin.

(²) CREMONA, *loc. cit.*, § 23.

la transversale l fait partie de la première polaire de T par rapport à celle de ces trois cubiques nouvelles $\overline{C}^3$ pour laquelle les points A et A′ sont des points conjugués de la hessienne C^3; car les tangentes a et a' de la hessienne aux points conjugués A et A′ de cette courbe se coupent en un point T de cette courbe, qui est conjugué au troisième point d'intersection de l et de cette courbe, de manière que la première polaire de T par rapport à la courbe $\overline{C}^3$ en question se compose de deux droites qui se coupent sur l. Et cette première polaire passe par A et A′, parce que a' est la droite polaire de A et a la droite polaire de A′ par rapport à la courbe $\overline{C}^3$. Donc l est une des deux droites qui forment la première polaire de T par rapport à $\overline{C}^3$. Mais, quand O est un point de la première polaire de T, T est sur la droite polaire de O. Donc les neuf points d'intersection restants se rangent en trois groupes de trois points en ligne droite et ces trois droites t, u, v sont les droites polaires de O par rapport aux trois cubiques nouvelles $\overline{C}^3$.

Les trois cubiques $\overline{C}^3$, dont la cubique donnée C^3 est la hessienne, appartiennent à un même faisceau qui contient également la courbe donnée elle-même, le faisceau syzygétique dont les neuf points d'inflexion de C^3 forment la base ([1]). Donc les droites polaires q, t, u, v de O par rapport à ces quatre cubiques passent par un même point W, et quand O se déplace le long d'une droite d les droites q, t, u, v enveloppent des coniques q^2, t^2, u^2, v^2, les poloconiques ([2]) de d par rapport aux quatre cubiques. Comme la poloconique d'une droite d par rapport à une cubique touche la hessienne en trois points, les trois coniques t^2, u^2, v^2 touchent la cubique donnée en trois points.

Quand O se trouve sur C^3 les points de contact des quatre tangentes de la courbe qui passent par O sont les sommets d'un quadrangle complet, dont les trois points diagonaux se trouvent sur la courbe C^3. Ces trois points O′ ont avec O le même point tangentiel, et, comme chacun de ces trois points O′ est le point d'intersection de deux droites qui passent par deux points de contact des quatre tangentes de C^3 par O, réciproquement O est

---

([1]) Cremona, *Introduction à la théorie géométrique des courbes planes*, § 23.
([2]) *Ibid.*, § 22

le point d'intersection des deux droites qui passent par deux points de contact des quatre tangentes de C^3 par un quelconque des trois points O'; en d'autres termes, les trois points O' sont des points doubles du lieu C^4 (¹) qui correspond au point O de C^3. Les douze points d'intersection de cette courbe C^4 et de la cubique donnée sont les quatre sommets du quadrangle complet mentionné, les trois points diagonaux O' de ce quadrangle comptés deux fois et le point tangentiel de O compté deux fois.

Quand O est un point d'inflexion de la cubique donnée, les tangentes menées à C^3 aux points d'intersection avec une transversale quelconque par O se coupent toujours sur une même droite, la droite harmonique du point d'inflexion, et par un même point de cette droite passent les tangentes à C^3 aux points d'intersection avec trois transversales. Parce que la coïncidence de la transversale l avec la tangente d'inflexion ne correspond pas à un seul point du lieu cherché, mais à cette tangente tout entière, le lieu C^4 correspondant à un point d'inflexion se compose de la tangente d'inflexion et de la droite harmonique du point d'inflexion, la dernière droite comptée trois fois.

10. *Démonstration des particularités de l'enveloppe.* — Chaque point d'intersection de la droite d et de la hessienne H^3, ayant une première polaire par rapport à C^3 qui dégénère en deux droites, donne lieu à deux tangentes triples de l'enveloppe; car chacune des deux droites, dont se compose cette première polaire, est trois fois droite de jonction de deux points de contact des tangentes à C^3, qui passent par le point d'intersection de H^3 et de d. L'enveloppe possède donc six tangentes triples, et les trois premières polaires dégénérées des trois points d'intersection de H^3 et de d passent par les quatre pôles de la droite d par rapport à C^3, c'est-à-dire que les six tangentes triples de l'enveloppe sont les côtés d'un quadrangle complet Φ dont les quatre pôles de d sont les sommets.

Par un quelconque des quatre sommets du quadrangle complet Φ, on ne peut mener à l'enveloppe d'autre tangente que les

---

(¹) On est prié de comparer le problème général, quant à l'abaissement de l'ordre du lieu.

trois tangentes triples que nous venons de trouver; car la supposition que deux des six points de contact des tangentes de C^3, qui passent par un autre point P de d, soient en ligne droite avec ce sommet, qui, comme point de base du faisceau des premières polaires correspondant aux points de d se trouve également sur la première polaire de P, ne mène qu'à un point P à première polaire dégénérée, c'est-à-dire à un des trois points communs à H^3 et à d. Donc l'enveloppe est de la neuvième classe.

La tangente à C^3 en un point d'intersection P de C^3 et de d est tangente à l'enveloppe, parce que cette droite est la droite de jonction des points de contact des deux tangentes consécutives de C^3 au point P considéré, et l'on voit tout de suite que cette tangente ne touche pas l'enveloppe au même point P; car le remplacement de C^3 par la conique, qui a au point P avec C^3 le contact le plus intime possible (et ce remplacement ne change que les éléments de C^3 qui n'ont aucune influence sur la question à décider), montre que le point de contact de la tangente en question et de l'enveloppe est le pôle de la droite d par rapport à la conique remplaçante.

La tangente à C^3 en un des douze points P', dont le point tangentiel se trouve sur d, est tangente à l'enveloppe au même point P'; car l'enveloppe est touchée par les deux droites consécutives, qui joignent le point P' aux deux points de contact consécutifs des tangentes par P, qui coïncident avec la tangente en P à C^3. Ces tangentes comptent donc doublement parmi les tangentes communes de C^3 et de Γ_0.

La tangente à C^3 en un point d'inflexion touche l'enveloppe au point d'inflexion même et compte donc pour trois tangentes communes des deux courbes, quoique le point d'inflexion n'en représente que deux points communs. Les neuf tangentes d'inflexion de C^3 comptées triplement complètent donc le système des cinquante-quatre tangentes communes à C^3 et à l'enveloppe.

Quand d tourne autour d'un point O' les sommets du quadrangle complet Φ engendrent la conique qui est la première polaire du point O' par rapport à C^3; et les côtés de ce quadrangle enveloppent dans ce cas la courbe de Cayley (¹) de la sixième classe. Si

(¹) Cremona, *Introduction à la théorie géométrique des courbes planes*, § 22.

la droite d touche la cubique donnée au point D et que l'enveloppe proprement dite soit de la septième classe, à cause de la suppression de la partie impropre qui consiste du point D compté deux fois, ce Γ_7 ne possède plus que trois tangentes triples; car des deux droites qui composent la première polaire d'un quelconque des trois points communs à H^3 et à d, celle qui passe par D perd son caractère de tangente triple à cause de la suppression du point D compté deux fois, etc. Le système des tangentes communes à Γ_7 et à C^3 se compose de la droite d comptée une fois, des quatre autres tangentes par D et des trois tangentes de C^3 qui, comme d, coupent la courbe au point tangentiel de D, ces sept tangentes comptées deux fois, et des neuf tangentes d'inflexion de C^3 comptées trois fois.

Quand la droite d est tangente d'inflexion de C^3, le point d'inflexion D représente le point de contact de deux des six tangentes, qu'on peut mener à C^3 par un point quelconque de la droite d. Donc on aura à supprimer deux fois deux points consécutifs D et l'enveloppe proprement dite est de la cinquième classe. Mais, dans ce cas, la droite d coupe H^3 en deux points différents de D, dont les premières polaires par rapport à C^3 se composent de droites par D, c'est-à-dire de droites qui ont perdu leur propriété de tangente triple de l'enveloppe ; seulement le point D lui-même mène à une tangente triple persistante de l'enveloppe la droite harmonique du point d'inflexion en D, et les trente tangentes communes à C^3 et à Γ_5 sont les trois tangentes de C^3 qui coupent C^3 en D comptées deux fois et les huit autres tangentes d'inflexion de C^3 comptées trois fois.

11. *Genre du lieu* C^9 *et de l'enveloppe* Γ_9. — On établit une correspondance point par point entre C^3 et le lieu C^9 quand on adjoint à chaque point P de C^3 le point d'intersection P′ des tangentes à C^3 aux deux autres points d'intersection de C^3 et de la transversale OP. Donc le genre du lieu C^9 est égal à celui de C^3, c'est-à-dire l'unité.

Une courbe du neuvième ordre, dont le genre est l'unité, doit avoir $\frac{8.7}{2} - 1$, ou 27 points doubles. Donc le lieu C^9 possède à côté des trois points triples Q encore dix-huit points doubles ordinaires; et, comme aucun de ces dix-huit points doubles n'est en général un point de rebroussement, les formules de Plücker nous mènent aux caractéristiques suivantes, où d et t représentent le nombre des points doubles et des tangentes doubles

$$n = 9, \quad m = 18, \quad d = 27, \quad t = 108, \quad r = 0, \quad i = 27.$$

L'enveloppe Γ_9, ne possédant d'autres tangentes multiples que les six tangentes triples, est du genre 28-18 ou dix; donc elle a les caractères suivants :

$$n = 36(^1), \quad m = 9, \quad d = 504, \quad t = 18, \quad r = 81, \quad i = 0.$$

Nous remarquons que les points S sont des points d'inflexion de C^9 et les douze points de C^3 dont les points tangentiels se trouvent sur d des points de rebroussement de Γ_9.

12. *Indices des séries de courbes* C^4 *et* Γ_7. — Cherchons les indices de la série des courbes C^4 qui correspondent aux différents points O de C^3, c'est-à-dire le nombre ρ de ces courbes qui passent par un point donné et le nombre σ de ces courbes qui touchent une droite donnée.

Quand la courbe C^4 du point O de C^3 passe par le point donné P, le point O est le troisième point d'intersection de C^3 et d'une des quinze droites de jonction de deux des six points de contact des tangentes de C^3 par P. Donc $\rho = 15$.

Quand la courbe C^4 du point O de C^3 touche la droite donnée d, le point O est sur l'enveloppe Γ_9 qui correspond à la droite d. En général, il y a donc autant de courbes C^4 qui touchent la droite d qu'il y a de points d'intersection de C^3 et de l'enveloppe Γ_9 correspondant à d. Mais le système total des cent-huit points communs à ces deux courbes contient plusieurs groupes de solutions impropres. D'abord les points d'inflexion de C^3, qui y figurent deux fois, ne sont pas des points O dont les courbes C^4 touchent la droite d de la manière ordinaire, ces courbes se composant d'une droite simple et d'une droite triple; ensuite les neuf points conjugués aux points d'intersection de C^3 et de d mènent à des courbes C^4 qui ont un point double sur la droite d. De plus,

---

(¹) Donc le doute de Steiner par rapport à l'exactitude du résultat $n = 36$ est dissipé (*Gesammelte Werke*, t. II, p. 538).

les douze points de C^3, que nous avons reconnus comme des points de rebroussement de l'enveloppe Γ_9 correspondant à d, diminuent le nombre des solutions de vingt-quatre, parce qu'ils figurent deux fois parmi les cent-huit points d'intersection et que leurs courbes C^4 ne touchent pas du tout la droite d; et enfin les points de contact des tangentes de C^3 qui passent par le point d'intersection de d avec une des tangentes d'inflexion de C^3, sans qu'elles coïncident avec cette tangente d'inflexion, se trouvent sur Γ_9 comme point d'intersection de deux tangentes consécutives de l'enveloppe coïncidées avec la droite qui joint ce point au point d'inflexion, sans que leurs courbes C_4 touchent la droite d. Donc le nombre des courbes C^4 qui touchent la droite d de la manière ordinaire est

$$108 - 18 - 9 - 24 - 36 \quad \text{ou} \quad 21.$$

Donc

$$\sigma = 21\ (^1).$$

Procédons à la série des enveloppes Γ_7 qui correspondent aux tangentes t de C^3.

Quand l'enveloppe Γ_7, qui correspond à la tangente t de C^3, passe par le point donné O, cette tangente t est tangente commune à C^3 et à la courbe C^9 correspondant au point O. Mais le système des cent-huit tangentes communes à ces deux courbes C_6 et C_{18} contient un groupe de solutions impropres; car ce système admet deux fois les tangentes à C^3 aux six points S qui mènent à des enveloppes Γ_7 qui ne passent pas par O. Donc $\rho = 96$.

Quand l'enveloppe Γ_7, qui correspond à la tangente t de C^3, touche la droite donnée d, la tangente t passe par un des trois points d'intersection des tangentes à C^3 aux points d'intersection de C^3 et de d, ces tangentes prises deux à deux. Cela prouve immédiatement que $\sigma = 12$.

Nous remarquons qu'il y a 225 courbes C^9 qui passent par deux points donnés et 144 courbes Γ_9 qui touchent deux droites données.

---

(1) Steiner trouve $\sigma = 30$ (*Gesammelte Werke*, t. II, p. 490). Cela tient à ce qu'il ne fait pas attention au contact extraordinaire des neuf courbes C^4, dont un des trois points doubles se trouve sur la droite d (on compare *Gesammelte Werke*, t. II, p. 538).

13. *Remarques finales.* — Nous finissons notre petite étude par quelques remarques sur les problèmes. Il est évident que Steiner les a rencontrés en rédigeant son Mémoire célèbre sur les courbes à centre. En effet, ce Mémoire contient la solution de plusieurs problèmes de la même série qui s'y rattachent. Ainsi la caractéristique de la conique E des problèmes **4**, **7**, **8** de la série est révélée dans ce Mémoire, de date postérieure [1], comme la poloconique de la droite à l'infini par rapport à C^3. Le problème **15** s'occupe du lieu des centres des cubiques qui passent par six points donnés, comme on l'aperçoit plus tard [2]; nous l'avons généralisé ailleurs [3]. Le problème **16** s'occupe du lieu des points de rebroussement des cubiques passant par six points et le problème **17** du lieu des points doubles des cubiques passant par sept points donnés.

Voici une généralisation du problème **17** :

Le lieu des points multiples d'ordre $n-1$ des courbes C^n, qui passent par $2n+1$ points donnés, est une courbe de l'ordre $n(n-1)$, dont les $2n+1$ points donnés sont des points multiples de l'ordre $n-1$.

23 février 1886.

---

(1) *Jacob Steiner's Gesammelte Werke*, t. II, p. 531.

(2) *Ibid.*, 508, § 7.

(3) *Bulletin de la Société Mathématique de France*, t. X, p. 220, où à droite est imprimé $\frac{1}{576}(m+1)\ldots$ au lieu de $\frac{1}{576}(m+3)\ldots$.

Nous signalons en même temps les corrections suivantes dans une petite communication insérée dans le même tome. Les deux théorèmes (*e*) et (*g*) de la page 223 doivent être corrigés de la manière suivante :

(*e*) La parabole *qui* a *en un point donné un contact du troisième ordre avec une hyperbole équilatère donnee* a, etc.

(*g*) *Construire* la *directrice et les foyers* de la parabole, *qui* a *un*, etc.

NOTE SUR LA MÉTHODE DES TANGENTES DE ROBERVAL;

Par M. DEWULF.

On donne une droite Ox, un point fixe O sur cette droite et un autre point fixe F en dehors de cette droite. Par le point F on trace une droite quelconque qui coupe la droite Ox en m; puis on porte sur Fm, de part et d'autre du point m, une longueur égale à mO : on obtient ainsi deux points M et M′ dont le lieu géométrique est une focale de Quetelet.

Il est facile de tracer la tangente à cette courbe en un de ses points M en appliquant la méthode de Roberval. Le but de cette Note est de démontrer que cette construction permet de prouver que le point F est un foyer de la courbe.

Représentons la vitesse du point m, sur Ox, par mO.

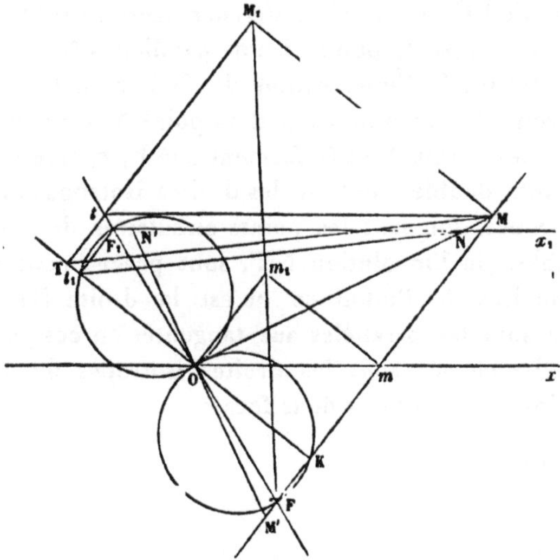

La vitesse du point M, sur la droite Fm, est évidemment égale à la somme des vitesses du point m sur ce même rayon et sur Ox; elle est donc égale à $Mm + mK$ ou MK, K étant la projection du point O sur Fm. La vitesse normale à Fm du point m est m_1 (*voir* la figure); donc la vitesse normale à Fm du point M est MM_1.

La diagonale MT du rectangle construit sur MK et MM_1 donne la vitesse du point M; MT est la tangente cherchée.

Prolongeons FO jusqu'à sa rencontre en t avec M_1T; la droite Mt est parallèle à Ox. En effet, les triangles Omm_1, tMM_1 sont homologiques; les côtés mm_1 et MM_1, m_1O et m_1t sont parallèles : donc Mt est parallèle à mO.

Sur le prolongement de F prenons $OF_1 = OF$ et du point F_1 abaissons la perpendiculaire F_1t_1 sur OT.

D'un autre côté, soit N l'intersection de OM avec la parallèle à Ox tracée par le point F_1. La droite t_1N est parallèle à MT. En effet, les triangles TMt, t_1NF_1 sont homologiques et deux des côtés de Tmt sont parallèles à deux côtés de t_1NF_1.

De là la construction suivante de la tangente en M :

La parallèle à Ox par le point F_1 étant tracée, il faut prendre le point d'intersection N de OM avec cette parallèle; prendre l'intersection t_1 de KO avec la circonférence décrite sur OF_1 comme diamètre et tracer, par le point M, une parallèle à Nt_1.

Soit maintenant N' l'intersection de OM' avec F_1x_1, l'angle NON' est droit, et, quand on passe d'un point M à un autre point de la courbe, les points N et N' forment sur F_1x_1 une involution dont les points doubles sont sur les droites isotropes de O. Ces droites isotropes, joignant les points circulaires de l'infini aux points doubles de l'involution NN', sont précisément pour les points circulaires de l'infini ce qu'est la droite Nt_1 pour le point M; ce sont les parallèles aux tangentes en ces points. Ces tangentes elles-mêmes sont les droites isotropes du point F. Donc le point F est un foyer de la focale.

Bayonne, 16 avril 1886.

ÈQUE DE L'ÉCOLE DES HAUTES ÉTUDES,

S LES AUSPICES DU MINISTÈRE DE L'INSTRUCTION PUBLIQUE.

BULLETIN

DES

CES MATHÉMATIQUES,

PAR MM. G. DARBOUX, J. HOÜEL ET J. TANNERY,

AVEC LA COLLABORATION DE

RÉ, BATTAGLINI, BELTRAMI, BOUGAIEFF, BROCARD, BRUNEL,
ACK, CH. HENRY, G. KOENIGS, LAISANT, LAMPE, LESPIAULT, S. LIE,
. MARRE, MOLK, POTOCKI, RADAU, RAYET, RAFFY, S. RINDI,
SCHOUTE, P. TANNERY, EM. ET ED. WEYR, ZEUTHEN, ETC.

A DIRECTION DE LA COMMISSION DES HAUTES ÉTUDES.

DEUXIÈME SÉRIE.

TOME X. — NOVEMBRE 1886.

(TOME XXI DE LA COLLECTION.)

PARIS,

HIER-VILLARS, IMPRIMEUR-LIBRAIRE

U DES LONGITUDES, DE L'ÉCOLE POLYTECHNIQUE,

SUCCESSEUR DE MALLET-BACHELIER,

Quai des Augustins, 55.

1886

Ce Recueil paraît chaque mois.

La Rédaction du *Bulletin*, dans l'intérêt de la régularité de la publication et d une bme sion des épreuves, et, plus se, en vue d'épargner à l'imprimerie des frais considérables tant qu'inutiles de remaniements, prie instamment ses collaborateurs d'apporter toujours le plus grand soin possible dans l'exécution matérielle de leurs manuscrits, sut en ce qui c ne les formules r ples et la transcription des noms propres. Il est à désirer que la disposition des articles soit conforme à celle qui a été adoptée une fois pour tes dans les livraisons déjà l ies de la 2e Série du Recueil. Par exemple, dans les
articles de *Comptes rendus et Analyses des Ouvrages et Mémoires*, le titre de chaque travail sé dra être dné dans la langue originale, avec les indi-
cat ons des ... sion ... ise de ce titre ne sera indispensable que pour les Ouvrages écrits dans une langue peu r ue dans
l'Europe ... ble, et ... sera mise au bas de la page.

LIBRAIRIE DE GAUTHIER-VILLARS,
QUAI DES AUGUSTINS, 55, A PARIS.

TRAITÉ
DU
CALCUL DES PROBABILITÉS,

PAR H. LAURENT,
RÉPÉTITEUR D'ANALYSE A L'ÉCOLE POLYTECHNIQUE,
MEMBRE DU CERCLE DES ACTUAIRES FRANÇAIS.

Les personnes qui désirent étudier le Calcul des Probabilités éprouvent généralement des difficultés qui tiennent moins à la nature du sujet qu'à l'absence de Traités réellement classiques. Et, en effet, pour aborder la célèbre *Théorie analytique des probabilités* de Laplace, il faut déjà être, jusqu'à un certain point, familiarisé avec l'Analyse des hasards, l'auteur ne traitant, comme il l'avoue lui-même, que les questions les plus difficiles; quant aux Livres très-estimés de MM. Lacroix et Cournot, ils sont trop élémentaires, même pour servir d'introduction à la lecture du Traité de Laplace. Il n'en est pas moins vrai que c'est par ces deux derniers Ouvrages qu'il convient d'aborder l'étude des Probabilités. Le Traité de Poisson, sur la probabilité des jugements, écrit, comme son titre l'indique, dans un but spécial, contient cependant une Introduction qui peut être con-

COMPTES RENDUS ET ANALYSES.

LÉONARD DE VINCI. — **Manuscrits B et D de la Bibliothèque de l'Institut**, publiés en fac-similés (procédé Arosa) avec transcription littérale, traduction française, préface et table méthodique par M. *Charles Ravaisson-Mollien*. Paris, A. Quantin, 1883, in-folio.

Il est inutile de renouveler, à propos du second Volume des *Manuscrits de Léonard de Vinci,* les éloges que mérite à tous égards cette magnifique publication et dont nous avons payé le juste tribut en parlant du *Manuscrit* A ([1]); qu'il nous suffise donc de dire que ce nouveau Volume est encore plus intéressant que le premier.

Des deux manuscrits qu'il reproduit, le second (10 folios) est un Traité presque achevé (*De l'œil*) qui, dans la pensée de Léonard, devait sans doute former une partie intégrante de son grand Ouvrage *Sur la Peinture;* le premier (84 folios) n'est au contraire, comme le manuscrit A, qu'un recueil de notes et de croquis; mais ce recueil est beaucoup mieux lié et présente des ensembles beaucoup plus complets, notamment en ce qui concerne l'Architecture et le Génie militaire.

J'ai remarqué que, dans A, on ne trouverait pas une seule citation; tout au contraire, dans B et particulièrement pour ce qui touche à l'histoire des armes offensives, non seulement Léonard cite plusieurs fois des auteurs anciens, mais encore il fait montre d'une singulière érudition que je dois, pour le moment, me contenter de signaler, mais qui mériterait d'être l'objet d'une étude approfondie.

Sans doute, cette érudition paraît souvent bien peu sûre; il n'en serait pas moins intéressant de déterminer, s'il était possible, à quelles sources elle était puisée en réalité, quelle part de fantaisie le grand artiste a pu y mêler, quelle valeur traditionnelle on peut, au contraire, attribuer à certaines de ses affirmations, qui ne s'appuient sur aucun témoignage connu : par exemple, à celle

([1]) *Voir* le numéro du *Bulletin* de janvier 1886, p. 13.

qui donne un canon à vapeur (*architonitro*) comme inventé par Archimède et comme lançant à six stades (plus d'un kilomètre) un poids d'un talent (26^{kg}).

Cette érudition, toute spéciale, il est vrai, est d'autant plus étrange que l'on ne peut se dissimuler qu'une forte éducation avait manqué à Léonard. Si, par suite de cette circonstance, ses idées n'ont été que plus indépendantes et son originalité plus marquée, il faut aussi avouer que son génie qui, au premier abord, apparaît comme si complet, n'en présentait pas moins des lacunes sensibles.

La publication intégrale de ses cahiers de notes, pour indispensable qu'elle soit, est certainement plutôt de nature à affaiblir qu'à renforcer l'auréole dont on se plaît à l'entourer, je ne dis pas en tant qu'artiste ou ingénieur, mais en tant que théoricien précurseur des grands savants du XVIIe siècle. On pouvait le prévoir; qui donc voudrait de nos jours voir sa future renommée soumise à une pareille épreuve? qui consentirait à voir ainsi publier ses brouillons de notes, avec leurs erreurs matérielles, à voir mettre au grand jour les éléments inféconds de recherches vainement poursuivies et qui ne pouvaient aboutir?

Tant qu'on s'est borné à extraire des manuscrits de Léonard quelques rares aperçus de génie, quelques sentences d'une empreinte moderne, l'illusion était possible; aujourd'hui, elle doit s'évanouir. Pour la théorie, Léonard est bien un homme de son temps; si puissant remueur d'idées qu'il soit, il s'attache plus souvent encore à l'erreur qu'à la vérité, et en tout cas il n'arrive guère à donner à sa pensée ni à son langage une précision scientifique. S'il essaye de définir la force, par exemple, ce sera dans le jargon métaphysique qu'on parlait alors (¹). Il sait bien que tout a sa raison nécessaire et doit trouver son explication; mais il ignore l'art de faire une démonstration rigoureuse, et, s'il sent la

(¹) *Fol.* 63, R. — « Je dis que la force est une puissance spirituelle, incorporelle, invisible, qui, avec une courte vie, se cause dans les corps qui, par une violence accidentelle, se trouvent hors de leur être et repos naturels. J'ai dit : spirituelle, parce que dans cette force il y a une vie active; incorporelle, parce que le corps où elle naît ne croît ni en poids ni en forme; de peu de vie, parce que toujours elle désire vaincre sa cause, et, celle-là vaincue, se tue. »

nécessité de recourir à l'expérience, il ne sait guère la conduire ni en tirer les véritables conclusions. En somme, ce qu'il a de plus remarquable, c'est bien moins la rectitude que l'indépendance de ses idées.

Sur le terrain de la pratique, Léonard déploie, au contraire, une ingéniosité tout à fait exceptionnelle et fait preuve d'un acquis surprenant; c'est un chercheur et un trouveur; néanmoins, nombre de ses inventions ne sont évidemment susceptibles d'aucune réalisation et son rare talent s'est souvent dépensé en pure perte.

Je ne veux citer comme exemple que ses recherches relatives à une machine volante, qui occupent de nombreuses pages du manuscrit B. Quoique paraisse en penser M. Ravaisson-Mollien, je n'y puis voir que la poursuite d'une chimère par les moyens les plus impraticables et en partant du principe le plus faux; car l'idée-mère de cette machine se réduit en fait au tour de force du baron de Munchhausen qui, comme on sait, s'enlevait de terre en se tirant par les cheveux.

Ce seul exemple suffit pour montrer ce qu'on peut s'attendre à rencontrer comme Mécanique théorique dans les manuscrits de Vinci. La Science n'existe pas, et ce n'est nullement à lui qu'il était réservé d'en élever une assise inébranlable.

Le manuscrit B nous le montre surtout préoccupé, dans ce domaine, de résoudre deux questions :

1° Comment varie l'effet du choc (mesuré par l'enfoncement dans un terrain de résistance uniforme) d'un corps pesant tombant de différentes hauteurs ou d'un projectile lancé avec une même force à différentes distances du point de départ? quelle est l'influence de la forme du projectile?

2° Si une pièce de bois, soit AB, inclinée, repose par une de ses extrémités B sur le sol, s'appuie par l'autre A sur un mur, quelle est la charge en B et la poussée en A?

Sur le premier point, Léonard indique les expériences à faire, mais ne donne aucun résultat; sur le second, il donne une solution qu'il fonde ici sur une expérience insuffisante, là sur un raisonnement vicieux. D'après cette solution, il faut prendre, comme charge en B, le poids de la poutre diminuée d'une longueur égale à la moitié de sa projection horizontale.

En regard d'une insuffisance aussi palpable de connaissances théoriques, les dispositions pratiques des mécanismes dessinés par Léonard n'en sont que plus remarquables; il est vrai que toute la mécanique de l'antiquité présente les mêmes caractères.

Mais c'est un sujet qu'il serait hors de propos d'aborder ici; je n'ai pas non plus à faire de remarques nouvelles à propos des connaissances géométriques de Léonard, le manuscrit B n'offrant guère que quelques constructions exactes ou approximatives de polygones réguliers, analogues à celles du manuscrit A.

Je me bornerai donc désormais aux observations suivantes: M. Ravaisson-Mollien a ajouté à son Volume un *errata* considérable, indiquant nombre de corrections à apporter soit aux leçons, soit à la traduction tant du premier manuscrit que des deux autres dont la publication a suivi. Il est clair que, dans un travail aussi ardu que celui qu'il a entrepris, les fautes sont inévitables, et loin de lui en faire un reproche, on ne peut que le louer de la conscience avec laquelle il essaye de les corriger. Il ne faut pas se dissimuler, toutefois, que la parfaite correction exigera encore des efforts longs et répétés, et que le travail d'un seul sera impuissant pour l'atteindre pleinement. Mais ce n'est pas un des moindres attraits de la publication telle qu'elle est poursuivie, que de permettre à chacun de formuler ses conjectures sur la Leçon à adopter, sur le sens à donner aux passages souvent énigmatiques des notes de Léonard de Vinci.

Voici quelques corrections nouvelles que j'indiquerai, pour ma part, après une lecture rapide :

Fol. 8, *verso.* — (l. 5) Saetta che non si po trare se la *piaca* (? pianta?) non c cresciuta.

Je lirais *piaga* et traduirais : *flèche qui ne peut se retirer sans agrandir la plaie;* traduction en parfait accord avec la figure donnée au projectile.

Fol. 14, *verso.* — *Français* (l. 10) : « remettre le feu à ». *Lire:* « rattacher » (*rapicare*).

Fol. 24, *verso.* — *Français* (l. 12 suiv.). — Dans la description du canon se chargeant par la culasse, la *roccha* est évidemment, d'après la figure, une lanterne d'engrenage ayant le même axe que la culasse. Les fuseaux de cette lanterne sont actionnés par une vis sans fin transversale, tandis que la culasse, qui fait corps avec la lanterne, s'adapte au canon par un pas de vis, comme dans les fermetures modernes.

Fol. 39, *recto*, l. 7, « una urte », on lit : « sur te ». — Traduire : « des navires qui te tiendraient quelque port assiégé ».

Fol. 48, *recto*. — *Français* (l. 5). — Traduire : « Parce que quelqu'un qui voudrait prendre une tour en mer fera qu'un de ses fidèles se mette au service du châtelain et *que quand* [*ce fidèle*] *montera la garde, il tirera aux créneaux l'échelle de corde* »..., de même *fol.* 50, *recto*. — *Français* (l. 6, 7) « et quand il sera de garde, il tirera en haut, avec ledit fil, une ficelle qui lui sera donnée par celui qui escalade ».

Fol. 66, *recto* (ligne dernière). — Le « gietto di scarpa » est le *fruit* du mur.

P. T.

H.-G. ZEUTHEN. — Die Lehre von den Kegelschnitten im Alterthum, erster Halbband. Copenhague, Andr. Fred. Höst and Sohn, 1886, in-8°, 320 p.

Ce Volume est la première Partie de la traduction allemande, faite, sous la direction de l'auteur, par R. von Fischer-Benzon, d'un Ouvrage considérable que M. Zeuthen a publié, l'année dernière, en danois, sur la théorie des sections coniques dans l'antiquité.

Le travail du savant professeur de l'Université de Copenhague fera époque, et ce n'est pas assez de dire, pour le louer, qu'il y a longtemps que le sujet qu'il a choisi a donné lieu à une étude aussi originale; il faut reconnaître que jusqu'alors l'histoire des coniques dans l'antiquité était incomprise, et que M. Zeuthen, non seulement en donne la clef, mais nous guide de façon à ne plus nous laisser nous égarer.

Il sera donc impossible, d'ici longtemps, de parler des coniques dans l'antiquité sans avoir eu recours à ce Livre magistral; qu'il me soit permis de le dire d'autant plus hautement que ce n'est pas

S'ENSUIVENT

QUELQUES AUTRES

PETITES SUBTILITÉS DES NOMBRES

QU'ON PROPOSE ORDINAIREMENT

I

Je demande un nombre qui étant divisé par 2 il reste 1, étant divisé par 3 il reste 1, et semblablement étant divisé par 4 ou par 5 ou par 6 il reste toujours 1, mais étant divisé par 7 il ne reste rien.

Cette question se propose ainsi ordinairement :

Une pauvre femme portant un panier d'œufs pour vendre au marché vient à être heurtée par un certain qui fait tomber le panier et casser tous les œufs, qui pourtant désirant de satisfaire à la pauvre femme s'enquiert du nombre de ses œufs ; elle répond qu'elle ne le sait pas certainement, mais qu'elle a bien souvenance que les ôtant 2 à 2 il en restait 1, et semblablement les ôtant 3 à 3, ou 4 à 4, ou 5 à 5, ou 6 à 6 il restait toujours 1, et les comptant 7 à 7 il ne restait rien. On demande comme de là on peut conjecturer le nombre des œufs.

Le plus petit commun multiple des nombres 2, 3, 4, 5, 6 étant 60, il s'agit de trouver un multiple de 7 qui surpasse de beaucoup moins claire, par suite de la nécessité de se reporter constamment de l'écrit aux lettres de la figure. C'est là la raison qui nous rend insoutenable, par exemple, la lecture des démonstrations d'Apollonius; pour les comprendre vraiment dans leur essence, il faut les refaire sur la figure seule, après s'être exercé à la pratique des règles restituées par M. Zeuthen.

II. *Définition planimétrique des sections coniques. Forme de cette définition chez Archimède.* — De la définition des coniques comme sections planes d'un cône (supposées, à l'origine, faites sous certaines conditions), les anciens, dès le début de leurs études, sont immédiatement passés à une définition planimétrique, c'est-à-dire à une véritable équation de Géométrie analytique à deux dimensions. Dès avant Apollonius, chez Archimède, nous trouvons cette équation correspondant à un système de directions conjuguées quelconques, et, quoique Archimède désigne les trois coniques comme sections de cône oxygone, orthogone ou amblygone (c'est-à-dire comme si elles étaient supposées faites perpendiculairement à une génératrice d'un cône droit donné), il n'ignore nullement que les sections obliques à la génératrice jouissent absolument des mêmes propriétés, au moins lorsque leur plan est perpendiculaire au plan de symétrie du cône. Ses connaissances dans la théorie des coniques sont d'ailleurs très étendues, et, si on les compare avec les théorèmes d'Apollonius, on reste absolument convaincu que ce dernier n'est nullement le créateur de cette théorie, ni comme fond, ni comme forme; que dans les quatre premiers Livres de ses coniques, il est à peine plus original qu'Euclide n'a dû l'être dans ses *Éléments*. La même conclusion s'impose d'ailleurs à la lecture des préfaces d'Apollonius; il a simplement refait les quatre Livres des coniques d'Euclide, sans changer la méthode, mais en généralisant les théorèmes; pour les derniers Livres d'Apollonius, la question est au contraire tout à fait différente; là il a ouvert de nouveaux horizons et s'est montré véritablement créateur.

III. *Le premier Livre des coniques d'Apollonius* est l'objet, de la part de M. Zeuthen, d'une analyse détaillée, qui a pour principal but de montrer la raison de l'ordre suivi, l'enchaînement et la portée des théorèmes successifs. C'est un commentaire indispensable pour qui voudrait étudier directement Apollonius, mais dans le détail duquel je ne puis malheureusement entrer, quelque intéressant qu'il soit. Je rappelle seulement qu'il s'agit dans ce Livre d'établir que les coniques obtenues en coupant d'une manière quelconque un cône oblique sont identiques avec celles qu'on obtient par la section d'un cône droit. C'est dans cette thèse que consiste la principale généralisation apportée par Apollonius; mais, je le répète, il n'y arrive que par des moyens bien connus de ses précurseurs.

Une autre importante généralisation qui paraît due également à Apollonius est la considération des deux branches de l'hyperbole comme formant un tout auquel on peut appliquer, sous certaines modifications, les théorèmes établis pour l'ellipse ou pour une seule branche. Une preuve de la nouveauté de cette considération est qu'Apollonius, qui a d'ailleurs, comme on sait, employé le premier les noms d'*ellipse, parabole* et *hyperbole,* réserve ce dernier mot pour désigner une seule branche, et qu'il dit *sections opposées,* alors que nous disons simplement *hyperbole.*

IV. *Transformation des équations des coniques; changements de coordonnées.* — Ce Chapitre est des plus importants pour l'intelligence des procédés de l'analyse des anciens. M. Zeuthen montre, sur des exemples empruntés à Apollonius, avec quelle facilité l'Algèbre géométrique se prête aux changements de coordonnées. Il l'étudie particulièrement pour le passage de l'équation au sommet à l'équation au centre et pour le passage d'un système de diamètres conjugués à un autre.

V. *Deuxième Livre d'Apollonius.* — Ce Livre, consacré à la liaison de la théorie des diamètres conjugués avec celle des asymptotes, est aussi soigneusement analysé que le premier; il en est de même du :

VI. *Troisième Livre d'Apollonius,* en excluant toutefois le groupe de théorèmes relatifs aux foyers, groupe dont l'examen est différé. M. Zeuthen met en lumière le caractère général des recherches du géomètre de Perge; il montre dans Apollonius le théorème dit *de Newton* (¹) et y étudie la théorie des polaires, ainsi que la production des coniques par des faisceaux projectifs.

VII. *Le lieu à trois ou quatre droites.* — Avec notre symbolisme algébrique, la forme générale de l'équation des coniques correspond surtout à l'équation complète du second degré entre deux coordonnées cartésiennes. Quoique les anciens eussent également à traiter en fait cette équation, le problème se posait autrement pour eux, eu égard à la mobilité de leurs coordonnées.

Soient x, y, z, u les distances d'un point mobile à quatre droites fixes; le lieu à quatre droites défini par la relation

$$\frac{xz}{yu} = \text{const.}$$

représentait pour eux la définition la plus générale (²).

M. Zeuthen a résolu l'énigme que présente à ce sujet la Préface du Livre III d'Apollonius, où celui-ci déclare que ce lieu ne pouvait, jusqu'à lui, être traité que partiellement. Le géomètre grec n'a pas traité de fait ce problème, qui devait rentrer dans le cadre des *Lieux solides* d'Aristée et non pas appartenir aux *Coniques* proprement dites; mais il a exposé tous les théorèmes nécessaires pour la discussion complète de tous les cas, et il ressort de l'ensemble de ces théorèmes que la grande difficulté venait de ce que ses précurseurs n'avaient pas considéré la seconde branche de l'hyperbole.

Le savant professeur de Copenhague restitue très heureusement la marche générale de la solution du problème chez les anciens; il examine d'abord le cas des trois droites, puis celui où les quatre droites forment un trapèze; enfin :

VIII. *Le lieu à quatre droites* (suite); liaison avec les porismes

---

(¹) Si d'un point arbitraire Z on mène suivant des directions données des droites sur lesquelles une conique intercepte les cordes AB, CD, le rapport $\frac{AZ \times BZ}{CZ \times DZ}$ est constant. Newton n'a nullement donné ce théorème comme étant de lui; M. Zeuthen l'appelle *Potenssatz*.

(²) Pour le lieu à trois droites, il faut supposer $x = z$, c'est-à-dire la coïncidence de deux des droites fixes.

d'Euclide. Il arrive ainsi au cas général. Il montre comment la solution avait pu être obtenue de la sorte dès Aristée, et comment elle restait toutefois incomplète avant le trait de génie d'Apollonius.

En rapprochant de cette solution ce que l'on connaît des Porismes d'Euclide, il arrive à conclure que le but réel de cet Ouvrage était d'ouvrir la voie à une théorie des coniques plus élevée que l'ordinaire, et que, sans avoir formé le concept général de projectivité, Euclide connaissait parfaitement la génération des coniques par des faisceaux projectifs.

Suit une discussion très substantielle sur l'origine et l'histoire du mot *porisme*, que la conclusion précédente éclaire d'un jour tout nouveau.

IX. *Détermination d'une section conique par cinq points; quatrième Livre des Coniques d'Apollonius; son Livre de la section déterminée.* — Si ici M. Zeuthen n'analyse pas le quatrième Livre des coniques avec le même détail que pour les précédents, ce Chapitre n'en est pas moins des plus importants; on y touche du doigt les difficultés qui se présentaient avec les méthodes anciennes pour la solution complète du problème dont il s'agit, et l'on y voit en même temps comment le Livre perdu d'Apollonius sur la section déterminée devait correspondre à la théorie moderne de l'involution dans les mêmes conditions que les porismes d'Euclide correspondaient à la théorie de la projectivité.

X. *Sur la détermination des lieux solides.* — Examen de la marche suivie par les anciens pour la discussion des différentes formes de l'équation du second degré en coordonnées rectangulaires ou obliques. Le théorème fondamental sur les foyers et les directrices était connu. Retour au problème du lieu à quatre droites; démonstration de la thèse énoncée, que ce problème avait pour les Grecs la même signification que possède pour nous la détermination d'une conique par une équation du second degré. Comparaison avec les méthodes modernes.

XI. *Problèmes solides.* — Ce nom a dû être originairement donné aux problèmes déterminés concernant les solides et conduisant naturellement dès lors à une équation du troisième degré. Quand on parvint à résoudre ces problèmes avec les coniques, le sens originaire du mot se perdit et l'on entendit en général par *solides* les problèmes pouvant être résolus avec les courbes provenant de la section plane du cône.

La considération des coniques pour ces problèmes avait d'ailleurs une importance plutôt théorique que pratique ; car, en fait, dans la plupart des cas, on pouvait obtenir graphiquement la solution par des procédés beaucoup plus commodes que le tracé réel de coniques. Mais ces dernières courbes étaient celles qui se prêtaient le mieux à la discussion des problèmes, et qui pouvaient le mieux permettre de déterminer les conditions nécessaires à l'existence d'une, deux ou trois solutions, de résoudre enfin les problèmes de maximum et de minimum qui se présentaient accessoirement relativement à ces conditions.

M. Zeuthen montre comment procédaient les anciens, et il étudie particulièrement les méthodes d'Archimède. Le géomètre de Syracuse était en mesure de discuter facilement une équation du troisième degré à une inconnue, en la ramenant à être privée du terme du premier degré. Ce procédé pouvait d'ailleurs être déjà connu avant lui; en tout cas, la théorie dont on a fait honneur aux Arabes appartient sans conteste aux Grecs.

L'examen des autres solutions de problèmes analogues qui nous ont été conservées et un aperçu très suggestif sur l'histoire du développement de la théorie terminent le Chapitre.

XII. *Problèmes solides* (suite); *intercalations* (νεύσεις). — Après les solutions théoriques, M. Zeuthen parle des solutions pratiques et notamment de la νεῦσις, intercalation entre deux lignes fixes d'une droite de longueur donnée, passant par un point donné. Il montre que ce procédé, qui permet des constructions graphiques au moyen d'un tâtonnement facile, remonte presque à l'origine de la Géométrie; il en indique les diverses applications et s'étend sur la théorie qui en fut faite, ainsi que sur la façon de discuter les problèmes solides en employant cette méthode.

XIII. *Problèmes solides* (suite); *cinquième Livre d'Apollonius*. — Le cinquième Livre des *Coniques*, où Apollonius traite le problème de mener une normale à une conique par un point extérieur, est sans contredit la plus brillante application qui ait été faite dans l'antiquité de la méthode de solution des équations du troisième degré par l'intersection des coniques. Lorsqu'on voit Apollonius arriver, en définissant simplement les normales comme lignes de longueur minima, à déterminer effectivement leur enveloppe pour les coniques, on ne peut se refuser à reconnaître la pleine justesse de l'expression d'*Algèbre géométrique* appliquée à l'ensemble des procédés transmis au géomètre de Perge par ses précurseurs et développés par lui.

Si tout autre que M. Zeuthen pouvait non seulement inventer, mais encore justifier de la sorte cette expression, à lui seul appartient, en tout cas, l'honneur d'avoir restitué et exactement précisé les méthodes qu'elle doit désigner, d'avoir en même temps marqué leurs avantages, leurs inconvénients et leurs limites.

Il faut bien reconnaître avec lui que du moment où la figuration n'est plus possible, c'est-à-dire où l'on dépasse le troisième degré, l'algèbre géométrique des anciens ne peut plus servir; ou bien il faudrait la transformer complètement pour la rapprocher de notre Algèbre : elle perdrait alors le caractère qu'elle a toujours conservé.

Son principal défaut est le manque du concept des quantités négatives; d'où la multiplicité des cas dans chaque théorème un peu général. Mais il est évidemment possible de corriger ce défaut.

Le Livre de M. Zeuthen est, en somme, moins un livre d'histoire, qu'un véritable Traité exposant une ancienne méthode qu'il a retrouvée. Or il est certain qu'avec quelques modifications cette méthode pourrait être encore reprise pour l'étude des coniques et appliquée non dans les expositions écrites, mais dans l'enseignement oral et pour les recherches personnelles. Il y a là une manière d'exercer l'intelligence qui n'est pas à dédaigner, si le but de l'enseignement des Mathématiques pour la majorité des élèves doit être non pas d'apprendre telle ou telle théorie d'après telle méthode déterminée, mais bien d'habituer à raisonner suivant les méthodes les plus diverses.

M. Zeuthen s'est exercé lui-même assez longtemps pour arriver à pénétrer tous les secrets des procédés anciens; mais il n'avait pas de guide et, comme il l'indique lui-même, il a perdu du temps dans divers essais infructueux. Avec son livre, il est au contraire facile d'arriver rapidement à une habitude de ces procédés, suffisante pour trouver à leur emploi un intérêt réel. Je ne puis que souhaiter de voir les jeunes géomètres s'y essayer sérieusement.

PAUL TANNERY.

M. ALLÉGRET. — RECHERCHES CHRONOLOGIQUES SUR LES FASTES DE LA RÉPUBLIQUE ROMAINE ET SUR L'ANCIEN CALENDRIER DE NUMA POMPILIUS. Lu à l'Académie des Sciences, Belles-Lettres et Arts de Lyon, dans la séance du 16 mai 1882. Lyon, Association typographique, 1885. Gr. in-8°, 188 p.

Sur le calendrier romain, avant la réforme de Jules César, on ne possède que des documents vagues, confus et contradictoires, au milieu desquels on démêle à peu près ce qui suit. Ce calendrier était réglé par les pontifes d'après un système passablement bizarre et compliqué, qu'on attribuait au roi Numa et qui laissait d'ailleurs une certaine part à l'arbitraire. La durée normale de l'année était environ celle d'une année lunaire, divisée en douze mois de vingt neuf et trente et un jours; les pontifes semblent avoir eu la faculté de choisir au commencement de chaque mois et de proclamer aux calendes lequel de ces deux nombres de jours devait être adopté. Ils fixaient à cet effet à quatre ou à six jours des calendes les nones, c'est-à-dire le huitième jour avant les ides, lesquelles devaient être, à leur tour, le dix-septième jour avant les calendes suivantes (1). En outre, ils avaient à décider sur une intercalation d'un mois supplémentaire (le *mercedinus*), qui se faisait ordinairement tous les deux ans, mais en tout cas avant mars et en supprimant les derniers jours de février, de façon que l'année fût augmentée de vingt-deux ou vingt-trois jours.

Il est clair qu'une année réglée de la sorte ne pouvait être, à proprement parler, ni lunaire ni solaire, et l'opinion générale est

---

(1) Je compte en excluant un des deux termes; les Romains, comme on sait, comprenaient l'un et l'autre. La distance des ides aux calendes suivantes a d'ailleurs été modifiée pour divers mois du calendrier de Jules César.

que le calendrier romain, en suite des désordres amenés par l'aveuglement de la routine et les conflits politiques, se trouvait depuis très longtemps dans une confusion indigne d'un grand peuple, lorsque Jules César se décida à le réformer.

M. Allégret, dans un Mémoire où il a condensé les résultats de longues et fastidieuses recherches, propose, comme clef du système, une explication simple et plausible à tous égards. L'année de Numa aurait en réalité été lunaire, sauf cette particularité que la pleine Lune pouvait se déplacer dans un intervalle de huit jours, *des ides aux nones*. L'intercalation du *mercedinus* rendait d'ailleurs cette année lunisolaire, en se faisant de manière à maintenir l'équinoxe du printemps aussi près que possible des ides d'avril. Le reste des prescriptions que nous connaissons a un caractère religieux traditionnel; mais elles ne s'opposent pas à ce que le problème relativement facile, que les pontifes avaient à résoudre, n'ait été soumis à des méthodes rationnelles et plus ou moins précises.

A la vérité, nous ignorons ces méthodes, et nous ne pouvons rien présumer sur elles que d'après les résultats de leur application; mais M. Allégret s'est attaché à prouver, en recueillant tous les synchronismes qu'il a pu trouver chez les historiens, que, depuis l'origine de la République jusqu'au commencement de la guerre civile entre César et Pompée, le calendrier romain a toujours été aussi convenablement réglé que possible. Les vingt-six faits ainsi rapprochés sont loin d'être également probants, mais la thèse générale n'en ressort pas moins démontrée de cet ensemble. Les adulateurs de César ont certainement exagéré, outre toute mesure, la confusion antérieure à la réforme julienne; ils l'ont imputée aux pontifes, alors qu'elle a été causée accidentellement et, tout à fait en dernier lieu, précisément par la guerre civile; les historiens ont depuis unanimement répété ces mensonges : il était réservé à M. Allégret de détruire cette erreur séculaire.

Mais là ne se borne pas le travail du savant professeur de la Faculté de Lyon, et malheureusement le reste n'est pas à la hauteur de la partie que je viens d'analyser.

Tout d'abord, à côté des synchronismes indiquant la saison ou l'âge de la Lune pour telle date du calendrier romain, il a naturellement rencontré un certain nombre d'éclipses, et il a été amené à discuter les identifications déjà faites avec telle ou telle éclipse du Catalogue de Pingré. Il en a rejeté plusieurs et proposé quelques nouvelles.

Quel que soit l'intérêt de cette partie du Mémoire, M. Allégret la considère sans doute lui-même plutôt comme un recueil de matériaux que comme une œuvre définitive. Ce n'est pas d'aujourd'hui que l'importance chronologique des éclipses est reconnue, et les historiens ont à peu près tiré du Catalogue de Pingré tout le parti possible. Sans doute, il y a encore bien des points incertains et l'on s'est peut-être trop attaché aux fastes consulaires, dont l'insuffisance n'est pas à démontrer, mais, et les historiens ne l'ignorent pas, le Catalogue de Pingré est lui-même insuffisant et les calculs faits au siècle dernier n'ont pas en général assez de rigueur pour que la discussion puisse aboutir.

Au point où se trouve la chronologie actuellement, la première chose à faire serait de recommencer le Catalogue des éclipses visibles dans le monde ancien pendant les périodes historiques. L'immensité du travail à accomplir peut sembler décourageante; mais, quand on réfléchit aux avantages qu'en retireraient non seulement l'Histoire, mais encore l'Astronomie, on ne peut s'empêcher de dire que c'est là une œuvre que devraient provoquer de préférence les Académies et les Gouvernements. D'ailleurs le travail peut se partager, il est seulement essentiel qu'il soit fait sur un même plan et avec les mêmes éléments (1).

J'insiste d'ailleurs sur ce point que ce travail doit comprendre toutes les éclipses et qu'on ne peut désormais aboutir à aucun progrès, en s'attachant, comme on l'a fait depuis Pingré, à quelque éclipse particulière et en employant tantôt une valeur, tantôt une autre, pour les éléments sur lesquels subsiste encore quelque incertitude. C'est seulement par des études d'ensemble comparatives que l'on pourra juger du degré d'exactitude de la théorie actuelle, et non pas en s'appuyant sur des documents isolés.

Un témoignage historique n'a pas le caractère d'une observation

(1) M. Allégret, dans un Mémoire précédent, *Utilité des périodes dans le calcul des éclipses* (*Mémoires de l'Académie de Lyon*, Section des Sciences, t. XXV) a au reste émis, sur les procédés à suivre pour corriger le travail de Pingré, des idées dont il y aurait lieu de tenir compte.

astronomique, qui, quoique unique, peut suffire, pourvu qu'elle soit bonne. Fût-il aussi circonstancié, aussi précis que possible, il reste toujours soumis à quelques doutes, et en voici une raison spéciale, à laquelle on n'a guère fait attention jusqu'ici.

Les anciens, eux aussi, connaissaient parfaitement l'importance des éclipses pour la chronologie; eux aussi, ils se sont servis de Tables calculées pour le passé, ou au moins réduites d'après les observations réelles des Chaldéens.

Mais n'ont-ils pas pu se tromper, tout aussi bien que les modernes? S'ils donnent l'heure du commencement et de la fin, le font-ils d'après la tradition ou d'après des Tables inexactes dans une mesure que nous ne pouvons connaître, pour la période entre Hipparque et Ptolémée? Enfin à quel calendrier appartient en réalité le jour qu'ils fixent? Autant de questions aussi embarrassantes pour l'astronome que pour le chronologiste.

Je reviens à M. Allégret, pour m'arrêter à une des questions qu'il examine le plus complètement et sur laquelle il se prononce avec le plus d'assurance. Elle a d'ailleurs une importance capitale pour l'objet principal de son étude.

On fixe d'ordinaire le passage du Rubicon au commencement de l'année 49 avant J.-C. Il y eut, après la fuite de Pompée, une éclipse de Soleil qui, pour M. Allégret, est celle du 7 mars 51. Pour retrouver les deux ans de différence avec le compte ordinaire, il essaye de démontrer : 1° qu'on a raccourci d'un an la durée des événements depuis le commencement de la guerre civile jusqu'à la mort de César; 2° que celle-ci est placée un an trop tôt et que, par conséquent, la première année du calendrier julien est 46 et non 45 avant J.-C.

Sur le premier point, les nombreux témoignages qu'il a réunis forment un ensemble digne au moins d'être pris en sérieuse considération, quoique aucun d'eux ne puisse être regardé comme décisif. Mais sur le second, il m'est impossible d'adopter son opinion, et cela pour un motif fort simple.

Il est certain, en effet, que l'an 45 avant J.-C. a été bissextile. Or il est absolument contraire au principe même de l'intercalation qu'elle ait été faite la seconde année du cycle de quatre ans. Les chronologistes ont déjà eu assez de mal à expliquer comment elle a pu être faite la première; cependant la solution de cette difficulté, telle que Boeckh l'a donnée, est fort simple. L'année religieuse des Romains commençait en mars : la première année julienne doit donc être comptée de mars 45 à février 44. Mais toute année similaire, dans le cycle, suit un février bissextile ; l'année civile, qui a ouvert le nouveau calendrier, devait dès lors être naturellement construite sur le même type et, par suite, se trouver intercalaire.

La démonstration que M. Allégret essaye de donner pour sa thèse est loin d'ailleurs d'être satisfaisante.

Il s'appuie sur un passage bien connu de Censorinus, passage qui est un des principaux éléments pour la fixation du commencement du calendrier julien. Au moment où Censorinus écrivait, on comptait la 986e année de Nabonassar, la 267e année d'Auguste d'après le compte des Égyptiens, la 265e année d'après le compte des Romains, enfin la 283e année julienne.

La 986e année de Nabonassar, parfaitement assurée d'après le canon de Ptolémée, a couru du 25 juin julien 238 au 24 juin 239. Il s'ensuit dès lors que la première année julienne est, soit 44, soit 45 avant J.-C.

Mais, d'après Ptolémée, la première année d'Auguste suivant les Égyptiens a commencé au 31 août de l'an 30 et coïncide avec la 719e de Nabonassar et non avec la 720e, comme il le faudrait d'après la correspondance que semble établir Censorinus. Il se serait donc trompé sur l'année de Nabonassar, et l'on peut dès lors admettre qu'il écrivait en 237 et non en 238, comme le disent d'ordinaire les chronologistes.

L'explication de la difficulté a été donnée par Ideler (¹) : l'année égyptienne indiquée par Censorinus est celle de l'ère alexandrine, qui est fixe ; la 267e a couru du 29 août 237 au 28 août 238, et il est prouvé par là même que Censorinus a écrit entre le 25 juin et le 28 août 238.

Il est singulier que M. Allégret paraisse ignorer cette explication, qui méritait au moins une discussion de sa part. Mais il faut reconnaître qu'en thèse générale, autant son Mémoire est riche en citations empruntées directement aux sources, autant il est muet

(¹) *Chronologie de Ptolémée*, par Halma, 3e Partie, p. 54.

sur les chronologistes postérieurs à Scaliger. Leurs opinions sont citées comme courantes et sans noms d'auteurs, ce qui ne laisse pas que d'être parfois embarrassant, car enfin ils ne sont pas toujours d'accord entre eux, et de fait il arrive à M. Allégret de proposer comme nouvelle telle date admise dans les Ouvrages les plus répandus (¹).

On comprend combien, dans ces conditions, l'argumentation du savant professeur de Lyon perd souvent en force et en précision; aucune polémique ne peut être menée à bien si elle ne s'attache pas à un Ouvrage particulier. Il faut que le lecteur connaisse au juste l'adversaire visé, et qu'il puisse, au besoin, étudier ses moyens de défense.

J'ai à ajouter quelques autres critiques pour justifier le jugement relativement moins favorable que je porte sur toute cette partie du Mémoire de M. Allégret. Elle vaudra, surtout, ai-je dit, comme recueil de matériaux; une correction parfaite, une scrupuleuse exactitude auraient donc été indispensables. Il eût fallu que le travailleur, consultant ce recueil, pût y avoir une pleine confiance, et ne crût pas nécessaire de vérifier chaque renseignement.

Malheureusement il n'en est pas ainsi : je ne dirai pas seulement que l'*errata* typographique aurait pu être singulièrement augmenté, j'indiquerai quelques incorrections qu'il eût été facile d'éviter. Sans doute elles ne sont pas graves, mais il n'en est pas moins regrettable qu'elles déparent un travail dont je me suis plu à signaler la haute valeur.

P. 5, 6, 18. — Le commencement d'une période sothiaque est indiqué au 21 juillet 139 après J.-C. (138, d'après le système de M. Allégret). C'est bien le quantième correspondant à l'indication de Censorinus, mais elle est certainement erronée, et Scaliger avait déjà corrigé : 20 *juillet*.

P. 26. — L'octaétéride grecque était de 2922 jours (cf. p. 157) et non de 2924.

P. 61. — Si Diodore dit que la guerre de Jules César en Gaule

(¹) Ainsi, 52 avant J.-C. est la date que donne le Dictionnaire de Bouillet pour la mort de Ptolémée Aulète.

a commencé la première année de la 180e olympiade, cela n'indique nullement l'an 60 avant J.-C. L'année grecque courait normalement de la nouvelle Lune suivant le solstice d'été, et non pas, comme le dit M. Allégret (p. 139), du commencement du mois dont la pleine Lune précédait ou suivait ce solstice. L'année indiquée par Diodore court donc environ de juillet 60 à juin 59; et, comme la guerre des Gaules a certainement commencé au printemps, il faut prendre le printemps de 59.

Ce n'est pas la seule fois que M. Allégret se croit en droit d'avancer de six mois le commencement de l'année grecque; il va même beaucoup plus loin et jusqu'à un point qui ébranle toute la chronologie des olympiades (p. 105).

Ainsi la fameuse éclipse, indiquée par Phlégon, auteur du IIe siècle, dans la quatrième année de la 202e olympiade (32 à 33 après J.-C.) et rapportée par Eusèbe à la mort du Christ, serait, pour M. Allégret, celle du vendredi 10 mai 31, qui tomba la deuxième année de la même olympiade ([1]). Il vaudrait mieux, pour soutenir cette thèse invraisemblable, admettre au moins que le texte d'Eusèbe est fautif; quelques manuscrits donnent d'ailleurs ol. 202, 2.

P. 121. — La date du 12 juillet, au lieu d'août, est donnée par inadvertance comme correspondant aux ides de sextile, ce qui trouble tout le raisonnement.

Enfin il m'est difficile de concevoir comment M. Allégret s'est attaché, pour la période dont il s'occupait, au calcul des indictions, cycle chrétien du IVe siècle, et cela en suivant le *Chronicon paschale,* où la concordance des indictions avec les olympiades est constamment fausse. Le savant professeur, tout en fixant exactement au 1er septembre 49 avant J.-C. le commencement qu'assigne à cette ère une légende qu'il valait mieux passer sous silence ([2]),

---

([1]) Comme cette éclipse a certainement été invisible en Europe et dans l'Asie occidentale, M. Allégret admet que Phlégon en aura eu connaissance par des peuplades orientales en relation avec la Chine, dans les annales de laquelle elle a été signalée par le P. Gaubil (!).

([2]) L'opinion qui paraît aujourd'hui la plus probable est que le cycle des indictions a eu son origine dans la fixation, pour des périodes successives de 15 ans, s'est d'ailleurs lui-même constamment trompé d'un an pour la correspondance des indictions avec les années de l'ère chrétienne.

PAUL TANNERY.

FAVARO. — LEÇONS DE STATIQUE GRAPHIQUE, traduites de l'italien par *P. Terrier*. 2 vol. in-8°; Paris, Gauthier-Villars; 1879-1885.

Le premier Volume porte comme sous-titre : *Géométrie de position;* c'est un Traité de Géométrie projective, où sont développées les principales propriétés du point, de la droite, du plan, des coniques, des surfaces du second degré et des cubiques gauches.

Le second Volume est intitulé : *Calcul graphique;* il est beaucoup plus considérable que le Volume correspondant de l'édition italienne; l'auteur a développé quelques Chapitres; le traducteur a introduit un grand nombre d'appendices et de notes consacrés soit à des développements théoriques, soit à des applications pratiques. Le Volume contient onze Chapitres.

L'auteur traite d'abord de la construction de lignes définies par des formules rationnelles, de l'élévation aux puissances et de l'extraction des racines; il montre le parti qu'on peut tirer, pour la solution de ce dernier problème, de courbes transcendantes, telles que la spirale logarithmique et les courbes logarithmiques; il décrit quelques instruments (échelles mobiles, règle à calcul, arithmographe circulaire, abaque de M. Lalanne, système Peaucellier, gabarit de Steiner, etc.), puis il traite des problèmes relatifs à la représentation des aires par des segments de droite, de la représentation graphique des fonctions à deux ou trois variables, des surfaces topographiques; il expose les principes de la géométrie anamorphique, c'est-à-dire des modes de représentation où l'on suppose que la graduation sur les axes coordonnés est faite, non proportionnellement à la variable, mais d'après une loi donnée; si,

---

des dates de la célébration de la Pâque chrétienne. Le commencement réel est le 1er septembre 312.

par exemple, on considère la fonction de x et de y,

$$z = x^2 + y^2,$$

et que l'on fasse $x^2 = x'$, $y^2 = y'$, ou que l'on gradue les axes des x et des y proportionnellement aux carrés des variables, l'équation qui définit z deviendra

$$z = x' + y',$$

et les lignes de niveau de la surface qui représente la fonction seront des droites parallèles, au lieu d'être des cercles concentriques. Les méthodes de résolution graphique des équations dues à Lill et à M. Bellavitis se rattachent à ce sujet. Un Chapitre est consacré à la construction de Tables graphiques qui permettent de calculer les aires des profils en travers des routes, au moyen de la cote sur l'axe et de l'inclinaison du terrain.

M. Favaro s'occupe ensuite de la transformation des aires limitées soit par des droites, soit par des arcs de courbe, des méthodes approximatives de quadrature (Simpson, Poncelet, Parmentier), de la représentation des volumes par des segments de droite, de la détermination des volumes au moyen des surfaces de niveau ou des plans cotés, enfin du calcul graphique des mouvements de terre. Le dernier Chapitre traite du planimètre polaire.

Parmi les Appendices dus au traducteur, M. Terrier, je signalerai particulièrement ceux qui se rapportent aux Chapitres VI et XI.

Le premier est consacré à la géométrie anamorphique et à la résolution graphique des équations; on y trouvera des développements, d'après les travaux récents, sur la résolution graphique de n équations du premier degré à n inconnues, par la méthode de fausse position, et sur la résolution des équations de tous les degrés. L'Appendice au Chapitre XI se rapporte aux méthodes d'intégration graphique. J. T.

MÉLANGES.

SUR UNE PROPRIÉTÉ DES NOMBRES DE BERNOULLI;

PAR M. A. STERN.

La formule de Staudt

$$(-1)^\nu B_\nu = A_\nu + \frac{1}{2} + \frac{1}{\alpha} + \frac{1}{\beta} + \ldots + \frac{1}{\lambda},$$

où B_ν est le $\nu^{\text{ième}}$ nombre de Bernoulli, A_ν un nombre entier positif ou négatif et α, β, ..., λ l'ensemble des nombres premiers qui font 2ν divisible par $\alpha-1$, $\beta-1$, ..., $\lambda-1$, conduit au théorème suivant :

Si ν est plus grand que 6, *on a généralement*

$$B_\nu > \frac{1}{2} + \frac{1}{\alpha} + \frac{1}{\beta} + \ldots + \frac{1}{\lambda}.$$

Pour $\nu = 7$, on vérifie le théorème par le calcul, car on a

$$B_7 = \frac{7}{6} \qquad \text{et} \qquad \frac{1}{2} + \frac{1}{3} = \frac{5}{6}.$$

Pour le démontrer généralement, je me sers de l'équation eulérienne

$$B_m = \frac{1.2..2m}{2^{2m-1}\pi^{2m}} S_{2m},$$

S_{2m} désignant la valeur de la série infinie

$$1 + \frac{1}{2^{2m}} + \frac{1}{3^{2m}} + \ldots,$$

qui conduit à l'équation

$$B_{m+1} = \frac{(2m+1)(2m+2)}{4\pi^2} \frac{S_{2m+2}}{S_{2m}} B_m.$$

Dans une Note que M. Lipschitz a mentionnée dans ce Recueil (p. 136, juin 1886), j'ai montré qu'on a

$$\frac{S_{2m+2}}{S_{2m}} > \frac{6}{\pi^2};$$

il s'ensuit

$$\frac{S_{2m+2}}{S_{2m}}\frac{1}{4\pi^2}>\frac{3}{2\pi^4},$$

c'est-à-dire

$$>\frac{3}{2\times 97,4\ldots}\quad \text{et}\quad B_{m+1}>\frac{3}{98}(m+1)(2m+1)B_m.$$

Mais, comme on a $B_7=\frac{7}{6}$ et que les nombres de Bernoulli croissent toujours dès l'indice 4, on voit que tous les nombres B_{m+1}, m n'étant pas plus petit que 7, satisferont à l'inégalité

$$B_{m+1}>\frac{3}{98}\,\frac{7}{6}(2m+1)(m+1)$$

ou bien

$$B_{m+1}>\frac{(2m+1)(m+1)}{28}$$

et, à plus forte raison,

$$B_{m+1}>\frac{2m+1}{4}$$

ou, en écrivant ν au lieu de $m+1$,

$$B_\nu>\frac{2\nu-1}{4}.$$

Dans la formule

$$(-1)^\nu B_\nu=A_\nu+\frac{1}{2}+\frac{1}{\alpha}+\frac{1}{\beta}+\ldots+\frac{1}{\lambda},$$

le nombre λ ne peut pas avoir une valeur plus grande que $2\nu+1$; ainsi la somme $\frac{1}{\alpha}+\frac{1}{\beta}+\ldots+\frac{1}{\lambda}$ ne peut pas être plus grande que la somme $\sum_{k=1}^{\nu}\frac{1}{2k+1}$ qui ne peut pas surpasser la valeur $\frac{\nu}{3}$. En substituant $\frac{2}{3}$ au lieu de $\frac{1}{2}$, on aura donc

$$\frac{1}{2}+\frac{1}{\alpha}+\frac{1}{\beta}+\ldots+\frac{1}{\lambda}<\frac{\nu+2}{3}.$$

Mais, si ν n'est pas moindre que 6, on a

$$\frac{2\nu-1}{4}>\frac{\nu+2}{3},$$

et à plus forte raison, si ν n'est pas moindre que 8,

$$B_\nu > \frac{1}{2} + \frac{1}{\alpha} + \ldots + \frac{1}{\lambda}.$$

Le théorème est donc démontré

Si ν est un nombre pair, on a

$$B_\nu = A_\nu + \frac{1}{2} + \frac{1}{\alpha} + \ldots + \frac{1}{\lambda},$$

et, comme B_ν est plus grand que $\frac{1}{2} + \frac{1}{\alpha} + \ldots$, si ν n'est pas moindre que 8, il faut que A_ν soit alors un nombre positif, ce que M. Lipschitz a trouvé à l'endroit cité plus haut, comme conséquence de recherches beaucoup plus profondes.

Berne, 15 juin 1886.

COMPTES RENDUS ET ANALYSES.

JULES TANNERY, Sous-Directeur des études scientifiques à l'École Normale supérieure. — INTRODUCTION A LA THÉORIE DES FONCTIONS D'UNE VARIABLE. Hermann, Paris, 1886; 1 vol in-8°.

La Préface du présent Ouvrage, publiée il y a quelques mois par le *Bulletin* (1), a déjà fait connaître à nos lecteurs son but et son esprit. Nous entrerons ici dans quelques détails sur le second fascicule qui vient de paraître, et qui complète cette publication non moins utile que savante.

Rappelons d'abord que la partie déjà publiée du Livre développait la théorie des nombres irrationnels et des limites, celle des séries et des produits infinis, et qu'elle contenait les premiers principes de la théorie des fonctions, en ce qui concerne notamment les sens qu'il faut attribuer aux mots *fonction finie, fonction continue, fonction croissante* ou *décroissante, fonction inverse*, ainsi que les concepts essentiels de limite supérieure et inférieure, d'oscillation, dans un intervalle.

Le Chapitre IV contient la théorie des produits et des séries infinies dont les termes sont des fonctions d'une variable.

Pour la définition de la convergence uniforme, M. Tannery adopte celle que l'on doit à MM. Heine et Weierstrass, et qui est la plus avantageuse, si l'on a en vue la question ultérieure de l'intégration des séries. La continuité est une conséquence de la convergence; l'auteur observe que la démonstration classique de ce fait repose sur un principe général de méthode d'une réelle fécondité. Il en donne un exemple immédiat, par la démonstration de l'identité de la série

$$1+\frac{x}{1}+\frac{x^2}{1.2}+\frac{x^3}{1.2.3}+\ldots,$$

avec la limite pour m infini de $\left(1+\frac{x}{m}\right)^m$, et finalement avec e^x.

(1) Voir *Bulletin*, t. V.

La définition des logarithmes népériens et des fonctions hyperboliques suit naturellement.

La façon dont se trouve traitée la théorie des fonctions circulaires mérite à tous égards l'attention. Il s'agit en effet de donner de ces fonctions une définition exclusivement analytique, sans s'appuyer, bien entendu, sur les propriétés des exponentielles imaginaires. Pour cela, M. Tannery part du système simultané d'équations fonctionnelles

$$(1)\qquad \begin{cases} \varphi(a+b)=\varphi(a)\varphi(b)-\psi(a)\psi(b), \\ \psi(a+b)=\varphi(a)\psi(b)+\varphi(b)\psi(a), \end{cases}$$

et il établit d'abord que, *si ce système* (1) *admet un système de solutions,* il en admet aussi *un* qui vérifie *en outre* la condition

$$(2)\qquad [\varphi(x)]^2+[\psi(x)]^2=1,$$

avec

$$(3)\qquad \varphi(0)=1, \qquad \psi(0)=0, \qquad \lim\frac{\psi(x)}{x}=1 \qquad \text{pour } x=0.$$

En partant alors des équations (1), on arrive à exprimer $\varphi(a)$ et $\psi(a)$ sous forme de polynômes entiers en $\varphi\left(\frac{a}{m}\right)$ et $\psi\left(\frac{a}{m}\right)$, dont les coefficients sont aussi des polynômes entiers en m. Il suffit ensuite de faire croître m indéfiniment, de tenir compte des relations (3), et d'appliquer le mode de raisonnement dont il a été parlé plus haut, pour tomber sur ces expressions de $\varphi(a)$ et de $\psi(a)$ en séries de puissances,

$$\varphi(a)=1-\frac{a^2}{1.2}+\frac{a^4}{1.2.3.4}-\ldots,$$
$$\psi(a)=\frac{a}{1}-\frac{a^3}{1.2.3}+\frac{a^5}{1.2.3.4.5}-\ldots.$$

Ces séries sont absolument et uniformément convergentes pour toute valeur de a, et il ne reste plus qu'à montrer que les fonctions $\varphi(a)$, $\psi(a)$ qu'elles représentent vérifient effectivement toutes les conditions (1), (2), (3) du problème. Ce que l'on sait sur la multiplication et l'addition des séries absolument convergentes suffit à cet objet. Les fonctions $\varphi(x)$ et $\psi(x)$ s'appelleront $\cos x$ et $\sin x$.

L'équation $\cos x = 0$ admet une racine unique entre 0 et 2; si l'on désigne par $\frac{\pi}{2}$ cette racine, on déduit facilement des équations (1) que 2π est une période de $\cos x$ et $\sin x$.

Cette manière de déduire un développement en série de la considération d'une formule finie de multiplication remonte à Euler; mais il manquait encore aux méthodes si naturelles et si simples de l'illustre mathématicien ce caractère de rigueur qui est le propre de la science moderne, au moins dans ce genre de questions.

M. Tannery trouve une autre application de cette méthode dans le développement de

$$\frac{\sin x}{\cos x} = \operatorname{tang} x = 2x \sum_{k=0}^{k=\infty} \frac{1}{\frac{(2k+1)^2}{4}\pi^2 - x^2}.$$

La série qui figure au second membre est l'occasion d'une double remarque, qui met en évidence deux faits importants et généraux. La somme des p premiers termes de cette série peut en effet s'écrire $-(S_p + S'_p)$, en posant

$$S_p = \sum_{k=0}^{k=p} \frac{1}{x-(2k+1)\frac{\pi}{2}}, \qquad S'_p = \sum_{k=0}^{k=p} \frac{1}{x+(2k+1)\frac{\pi}{2}},$$

et, pour p infini, le symbole $S_p + S'_p$ a pour limite $-\operatorname{tang} x$. Néanmoins les séries S_p et S'_p prises isolément sont divergentes. Une première remarque, qui a reçu son entier développement dans les travaux de M. Mittag-Leffler, consiste en ce que l'on peut rendre convergentes ces séries par l'addition de $\frac{1}{(2k+1)\frac{\pi}{2}}$ au terme général de la première, et sa soustraction du terme général de la seconde. De la sorte, les deux séries

$$\sum_{k=0}^{k=\infty} \left[\frac{1}{x-(2k+1)\frac{\pi}{2}} + \frac{1}{(2k+1)\frac{\pi}{2}}\right],$$

$$\sum_{k=0}^{k=\infty} \left[\frac{1}{x+(2k+1)\frac{\pi}{2}} - \frac{1}{(2k+1)\frac{\pi}{2}}\right]$$

sont convergentes, et leur somme est $-\operatorname{tang} x$.

Ce résultat sert à mettre en évidence le second fait que nous avons annoncé. Tandis, en effet, que le symbole

$$S_p + S'_q,$$

tend vers $-\operatorname{tang} x$ si p et q croissent indéfiniment par valeurs égales, il se trouve au contraire que si cet accroissement indéfini a lieu de sorte que limite $\frac{p}{q} = 1 + h$, la limite du symbole $S_p + S'_q$ est

$$-\operatorname{tang} x - \frac{1}{\pi}\log(1+h);$$

et cette limite dépend de h.

La série du binôme d'après Abel, le développement de

$$\log(1+x),$$

la définition de la constante d'Euler occupent quelques paragraphes, et nous pénétrons ensuite dans l'importante et classique théorie des séries entières. Nous ne pouvons indiquer avec détail les perfectionnements nombreux introduits par M. Tannery dans l'exposition de cette théorie : disons seulement qu'au sujet du second théorème d'Abel l'auteur a repris la démonstration du célèbre analyste norwégien, et montré que quelques développements suffisaient pour rendre claire cette démonstration, qu'Abel a donnée en cinq lignes. Signalons encore la question de l'identité de deux séries de puissances, et la détermination d'une limite inférieure des zéros d'une série entière qui ne s'annule pas avec la variable.

Le premier fascicule contenait une théorie très complète des séries multiples, qui sont, comme on sait, un instrument très commode dans une foule de questions concernant les séries simples. L'auteur développe la théorie des séries multiples dont les termes sont fonctions d'une variable, et s'occupe spécialement des séries doubles dont les termes sont des puissances entières positives de la variable, dont l'exposant va en croissant avec l'indice. Ces dernières séries peuvent être réduites, en dernière analyse, à une série simple de même nature, et la première application de cette proposition qui se présente, concerne le développement de l'accroissement d'une série entière en série entière de l'accroissement de la variable. Les coefficients de cette nouvelle série sont eux-mêmes des séries entières convergentes de la variable, et l'auteur leur donne respectivement les noms de première, deuxième, troisième, etc., dérivées de la série considérée. On retombe ainsi sur un mode de définition qui remonte à Lagrange, et qui, pour être incomplet, n'en avait pas moins un certain degré de justesse. M. Tannery donnera plus loin une définition plus large du mot *dérivée,* qui, *dans le cas d'une série entière,* se trouvera coïncider avec celle qui vient d'être donnée.

Après quelques applications ou propositions classiques qui complètent la théorie des séries entières, nous voici ramenés à quelques autres usages des séries doubles : par exemple, le développement de

$$\frac{\operatorname{tang} x}{2x} = \sum_{k=0}^{k=\infty} \frac{1}{(2k+1)^2 \frac{\pi^2}{4} - x^2},$$

suivant les puissances de x. L'introduction des nombres de Bernoulli dans ces développements et dans quelques autres qui suivent est pour l'auteur une précieuse occasion de faire connaître ces nombres célèbres, ainsi que quelques autres qui s'y rattachent et qui ont été l'objet des recherches de MM. Catalan et D. André.

Ce sujet se termine par la question de la substitution d'une série entière à la place de l'argument dans une autre série entière, et du développement en série entière de la fonction qui résulte de cette substitution.

La théorie des produits infinis est toute parallèle à celle des séries de sommes; les méthodes et les applications même offrent un complet parallélisme.

Mais ce qui constitue une question nouvelle, c'est le passage des produits infinis aux séries entières. Cette question se trouve traitée avec détail. Pour la question inverse, c'est-à-dire pour la transformation des séries entières en produits, c'est dans les travaux de M. Weierstrass et dans la théorie des quantités complexes qu'il faut nécessairement chercher une solution complète; néanmoins, M. Tannery a eu soin, à propos du développement de $\frac{\sin \pi x}{\pi x}$ en produits, de donner l'exemple le plus simple où les facteurs primaires ne soient pas compliqués d'imaginaires. L'exemple que nous venons de citer confine aux fonctions eulériennes, et plusieurs paragraphes sont consacrés à l'étude de ces fonctions.

Le Chapitre V traite des dérivées. La définition précise qu'on y donne ne fait pas apparaître l'existence de la dérivée comme un corollaire nécessaire de la continuité, et du reste l'existence de fonctions continues dépourvues de dérivée ne fait plus de doute, depuis les exemples donnés par MM. Darboux, Dini et Weierstrass. La recherche des dérivées des séries entières conduit aux séries déjà désignées par ce nom. Les règles de dérivation, des sommes, des produits, des fonctions de fonction, des fonctions inverses, des fonctions comparées sont démontrées avec tous les développements nécessaires. Pour la dernière de ces questions, M. Tannery fait appel aux formules suivantes, pour lesquelles il a suivi la démonstration de M. O. Bonnet,

$$\frac{f(b)-f(a)}{b-a}=f'(\xi),$$

$$\frac{f(b)-f(a)}{\varphi(b)-\varphi(a)}=\frac{f'(\xi)}{\varphi'(\xi)},$$

où $a<\xi<b$. Ces formules servent encore très utilement dans l'étude de la variation d'une fonction à l'aide de ses dérivées, dans l'étude des maxima et des minima, ainsi que dans la recherche des vraies valeurs des expressions indéterminées. Le Chapitre se termine par une étude approfondie de la règle de L'Hospital.

Nous arrivons aux intégrales définies. Peu de notions ont exigé de la part des géomètres autant de tact et de pénétration : l'auteur a fort savamment résumé les recherches relatives à ce sujet.

Soit $f(x)$ une fonction dont on sait seulement qu'elle est finie dans l'intervalle (a_0, a); on dira que $f(x)$ est intégrable dans cet intervalle, s'il existe un nombre J jouissant de la propriété suivante.

A chaque nombre positif ε correspond un nombre positif η, tel que, si l'on partage l'intervalle (a_0, a) en intervalles partiels d'une étendue moindre que η, la différence entre J et la somme

$$(a_1-a_0)f_1+(a_2-a_1)f_2+\ldots(a-a_{n-1})f_n,$$

soit moindre que ε, où $f_1, f_2, \ldots, f_n$ désignent des nombres compris entre les limites supérieure et inférieure de la fonction $f(x)$, dans les intervalles respectifs

$$(a_0, a_1), \quad (a_1, a_2) \ldots (a_{n-1}, a),$$

et pouvant atteindre ces limites. Lorsque toutes les limites supérieures ou inférieures sont supposées atteintes, on obtient ces deux sommes

$$(a_1 - a_0)M_1 + (a_2 - a_1)M_2 + \ldots + (a - a_{n-1})M_n,$$
$$(a_1 - a_0)m_1 + (a_2 - a_1)m_2 + \ldots + (a - a_{n-1})m_n,$$

où les M_i sont les limites supérieures, et les m_i les limites inférieures, les deux sommes sont appelées *somme supérieure* et *somme inférieure*. Ceci posé, la condition nécessaire et suffisante pour que $f(x)$ soit intégrable peut d'abord prendre la forme suivante.

I. Il faut et il suffit qu'à chaque nombre positif ε en corresponde un autre positif η, tel que la différence entre deux sommes relatives à deux modes de décomposition soit moindre que ε, sous la seule condition que, dans l'un et l'autre mode, les intervalles partiels soient d'étendue moindre que η. Cette condition est équivalente à la suivante.

II. Pour que $f(x)$ soit intégrable dans l'intervalle (a_0, a), il faut et il suffit que, à chaque nombre positif ε, on puisse en faire correspondre un autre η, de sorte que, pour toute décomposition dont les intervalles partiels sont inférieurs à η, la différence entre les sommes supérieure et inférieure soit moindre que ε.

Cette seconde forme peut encore être simplifiée et se réduire à l'énoncé de Riemann.

III. Pour que la fonction $f(x)$ soit intégrable dans l'intervalle (a_0, a), il faut et il suffit qu'à chaque nombre positif ε corresponde *un* mode de décomposition de l'intervalle (a_0, a), tel que la différence entre les sommes supérieure et inférieure soit moindre que ε.

On peut enfin donner une quatrième forme à la condition.

IV. Pour que la fonction finie $f(x)$ soit intégrable dans l'intervalle (a_0, a), il faut et il suffit qu'à chaque couple de nombres positifs K, α réponde un mode de décomposition tel, que la somme des étendues des intervalles partiels pour lesquels l'oscillation est égale ou supérieure à K soit moindre que α.

L'auteur rappelle aussi que M. Darboux a prouvé que, si la fonction $f(x)$ reste finie, les sommes supérieure et inférieure tendent chacune vers une limite lorsque l'on divise l'intervalle (a_0, a) en un nombre infini d'intervalles infiniment petits ; si ces deux limites sont égales, la fonction est intégrable dans l'intervalle (a_0, a).

La notion d'intégrale définie acquise, la question des fonctions qui ont une dérivée donnée n'offre plus de difficultés. L'intégration des sommes, des produits, des quotients suit naturellement, ainsi que quelques remarques sur l'importance du Calcul intégral pour la définition de nouvelles fonctions. Signalons aussi la formule

$$\int_a^b f(x)\,dx = (b-a)\mu,$$

où μ est compris entre les limites supérieure et inférieure de la fonction $f(x)$ dans l'intervalle (a, b), et la formule

$$\begin{aligned}\varphi^{(n)}(0)[f(x+h)-f(x)] = {} & h\,[\varphi^{(n-1)}(1)f'(x+h)-\varphi^{(n-1)}(0)f(x)] \\ & - h^2[\varphi^{(n-2)}(1)f''(x+h)-\varphi^{n-2}(0)f''(x)]\ldots \\ & -(-1)^n h^n[\varphi(1)f^{(n)}(x+h)-\varphi(0)f^{n}(x)]+\mathrm{R}_n,\end{aligned}$$

où $\varphi(t)$ représente un polynôme en t du degré n, et

$$\mathrm{R}_n = (-1)h^{n+1}\int_0^1 \varphi(t)f^{(n+1)}(x+ht)\,dt.$$

Dans la démonstration de cette dernière formule, l'auteur a adopté la méthode due à M. Darboux. Citons l'application de cette formule au cas où $\varphi(t) = (1-t)^n$; on trouve ainsi cette formule classique

$$\begin{aligned}f(x+h) = {} & f(x)+\frac{h}{1}f'(x)+\frac{h^2}{1.2}f''(x)+\ldots \\ & +\frac{h^n}{1.2\ldots n}f^{(n)}(x)+\frac{h^{n+1}}{1.2\ldots n}\int_0^1 (1-t)^n f^{(n+1)}(x+ht)\,dt.\end{aligned}$$

Il est encore deux formules d'une grande utilité, savoir

$$\int_{a_0}^{a} f(x)\varphi(x)\,dx = \mu \int_{a_0}^{a} \varphi(x)\,dx,$$

où l'on suppose $f(x)$, $\varphi(x)$ et $\varphi(x)$ intégrables, et où $\varphi(x)$ ne devient pas négative entre a_0 et a ; μ est une quantité comprise entre la limite supérieure et la limite inférieure de $f(x)$ dans l'intervalle (a_0, a).

La seconde formule dont nous voulons parler s'écrit

$$A_0\,\varphi(a_0) \leq \int_{a_0}^{a} f(x)\varphi(x)\,dx \leq A\,\varphi(a_0),$$

où l'on suppose que, dans tout l'intervalle (a_0, a), on a

$$A_0 \leq \int_{a_0}^{x} f(x)\,dx \leq A,$$

que $f(x)$ est finie et intégrable, et que $\varphi(x)$ n'est jamais négative. L'auteur donne aussi la généralisation que M. Weierstrass a indiquée pour cette seconde formule

$$\int_{a_0}^{a} f(x)\varphi(x)\,dx = \varphi(a_0+0)\int_{a_0}^{\xi} f(x)\,dx + \varphi(a-0)\int_{\xi}^{a} f(x)\,dx.$$

$\varphi(a_0+0)$, $\varphi(a-0)$ représentent, d'après une notation de Dirichlet, les limites de $\varphi(a_0+\varepsilon)$, $\varphi(a-\varepsilon)$, quand ε tend vers zéro par valeurs positives.

Après avoir établi ces formules utiles, employées pour la première fois par M. O. Bonnet, M. Tannery entreprend l'étude des cas exceptionnels où la fonction $f(x)$ devient infinie entre les limites, et celui où les limites deviennent infinies.

A l'égard de cette dernière question, l'auteur ne manque pas d'observer l'analogie entre les règles qu'il obtient et celles de la convergence des séries, et d'en donner pour raison le beau théorème de Cauchy, qui rend solidaires l'une de l'autre la convergence de la série

$$f(1)+f(2)+f(3)+\ldots$$

et celle de l'intégrale

$$\int_a^\xi f(x)\,dx,$$

lorsque ξ croît indéfiniment.

M. Tannery fait à ce sujet une remarque qui nous paraît nouvelle, et qui est pleine d'intérêt; si l'on représente par S_n la somme

$$f(1)+f(2)+\ldots+f(n),$$

et par J_n l'intégrale

$$\int_a^n f(x)\,dx,$$

la différence $J_n - S_n$ tend vers une limite pour n infini, sans qu'il soit nécessaire que S_n et J_n convergent, et cela sous l'unique condition que $f(x)$ reste positive et ne croisse pas avec x.

C'est ainsi, par exemple, qu'en faisant $f(x)=\frac{1}{x}$, on trouve la constante d'Euler.

La question du changement de variables est ensuite abordée, et il en est donné des applications variées. Le Chapitre se termine par l'étude des fonctions représentées par des intégrales définies, et par les règles de dérivation de ces fonctions.

Le Chapitre VII et dernier contient un certain nombre d'applications importantes des théories précédentes : d'abord la série de Taylor qui s'est déjà présentée sous diverses formes dans le cours de l'Ouvrage, mais dont le sens précis et la haute généralité ne peuvent être complètement traduits que dans le langage des imaginaires par le moyen du théorème de Cauchy; puis la série de Maclaurin, et diverses applications de ces formules.

M. Tannery reproduit aussi la formule sommatoire de Maclaurin, qui paraît appartenir en réalité à Euler; cette formule est l'occasion de développements du plus vif intérêt sur les polynômes de Bernoulli. Après les règles fondamentales de la différentiation et de l'intégration des séries, l'Ouvrage se termine par la théorie mémorable des séries trigonométriques, qui a été, comme on sait, la cause première de l'analyse et de la revision des principes, et qui, à ce titre, méritait bien de servir de conclusion à la savante synthèse dont nous venons d'esquisser les principaux traits. Quelques notes brèves complètent divers points du Volume.

C'eût été sortir de notre rôle que de vouloir mettre en relief dans cette analyse autre chose que l'enchaînement des idées. Ceux qui ont eu l'honneur de suivre les leçons de M. Tannery retrouveront avec un sensible plaisir la manière de leur ancien maître.

G. K.

GREENHILL (A.). — DIFFERENTIAL AND INTEGRAL CALCULUS WITH APPLICATIONS. 272 p. in-12; London, Macmillan, 1886.

Le Livre de M. Greenhill est un Traité très élémentaire, fort propre aux personnes qui, étant en possession de l'ensemble de connaissances mathématiques que représente chez nous le programme du baccalauréat ès sciences, voudront apprendre les méthodes les plus simples du Calcul différentiel et intégral.

De nombreuses et faciles applications permettent au lecteur de se familiariser avec ces méthodes. On sait que les auteurs anglais et américains ne craignent pas, dans des livres relativement élémentaires sur la Physique ou la Mécanique, d'introduire des notions de Calcul infinitésimal, au lieu d'employer des méthodes détournées.

Le public auquel s'adressent ces livres trouvera dans M. Greenhill un guide excellent. J. T.

CALINON. — ÉTUDE CRITIQUE SUR LA MÉCANIQUE. In-8°, 98 p. Nancy, Berger-Levrault, 1885.

Après avoir lu cette petite brochure, on s'imagine volontiers que l'auteur est un homme qui pense dans la solitude, mais non sans vigueur; tout ce qu'il dit, sans doute, n'est pas nouveau; mais quelques idées fondamentales ressortent avec une netteté à laquelle on n'est pas habitué. Son travail a un caractère à la fois philosophique et pédagogique : pour ma part, je suis disposé à en adopter les conclusions. Je demande pardon au lecteur de parler ainsi; mais il s'agit ici de matières où il est plus modeste de dire : Je suis de cet avis, que de dire : Cela est vrai.

M. Calinon insiste sur la convenance qu'il y a à séparer de l'enseignement de la Mécanique proprement dite l'enseignement de la Géométrie des segments de droite et de la Cinématique; là-dessus, non plus que sur le rôle que joue la notion de temps en Cinématique, il ne trouvera guère de contradicteur. On peut regarder la séparation qu'il indique comme fondée depuis les travaux de Möbius et il est désirable qu'elle passe tout à fait dans les habitudes de l'enseignement. Quant au changement de notations que propose M. Calinon, je le crois à peu près inutile.

Il me paraît, comme à M. Calinon, impossible de définir deux temps égaux; le temps est ce que marque une pendule déterminée.

Sans doute, ni le théorème relatif à la composition des accélérations, ni les formules relatives aux changements de la variable indépendante dans les dérivées première et seconde ne sont des nouveautés; mais il importe à coup sûr de mettre en évidence le rôle que jouent ces notions purement mathématiques dans l'interprétation des principes de la Mécanique : si, par exemple, le principe de l'action et de la réaction est vrai quand on rapporte les corps à un système d'axes particulier et qu'on mesure le temps sur une pendule particulière, ce principe ne peut être vrai si l'on rapporte les corps à un système d'axes mobile par rapport au premier système, ou qu'on mesure le temps sur une pendule qui n'a pas la même marche que la pendule primitive. Le caractère expérimental et par suite contingent des principes que l'on vient de citer ressort ainsi avec une entière clarté. Cette critique du choix des axes et de la variable que l'on désigne sous le nom de temps, et des conséquences qu'on en peut tirer pour l'exposition de la Dynamique, me paraît la partie la plus importante et la plus neuve du travail de M. Calinon. J. T.

MÉLANGES.

DÉMOCRITE ET ARCHYTAS;

PAR M. PAUL TANNERY.

1. J'ai dit qu'à partir du milieu du ve siècle avant notre ère, grâce aux découvertes de Pythagore, les géomètres hellènes étaient capables d'en remontrer aux Égyptiens.

Un fragment célèbre de Démocrite (dans CLÉMENT D'ALEXANDRIE, *Strom.*, I) nous le montre déjà se vantant que, « pour la composition des lignes avec démonstration, il n'a pas trouvé son maître, même parmi les *harpédonaptes* (¹) égyptiens, comme on les appelle, et qu'il connaît par une pratique de cinq ans ».

Des Grecs ont donc pu encore aller s'instruire en Égypte et y chercher, notamment comme Eudoxe, des données astronomiques, fruit d'une longue observation; mais, en Géométrie, ils n'avaient plus rien à apprendre. Il est à noter que Platon, qui fit lui-même un voyage scientifique sur les bords du Nil, et qui se plaît à rehausser souvent la sagesse des prêtres égyptiens, n'hésite cependant pas (*République*, IV, 436 *a*) à qualifier leur nation de φιλοχρήματον (avide de richesses) et à opposer le φιλομαθές (l'avidité d'instruction) des Hellènes (²).

(¹) Ce mot, dérivé de ἀρπεδόνη (cordeau) et ἅπτειν (toucher), est franchement grec. *Voir* au reste Cantor (*Vorlesungen*, t. I, p. 55-57). On remarquera l'expression particulière (γραμμέων συνθέσιος μετὰ ἀποδείξιος) dont se sert Démocrite pour désigner la Géométrie : elle spécifie la nature des questions que traitaient surtout les arpenteurs égyptiens, et nous rappelle les Çulvasûtras (règles du cordeau) des anciens Hindous.

(²) Sans tomber dans les rêveries d'illustres savants qui ont voulu trouver dans les pyramides de Gizeh des preuves de connaissances mathématiques supérieures, il est permis de demander s'il est possible que les Égyptiens aient pu, par exemple, construire leurs pyramides sans être capables de les cuber; mais on doit répondre par l'affirmative. Khéops et Khéphrên n'étaient pas astreints à un budget par exercice et n'ont eu besoin d'aucun devis. L'approximation grossière dont se contentaient les Égyptiens pour la mesure de leurs champs non rectangulaires n'avait même pas à être atteinte pour leurs constructions. Enfin, 500 ans après notre ère, dans l'Inde, dont la civilisation était au moins égale et où la science grecque avait pénétré, Aryabhatta mesure encore une pyramide comme *moitié* du produit

2. Il ne sera pas hors de propos de nous arrêter un moment sur le savant universel qui illustra la fin du ve siècle. Si le nom de Démocrite manque sur la liste de Proclus, il n'en paraît pas moins avoir fait en Mathématiques des travaux considérables; il est vrai que son influence comme géomètre ne semble pas cependant avoir été considérable, car il resta en dehors du cercle d'Athènes, où ses écrits ne paraissent même pas avoir été connus ou au moins appréciés avant le temps d'Aristote.

Diogène Laërce nous a conservé, d'après Thrasylle, les titres des Ouvrages mathématiques de Démocrite, et nous savons qu'ils devaient être divisés en trois tétralogies. Malheureusement ces titres sont d'autant plus insuffisants que le philosophe d'Abdère semble avoir une terminologie à lui, qui n'est pas devenue classique, et que nous ne connaissons guère; que d'autre part les textes des manuscrits sont passablement incertains.

Voici comment je restitue les tétralogies :

I. 1° Περὶ διαφορῆς γνώμης ἢ περὶ ψαύσιος κύκλου καὶ σφαίρας. — Sur une divergence d'opinions ou sur le contact du cercle et de la sphère.

2° Περὶ γεωμετρίης ἢ γεωμετρικόν. — Traité de Géométrie.

3° Ἀριθμοί. — Les nombres.

4° Περὶ ἀλόγων γραμμέων καὶ ναστῶν β′. — Deux Livres sur les lignes et solides irrationnels.

II. 1° Ἐκπετάσματα. — Développements (?). Le mot est-il pris au figuré? S'agissait-il de développements sur un plan de surfaces cylindriques et coniques ou de simples rabattements de faces de polyèdres?

2° Μέγας ἐνιαυτὸς ἢ ἀστρονομίη. — La grande année en Astronomie (on sait que la grande année est le cycle après lequel les planètes sont supposées revenues à leurs points de départ).

---

de sa base par sa hauteur. Tant de connaissances essentiellement pratiques peuvent rester absolument erronées, quand leur exactitude n'est pas indispensable!

Et ce même auteur connaît π avec une approximation plus grande que celle d'Archimède! Mais c'est que son astronomie est relativement avancée; cette valeur ($\pi = 3{,}1416$) doit d'ailleurs avoir été déduite des Tables des cordes de Ptolémée.

3° Παράπηγμα. — Calendrier de levers et couchers de fixes, avec prédictions météorologiques. Un certain nombre de données empruntées à cet Ouvrage sont consignées dans le dernier Chapitre de l'*Introduction aux Phénomènes* de Geminus.

4° Ἅμιλλα κλεψύδρας. — Le débat de la clepsydre. — Probablement relatif à l'emploi de cet instrument en Astronomie, comparé aux moyens de mesure du temps par l'observation des astres.

III. 1° Οὐρανογραφίη. — Description du ciel.

2° Γεωγραφίη. — Il est à remarquer que Démocrite, fidèle en cela à la tradition ionienne, représentait encore la Terre comme plate.

3° Πολογραφίη. — Le *polos* était le cadran solaire emprunté aux Babyloniens, et qui avait la forme d'un hémisphère creux avec l'extrémité du style au centre.

4° Ἀκτινογραφίη. — Peut-être l'Ouvrage de perspective dont parle Vitruve et que Démocrite aurait écrit après celui d'Anaxagore.

3. Si l'ordre des Ouvrages est attribuable à Thrasylle, la succession de ceux, I, 2, 3, 4 n'en est pas moins notable comme correspondant exactement au cadre des *Éléments* d'Euclide; on voit d'ailleurs que Démocrite avait peut-être devancé Théétète en traitant des irrationnelles.

Quant à l'Ouvrage I, 1, il me paraît se rapporter à une polémique dirigée contre Protagoras (*voir* Aristote, *Métaph.*, II, 2), qui soutenait que le contact d'un cercle matériel et d'une règle se faisait sur plus d'un point.

D'après un fragment conservé par Plutarque (*Adv. Stoic. de commun. notit.*, p. 1079), Démocrite se serait occupé d'une question du même ordre en discutant si deux sections d'un cône par deux plans parallèles à la base et infiniment voisins devaient être considérées comme égales ou inégales. Malheureusement Plutarque ne donne pas la solution de cette difficulté.

Pour se rendre compte exactement de la position de Démocrite au sujet de ces questions, il convient de se rappeler qu'il y était naturellement amené par sa théorie des atomes.

Cette théorie a en réalité son origine dans les doctrines des Pythagoriciens, avec lesquels Démocrite a eu des rapports incontestables qui, d'ailleurs, n'enlèvent rien à sa profonde originalité. Les opinions physiques des premiers Pythagoriciens étaient en fait beaucoup plus grossières que leurs connaissances mathématiques ne devraient le faire supposer; ils considéraient l'univers comme constitué d'un côté par un fluide continu et infini, qu'ils ne distinguaient pas de l'espace; de l'autre, par des points matériels qui formaient la substance des corps. Le point était pour eux « une unité douée de position » et les corps étaient donc des nombres, en tant qu'assemblages de quotités finies de points (¹).

Ils ne distinguaient pas d'ailleurs ce point matériel du point géométrique; l'un et l'autre était reconnu comme indivisible (ἄτομον) et, en même temps, la divisibilité indéfinie des grandeurs était admise sans réserves. Cette conception insoutenable fut attaquée par Parménide et par Zénon, dont les célèbres paradoxes doivent uniquement (²) être considérés comme battant en brèche la fausse thèse qu'une ligne est une somme de points, une surface une somme de lignes, un solide une somme de surfaces, etc.

Les Pythagoriciens pouvaient d'autant moins se défendre que la découverte des quantités incommensurables (non encore publique du reste au temps de Zénon) devait leur faire sentir la grossièreté de l'erreur; ils durent donc transformer leur doctrine physique et soit lui donner, comme Philolaos, un sens purement idéaliste, soit attribuer aux atomes des dimensions très petites, mais finies; si d'ailleurs cette thèse fut surtout développée en dehors de l'École, par Leucippe, puis par Démocrite, elle fut reprise plus tard dans son sein même, par Ecphante, par exemple (³).

(¹) Ce n'est qu'à partir de Philolaos que la formule du Maître « Les choses sont nombres » reçoit une explication idéaliste, toute différente. C'est aussi de la même époque que doivent dater les assimilations de la dyade à la ligne, de la triade à la surface, de la tétrade au solide.

(²) *Voir* mon article : *Zénon d'Élée et M. Georges Cantor,* dans la *Revue philosophique* de 1884.

(³) Il convient également de remarquer que la même thèse au fond est celle de Platon dans le *Timée,* avec la différence que ses atomes sont présentés comme des surfaces matérielles; son disciple Xénocrate admet au contraire des atomes qu'il représente comme des lignes. Aristote les a accusés à tort de paradoxes géométriques; les lignes de Xénocrate comme les surfaces de Platon ne doivent être conçues que comme des solides indivisibles sous des formes particulières.

Il n'en résulte pas moins que Démocrite devait considérer ses atomes comme de véritables solides géométriques et repousser nettement, en ce qui les concernait, l'opinion de Protagoras. Nous sommes moins édifiés pour ce qui concerne le fragment de Plutarque, mais nous n'avons aucune raison de supposer que le philosophe d'Abdère se soit prononcé contre les saines doctrines géométriques.

A partir de Zénon d'Élée, en effet, l'antique erreur pythagoricienne ne reparaît guère que dans la prétendue quadrature du cercle d'Antiphon, et encore sous une forme toute spéciale (¹).

4. Nous arrivons désormais, en suivant également la liste de Proclus et l'ordre chronologique, au dernier géomètre qui, malgré ses rapports avec Platon, doive être encore regardé comme étranger à l'Académie.

On sait qu'Archytas était pythagoricien et en même temps un homme d'État considérable à Tarente, sa patrie; il fut élu sept fois stratège annuel et commanda en cette qualité les troupes de la confédération formée par les villes de la Grande-Grèce. Toutefois on connaît mal les dates de sa vie; il semble que Platon soit entré en relations avec lui lors de son voyage en Italie, qui doit être placé vers 390 av. J.-C. Eudoxe doit de même avoir été son disciple avant 384, mais Archytas vivait encore vers 361 lors du troisième voyage de Platon en Sicile; il ne semble donc pas avoir été sensiblement plus âgé que ce dernier (429-347).

A cette époque le pythagorisme n'était plus une école fermée, conservant précieusement la tradition du Maître; ses adeptes professaient en fait des opinions personnelles très diverses et les publiaient librement. Archytas paraît avoir beaucoup écrit et nous possédons de longs fragments qui lui sont attribués. Mais, ou bien ils sont tirés de Traités surtout moraux (²) et n'intéressent guère l'Histoire des Sciences, ou bien ils sont apocryphes comme ceux

(¹) Le Traité pseudo-aristotélique Περὶ ἀτόμων γραμμῶν, *Sur les lignes indivisibles*, ne peut être regardé que comme un exercice d'école, n'ayant nullement trait à une polémique sérieuse.

(²) Le fragment Περὶ μαθημάτων (Stobée, *Flor.*, 43) se trouve lui-même dans ce cas.

qui font de lui l'inventeur des dix catégories d'Aristote ou qui lui font développer des idées appartenant à Platon ([1]).

Le début du Traité Περὶ Μαθηματικῆς, inséré par Porphyre dans son commentaire sur les *Harmoniques* de Ptolémée, et déjà cité par Nicomaque, est plus authentique. Mais ce Traité paraît avoir été exclusivement consacré à la musique (Nicomaque l'appelle d'ailleurs τὸ ἁρμονικόν) et nous pouvons ici le laisser de côté.

En fait nous ne connaissons, comme travail proprement mathématique d'Archytas, que sa singulière solution du problème des moyennes proportionnelles, telle qu'elle est rapportée, *d'après Eudème*, par Eutocius sur Archimède (*Sphère et Cylindre*, II, 2).

Il employait l'intersection du cylindre

$$x^2 + y^2 = ax,$$

du tore

$$x^2 + y^2 + z^2 = a\sqrt{x^2 + y^2},$$

enfin du cône

$$x^2 + y^2 + z^2 = \frac{a^2}{b^2}x^2.$$

On peut en effet tirer de ces équations

$$\sqrt{x^2 + y^2} = \sqrt[3]{ab^2}, \qquad \text{et} \qquad \sqrt{x^2 + y^2 + z^2} = \sqrt[3]{a^2 b}.$$

J'ai déjà dit que je ne pouvais considérer cette solution que comme purement théorique ; mais historiquement elle nous montre les géomètres de ce temps déjà suffisamment familiarisés avec les corps ronds et les solides de révolution, ayant, d'autre part, assez nettement le concept du lieu géométrique, sans lequel il est clair qu'Archytas n'aurait pu combiner ses constructions.

5. Si divers témoignages anciens concordent pour attribuer à la solution d'Archytas un caractère mécanique, c'est-à-dire pratique, ces témoignages proviennent d'auteurs comme Diogène Laërce ou Plutarque, très postérieurs et absolument incompétents.

Le récit de Plutarque dans sa *Vie de Marcellus* est d'ailleurs

---

([1]) Ainsi le fragment ἐκ τοῦ περὶ νοῦ καὶ α'σθήσεως (STOB., *Ecl.*, I), offre de singuliers rapports avec la fin du Livre VI de la *République*. C'est ce fragment que cite Jamblique (VILLOISON, *Anecd. Græc.*, II, p. 189) sous la mention ἐν τῇ τῆς γνωριστικῆς γραμμῆς τομῇ.

intimement lié à la légende qui se forma, d'après les écrits de Platon, pour attribuer au philosophe le rôle d'avoir assuré, d'une façon décisive, le caractère purement abstrait des Mathématiques; je ne m'y arrête donc que pour relever une assertion du polygraphe.

D'après lui, Archytas et Eudoxe auraient été en réalité les précurseurs d'Archimède en Mécanique, et la Science de leur temps aurait eu un caractère essentiellement pratique. Or ceci est absolument contredit par tout ce que nous savons de la Géométrie ancienne, qui nous apparaît comme entièrement abstraite, à dater de Pythagore, et de la Mécanique ancienne, dont l'état avant Archimède nous est suffisamment indiqué par les *Problèmes* attribués à Aristote.

Pour ce qui concerne Eudoxe en particulier, l'assertion de Plutarque est également contradictoire avec ce que nous savons de lui; le Cnidien était un *sophiste* dans le vrai sens du mot, c'est-à-dire un homme universel pouvant professer sur tous les sujets, sur la Morale comme sur la Médecine; sur la Géométrie comme sur la Théologie; mais avant tout, pour nous, quelle que soit l'importance de ses travaux géométriques, c'est un astronome; c'est le premier qui ait proposé un système mathématique du monde, et c'est à lui qu'il faut faire remonter la presque totalité des théories contenues dans la *Petite Astronomie* des Grecs, c'est-à-dire la collection des écrits classiques antérieurs à Ptolémée. Comme Mécanique, au contraire, nous n'avons aucun indice tendant à prouver qu'il s'en soit occupé.

Pour Archytas, il est vrai que Vitruve paraît corroborer le témoignage de Plutarque; il donne en effet le Tarentin (éd. Rose, p. 10 et 160) comme un auteur ayant traité des machines avant Archimède (1). Mais ici il paraît y avoir eu une confusion de nom. Diogène Laërce (VIII, 82) nous dit en effet qu'il y a eu cinq Archytas, dont l'un, architecte, avait composé un Livre *Sur les ma-*

(1) Archimède en réalité, d'après Carpos dans Pappus, n'avait composé qu'un traité mécanique spécial : *Sur la sphéropée*. Il est d'ailleurs hors de doute que si les machines de guerre de son invention ont été, dans l'antiquité, un des motifs principaux de sa réputation, ce n'était nullement un sujet neuf; des machines de ce genre existaient longtemps avant lui, et des ingénieurs d'Alexandre le Grand en avaient déjà traité.

chines, et était l'élève d'un Teucer de Carthage. C'est sans doute à ce personnage que se rapportent en fait les données de Vitruve, et Plutarque peut avoir sans doute été sous l'influence de la même confusion.

On ignore quand pouvait vivre ce second Archytas, mais son existence suffit pour dénier au premier tout travail ou invention d'ordre mécanique, par exemple la colombe volante en bois dont parlait Favorinus, d'après Aulu-Gelle (X, 22). Tout au plus pourrait-on lui laisser la πλαταγή dont parle Aristote, c'est-à-dire un jouet d'enfant (crécelle ou castagnette?) ([1]), si l'on ne voulait pas faire remonter aussi haut le disciple de Teucer.

6. Un *Archytas* nous apparaît encore, dans l'*Ars Geometriæ* attribué à Boèce, comme un géomètre célèbre : 1° ayant traité de l'*abacus* inventé par Pythagore (éd. Friedlein, p. 393-425); 2° auteur d'une règle pour la formation des triangles rectangles en nombres ([2]) (p. 408); 3° ayant démontré, *après Euclide,* que le diamètre du cercle inscrit dans un triangle rectangle est égal à l'excès sur l'hypoténuse de la somme des deux côtés de l'angle droit (p. 412); 4° ayant donné une règle spéciale pour le calcul du triangle obtusangle ([3]).

Que l'*Ars Geometriæ* soit l'œuvre d'un faussaire très postérieur à Boèce, c'est là un point qui, malgré l'opinion de M. Cantor, ne me paraît plus à discuter ([4]); que, malgré l'anachronisme indiqué plus haut, ce faussaire ait voulu désigner sous le nom d'*Archytas* le célèbre pythagoricien, cela me paraît également désormais hors de conteste; il n'en ressort pas moins que les trois données fournies sur son compte n'ont pas été inventées de toute pièce; il devait donc circuler vers le IXe ou le Xe siècle de l'ère

---

([1]) Diogenianus (III, 98) l'attribue formellement à l'ingénieur : ὁ Ἀρχύτας τέκτων.

([2]) $(2a)^2+\left(\frac{a^2}{4}-1\right)^2=\left(\frac{a^2}{4}+1\right)^2$: c'est la règle que Héron et Proclus attribuent à Platon.

([3]) La règle, faussée, est devenue incompréhensible.

([4]) *Voir* WEISSENBORN, *Die Boetius-frage* (*Abhandlungen zur Gesch. der Math.*, II, p. 185-240; 1879).

chrétienne, un Traité géométrique (ou d'arpentage?) écrit en latin et présenté comme traduit du grec du vieil Archytas.

L'existence d'écrits apocryphes d'Archytas, sur d'autres sujets, acceptés pourtant comme authentiques au ve ou au vi^e siècle après J.-C., peut bien nous porter à croire qu'en effet les auteurs de ces écrits y auront joint, pour épuiser le cercle parcouru par Archytas, un traité géométrique qui ne devait pas leur coûter davantage à composer.

Si l'*abacus* du moyen âge est bien, comme il semble, une invention connue au moins des Romains de l'Empire, il n'y aurait rien d'étonnant à ce que le pseudo-Boèce ait trouvé cette invention décrite dans ce traité du pseudo-Archytas; mais, même en adoptant cette conjecture, on n'en pourrait tirer aucune conclusion relativement à l'origine, soit des *apices* dits de Boèce, soit de nos chiffres modernes. Malgré la liaison historique entre ces chiffres et l'*abacus,* il y a là en effet deux questions essentiellement distinctes; tout semble prouver en effet que les *apices* de Boèce dérivent des chiffres arabes occidentaux, tandis que si l'*abacus* a été connu des Arabes, c'est qu'ils l'ont emprunté aux Latins.

LES GÉOMÈTRES DE L'ACADÉMIE;

PAR M. PAUL TANNERY.

1. Si l'on excepte Eudoxe de Cnide, la plupart des géomètres de l'Académie, qui figurent sur la liste de Proclus, sont des personnages peu connus.

Sans Proclus, nous ignorerions les noms de Néoclide, de Theudios, d'Athénée de Cyzique et d'Hermotime de Colophon (1).

On connaît deux platoniciens du nom de Léon; mais l'un, sophiste de Byzance et peut-être l'auteur du dialogue l'*Alcyon* (2), est de la génération suivante; l'autre (aussi appelé Léonidas) était

(1) J'ai déjà parlé de Léodamas, de Thasos, ainsi que de Théétète.

(2) Dans les Œuvres de Lucien. *Voir* Philostrate (*Vit. Soph.*) sur ce personnage.

d'Héraclée et, avec son compatriote Chion, périt en assassinant le tyran Cléarque; cependant, on ne peut faire ici aucune identification assurée.

Amyclas d'Héraclée est cité par Diogène Laërce (III, 46) comme disciple de Platon; mais (IX, 40) il le donne, d'après Aristoxène, comme pythagoricien et comme ayant, avec Clinias, empêché Platon de brûler les écrits de Démocrite; fable qui, malgré son ancienneté, ne mérite aucune créance.

Ménechme d'Alopéconnèse ou de Proconnèse ([1]), qui passe pour l'inventeur des sections coniques, et sur lequel revient Proclus, fut certainement, après Eudoxe, le mathématicien du ve siècle le plus en vue. Le grammairien Sérénus (J. Damasc., *Flor.*, 115) lui attribue d'avoir fait à Alexandre le Grand la réponse que Proclus met dans la bouche d'Euclide devant Ptolémée; on peut voir là un indice de la célébrité de Ménechme, en même temps qu'une preuve de la non-véracité de l'anecdote, soit d'un côté, soit de l'autre.

Un témoignage de Théon de Smyrne (*Astronom.*, p. 330) nous donne Ménechme comme introduisant dans le système astronomique d'Eudoxe les sphères dites ἀνελίττουσαι, ordinairement attribuées à Aristote, et dont l'effet supposé était purement mécanique. Ce témoignage est une preuve des relations qui, au dire de Proclus, existaient entre Eudoxe et Ménechme; mais les rapports de ce dernier avec Platon sont également confirmés par l'indication de Suidas; Ménechme aurait en effet, d'après celui-ci, composé, entre autres écrits philosophiques, trois Livres sur la *République*.

Eutocius (sur Archimède, *Sphère et Cyl.*, II, 2) nous a conservé deux solutions du problème de Délos, attribuées à Ménechme, l'une au moyen de deux paraboles, l'autre au moyen d'une parabole et d'une hyperbole. Comme je l'ai déjà dit, ces deux solutions ne proviennent pas d'Eudème, et leur authenticité est loin d'être suffisamment garantie; toutefois il est certain, par la lettre d'Ératosthène, que Ménechme avait employé les sections coniques pour résoudre le problème.

([1]) Suidas, v. Μάναιχμος. — Alopéconnèse est une ville de la Chersonnèse de Thrace, Proconnèse une île de la Propontide, deux localités en tous cas voisines de Cyzique, où Eudoxe onda son école.

Dinostrate, frère de Ménechme, est cité par Pappus (IV, 250) comme ayant obtenu la quadrature du cercle avec la courbe connue sous son nom, mais qui fut probablement inventée auparavant par Hippias d'Elis.

Enfin Philippe de Medma (ou d'Oponte) fut un des disciples les plus chers de Platon ; on le considère comme l'éditeur des *Lois* et comme l'auteur de l'*Épinomide;* il s'occupa surtout d'Astronomie, et Geminus, à la fin de son *Introduction aux phénomènes,* a conservé certaines dates fixées par lui pour les levers et couchers des fixes, d'après des observations faites, au dire de Ptolémée (Φάσεις ἀπλανῶν) dans le Péloponnèse, en Locride et en Phocide ; Suidas (v. φιλόσοφος) nous a conservé vingt-trois titres de ses nombreux écrits ; les dix suivants intéressent les Mathématiques :

Arithmétiques. — Médiétés. — Sur les nombres polygones. — Cycliques. — Optiques, 2. — *Énoptriques,* 2 (sur les miroirs). — *Sur la distance du Soleil et de la Lune. — Sur l'éclipse de la Lune. — Sur la grandeur du Soleil, de la Lune et de la Terre. — Sur les planètes.*

D'après un texte d'Aétius (*Doxographi græci,* éd. Diels, p. 360), on pourrait conclure qu'il aurait le premier établi la théorie complète des phases de la Lune.

2. Eudoxe paraît être né vers 407, mort vers 354 avant J.-C. Son voyage en Égypte, avant lequel il n'était guère connu, semble devoir être fixé vers l'an 378. Mais, contrairement à l'opinion de Boeckh (*Sonnenkreise,* pp. 140-148), je croirais volontiers qu'il ouvrit son école de Cyzique presque immédiatement après son retour et qu'il vint à Athènes vers 367.

Cette école de Cyzique eut une grande célébrité, surtout en Astronomie ; Eudoxe y eut, entre autres, comme disciples deux habitants de cette ville, Hélicon qui prédit une éclipse de Soleil à la cour de Denys ([1]), et Polémarque qui lui succéda, lorsqu'il partit pour Athènes, et qui fut le maître de Callippe ([2]). Il faut

([1]) Plutarque (*De Genio Socratis*) donne Eudoxe et Hélicon comme les géomètres auxquels Platon aurait renvoyé les Déliens.

([2]) Le réformateur du cycle de Méton et du système d'Eudoxe ; il vint à son aussi évidemment rattacher à cette école Ménechme, Dinostrate et Athénée de Cyzique.

Voilà donc un centre scientifique important en dehors d'Athènes et de la véritable école de Platon ; si Athènes finit par absorber ce centre par sa puissante attraction, il faut bien remarquer qu'Eudoxe s'y posa en rival de Platon et que si, surtout après sa mort, ses disciples purent subir l'influence du chef vénéré de l'Académie, ce fut plutôt en Philosophie qu'en Mathématiques.

Remarquons d'autre part que, si Théétète fut l'ami de Platon, il ne fut nullement son disciple, qu'il paraît s'être spécialement consacré aux Mathématiques et qu'il alla les professer à Héraclée (¹). Il semble dès lors que c'est d'après une légende que nous a été tracé ce tableau conservé par Proclus, de géomètres vivant ensemble à l'Académie, c'est-à-dire sous la haute direction de Platon et faisant leurs recherches en commun. Athènes est sans doute, au IVᵉ siècle, le foyer scientifique dont l'éclat efface tous les autres : tout géomètre devait peut-être y passer ; mais on faisait de la Géométrie ailleurs, et d'autres villes cherchaient déjà à attirer des professeurs.

Enfin la prééminence scientifique d'Athènes est due, avant tout, à la prépondérance commerciale qu'elle conserve encore à cette époque ; ces géomètres qu'elle réunit sont étrangers pour la plupart et, si Platon lui-même est Athénien, il n'y a là qu'un accident heureux, non pas la cause déterminante de cette réunion. Dans la liste de Proclus, il n'est guère que Philippe qui soit véritablement son disciple, sur lequel il ait dû exercer une influence bien marquée.

A la vérité, nous devons ajouter à cette liste, sinon le neveu et successeur de Platon, Speusippe, qui écrivit sur les *Nombres pythagoriques* (²), mais ne paraît pas s'être particulièrement occupé de Géométrie ; au moins son second successeur, Xéno-

---

tour s'établir à Athènes, où il se lia avec Aristote, après la mort de Polémarque, (μετ' ἐκεῖνον, *Simplicius, Comment. in Arist. de Cœlo*). On a jusqu'ici mal compris ce passage, en admettant qu'il était venu avec Polémarque (μετ' ἐκείνου) et simplement pour conférer avec Aristote.

(¹) *Voir* le numéro d'août 1886, p. 187, note 2.

(²) *Voir* mon étude sur le fragment conservé dans les *Théologoumènes* (*Annales de la Faculté des Lettres de Bordeaux*, t. V. p. 375-382 ; 1883).

crate ([1]), et aussi Héraclide du Pont ([2]), un des plus brillants platoniciens, qui prit d'ailleurs une position personnelle et se rapprocha des doctrines adoptées par une fraction de l'école pythagoricienne.

Mais, même après cette adjonction, le rôle de Platon dans l'histoire de la Géométrie paraît singulièrement effacé vis-à-vis de celui d'Eudoxe.

3. Si nous pouvons essayer d'émettre quelques conjectures sur les progrès qu'accomplirent en Géométrie tous ces mathématiciens intermédiaires entre Eudoxe et Euclide, il semble qu'en faisant abstraction des perfectionnements de détail apportés aux *Éléments*, et du développement de la *Sphérique*, lié à celui que prenait alors l'Astronomie, on devra distinguer :

1° Les éléments de la théorie des coniques, tels qu'on peut, dans une certaine mesure, les reconstituer en éliminant, des quatre premiers Livres d'Apollonius, ce qui apparaît comme étant de l'invention de ce dernier; en effet, d'après ce que dit Pappus (VII, p. 676-677), il semble qu'Euclide ait composé ses propres *Coniques* comme il a fait pour les *Éléments*, sans y mettre beaucoup de nouveau, tandis que son contemporain Aristée, en écrivant cinq Livres *Sur les lieux solides*, avait, au contraire, déjà poussé la théorie plus loin et même abordé des questions laissées en dehors par Apollonius;

2° Les théories de la Géométrie plane (droites et cercles) correspondant aux Ouvrages perdus d'Euclide et d'Apollonius, qu'énu-

---

([1]) La liste des Ouvrages de Xénocrate pour ce qui concerne les Mathématiques (Diog. Laërce, IV, 13, 14) est loin d'être claire. On y voit d'abord (après les Livres dialectiques), quinze Livres, puis seize autres sur les *mathèmes;* les quinze premiers paraissent en comprendre neuf relatifs à la logique, six aux sciences; les seize seconds [en y ajoutant deux autres Livres sur l'intellect (διάνοια)?] semblent comprendre : 1° cinq Livres géométriques, *Commentaires.* — *Contraires.* — *Sur les nombres.* — *Théorie des nombres.* — *Intervalles* (*musicaux?*); 2° six Livres sur l'*Astrologie;* 3° une série d'autres Livres adressés à Alexandre, à Arybas, à Héphestion (deux sur la Géométrie).

([2]) Diog. Laërce (V, 89) en cite des écrits géométriques. Héraclide paraît avoir présidé l'Académie lors du troisième voyage de Platon en Sicile, en 361 (Suidas); il professa la rotation de la Terre autour de son axe et la circulation de Mercure et de Vénus autour du Soleil.

mère Pappus comme précédant les *Coniques* dans la collection analytique des anciens; bon nombre de ces Livres touchaient en effet des problèmes assez simples pour avoir été abordés de très bonne heure, et, quand nous voyons, dans le résumé de Proclus, Hermotime, de Colophon, donné comme ayant écrit sur les *lieux*, nous pouvons bien croire qu'il élaborait la matière des deux Livres d'Apollonius sur les *Lieux plans*.

Il est possible au reste de donner à cette conjecture un fondement plus assuré; Eutocius nous a conservé de ce Traité, dans son *Commentaire sur les Coniques*, p. 11-12, une proposition relative au cercle comme lieu des points dont les distances à deux points donnés sont dans un rapport donné. Or, dans la *Météorologie* d'Aristote (III, Ch. V, § 6-11), nous trouvons déjà l'une des deux parties de cette proposition (1), et, quoique la rédaction soit loin d'être la même, la marche de la construction et de la démonstration est identique. A la vérité, le passage d'Aristote en question doit, à mon avis du moins, être regardé comme interpolé (2); mais l'interpolation est sans doute très ancienne et bien antérieure à Apollonius. Si d'ailleurs le rapprochement n'a pas encore été fait, c'est que les commentateurs d'Aristote se sont tous trouvés assez peu compétents pour ne pas reconnaître le but de la démonstration; mais l'indication que je donne doit suffire à tout géomètre pour se retrouver dans un passage qui n'offre pas en réalité de difficulté sérieuse, et je crois inutile d'entrer dans des détails plus circonstanciés.

4. Un troisième ordre de questions que nous voyons apparaître dans le même siècle se rapporte à la technologie, et l'on verra peut-être dans la nature des discussions poursuivies un indice de l'influence de Platon, c'est-à-dire d'un penseur plus philosophe

---

(1) Que les points du cercle jouissent de la propriété en question; l'autre partie, que les points en dehors de la circonférence ne jouissent pas de cette propriété, ne se retrouve que dans Apollonius.

(2) Par suite de l'application du même critérium linguistique qui a permis à MM. Allman et Usener de distinguer le texte d'Eudème des interpolations de Simplicius dans le fragment sur la quadrature des lunules. J'ai étudié la question dans la *Revue de Philologie*, 1886.

que géomètre. En tout cas, ce n'est pas son nom, mais c'est principalement celui de Ménechme qui se trouve lié à ces discussions, dont Proclus nous a conservé un écho d'après Geminus.

La première mention se rapporte au terme même d'*Éléments* (στοιχεῖα). Voici comment Proclus l'introduit :

Immédiatement après le résumé historique (p. 70), il se propose de définir le but des *éléments;* ce but, dit-il, peut être envisagé soit d'après l'objet même du Traité, soit relativement à l'étudiant. D'après l'objet, le but est la théorie des cinq polyèdres réguliers qui, comme on le sait, jouent un rôle capital dans la physique pythagorisante de Platon (*Timée*). Partant de là, quelques subtils philosophes avaient imaginé d'assigner, à chacun des treize Livres d'Euclide, un but spécial dans la théorie physique de l'univers. Proclus fait exceptionnellement ici preuve de bon sens en se contentant de cette indication, et passe à définir le but relatif à l'étudiant; il trouvera dans le Traité d'Euclide les éléments de la science géométrique, il y puisera les connaissances fondamentales sur lesquelles s'appuient tous les travaux postérieurs et ceux d'Archimède ([1]) et ceux d'Apollonius.

Le terme d'*éléments* (στοιχεῖα) s'applique proprement à ces théorèmes qui, dans toute la Géométrie, sont primordiaux et principes de conséquences qui s'appliquent partout et fournissent les démonstrations de relations en grand nombre; on peut comparer leur rôle à celui des lettres (également nommées στοιχεῖα en grec) dans le langage.

On doit, des éléments proprement dits, distinguer les théorèmes élémentaires (στοιχειώδη) qui sont également généraux, simples et remarquables, mais n'ont pas la même valeur en tant que leur application dans la Science n'est pas universelle : telle est la proposition que les perpendiculaires abaissées des sommets d'un triangle sur les côtés opposés se coupent en un même point.

Après avoir développé les considérations que je viens d'analyser, Proclus emprunte à Geminus le passage suivant :

([1]) Proclus vise spécialement la citation des *Éléments* (XII, 2) dans le Traité *de la Sphère et du Cylindre*, I, 6.

P. 72, 23-73, 14. « D'ailleurs, *élément* se dit en deux sens, comme le remarque Ménechme; car ce qui sert à obtenir est *élément* de l'obtenu : ainsi, dans Euclide, la première proposition l'est de la seconde (problèmes), la quatrième de la cinquième (théorèmes). Dans ce sens, beaucoup de propositions peuvent être réciproquement appelées *éléments* les unes des autres. Ainsi de l'égalité à quatre droits de la somme des angles extérieurs d'un polygone, on conclut le nombre d'angles droits que vaut la somme des angles intérieurs et inversement ([1]). Dans cette signification l'*élément* ressemble au *lemme*. Mais on appelle autrement *élément* ce qui est plus simple et en quoi se décompose le plus complexe; dans ce sens, on ne peut plus dire que tout est *élément* de tout, mais seulement ce qui est primordial par rapport à ce qui est régulièrement la conséquence : par exemple, les postulats seront éléments des théorèmes. C'est dans ce dernier sens qu'Euclide a composé des *éléments*, les uns pour la Géométrie plane, les autres pour la Stéréométrie, et que de nombreux auteurs ont de même écrit des éléments d'Arithmétique ou d'Astronomie. »

5. Le second fragment où apparaît le nom de Ménechme se rapporte à une assez curieuse discussion sur la nature des propositions géométriques :

P. 77, 15-78, 13. « Déjà, parmi les anciens, les uns, comme Speusippe et Amphinome, proposaient de tout appeler théorème, pensant que ce terme convient mieux que celui de problème aux sciences théorétiques (contemplatives) et surtout traitant des choses éternelles; car, pour de telles choses, il n'y a pas de génération; il n'y a donc pas de place pour le problème où il s'agit d'engendrer et de faire quelque chose comme si elle n'était pas auparavant : par exemple, construire un triangle équilatéral, décrire un carré sur une droite donnée, placer une droite (donnée) à partir d'un point donné (*Élém.*, I, 2). Il vaut mieux, disaient-ils, regarder toutes ces choses comme existant déjà ([2]), et dire que nous consi-

---

([1]) Ces théorèmes ne figurent pas dans les *Éléments* d'Euclide; l'exemple doit être de Ménechme. Ce passage prouve suffisamment, au reste, que le titre d'*Éléments* devait être usité avant Euclide, ce qu'on pourrait autrement mettre en question.

([2]) P. 78, 4; je lis ὅτι πάντα ταῦτά ἐστι au lieu de ὅτι πάντα ταὐτά ἐστι.

dérons leurs générations non pas en fait, mais relativement à la connaissance, si nous supposons soumises au devenir des choses qui sont toujours; il convient donc de dire que nous les traitons toutes par des théorèmes, non par des problèmes. »

« D'autres, au contraire, comme les mathématiciens de l'école de Ménechme, étaient d'avis de tout regarder comme des problèmes, tout en en distinguant deux formes : tantôt en effet il s'agit de fournir (πορίσασθαι) quelque chose de cherché, tantôt au contraire, prenant quelque chose de déterminé, de voir ce que c'est, ou quelle en est la nature, ou ce qui lui arrive, ou quelle est sa relation à quelque autre chose (¹). »

Le troisième et dernier fragment n'appartient plus au prologue de Proclus, mais bien au commentaire sur les propositions (I, 6) :

P. 253, 16-254, 5. « Il faut remarquer à ce sujet que beaucoup de réciproques sont fausses et ne sont donc pas de véritables réciproques; ainsi tout nombre hexagone est triangle, mais il n'est pas vrai que tout nombre triangle soit hexagone. La raison en est qu'un des termes est plus général, l'autre plus particulier, et la proposition universelle n'est vraie qu'en établissant la relation dans un seul des deux sens. Pour qu'il y ait réciprocité, il faut que le premier terme soit identique au second. C'est ce que savaient déjà les mathématiciens de l'école de Ménechme et d'Amphinome. »

6. Il résulte de ces trois fragments que Ménechme avait dû traiter philosophiquement des principes et des méthodes de la Géométrie. A côté de lui et discutant les mêmes questions, nous voyons paraître le neveu de Platon Speusippe, ainsi qu'un autre personnage, Amphinome, dont le nom ne nous est pas connu d'ailleurs.

Proclus cite encore Speusippe au début de son commentaire sur les postulats et axiomes :

P. 179, 12-23. « Il faut, en tout cas, que les principes diffèrent de ce qui les suit en ce qu'ils soient simples, indémontrables, et se reconnaissent immédiatement comme vrais; car, en général, dit

(¹) La suite du passage, où Proclus justifie successivement les deux opinions, ne paraît pas empruntée à Geminus.

Speusippe, l'intelligence, dans ses poursuites, sans parcourir des stades successifs, met en avant et, pour les recherches subséquentes, dispose des propositions dont elle a une connaissance plus claire que n'en a l'œil des objets visibles, ou bien au contraire, ne pouvant saisir immédiatement la vérité, elle essaye d'y parvenir successivement et par degrés, en partant des premières propositions. »

Amphinome est cité deux autres fois, et pour des questions plus intéressantes :

P. 202, 9-25 (Commentaire sur I, 1). « Beaucoup d'auteurs pensent que la Géométrie ne considère ni la cause, ni le pourquoi ; ainsi c'est l'opinion d'Amphinome qui l'emprunta d'ailleurs à Aristote [1]. Mais on peut, dit Geminus, rencontrer en Géométrie des recherches sur ces questions. Comment ne serait-ce pas en effet au géomètre à chercher par quelle cause il est possible d'inscrire dans le cercle une infinité de polygones équilatéraux, tandis que dans la sphère il n'est plus possible d'inscrire une infinité de polyèdres équilatéraux, équiangles et formés par des faces polygonales pareilles entre elles? Qui peut chercher et trouver cela, sinon le géomètre? D'autre part, les géomètres peuvent raisonner par réduction à l'absurde : alors ils se contentent de trouver ce qui a lieu; ils peuvent au contraire procéder par démonstration régulière (προηγουμένη), et, dans ce cas, si cette démonstration se fait sur des hypothèses particulières, la cause n'apparaît point encore; mais, si le raisonnement est général et fait pour tous les cas semblables, aussitôt le pourquoi devient évident. ».

P. 220, 7-221, 6. (Commentaire sur I, 1). « Nous considérerons qu'en général les problèmes peuvent recevoir des solutions uniques, multiples ou en nombre indéfini. »

« Les premiers sont appelés réguliers (τεταγμένα) par Amphinome, ceux dont les solutions sont multiples, mais en nombre déterminé, sont dits *intermédiaires* (μέσα), ceux enfin qui offrent une variété indéfinie de solutions sont nommés *irréguliers* (ἄτακτα). Comment un problème peut être unique ou multiple, on le voit

---

[1] Ce passage est insuffisant pour établir qu'Amphinome n'ait pas été contemporain d'Aristote.

immédiatement pour les triangles précités ; car l'équilatéral se construit d'une seule façon, l'isoscèle de deux, le scalène de trois ([1]). Quant à un problème indéfini, en voici un : *Diviser une droite donnée en trois segments en progression.* Si l'on divise en effet cette droite suivant le rapport double (c'est-à-dire si l'on divise la droite c en deux segments a, b, tels que $b = 2a$) et qu'on fasse la parabole du carré du plus petit segment par rapport au plus grand en ellipse d'un carré (si l'on résout $a^2 = bx - x^2$, d'où $x = a$), la division se fera en trois parties égales. Mais, si le rapport du plus grand segment au plus petit est supérieur au double (autrement le problème serait impossible), comme triple, etc., et qu'on fasse la parabole du carré du plus petit segment par rapport au plus grand en ellipse d'un carré, on aura la division en trois parties inégales. [Soit $b = ma$, ces parties seront $\frac{m - \sqrt{m^2 - 4}}{2} a$, a, $\frac{m + \sqrt{m^2 - 4}}{2} a$]. Puis donc que l'on peut faire la division en deux d'une infinité de façons, de telle sorte que le plus grand segment soit supérieur au double du plus petit, triple, etc., car le rapport de multiplicité progresse indéfiniment, la division en trois parties en progression se fera d'une infinité de façons. »

7. De ces diverses citations deux points surtout paraissent à retenir.

La distinction d'une troisième forme de proposition, le porisme, à côté du théorème et du problème, est étrangère aux géomètres du IVe siècle avant J.-C., et elle n'a probablement résulté plus tard que du choix fait par Euclide de cette expression pour désigner un de ses Ouvrages. Toutefois, le germe de cette distinction apparaît déjà dans le second fragment de Ménechme.

La classification des problèmes d'après le nombre des solutions

---

([1]) Ceci se rapporte aux constructions faites par analogie à celle de l'équilatéral donnée par Euclide I, 1, constructions que nous étudierons plus tard. La base de l'isoscèle qui est donnée peut être plus petite ou plus grande que les côtés égaux dont la longueur est d'ailleurs arbitraire. La base donnée du scalène peut être plus petite, plus grande ou intermédiaire entre les deux autres côtés supposés d'ailleurs arbitraires. Pour nous, ces problèmes seraient indéterminés.

n'est nullement conçue d'après nos habitudes modernes. Ainsi le problème I, 1, d'Euclide, *construire un triangle équilatéral sur une base donnée,* a pour nous deux solutions symétriques par rapport à cette base; pour les anciens, la solution est unique (μοναχῶς), elle est donnée par l'intersection de deux cercles et ils ne s'inquiètent pas du nombre de points donnés par cette intersection.

Si, sur la base donnée, il s'agit de construire un triangle isoscèle, cette base n'étant pas un des deux côtés égaux, le sommet est pris arbitrairement sur une droite déterminée, soit au-dessus, soit au-dessous du point qui donnerait le triangle équilatéral : de là deux figures, dont chacune compte pour une solution unique.

De même, la construction d'un triangle scalène sur une base donnée, si indéterminée qu'elle soit, ne comptera que trois cas distincts.

L'exemple du problème indéterminé (ἀπειραχῶς) nous présente au contraire un problème qui devient parfaitement déterminé, une fois que l'on s'est donné une certaine relation entre deux inconnues; mais il offre ceci de remarquable que la solution est conçue comme indépendante de cette relation arbitraire. C'est donc sous cette forme que les anciens concevaient la généralisation des problèmes particuliers, et cette forme doit être regardée comme analogue aux solutions ἐν ἀορίστῳ de Diophante, alors qu'il arrive à la valeur de l'inconnue en fonction d'une variable arbitraire. Il est certain que cette façon d'envisager les problèmes est remarquable par sa profondeur, si elle laisse à désirer sous le rapport de la netteté et de la précision.

FIN DE LA PREMIÈRE PARTIE DU TOME X.

TABLES

DES

MATIÈRES ET NOMS D'AUTEURS.

TOME X; 1886. — PREMIÈRE PARTIE.

TABLE ALPHABÉTIQUE

DES MATIÈRES.

COMPTES RENDUS ET ANALYSES.

MÉLANGES.

FIN DE LA TABLE DE LA PREMIÈRE PARTIE DU TOME X.

BULLETIN

DES

SCIENCES MATHÉMATIQUES.

AVIS.

Toutes les communications doivent être adressées à M. *Darboux*, Membre de l'Institut, rue Gay-Lussac, 36, Paris.

11530 Paris. — Imprimerie de GAUTHIER-VILLARS, quai des Augustins, 55

BIBLIOTHÈQUE DE L'ÉCOLE DES HAUTES ÉTUDES
PUBLIÉE SOUS LES AUSPICES DU MINISTÈRE DE L'INSTRUCTION PUBLIQUE.

BULLETIN

DES

SCIENCES MATHÉMATIQUES,

RÉDIGÉ PAR MM. G. DARBOUX, J. HOÜEL ET J. TANNERY,

AVEC LA COLLABORATION DE

MM. CH. ANDRÉ, BATTAGLINI, BELTRAMI, BOUGAIEF, BROCARD, BRUNEL, GOURSAT, A. HARNACK, CH. HENRY, G. KOENIGS, LAISANT, LAMPE, LESPIAULT, S. LIE, MANSION, A. MARRE, MOLK, POTOCKI, RADAU, RAYET, RAFFY, S. RINDI, SAUVAGE, SCHOUTE, P. TANNERY, EM. ET ED. WEYR, ZEUTHEN, ETC.,

SOUS LA DIRECTION DE LA COMMISSION DES HAUTES ÉTUDES.

DEUXIÈME SÉRIE.

TOME X. — ANNÉE 1886.

(TOME XXI DE LA COLLECTION.)

SECONDE PARTIE.

PARIS,

GAUTHIER-VILLARS, IMPRIMEUR-LIBRAIRE

DU BUREAU DES LONGITUDES, DE L'ÉCOLE POLYTECHNIQUE,

SUCCESSEUR DE MALLET-BACHELIER,

Quai des Augustins, 55.

1886

BULLETIN

DES

SCIENCES MATHÉMATIQUES.

SECONDE PARTIE.

REVUE DES PUBLICATIONS ACADÉMIQUES ET PÉRIODIQUES.

ZEITSCHRIFT FÜR MATHEMATIK UND PHYSIK. — Historische-Literarische Abtheilung (¹).

Tome XXIX, année 1884.

Heiberg. — La tradition arabe des *Éléments* d'Euclide.

C'est par les Arabes que nous avons eu connaissance d'abord des Livres mathématiques des anciens : les traductions arabes des œuvres grecques sont donc d'une très grande importance pour l'histoire des Sciences. Malheureusement, peu de ces traductions sont accessibles. Parmi ces dernières sont venues se ranger, en 1881, grâce à M. Klamroth, deux traductions des *Éléments* d'Euclide, qu'il a étudiées avec beaucoup de soin. Les conclusions auxquelles est arrivé ce savant sont d'une grande importance; elles bouleversent nos idées sur ce sujet. M. Louis Heiberg, l'éditeur d'Euclide, le savant certainement le plus autorisé sur la matière, s'en est ému : il cherche à préciser la véritable portée des résultats obtenus par son prédécesseur.

Ce qui d'abord peut être regardé comme acquis, c'est la discordance entre les traductions arabes et la version de Campanus, qu'on avait considéré jusqu'ici comme le traducteur fidèle des Arabes. En revanche, les deux traductions examinées par M. Klamroth, celle de *Hajjaj* et de *Yshak ben Hunein,* con-

(¹) Voir *Bulletin,* t. VIII₂, p. 105.

cordent entre elles sur un grand nombre de points. Il est donc très probable qu'elles ont une origine commune.

Quelle est cette origine? M. Klamroth répond : c'est l'original même des *Éléments* d'Euclide, le seul authentique, celui que les manuscrits grecs ne donnent qu'avec des changements et qu'il faudrait restituer d'après les versions arabes. Son raisonnement d'ailleurs est simple; la tradition arabe remonte au VIIIe siècle; nos manuscrits les plus anciens appartiennent au IXe siècle : donc c'est la tradition arabe qui mérite notre confiance.

M. Heiberg est loin d'accepter cette conclusion. Il a trouvé au British Museum un palimpseste, composé de cinq feuillets et contenant des fragments des *Éléments*. Ces fragments concordent parfaitement, autant qu'on en peut juger, par le texte et par les numéros des divisions, avec les manuscrits grecs. Or le palimpseste en question est incontestablement du VIIe ou du commencement du VIIIe siècle. Sans méconnaître la haute importance de cette trouvaille et la valeur de l'argument, on pourrait cependant arguer qu'étant peu antérieur aux manuscrits arabes, le palimpseste ne suffit pas à lui seul pour trancher la question. M. Heiberg a prévu cette objection et il a cherché des preuves plus solides dans les mentions et citations très nombreuses des *Éléments* d'Euclide, qu'ont faites les écrivains grecs.

Nous ne pouvons suivre M. Heiberg dans son intéressante revue; disons seulement que, pour les numéros des divisions, les auteurs grecs sont presque toujours d'accord avec les manuscrits grecs et diffèrent notablement des arabes. Ces derniers ont également omis plusieurs corollaires, mentionnés par les auteurs du IIIe au Ve siècle, par Pappus, Proclus, Simplicius, etc.; enfin, et ceci n'est pas le moins bon argument, on cherche vainement dans les versions arabes des théorèmes, dont Euclide avait besoin dans la suite de son œuvre et qui se trouvent bien à leur place dans le texte grec. Les versions arabes, loin de présenter l'ouvrage original, doivent donc, au contraire, être regardées comme mutilées.

Cette mutilation a-t-elle été l'œuvre des traducteurs seuls? M. Heiberg ne le pense pas. Il croit, au contraire, que les Arabes ont eu un texte grec des *Éléments*, différent du nôtre. Il y a des manuscrits grecs, conformes, sur beaucoup de points, aux versions arabes. Un de ces manuscrits, entièrement négligé jusqu'ici, a été trouvé par l'auteur à la bibliothèque communale de Bologne. Il provient du XIe siècle. Les neuf premiers Livres sont identiques avec les autres manuscrits grecs. La fin du Xe Livre marque quelques différences de peu d'importance. Mais, à partir du XIe Livre, les variantes sont nombreuses. M. Heiberg les cite en grec, et il ressort de leur examen que, dans le texte et dans les numéros des divisions, elles s'accordent d'une manière très remarquable avec celles des Arabes. Il y a cependant des différences. L'auteur pense que le traducteur arabe se servait pour les Livres XI, XII et XIII d'une version très analogue à celle de Bologne, dont il a d'ailleurs usé très librement. La traduction des dix premiers Livres aurait été faite directement d'après le texte d'Euclide. Les nombreux changements seraient donc ici, d'après M. Heiberg, l'œuvre des traducteurs arabes. En effet, la préface d'un traducteur que M. Heiberg cite, d'après un manuscrit de la bibliothèque Bodléienne, prouve avec quelle liberté on traitait parfois le texte d'Euclide. Malgré les modifications successives et très importantes qu'elle a dû subir, la tradition arabe d'Euclide a cependant une grande importance au point de vue du rétablissement du texte original des *Éléments*. Elle provient sans doute, comme le manuscrit de Bologne, d'un exemplaire antérieur à la rédaction de Théon. Jusqu'ici nous n'avions de cette espèce que le seul manuscrit n° 90 du Vatican. La version arabe permettra de contrôler ces manuscrits; il faudra pourtant s'en servir avec beaucoup de réserve, surtout dans les XIe, XIIe et XIIIe Livres, puisque dans ces Livres l'écrivain arabe s'est servi d'un texte abrégé à la manière du manuscrit de Bologne.

Dans la dernière Partie de son travail, M. Heiberg s'occupe de la traduction connue sous le nom de Campanus. Il ne veut pas trancher la question de savoir si Adelard de Bath ou Campanus en est l'auteur; il se borne à noter simplement l'opinion de M. Klamroth, d'après laquelle Adelard serait le traducteur et Campanus l'adaptateur. Quant aux différences très nombreuses présentées par cette version, relativement à celle des Arabes, M. Heiberg incline à penser qu'elles ne sont pas toutes l'œuvre du traducteur latin; celui-ci n'aurait fait que travailler d'après une version arabe différente de celles de Hajjaj et d'Yshak.

Mahler. — Les irrationalités des Rabins (¹).

M. Édouard Mahler poursuit ses recherches sur les connaissances mathéma-

---

(¹) Signalons à ce propos un article paru dans un Recueil littéraire : la *Revue critique d'Histoire et de Littérature* (28 avril 1884) et qui intéresse très vivement le problème encore irrésolu des méthodes de calculer les racines carrées irrationnelles dans l'antiquité. En rendant compte avec grands éloges du travail de M. Weissenborn sur les racines carrées irrationnelles d'Archimède et de Héron, M. L. Heiberg note dans la *Logistique* du moine Barlaam (éd. Chamber, Paris, 1600), une méthode de calculer les racines carrées irrationnelles, méthode certainement ancienne et très voisine de l'hypothèse proposée par Oppermann et développée depuis à des points de vue divers par MM. Alexeieff et Charles Henry. Soit b la racine du nombre carré le plus proche de a, mais plus grand; posons $\frac{a}{b} = c$; $\frac{b+c}{2}$ sera une approximation de $\sqrt{a}$ plus exacte que b, et ainsi de suite. Il est clair qu'on peut prendre, au lieu de b, la racine du nombre carré qui est plus proche de a, mais plus petit. Cette méthode donne immédiatement ces quatre résultats héroniens :

1°
$$\sqrt{63} = 8 - \frac{1}{16},$$

car
$$b = 8, \quad c = \frac{63}{8};$$

donc
$$\frac{b+c}{2} = \frac{127}{16} = 7\frac{15}{16} = 8 - \frac{1}{16};$$

2°
$$\sqrt{1081} = 32 + \frac{1}{2} + \frac{1}{4} + \frac{1}{8} + \frac{1}{64},$$

car
$$b = 32, \quad \frac{b+c}{2} = \frac{2105}{64} = 32 + \frac{57}{64} = 32 + \frac{32+16+8+1}{64};$$

3°
$$\sqrt{50} = 7 + \frac{1}{14},$$

tiques des Hébreux. Dans le Livre d'*Erubin de la Gemara*, on trouve cette indication : si le côté d'un carré a une aune, sa diagonale a $1\frac{2}{5}$ d'aune. Les Tosfeth, en commentant ce passage, font remarquer que cette valeur n'est pas exacte. Soit un carré dont le côté égale 10; son aire sera égale à 100; il contiendra quatre petits carrés dont les côtés égalent 5. Une diagonale d'un de ces petits carrés devrait être égale à 7; il est cependant aisé de voir que son carré n'est pas égal à 49, mais bien à 50. Ce théorème sert dans le Baba Bathra à démontrer que la somme des deux côtés d'un triangle est plus grande que le troisième côté.

On trouve encore dans le Tosfeth d'autres valeurs irrationnelles. Ainsi un rectangle de deux palmes de hauteur et d'une palme de largeur aurait une diagonale « un peu moindre que deux palmes $\frac{2}{5}$ ». M. Malher pense que la valeur de 111, et un peu plus donnée par Erubin pour la $\sqrt{12500}$, pourrait également reposer sur la $\sqrt{5}$. En effet, $\sqrt{12500} = 50\sqrt{5}$.

Pour la $\sqrt{5000}$, Maïmonide donne la valeur $70\frac{5}{7}$. C'est là une valeur remarquablement exacte, $\sqrt{5000}$ étant en réalité 70,710 (au lieu de 70,714) ; ce qui est plus remarquable encore, c'est que l'auteur hébreu a pleinement conscience de l'irrationalité de la racine en question. « La racine carrée de 5000, nous dit-il textuellement d'après la traduction de M. Mahler, ne peut pas être déterminée exactement, de même qu'il est impossible de donner exactement la proportion entre la circonférence et le diamètre d'un cercle, puisqu'on n'arrive jamais à une limite de calcul. » Il semblerait donc que Maïmonide aurait connu également l'irrationalité de π. L'œuvre de Maïmonide contient d'autres preuves encore de ses connaissances mathématiques. On y trouve notamment des extractions de racines carrées; M. Mahler promet de revenir sur ce sujet.

Suter. — Le Traité *De quadratura circuli* d'Albert de Saxe.

Albertus de Saxe, dont s'occupe M. H. Suter, a été le premier recteur de l'Université de Vienne. Il avait étudié à Prague et à Paris, où il devint docteur en théologie et où, d'après l'auteur, il aurait écrit la plupart de ses Ouvrages; il est mort évêque de Halberstadt en 1390. Luca Pacioli le dit franciscain, Gandolfo augustin, d'après un extrait de son *Liber proportionum* fait par Isidore de Isolanis, il aurait été frère prêcheur. L'auteur pense que ces assertions sont erronées : d'après lui Albert aurait été laïque.

Parmi les écrits mathématiques d'Albert, le *Liber proportionum* est le plus connu. M. le prince Boncompagni en connaît dix éditions différentes : le *Tractatus de latitudinibus formarum* n'a été imprimé qu'une seule fois à Venise, en 1505; le traité *De maximo et minimo* n'existe qu'en manuscrit; enfin

---

car

$$\frac{b+c}{2} = \frac{99}{14} = 7 + \frac{1}{14};$$

4°

$$\sqrt{75} = 8 + \frac{1}{2} + \frac{1}{8} + \frac{1}{16},$$

car

$$\frac{b+c}{2} = \frac{139}{16} = 8 + \frac{8+2+1}{16}.$$

M. Suter vient de trouver un quatrième Ouvrage dans un manuscrit de la Bibliothèque de Berne.

Ce Volume contient dix Traités différents. Le troisième, que M. Suter reproduit intégralement, est d'Albert de Saxe. Il est intitulé *Quæstio de quadratura circuli.* Albert croit la quadrature du cercle possible et il l'effectue en effet, en commettant la même faute que tous ses prédécesseurs depuis Boèce : il suppose que le nombre $3\frac{1}{7}$ représente exactement le rapport du cercle au diamètre. Il est cependant plus avancé que Franco de Liège, en ce sens qu'il sait transformer le rectangle en carré. Sa méthode a beaucoup de ressemblance avec celle que l'anglais Thomas Bradwardin avait donnée dans sa *Geometria speculativa.* Cependant l'auteur ne pense pas qu'Albert ait connu l'Ouvrage de Bradwardin; il suppose plutôt qu'ils ont puisé à une source commune.

Quelle a été cette source? Bradwardin cite le traité *De la mesure du cercle d'Archimède.* Mais il paraît impossible qu'il l'ait étudié lui-même, car il aurait su alors que le nombre $3\frac{1}{7}$ n'est qu'une approximation. Mais il pourrait avoir connu le traité de Zénodore rapporté par Théon dans son *Commentaire de l'Almageste* ou bien le Ve Livre de la collection de Pappus. De plus, l'auteur croit pouvoir identifier un *Libellus de corporibus isoperimetris* cité par Albert avec le Traité d'un anonyme, rapporté par Hultsch dans son édition de Pappus et dont on trouve une traduction datant du XIIIe siècle dans un manuscrit de la bibliothèque de Bâle : rien ne s'oppose donc à ce qu'on la suppose connue de Bradwardin et d'Albert.

Le manuscrit de Berne contient encore un autre Traité sur la quadrature du cercle, anonyme celui-ci. M. Suter ne pense pas qu'il soit également d'Albert. On y part, en effet, de principes diamétralement opposés. C'est l'essai d'Hippocrate de Chios pour carrer le cercle par les lunules. En revanche, deux autres Traités, également anonymes, du même manuscrit, pourraient bien être d'Albert. M. Suter les réserve pour une publication ultérieure.

Wittstein. — Sur quelques noms d'étoiles dérivés de l'arabe.

On connaît l'influence considérable qu'ont exercée sur le développement de l'Astronomie les savants arabes : la Science en a gardé la trace dans des noms d'appareils et des noms d'étoiles. M. A. Wittstein compte en tout quatorze noms d'étoiles ayant une origine arabe. Le nom arabe est en général fort long, et c'est sa première ou sa dernière partie qui a été corrompue dans le nom que nous connaissons. Dans un appendice, M. Wittstein s'étend sur l'étymologie de quelques noms dérivés du grec, ainsi que sur l'origine des mots *zénith, nadir, azimut, alidade* dérivant tous quatre de l'arabe.

Doerner. — Pétition de Kepler à l'empereur Rodolphe II.

M. R. Dœrner a trouvé dans les archives de Hanovre une pétition adressée par Kepler à l'empereur Rodolphe II, à l'effet d'obtenir un privilège général pour l'impression de ses Ouvrages. Cette demande a été faite à l'occasion du départ des marchands pour la messe de Francfort, centre du commerce des livres en Allemagne. Comment le document en question est-il parvenu à Hanovre? D'après M. Dœrner, il aurait été pris par les Suédois à l'assaut de Prague, en 1648, recueilli par Alexandre Erskin, camérier du duché de Brême et serait parvenu de là aux archives de Stade, réunies ensuite à celles de Hanovre. Si cette supposition est exacte, nous devons peut-être nous attendre à d'autres révélations.

H.

MÉMOIRES DE L'ACADÉMIE DES SCIENCES ET LETTRES DE MONTPELLIER (section des Sciences).

Année 1847.

Gergonne. — Sur le principe de la dualité en Géométrie.

Gergonne rappelle que c'est à Servois (1811) qu'on doit l'introduction dans la Science des dénominations de *pôle* et *polaire*.

En 1813, Gergonne découvre le principe de *dualité*. Le Mémoire de Gergonne de 1824 ne fut d'abord remarqué que par Steiner, Plücker et Chasles. Le reste de la Note contient une sorte de polémique avec Poncelet.

Année 1848.

Bonnet (O.). — Note sur la force vive d'un corps solide ou d'un système invariable en mouvement.

L'auteur démontre par des considérations très simples les deux propositions suivantes :

1° Le principe des forces vives peut s'appliquer à des axes mobiles, ayant une origine différente du centre de gravité, et des directions constantes, pourvu que le mouvement de l'origine mobile puisse être produit par une force allant constamment rencontrer la parallèle à l'axe instantané, mené par le centre de gravité du système.

2° On sait que la force vive d'un systéme peut se décomposer en deux parties, dont l'une représente la force vive du corps déterminée par un observateur qui, placé au centre de gravité, regarderait ce point comme immobile, et dont l'autre est la force vive obtenue en supposant toute la masse concentrée au centre de gravité et animée de la vitesse de ce point. Le lieu des points qui jouissent de la propriété du centre de gravité est un cylindre droit à base circulaire déterminé à chaque instant par cette condition que deux génératrices rectilignes opposées coïncident, l'une avec l'axe instantané, l'autre avec la droite menée par le centre de gravité parallèlement à cet axe.

Ce théorème avait été démontré par Cauchy (*Ex. Math.*, 2e année, p. 104),

---

(1) Le premier Volume a paru en 1850 pour les années de 1847 à 1850.

mais la démonstration de M. O. Bonnet est plus simple que celle de Cauchy et montre de plus que les points du cylindre jouissent seul de la même propriété que le centre de gravité.

Année 1849.

Lenthéric (*neveu*). — Théorie générale des pôles, polaires, plans polaires, polaires conjuguées et polaires réciproques des lignes et surfaces du second ordre (1re Partie).

Année 1850.

Lenthéric (*neveu*). — Théorie générale des pôles, polaires, plans polaires, polaires conjuguées et polaires réciproques des lignes et surfaces du second ordre (2e Partie).

Année 1851.

Lenthéric (*neveu*). — Solution générale du problème des roulettes ; rectification et quadrature des cycloïdes et épicycloïdes.

Toutes ces questions, traitées d'ailleurs d'une façon élégante par l'auteur, sont aujourd'hui bien connues.

Années 1852 et 1853.

Lenthéric. — Traité de Gnomonique.

Lenthéric (*neveu*). — Démonstration élémentaire du théorème de Guldin et du volume d'un tronc de prisme.

Lenthéric (*neveu*). — Note sur la théorie des roulettes.

Année 1854.

Lenthéric (*neveu*). — Note sur les coniques et les surfaces du second ordre.

On trouve dans cette Note la démonstration de théorèmes bien connus.

Faure (*H.*). — Extrait d'un Mémoire sur la transformation des courbes.

Deux courbes quelconques sont tracées sur une surface S ; à ces deux courbes correspondent sur une surface Σ deux autres courbes qui se coupent sous le même angle que les premières; on demande la relation qui doit exister entre les coordonnées des points correspondants sur les deux surfaces.

Soient a l'intersection des deux courbes sur la surface S, a' et a'' deux points infiniment voisins du point a, pris sur chacune des deux courbes, α, α', α'' les points correspondants sur la surface Σ, points que nous supposerons aussi infiniment voisins. Les triangles $aa'a''$, $\alpha\alpha'\alpha''$ sont semblables, de sorte que si ds et $d\sigma$ représentent respectivement les éléments aa', $\alpha\alpha'$, on doit avoir $\frac{ds}{d\sigma} = \mathrm{M}$. Or, d'aprés Gauss, on a toujours $ds = \mathrm{D}\sqrt{dx^2 + dy^2}$, x et y étant les coordonnées d'un point de la surface S rapportées à deux courbes fixes tracées sur la surface, et $d\sigma = \Delta\sqrt{d\xi^2 + d\eta^2}$, ξ et η étant les coordonnées du point correspondant sur la surface Σ. Les quantités x et y sont deux variables indépendantes dont ξ et η sont des fonctions. Un calcul fort simple montre que l'on satisfait à la relation $\frac{ds}{d\sigma} = \mathrm{M}$ en prenant $\xi \pm \eta\sqrt{-1} = \mathrm{F}(x \pm y\sqrt{-1})$, F désignant une fonction arbitraire; pour une valeur particulière attribuée à cette fonction, on obtiendra, en égalant séparément les parties imaginaires et les parties réelles, deux équations qui serviront à déterminer ξ et η en fonction de x et y.

Dans le cas des courbes planes, l'étude de la relation

$$\xi + \eta\sqrt{-1} = \frac{e^{m \log (r+u\sqrt{-1})}}{k^{m-1}},$$

ou, en passant des coordonnées ξ et η aux coordonnées polaires ρ et ω, l'étude des relations $\rho = \frac{r^m}{k^{m-1}}$, $\omega = mu$ conduit à un grand nombre de conséquences trés intéressantes.

Année 1857.

Lenthéric (*neveu*). — Nouveau mode de discussion de l'équation générale du second degré à deux variables.

Cette méthode a pour base la théorie des diamètres.

Année 1858.

Berger. — Discussion des courbes et des surfaces du second degré.

C'est la méthode de discussion au moyen de la décomposition en carrés.

Lenthéric. — Réduction à la formule la plus simple de l'équation numérique du second degré à deux variables.

Roche. — Note sur la formule de Taylor.

Si l'on pose $f(x+h)-f(x)=hf'(x)+\ldots+\frac{h^n}{1.2\ldots n}f^n(x)+R$, Roche montre que l'on a

$$R=\frac{h^{n+1}(1-\theta)^{n-p}}{1.2\ldots n.(p+1)}f^{(n+1)}(x+\theta h),$$

p étant un nombre positif quelconque au plus égal à n.

Ce résultat est maintenant classique.

Année 1859.

Lenthéric. — Transformation newtonienne des figures planes.

Étude de l'homographie.

Rouché (*Eugène*). — Sur l'intégration des équations différentielles linéaires.

Exposition de ce que l'on sait à cette époque sur cette question.

Année 1860.

Lenthéric. — Transformation newtonienne des figures planes, (2e Partie).

Année 1861.

Lenthéric. — Théorie de l'ellipse, déduite de la transformation particulière du cercle.

Année 1862.

Lenthéric. — Transformation newtonienne appliquée à la théorie de l'homographie.

Année 1863.

Bonnet (*O.*). — Mémoire sur l'intégration des équations aux dérivées partielles du premier ordre.

Ce Mémoire a pour but de généraliser ou d'étendre aux équations renfermant un nombre quelconque de variables, la méthode donnée par Lagrange pour intégrer les équations aux dérivées partielles du premier ordre à trois variables.

Roche. — Sur une généralisation de la formule de Taylor.

Posons $f(a+h) = f(a) + hf'(a) + \ldots + \frac{h^n}{1.2\ldots n} f^n(a) + R_n$, on a

$$R_n = \left[\varphi(a+h) - \varphi(a) - \ldots - \frac{h^q}{1.2\ldots q}\varphi^{(q)}(a)\right]\frac{1.2\ldots q}{1.2\ldots n}(h-\theta h)^{n-q}\frac{f^{(n+1)}(a+\theta h)}{\varphi^{(q+1)}(a+\theta h)};$$

on suppose que dans l'intervalle dont on se sert $\varphi(x)$, $\varphi'(x)$, ..., $\varphi^{(q+1)}(x)$ restent finies et continues; que $f^{(n+1)}(x)$ et $\varphi^{(q+1)}(x)$ ne s'annulent pas ensemble, φ représentant une fonction absolument arbitraire d'ailleurs.

Année 1866.

Duclos (*L.*). — Transformation des équations linéaires par le changement de variable indépendante.

Étant donnée une équation différentielle linéaire, on rend égal à l'unité le coefficient de y, on remplace $\frac{dy}{dx}$, $\frac{d^2y}{dx^2}$, ... par leurs valeurs en fonctions des dérivées de x et de y prises par rapport à une nouvelle variable t. Il s'introduit ainsi une indéterminée dont on dispose pour réduire, si c'est possible, à des constantes les coefficients des dérivées de divers ordres que l'équation renferme. Ainsi, la transformation repose sur un changement de la variable indépendante.

L'auteur tire de là l'intégration de quelques équations du second et du troisième ordre.

Garlin. — Sur les systèmes isothermes.

L'auteur étudie les systèmes isothermes cylindriques et coniques.

Année 1869.

Combescure (*Ed.*). — Remarques sur un théorème de M. Clausius.

On sait que Clausius a établi l'équation approchée

$$\tfrac{1}{2}\Sigma mv^2 = -\tfrac{1}{2}\Sigma m(Xx + Yy + Zz),$$

relative à un système de points matériels : mv^2 est la force vive moyenne du point (x, y, z) et X, Y, Z sont les composantes de la résultante de toutes les forces tant intérieures qu'extérieures qui sollicitent ce point m. L'auteur, dans la présente Note (3 pages, in-4°), montre que la précédente équation conserve exactement la même forme lorsqu'on ne fait intervenir que les forces extérieures pourvu que les liaisons des points du système soient exprimées uniquement par des équations homogènes par rapport à l'ensemble des coordonnées, les forces intérieures disparaissant identiquement dans cette hypothèse.

Combescure (*Ed.*). — Vérification d'une certaine équation qui figure à la page 17 du deuxième Volume de la *Mécanique céleste*.

Cette Note (9 pages, in-4°) est destinée à rétablir certains développements de calcul, entièrement supprimés par Laplace et relatifs à l'importante équation aux dérivées partielles que doit vérifier la fonction potentielle. En supposant égal à zéro l'un des membres de l'équation, l'auteur de la Note partage l'autre membre en deux groupes particuliers de termes. Par des transformations propres à chacun de ces groupes, il arrive à établir simplement que leur somme est identiquement nulle.

L'absence de détails sur ce sujet dans les annotations de Bowditch à la *Mécanique céleste* a déterminé l'auteur à faire paraître ce court travail, qui était depuis 1850 dans les papiers de l'Académie des Lettres et Sciences de Montpellier.

Année 1870.

Combescure (Ed.). — Sur quelques relations différentielles que l'on peut résoudre par des formules dégagées de tout signe d'intégration, et sur quelques invariants d'une espèce particulière (24 pages, in-4°).

Les expressions de $\frac{d^m x}{dt^m}$, $\frac{d^n y}{dt^n}$, ..., $\frac{d^p z}{dt^p}$, étant des fonctions linéaires données de u, $\frac{du}{dt}$, ..., $\frac{d^r u}{dt^r}$, contenant d'une manière quelconque la variable indépendante t, l'auteur fait voir qu'on peut en déduire des expressions de x, y, ..., z, u linéaires par rapport à une certaine fonction indéterminée $\omega(t)$ et à ses dérivées jusqu'à un ordre déterminé. Il ramène à ceci le cas où l'on donne une relation homogène quelconque entre $\frac{d^m x}{dt^m}$, $\frac{d^n y}{dt^n}$, ..., $\frac{d^p z}{dt^p}$, dans laquelle la variable indépendante t entre arbitrairement. Il traite ensuite le cas où l'on donne m équations $f=0$, ..., $F=0$ dont les premiers membres sont des fonctions homogènes des dérivées premières de m fonctions s, ..., u, et d'un autre groupe de fonctions x, y, ..., z. Il se pose, à ce sujet, la question, en quelque sorte inverse, de savoir dans quels cas les procédés de réduction employés peuvent réussir. Cette question le conduit à une autre assez différente, mais dont la solution conduit a des calculs de même nature, à savoir « étant données n fonctions indéterminées d'une variable indépendante t, et leurs dérivées jusqu'à un certain ordre, quelles sont les formes composées avec ces diverses quantités qui restent invariables malgré le changement de la variable indépendante ». L'auteur donne le moyen de trouver les formes requises. Il indique enfin une généralisation de cette même question pour le cas où l'on introduit plusieurs variables indépendantes; mais, vu les complications des formules, il traite seulement un cas particulier.

Année 1872.

Boussinesq (J.). — Recherches sur les principes de la Mécanique, sur la constitution moléculaire des corps et sur une nouvelle théorie des gaz parfaits.

Année 1875.

Lenthéric. — Exposition élémentaire des diverses théories de la Géométrie moderne.

Années 1883-1884.

Combescure (Ed.). — Sur les surfaces dont les lignes de courbure sont planes dans un système seulement (10 p., in-4°).

L'auteur s'est proposé de réduire à sa partie essentielle le Mémoire fondamental de M. Bonnet sur le même sujet, en faisant usage des équations aux dérivées partielles

$$\frac{\partial x}{\partial t} = R_1\frac{\partial \lambda}{\partial t}, \qquad \frac{\partial x}{\partial \theta} = R\frac{\partial \lambda}{\partial \theta}; \qquad \dots,$$

où t et θ sont les paramètres des deux systèmes de lignes de courbure d'une surface quelconque, λ, μ, ν les cosinus directeurs de la normale; il retrouve très rapidement les principaux résultats établis autrement par M. Bonnet, ainsi que des formules symétriques pour les rayons principaux de courbure et la surface des centres. On sait que la solution dépend finalement d'une équation que l'on intègre moyennant une solution particulière dont la recherche constitue souvent la véritable difficulté du problème. Lorsque l'angle du plan de la ligne de courbure avec la surface est une fonction donnée quelconque de l'angle du même plan avec une droite fixe, on peut ramener la solution à des quadratures, résultat qu'avait établi M. Bonnet dans un cas particulier.

NOUVELLES ANNALES DE MATHÉMATIQUES, rédigées par MM. GERONO et CH. BRISSE ([1]). — 3e série.

Tome III; 1884.

Lefèvre (L.). — Construction des points doubles en projection dans l'intersection de deux surfaces du second degré. (5-7).

La méthode exposée repose sur une application du théorème de Desargues. Elle se prête à un tracé graphique assez facile.

Gundelfinger (S.). — Note sur un article de M. Brisse. (7-18).

L'article auquel se réfère cette Note a trait à la théorie des surfaces du se-

---

([1]) Voir *Bulletin*, VIII_2, 40.

différentielles d'ordre supérieur. 5. Changements de variables. — Chap. II. Formation des équations différentielles : 1. Équations différentielles ordinaires. 2. Équations aux dérivées partielles. — Chap. III. Développements en série : 1. Formule de Taylor. 2. Applications. 3. Procédés pour effectuer les développements en série. 4. Séries infinies. 5. Produits infinis. 6. Fonctions exponentielles et circulaires. 7. Séries et produits périodiques. 8. Série hypergéométrique; Fonction première. 9. Séries et produits multiples. 10. Fractions continues. — Chap. IV. Maxima et minima. — Chap. V. Applications géométriques de la série de Taylor : 1. Points ordinaires et points singuliers. 2. Théorie du contact. 3. Courbes et surfaces enveloppes. 4. Courbes planes. 5. Géométrie infinitésimale. 6. Courbes gauches et surfaces développables. 7. Systèmes de droites. 8. Théorie des surfaces. 9. Coordonnées curvilignes. — Chap. VI. Théorie des courbes planes algébriques : 1. Genre. 2. Coordonnées homogènes.

Deuxième Partie : Calcul intégral. Intégrales définies et indéfinies. — Chap. I. Intégrales indéfinies : 1. Intégration immédiate. 2. Intégration des fractions rationnelles. 3. Intégration des différentielles algébriques. 4. Intégrales elliptiques et hyperelliptiques. 5. Intégration des fonctions transcendantes. — Chap. II. Intégrales définies : 1. Définitions. 2. Calcul des intégrales définies. 3. Calcul approché des intégrales définies. 4. Applications géométriques. — Chap. III. Intégrales multiples. — Chap. IV. Des fonctions représentées par des intégrales définies : 1. Différentiation et intégration sous le signe $\int$. 2. Intégrales eulériennes. 3. Potentiel. — Chap. V. Développement en série : 1. Formules de Fourier. 2. Séries trigonométriques. 3. Fonctions de Laplace. — Chap. VI. Variables imaginaires : 1. Fonctions d'une variable imaginaire. 2. Intégrales des fonctions monodromes. 3. Théorèmes généraux sur les fonctions monodromes. 4. Fonctions doublement périodiques. — Chap. VII. Fonctions elliptiques : 1. Intégrales des fonctions algébriques. 2. Définition et premières propriétés des fonctions elliptiques. 3. Développements des fonctions elliptiques. 4. Transformation. 5. Intégrales elliptiques de seconde et de troisième espèce.

10231 Paris — Imprimerie de GAUTHIER-VILLARS, quai des Augustins, 55.

TABLE DES MATIÈRES.

JANVIER 1886.

Comptes rendus et analyses.

Mélanges.

Revue des publications.

Paris. — Imprimerie de GAUTHIER-VILLARS, quai des Augustins, 55.

Le Gérant : GAUTHIER-VILLARS.

cond ordre. Il figure dans le numéro de mai 1882 des *Nouvelles Annales*. La Note de M. Gundelfinger se subdivise de la manière suivante :

I. Réduction des formules primitives en coordonnées obliques. — II. De la direction des axes principaux. — III. De la longueur des axes principaux. — IV. De la direction des axes dans la section conique donnée. — V. De la longueur des axes de la section.

Weill. — Théorèmes sur trois coniques d'un faisceau linéaire. (19-23).

L'auteur établit quatorze théorèmes, dont le principal (th. IV) s'énonce ainsi : « Étant données trois coniques ayant les mêmes points communs M, N, P, Q, deux tangentes quelconques en α et β à la première rencontrent la deuxième en A, B, C, D; il existe une conique passant par A, B, C, D et bitangente à la troisième conique fixe aux points I et J où cette troisième conique est rencontrée par la droite $\alpha\beta$ ».

D'Ocagne (M.). — Semi-droites réciproques parallèles à l'axe de transformation. (23-25).

Propriété des semi-droites de M. Laguerre. (*Voir*, sur le même sujet, *Nouv. Ann.*, 3e série, t. I, p. 546, 547.)

D'Ocagne (M.). — Note sur la symédiane. (25-29).

Cette Note, relative à un précédent article du même auteur (*Nouv. Ann.*, 3e série, t. II, p. 450), mentionne des observations de M. E. Lemoine, dont les travaux, sur le centre des médianes anti-parallèles, ont paru dans les *Comptes rendus de l'Association française* (1873 et 1874) et sont, par conséquent, de beaucoup antérieurs aux études de M. d'Ocagne.

Jacob (L.). — Sur une question de Cinématique. (29-32).

Mouvement d'une droite de longueur constante s'appuyant sur une circonférence et sur un diamètre de cette circonférence.

Margerie (C.). — Quelques formules relatives à l'équation complète du troisième degré. (32-33).

Formation de l'expression indicatrice.

Margerie (C.). — Calcul à $\frac{1}{10^n}$ près des racines incommensurables d'une équation numérique dont toutes les racines sont réelles. (33-37).

L'auteur calcule successivement la plus grande racine positive, la plus petite, une racine positive quelconque, puis enfin les racines négatives. Il donne, comme exemple, deux applications numériques, pour bien montrer l'emploi de sa méthode, qui semble éminemment pratique.

De Saint-Germain (*A.*). — Application de la Statique au calcul de divers éléments d'un triangle. (37-40).

Application fort intéressante du théorème suivant : « Soient A, B, C, ..., F et T les points d'application des forces parallèles α, β, γ, ..., φ et de leur résultante τ, P un point quelconque pris pour origine; on a

$$\overline{PT}^2 = \frac{1}{\tau}\Sigma\alpha\overline{PA} - \frac{1}{\tau^2}\Sigma\alpha\beta\overline{AB}^2. »$$

Lebon (*E.*). — Sur l'angle des lits oblique et normal de la vis Saint-Gilles. (40-45).

Les génératrices des lits employés d'ordinaire par les appareilleurs sont des rayons d'une des demi-circonférences méridiennes de l'intrados; de la Gournerie et M. Mannheim, pour éviter l'obliquité des lits, ont proposé d'adopter des surfaces de vis à filets triangulaires. L'angle des deux espèces de lits en chaque point d'une méridienne n'avait pas été calculé; et c'est ce calcul que fait M. Lebon, en l'appuyant d'un exemple.

Correspondance. — *M. le Dr J. Peano :* Sur une proposition du Cours d'Analyse de M. Jordan, et relative à la théorie des dérivées. — *M. C. Jordan :* Relativement à l'observation de M. le Dr Peano. — *M. G. Kœnigs :* A propos des cubiques gauches. — *M. D'Ocagne :* Propriété d'un lieu géométrique dérivé du cercle. (45-49).

Bibliographie. — Théorie de la capillarité, par *Émile Mathieu*. — Histoire des Sciences mathématiques et physiques, par *Maximilien Marie;* t. I, II, III et IV : Compte rendu, par M. *E. Rouché*. (49-64).

D'Ocagne (*M.*). — Théorie élémentaire des séries récurrentes. (65-90).

Les principales divisions de cet article en feront aisément comprendre la portée générale.

Introduction. — Définition et propriétés de $[a_1 a_2 \ldots a_p]^{(m)}$. — Calcul du terme u_n de la série définie par la loi de récurrence $u_n = au_{n-1} + bu_{n-2}$ avec les conditions initiales $u_0 = 0$, $u_1 = 1$. — Somme des n premiers termes de la série précédente; limite de cette somme. — Calcul du terme U_n de la série définie par la loi de récurrence $U_n = aU_{n-1} + bU_{n-2}$, U_0 et U_1 étant absolument quelconques. — Somme des n premiers termes de la série précédente; limite de cette somme. — Application aux séries définies par $X_n = a(X_{n-1} - X_{n-2}) + c$ et les valeurs initiales X_0 et X_1. — Application au calcul des réduites d'une fraction continue. — Loi de récurrence $u_n = au_{n-1} + bu_{n-2} + \ldots + lu_{n-p}$ avec les conditions initiales $u_0 = u_1 = \ldots = u_{p-2} = 0$, $u_{p-1} = 1$; somme d'un nombre fini de termes; limite de cette somme. — Série analogue à la précédente, les valeurs initiales étant quelconques. — Applications.

Ioukovsky (*N.*). — Sur une démonstration nouvelle du théorème de Lambert. (90-96).

Ce théorème, relatif au mouvement elliptique d'une planète, est ici démontré en s'appuyant sur la formule qui donne la variation d'action. La détermination du temps dans le mouvement de la planète peut ensuite se ramener à celle du temps dans un mouvement rectiligne.

Barbarin (*P.*). — Sur les lignes de courbure du paraboloïde équilatère. (97-104).

L'auteur démontre que, sur la surface, ces lignes de courbures sont le lieu des points pour lesquels la somme ou la différence des distances aux deux génératrices principales est constante. Il étudie ensuite les tangentes de ces lignes.

Goffart (*N.*). — Note de Trigonométrie élémentaire. (104-109).

Démonstrations simples de formules obtenues par M. Glaisher au moyen des fonctions elliptiques.

Bibliographie. — Éléments de Mécanique, par *F. I. C.* — Problèmes de Mécanique, par *F. I. C.* — Arpentage, levé des plans et nivellement, par *F. I. C.* — Récréations mathématiques, par *Édouard Lucas*. (109-111).

Publications récentes. (111-112).

Laguerre. — Sur l'approximation des racines des équations algébriques. (113-118).

Si l'on pose $f(x) = (x - \lambda)\,F(x) + f(\lambda)$, l'équation

$$f(x) = 0$$

prend la forme

$$x = \lambda - \frac{f(\lambda)}{F(x)}.$$

C'est de cette transformation simple que part M. Laguerre pour donner une méthode souvent utile pour la séparation et l'approximation des racines. Il en fournit des applications, et les compare à la méthode de Newton, à laquelle dans certains cas on doit la préférer.

Lemoine (*E.*). — Sur une question de probabilité. (118-126).

Cet article forme, en quelque sorte, une suite aux très intéressantes études de M. Lemoine sur des problèmes de probabilités dans lesquels les considérations géométriques interviennent de la façon la plus originale. Incidemment, il trouve des propriétés géométriques fort dignes d'attention.

Bertrand (*C.*). — Distance de la Terre à la Lune. (126-128).

Suivant une méthode inverse de celle de Lalande et La Caille, M. Bertrand détermine d'abord la distance et en déduit la parallaxe.

Weill. — Sur la condition pour qu'un polygone soit inscrit et circonscrit à deux coniques. (128-136).

L'article contient une solution élémentaire du problème consistant dans la recherche de cette condition. Il examine successivement le cas où le nombre des côtés du polygone est pair ou impair.

Weill. — Sur le cercle qui a pour diamètre une corde d'une conique à centre. (136-138).

Démonstration d'une propriété nouvelle de ce cercle.

D'Ocagne (*M.*). — Sur un cas particulier de résolution des équations différentielles linéaires à coefficients constants. (138-140).

Le cas visé par l'auteur est celui d'un second membre de la forme e^{ax}, a étant racine d'un certain degré de multiplicité d'une équation algébrique correspondante.

Faure (*H.*). — Emploi, dans la Géométrie trilinéaire, des coordonnées des points circulaires. (140-144).

L'auteur exprime certaines fonctions au moyen des coordonnées des points circulaires, et il en donne ensuite quelques applications simples.

Faure (*H.*). — Sur la question 1028. (144-146).

Sur un certain triangle circonscrit à une conique.

Concours d'agrégation des Sciences mathématiques de 1883. — Compositions d'admissibilité : Mathématiques spéciales, Mathématiques élémentaires, sujet du programme de Licence. Compositions finales : Sujet de Licence, Épreuve pratique de Calcul, Géométrie descriptive, Leçons sur les Mathématiques spéciales, Leçons sur les Mathématiques élémentaires. (146-152).

Correspondance. — *Ph. Gilbert* : Sur une lettre de M. le Dr Peano, concernant une proposition relative aux dérivées. (152-155).

Programmo di concorso. — Prix proposé par l'Académie royale des Sciences physiques et mathématiques de Naples. (155-156).

Notice bibliographique. — Sur la vie et les travaux de A.-C.-M. Poullet-Delisle, par le prince *B. Boncompagni*. (156-158).

Publications récentes. — (158-159).

Questions proposées. — **1484** à **1487**. (159-160).

Legoux (*A.*). — Note sur un faiscau de surfaces d'ordre quelconque. (161-172).

Cet article est une suite à une étude antérieurement publiée sous le même titre et dans le même Recueil (*voir* 3e série, t. II, p. 233). On y trouvera surtout des considérations sur les caractéristiques du système de surfaces et sur l'équation tangentielle de ces surfaces.

Ibach. — De l'intégration d'une classe de systèmes d'équations simultanées, linéaires et du premier ordre. (182-181).

Légère modification de la méthode de d'Alembert, qui s'applique à tous les cas où une certaine condition est satisfaite. Trois exemples terminent cet article. Le dernier consiste dans le système suivant :

$$\frac{dy}{dx} + \frac{e^x+1}{x} y + z = 0,$$

$$\frac{dz}{dx} + x^2 y + \frac{e^x}{x} z = 0.$$

Astor (*A.*). — Sur les courbes unicursales du quatrième ordre dont on connaît les trois points doubles et cinq points. (181-194).

Étude d'un mode de correspondance fort curieux entre les courbes unicursales du quatrième ordre et les coniques. L'un des foyers d'une conique inscrite à un triangle donné décrivant une conique donnée, l'autre foyer décrit une courbe unicursale du quatrième ordre. On déduit de là des constructions faciles de points, de tangentes, d'asymptotes, des points d'inflexion et une série de propriétés intéressantes.

Rouquet. — Note sur la construction des plans tangents d'une surface de révolution, qui passent par une droite donnée. (194-196).

Cette construction est ramenée au problème suivant : « Mener une tangente commune à la méridienne de la surface et à une hyperbole dont l'un des axes de figure coïncide avec l'axe de la surface de révolution proposée. »

Faure (*H.*). — Relation entre les distances deux à deux de quatre points d'un cercle ou de cinq points d'une sphère. (196-198).

Ces relations sont ici obtenues en évitant l'emploi de la multiplication des déterminants.

D'Ocagne (*M.*). — Nouvelle remarque sur le système Peaucellier. (199-200).

Nouvelle présentation, sous une forme plus expressive, d'une propriété déja donnée par M. d'Ocagne dans les *Nouvelles Annales* (*voir* 2ᵉ série, t. XX, p. 456).

Concours général de 1882. — Mathématiques élémentaires. Philosophie. Seconde. Troisième. (200-202).

Concours général de 1883. — Mathématiques spéciales. Mathématiques élémentaires. Philosophie. Seconde. Troisième. (202-205).

Bibliographie. — Cours de Physique, par *M. H. Pellat;* extrait de la Préface. — Leçons de Géométrie analytique, par *M. E. Pruvost.* — Cours de Mathématiques spéciales; IIᵉ Partie, Géométrie analytique à deux dimensions, par *M. G. de Longchamps.* (205-208).

Biehler (*C.*). — Sur la transformation des équations. (209-218).

M. Biehler cherche une équation $F(y) = 0$ dont les racines soient des fonctions rationnelles des racines de $f(x) = 0$ et arrive ainsi à un certain nombre de résultats intéressants et utiles.

Biehler (*C.*). — Sur le calcul des fonctions symétriques des racines d'une équation. (218-224).

Démonstration de plusieurs propriétés nouvelles, au moins dans la forme, concernant ces fonctions symétriques.

Desboves. — Résolution complète, en nombres entiers, de l'équation générale du second degré, homogène et contenant un nombre quelconque d'inconnues. (225-239).

L'auteur traite d'abord le cas de l'équation homogène à trois inconnues, et établit des formules qui donnent la solution générale de cette équation; puis, après une application numérique, il examine certains cas particuliers. Enfin il aborde le cas de n inconnues. A rapprocher d'une étude antérieure du même auteur sur l'équation

$$aX^m + bY^m = cZ^n$$

(*Nouv. Ann.*, 2ᵉ série, t. XVIII, p. 265).

Laurent (*H.*). — Sur le calcul des dérivées à indices quelconques. (240-252).

La première idée de ce calcul remonte à Leibnitz; c'est Liouville qui l'a surtout développé. En 1874, M. Letnikoff a proposé une nouvelle définition des dérivées à indices fractionnaires, définition que reprend M. Laurent, en la modifiant un peu, et dans laquelle s'introduisent les intégrales eulériennes Γ. Il calcule ensuite les dérivées de quelques fonctions et en tire plusieurs conséquences.

Le calcul des dérivées à indices quelconques, comme il le fait justement remarquer, n'est pas un objet de pure curiosité. Liouville et Serret en ont fait de très heureuses applications. M. Laurent y ajoute la solution d'une équation rencontrée par Abel.

Correspondance. — *M. G. Peano :* Réponse à une lettre de M. Gilbert sur une question d'Analyse. (252-256).

Tardy (*P.*). — Remarques sur une Note de M. Ibach. (257-261).

Il s'agit de l'intégration de deux équations linéaires simultanées du premier ordre.

Juhel-Rénoy (*J.*). — Remarques sur la même Note de M. Ibach. (262-263).

Même sujet : Application de la méthode de d'Alembert.

Catalan (*E.*). — Remarques sur la même Note de M. Ibach. (263-270).

Critique de la méthode de M. Ibach, qui l'a conduit à certains résultats erronés. L'article se termine par plusieurs intégrations d'équations différentielles.

Tarry (*G.*). — Démonstration d'un théorème de Géométrie. (270-273).

Ce théorème consiste en ce que *deux coniques quelconques sont polaires réciproques.*

Concours d'agrégation des Sciences mathématiques de 1882. — Composition d'admissibilité : Mathématiques spéciales, Mathématiques élémentaires, Sujet de licence. — Compositions finales : Analyse et Mécanique, Exercice de calcul, Épure, Sujets des leçons. (273-277).

Agrégation de l'enseignement secondaire spécial. — Épreuves écrites du concours de 1881 : Algèbre et Trigonométrie, Géo-

Questions proposées. — **1488** à **1494**. (351-352).

Habich (E.). — Sur un système particulier de coordonnées curvilignes. (353-367).

Un point M est déterminé dans un plan par les angles λ, μ sous lesquels deux segments AO, OB sont vus de ce point M. Tel est le système que considère M. Habich, en étudiant l'équation d'une courbe sous la forme

$$F(\cot\lambda, \cot\mu) = 0.$$

Il déduit de là un certain nombre de propositions de Géométrie et montre comment ce procédé peut s'étendre à l'espace, les surfaces coordonnées étant alors des tores.

Biehler (Ch.). — Sur la construction des courbes dont l'équation est donnée en coordonnées polaires. (367-376).

Cet article, auquel une suite est annoncée, est spécialement consacré à la construction de la courbe autour du pôle. L'auteur suppose l'équation algébrique et entière par rapport à ρ; il étudie avec un grand soin les singularités qui peuvent se présenter. Il y a lieu de consulter à ce sujet deux autres travaux publiés par lui antérieurement : *Théorie des points singuliers dans les courbes algébriques* (*Nouv. Ann.*, 2e série, t. XIX et XX) et *Sur la construction d'une courbe algébrique autour d'un de ses points* (*Nouv. Ann.*, 3e série, t. II).

Weill. — Sur quelques courbes enveloppes. (376-382).

Énoncé et démonstration d'un théorème général sur les enveloppes, suivi d'un certain nombre d'exemples fort intéressants, dont quelques-uns conduisent à des propriétés dignes de remarque.

Laisant (C.-A.). — Remarque sur certaines questions de réciprocité. (383-386).

Solution rectifiée de la question 1468, relative à l'interversion des aiguilles d'une horloge, et généralisation de la méthode suivie.

Fauquembergue (E.). — Solution de la question **1405**. (386-388).

Sur une équation de degré pair.

Brisse (Ch.). — Solution de la question **1436**. (388-392).

Propriété de trois cercles osculateurs d'une parabole, tangents à une même tangente à la courbe.

Un anonyme. — Solution de la question **1457**. (392-394).

Sur une hyperbole tangente aux axes d'une ellipse, et dont les asymptotes sont tangentes à l'ellipse.

Moret-Blanc. — Solution de la question **1458**. (394-395).

Construction d'une parabole tangente à une circonférence, connaissant l'axe et le paramètre.

Moret-Blanc. — Solution de la question **1467**. (395-396).

Propriété d'un nombre premier.

Goffart (*N.*). — Solution de la question **1473**. (397-399).

Deux théorèmes sur les droites de Simson.

Questions proposées. — **1495** à **1502**. (399-400).

Weill. — Sur les quadrilatères qui ont leurs six sommets sur une cubique. (401-410).

Des considérations de pure Géométrie conduisent l'auteur à une série de théorèmes, parmi lesquels nous nous contenterons de citer le suivant, à titre d'exemple : « Étant donnés deux quadrilatères dont les douze sommets sont sur une cubique, leurs huit côtés sont tangents à une même conique ».

D'Ocagne (*M.*). — Étude de deux systèmes simples de coordonnées tangentielles dans le plan; coordonnées parallèles et coordonnées axiales. (410-423, 456-470, 516-522, 545-561).

Ces quatre articles forment une étude, ou du moins le commencement d'une étude fort intéressante de Géométrie tangentielle. A et B étant deux points *origines*, AU et BV deux *axes* parallèles, AM et BN deux segments u, v portés respectivement sur ces deux axes; u et v sont les *coordonnées parallèles* de la droite MN dans le système défini par M. d'Ocagne. Quant aux *coordonnées axiales*, si OX est une droite fixe, une droite quelconque est définie par son angle θ avec OX, et par la distance λ de son intersection avec OX au point O.

Voici les divisions principales du travail en question.

Coordonnées parallèles. — Coordonnées de la droite; équation du point; courbes en général; application aux courbes du deuxième degré; exemples d'application des coordonnées parallèles.

Coordonnées axiales. — Formules fondamentales; étude générale des courbes; applications.

Une suite est annoncée.

Fontené. — Solution de la question du Concours général de 1883. Mathématiques spéciales. (423-430).

Sur les normales au paraboloïde elliptique. Démonstration d'un théorème analogue à celui de Joachimsthal.

Doucet. — Construction des tangentes au point double de la section du tore par son plan tangent. (430-431).

Cesàro (E.). — Propriétés d'une fonction arithmétique. (431-434).

Cette fonction est

$$u_{n,p} = \sum \frac{1}{(1+x_1)(1+x_2)\dots(1+x_n)},$$

le nombre p étant décomposé de toutes les manières possibles en n nombres entiers $x_1, x_2, \dots, x_n$.

Cesàro (E.). — Théorème de Cinématique. (434-436).

Le mouvement d'un point peut se ramener au roulement et au glissement d'une surface réglée mobile sur une surface réglée fixe. M. Cesàro cherche dans quels cas ces surfaces sont développables.

Concours d'admission a l'École Polytechnique en 1884. — Composition de Mathématiques, Lavis, composition de Géométrie descriptive, composition de Trigonométrie. (436-438).

Fauquembergue (E.). — Solution de la question 1360. (438-440).

Trajectoires orthogonales d'une droite mobile.

Barisien. — Solution de la question 1465. (441-442).

Sur les tangentes menées de deux points à une conique.

Goffart (N.). — Solution de la question 1488. (442-443).

Décomposition en deux facteurs d'un polynôme du quatrième degré.

Goffart (N.). — Solution de la question 1492. (443-444).

Propriété du triangle.

Un anonyme. — Solution de la question 1493. (444-446).

Résoudre un triangle, connaissant $a^2+b^2+c^2$ et sachant que a, b, c sont multiples de r, rayon du cercle inscrit.

QUESTIONS PROPOSÉES. — **1503** à **1508**. (447-448).

UN ANCIEN ÉLÈVE DE MATHÉMATIQUES SPÉCIALES. — Solution géométrique de la composition mathématique pour l'admission à l'École Polytechnique en 1884. (449-456).

La question (problème concernant une conique à centre) fournit à cet *ancien élève*, que nous avons déjà dénoncé comme un maître éminent, une occasion nouvelle de présenter des développements géométriques fort intéressants, dans une matière qui pouvait, au premier abord, sembler presque insoluble autrement que par le calcul.

Cesàro (*E.*). — Quelques propriétés élémentaires des groupes plusieurs fois transitifs. (471-475).

Cet article contient la démonstration de plusieurs propriétés nouvelles, relatives à la théorie des substitutions.

CORRESPONDANCE. — *M. Ph. Gilbert :* Continuation de la discussion d'un point d'Analyse, en réponse aux observations du Dr Peano (*voir* ci-dessus). (475-482).

Il est peut-être à regretter que des Notes de cette importance et de cette étendue soient insérées comme *Correspondance* au lieu de faire l'objet d'articles spéciaux.

PUBLICATIONS RÉCENTES. — (482).

Moret-Blanc. — Solution de la question **1450**. (483-484).

Sur les nombres premiers.

Moret-Blanc. — Solution de la question **1460**. (484-487).

Propriété du tétraèdre.

Clément (*L.*). — Solution de la question **1464**. (487-489).

Propriété de deux paraboles.

Richard (*J.*). — Solution de la question **1487**. (490-492).

Propriété d'un triangle inscrit dans une conique.

Goffart (*N.*). — Solution de la question **1494**. (492-493).

Propriété d'une conique.

Richard (*J.*). — Solution de la question **1499**. (493-494).

Problème sur une pyramide régulière à base carrée.

Moret-Blanc. — Solution de la question **1501**. (494-495).

Propriété du triangle.

QUESTIONS PROPOSÉES. — **1509** à **1514**. (495-496).

UN ANCIEN PROFESSEUR DE L'UNIVERSITÉ. — Sur une manière d'interpréter l'article relatif à la Mécanique du nouveau programme d'admission à l'École Polytechnique (Physique). (497-506).

Cet article forme un programme, très bien ordonné, de cette partie du Cours, et se divise de la manière suivante : Cinématique; des Forces; Statique des corps solides.

Catalan (*E*). — Note sur le théorème de Lambert. (506-513).

Cette question a été traitée dans le même volume (p. 90), par M. Ioukovsky (*voir* plus haut). Ici, M. Catalan donne la démonstration classique, un peu simplifiée, et il la fait suivre d'une série de remarques fort intéressantes, dont quelques-unes purement géométriques.

Cesàro (*E.*) — Sur une Communication de M. Tchebychew au Congrès de Clermont-Ferrand. (513-516).

Propriétés de certaines séries.

Issoly (le R.-P.) — Sur les diverses courbures des lignes qu'on peut tracer sur une surface. (522-527).

L'auteur considère : la première courbure; la déviation tangentielle ou horizontale; la déviation normale ou verticale. Ces notions le conduisent à un théorème très général et à l'établissement de plusieurs propriétés dignes d'attention.

CORRESPONDANCE. — *M. d'Ocagne :* Généralisation de la question **1494**; propriété d'un quadrilatère inscrit dans une conique. — *M. H. Plamenevsky :* Sur la question **1488**; décomposition d'un polynôme en deux facteurs. (528-531).

Brocard (*H.*). — Solution de la question **487**. (531-533).

Propriété du tétraèdre.

Moret-Blanc. — Solution de la question **1437**. (533).

Propriété de la série de Lamé.

Faure (*H.*). — Solution de la question **1454**. (534-535).

Propriété de la sphère.

Barisien (*E.*). — Solution de la question **1455**. (535-538).

Lieu géométrique d'une parabole variable.

Fauquembergue (*E.*). — Solution de la question **1476**. (538-539).

Solution entière de l'équation $x^3+x^2+x+1=v^2$.

Goffart (*N.*). — Solution de la question **1495**. (539-540).

Nombre des solutions entières d'un certain système d'équations.

Goffart (*N.*). — Solution de la question **1496**. (541-542).

Propriété d'une ellipse et d'une hyperbole.

Moret-Blanc. — Solution de la question **1497**. (542-543).

Lieu du point de contact de deux cercles variables et tangents entre eux.

Questions proposées. — **1515** à **1519**. (543-544).

Cesàro (*E.*). — Algorithme isobarique. (561-579).

Algorithme comprenant comme cas particulier la fonction *aleph* de Wronski. L'auteur, après définition, montre comment cet algorithme s'applique heureusement à un certain nombre de questions interessantes. A rapprocher d'un article publié même Volume, p. 431 (*voir* plus haut), et d'un Mémoire d'Arithmétique publié dans le *Journal de Battaglini* (1884). Sur la fonction *aleph*, *voir* même Recueil, 1re série, t. XVI, pp. 248 et 416, des travaux de MM. Brioschi et Catalan.

Correspondance. — *M. d'Ocagne:* Sur une formule donnée par M. Picquet. — *M. Genocchi :* Au sujet d'un Ouvrage du Dr Peano, *Calcolo differenziale*. (579).

Publications récentes. — (580-581). A. L.

MATHEMATISCHE ANNALEN ([1]).

Tome XXII; 1883.

Stande (*O.*). — Signification géométrique du théorème d'addition des intégrales hyperelliptiques et des fonctions du premier ordre dans un système de surfaces homofocales du second degré. (1-69; 145-176).

L'Auteur, dans le premier Chapitre, en partant des coordonnées elliptiques, étudie les fonctions symétriques algébriques des deux variables indépendantes dont il aura à faire usage, et représente l'élément de longueur des tangentes communes à deux surfaces par des différentielles hyperelliptiques de deuxième et de troisième espèce. Les significations multiples des irrationnelles algébriques qui figurent dans les formules sont interprétées géométriquement. Dans le second Chapitre, il introduit les paramètres transcendants à la place des coordonnées elliptiques. Tous les points de l'espace sont définis au moyen de ces paramètres et la signification des seize fonctions θ, dans le système des surfaces homofocales, est complétement établie. Dans le troisième Chapitre, on trouvera l'interprétation géométrique du théorème d'addition pour les intégrales de première, deuxième et troisième espèce; cette même interprétation, dans le quatrième Chapitre, conduit à des théorèmes sur des polygones fermés dont les côtés appartiennent à la congruence des tangentes communes à deux surfaces homofocales. Le troisième Chapitre se rapporte au contenu géométrique du théorème d'Abel, qui permet de ramener à des constructions géométriques la réduction de sommes d'un nombre quelconque d'intégrales à des sommes de deux intégrales de même espèce.

Dyck (*W.*). — Secondes études sur la théorie des groupes. — Sur la composition d'un groupe d'opérations discrètes; sur leur primitivité et sur leur transitivité. (70-108).

L'Auteur a donné, dans un Mémoire antérieur (*Math. Ann.*, t. XX), la définition d'un groupe d'opérations discrètes, indépendamment de tout mode spécial de représentation des opérations isolées qui en constituent les éléments. Il poursuit, dans le travail actuel, le même but : déduire les propriétés d'un groupe de sa définition générale, établir ces propriétés de telle sorte qu'elles gardent leur valeur pour les diverses formes sous lesquelles un groupe peut apparaître, soit dans les questions relatives aux fonctions algébriques, soit dans celles qui se rapportent à la théorie des nombres. Dans le premier Chapitre, il traite de la composition d'un groupe, de l'énumération de tous les sous-groupes contenus dans un groupe donné (d'ordre fini ou infini), d'après des conditions nécessaires et suffisantes. Dans la seconde Section, il caractérise les propriétés de primitivité, d'imprimitivité d'un groupe et leurs relations avec la transitivité.

Pringsheim (*A.*). — Sur certaines séries qui représentent des

---

([1]) Voir *Bulletin*, IX_2, p. 99.

fonctions distinctes, choisies arbitrairement dans des domaines de convergence séparés. (109-116).

A propos d'un exemple donné par M. Tannery, d'une série pouvant, comme M. Weierstrass l'a montré le premier, servir à représenter diverses fonctions arbitraires dans diverses régions du plan, M. Pringsheim fait observer que M. Seidel (*Journal de Crelle*, t. 73) avait déjà étudié les limites, pour n infini, de $\frac{1}{1+z^n}$ et de $\frac{n}{n+z^n}$ et que, de ces limites, on déduit immédiatement des séries qui, toutes les deux, permettent de résoudre facilement ce probléme : Construire une fonction d'une variable complexe, qui, à l'intérieur de n cercles séparés, puisse être identifiée à n fonctions choisies arbitrairement et qui, extérieurement à ces cercles, soit identique avec une autre fonction arbitraire.

Lindemann. — Sur l'équation différentielle des fonctions du cylindre elliptique. (117-123).

Intégration de l'équation différentielle

$$\frac{d^2y}{d\varphi^2}+(\lambda^2\cos^2\varphi-B)y=0,$$

pour les valeurs générales des constantes λ et B.

Rohn (*K.*). — Essai sur la théorie des nœuds biplanaires et uniplanaires. (124-144).

En cherchant quel amoindrissement de la classe d'une surface cause l'existence d'un nœud biplanaire, on est amené au théorème suivant : « Les nœuds biplanaires appartiennent à deux types essentiellement différents, suivant qu'ils diminuent la classe d'un nombre pair ou d'un nombre impair; dans le premier cas, la surface est projetée d'un point quelconque de l'espace par un cône tangent à lui-même, dans le second cas, ce cône a une arête de rebroussement. Dans le voisinage d'un nœud biplanaire avec un couple de plans imaginaires conjugués, la surface a la forme d'une épine, si la surface est du type impair; dans le cas du type pair, au contraire, la forme est celle de deux épines opposées, à moins que le nœud ne soit isolé. Si le couple de plans est réel, on obtient la forme de la surface dans le voisinage du couple de plans en disjoignant les deux sections de la droite singulière, dans un même sens pour le type I, dans des sens opposés pour le type II.

La diminution de classe des nœuds n'a pas d'influence sur les courbes d'intersection par les deux plans singuliers. Elles se comportent comme des courbes générales avec un point triple, pour lequel une tangente est la droite singulière.

Afin d'obtenir la réduction de classe pour un nœud uniplanaire en considérant les diverses branches de la courbe $f=0$, $\frac{\partial f}{\partial z}=0$, on développe y et z en série procédant suivant les puissances de x, on réunit les séries pour y en les considérant comme des branches d'une courbe plane et l'on détermine la réduction de classe de cette courbe plane au moyen de ses points singuliers.

Giebster (*J.*). — Sur des groupes de congruence dont la dimension (*Stufe*) est un nombre premier (177-189).

Giebster (*J.*). — Sur les relations entre les nombres de classes de formes quadratiques binaires à déterminant négatif. (190-210).

Seconde Partie d'un Mémoire dont la première Partie se trouve dans le tome XXI des *Mathematische Annalen*.

Hurwitz (*A.*). — Sur les propriétés arithmétiques de certaines fonctions transcendantes. (211-229).

Les propriétés transcendantes, démontrées par MM. Hermite et Lindemann, pour la fonction exponentielle, s'étendent aux intégrales de certaines équations différentielles linéaires sans second membre de tous les ordres. Comme exemple, l'auteur traite des intégrales de l'équation

$$axy'' = by' + y,$$

où a et b sont des nombres entiers.

Hurwitz (*A.*). — Sur des constructions de tangentes. (230-233).

Le théorème général que voici, d'après une Note de l'auteur, se rencontre déjà, relativement aux courbes planes, dans l'*Analyse des infiniment petits* de l'Hospital.

Soient $r_1, r_2, \ldots, r_n$ les distances d'un point P à α points fixes et à $n-\alpha$ courbes fixes, ou à α points fixes, β courbes fixes, $n-\alpha-\beta$ surfaces fixes; si le point P se meut de manière qu'une certaine fonction $f(r_1, r_2, \ldots, r_n)$ des quantités r reste constante, et que sur les rayons $r_1, r_2, \ldots, r_n$ on porte des longueurs proportionnelles à $\frac{\partial f}{\partial r_1}, \frac{\partial f}{\partial r_2}, \ldots, \frac{\partial f}{\partial r_n}$, la somme géométrique de ces segments est dirigée suivant la normale au point P

Klein. — Sur un théorème de la géométrie des lignes droites (*Göttinger Nachrichten*, 1872). (234-241).

La démonstration du théorème suivant constitue ce qu'il y a d'essentiel dans ces recherches : soit donnée une multiplicité générale de n dimensions ($n \geqq 4$), que l'on en sépare une multiplicité de $n-1$ dimensions au moyen d'une équation quadratique $P = 0$. Toute multiplicité algébrique de $n-2$ dimensions contenue dans cette dernière peut être représentée par *une seule* équation algébrique adjointe à l'équation $P = 0$, si tous les sous-déterminants du cinquième ordre, formés avec les coefficients de P, ne sont pas nuls.

En particulier, pour représenter un complexe algébrique de droites, une équation adjointe à l'équation $P = 0$ suffit toujours.

Klein (*F.*). — Sur l'interprétation des éléments complexes en Géométrie (*Göttinger Nachrichten*, 1872). (242-245).

Au lieu de représenter, comme v. Standt, les points imaginaires par une involution sur une droite, on part d'une détermination métrique projective, en prenant pour points fondamentaux un couple de points imaginaires conjugués; en construisant ensuite des points équidistants au sens projectif, on parvient ainsi à des suites générales de points; celles-ci, en particulier, peuvent être cycliques; comme image d'un point imaginaire unique, on se sert d'un cycle de n points, parcouru dans un sens déterminé; les cas de $n = 3$ et de $n = 4$ offrent un intérêt particulier.

Klein (*F.*). — Une extension du théorème de Pascal à la géométrie dans l'espace (*Sitzungsberichte der Physik.-Mat. Societät zu Erlangen*, 1877). (246-248.)

Klein (*F.*). — Sur le concept général de fonction et sur sa représentation par une courbe arbitraire (*Sitzungsberichte der Physik.-Mat. Societät zu Erlangen*, 1873). (249-259).

Il y a contradiction entre ces théorèmes; toute fonction peut être représentée par une courbe, toute courbe a une tangente, puisqu'une fonction arbitraire peut n'avoir de dérivée pour aucune valeur de la variable. L'auteur montre que cette contradiction repose sur ce que l'on confond deux domaines essentiellement différents, les définitions mathématiques abstraites et les apparences sensibles (physiques). L'image étendue d'une courbe n'est pas représentée analytiquement par une fonction, mais bien par un concept indéterminé qu'on peut définir avec une approximation arbitraire, et que l'auteur appelle une bande (*Streife*) de fonction.

Bois-Reymond (*P. du*). — Sur l'intégration des séries trigonométriques. (260-268).

Si une série trigonométrique définit une fonction absolument intégrable, on obtient l'intégrale de cette fonction en intégrant la série terme par terme.

Kœnigsberger (*L.*). — Relations entre les intégrales fondamentales d'une équation différentielle linéaire du second ordre sans second membre. (269-289).

L'auteur démontre les théorèmes suivants : « Entre deux intégrales fondamentales d'une équation différentielle linéaire sans second membre, une intégrale d'une équation différentielle linéaire du premier ordre (et même d'une équation différentielle quelconque du premier ordre) et la variable indépendante, il ne peut pas y avoir de relation algébrique.

» Entre deux intégrales fondamentales d'une équation différentielle linéaire du second ordre et l'intégrale d'une autre équation différentielle quelconque, il ne peut y avoir de relation algébrique que si, en éliminant cette dernière intégrale de cette relation, on parvient à une équation entre les intégrales fondamentales et leurs dérivées qui se réduit à une identité, au moins après l'élimination d'une des dérivées. »

Stroh (*E.*). — Réduction de deux covariants de formes binaires. (290-295).

Bruns (*H.*). — La route d'inertie sur la surface terrestre. (296-298).

Recherche de la trajectoire d'un point mobile à la surface de la Terre sous l'influence de la rotation et du frottement. L'auteur montre que le déplacement azimutal causé par la rotation de la Terre est entièrement indépendant du frottement.

Stéphanos (*C.*). — Mémoire sur la représentation des homographies binaires par des points de l'espace avec application à l'étude des rotations sphériques. (299-367).

De même que la représentation des formes quadratiques binaires par des points d'un plan se réduit à la considération d'une conique fondamentale dont les points représentent des formes quadratiques à discriminant nul, de même on peut ramener la représentation des formes binaires bilinéaires à la considération d'une surface du second ordre S^2 et d'un plan π coupant cette surface suivant une conique C^2. La surface S^2 est le lieu des points qui représentent des homographies singulières correspondant à des formes bilinéaires à déterminant nul. Le plan π est le lieu des points qui représentent des homographies involutives correspondant à des formes bilinéaires symétriques.

De cette manière, la partie de la représentation qui est relative aux formes symétriques revient à la représentation des formes quadratiques correspondantes par des points du plan π. La conique de ce plan qui sert ainsi comme conique fondamentale coïncide avec C^2. Cela fait qu'aux divers points de cette conique se trouvent attachées les diverses valeurs d'un paramètre x.

La représentation des homographies binaires

$$A_{xy} = a_{11}x_1y_1 + a_{12}x_1y_2 + a_{21}x_2y_1 + a_{22}x_2y_2 = 0,$$

par des points de l'espace, se trouve complètement déterminée aussitôt que l'on attache à chaque point de la conique C^2 considéré comme x ou comme y la génératrice ou la directrice de S^2 qui y passe.

La seconde partie de ce Mémoire est consacrée à l'étude d'une des applications les plus importantes de cette représentation, celle de la représentation des rotations sphériques par des points de l'espace. On sait que les diverses rotations de l'espace autour d'un point fixe établissent sur le cercle à l'infini C_∞ des homographies, dont chacune ne correspond à son tour qu'à une seule rotation. La représentation, par des points de l'espace, des homographies binaires établies sur le cercle C_∞, peut dès lors servir aussi à l'étude des rotations correspondantes. A cette fin, il est fort avantageux d'admettre pour conique C^2 le cercle à l'infini C_∞ et pour surface S^2 une sphère de rayon i ayant son centre au point qui reste fixe dans toutes les rotations considérées. La représentation présente, dans ce cas, des propriétés métriques fort intéressantes et qui sont d'autant plus remarquables qu'elles correspondent aux propriétés des rotations sphériques qui accompagnent ces homographies.

Mayer (*A.*). — Sur la déduction des solutions singulières d'un système d'équations différentielles linéaires de ces équations différentielles elles-mêmes. (369-392).

Il s'agit dans ces recherches non de déduire, comme Lagrange l'a fait, les intégrales singulières des intégrales complètes, mais de définir directement les solutions singulières. On arrive ainsi à ce critérium nécessaire : étant donné un système d'équations différentielles linéaires du premier ordre, les dérivées secondes, déduites de ce système, doivent, pour les solutions singulières, être indéterminées, au moins en partie. Ce critérium demande toutefois à être développé, ainsi que le montre l'auteur. Parmi les résultats auxquels conduisent ses recherches, nous détachons les suivants, relatifs à une équation différentielle du $n^{\text{ième}}$ ordre.

Si l'équation différentielle

$$F(x, y, y', \ldots, y^{(n)}) = 0,$$

ou telle qu'elle n'admette point de racine multiple en $y^{(n)}$, telle aussi que, pour une valeur indéterminée de x, les premières dérivées partielles de la fonction F restent finies et déterminées pour les valeurs finies de $y, y', \ldots, y^{(n)}$, y ne peut admettre une solution singulière qui ne soit pas en même temps une solution commune aux deux équations

$$F = 0, \qquad \frac{\partial F}{\partial y^{(n)}} = 0.$$

En particulier, s'il y a une solution singulière avec $n-1$ constantes arbitraires, ces deux équations doivent déterminer les valeurs de $y^{(n)}$ et de $y^{(n-1)}$ et les valeurs obtenues doivent vérifier identiquement la condition

$$\frac{\partial F}{\partial x} + y' \frac{\partial F}{\partial y} + \ldots + y^{(n)} \frac{\partial F}{\partial y^{(n-1)}} = 0.$$

Si, en outre, pour un couple de valeurs,

$$\begin{aligned} y^{(n-1)} &= X_{n-1}(x, y, y', \ldots, y^{(n-2)}), \\ y^{(n)} &= X_n\,(x, y, y', \ldots, y^{(n-2)}), \end{aligned}$$

qui vérifient identiquement les trois équations précédentes, $\dfrac{\partial F}{\partial y^{(n-1)}}$ n'est pas identiquement nul, l'intégration de l'équation différentielle du $n-1^{\text{ième}}$ ordre

$$y^{(n-1)} = X_{n-1}$$

fournit en général une solution singulière de l'équation proposée, avec $n-1$ constantes arbitraires.

Stroh (*E.*). — Sur la théorie des combinants. (393-405).

Outre cette forme d'où l'on peut déduire, ainsi que M. Gordan l'a montré, tous les combinants d'un système, il en existe une autre, jouissant de la même propriété, qui contient les séries contragrédientes des variables, et qui conduit ainsi au théorème dualistiquement opposé à celui de M. Gordan.

Neumann (*C.*). — Sur une certaine extension du théorème de Cantor. (406-415).

Soit $f(x)$ une fonction arbitrairement donnée, continue et périodique, soient $\beta_1, \beta_2, \ldots, \beta_n, \ldots$ des constantes arbitrairement données, telles que l'on ait

$$\lim_{n=\infty} \beta_n f(n,x) = 0,$$

pour toutes les valeurs de x qui satisfont à la condition

$$x_1 < x < x_2.$$

On a nécessairement

$$\lim_{n=\infty} \beta_n = 0.$$

Krazer (*A.*). — Sur les fonctions θ dont les caractéristiques se forment au moyen d'un système de trois nombres entiers. (416-449).

Tichomandritzky (*A.*). — Sur le problème de l'inversion des intégrales elliptiques. (450-454).

Pringsheim (*A.*). — Sur les changements de valeur des séries et des produits infinis conditionnellement convergents. (455-503).

I. Historique. Fixation du problème à résoudre : « Établir un lien analytique entre la loi de formation des termes d'une série et l'ordre qu'il faut leur attribuer pour obtenir un changement déterminé dans la valeur de la série. »

II. Réduction du problème à l'étude des restes *singuliers*. Principe de l'équivalence.

III. Digression sur les produits conditionnellement convergents.

IV. Représentation des restes singuliers par une intégrale définie. Étude complète du cas où les termes infiniment éloignés ne convergent pas vers zéro plus rapidement que $\lim \frac{c}{n}$.

V. Cas où les termes convergent vers zéro plus rapidement que $\lim \frac{c}{n}$.

Stolz (*O.*). — Sur la Géométrie des anciens, en particulier sur un axiome d'Archimède. (504-519).

Schlesinger (*O.*). — Sur les formes binaires conjuguées et leur construction géométrique. (520-568).

I. Les courbes apolaires d'une conique comme *courbes subordonnées* aux formes binaires de degré pair sur cette conique.

II. Propriété des courbes conjuguées (respectivement apolaires) subordonnées aux formes binaires du second degré. Construction de Serret.

III. Extension aux formes de degré impair.

IV. Génération projective des courbes subordonnées.

V. Solution d'un problème auxiliaire.

VI. Constructions sur une conique.

VII. Théorèmes généraux sur la génération projective de courbes conjuguées et apolaires.

VIII. Les surfaces apolaires d'une courbe cubique gauche comme surfaces subordonnées aux formes binaires sur cette surface. Propriétés des surfaces subordonnées à des formes conjuguées.

IX. Génération projective des surfaces subordonnées.

X. Problème auxiliaire.

XI. Constructions sur les cubiques gauches.

Sturm (*R.*). — Sur la collinéation et la corrélation. (569-588).

Stéphanos (*C.*). — Sur la théorie des quaternions. (589-592).

Ax. H.

Časopis pro pěstování mathematiky a fysiky; rediguje Dr F.-J. Studnička.

T. IX, Prague, 1880 (¹).

Rehořovský (*V.*). — Sur les surfaces développables. (31-42, 60-71, 161-173, 223-243).

En partant des équations des génératrices, l'auteur détermine le plan tangent, l'arête de rebroussement et ses plans osculateurs, la droite et la surface polaire et l'arête de rebroussement de celle-ci. L'arête de rebroussement est une ligne asymptotique de la surface formée par les normales principales, en même temps qu'une ligne géodésique et la ligne de striction de la surface des binormales. Courbures de l'arête de rebroussement; sa surface rectifiante. Trajectoires orthogonales des génératrices, lignes doubles, lignes géodésiques. Sections planes et leurs asymptotes, cône directeur. Quelques exemples simples.

Panck (*A.*). — Remarque sur le quadrilatère. (43-44).

Mayer (*J.*). — Remarque sur la trisection d'un angle. (44-45).

Deux solutions approchées de ce problème.

Studnička (Dr *F.-J.*). — Sur le théorème du polynôme. (49-54).

L'auteur donne les coefficients du développement d'une puissance entière d'un polynôme sous forme de déterminant.

(¹) *Voir* Bulletin, VII_2, p. 89.

Strnad (*A.*). — Note sur le cône du second degré. (55-60).

Détermination des groupes de trois arêtes perpendiculaires deux à deux.

Iung (*V.*). — Contribution à la théorie des coniques. (71-76).

Studnička (*Dr F.-J.*). — Sur un théorème nouveau sur les déterminants. (97-103).

Cet article a paru dans les *Sitzungsberichte der Kgl. böhm. Gesellschaft der Wissenschaften* pour 1879.

Iung (*V.*). — Remarque sur les nombres de Bernoulli. (103-108).

Jeřábek (*V.*). — Note sur les coniques confocales. (109-112).

Weyr (*Em.*). — Involutions sur les lignes du troisième degré. (145-152).

Il s'agit des involutions de points quadratiques situées sur une cubique à point double.

Pánek (*A.*). — L'aire d'un triangle exprimée par ses côtés. (152-156).

Iung (*V.*). — Une fraction continue nouvelle pour le nombre π. (157-159).

L'auteur déduit d'une fraction continue donnant arc tang z une autre exprimant arc cos z à l'aide de la relation

$$2 \operatorname{arc\,tang} z = \operatorname{arc\,cos} \frac{1-z^2}{1+z^2}.$$

Vaněček (*J.-S.*). — Déplacement d'un angle dans son plan. (160-161).

Weyr (*Ed.*). — Sur les transformations des figures planes qui conservent les aires. (201-216).

La détermination d'une telle correspondance qui transforme un système de lignes donné en un autre système donné n'exige que deux quadratures; exemples. La transformation collinéaire rentrant dans cette classe est la suivante

$$\xi = \frac{1}{c}(a_1 x + b_1 y + c_1), \qquad \eta = \frac{1}{c}(a_2 x + b_2 y + c_2),$$

étant $\pm c^2 = a_1 b_2 - a_2 b_1$, et x, y, ξ, η désignant des coordonnées rectangulaires.

Iung (*V.*). — Note sur les surfaces de révolution. (216-222).

Simonides (*J.*). — Sur la courbure des surfaces. (267-274).

Weyr (*Em.*). — Formule récurrente donnant des équations d'involution. (279-281).

En désignant par $f(x)$ et $\varphi(x)$ deux polynômes de degré n et posant $f(x)\varphi(x')-f(x')\varphi(x)=(x-x')\psi(x, x')$, l'auteur déduit une formule qui donne ψ pour la valeur n à l'aide de ψ calculé pour $n-1$.

T. X, 1881.

Küpper (*Ch.*). — Démonstrations simples de quelques théorèmes sur les nombres premiers. (10-20).

L'auteur part de l'irrationnelle $\frac{\sqrt{A}+I}{D}>1$ en supposant

$$\sqrt{A}>I \quad \text{et} \quad A\equiv I^2 \pmod{D}.$$

Il la réduit à une autre irrationnelle $\frac{\sqrt{A}+I'}{D'}$ de même type; celle-ci à une troisième de même type, et ainsi de suite indéfiniment. Cependant, si l'on désigne par a le plus grand entier contenu dans $\sqrt{A}$, aucun des nombres D ne peut surpasser $2a$. De là, on conclut à la périodicité des couples D, I, et l'étude de cette périodicité dans le cas de l'irrationnelle $\frac{\sqrt{A}+a}{A-a^2}$ donne le caractère de la fraction continue périodique résultant du développement de $\sqrt{A}$. De là, l'auteur tire quelques théorèmes, comme ceux-ci : « Si A est un nombre premier $4n+3$, le dénominateur, qui occupe le rang du milieu dans la fraction continue, est égal à 2; A étant premier, s'il y a un dénominateur de milieu, celui-ci est nécessairement 2; ce cas étant exclu pour les nombres premiers $A=4n+1$, l'auteur en conclut qu'un tel nombre est la somme de deux carrés; le nombre 2 est résidu quadratique de tout nombre premier $8n+7$ et non résidu des nombres premiers $8n+3$.

Dans la seconde Partie de l'article, l'auteur démontre ce théorème que « tout nombre premier p qui divise m^2+kn^2, m et n désignant deux nombres premiers entre eux et k un nombre qui ne surpasse pas 3, peut être mis sous la même forme. Voici cette démonstration traduite textuellement » :

« Soit $m^2+kn^2=\lambda p$. On peut supposer m et n plus petits que $\frac{p}{2}$, donc $\lambda<p$.

» Si l'on a $\lambda>1$, on peut déterminer deux nombres x, y, premiers entre eux, tels que

$$x^2+ky^2=\lambda' p, \qquad \lambda'<\lambda.$$

» Pour cela, développons $\frac{m}{n}$ en fraction continue et désignons par $\frac{\alpha}{\beta}$ l'avant-dernière réduite de cette fraction; on a

$$m\beta - n\alpha = \pm 1.$$

» Posons maintenant

$$x = p\alpha - mt, \qquad y = p\beta - nt,$$

t désignant un entier quelconque. Donc

$$nx - my = \mp p.$$

» De là on conclut que x et y sont ou premiers entre eux, ou qu'ils sont divisibles par p. Si donc, pour un certain $t = t'$, on a $x = x'$, $y = y'$ et de plus $x'^2 + ky'^2 < \lambda p$, il faut que x' et y' soient premiers entre eux. Mais

$$x^2 + ky^2 = p^2(\alpha^2 + k\beta^2) + t^2(m^2 + kn^2) - 2pt(\alpha m + k\beta n) = f(t),$$

ou, après une transformation facile,

$$f(t) = k\frac{p^2}{m^2 + kn^2} + \left(t - \frac{\alpha m + k\beta n}{m^2 + kn^2}p\right)^2(m^2 + kn^2).$$

» La valeur de $f(t)$ ne cesse point d'être divisible par p pour

$$t_0 = \frac{\alpha m + k\beta n}{m^2 + kn^2}p,$$

et elle atteint alors sa valeur minima; car

$$f(t_0 \pm \delta) = f(t_0) + \delta^2(m^2 + kn^2),$$

donc $f(t)$ croît avec δ.

» Si donc on désigne par t' l'entier qui approche le plus de t_0, on voit que $f(t')$ ne peut surpasser $f(t_0 \pm \frac{1}{2})$. Donc

$$x'^2 + ky'^2 \mathrel{\substack{=\\<}} \frac{k}{\lambda}p + \frac{\lambda}{4}p.$$

Mais, dans le cas de $k = 1$ ou $k = 2$, on a, en supposant $\lambda > 1$,

$$\frac{4k + \lambda^2}{4\lambda} < \lambda, \qquad \text{donc} \qquad x'^2 + ky'^2 < \lambda p.$$

» Dans le cas de $k = 3$, on a $\frac{12 + \lambda^2}{4\lambda} < \lambda$, dès qu'on a $\lambda > 2$. Il ne reste à considérer que le cas $\lambda = 2$. Mais ce cas ne peut se présenter, car alors $m^2 + 3n^2$ serait un nombre pair, donc m et n seraient impairs, donc $m^2 + 3n^2$ serait au moins égal à $4p$. »

A ces considérations de l'auteur, on peut ajouter que la démonstration tient encore bon pour $k = 4$ si $p > 2$. En effet, $\frac{4.4 + \lambda^2}{4\lambda}$ est $< \lambda$ dès que $\lambda > 2$; reste donc à considérer $\lambda = 2$. Ce cas ne peut se présenter, car on aurait alors

$$m^2 + 4n^2 = 2p,$$

et, m étant évidemment pair, $2p$ serait divisible par 4.

Weyr (*Ed.*). — Sur la détermination des trajectoires orthogonales d'un système de cercles dans le plan. (20-24).

L'auteur montre que, une seule des courbes cherchées étant connue, on les a toutes par de simples quadratures.

Iung (*V.*). — Note sur les surfaces du second degré. (24-35).

Weyr (*Ed.*). — Formation de certaines équations résolubles algébriquement. (107-126).

L'auteur forme une telle équation en x de degré m par l'élimination de β_1 et de β_2 des équations

$$\beta_1^m + \beta_2^m = -p, \qquad \beta_1\beta_2 = u, \qquad x = \beta_1 + \beta_2.$$

On forme de même les équations dont les racines sont $x = \sqrt[m]{\alpha_1} + \sqrt[m]{\alpha_2} + \sqrt[m]{\alpha_3}$, les α étant les racines d'une équation cubique donnée, pour $m = 2, 3, 4$; le premier et le dernier cas conduisent à la résolution des équations biquadratiques. Au même résultat mène la formation de l'équation aux racines

$$x = \sqrt{\alpha_2\alpha_3} + \sqrt{\alpha_3\alpha_1} + \sqrt{\alpha_1\alpha_2},$$

qui termine l'article.

Rehorovsky (*V.*). — Note sur l'application des intégrales définies à la sommation des suites infinies. (134-143).

Quelques formules sommatoires déduites par des dérivations effectuées sous le signe $\int$.

Vaňaus (*Dr J.*). — Sur les trisectoires. (153-159).

Soit O un point situé sur la circonférence d'un cercle et S une sécante de ce cercle. Qu'une droite menée arbitrairement par O rencontre le cercle en D et la sécante S en B. Le lieu du point M tellement choisi que D soit le point milieu de BM est une trisectoire. L'auteur l'applique à la trisection d'un angle.

Lerch (*M.*). — Note sur les coniques. (160-177).

Studnička (Dr *F.-J.*). — Détermination directe des variants et des rétrovariants des équations. (208-212).

Ce sont les coefficients d'une équation débarrassée par une transformation $x = y + \alpha$ de son second terme, par rapport aux coefficients de l'équation aux racines réciproques débarrassée du même terme. L'auteur les donne sous forme de déterminants.

Paige (Dr *Ch. le*). — Note sur la théorie des polaires dans les courbes géométriques. (212-216, en français).

Comme le dit l'auteur, « cette courte Note donne les démonstrations de quelques propriétés des groupes polaires, d'un groupe de points par rapport à un point donné, propriétés qui permettent de ramener aisément la détermination des courbes polaires d'un point relativement à une courbe C_n indécomposable à celle des mêmes polaires pour des courbes décomposables. Ces propriétés permettent aussi de trouver les éléments nécessaires à leur construction et à la détermination de leur ordre ».

Zahradník (*Dr K.*). — Propriétés des groupes osculatoires sur la strophoïde. (261-271).

Par un point arbitraire de cette courbe passent trois cercles qui l'osculent ailleurs; les points de contact de ces cercles forment un groupe d'une involution cubique située sur la strophoïde. L'auteur résout diverses questions relatives à ces groupes de points.

Pánek (*A.*). — Détermination expérimentale du nombre π. (272-275).

Exposé du problème connu de la théorie des probabilités.

Vaněček (*J.-S.*). — Description organique des lignes et des surfaces du second degré. (275-278).

L'auteur rappelle les théorèmes connus de Newton et de Chasles sur les lignes du second degré et en donne une généralisation relative aux surfaces quadriques.

Les deux sources contiennent, outre de nombreuses questions proposées aux élèves et les solutions données par ceux-ci, des revues littéraires et des annonces critiques de nouvelles publications.

Ed. W.

MONATSBERICHTE der Akademie der Wissenschaften zu Berlin.

Année 1881 (¹).

13 janvier.

H. Bruns. — Remarques sur les variations de l'intensité de la lumière des étoiles du type d'Algol.

M. Pickering a essayé d'expliquer ces variations, en supposant qu'un corps sphérique obscur décrive un cercle autour de l'étoile considérée, la forme de cette étoile étant également sphérique. Il a ainsi obtenu une représentation nu-

(¹) Voir *Bulletin*, IX_2.

mérique du phénomène qui concorde avec les observations. Il avait exclu cette autre hypothèse, qui vient immédiatement à l'esprit, celle de la *rotation* de l'étoile, parce qu'elle ne lui semblait pas permettre d'expliquer la constance de l'intensité de la lumière pendant la plus grande partie de la période.

M. Bruns fait remarquer que, dans l'hypothèse de M. Pickering, le rapport de la dimension de chacun des deux corps à leur distance doit être nécessairement beaucoup plus grand que nous ne sommes habitués à le constater dans les observations actuellement possibles; d'où résulterait, tout au moins, que nous ne pouvons nous contenter de supposer les deux corps simplement sphériques. Et si l'on remplace le corps obscur par une traînée de météores, il faudrait que son épaisseur dans la direction du rayon fût bien petite en comparaison de toutes ses autres dimensions.

Sans renverser l'hypothèse de M. Pickering, ces remarques montrent cependant qu'elle offre bien quelques difficultés. Mais, si toute autre hypothèse se présentant à l'esprit d'une manière simple devait être exclue, il conviendrait de se rattacher quand même au système de M. Pickering. Or voici que M. Bruns se propose de démontrer que l'hypothèse si simple, rejetée par M. Pickering, de la rotation de l'étoile variable autour d'un de ses axes, offre au moins le même degré de probabilité que celle du compagnon obscur et que les résultats déduits de cette hypothèse concordent également avec l'expérience. Il en résulte que l'on ne doit retenir, dans l'hypothèse de M. Pickering, que la formule d'interpolation permettant de remplacer par des calculs les constructions graphiques généralement adoptées. M. Bruns arrive à ce résultat en démontrant que l'on peut toujours, dans l'hypothèse de la rotation de l'étoile variable, choisir, et cela d'une infinité de manières, les éléments de rotation de manière que la courbe représentant l'intensité de la lumière, déduite de ce choix, diffère partout, d'aussi peu que l'on veut, d'une courbe continue, régulièrement périodique, représentant l'intensité de la lumière observée.

L'importance de la Note de M. Bruns est bien plus dans la démonstration de ce théorème de Mécanique que dans la critique de l'hypothèse de M. Pickering.

21 février.

Note de M. *Weierstrass*.

Cette Note a été traduite dans le *Bulletin*.

31 mars.

M. *Weierstrass* présente à l'Académie le premier volume des Œuvres complètes de Jacobi.

Ce premier volume a encore été publié par Borchardt.

---

(1) *Proceedings of the American Academie of Arts and Sciences*, t. XVI.

16 juillet.

Kronecker. — Sur la théorie de l'élimination d'une variable entre deux équations.

I. Les développements de Jacobi [1] touchant l'élimination d'une variable entre deux équations et les recherches faites par M. Kronecker sur les séries de Sturm [2] ont comme point de départ commun le problème suivant :

Soient $f(x)$ et $f_1(x)$ deux fonctions entières de la variable x, de degrés n et $n-n_1$; trouver deux multiplicateurs $\Phi(x)$ et $\Psi(x)$ tels que le degré du produit $F(x)\Psi(x)$, où

$$F(x) = f_1(x)\psi(x) - f(x)\varphi(x),$$

soit plus petit que n.

C'est à la solution de ce problème qu'est consacré le Mémoire de M. Kronecker. Ce Mémoire est beaucoup plus long que la plupart des Communications mathématiques faites à l'Académie de Berlin; il a soixante-six pages, et, comme il est écrit sous une forme concise, il nous faudra entrer dans quelques détails et être long à notre tour pour donner une idée de la voie suivie et des résultats obtenus.

Et d'abord, quelque particulières que soient les fonctions $f(x)$ et $f_1(x)$, on peut toujours traiter directement le problème proposé, en déterminant par un système d'équations linéaires les coefficients des fonctions $\varphi(x)$, $\psi(x)$, $F(x)$, de manière que la condition imposée soit vérifiée. Seulement on caractérise ainsi les cas particuliers bien moins simplement qu'en suivant une autre méthode, qui consiste à se servir du développement de $\dfrac{f_1(x)}{f(x)}$ en fraction continue.

M. Kronecker commence par exposer cette dernière méthode. Il développe la fonction rationnelle $\dfrac{f_1(x)}{f(x)}$ en fraction continue, ce qui lui donne l'algorithme

$$\begin{aligned} f - g_1 f_1 + f_2 &= 0, \\ f_1 - g_2 f_2 + f_3 &= 0, \\ &\cdots\cdots\cdots\cdots \\ f_{r-1} - \quad g_r f_r \quad &= 0, \end{aligned}$$

qui définit les fonctions $f_2(x), f_3(x), \ldots, f_r(x)$. Il désigne par $\dfrac{\varphi_k(x)}{\psi_k(x)}$ la $k^{\text{ième}}$ réduite de $\dfrac{f_1(x)}{f(x)}$ et par n_k le degré de la fonction $\psi_k(x)$. Et, sans difficulté, il montre que les fonctions $\Phi(x)$, $\Psi(x)$, $F(x)$, répondant à la question, sont toutes de la forme

$$\begin{aligned} \Phi(x) &= \theta(x)\varphi_k(x), \\ \Psi(x) &= \theta(x)\psi_k(x), \\ F(x) &= \theta(x)f_{k+1}(x), \end{aligned}$$

θ étant une fonction entière.

---

(1) *Crelle*, t. 30.

(2) *Monatsberichte der Berliner Akademie*, février 1873 et février 1878.

Ceci posé, prenons pour k un des nombres $1, 2, \ldots, r$ et, nous attachant plus particulièrement à $\Psi(x)$ par exemple, proposons-nous de déterminer une fonction $\Psi(x)$ *de degré donné* ν, répondant à la question.

M. Kronecker montre, tout d'abord, qu'il faut, pour la valeur déterminée attribuée à k, que le nombre ν soit compris entre les deux limites $n_k - 1$ et n_{k+1}. Considérons les intervalles compris entre ces limites et ν; désignons par μ le plus petit des deux intervalles. On obtient alors pour $\Psi(x)$ une fonction entière dont l'un des facteurs est évidemment, comme plus haut, le dénominateur $\psi_k(x)$ d'une des k réduites de $\frac{f_1(x)}{f(x)}$, et dont le second facteur est une fonction entière *dont le degré est nécessairement plus petit que* μ.

Le nombre k restant toujours fixe, on peut examiner les différents cas qui se présentent suivant que ν prend l'une ou l'autre des valeurs comprises entre $n_k - 1$ et n_{k+1}. On voit ainsi le rôle important que joue le dénominateur $\psi_k(x)$ de chaque réduite; ce dénominateur est un invariant de l'intervalle, correspondant à k, dans lequel on peut choisir le degré ν de la fonction cherchée; il est, en effet, le plus grand commun diviseur de toutes les fonctions $\Psi(x)$ correspondant au nombre k choisi.

II. Au lieu de chercher à déterminer directement les coefficients de $\Phi(x)$ et de $\Psi(x)$ pour en déduire ensuite ceux de $F(x)$, on peut considérer ceux de $\Phi(x)$ et $F(x)$, ou encore ceux de $\Psi(x)$ et $F(x)$ comme les inconnues à déterminer. Dans le dernier cas, la méthode à suivre revient au fond à celle que *Cauchy* a donnée pour déterminer une fonction rationnelle $\frac{F(x)}{\Psi(x)}$ à l'aide des n valeurs que prend cette fonction pour les n racines de l'équation $f(x) = 0$, la somme des degrés du numérateur et du dénominateur devant être plus petite que n.

M. Kronecker aborde ce problème à son tour et nous allons voir qu'il ajoute une remarque bien importante aux résultats obtenus avant lui.

Soient $\xi_1, \xi_2, \ldots, \xi_n$ les n racines de l'équation $f(x) = 0$, et soit, pour $n = 1, 2, \ldots, h$,

$$\frac{F(\xi_h)}{\Psi(\xi_h)} = u_h$$

les n valeurs connues à l'aide desquelles on veut déterminer les coefficients de la fonction $\frac{F(x)}{\Psi(x)}$.

Supposons que nous ayons d'abord déterminé à l'aide de la formule d'interpolation de Lagrange, au lieu de la fonction rationnelle $\frac{F(x)}{\Psi(x)}$, une fonction entière de degré $(n-1)$, $f_1(x)$, en posant $f_1(\xi_h) = u_h$, $(h = 1, 2, \ldots, n)$; il ne nous resterait plus alors qu'à déterminer les deux fonctions $F(x)$ et $\Psi(x)$ telles que

$$F(\xi_h) = \Psi(\xi_h) f_1(\xi_h), \quad (h = 1, 2, \ldots, n).$$

Nous voici donc ramenés à un problème identique au suivant :

Déterminer trois fonctions $\Phi(x)$, $\Psi(x)$ et $F(x)$ de manière à vérifier l'égalité

$$F(x) = \Psi(x) f_1(x) - \Phi(x) f(x),$$

la somme des degrés de $F(x)$ et de $\Psi(x)$ étant plus petite que n.

Nous avons vu, dans le paragraphe précédent, que toutes les solutions de ce problème étaient données par les égalités

$$F(x) = \theta(x).f_{k+1}(x),$$
$$\Psi(x) = \theta(x).\psi_k(x).$$

La fraction cherchée est donc nécessairement de la forme

$$\frac{f_{k+1}(x)}{\psi_k(x)}.$$

Ainsi nous sommes arrivés au résultat intéressant : les seules fonctions rationnelles répondant au problème de Cauchy sont $\frac{f_{k+1}(x)}{\psi_k(x)}$; ce sont les seules fonctions rationnelles ayant mêmes valeurs que la fonction entière $f_1(x)$ pour les n racines de l'équation $f(x)$, la somme des degrés du numérateur et du dénominateur devant rester plus petite que n.

C'est ici que se place la remarque importante faite par M. Kronecker. Dans le problème de Cauchy on donne le degré, soit du numérateur, soit du dénominateur de la fonction rationnelle, et l'on impose à la somme des deux degrés d'être plus petite que n; les nombres $\xi_1, \xi_2, \ldots, \xi_n$ sont, de plus, supposés inégaux. Et l'on obtient pour tout résultat les fractions $\frac{f_{k+1}(x)}{\psi_k(x)}$; mais cette dernière fraction remplit-elle toujours les conditions imposées? On voit facilement qu'il n'en est rien. Sans doute, on a toujours la relation

$$f_{k+1}(\xi_h) = u_h\psi_k(\xi_h),$$

mais supposons un instant, ce qui est bien permis, que le numérateur et le dénominateur, f_{k+1} et ψ_k, aient un diviseur commun; on démontre alors que le quotient $\frac{f_{k+1}(x)}{\psi_k(x)}$ n'est pas égal à u_h pour chacune des n valeurs ξ_h.

La relation bien connue

$$f_1\psi_k - f\varphi_k = f_{k+1}$$

montre, en effet, que tout diviseur $\chi(x)$ commun à $f_{k+1}(x)$ et $\psi_k(x)$ est nécessairement diviseur de $f(x)$, puisque, étant diviseur de $\psi_k(x)$, il ne peut diviser $\varphi_k(x)$. Donc, si ξ est une des racines de $\chi(x) = 0$, la valeur de la fraction $\frac{f_{k+1}(x)}{\psi_k(x)}$ pour $x = \xi$ ne peut être égale à $f_1(\xi)$, car sans cela $\frac{f(x)\varphi_k(x)}{\chi(x)}$ serait nul pour $x = \xi$; or ce quotient est différent de zéro, car, comme les ξ_h donnés sont inégaux par hypothèse, $\frac{f(x)}{\chi(x)}$ n'a aucun diviseur commun avec $x - \xi$, et puisque $\varphi_k(x)$ et $\chi(x)$ n'ont pas de diviseur commun, $\varphi_k(x)$ n'a aucun facteur $x - \xi$.

En résumé, les seules solutions du problème de Cauchy sont les fractions $\frac{f_{k+1}(x)}{\psi_k(x)}$ qui se présentent sous une forme réduite; celles dont le numérateur et le dénominateur ont un diviseur commun ne répondent pas au problème. De plus, si le degré ν du dénominateur de la fraction cherchée doit être compris entre $n_k - 1$ et n_{k+1}, k étant déterminé, il n'y a qu'une solution du problème qui soit possible : c'est $\frac{f_{k+1}(x)}{\psi_k(x)}$. Si donc $f_{k+1}(x)$ et $\psi_k(x)$ ont un diviseur commun, le problème de Cauchy devient *impossible*. Il n'existe pas alors de fonctions rationnelles dont le dénominateur soit d'un degré compris entre $n_k - 1$ et n_{k+1} et qui prenne des valeurs données arbitrairement pour les n racines inégales de l'équation de degré n, $f(x) = 0$.

M. Kronecker donne un exemple de ce cas bien intéressant. Il choisit, pour $n = 4$, la fonction

$$f(x) = (x-1)(x-2)(x-3)(x-\xi),$$

ξ étant arbitraire, et propose de déterminer une fonction rationnelle

$$\frac{a + a_1 x}{b + b_1 x + b_2 x^2},$$

ayant pour les racines $x = 1, 2, 3, \xi$ de $f(x)$ les valeurs $6, 3, 2, \xi^2 - 6\xi + 11$. La somme des degrés du numérateur et du dénominateur est bien alors plus petite que $n = 4$, comme l'exige le problème de Cauchy.

On détermine d'abord $f_1(x)$ par la formule d'interpolation de Lagrange; il vient immédiatement

$$f_1(x) = x^2 - 6x + 11.$$

A l'aide des trois valeurs $x = 6, 3, 2$, on obtient facilement pour la fraction cherchée l'expression $\frac{6}{x}$, et l'on voit bien que cette fraction n'est pas égale à $\xi^2 - 6\xi + 11$ pour $x = \xi$.

Le problème est impossible.

Il est bon d'observer qu'au lieu de se servir des résultats du paragraphe précédent sur le développement en fraction continue, on peut aussi déterminer directement les fonctions $F(x)$ et $\Psi(x)$ par les n équations de condition

$$f_1(\xi_h)\Psi(\xi_h) = F(\xi_h) \qquad (h = 1, 2, \ldots, n).$$

A ce sujet, il faut renvoyer à l'Analyse algébrique de Cauchy (p. 528).

III. Mais, au lieu de considérer comme inconnus les coefficients de deux des fonctions $\Phi(x)$, $\Psi(x)$, $F(x)$, on peut ainsi ne considérer comme inconnus que les coefficients d'une seule de ces trois fonctions; M. Kronecker fait remarquer que l'on parvient ainsi à la solution complète la plus simple que comporte le probléme, abstraction faite de la solution à l'aide du développement en fraction continue dont nous avons parlé en commençant.

On voit facilement qu'il est indifférent de considérer d'abord comme inconnues les coefficients de l'une ou de l'autre des trois fonctions. Choisissons $\Psi(x)$ et supposons que les n racines $\xi_1, \xi_2, \ldots, \xi_n$ de l'équation $f(x) = 0$ soient distinctes.

Comme le degré du produit $F(x)\Psi(x)$ doit être plus petit que n et que

$$\Psi(x)f_1(x) - \Phi(x)f(x) = F(x),$$

il faut qu'en divisant $f_1(x)\Psi(x)$, dont le degré est $(n - n_1) + \nu$, par $f(x)$, dont le degré est n, le degré ρ du reste $F(x)$ soit plus petit que $n - \nu$. Cette condition $\rho < n - \nu$ va nous permettre de déterminer le rapport des $(\nu + 1)$ coefficients de $\Psi(x)$.

En posant

$$\frac{f(x)}{x-\xi} = \sum_{(i)} \xi^i f^{(i)}(x),$$

les fonctions $f^{(i)}(x)$ sont linéairement indépendantes et le degré de $f^{(i)}(x)$ est $n-i-1$. La fonction $F(x)$ devient alors

$$F(x) = \sum_{(i)}\sum_{(h)} \Psi(\xi_h)\frac{f_1(\xi_h)}{f'(\xi_h)}\xi_h^i f^{(i)}(x) \qquad \begin{pmatrix} i = 0, 1, \ldots, n-1 \\ h = 1, 2, \ldots, n \end{pmatrix}.$$

Mais $F(x)$ doit être au plus de degré $(n-\nu-1)$; donc, comme les fonctions $f^{(i)}(x)$ sont linéairement indépendantes, le coefficient de $f^{(0)}(x)$ qui est de degré $(n-1)$, celui de $f^{(1)}(x)$ qui est de degré $(n-2)$ et ainsi de suite jusqu'au coefficient de $f^{(\nu-1)}(x)$ qui est de degré $n-\nu$, doivent être tous nuls.

Ainsi la condition nécessaire et suffisante à remplir est donnée par ν équations linéaires en $\Psi(\xi_1)$, $\Psi(\xi_2)$, ..., $\Psi(\xi_n)$. Elles sont vérifiées si l'on prend pour $\Psi(x)$ un déterminant facile à établir

$$\Psi(x) = |c_p, c_{p+1}, \ldots, c_{p+\nu-1}, x^p|$$

où

$$c_i = \sum_{(h)} \xi_h^i \frac{f_1(\xi_h)}{f'(\xi_h)}.$$

On obtient alors, par une transformation élémentaire, pour $F(x)$ un déterminant élégant, et la condition imposée au degré du produit $F(x)\Psi(x)$ est vérifiée.

Comme $\Psi(x)f_1(x) - \Phi(x)f(x) = F(x)$, on en déduit un déterminant pour $\Phi(x)$, ou, ce qui résume mieux le résultat obtenu, un déterminant contenant une indéterminée U pour la fonction $U\Psi(x) - \Phi(x)$. Voici ce déterminant :

$$\begin{vmatrix} U, & c_0, & \ldots, & c_{\nu-1} \\ c_0, & xc_0 - c_1, & \ldots, & xc_{\nu-1} - c_\nu \\ \ldots, & \ldots\ldots\ldots, & \ldots, & \ldots\ldots\ldots \\ c_{\nu-1}, & xc_{\nu-1} - c_\nu, & \ldots, & xc_{2\nu-2} - c_{2\nu-1} \end{vmatrix}.$$

Or on remarque qu'en développant $\dfrac{f_1(x)}{f(x)}$ suivant les puissances décroissantes de x, on obtient comme coefficients des puissances de x précisément les éléments c_k à l'aide desquels est formé ce déterminant. On s'affranchit enfin de l'hypothèse de l'inégalité des racines $\xi_1, \xi_2, \ldots, \xi_n$ de l'équation $f(x) = 0$.

Si l'on avait pris comme point de départ les coefficients donnés par ce développement de $\dfrac{f_1(x)}{f(x)}$ suivant les puissances décroissantes de la variable, on aurait eu l'avantage d'éviter, dès le début, la restriction concernant l'inégalité des racines de l'équation $f(x) = 0$.

Voici donc une partie du problème résolu; mais une partie seulement. Qu'a-t-on obtenu en effet? On a obtenu pour $\Phi(x)$, $\Psi(x)$, $F(x)$ des expressions qui satisfont aux conditions du problème. Mais les a-t-on ainsi toutes trouvées; n'y a-t-il pas encore d'autres fonctions $\Phi(x)$, $\Psi(x)$, $F(x)$ répondant à la question? C'est ici la partie délicate du problème.

Pour la résoudre, M. Kronecker tient compte du résultat obtenu jusqu'ici, et comme ce sont les quantités c_k qui sont les éléments à l'aide desquels sont formées les fonctions trouvées $\Phi(x)$, $\Psi(x)$, $F(x)$, ce sont ces quantités c_k qu'il considère comme données. Cela ne peut offrir aucune difficulté, car on les obtient facilement, soit à l'aide des dérivées de $\dfrac{f_1(x)}{f(x)}$, soit encore, $c_0, c_1, \ldots, c_{n-1}$ comme coefficients de la fonction $f_1(x)$ considérée comme une fonction homogène et linéaire de $f^{(0)}(x), f^{(1)}(x), \ldots, f^{(n-1)}(x)$, et les suivants c_k $(k \geqq n)$, par les relations linéaires

$$\sum_{i=0}^{n} b_i c_{p+i} = 0 \qquad (p = 0, 1, 2, \ldots),$$

où $b_0, b_1, \ldots, b_n$ sont définis par

$$f(x) = \sum_{i=0}^{n} b_i x^i.$$

M. Kronecker remarque d'ailleurs que, dans le problème proposé, il est tout naturel d'introduire précisément ces éléments c_k comme quantités données, puisque les $2n_k$ premiers coefficients du développement de la réduite $\dfrac{\varphi_k(x)}{\psi_k(x)}$ coïncident avec ceux du développement de $\dfrac{f_1(x)}{f(x)}$.

Pour ne pas interrompre inutilement l'énoncé du théorème suivant, je vais rappeler immédiatement la définition de *l'ordre* d'une formule récurrente, c'est-à-dire d'une formule de récursion linéaire, pour une suite de quantités données. Il est égal à μ lorsque chaque élément de la suite donnée, à partir du $(\mu+1)^{\text{ième}}$, est exprimable linéairement par les μ éléments précédents, à l'aide de la formule récurrente.

Nous avons besoin des $2n$ premiers coefficients du développement de $\dfrac{f_1(x)}{f(x)}$ suivant les puissances décroissantes de x; ce sont ces coefficients $c_0, c_1, \ldots, c_{2n-1}$ que nous considérerons comme connus. Et les rapports des $(\nu+1)$ coefficients de

$$\Psi(x) = \sum_{i=0}^{\nu} \beta_i x^i$$

seront nos ν inconnues.

Nous l'avons dit au début de ce numéro, ces coefficients β sont assujettis à une seule condition, c'est que le reste de la division du produit $f_1(x)\Psi(x)$ par $f(x)$ soit au plus de degré $n-\nu-1$. Si donc nous développons le quotient $\dfrac{f_1(x)\Psi(x)}{f(x)}$ par rapport aux puissances décroissantes de la variable, les coefficients de $x^{-1}, x^{-2}, \ldots, x^{-\nu}$ sont nuls. Ceci nous donne ν équations de condition, nécessaires et suffisantes pour que $\sum_{(i)} \beta_i x^i$ représente bien une fonction $\Psi(x)$ répondant au problème.

Voici ces ν équations de condition :

$$\sum_{(i)} \beta_i c_{i+m} = 0 \qquad (m = 0, 1, \ldots, \nu-1).$$

Mais que veulent dire ces ν équations? Que les coefficients de la fonction cherchée $\Psi(x)$ sont les coefficients de la formule récurrente, d'ordre au plus égal à ν, la plus générale que l'on puisse établir pour les 2ν quantités c_0, c_1, ..., $c_{2\nu-1}$.

Le problème proposé est ainsi ramené à un autre qui lui est identique. C'est cet autre problème qui est traité dans les paragraphes suivants du Mémoire de M. Kronecker; il lui permet d'aboutir directement aux mêmes résultats qu'à l'aide de la méthode du développement en fraction continue dont nous avons parlé plus haut.

IV. A cet effet, il faut d'abord démontrer plusieurs théorèmes relatifs aux déterminants et aux séries récurrentes, car ce sont ces théorèmes qui servent de lemmes à M. Kronecker. Je les cite seulement dans l'ordre dans lequel ils sont démontrés.

1. Si le déterminant

$$|a_{g,h}| \quad (g, h = 0, 1, \ldots, n)$$

est une fonction linéaire des $(m+1)$ indéterminées a_{00}, a_{01}, ..., a_{0m} seulement, et que, dans cette fonction linéaire, le coefficient de a_{0m} soit différent de zéro, tous les déterminants d'ordre $(m+1)$ formés à l'aide du système

$$a_{ih} \quad \begin{pmatrix} i = 1, 2, \ldots, n \\ h = 0, 1, \ldots, m \end{pmatrix}$$

sont nuls.

2. Je suppose que tous les mineurs d'ordre $(m+1)$ du déterminant

$$|a_{ik}| \quad \begin{pmatrix} i = 1, 2, \ldots, n \\ k = 1, 2, \ldots, n \end{pmatrix}$$

soient nuls, que le mineur d'ordre m,

$$|a_{gh}| \quad \begin{pmatrix} g = 1, 2, \ldots, m \\ h = 1, 2, \ldots, m \end{pmatrix},$$

soit différent de zéro, et que l'on demande de résoudre le système d'équations linéaires

$$\sum_{k=1}^{n} a_{ik} z_k = 0 \quad (i = 1, 2, \ldots, n).$$

On voit que les n quantités $z_k (k = 1, 2, \ldots, n)$ vérifient, pour des a_{01}, a_{02}, ..., a_{0n} *indéterminées*, la relation

$$\begin{vmatrix} a_{01} & \ldots & a_{0m} & a_{0,m+1} z_{m+1} + \ldots + a_{0n} z_n \\ a_{11} & \ldots & a_{1m} & a_{1,m+1} z_{m+1} + \ldots + a_{1n} z_n \\ \ldots & \ldots & \ldots & \ldots\ldots\ldots\ldots\ldots\ldots \\ a_{m1} & \ldots & a_{mn} & a_{m,m+1} z_{m+1} + \ldots + a_{mn} z_n \end{vmatrix}$$
$$= (-1)^m |a_{gh}| (a_{01} z_1 + a_{02} z_2 + \ldots + a_{0n} z_n).$$

On en tire immédiatement les variables z_1, z_2, ..., z_m en fonctions linéaires des variables z_{m+1}, z_{m+2}, ..., z_n qui restent indéterminées.

3. Soit maintenant un système c_{pt} formé par $(n+1)$ lignes horizontales correspondant à $p = 0, 1, \ldots, n$ et par les colonnes verticales correspondant à $t = 0, 1, \ldots$. Dans chaque colonne verticale, à partir de la $(n+1)^{\text{ième}}$, chaque élément est supposé fonction linéaire et homogène des n éléments se trouvant dans la même ligne et dans les n premières colonnes. A partir de $t = n$, supposons donc que l'on ait

$$c_{p,t} = d_{0t} c_{p0} + d_{1t} c_{p1} + \ldots + d_{n-1,t} c_{p,n-1}.$$

Soit $m \leqq n$ le plus grand des nombres tels que l'un, au moins, des déterminants d'ordre m que l'on peut former avec les $n(n+1)$ éléments

$$c_{p,q} \quad (p = 0, 1, \ldots, n; \quad q = 0, 1, \ldots, n-1),$$

soit différent de zéro. Soient $p = i_0, i_1, \ldots, i_{m-1}$ les m valeurs de p, et $t = k_0, k_1, \ldots, k_{m-1}$ les m valeurs de t à l'aide desquelles ce déterminant est formé. On montre alors que chacune des $(n+1)$ lignes du système c_{pt} est une fonction linéaire des m lignes correspondant aux valeurs de p, $p = i_0, i_1, \ldots, i_{m-1}$.

De plus, si un autre des déterminants d'ordre m que l'on peut former, par exemple celui que l'on obtient pour $p = h_0, h_1, \ldots, h_{m-1}$ et $t = k_0, k_1, \ldots, k_{m-1}$ est nul, il existe, quelle que soit la valeur de t, une relation linéaire entre les éléments de la $t^{\text{ième}}$ colonne correspondant aux lignes horizontales $p = h_0, h_1, \ldots, h_{m-1}$.

De ce qui précède on déduit que, dans le cas particulier où $c_{p,t} = c_{p+t}$, il est impossible qu'il y ait une relation linéaire entre les m premières lignes ni entre les m premières colonnes.

Il en résulte que, dans ce cas particulier, l'on peut prendre pour $k_0, k_1, \ldots, k_{m-1}$ et $i_0, i_1, \ldots, i_{m-1}$, les valeurs des indices $0, 1, \ldots, m-1$ de ces quantités, et, par suite, que l'on peut immédiatement déterminer le plus petit nombre m tel que $(m+1)$ quantités consécutives c soient liées par une relation linéaire.

4. Soit une suite de quantités $c_0, c_1, \ldots$ formant une suite récurrente d'ordre n, c'est-à-dire, comme nous le disions plus haut, une suite de quantités en nombre au moins égal à $2n$ et telle que chacune de ces quantités soit exprimable par une seule et même fonction linéaire des n précédentes. On a bien alors

$$c_{p,t} = c_{p+t},$$

comme nous le supposions tout à l'heure; il en résulte la détermination du nombre m dont il vient d'être question.

Nous avons, par suite, la possibilité de caractériser de quatre manières différentes les quantités c que nous considérons : 1° par l'existence d'une formule récurrente d'ordre plus petit que m, pour ces quantités $c_{p,t}$; 2° par la propriété que chaque colonne du système $c_{p,t}$ puisse être exprimée en fonction linéaire des m, mais non des $(m-1)$ premières colonnes de ce système; 3° par les conditions

$$|c_{i+k}| \gtrless 0, \quad \begin{pmatrix} i = 0, 1, \ldots, m-1 \\ k = 0, 1, \ldots, m-1 \end{pmatrix}; \quad |c_{p+q}| = 0 \quad \begin{pmatrix} p = 0, 1, \ldots, m \\ q = 0, 1, \ldots, m-1, t \\ t = m, m+1, \ldots\ldots \end{pmatrix}.$$

4° Par les conditions

$$|c_{i+k}| \gtrless 0 \quad (i, k = 0, 1, \ldots, m-1); \quad |c_{p+q}| = 0 \quad (p, q = 0, 1, \ldots, t); \quad t \geqq m.$$

5. Si nous considérons ensuite le déterminant trouvé dans le § III pour

$$U\Phi(x) - \Psi(x),$$

où U est une indéterminée, et que nous définissions deux fonctions $C^{(m)}(x)$ et $D^{(m)}(x)$ en posant ce déterminant égal à $U D^{(m)}(x) - C^{(m)}(x)$, nous trouvons que l'inégalité dont nous venons de parler,

$$|c_{i+k}| \gtrless 0,$$

est la condition nécessaire et suffisante pour que l'égalité

$$C^{(m)}(x) = D^{(m)}(x) \sum_{k=1}^{\infty} c_{k-1} x^{-k}$$

soit vérifiée, sans que ses deux membres s'annulent séparément.

Mais alors les quantités données $c_0, c_1, \ldots, c_{2m-1}$ sont les $2m$ premiers coefficients de $\frac{C^{(m)}(x)}{D^{(m)}(x)}$ suivant les puissances décroissantes de x; les autres quantités c, dont l'indice est égal ou supérieur à $2m$, sont alors déterminées par la condition que, pour $n > m$, chaque déterminant formé à l'aide des n^2 *premières* quantités c_{p+q} soit nul.

6. On peut maintenant faire un nouveau pas en avant et montrer que la suite particulière $c_0, c_1, \ldots$, considérée dans le § 4, peut aussi être définie comme la suite des coefficients du développement d'une fonction rationnelle de x suivant les puissances décroissantes de la variable, le degré du dénominateur de cette fonction rationnelle, supposée mise sous sa forme réduite, étant égal à m et le degré de son numérateur étant plus petit que m. Cette fonction rationnelle peut être représentée par le quotient des deux déterminants $C^{(m)}(x)$ et $D^{(m)}(x)$ dont les éléments ne sont formés qu'à l'aide des $2m$ *premières* quantités c de la suite considérée.

7. Comme au début, envisageons une fonction rationnelle de x, $\frac{f_1(x)}{f(x)}$, dont le numérateur soit du $(n-n_1)^{\text{ième}}$ et le dénominateur du $n^{\text{ième}}$ degré. Pour que $f_1(x)$ et $f(x)$ aient un diviseur commun de degré $(n-m)$, il faut et il suffit que les $(n-m)$ équations

$$|c_{p+q}| = 0 \qquad \begin{pmatrix} p, q = 0, 1, \ldots, t \\ t = m, m+1, \ldots, n-1 \end{pmatrix}$$

soient vérifiées, et pour que ce diviseur commun soit *le plus grand commun diviseur* des deux fonctions $f_1(x)$ et $f(x)$, il nous suffit d'écrire, à la suite des $(n-m)$ égalités précédentes, l'inégalité

$$|c_{i+k}| \gtrless 0 \qquad (i, k = 0, 1, \ldots, m-1).$$

En désignant, pour abréger, par $\Delta(b_m, b_{m+1}, \ldots, b_n)$ le déterminant

$$\begin{vmatrix} c_0 & c_1 & \ldots & c_{m-1} & b_m c_m + \ldots + b_n c_n \\ c_1 & c_2 & \ldots & c_m & b_m c_{m+1} + \ldots + b_n c_{n+1} \\ \ldots & \ldots & \ldots & \ldots & \ldots\ldots\ldots\ldots\ldots\ldots \\ c_{m-1} & c_m & \ldots & c_{2m-2} & b_m c_{2m-1} + \ldots + b_n c_{m+n-1} \\ 1 & x & \ldots & x^{m-1} & b_m x^m + \ldots + b_n x^n \end{vmatrix},$$

M. Kronecker démontre ensuite, indirectement et par induction, que, pour des valeurs quelconques des quantités b, $\Delta(b_m, b_{m+1}, \ldots, b_n)$ est une fonction de degré n divisible par $\Delta(1, 0, \ldots, 0)$; cette fonction $\Delta(1, 0, \ldots, 0)$ est d'ailleurs identique à la fonction désignée plus haut par $D^{(m)}(x)$.

V. Les théorèmes énoncés dans le paragraphe précédent étant établis, M. Kronecker revient au problème général que nous avons perdu de vue un instant, mais pour la solution duquel tous les matériaux nécessaires sont maintenant rassemblés.

Il s'agit, je le rappelle, de résoudre *complètement* le système d'équations

$$\sum_{(i)} \beta_i c_{i+m} = 0 \qquad (i = 0, 1, \ldots, \nu; \quad m = 0, 1, \ldots, \nu - 1).$$

De toute manière, il est bien évident que la nature particulière de la solution de ce système d'équations dépend essentiellement du nombre des coefficients c qu'elles relient; si $\beta_\nu = 0$, par exemple, nous nous trouvons dans un tout autre cas que si β_ν n'est pas nul.

L'hypothèse la plus générale que l'on puisse faire sur les 2ν quantités c consiste à fixer le plus grand nombre λ pour lequel le déterminant

$$| c_{i+k} | \qquad (i, k = 0, 1, \ldots, \lambda - 1)$$

soit différent de zéro, et le plus grand nombre μ pour lequel *tous* les mineurs d'ordre $(\lambda + 1)$, formés à l'aide des éléments

$$c_{p+q} \qquad \begin{pmatrix} p = 0, 1, \ldots, \mu \\ q = 0, 1, \ldots, \nu - 1 \end{pmatrix},$$

soient nuls.

Ceci posé, on est amené à caractériser ces quantités c, en supposant que l'on ait

$$c_{i+k} | \gtrless 0 \qquad (i, R = 0, 1, \ldots, \lambda - 1),$$

et que, pour les $(\mu - \nu)$ premiers termes de la suite des quantités c, et pour ces $(\mu + \nu)$ premiers termes seulement, il y ait une formule récurrente d'ordre λ.

M. Kronecker le démontre et se propose ensuite de trouver, pour les quantités c ainsi définies, la formule récurrente la plus générale applicable depuis le commencement de la suite des quantités c, et applicable au moins ν fois de suite. A cet effet, il introduit la notion de formule récurrente *primitive*.

En développant le déterminant

$$| c_{p+q} | \quad (p = 0, 1, \ldots, \lambda; \quad q = 0, 1, \ldots, \lambda - 1, \tau - \lambda; \quad \tau - \lambda = 0, 1, \ldots, \nu - 1),$$

qui, par hypothèse, s'annule, on obtient une formule récurrente qui est dite *primitive*

$$c_\tau + \gamma_{\lambda-1} c_{\tau-1} + \ldots + \gamma_0 c_{\tau-\lambda} = 0.$$

Toute autre formule récurrente est dite *dérivée*. Ces définitions sont légitimées par la démonstration du théorème suivant, qui nous donne une première partie de la solution du problème posé :

« Toutes les formules récurrentes possibles se ramènent à des formules récurrentes primitives. »

Ce théorème une fois démontré, on peut enfin caractériser les quantités c_ϱ,

$c_1, \ldots, c_{2\nu-1}$, en disant qu'elles sont reliées par une formule récurrente primitive d'ordre λ, qui n'a lieu que pour les $(\mu+\nu)$ premiers termes de la suite.

Et alors la formule récurrente primitive elle-même est donnée par les λ équations qui ont lieu lorsque chacune des quantités $c_\lambda, c_{\lambda+1}, \ldots, c_{2\lambda-1}$ s'exprime linéairement, à l'aide de la formule

$$c_\tau + \gamma_{\lambda-1} c_{\tau-1} + \ldots + \gamma_0 c_{\tau-\lambda} = 0,$$

par les λ quantités c qui la précèdent immédiatement.

Considérons en particulier le cas où $\lambda = \mu = \nu$. Nous voyons alors que le plus petit degré du dénominateur d'une fraction dont le développement, par rapport aux puissances décroissantes de la variable x, commence par

$$c_0 x^{-1} + c_1 x^{-2} + \ldots + c_{2\nu-1} x^{-2\nu},$$

est déterminé par cette formule récurrente applicable au moins ν fois à la file et existant pour chaque suite des quantités $c_0, c_1, \ldots, c_{2\nu-1}$, comme nous venons de le démontrer.

Ce plus petit degré est, en effet, égal à l'ordre de la formule récurrente lorsque cette dernière a lieu pour *toutes* les 2ν quantités c. Il est égal au nombre indiquant combien de fois à la file a lieu la formule récurrente, lorsque cette dernière n'a pas lieu pour toutes les 2ν quantités c.

On peut actuellement, à l'aide de la transformation de déterminant bien simple dont j'ai parlé (IV, 5), résoudre *complètement* le problème :

Déterminer, à l'aide des 2ν *premiers coefficients du développement de* $\frac{f_1(x)}{f(x)}$, *les fonctions* $\Psi(x)$; $\Phi(x)$ *et* $F(x)$ *vérifiant l'équation*

$$f_1(x)\Psi(x) - f(x)\Phi(x) = F(x).$$

La solution est la suivante :

$C^{(\lambda)}(x)$ et $D^{(\lambda)}(x)$ conservant leur signification et $E^{(k)}(x)$ désignant une fonction entière quelconque de degré k, on a

$$\Psi(x) = D^{(\lambda)}(x) E^{(\mu-\lambda)}(x),$$
$$\Phi(x) = C^{(\lambda)}(x) E^{(\mu-\lambda)}(x),$$
$$F(x) = f(x) E^{(\mu-\lambda)}(x) \sum_{(1)} | c_{p+q} | x^{-t-1}$$

$(p = 0, 1, \ldots, \lambda;\ q = 0, 1, \ldots, \lambda-1, t;\ t = \mu+\nu-\lambda, \mu+\nu-\lambda+1, \ldots)$.

La relation qui lie $C^{(\lambda)}(x)$, $D^{(\lambda)}(x)$ et les $|c_{p+q}|$ est celle que l'on obtient en remplaçant les trois fonctions $\Phi(x)$, $\Psi(x)$, $F(x)$ par leurs valeurs dans l'équation qui doit être vérifiée.

VI. Dans la dernière partie de son Mémoire, M. Kronecker fait d'abord plusieurs observations intéressantes.

Au lieu de définir, comme au début, les nombres $n_1, n_2, n_3, \ldots$, on peut aussi les définir comme les ordres des déterminants

$$|c_0|,\quad \begin{vmatrix} c_0 & c_1 \\ c_1 & c_2 \end{vmatrix},\quad \begin{vmatrix} c_0 & c_1 & c_2 \\ c_1 & c_2 & c_3 \\ c_2 & c_3 & c_4 \end{vmatrix},\quad \ldots,$$

qui ont des valeurs différentes de zéro.

Il n'existe que des formules récurrentes primitives d'un des ordres n_1, n_2, n_3, ... Il existe, en outre, des formules récurrentes dérivées d'ordres n_k+1, n_k+2, ..., pour chaque n_k, à condition seulement que ces nombres n_k+1, n_k+2, ... soient plus petits que $\frac{n_k+n_{k+1}}{2}$. Chacune de ces formules récurrentes d'ordre n_k, n_k+1, n_k+2, ..., va jusqu'au $(n_k+n_{k+1}-1)^{\text{ième}}$ terme de la suite des quantités c.

Ces remarques faites, M. Kronecker se propose de montrer comment l'on peut trouver *toutes* les formules récurrentes directement, c'est-à-dire sans définir les quantites c comme des coefficients de développement suivant les puissances décroissantes de la variable. A cet effet, il démontre directement que si l'on entend par n_1, n_2, ... les ordres des formules récurrentes primitives existant pour les quantités c, la formule récurrente d'ordre n_k est applicable à la file, justement $(n_{k+1}-1)$ fois, et que cette formule correspond ainsi justement aux $(n_k+n_{k+1}+1)$ premiers termes de la suite des quantités c.

Enfin, M. Kronecker considère simultanément les suites de quantités c définies de la manière suivante :

$$\sum_{(h)} c_{h-1}x^{-h} = \cfrac{1}{g_1 - \cfrac{1}{g_2 - \ddots - \cfrac{1}{g_r}}}; \qquad \sum_{(h)} c_{h-1}^{(i)}x^{-h} = \cfrac{1}{g_{i_1} - \cfrac{1}{g_{i_2} - \ddots - \cfrac{1}{g_{i_r}}}},$$

et, plus particulièrement, le cas où $i_1=r$, $i_2=r-1$, ..., $i_r=1$. Dans ce cas, les éléments g des deux fractions continues précédentes sont les mêmes, mais se présentent dans l'ordre inverse. Il y a, en général, évidemment un rapport entre les quantités c et les quantités $c^{(i)}$. Ce rapport est intimement lié à certaines propriétés de permutations. M. Kronecker consacre à cet objet les dernières pages de son Mémoire.

S'il est permis, en terminant, d'exprimer un vœu, ce sera celui de voir bientôt toutes ces recherches, qui se présentent sous une forme encore un peu dispersée, fondues avec d'autres recherches non moins importantes sur l'élimination, de telle manière que le corps de doctrine en résultant soit accessible à l'enseignement.

Le Mémoire de M. Kronecker jette d'ailleurs une si vive lumière sur le lien qui unit, en Algèbre, diverses théories qui toutes relèvent, il est vrai, de celle du plus grand commun diviseur, qu'il est bien utile de le posséder à fond.

10 septembre.

A l'occasion du cinquantième anniversaire du doctorat de M. Kummer, l'Académie, suivant un vieil usage, adresse au célèbre géomètre ses vœux, en rappelant ses travaux en Analyse (série hypergéométrique), en Arithmétique (restes cubiques, facteurs idéaux, démonstration du grand théorème de Fermat, lois générales de réciprocité d'ordre quelconque), en Géométrie (complexes de droites, surface de Kummer).

D'abord professeur au gymnase de Liegnitz, où il eut pour élève M. Kronecker, M. Kummer a été successivement nommé professeur à « l'Académie de guerre » et à l'Université de Berlin. Comme l'on sait, M. Kummer est Associé de l'Institut.

22 décembre.

Kronecker. — Sur la théorie des fonctions elliptiques.

Cette Communication étant suivie de plusieurs autres sur le même sujet, il en sera rendu compte ultérieurement.

MATHESIS, RECUEIL MATHÉMATIQUE A L'USAGE DES ÉCOLES SPÉCIALES ET DES ÉTABLISSEMENTS D'INSTRUCTION MOYENNE, publié par *P. Mansion*, professeur à l'Université de Gand, et *J. Neuberg*, professeur à l'Université de Liège. Gand, Hoste; Paris, Gauthier-Villars (¹).

Tome II; 1882.

Catalan (*E.*). — Maximum et minimum de la fonction

$$y = \frac{ax^2 + bx + c}{a'x^2 + b'x + c}.$$

(5-7).

Cesàro (*E.*). — Propriétés d'une courbe de poursuite. (8-10).

Gilbert (*P.*). — Exercices d'Analyse infinitésimale. (17-20).

Expression de la différentielle ds de l'arc d'une courbe au moyen des différentielles de la demi-somme q_1 et de la demi-différence q_2 des rayons vecteurs réunissant chaque point à deux centres fixes. Dans ce système de coordonnées q_1 et q_2, l'arc d'ellipse et l'arc d'hyperbole dépendent des mêmes quadratures.

Brocard (*H.*). — Interprétation de l'équation caractéristique de diverses courbes. (25-30, 49-51).

Coniques, chaînette, tractrice, cissoïde, strophoïde, développée de l'ellipse.

Jamet (*V.*). — Sur le développement de arc tang$x$ en série convergente. (52-57).

Sans calcul différentiel proprement dit.

(¹) Voir *Bulletin*, VI₁, p. 189. Ce recueil paraît vers le 15 de chaque mois, par livraisons de 24 pages grand in-8°. Prix 7fr,50 pour la Belgique; 9fr pour l'Union postale.

Realis (*S.*). — Solution de la question 58. (64-67).

Solutions en nombres entiers de $x^2+y^2+z^2=k(X^2+Y^2+Z^2)$, pour $k=7, 19, 67$, etc.

Tarry (*G.*). — Propriétés générales de trois figures semblables. (73-77).

Chomé. — Sur une propriété des surfaces gauches. (82-85).

Démonstration analytique du théorème de Hachette.

Catalan (*E.*) et *Brocard* (*H.*). — Question 65. (85-88, 245-248).

On a

$$\tfrac{1}{3}(r+2R) > q > \sqrt[3]{rR^2},$$

q étant le rayon d'une circonférence isopérimètre à un polygone régulier inscrit dans un cercle de rayon R, circonscrit à un cercle de rayon r.

Cesàro (*E.*). — Formule d'Arithmétique. (97-101). Sur une nouvelle formule d'Arithmétique. (148-149).

Soit q_p le plus grand entier contenu dans $\frac{n}{p}$,

$$F(x)=f(1)+f(2)+\ldots+f(x), \qquad G(x)=g(1)+g(2)+\ldots+g(x),$$

f et g étant deux fonctions. On aura

$$\begin{aligned} & g(1)F(q_1)+g(2)F(q_2)+\ldots+g(n)F(q_n) \\ & \quad = f(1)G(q_1)+f(2)G(q_2)+\ldots+f(n)G(q_n). \end{aligned}$$

Barbarin. — Sur la droite de Simson. (106-109, 122-127).

Théorèmes relatifs aux cubiques.

Habich (*E.*). — Sur les roulettes. (145-148).

Lorsqu'une ligne plane A en roulant sur une droite D fait décrire à un point m invariablement lié à elle, une courbe C, la podaire de A, par rapport à m, en roulant sur C, fait décrire à m la droite D. Les théorèmes de Steiner sur les aires et les arcs des roulettes se déduisent de ce principe.

Cesàro (*E.*). — Une question de probabilités. (177-179).

On casse une barre, de longueur l, en trois morceaux. Quelle est la probabilité que deux de ces morceaux soient moindres qu'une longueur a? Solution géométrique en représentant les longueurs des trois morceaux de la barre par les coordonnées trilinéaires d'un point.

Mansion (*P.*). — Méthode dite de Fermat pour la recherche des maxima et des minima. (193-202).

1° *Historique.* — Cette méthode, dite de Fermat, en réalité, appartient à Descartes ou plutôt à Huygens. La méthode, exposée dans les *Varia Opera* de Fermat, est identique dans son principe à la méthode exposée habituellement en Calcul différentiel. 2° La méthode de Huygens consiste en ceci : Si $F(b)$ est une valeur maxima ou minima de $F(x)$, on a

$$F(a) = F(c), \quad a < b < c;$$

d'où aisément, si $F'(x)$ a une valeur unique pour $x = b$,

$$\lim \frac{Fc - Fa}{c - a} = F'b = 0,$$

si a et c tendent vers b. D'où la règle : « Si Fb est une valeur maxima ou minima de Fx, la dérivée $F'x$, pour $x = b$, est nulle, *ou n'a pas une valeur unique* $\left[\text{exemple : } F(x) = x\,\mathrm{Th}\frac{1}{x} \text{ pour } x = 0\right]$. » On laisse trop souvent de côté, dans la théorie des maxima et minima, la conclusion soulignée ici. Toute cette théorie d'ailleurs peut s'exposer sans recourir au théorème de Taylor.

Barbarin. — Note sur le périmètre de l'ellipse. (209-210).

Mansion (*P.*). — Sur le périmètre de l'ellipse. (211-216).

Formules approchées diverses.

Cesàro (*E.*). — Sur la tractrice. (217-219).

Il y a une certaine dualité entre la tractrice et la spirale logarithmique.

Colart (*E.*). — Sur le principe de l'homogénéité. (237-241).

Fermat (*P.*). — Fragments inédits. (243-245).

Carré magique par enceintes et cube magique, communiquées par M. Ed. Lucas.

Autres articles; biographie et bibliographie; questions proposées; questions résolues; questions d'examen (passim).

Table des matières; table des auteurs. (251-256).

Mansion (*P.*). — Supplément. (1-16).

1. *Cubatures approchées.* Démonstration, par la Géométrie élémentaire, de deux formules de Woolley et d'une nouvelle formule. Détermination rigoureuse, pour chacune d'elles, d'une limite supérieure de l'erreur. (*Extrait des Annales de la Société scientifique de Bruxelles*, t. VI, 2° Partie, p. 228-232.) — 2. *Sur la*

méthode d'intégration graphique de Rossin (*Ib.*, 1re Partie, p. 49-51). Analyse d'une Note de M. Lisleferme. — 3. *Principe fondamental relatif au contact de deux surfaces qui ont une génératrice commune.* « Deux surfaces engendrées par une courbe d'espèce donnée dont les équations contiennent $(n+1)$ paramètres ont un contact d'ordre k, le long d'une génératrice commune, si elles jouissent de cette propriété en n points de cette ligne. » (*Bulletin de l'Académie de Bruxelles*, 3e série, t. III, p. 753-759). — 4. *Intégration des équations linéaires aux dérivées partielles du premier ordre.* La méthode habituelle d'exposition du procédé d'intégration de Lagrange n'est pas rigoureuse. On peut établir la légitimité de ce procédé en recourant à la méthode générale d'intégration des équations aux dérivées partielles due à Cauchy; ou en rendant les équations homogènes d'après Jacobi (M. Gilbert a fait remarquer à l'auteur que cette dernière assertion est inexacte).

Tome III; 1883.

Verstraeten (*Th.*). — Sur un point de l'enseignement de la Géométrie descriptive. (5-9).

Cesàro (*E.*). — Principes du calcul symbolique. (10-17).

Si fx est une fonction entière, ou une série convergente développée suivant les puissances croissantes de x, on a identiquement

$$f[(a+h)+x] = f[a+(x+h)],$$

les puissances de x étant remplacées par des nombres quelconques x_0, x_1, x_2, ..., laissant subsister la condition de convergence. Application à la théorie des nombres de Bernoulli et d'Euler, définis par les relations symboliques

$$(B+1)^p - B^p = p, \qquad (E+1)^p + (E-1)^p = 0.$$

Mansion (*P.*). — Compte rendu critique de l'Ouvrage intitulé : Th. Muir, *A Treatise on the Theory of Determinants*. London, Macmillan, 1882. (Un volume in-12 de VIII, 240 pages.)

Ouvrage excellent au point de vue théorique (Il n'y a que deux petites erreurs de raisonnement, § 107, p. 151, et § 182, p. 207) et sans rival au point de vue pratique, à cause des nombreux exercices bien choisis et bien gradués qu'il renferme.

Lucas (*E.*). — Démonstration du théorème de Clausen et de Staudt sur les nombres de Bernoulli. (25-28).

Faisons $p = 1, 2, 3, \ldots, n$ dans

$$X_p = x^p + \Gamma_{p-1}^1 x^{p-1} + \ldots + \Gamma_{p-1}^{p-1} x,$$

X_p désignant le produit $x(x+1)(x+2)\ldots(x+p-1)$, puis tirons des équations ainsi obtenues la valeur de x^n,

$$x^n = X_n + \Delta_1 X_{n-1} + \ldots + \Delta_{n-1} X_1.$$

Ajoutons à cette relation les relations semblables obtenues en remplaçant x par 1, 2, 3, ..., $x-1$ et ajoutons. Dans la somme, le coefficient de x sera

$$B_n = \frac{1.2.3\ldots n}{n+1} + \Delta_1 \frac{1.2.3\ldots n-1}{n} + \ldots$$
$$+ \Delta_{n-p+1} \frac{1.2.3\ldots p-1}{p} + \ldots + \Delta_{n-1} \frac{1}{2}.$$

L'étude du déterminant Δ_{n-p+1} permet à M. Lucas de prouver qu'il est égal à multiple de p, plus zéro ou plus l'unité suivant que n n'est pas ou est multiple de p. Cela donne immédiatement le théorème de Clausen et Van Staudt.

Neuberg (*J.*). — Applications des déterminants. (29-33).

Catalan (*E.*) et *Mansion* (*P.*). — Sur le principe de l'homogénéité. (33-35).

Goedseels (*E.*). — Théorèmes de Hachette et de Chasles sur les plans tangents aux surfaces gauches. (49-54).

Démonstration géométrique rigoureuse de ces théorèmes en ne supposant pas d'autres données que l'existence d'un plan tangent à la surface gauche considérée, en trois points de celle-ci. La démonstration habituelle du théorème de Chasles repose sur des hypothèses moins faciles à vérifier.

Lucas (*E.*). — Le nœud de cravate. (54-56).

Cavallin (*C.-B.-S.*). — Sur certaines moyennes géométriques et sur le périmètre de l'ellipse. (56-60).

Traduction d'un article du journal de Zeuthen (1882, p. 95-96); conséquences pour le calcul du périmètre de l'ellipse.

Neuberg (*J.*). — Quelques théorèmes de Géométrie élémentaire de M. E. Catalan. (61-63).

Soient A', B', C' les points d'intersection des droites BP et CN, CM et AP, AN et BM, A, B, C étant les sommets d'un triangle, M, N, P leurs symétriques par rapport à BC, CA, AB. Les triangles A'BC, B'CA, C'AB, appelés *annexes* de ABC, par M. Catalan, jouissent de nombreuses propriétés.

Cesàro (*E.*). — Note de Géométrie. (73-78, 97-101, 121-125).

Condition pour qu'une droite invariablement liée au trièdre de la tangente T de la normale principale N et de la binormale B à une courbe gauche engendre une surface développable, quand le point de rencontre de TBN parcourt la courbe. I. Cas d'une courbe quelconque. II. Cas d'une hélice quelconque. III. Cas d'une hélice à courbure constante. Incidemment beaucoup de théorèmes anciens et nouveaux sur les hélices.

Gelin (*E.*). — Nombre de manières de décomposer un polygone convexe en triangles par les diagonales. (108-110). *Voir* aussi t. IV, 37-38.

Historique. Démonstration de la formule d'Euler.

Delboeuf (*J.*). — Trisection de l'angle. (130-133).

Modification de la solution de Chasles.

Ancion. — Sur la méthode des isopérimètres. (145-148, 161-167).

Exposé, avec simplifications et additions, dues à M. Mansion, des travaux de D. André [*Nouvelles Annales de Mathématiques*, (2), XIII, 128-130] et E. Rouché [*Ib.* (3), I, 335-329].

Mansion (*P.*). — Compte rendu de l'Ouvrage intitulé : F. Dauge, *Leçons de Méthodologie mathématique.* Gand, Hoste. Un volume in-4° autographié de 416 pages. (149-156).

Ouvrage remarquable pour lequel nous renvoyons à notre compte rendu. Subdivisions principales. — I. Introduction : De la méthode. II. Arithmétique (Question des incommensurables). III. Algèbre (Calcul des quantités négatives et imaginaires). IV. Géométrie (parallèle; mesure du cercle, etc.). V. De l'Analyse infinitésimale et des principales méthodes qui y suppléent. VI. Compléments d'Arithmétique et d'Algèbre (théorie des nombres). VII. Compléments de Géométrie analytique (principes de Géométrie projective).

Legrand. — Intersection d'une droite avec une surface du second degré. (177-181).

Solution par la règle et le compas. Solution nouvelle pour le paraboloïde hyperbolique due à M. Neuberg. On projette un quadrilatère gauche de la surface, sur un plan, par des parallèles à la droite donnée. La question est ramenée à mener par un point pris dans le plan d'un quadrilatère plan une droite qui divise les côtés opposés en parties proportionnelles.

De Lisleferme. — Construction de la tangente à certaines courbes. (206-207).

Courbes dont l'ordonnée est moyenne proportionnelle entre celle de deux autres. La sous-tangente ou l'inclinaison de la tangente se déduit aisément de celle des deux autres.

TABLE DES MATIÈRES.

MARS 1886.

Comptes rendus et analyses.

Mélanges.

Revue des publications.

Paris. — Imprimerie de GAUTHIER-VILLARS, quai des Augustins, 55.

Le Gérant : GAUTHIER-VILLARS.

Cesàro (*E.*). — Remarques sur une question de probabilités. (233-237).

Solution de ce problème : « On casse une barre de longueur l en n morceaux. Quelle est la probabilité que p de ces morceaux au moins soient moindres qu'une longueur donnée? »

Gilbert (*Ph.*). — Sur une propriété de l'ellipsoïde. (238-240).

Démonstration nouvelle de ce théorème : « Pour l'équilibre électrique, il faut et il suffit que la densité de l'électricité varie, sur la surface, comme la distance du centre au plan tangent. »

Autres articles; bibliographie; questions proposées; questions résolues; questions d'examen (passim).

Table des matières; Table des auteurs. (250-256).

Suppléments. — I. *G. Teixeira.* Sur la théorie des imaginaires (avec Rapport par P. Mansion, 16 pages). Extrait des *Annales de la Société scientifique de Bruxelles*, t. VII, 1re Partie, p. 59-63; 2e Partie, p. 417-428.

II. *H. Dutordoir.* Toute équation algébrique a une racine; démonstration nouvelle (avec Rapport par P. Mansion, 20 pages). Extrait du même recueil, 1re Partie, p. 52-58; 2e Partie, 437-449.

Ces Mémoires seront analysés dans le compte rendu du Volume d'où ils sont extraits.

SITZUNGSBERICHTE der Kaiserlichen Akademie der Wissenschaften zu Wien. — Mathematisch-naturwissenschaftliche Classe [1].

Tome LXXIX.

Ciamician (*G.-L.*). — Recherches spectroscopiques. (8-11).

Exposé de l'hypothèse suivante : l'homologie des lignes spectrales des éléments voisins au point de vue chimique est la suite de ce que les éléments des groupes naturels de cette espèce sont constitués par les mêmes composants.

---

[1] Voir *Bulletin*, IV$_1$, p. 223.

L'auteur arrive à des résultats tout à fait semblables à ceux obtenus par Mendelejeff, par la considération des poids atomiques.

Hann (Dr *J.*). — Périodes journalières de rapidité et de direction du vent. (11-96).

Partant des résultats inscrits par deux anémomètres enregistreurs d'Adie (de Londres) placés sur l'Établissement central pour la Météorologie et le Magnétisme terrestre, l'auteur s'occupe de la question de la distribution des directions du vent examinées séparément et des quatre composantes dans le jour, et il compare ces observations avec d'autres de provenance différente. Il cherche à montrer que c'est vers midi qu'il y a renforcement, que, de plus, c'est au moment de la température maximum que se trouve également le mouvement d'air le plus grand. Du matin jusqu'au maximum de température, les courants d'air ont une tendance vers l'est, dans l'après-midi et le soir, vers l'ouest.

Puluj (Dr *J.*). — Sur le frottement intérieur dans un mélange d'acide carbonique et d'hydrogène. Premier fascicule. (97-113).

La constante de frottement d'un mélange d'acide carbonique et d'hydrogène (et probablement de tous les gaz qui n'ont, l'un sur l'autre, aucune action chimique) a sa valeur comprise entre les valeurs des constantes relatives aux gaz qui constituent le mélange. Les gaz qui ont le plus grand poids moléculaire ont, à quantité égale, le plus d'influence sur la valeur de la constante de frottement du mélange.

Pscheidl (Prof. *W.*). — Détermination des coefficients d'élasticité par la flexion d'une barre. (119-128).

L'auteur trouve de 15° à 17° pour le fer forgé $\varepsilon = 20857$ et pour le verre des miroirs $\varepsilon = 6920$. Dans les *Annales de Poggendorff*, Wertheim donne pour le fer étiré $\varepsilon = 20869$, pour le fer recuit $\varepsilon = 20794$, et enfin, pour le verre des miroirs, $\varepsilon = 7015$.

Stefan (*J.*). — Sur la diffusion des liquides. Second Mémoire. (161-214.)

L'auteur montre que les résultats obtenus par Graham dans ses recherches sont d'accord avec les lois qui se déduisent de l'équation établie par Fourier à propos de la distribution de la chaleur par conductibilité, et appliquée par Fick aux calculs des phénomènes de la diffusion.

Ettingshausen (*Albert v.*). — Mesures d'oscillations simultanées. (215-240, avec une planche).

Il s'agit des oscillations d'une aiguille aimantée soumise à l'action d'un inducteur à suspension bifilaire qui oscille lui-même. La théorie exposée est d'accord avec les observations faites.

Ameseder (*Adolf*). — Sur les courbes du quatrième ordre à trois points doubles. (241-267, avec une planche).

Génération de la courbe du quatrième ordre et de sixième classe au moyen d'un faisceau de droites et de tangentes à une conique. De son mode de génération, l'auteur déduit les propriétés connues de cette courbe et en ajoute beaucoup de nouvelles. Il considère, en particulier, les systèmes de coniques quadruplement tangentes à la courbe.

Waltenhofen (Dr *A. v.*). — Sur la manière dont se comporte, au point de vue magnétique, le fer pulvérulent. (268-280, avec une planche et une gravure sur bois).

L'auteur s'occupe de la démonstration de cette proposition que, dans une spirale, le moment magnétique d'un barreau de fer provient, pour la plus grande partie, des variations magnétiques moléculaires.

Waltenhofen (Dr *A. v.*). — Sur le percement du verre par l'électricité. (336-344).

Description des phénomènes observés dans le percement d'une mince plaque de verre trempé, couvert de stéarine, placé entre les deux pointes correspondant aux deux armatures d'une bouteille de Leyde.

Jüllig (*Max*). — Sur la théorie des thermomètres métalliques. (349-374, avec une planche).

Théorie de la déformation produite par des changements de température d'un thermomètre formé de bandes métalliques isotropes ou hétérotropes. L'auteur indique les thermomètres métalliques de Stöhrer, Breguet, Holzmann, Jürgensen, etc., auxquels peuvent s'appliquer les formules données.

Stefan (Dr *J.*). — Sur la relation entre le rayonnement et la température. (391-428).

La formule de Dulong et Petit relative à la quantité de chaleur émise à une température donnée est ici remplacée par une formule plus simple d'aprés laquelle cette quantité de chaleur est proportionnelle à la quatrième puissance de la température absolue du corps rayonnant. L'auteur compare les résultats de Dulong et Petit à ceux de La Provostaye et Desains; sa formule lui permet d'établir leur accord. Dans la discussion des observations d'Ericsson, on trouve également que la nouvelle formule est aussi très utile pour la détermination du rayonnement à haute température. L'auteur réunit enfin les différents nombres que l'on peut obtenir pour la température du Soleil en partant des différentes formules proposées jusqu'ici.

Weyr (*Emil*). — De la représentation, sur une conique, d'une courbe plane rationnelle du troisième ordre. (429-446).

Si l'on représente une courbe plane C_3 de troisième ordre et de quatrième classe sur une conique C_2, le point double de C_3 sera appliqué en un couple de points dd_1 de C_2, et trois points de C_3 placés en ligne droite (*triplet linéaire*, Gerades Punkttripel) en trois points x_1, x_2, x_3, de C_2, deux de ces points déterminant le troisième. Tous les triplets x_1, x_2, x_3 forment, sur C_2, une involution cubique de troisième ordre et de seconde espèce (I_3^2). La représentation est déterminée si l'on a C_2, la droite dd_1 et l'image x_1, x_2, x_3 d'un triplet, ou bien les images de trois triplets. L'auteur résout les différents problèmes relatifs aux courbes C_3 au moyen de cette représentation.

Pelz (*Carl*). — Sur la détermination des tangentes aux courbes limites de l'ombre portée par les surfaces de révolution sur elles-mêmes. (447-471, avec une planche).

La construction de la tangente s'effectue au moyen d'une surface de révolution du second degré osculatrice à la position donnée à la surface de révolution et ayant un de ses rayons de courbure principaux égal à un des deux rayons principaux de la surface donnée. Le travail contient une simplification d'un des procédés de de la Gournerie.

Ameseder (*Adolf*). — Sur les courbes rationnelles du quatrième ordre pour lesquelles les tangentes aux points doubles sont en totalité ou en partie des tangentes d'inflexion. (472-476).

L'auteur s'appuie sur le mode de génération des courbes de quatrième ordre et de sixième classe contenu dans un travail cité précédemment. Il développe la condition pour que les tangentes en un point double soient des tangentes d'inflexion. Cette condition exprime que ce point double est le pôle de la droite qui joint les deux autres points doubles, et cela relativement à la conique qui supporte l'involution de tangentes du second degré entrant dans le mode de génération. L'auteur donne une suite de théorèmes sur les courbes de cette espèce.

Schöttner (*Franz*). — Sur la détermination du coefficient de frottement intérieur des liquides visqueux. (477-490).

Les expériences faites montrent la portée de la formule, due à Stokes, dans la détermination du coefficient de frottement intérieur des liquides.

Lippich (*F.*). — Sur la marche des rayons lumineux dans une sphère homogène. (516-536, avec une planche).

L'auteur s'occupe de la solution du problème suivant : « Sur une sphère homogène tombe un faisceau infiniment mince de rayons homocentriques, on demande le lieu des deux images formées par le rayon émergent dans le cas général où, avant l'émersion, le faisceau a subi, dans l'intérieur de la sphère, un nombre quelconque de réflexions ».

Hocevar (Dr *F.*). — Sur la solution des problèmes de Dynamique au moyen des équations aux dérivées partielles de Hamilton. (567-594).

L'auteur examine quelques problèmes simples de Dynamique, dans le cas où se conserve le principe de la force vive, et il cherche à déterminer, au moyen d'un certain nombre d'intégrales du mouvement, le plus grand nombre possible d'intégrales particulières.

Lignar (*J.*). — Sur une influence locale relative aux observations magnétiques de Vienne pendant la période 1860-1871. (595-602).

Schuhmeister (*J.*). — Recherches sur la diffusion des solutions salines. (603-626, avec trois gravures sur bois).

Détermination, au moyen d'une méthode due à Stefan, des coefficients de diffusion d'une série de sels importants. L'auteur montre que le coefficient de diffusion décroît quand la température augmente, et qu'il est considérablement plus grand pour les solutions concentrées que dans le cas d'une faible concentration. Ce résultat est en contradiction avec la loi élémentaire de Fick.

Stefan (*J.*). — Sur la divergence entre la théorie du magnétisme d'Ampère et la théorie des forces électromagnétiques. (659-679, avec deux gravures sur bois).

Le travail contient une comparaison de la théorie électrodynamique du magnétisme dans sa forme la plus générale et de la théorie électromagnétique; l'auteur prend en considération non seulement les couples, mais aussi les sommes des forces exercées par un élément de courant sur un courant élémentaire.

Weyr (*Emil*). — Sur les involutions de $n^{\text{ième}}$ degré et de $k^{\text{ième}}$ espèce. (680-698).

Une multiplicité k-uple de n groupes élémentaires placés sur un support rationnel (par exemple des points sur une courbe rationnelle) prend le nom d'involution de $n^{\text{ième}}$ degré et de $k^{\text{ième}}$ espèce et est désignée par I_n^k lorsque chaque groupe se trouve déterminé si l'on se donne k éléments. Chaque élément peut être compté plusieurs fois. $k-l$ éléments quelconques apparaissent dans $(l+1)(n-k)$ groupes avec un élément $(l+1)^{\text{uple}}$ dans chacun; le nombre des éléments $(k+1)^{\text{uples}}$ d'une I_n^k est égal à $(k+1)(n-k)$. Si k éléments d'une I_n^k appartiennent à deux groupes, ils appartiennent à une infinité de groupes; ils constituent alors ce que l'on appelle un *groupe neutre*. Une I_n^2 possède $\frac{(n-1)(n-2)}{1.2}$ couples d'éléments neutres. Dans une I_n^3, chaque élément se présente dans $\frac{(n-2)(n-3)}{1.2}$ triplets neutres. Dans une I_n^4, deux éléments quelconques apparaissent dans $\frac{(n-3)(n-4)}{1.2}$ quadruplets neutres. Dans une I_n^k, $k-2$ éléments quelconques apparaissent dans $\frac{(n-k)(n-k+1)}{1.2}$ groupes neutres. Les groupes neutres d'une I_n^{n-1} forment une I_{n-1}^{n-2}. Une I_n^k est déterminée par $(k+1)$ groupes indépendants l'un de l'autre. Les applications aux courbes rationnelles planes du $n^{ième}$ ordre et aux courbes rationnelles gauches du $n^{ième}$ ordre se déduisent facilement. Pour les premières, les groupes de points placés en ligne droite forment une I_n^2, les $\frac{(n-1)(n-2)}{1.2}$ couples neutres sont les points doubles de la courbe et les $3(n-2)$ éléments triples sont les points d'inflexion, etc. Pour les courbes gauches, les groupes de points situés dans un plan forment une I_n^3, les triplets neutres se trouvent sur les sécantes triples, les $4(n-3)$ éléments quadruples sont les points de contact des plans osculateurs stationnaires, etc.

Donath (Dr *Julius*). — La chaleur spécifique de l'oxyde, de l'oxydule d'urane et le poids atomique de l'urane. (699-704).

Barchanek (*Clemens*). — Rapports entre les droites et les lignes du second ordre qui sont données par un diamètre et une corde conjuguée. (712-722, avec une planche).

Niessl (*G. v.*). — Détermination des trajectoires de deux météores observés le 12 janvier 1879 en Bohême et dans les pays limitrophes. (723-744).

Puluj (Dr *J.*). — Sur le frottement intérieur dans un mélange d'acide carbonique et d'hydrogène (745-756, second Mémoire).

Le travail contient le calcul des observations de l'auteur au moyen de la formule de Maxwell.

Kantor (*S.*). — Nouvelles relations symétriques dans la théorie du quadrilatère complet. (757-763, suite).

Développement d'une série de théorèmes sur un quadrilatère inscrit à un cercle. L'auteur donne à la fois des relations de position et des relations métriques de forme symétrique.

Kantor (*S.*). — Sur deux surfaces particulières de sixième classe. (768-786).

1° A l'extérieur d'une surface du second ordre F_2 se trouvent trois points fixes A_1, A_2, A_3; d'un point P de F_2, on projette les points A_1, A_2, A_3 sur F_2, ce qui donne trois points tels que le plan qui les contient enveloppe une surface de sixième classe Φ lorsque le point P décrit la surface F_2. Cette surface, qui possède un plan tangent quadruple, est inscrite dans un cône de troisième classe, etc.

2° A l'extérieur de F_2 se trouvent quatre points A_1, A_2, A_3, A_4, qui, projetés d'un point P de la surface F_2 sur cette surface donnent quatre points sommets d'un tétraèdre homologique du tétraèdre A_1, A_2, A_3, A_4. Le plan d'homologie enveloppe une surface de sixième classe lorsque le point P décrit la surface F_2.

L'auteur étudie ces deux surfaces et déduit de son examen une quantité de théorèmes intéressants.

Kantor (*S.*). — Sur certains faisceaux de courbes du troisième et du quatrième ordre. (787-798).

L'auteur étudie les faisceaux de courbes du troisième ordre qui ont plusieurs points d'inflexion en commun aux points qui constituent la base du faisceau, et aussi des faisceaux de courbes du quatrième ordre qui ont en partie des points d'ondulation aux points de base. Si les courbes d'un faisceau du quatrième ordre ont trois sommets comme points d'ondulation communs, il y a toujours un quatrième sommet qui jouit de cette propriété. De plus, l'auteur arrive à cette proposition. Sur chacun des six côtés d'un quadrilatère complet se trouvent trois points, deux sommets du quadrilatère et le point d'intersection du côté avec le côté opposé; ces trois points déterminent sur le côté une involution qui possède deux points doubles. On obtient ainsi douze points doubles de cette espèce, deux sur chaque côté. Par ces douze points doubles et les quatre sommets du quadrilatère passent une infinité de courbes du quatrième ordre pour lesquelles les quatre sommets sont des points d'ondulation communs.

Tome LXXX.

Kohn (*Gustav*). — Sur le pentagone complet dans l'espace. (7-10).

Dans un pentagone complet de l'espace, chaque côté (ligne qui joint deux sommets) est opposé à un plan (plan déterminé par les trois autres sommets). Les dix côtés ou les dix plans coupent un plan quelconque en dix points ou suivant dix droites et ces droites sont les polaires des points relativement à une conique déterminée du plan choisi.

Pscheidl (*W.*). — Sur une nouvelle manière de déterminer l'inclinaison au moyen des oscillations d'un barreau aimanté. (11-16, avec deux gravures sur bois).

Sterneck (*Robert v.*). — Sur la modification de la constante de réfraction et la déviation du pendule sur les montagnes. (61-97).

Résultats et discussion des observations faites, sur les hauts sommets du Steiermark de la Bohème et de la Haute-Autriche, sur la réfraction.

Doubrava (*S*). — Sur le mouvement des plaques placées entre les électrodes de la machine de Holtz. (98-100).

L'auteur donne l'explication du fait qu'une plaque se dirige vers le pôle négatif (expérience de Waltenhofen) en s'appuyant sur cet autre fait connu que le faisceau positif est le plus long.

Puluj (Dr *J.*). — Sur le radiomètre (132-136, avec une planche).

L'auteur décrit une expérience qui montre que le mouvement du radiomètre *ne peut pas* provenir des courants de gaz qui se produisent sur le bord de ses ailettes.

Waltenhofen (Dr *A. v.*). — Sur une mesure directe du travail d'induction et sur une détermination qui s'en déduit de l'équivalent mécanique de la chaleur. (137-150, avec deux gravures sur bois).

L'auteur démontre expérimentalement que le travail qu'un courant électrique est capable de produire dans un conducteur est égal au travail que l'on doit faire pour développer par induction le même courant dans le même conducteur. Des nombres trouvés, l'auteur déduit l'équivalent mécanique de la chaleur.

Goldstein (*Eugen*). — Sur la phosphorescence développée par les rayons électriques. (151-156).

Ameseder (*Adolf*). — Sur les coniques quadruplement tangentes aux courbes du quatrième ordre à trois points doubles. (187-192, avec une planche).

L'auteur montre que toute conique quadruplement tangente est le support de trois involutions quadratiques de tangentes telles que chacune d'elles peut avec un faisceau de rayons qui lui correspond projectivement engendrer la courbe.

Ruth (*Franz*). — Sur un mode de génération particulière de l'hyperboloïde orthogonal et sur des faisceaux de cônes et d'hyperboloïdes orthogonaux. (257-286, avec une planche).

L'auteur discute à fond l'hyperboloïde équilatère en le considérant comme engendré au moyen de deux faisceaux de plans.

Exner (Dr *Franz*). — Sur la cause de la production d'électricité par le contact des métaux hétérogènes. (307-327).

L'auteur prétend démontrer par ses recherches que ce que l'on appelle *électricité de contact* est produit par l'oxydation des métaux qui se touchent.

Mach (*E.*) et *Doubrava* (*S.*). — Observations sur les différences qui existent entre les deux états électriques. (331-345, avec quatre gravures sur bois).

Les recherches faites constatent simplement l'influence de la matière sur les deux états électriques.

Bobek (*Karl*). — Sur une courbe rationnelle du quatrième ordre. (361-391, avec trois planches).

Les courbes sont considérées comme engendrées par des faisceaux de coniques ayant en commun trois points de base. L'auteur donne à la fin l'ensemble des espèces de courbes qui ne se ramènent pas l'une à l'autre par collinéation.

Streintz (*Heinrich*). — Compléments à la connaissance de l'élasticité de retard. I. (397-438).

L'auteur montre que le décrément logarithmique d'un fil tendu, animé d'oscillations de torsion est indépendant de l'amplitude des oscillations, de la tension, de la longueur du diamètre du fil, etc., on peut, au contraire, constater l'influence de la température.

Tumlirz (Dr *O.*). — Sur la vitesse de propagation du son dans les tuyaux. (439-442, avec deux gravures sur bois).

Mach (*E.*) et *Simonides* (*J.*). — Nouvelles recherches sur les ondes produites par les étincelles. (476-486, avec six gravures sur bois).

Si l'on tire d'une plaque noircie à la suie en deux points et simultanément des étincelles, on observe des phénomènes d'interférence que les auteurs étudient de près. Ils considèrent en outre des phénomènes de réflexion et de réfraction.

Ameseder (*Adolf*). — Sur les courbes rationnelles de troisième et de quatrième ordre. (487-499, avec une planche).

Application du mode de génération de ces courbes déjà relaté plus haut.

Hann (*J.*). — Recherches sur le régime des pluies d'Autriche-Hongrie. (571-635).

Eder (Dr *Joseph-Maria*). — Un nouveau photomètre chimique à l'oxalate de mercure pour la détermination de l'intensité des rayons ultra-violets de la lumière du jour avec des compléments à la photochimie du chlorure de mercure. (636-660).

Reitlinger (*Edmund*) et *Urbanitzky* (*Alfr. v.*). — Sur les phénomènes offerts par les tubes de Geissler sous une action extérieure. 1er Mémoire. (665-686).

Ce travail contient un exposé rapide et complet des résultats des observations faites par les auteurs sur les phénomènes d'attraction et de répulsion de la colonne lumineuse des tubes de Geissler.

Boltzmann (*Ludwig*). — Sur les forces qui agissent sur les corps diamagnétiques. (687-714).

L'emploi d'une méthode nouvelle et directe pour déterminer le coefficient de diamagnétisme du bismuth, méthode qui consiste à mesurer l'effet exercé sur des corps diamagnétiques dans un champ magnétique non homogène, permet à l'auteur de développer la théorie compliquée qui se rapporte à l'action d'une spirale cylindrique sur un cylindre diamagnétique de même axe, la répulsion exercée par une sphère sur la limite d'une spirale cylindrique; l'auteur détermine enfin le moment de torsion autour d'un axe vertical qu'exerce une spirale sur un barreau cylindrique diamagnétique.

Kantor (*S.*). — Sur un genre de configuration dans le plan et dans l'espace. (715-723).

L'auteur considère les configurations constituées par m n^{gones} complets placés soit dans le plan, soit dans l'espace et dont les sommets se trouvent sur n rayons d'un faisceau.

Gegenbauer (*L.*). — Sur les fractions continues. (763-775).

Examen des relations qui existent entre les dénominateurs du développement en fraction continue d'une fonction ordonnée suivant les puissances négatives entières de la variable.

Liznar (*J.*). — Mesures magnétiques effectuées à Kremsmünster en juillet 1879. (776-784).

Anton (*Ferdinand*). — Détermination de la trajectoire de la planète (154) *Bertha*. (785-820).

Burg (*Adam*). — Sur l'action des soupapes de sûreté des chaudières à vapeur. (872-912, avec six gravures sur bois).

Trebitscher (*Michael*). — Sur la réduction d'un faisceau de courbes du second ordre à un faisceau de rayons. (913-943).

L'auteur emploie une transformation plane quadratique où les points circulaires à l'infini sont des points doubles pour transformer un faisceau de coniques en un faisceau de rayons; il examine ainsi des problèmes concernant les coniques et les faisceaux de coniques à des problèmes relatifs à des faisceaux de droites.

Winckler (Dr *A.*). — Sur le dernier multiplicateur des équations différentielles d'ordre supérieur. (948-965).

L'auteur s'occupe de quelques cas très généraux où l'équation différentielle qui définit le dernier multiplicateur $\frac{d \log M}{dx} = -\frac{\partial f_{n-1}}{\partial y}$ est intégrable même si le second membre contient les deux variables x et y. Il montre que, pour obtenir le théorème de Malmsten [*Mémoire sur l'intégration*, etc. (*Journal de Liouville*, t. VII_2)], il n'est pas nécessaire de généraliser la théorie de Jacobi.

Mautner (*Josef*). — Caractères, axes, diamètres conjugués et points conjugués des coniques d'un faisceau. (973-1022, avec dix gravures sur bois).

Démonstration et extension à l'aide des coordonnées lignes homogènes des théorèmes énoncés par Steiner à la page 374 du LVe Volume du *Journal de Crelle*.

Migotti (*Adolf*). — La ligne de striction de l'hyperboloïde considérée en tant que courbe rationnelle du quatrième ordre. (1023-1036).

Expression des coordonnées homogènes du point de la ligne de striction en fonction entière et du quatrième degré d'une variable t. L'auteur développe et interprète dans le cas présent les théorèmes donnés pour les courbes gauches rationnelles et du quatrième ordre par Cremona, Bertini et Weyr.

Weyr (*Emil*). — Sur les coniques triplement tangentes à une courbe plane de troisième ordre et de quatrième classe. (1040-1046).

On obtient les C_2 triplement tangentes à C_3^4 comme enveloppes des droites qui relient les couples de points formant sur C_3^4 une involution quadratique.

Exner (Dr *Franz*). — Sur la théorie des éléments galvaniques inconstants. (1055-1073).

Un élément galvanique (Smée, Volta) à un seul liquide reçoit la dénomination d'*inconstant*.

ATTI DELLA R. ACCADEMIA DELLE SCIENZE DI TORINO ([1]). In-8°.

Tome XIV; 1878-79.

Hermite (*Ch.*). — Sur l'intégrale

$$\int_0^1 \frac{z^{a-1} - z^{-a}}{1-z}\,dz.$$

(91-124).

L'auteur prend pour point de départ les formules

$$\int_0^\infty \frac{z^{a-1}}{1+z}\,dz = \frac{\pi}{\sin a\pi}, \qquad \int_0^\infty \frac{z^{a-1} - z^{-a}}{1-z}\,dz = 2\pi \cot a\pi,$$

et, après avoir montré que la première est une conséquence de la seconde, il introduit dans cette dernière les limites o et 1 en montrant que

$$\int_0^1 \frac{z^{a-1} - z^{-a}}{1-z}\,dz = \pi \cot a\pi.$$

Il fait voir par ces formules le lien qui existe entre les deux théories des fonctions circulaires et des intégrales eulériennes. A l'égard des fonctions circulaires il lève une difficulté qui se présente dans le développement en série de la cotangente

$$\pi \cot a\pi = \frac{1}{a} + \frac{2a}{a^2-1} + \frac{2a}{a^2-4} + \frac{2a}{a^2-9} + \cdots.$$

Cette difficulté consiste en ce qu'en remplaçant a par ia, et en supposant a infini, la limite du premier membre est $-i\pi$ ou $+i\pi$ suivant que a croît par valeurs positives ou négatives, tandis que le second membre n'a pas cette même limite. L'auteur lève cette difficulté par la considération du reste R_n de la série, pour lequel il obtient l'expression

$$R_n = \int_{-\infty}^0 \frac{e^{iax} - e^{(1-ia)x}}{1-e^x}\, e^{\lambda ax}\,dx,$$

ayant remplacé a par ia, et posé le nombre des termes $n = \lambda a$. Il montre que si l'on suppose à la fois infinis l'argument a et le nombre n, la limite de la somme des termes S_n est indéterminée, mais qu'on a

$$S_n + R_n = -i\pi.$$

Puis, après avoir établi le développement du sinus,

$$\sin a\pi = \pi a\left(1 - \frac{a^2}{1}\right)\left(1 - \frac{a^2}{4}\right)\cdots\left(1 - \frac{a^2}{n^2}\right)\frac{e^{R'_n}}{1+\frac{a}{n}},$$

([1]) Voir *Bulletin*, II_2, p. 252.

où

$$\mathrm{R}'_n = \int_{-\infty}^{0} \frac{e^{ax} + e^{(1-a)x} - e^x - 1}{x(1-e^x)} e^{nx}\, dx,$$

il passe à considérer l'intégrale

$$\int_{-\infty}^{0} \Phi(x) e^{nx}\, dx,$$

dont R_n, R'_n sont des cas particuliers.

Pour ce qui est des intégrales eulériennes, l'auteur partant du développement du sinus donné plus haut arrive à établir une relation démontrée par Cauchy dans les *Nouveaux exercices d'Analyse et de Physique mathématique*, t. II, p. 386. La méthode suivie par l'auteur dans la démonstration est le développement d'une indication donnée par Cauchy dans son Mémoire sur les intégrales entre des limites imaginaires.

Negri (*C.*). — Sur une relation entre les lignes d'ombre des surfaces de révolution et des hélicoïdes, et sur quelques propriétés de ces mêmes lignes. (116-124).

L'auteur étudie les relations qui existent entre les séparatrices et les lignes d'ombre portée sur un plan perpendiculaire à l'axe de la surface.

Bruno (*G.*). — Sur une propriété de deux quadriques homofocales. (125-140).

La propriété en question est exprimée par une inégalité satisfaite par les coordonnées d'un foyer d'une section. L'auteur donne ensuite la résolution des problèmes suivants :

Trouver un plan qui coupe une quadrique donnée suivant une conique ayant un foyer en un point donné.

Trouver les foyers de la section d'une quadrique avec un plan donné.

Placer une conique donnée sur une quadrique donnée.

Saint-Robert (*P. de*). — Quelques mots sur un Mémoire du capitaine F. Siacci sur le pendule de Léon Foucault. (141-144).

Dorna (*A.*). — Présentation de quelques travaux de l'Observatoire astronomique. (159-163).

Siacci (*F.*). — Quelques mots de réponse au comte de Saint-Robert. (211-216).

Basso (*G.*). — Sur l'allongement des conducteurs filiformes traversés par le courant électrique. (349-373).

D'Ovidio (*E.*). — Théorèmes sur les systèmes de surfaces du deuxième ordre. (452-455).

Soient Φ un faisceau de quadriques, *abcd* le tétraèdre conjugué, *e*, *f*, *g* les points où un plan donné est touché par des surfaces du faisceau. Il y a toujours un autre faisceau Ψ dont *aefg* est le tétraèdre conjugué, et dont trois surfaces touchent en *b*, *c*, *d* le plan *bcd*.

Dorna (*A.*). — Présentation de quelques travaux de l'Observatoire astronomique. (456-458).

Genocchi. — Sur deux lettres de Lagrange publiées par B. Boncompagni. (459-463).

Dorna (*A.*). — Sur l'instrument portatif des passages de Steger et sur les équations fondamentales dont dépend l'usage de cet instrument et des instruments des passages en général. (564-573).

Pittaluga (*G.*). — Sur les axes élastiques. (707-720).

Dorna (*A.*). — Présentation de quelques travaux de l'observatoire astronomique. (730-732).

Bruno (*G.*). — Démonstration géométrique de quelques propriétés de la surface engendrée par la courbe logarithmique tournant hélicoïdalement autour de son asymptote. (735-747).

Cette surface peut être aussi engendrée par le mouvement hélicoïdal d'une spirale logarithmique.

De quelques considérations faites en établissant les propriétés de cette surface l'auteur déduit la démonstration d'un théorème relatif à un triangle qui tourne dans un plan autour d'un sommet, et change de dimensions en restant toujours semblable à lui-même.

Siacci (*F.*). — Sur le mouvement sur une courbe plane. (750-760).

Si un point décrit une courbe plane et que l'on décompose l'accélération en deux, l'une passant par un point fixe quelconque, l'autre dirigée suivant la tangente à la courbe, la première sera donnée par $\frac{r}{p^3}\frac{T}{\rho}$, la seconde par $\frac{T\,dT}{p^2\,ds}$, r étant le rayon vecteur, p la distance du point fixe à la tangente, ρ le rayon de courbure, s l'arc et T une fonction arbitraire.

Comme conséquence de ce théorème, l'auteur démontre aussi que deux forces F, F' passant par deux points fixes différents feront parcourir à un même point une même courbe, si l'on a

$$F : F' = \frac{C^2 r}{p^3} : \frac{C'^2 r'}{p'^3},$$

C, C' étant les moments des vitesses initiales, et que cela a lieu aussi bien dans le vide que dans un milieu dont la résistance soit proportionnelle au carré de la vitesse.

A l'égard du théorème de M. *Bonnet*, l'auteur observe qu'on peut ne pas comprendre au nombre des forces qu'on a à considérer la résistance du milieu, lorsqu'elle est proportionnelle au carré de la vitesse.

Lorsqu'un point décrit d'un mouvement uniforme la courbe

$$(1) \qquad \frac{C_1^2}{p_1^2} + \frac{C_2^2}{p_2^2} + \dots + \frac{C_n^2}{p_n^2} = \text{const.},$$

la force centripète peut être décomposée en n forces passant par n points fixes, et dont chacune ferait parcourir au point cette même courbe. Si la résultante passe aussi par un point fixe, on a une propriété analogue pour la courbe

$$\frac{C^2}{p^2} = \frac{C_1^2}{p_1^2} + \frac{C_2^2}{p_2^2} + \dots + \frac{C_n^2}{p_n^2}.$$

L'auteur considère en particulier le mouvement sur une ellipse, et trouve enfin l'expression du temps, lorsqu'un point parcourt une ellipse sous l'action de la résultante de plusieurs forces centrales, dont chacune ferait parcourir au point cette même ellipse.

Dorna (*A.*). — Sur la détermination du temps avec l'instrument portatif des passages. (761-766).

Siacci (*F.*). — Sur le mouvement sur une courbe gauche. (946-951).

Si un point décrit une courbe gauche, et qu'on décompose l'accélération en deux, l'une dirigée suivant le rayon vecteur partant de la projection d'un point fixe sur le plan osculateur, l'autre suivant la tangente, la première sera donnée par

$$F = \frac{r}{p^3}\frac{T^2}{\rho},$$

la seconde par

$$R = \frac{T\,dT}{p^2\,ds} + \frac{T^2}{p^4}\frac{q\,dq}{ds} = \frac{T\,dT}{p^2\,ds} - \frac{q}{p^3}\frac{T^2}{\rho_1},$$

ρ, ρ_1 étant les rayons de courbure et de torsion, q la distance du point fixe à sa projection sur le plan osculateur, r et p les distances de cette projection au point mobile et à la tangente, T une fonction arbitraire représentant le produit de p par la vitesse.

Ce théorème a été établi par M. Cerruti par la considération d'un complexe linéaire (*R. Accademia dei Lincei,* Transunti, 18 mai 1879). M. Siacci en donne ici une démonstration indépendante de la théorie des complexes.

D'Ovidio (*E.*). — Extension de quelques théorèmes sur les formes binaires. (963-971).

On connaît les relations, dues à M. Cayley, l'une entre une forme cubique, ses covariants hessien et cubique et son discriminant, l'autre entre une forme biquadratique et ses principales formations invariantives. Ces relations et d'autres aussi sont des conséquences d'un théorème de Clebsch sur le déterminant fonctionnel. Mais la démonstration de ce théorème suppose que les deux formes renferment les mêmes variables; et de plus le théorème et les relations de M. Cayley ne sont plus vrais lorsqu'on remplace les variables par les coefficients symboliques d'une autre forme. L'auteur lève ces deux restrictions. Nous citerons la relation qu'il donne comme remplaçant celle de M. Cayley pour une forme cubique u_λ^3, lorsqu'on veut considérer, au lieu des variables λ_1, λ_2, les coefficients symboliques ϖ_2, $-\varpi_1$ d'une forme cubique quelconque

$$2\overline{(t\varpi)^3}^2 = u\left[-\overline{(u\varpi)^3}^2 + \tfrac{3}{2}(v\omega)^2\right] - (v\varpi)(v\varpi')(v'\varpi')(v''\varpi)(v''\varpi').$$

Dorna (*A.*). — Présentation de quelques travaux de l'Observatoire astronomique. (972).

Tome XV; 1879-80.

Dorna (*A.*). — Présentation de quelques travaux de l'Observatoire astronomique. (24-53).

D'Ovidio (*E.*). — Sur les covariants linéaires fondamentaux de deux cubiques binaires. (267-270).

M. Sylvester a prouvé *a priori* que deux des huit covariants linéaires simultanés de deux formes cubiques binaires, ceux des degrés 4 et 3, ou 3 et 4 par rapport aux coefficients, doivent s'exprimer par les autres. L'auteur arrive à cette expression par deux voies, par les coefficients indéterminés et par la notation symbolique. Ce dernier procédé a été communiqué à l'auteur par M. le Dr Gerbaldi. Voici l'expression du covariant linéaire $(p\Delta)(\Delta\nabla)\nabla_x$ des deux formes a_x^3, α_x^3 :

$$(p\Delta)(\Delta\nabla)\nabla_x = -\tfrac{3}{2}\mathrm{T}p_x - \mathrm{S}\pi_x - \mathrm{J}n_x,$$

où

$$\mathrm{T} = (\Delta\nabla)^2, \qquad \mathrm{S} = (\Theta\Delta)^2, \qquad \mathrm{J} = (a\alpha)^3,$$

$$p_x = (\alpha\Delta)^2\alpha_x, \quad \pi_x = (a\nabla)^2 a_x, \quad n_x = (\pi\Delta)\Delta_x.$$

D'Ovidio (*E.*). — Sur deux covariants simultanés de deux formes binaires biquadratiques. (301-304).

L'auteur arrive, par une voie différente de celle suivie par M. Sylvester, à la décomposition du covariant sextique D_1 et du biquadratique D_2.

D'Ovidio (*E.*). — La résultante de deux formes binaires biquadratiques exprimée par leurs invariants fondamentaux. (385-389).

Dorna (*A.*). — Présentation de quelques travaux de l'Observatoire astronomique. (415-416).

D'Ovidio (*E.*). — La relation entre les huit invariants fondamentaux de deux formes binaires biquadratiques. (471-488).

Siacci (*F.*). — Sur une loi de réciprocité dynamique. (519-520).

On peut dans les équations canoniques de la Dynamique et dans les équations intégrales considérer comme principales les variables ou constantes conjuguées (toutes ou une partie) en en changeant le signe, et respectivement comme conjuguées les variables ou constantes principales. Comme conséquence de cette loi, on a plusieurs formes qu'on peut donner au principe d'Hamilton. L'auteur cite l'équation suivante, peu différente de celle d'Hamilton, et où l'on suppose qu'au lieu des variations des coordonnées, celles des vitesses soient nulles aux limites de l'intégrale,

$$\delta\int_{t_0}^{t}(\mathrm{S}-\mathrm{U})\,dt = 0,$$

U étant la fonction des forces, et

$$\mathrm{S} = \tfrac{1}{2}\Sigma m(x'^2+y'^2+z'^2+2xx''+2yy''+2zz'').$$

Il énonce aussi une autre réciprocité par laquelle si l'on regarde comme variables les constantes α_r, β_r des intégrales canoniques des équations

$$\frac{dq_r}{dt} = \frac{\partial \mathrm{H}}{\partial p_r}, \qquad \frac{dp_r}{dt} = -\frac{\partial \mathrm{H}}{\partial q_r},$$

et comme constantes les p, q, ces mêmes intégrales seront les intégrales des équations

$$\frac{d\alpha_r}{dt} = \frac{\partial \mathrm{H}}{\partial \beta_r}, \qquad \frac{d\beta_r}{dt} = -\frac{\partial \mathrm{H}}{\partial \alpha_r}.$$

Gribodo (*G.*). — Sur une propriété des pôles d'un faisceau de rayons en involution. (521-530).

Le lieu du pôle d'une involution par rapport à un cercle de rayon invariable, passant par le centre S du faisceau et tournant autour de ce point, est une ellipse qui a pour axes les rayons conjugués orthogonaux de l'involution. Les ellipses relatives à la rotation de tous les cercles qui passent par S sont homothétiques. Si le centre se meut sur une droite du faisceau, le lieu des pôles est le rayon conjugué de la perpendiculaire à cette droite.

Basso (*G.*). — Contribution à la théorie des phénomènes de diffraction. (571-580).

D'Ovidio (*E.*). — Sur les formes binaires du cinquième ordre. (591-612).

Par l'application des résultats obtenus dans ses Mémoires précédents sur les formes binaires, l'auteur joint de nouveaux résultats à ceux de Clebsch relatifs à l'expression des invariants et covariants non fondamentaux d'une forme binaire du cinquième ordre par les invariants et covariants fondamentaux, et aux relations entre ces formations invariantives.

Bruno (*G.*). — Sur les trièdres trirectangulaires dont les arêtes sont toutes normales à une quadrique donnée. (617-628).

Le lieu des sommets est une courbe du seizième ordre. Si la quadrique est un paraboloïde elliptique, elle se réduit au quatrième ordre.

Morera (*G.*). — Sur une nouvelle construction géométrique du théorème de l'addition des intégrales elliptiques. (649-653).

L'auteur a été amené à cette construction par la considération du mouvement uniforme et rectiligne comme un cas particulier du mouvement d'un point sujet à l'attraction de deux centres.

Dorna (*A.*). — Présentation des éphémérides du Soleil, de la Lune et des principales planètes pour l'année 1881. (655-677).

Gerbaldi (*F.*). — Sur la signification géométrique du covariant du neuvième ordre d'une forme cubique ternaire. (707-714).

L'auteur obtient la signification géométrique du covariant Ω [notation de Clebsch et Gordan, *Ueber cubische ternäre Formen* (*Math. Ann.*, Bd. VI)] en appliquant la méthode de la notation symbolique directement à la forme générale, au lieu de considérer comme Clebsch la forme canonique. Il donne l'expression de quelques formations invariantives par les fondamentales et quelques propriétés des points d'inflexion des cubiques planes, qui résultent des formes différentes qu'on peut donner au covariant Ω.

Curioni (*G.*). — Sur l'équation des moments d'inflexion. (775-784).

Genocchi (*A.*). — La Correspondance de Sophie Germain et Charles-Frédéric Gauss. (795-808).

Siacci (*F.*). — Un théorème de Mécanique analytique. (809).

Tomo XVI; 1880-81.

Richelmy (*P.*). — Sur les roues dentées. (29-44).

Ferraris (*G.*). — Sur les lunettes à objectif composé de plusieurs lentilles placées à distance entre elles. (45-70).

Dorna (*A.*). — Présentation de quelques travaux de l'Observatoire astronomique. (76-82) et (124-125).

Denza (*D.-F.*). — Les étoiles filantes du 14 novembre 1880 observées à Moncalieri (126-135).

Beltrami (*E.*). — Sur les fonctions cylindriques. (201-205).

La fonction potentielle d'un anneau circulaire homogène est donnée par

$$V = 2M\int_0^\infty [F_0(br)e^{-ar}]^2 dr,$$

a et b étant la demi-somme et la demi-différence de la plus grande et de la plus petite distance du point à la périphérie de l'anneau, dont M indique la masse. L'auteur part de la formule

$$e^{r\cos\theta} = F_0(r) + 2\sum_1^\infty F_n(r)\cos n\theta,$$

où les fonctions $F_n(r)$ sont liées aux fonctions cylindriques $J_n(r)$ par la relation

$$F_n(ir) = i^n J_n(r).$$

Il retrouve en passant des formules importantes de Neumann et Lipschitz et arrive à la relation remarquable

$$\int_0^\infty [F_0(br)e^{-ar}]^2 dr = \frac{1}{\pi}\int_0^{\frac{\pi}{2}} \frac{d\varphi}{\sqrt{a^2 - b^2\sin^2\varphi}},$$

dont l'expression de V est une conséquence immédiate.

Basso (*G.*). — Démonstration d'une propriété géométrique des rayons réfractés extraordinaires dans les milieux biréfringents à un axe. (208-211).

L'angle que le plan de réfraction extraordinaire forme avec le plan d'incidence est indépendant de l'angle d'incidence.

Dorna (*A.*). — Présentation de quelques travaux de l'Observatoire astronomique. (212).

Genocchi (*A.*). — Sur une propriété des fonctions interpolaires. (269-275).

Morera (*G.*). — Sur la séparation des variables dans les équations du mouvement d'un point matériel sur une surface. (276-295).

Soient φ, ψ les coordonnées curvilignes d'un point sur une surface, et φ', ψ' leurs dérivées par rapport au temps. Les conditions nécessaires et suffisantes, pour que l'on puisse effectuer la séparation des variables φ et ψ, sont :

1° Que l'expression de la force vive soit de la forme

$$\Theta(\Phi\varphi'^2 + \Psi\psi'^2),$$

Θ étant une fonction où les φ, ψ sont séparées, et Φ, Ψ des fonctions de la seule variable φ et de la seule variable ψ respectivement;

2° Que dans le produit ΘU, U étant la fonction des forces, les variables soient encore séparées.

D'Ovidio (*E.*). — Sur les propriétés fondamentales des complexes linéaires. (327-336).

Bottiglia (*A.*). — Théorie et calcul des ressorts métalliques. (424-453).

Peano (*G.*). — Construction des connexes (1, 2) et (2, 2).

Dorna (*A.*). — Présentation des éphémérides du Soleil, de la Lune et des planètes principaux pour l'année 1882. (626-647).

Denza (*D.-F.*). — Sur l'aurore polaire du 31 janvier 1881. (739-744).

Bourguet (*M.-L.*). — Sur la détermination des maxima et minima de la fonction $\Gamma(x)$. (758-772).

L'auteur ajoute sur ce sujet quelques réflexions qui lui sont suggérées, comme il le dit, par une Note de M. Hermite, et puis il expose quelques propriétés des nombres

$$S_n = 1 + \frac{1}{2^n} + \frac{1}{3^n} + \ldots$$

qu'il a découvertes par le calcul des dérivées successives de $\frac{\Gamma'(1+x)}{\Gamma(1+x)}$. De ces propriétés, nous citerons les suivantes :

$$\sum_{n=1}^{\infty} \frac{S_{2n}}{2^{2n}} = \sum_{n=0}^{\infty} \sum_{m=1}^{\infty} \frac{1}{(2m)^{2n}} = \frac{1}{2},$$

$$\sum_{n=1}^{\infty} 2n(2n+1)(2n+2)S_{2n+2} = \frac{51}{16}.$$

Tomo XVII; 1881-82.

Bruno (*G.*). — Sur les coniques passant par trois points donnés, et tangentes à deux droites données. (29-34).

Bruno (*G.*). — Sur les quadrilatères gauches circonscrits à une quadrique. (35-44).

Si un quadrilatère gauche est circonscrit à une quadrique, les quatre points de contact ne sont pas nécessairement sur un même plan, comme il résulterait d'un théorème énoncé par Poncelet dans le *Traité des propriétés projectives des figures*, Paris, 1865, t. I, p. 78.

Peano (*G.*). — Un théorème sur les formes multiples. (73-79).

Soient données les formes multiples

$$f = f_0 x_1^m + m f_1 x_1^{m-1} x_2 + \ldots,$$
$$g = g_0 x_1^n + n g_1 x_1^{n-1} x_2 + \ldots,$$

renfermant une série de variables binaires x_1, x_2, et que les substitutions effectuées sur ces variables soient indépendantes des substitutions effectuées sur les autres. Si les formes

$$f_0,\ f_1,\ \ldots,\ g_0,\ g_1,\ \ldots,$$

qui ne renferment pas les x, admettent un système fini de formations invariantives fondamentales, les formes données f, g, ... l'admettent aussi.

Dorna (*A.*). — Présentation de quelques travaux de l'Observatoire astronomique. (80-82).

Siacci (*F.*). — Les axes statiques d'un système de forme invariable. (241-242).

Si un corps dont un point reste fixe est soumis à l'action de forces constantes d'intensité et direction, il y a quatre droites autour desquelles, faisant tourner le corps, on le ramène à une position d'équilibre. Ce sont ces droites que l'auteur appelle *axes statiques* et dont il énonce les propriétés principales.

En 1883, ces axes statiques ont été repris en examen par M. Padova qui a fait connaître leur distribution dans l'espace (*Atti del R. Istituto Veneto*, 6e série, t. I, 1882-1883, p. 1243).

Dorna (*A.*). — Présentation de quelques travaux de l'Observatoire astronomique. (253-255).

Curioni (*G.*). — Études sur la résistance des corps solides à la flexion. (256-266).

Pour établir les équations de l'équilibre dans la flexion, on suppose que les deux coefficients d'élasticité par tension et par pression soient égaux, ce qui n'est pas vrai en général. L'auteur, en tenant compte des deux coefficients différents, établit des nouvelles équations d'équilibre qui n'ont pas cette imperfection, et qui se réduisent aux anciennes par l'hypothèse que les deux coefficients soient égaux.

Dorna (*A.*). — Présentation de quelques travaux de l'Observatoire astronomique. (267-269).

Le Paige (*C.*). — Sur la forme quadrilinéaire. (299-319).

Zanotti-Bianco (*O.*). — Notes biographiques sur Jean-François Peverone, mathématicien de Cuneo. (320-324).

Basso (*G.*). — Sur un cas particulier d'équilibre d'un solénoïde soumis à l'action magnétique terrestre et à celle d'un courant électrique. (358-367).

Dorna (*A.*). — Présentation de quelques travaux de l'Observatoire astronomique. (368-370).

Piazza (*S.*). — Sur les correspondances (1,2) et (1,3). (431-446).

Genocchi (*A.*). — Présentation d'un volume intitulé : Correspondance inédite de Lagrange et d'Alembert publiée d'après les manuscrits autographes, et annotée par Ludovic Lalanne. (531-533).

Gerbaldi (*F.*). — Sur les groupes de six coniques en involution. (566-579).

Peano (*G.*). — Systèmes de formes binaires d'un même degré et système complet d'un nombre quelconque de cubiques. (580-586).

On dit que deux formations invariantives sont d'*un même type* lorsqu'on peut les déduire l'une de l'autre par des opérations polaires.

Soit le système complet des formations invariantives de N formes binaires d'un même degré n; on aura un certain nombre de types auxquels appartiennent les formes de ce système. L'auteur démontre que si le nombre N des formes augmente indéfiniment, le nombre des types reste fini. Ensuite il traite le cas d'un nombre quelconque de cubiques binaires, et démontre qu'on a alors dix types, et donne aussi le nombre des formations appartenant à chacun de ces types.

Novarese (*E.*). — Sur quelques formules de Hermite pour l'addition des fonctions elliptiques. (607-621).

Ces formules sont données par l'auteur sous la forme de rapport de deux déterminants d'ordre égal au nombre des arguments et sans ambiguïté de signe. La formule relative au sin am avait été donnée par Clebsch, comme l'auteur en avertit, mais sans la détermination de signe. L'auteur déduit de ses formules quelques relations remarquables, dont nous citerons la suivante :

$$\mathrm{dn}(u_1+u_2+\ldots+u_{m-1}) = \frac{\begin{vmatrix} t_1^{m-3} & t_1^{m-5} & \ldots & t_1 & t_1^{m-2}\Delta_1 & t_1^{m-4}\Delta_1 & \ldots & \Delta_1 \\ \ldots\ldots & \ldots\ldots & \ldots & \ldots & \ldots\ldots & \ldots\ldots & \ldots & \ldots \\ t_{m-1}^{m-3} & t_{m-1}^{m-5} & \ldots & t_{m-1} & t_{m-1}^{m-2}\Delta_{m-1} & t_{m-1}^{m-4}\Delta_{m-1} & \ldots & \Delta_{m-1} \end{vmatrix}}{\begin{vmatrix} t_1^{m-2} & t_1^{m-4} & \ldots & 1 & t_1^{m-3}\Delta_1 & t_1^{m-5}\Delta_1 & \ldots & t_1\Delta_1 \\ \ldots\ldots & \ldots\ldots & \ldots & \ldots & \ldots\ldots & \ldots\ldots & \ldots & \ldots \\ t_{m-1}^{m-2} & t_{m-1}^{m-4} & \ldots & 1 & t_{m-1}^{m-3}\Delta_{m-1} & t_{m-1}^{m-5}\Delta_{m-1} & \ldots & t_{m-1}\Delta_{m-1} \end{vmatrix}}.$$

ayant posé

$$t_i = \mathrm{tn}\, u_i, \qquad \Delta_i = \mathrm{dn}\, u_i.$$

Castigliano (*A.*). — Sur une propriété des systèmes élastiques. (705-713).

En appelant *déplacement* du point d'application d'une force la projection du déplacement effectif de ce point sur la direction de la force, l'auteur démontre le théorème suivant :

« Si P, Q sont deux des forces extérieures appliquées à un système élastique et p, q les déplacements de leurs points d'application, le coefficient de Q dans l'expression de p est égal au coefficient de P dans l'expression de q. »

Il en fait quelques applications et il en déduit un théorème de M. Betti.

Jadanza (*N.*). — Sur un déterminant gauche qui se présente dans l'étude des lunettes. (714-722).

Novarese (*E.*). — Sur la multiplication des fonctions elliptiques. (723-739).

Les formules que l'auteur a données pour l'addition dans le Mémoire précédent devraient donner celles pour la multiplication en supposant tous les arguments égaux entre eux. Mais les seconds membres se réduisent, dans cette hypothèse, à la forme $\frac{0}{0}$. L'auteur lève cette difficulté au moyen d'un théorème de M. Siacci et établit des formules pour la multiplication en les déduisant de celles de l'addition. Voici le théorème de M. Siacci :

« En supposant

$$x_0 = x_1 = x_2 = \ldots = x_{n-1} = x,$$

le quotient

$$\frac{\Sigma \pm \varphi_0(x_0)\varphi_1(x_1)\ldots\varphi_{n-1}(x_{n-1})}{\Sigma \pm \psi_0(x_0)\psi_1(x_1)\ldots\psi_{n-1}(x_{n-1})}$$

se réduit à

$$\frac{\Sigma \pm \varphi_0(x)\varphi'_1(x)\ldots\varphi_{n-1}^{(n-1)}(x)}{\Sigma \pm \psi_0(x)\psi'_1(x)\ldots\psi_{n-1}^{(n-1)}(x)}. \text{»}$$

Schwarz (*H.-A.*). — Démonstration élémentaire d'une propriété fondamentale des fonctions interpolaires. (740-742).

Tomo XVIII; 1882-83.

Dorna (*A.*). — Éphémérides du Soleil, de la Lune et des planètes principales. (44-65).

Denza (*F.*). — Sur la connexion entre les éclipses de Soleil et le magnétisme terrestre. (108-132).

Pasqualini (*L.*). — Sur les figures électrochimiques à la surface d'un cylindre. (133-146).

Volterra (*V.*). — Sur les figures électrochimiques à la surface d'un cylindre. (147-168).

M. Volterra étudie mathématiquement ce phénomène dans sa période stationnaire. Il établit les conditions auxquelles doit satisfaire la fonction qui donne la distribution de la force électromotrice à la surface du cylindre, et démontre que ces conditions ne peuvent déterminer qu'une seule fonction. Ensuite, il transforme ces conditions pour montrer la possibilité de construire effectivement cette fonction, et donne les deux formules

$$E + E_1 = \frac{4\,DR}{\mu}\int_0^{\omega}\sqrt{\sin^2\alpha - \sin^2\omega}\,d\omega,$$

$$E_\omega = \frac{2\,DR}{\mu}\int_0^{\omega}\sqrt{\sin^2\alpha - \sin^2\omega}\,d\omega + \frac{E - E_1}{2},$$

D étant la densité du courant principal, μ la conductibilité du liquide, R le rayon du cylindre, E_ω la force électromotrice à la surface du cylindre, E sa valeur maximum, $-E_1$ sa valeur minimum, α un angle qui dépend de l'extension des couches visibles. Enfin l'auteur donne l'expression de ces deux formules par intégrales elliptiques.

D'Ovidio (*E.*). — Présentation d'un nouveau journal de Mathématiques du professeur G. Mittag-Leffler (*Acta Mathematica*). (243-244).

Dorna (*A.*). — Observations météorologiques ordinaires de l'an 1882. (287-296).

Volterra (*V.*). — Sur les figures électrochimiques de A. Guébhard. (329-336).

Après avoir étudié analytiquement le phénomène de Guébhard, dont il fait remarquer l'analogie avec celui de Tribe, et démontré que les lignes qui se présentent dans ce phénomène correspondent aux lignes de niveau, l'auteur déduit par le calcul que la coïncidence des anneaux de Guébhard avec les lignes de niveau peut se présenter aussi en d'autres circonstances qui n'ont pas encore été soumises à l'expérience.

Morera (*G.*). — Sur les propriétés invariantives du système d'une forme linéaire et d'une forme bilinéaire alternée. (383-402).

Dorna (*A.*). — Travaux de l'Observatoire astronomique de Turin. (410-411).

Peano (*G.*). — Sur l'intégrabilité des fonctions. (439-446).

Dorna (*A.*). — Travaux de l'Observatoire astronomique de Turin. (517-520).

Morera (*G.*). — Sur le problème de Pfaff. (521-532).

Au moyen des résultats obtenus par Mayer [*Ueber unbeschränkt integrable Systeme* u. s. w. (*Math. Ann.*, Bd. 5, p. 448)] la méthode d'intégration successive de Clebsch (*Journ. de Crelle*, Bd. 60) conduit au théorème suivant :

« Si une expression différentielle linéaire est réductible à une forme canonique renfermant p fonctions indépendantes, pour la résolution du problème de Pfaff, on doit faire les opérations

$$p-1,\quad p-3,\quad p-5,\quad \ldots \text{ »}$$

Peano (*G.*). — Sur les fonctions interpolaires. (573-580).

Denza (*F.*). — Les aurores polaires en Italie en 1882. Note I. L'aurore polaire du 16-17 avril 1882. (581-600).

Jadanza (*N.*). — Sur quelques systèmes dioptriques composés de deux lentilles. (601-618).

Cappa (*S.*). — Sur l'équilibre d'un système de quatre forces dans l'espace. (619-626).

Démonstration du théorème suivant de M. Zucchetti :

« Pour un système de quatre forces en équilibre dans l'espace, on peut construire une infinité de polygones funiculaires quadrilatères fermés » ;

et application de ce théorème à la résolution de deux problèmes.

Denza (*F.*). — Les aurores polaires en Italie en 1882. Note II. L'aurore polaire du 19-20 avril 1882. (679-690).

Basso (*G.*). — Sur le phénomène optique appelé *nodus Rosi.* (Relation). (691-698).

Dorna (*A.*). — Quelques travaux de l'Observatoire astronomique de Turin. (719-720).

Cappa (*S.*). — Sur la transmission du mouvement entre deux axes quelconques. (733-740).

Tome XIX; 1883-84.

Dorna (*A.*). — Éphémérides du Soleil, de la Lune et des principales planètes pour 1884, et autres travaux de l'Observatoire. (54-80).

D'Ovidio (*E.*). — Relation sur le Mémoire du Dr C. Segre intitulé : *Étude sur les quadriques dans un espace linéaire d'un nombre quelconque de dimensions.* (81-83).

Dorna (*A.*). — Relation sur le Mémoire de l'Ingénieur G. de Berardinis : *Sur l'écartement de la ligne géodésique des sections normales d'une surface.* (94-97).

Jadanza (*N.*). — Sur les systèmes dioptriques composés. (99-117).

D'Ovidio (*E.*). — Relation sur le Mémoire du Dr C. Segre : *Sur la géométrie de la droite et de ses séries quadratiques.* (138-139).

D'Ovidio (*E.*). — Relation sur le Mémoire du Dr G. Loria : *Recherches sur la géométrie de la sphère et leurs applications à l'étude et à la classification des surfaces.* (140-141).

Cappa (*S.*). — Sur la limite de l'adhérence entre deux cylindres qui se transmettent le mouvement de rotation. (154-158).

Segre (*C.*). — Sur les géométries métriques des complexes linéaires et des sphères, et sur leurs analogies mutuelles. (159-186).

La géométrie métrique des droites et des complexes linéaires renferme, comme cas particulier, la géométrie métrique des points et des sphères. On déduit une proposition de la seconde d'une de la première en changeant les mots *droites* et *complexes* en ceux de *points* et *sphères*, en posant toujours égal à zéro l'angle de deux droites, et en substituant la distance de deux points au lieu de la racine carrée du moment de deux droites et au lieu de leur intervalle.

Dorna (*A.*). — Travaux de l'Observatoire astronomique de Turin. (268).

Segre (*C.*). — Sur les surfaces réglées rationnelles dans un espace linéaire quelconque. (355-372).

Les surfaces réglées de l'ordre n dans un espace de $n+1$ dimensions se distinguent en diverses espèces suivant l'ordre de la directrice d'ordre *minimum*. Pour n *impair* on a $\frac{n-1}{2}$ groupes et pour n *pair* $\frac{n}{2}$. Les surfaces appartenant au même groupe sont telles qu'on peut passer de l'une à l'autre par une homographie entre deux espaces de $n+1$ dimensions. L'auteur donne d'autres propriétés de ces groupes et s'occupe aussi de la représentation plane de ces surfaces réglées.

Guidi (*C.*). — Sur l'action du vent sur les arcs des toitures. (373-380).

Battelli (*A.*). — Sur les systèmes catoptriques centrés. (387-409).

Curioni (*G.*). — Sur la puissance conjonctive longitudinale dans les poutres. (498-513).

Siacci (*F.*). — Quelques théorèmes sur la résistance rencontrée par une surface en mouvement dans un fluide. (541-543).

Dorna (*A.*). — Nouveau matériel scientifique et premières observations avec des anneaux micrométriques à l'observatoire de Turin. (544-564).

Dorna (*A.*). — Travaux de l'Observatoire astronomique de Turin. (565-566).

Novarese (*E.*). — Sur les accélérations dans le mouvement d'une figure plane dans son plan. (661-663).

Les directions des vitesses des points d'une droite mobile en un instant quelconque enveloppent une parabole. L'auteur étend ce théorème aux accélérations d'un ordre quelconque.

Dorna (*A.*). — Premières observations avec des anneaux micrométriques à l'Observatoire de Turin. Note sur la détermination des rayons des anneaux micrométriques par des étoiles. (689-717).

Charrier (*A.*). — Éphémérides du Soleil, de la Lune et des principales planètes pour 1885. (718-739).

Jadanza (*N.*). — Lunettes réduites. (769-790).

Cappa (*S.*). — Sur le mouvement de rotation d'une masse liquide autour d'un axe. (817-825).

Dorna (*A.*). — Travaux de l'Observatoire astronomique de Turin. (830-831).

Tardy (*P.*). — Relations entre les racines de quelques équations fondamentales déterminantes. (835-848).

Démonstration de quelques théorèmes donnés par M. W. Thomé dans un Mémoire sur la théorie des équations différentielles linéaires.

Loria (*G.*). — Sur la géométrie d'un complexe tétraédral. (849-877).

L'auteur prend pour base de sa méthode la représentation du complexe tétraédral sur l'espace ordinaire constitué de points.

Segre (*C.*). — Recherches sur les faisceaux de cônes quadriques dans un espace linéaire quelconque. (878-896).

Étude synthétique des propriétés de ces faisceaux. L'auteur retrouve aussi, par la voie analytique, ces mêmes propriétés en prenant pour point de départ la forme canonique donnée par M. Kronecker à un faisceau de formes quadratiques dont le déterminant est $= 0$. Il en déduit que la classification des faisceaux de cônes quadriques revient à celle des faisceaux de quadriques déjà étudiée par M. Segre même dans un autre Mémoire [*Studio sulle quadriche*, etc. (*Memorie della R. Accademia delle Scienze di Torino*, IIe série, t. XXXVI, 1884).

Jadanza (*N.*). — Sur la mesure d'un arc de parallèle terrestre. (990-1003).

Dorna (*A.*). — Travaux de l'Observatoire astronomique de Turin. (1004).

Padova (*E.*). — Sur la rotation d'un corps de révolution pesant qui se meut autour d'un point de son axe de symétrie. (1007-1016).

La rotation d'un corps de révolution pesant autour d'un point de son axe peut être remplacée par le mouvement relatif de deux corps, non soumis à des forces accélératrices, tournant autour d'un même point, et ayant dans leurs mouvements de rotation le même plan invariable et le même mouvement oscillatoire moyen.

Ce théorème, contenu dans un Mémoire inachevé de Jacobi, a été démontré par M. Lottner, à l'aide de quelques formules données par Jacobi même.

M. Padova donne, au moyen de ces formules, une nouvelle démonstration, de manière à faire ressortir les relations entre les constantes des mouvements considérés et à montrer la nécessité de toutes les conditions posées dans l'énoncé.

ANNALI DELLA R. SCUOLA NORMALE SUPERIORE DI PISA. Scienze fisiche e matematiche. In-8°.

Vol. I; 1871.

Padova (*E.*). — Sur le mouvement d'un ellipsoïde fluide et homogène. (1-87).

L'auteur rappelle quelques résultats déjà connus sur cette question et traite, en particulier, le mouvement périodique. En partant du principe d'Hamilton

$$\delta \int (\mathrm{T} + \varepsilon \mathrm{P})\, dt = 0,$$

il établit par un nouveau procédé, et écrit sous différentes formes, les neuf équations différentielles qui donnent les neuf fonctions du temps dont dépend la position d'une molécule.

Il étudie, en particulier, les mouvements où il n'y a de rotation qu'autour des axes principaux ou autour d'un certain autre système d'axes orthogonaux. Dans l'étude des mouvements qui ne font pas perdre à un ellipsoïde de révolution sa forme symétrique, l'auteur supprime la considération des deux fonctions auxiliaires dont Dirichlet a fait usage.

Si les axes de l'ellipsoïde sont constants, deux au moins des composantes des rotations doivent être nulles (nouvelle démonstration de ce théorème de Riemann).

Lorsqu'on a la stabilité, c'est-à-dire lorsqu'en ajoutant une petite force l'ellipsoïde ne fait qu'osciller et tend à reprendre sa forme primitive, les axes font de petites oscillations pendulaires. Les variations des axes sont périodiques si les périodes des composantes sont commensurables, mais ils ne peuvent subir des variations finies, avec cette même loi de variabilité.

Si deux couples de composantes des rotations sont nuls et les deux de l'autre couple sont périodiques et de même période, les axes oscillent périodiquement et avec cette même période. Ce théorème renferme comme cas particulier l'autre de Riemann : « Si deux couples sont nuls et l'autre est constant, la forme de l'ellipsoïde est aussi constante. »

Bertini (*E.*). — Sur les polyèdres eulériens. (89-132).

D'abord l'auteur résume quelques propositions données par M. Jordan [*Recherches sur les polyèdres* (*Journal de Crelle*, t. 66, p. 22)]; puis il se propose le problème de la classification des polyèdres eulériens par la considération de deux aspects semblables et démontre des propriétés importantes relatives aux cycles d'éléments.

Soient A, A_1 deux aspects semblables d'un polyèdre et s_1 l'élément homologue de s, s_2 l'homologue de s_1 et ainsi de suite. On arrive à un élément s_n dont l'homologue est s. C'est à un groupe tel que $s, s_1, s_2, \ldots, s_n$ que l'auteur donne le nom de *cycle*. Par les propriétés des cycles, le problème de la classification se réduit à l'étude de cas particuliers.

Dans un appendice est donnée la solution de la question suivante : quelle est la manière de se comporter des cycles par rapport à deux aspects semblables quelconques? Les aspects *fondamentaux* (ceux par rapport auxquels les cycles sont d'un même nombre d'éléments, à l'exception de deux, qui peuvent ne contenir qu'un élément) constituent-ils un cas particulier, ou bien le cas général de deux aspects semblables? L'auteur démontre que deux aspects semblables quelconques sont fondamentaux.

A ce Mémoire fut décernée exceptionnellement une médaille d'argent.

Aschieri (*F.*). — Sur un complexe du deuxième degré. (133-156).

Ce complexe est formé par les droites rencontrant quatre plans donnés en quatre points dont le rapport anharmonique est constant.

Tous les cônes du complexe sont circonscrits au tétraèdre donné, et toutes les courbes du complexe sont inscrites dans le quadrilatère, section du plan de la courbe avec le tétraèdre. Si l'un des plans est à l'infini, les cônes passent par l'origine, et les courbes sont des paraboles.

Le complexe en question est aussi formé par les droites qui font un angle droit avec leurs polaires réciproques par rapport à une quadrique. Les quatre plans sont alors : le plan de l'infini et les trois plans principaux de la quadrique. Le complexe est le même pour toutes les surfaces dont les demi-axes satisfont à la relation

$$a - c = K(b - c),$$

K étant une constante.

On peut en ce complexe isoler des séries simplement infinies de droites, chacune constituant une développable du quatrième ordre, qui a pour arête de rebroussement une cubique gauche.

On peut même considérer ce complexe, en deux manières différentes, comme lieu des intersections de deux séries homographiques de complexes linéaires.

Un autre complexe du deuxième degré est formé par les droites qui rencontrent deux quadriques données en quatre points harmoniques.

D'Arcais (*F.*). — Du mouvement sur un ellipsoïde d'un point soumis à l'action de forces qui ont une certaine fonction potentielle. (157-192).

La fonction potentielle est supposée de la forme

$$Mx^2 + Ny^2 + Pz^2,$$

comme dans le Mémoire de Neumann : *De problemate quodam mechanico*, etc., (*Journal de Crelle*, t. 56), où il s'agit du mouvement sur une sphère. L'auteur traite le cas de l'ellipsoïde à trois axes et de l'ellipsoïde de révolution en faisant une application des intégrales abéliennes.

Pour l'ellipsoïde de révolution, la fonction potentielle est supposée de la forme

$$Mx^2 + N(y^2 + z^2).$$

En supposant que M, N soient les coefficients de x^2 et de $y^2 + z^2$ dans l'expression qui donne la fonction potentielle de l'ellipsoïde sur les points de sa surface, on est dans le cas d'un point qui se meut sur cette surface étant soumis à la seule action newtonienne de l'ellipsoïde.

Roiti (*A.*). — Sur les mouvements des liquides. (193-240, 3 pl.).

Mouvement d'une colonne liquide dans un tuyau cylindrique sous l'action de la gravité.

S. R.

ATTI DELLA R. ACCADEMIA DEI LINCEI. In-4°, 4e Série (1).

Rendiconti (remplaçant les Transunti), t. I; 1884-1885.

Respighi (*L.*). — Observations de la comète Wolf 1884, faites au cercle méridien de l'Observatoire du Capitole. (61).

Tacchini (*P.*). — Sur les observations des taches et des facules solaires faites à l'Observatoire royal du Collège Romain en 1884. (65-67).

Tacchini (*P.*). — Sur les protubérances hydrogéniques solaires observées à l'Observatoire royal du Collège Romain en 1884. (103-105).

Tonelli (A.). — Sur la représentation analytique de certaines fonctions singulières. (124-130).

Étant

$$(a_1 b_1),\quad (a_2 b_2),\quad \ldots,\quad (a_n b_n)$$

des intervalles séparés et

$$[\varphi_1(x),\ \psi_1(x)],\quad [\varphi_2(x),\ \psi_2(x)],\quad \ldots,\quad [\varphi_n(x),\ \psi_n(x)]$$

autant de couples de fonctions connues et déterminées dans ces intervalles, on peut trouver un nombre infini d'expressions analytiques d'une fonction $f(x)$ qui, aux points rationnels des intervalles donnés, prend respectivement les valeurs de $\varphi_1, \varphi_2, \ldots, \varphi_n$, et aux points irrationnels celles de $\psi_1, \psi_2, \ldots, \psi_n$, tandis qu'en tout autre point elle est égale à o.

L'auteur donne aussi une extension de ce théorème aux cas de deux et de n variables.

Vanecek (I.-S. et *M.-N.).* — Sur la génération des surfaces et des courbes gauches par les faisceaux de surfaces. (130-133).

Le mot *faisceau* indique ici, en général, un système de surfaces satisfaisant à un nombre de conditions qui n'est pas suffisant pour les déterminer. On a à considérer la *dimension* et l'*indice* du faisceau. L'auteur énonce, sans démonstration, des théorèmes dont nous rapporterons le suivant :

« Soit donné un faisceau (R) de l'ordre r, de la dimension $n-1$ et d'indice m_r, et des courbes de l'ordre $p_1, p_2, \ldots, p_n$ respectivement. A ces courbes (p_i), faisons correspondre des faisceaux de la première dimension (F_i), d'indices m_1, $m_2, \ldots, m_n$ et des ordres $f_1, f_2, \ldots, f_n$. Une surface R du faisceau (R) rencontre les courbes en (p_i) points. Faisons correspondre aux points d'intersection de p_1 ceux de $p_2, \ldots, p_n$ et réciproquement. Ces points déterminent, dans les faisceaux (F_i), des surfaces correspondantes. »

En faisant varier la surface R du faisceau (R), il y a des points par lesquels passent à la fois toutes les n surfaces correspondantes et leur lieu est une surface de l'ordre

$$s_n = m_r nr F_n M_n P_n,$$

où

$$F_n = f_1 f_2 \cdots f_n,$$
$$M_n = m_1 m_2 \ldots m_n,$$
$$P_n = p_1 p_2 \cdots p_n.$$

En prenant le faisceau (R) de la dimension $n-2$, on a, au lieu d'une surface, une courbe gauche de l'ordre

$$c_n = \frac{n(n-1)}{2} r^2 m_r F_n M_n P_n.$$

DARBOUX (G.), Professeur à la Sorbonne. — **Sur le problème de Pfaff.** Grand in-8; 1882.. 2 fr.

DARBOUX (G.). — **Sur les différentielles des fonctions de plusieurs variables indépendantes.** Grand in-8; 1882............ 1 fr. 50 c.

JOURNAL DE L'ÉCOLE POLYTECHNIQUE, publié par le Conseil d'instruction de cet établissement. 55 cahiers in-4, avec fig. et pl.. 1000 fr.

Prix d'un des derniers cahiers (à l'exception du LVe) : Paris, France et Étranger.. 12 fr.

Le LVe Cahier, qui a paru en janvier 1886, contient : Mémoire sur les oscillations à longues périodes dans les machines actionnées par des moteurs hydrauliques, et sur les moyens de prévenir ces oscillations; par *H. Léauté.* — Sur les surfaces cyclides; par *G. Humbert.* — Sur les forces analytiques; par *L. Lecornu.* — Note sur la courbure de l'herpolhodie; par *H. Resal.*

Ce Cahier, qui a 17 figures dans le texte et 3 pl., se vend.... 14 fr.

KŒHLER (J.), ancien Répétiteur à l'École Polytechnique, ancien Directeur des Études à l'École préparatoire de Sainte-Barbe. — **Exercices de Géométrie analytique et de Géométrie supérieure.** *Questions et solutions.* A l'usage des candidats aux Écoles Polytechnique et Normale et à l'Agrégation. 2 volumes in-8, avec figures; 1886.

On vend séparément :

Ire Partie : *Géométrie plane*.. 9 fr.
IIe Partie : *Géométrie dans l'espace*.................... (*Sous presse.*)

LAURENT (H.), Examinateur d'admission à l'École Polytechnique. — **Traité d'Analyse.** 6 volumes in-8, avec figures dans le texte.

Tome I. — **Calcul différentiel.** *Applications analytiques et géométriques;* 1885.. 10 fr.

Le Tome II est sous presse et paraîtra prochainement.

Ce Traité est le plus complet qui soit publié sur l'Analyse. Il est destiné aux personnes qui, n'ayant pas le moyen de consulter un grand nombre d'ouvrages, ont le désir d'acquérir des connaissances étendues en Mathématiques. Il contient donc, outre le développement des matières exigées des candidats à la Licence, le résumé des principaux résultats acquis à la Science. (Des astérisques indiquent les matières non exigées des candidats à la Licence.) Enfin, pour faire comprendre dans quel esprit est rédigé ce Traité d'Analyse, il suffira de dire que l'Auteur est un ardent disciple de Cauchy.

LÉVY (Maurice), Ingénieur en chef des Ponts et Chaussées, Membre de l'Institut, Professeur au Collège de France et à l'École centrale des Arts et Manufactures. — La **Statique graphique et ses applications aux constructions.** 2e édition. 2 vol. grand in-8, avec 2 atlas de même format :

Ire Partie : *Principes et applications de la Statique graphique pure.* Grand in-8, de XXVIII-549 pages, avec Atlas de 26 planches; 1886. 22 fr.

IIe Partie : *Application de la Statique graphique aux problèmes de la Résistance des matériaux*.................... (*Sous presse.*)

MANNHEIM (A.), Chef d'escadron d'Artillerie, Professeur à l'École Polytechnique. — **Cours de Géométrie descriptive de l'École Polytechnique,** comprenant les Éléments de la Géométrie cinématique. Grand in-8, illustré de 249 figures dans le texte; 1880.............. 17 fr

AVRIL 1886.

Comptes rendus et analyses.

Revue des publications.

Paris. — Imprimerie de GAUTHIER-VILLARS, quai des Augustins, 55.

Le Gérant : Gauthier-Villars.

Cassani (*P.*). — Les angles des espaces linéaires. (133-136).

L'auteur se base sur la théorie de l'orthogonalité des espaces. Il commence par établir qu'il y a $n+1$ droites rencontrant quatre espaces de n dimensions situés arbitrairement dans un espace de $2n+1$ dimensions, et qu'il y en a $p-n$ rencontrant quatre espaces dont deux soient de n dimensions et les deux autres de $p-n-1$ dimensions, et tous les quatre soient situés dans un espace de p dimensions. Il aborde ensuite le problème de la détermination des angles.

Chaque côté d'un angle *minimum* est la projection orthogonale de l'autre et le plan de cet angle est perpendiculaire aux deux espaces.

Frattini (*G.*). — Sur un théorème de Lagrange. (136-142).

Le théorème en question revient à dire que la congruence

$$x^2 - Dy^2 \equiv \lambda \,(\text{mod. } p),$$

p étant premier et D n'étant pas $\equiv 0$ (mod. p), est résoluble. L'auteur détermine le nombre des solutions de cette congruence et trouve que ce nombre est $\frac{1}{2}\left[p-\left(\frac{D}{p}\right)\right]$, $\left(\frac{D}{p}\right)$ étant le caractère quadratique de D par rapport à p. Il démontre ensuite la résolubilité de la congruence

$$x^2 - Dy^4 \equiv \lambda \,(\text{mod. } p),$$

et en déduit la possibilité de l'autre,

$$x^4 - Dy^2 \equiv \lambda \,(\text{mod } p).$$

On peut résoudre la congruence

$$Ax^4 + 2Byx^2 + Cy^2 \equiv \lambda \,(\text{mod } p),$$

lorsqu'on n'a pas $B^2 - 4AC \equiv 0 \,(\text{mod } p)$.

Frattini (*G.*). — Un théorème relatif à la transformation modulaire du degré p. Note I. (142-147).

Deux substitutions S, S′ du groupe modulaire différentes de l'unité étant données, on peut trouver en ce groupe deux substitutions T_1, T_2 telles que l'on ait

$$(T_1^{-1} S T_1)(T_2^{-1} S T_2) = S'.$$

Il ne peut y avoir d'exception dans les cas suivants :

S parabolique, S′ hyperbolique et $p = 4n+1$,
S parabolique, S′ elliptique et $p = 4n+3$,
S de période 2, S′ parabolique et $p = 4n+3$.

Pour $p = 4n+1$ on peut cependant avoir toujours

$$(T_1^{-1} S' T_1)(T_2^{-1} S T_1) = S'.$$

De même pour $p = 4n+3$, excepté le troisième des cas indiqués ci-dessus.

Une substitution du groupe modulaire est appelée *parabolique*, *hyperbolique* ou *elliptique* respectivement, suivant qu'un élément ou deux ne sont pas déplacés ou que tous sont déplacés.

Bianchi (*L.*). — Sur les systèmes triples orthogonaux de Weingarten.

L'auteur prend pour point de départ un théorème que M. Weingarten lui communiqua en octobre 1884, relatif à l'existence de systèmes triples orthogonaux de surfaces dont un système est formé par des surfaces ayant une même courbure constante. Il établit les formules fondamentales de ces systèmes. L'élément linéaire de l'espace par rapport à un de ces systèmes prend la forme

$$ds^2 = \cos^2\theta\, du^2 + \sin^2\theta\, dv^2 + \left(\frac{d\theta}{dw}\right)^2 dw^2,$$

que M. Darboux a établie en particulier pour les systèmes de Ribaucour, θ étant une fonction de u, v, w qui satisfait aux équations

$$\frac{\partial^2\theta}{\partial u^2} - \frac{\partial^2\theta}{\partial v^2} = \sin\theta\cos\theta,$$

$$\frac{\partial}{\partial u}\left(\frac{1}{\cos\theta}\frac{\partial^2\theta}{\partial u\,\partial w}\right) = \cos\theta\frac{\partial\theta}{\partial w} + \frac{1}{\sin\theta}\frac{\partial\theta}{\partial v}\frac{\partial^2\theta}{\partial v\,\partial w},$$

$$\frac{\partial^3\theta}{\partial u\,\partial v\,\partial w} = \frac{\cos\theta}{\sin\theta}\frac{\partial\theta}{\partial u}\frac{\partial^2\theta}{\partial v\,\partial w} - \frac{\sin\theta}{\cos\theta}\frac{\partial\theta}{\partial v}\frac{\partial^2\theta}{\partial u\,\partial w}.$$

A chaque solution θ correspond un système de Weingarten.

L'auteur donne une méthode pour déduire d'un système de Weingarten un nombre infini d'autres systèmes semblables. La construction à faire est celle qui a été indiquée par lui pour la surface *complémentaire* dans sa thèse d'habilitation (*Annali della R. Scuola Normale superiore di Pisa, Scienze fisiche e matematiche*, Vol. II, 1879, p. 285).

Frattini (*G.*). — Un théorème relatif au groupe de la transformation modulaire de degré *p*. Note II (166-168).

Démonstration d'un lemme que l'auteur avait énoncé dans la Note I.

Respighi (*L.*). — Sur les observations spectroscopiques du bord et des protubérances solaires faites en 1881 et 1884 à l'Observatoire royal du Capitole. (174-181).

Tacchini (*P.*). — Sur la relation entre les maxima et minima des protubérances solaires et les maxima et minima de l'oscillation diurne de l'aimant de déclinaison. (181-182).

Besso (*D.*). — Sur une classe d'équations différentielles linéaires du quatrième ordre, et sur l'équation du cinquième ordre. Note I (183-186), Note II (233-237).

L'équation du quatrième ordre

$$\varphi u^{\text{IV}} + \tfrac{5}{2}\varphi' u''' + (b\varphi'' + g)u'' + \tfrac{1}{2}(3b - 5)\varphi''' u' + h\varphi^{\text{IV}} u = 0$$

peut être ramenée à deux équations du deuxième ordre, et lorsque φ est le carré d'une fonction entière du deuxième degré, on peut, en général, réduire les deux équations du deuxième ordre à la forme hypergéométrique.

Les racines de l'équation

$$\xi u^5 - 40u^2 - 5u - 1 = 0$$

satisfont à une équation différentielle linéaire du quatrième ordre qu'on peut ramener à deux équations hypergéométriques. L'auteur en déduit aussi l'expression des racines par fonctions hypergéométriques.

Gomes Teixeira (*F.*). — Sur la détermination de la partie algébrique de l'intégrale des fonctions rationnelles. (187-188).

M. Hermite (*Cours d'Analyse*, p. 263 et suivantes) a donné deux méthodes pour cette détermination, dont la seconde est indépendante de la connaissance des racines du dénominateur. M. Gomes rend la première aussi de ces methodes indépendante de cette connaissance, au moyen des théorèmes sur les fonctions symétriques rationnelles.

Riccò (*A.*). — Résumé des observations des crépuscules rouges. Note I (189-194), Note II (230-233), Note III (632-635).

Riccò (*A.*). — Sur le dernier et récent maximum des taches et protubérances solaires. (194-195).

Garibaldi (*P.-M.*). — Sur la relation entre les maxima et minima des taches solaires et les maxima et minima des variations déclinométriques observées à Gênes. (195-197).

Tacchini (*P.*). — Sur la distribution en latitude des taches, facules, protubérances et éruptions solaires observées en 1884 a l'Observatoire royal du Collège Romain. (226-229).

Millosevich (*E.*). — Observations de la nouvelle petite planète entre Mars et Jupiter (245), faites à l'Observatoire royal du Collège Romain. (230).

Besso (*D.*). — Sur les équations à trois termes et, en particulier, sur celles du septième degré. (237-243).

MM. Rawson et Harley ont donné une méthode pour la recherche de l'équation différentielle linéaire satisfaite par les $r^{\text{ièmes}}$ puissances des racines de l'équation

$$(a) \qquad y^n + y^m - x = 0,$$

n et m étant premiers entre eux et $n > m$, et ils montrent qu'on arrive à une équation différentielle linéaire homogène de l'ordre n.

L'auteur modifie cette méthode de manière à obtenir directement, pour certaines valeurs de r, une équation de l'ordre $n - 1$.

Les équations à trois termes du septième degré peuvent être ramenées à l'une des trois formes données par la formule (a) pour $m = 1$, $m = 2$, $m = 3$. La premiere appartient à une classe que l'auteur a résolue par séries hypergéométriques [*Sopra una classe d'equazioni trinomie* (*Memorie della R. Acc. dei Lincei*, Vol. XIX)]. L'auteur donne ici la résolution des deux autres formes.

$$y^7 + y^2 - x = 0, \qquad y^7 + y^3 - x = 0.$$

Bianchi (*L.*). — Sur les systèmes triples orthogonaux de Weingarten. (243-246).

Si, pour chaque surface pseudosphérique à courbure constante négative d'un système triple orthogonal de Weingarten, nous construisons la surface *complémentaire* par rapport à un système convenable de géodétiques parallèles, nous aurons un système de pseudosphériques appartenant à un nouveau système de Weingarten. Cette transformation est appelée par l'auteur *transformation complémentaire*. Ce résultat, qui est une conséquence d'un théorème énoncé par l'auteur dans la Note précédente sur ce même sujet, est généralisé ici au moyen d'une transformation établie par M. Bäcklund et dont la transformation complémentaire est un cas particulier.

Chaque système de Weingarten à flexion constante se change, par une transformation de Bäcklund, en un nouveau système de cette même espèce.

L'auteur appelle *surfaces hypercycliques de rayon* R celles où la flexion des lignes de courbure est constante et $= \frac{1}{R}$. Chaque surface hypercyclique de rayon R appartient à un système de Weingarten à flexion constante $\frac{1}{R}$.

D'une surface hypercyclique connue, on peut déduire un nombre doublement infini de nouvelles surfaces hypercycliques en intégrant l'équation à différentielles totales

$$\begin{aligned} d\varphi = {} & \frac{1}{\sin\sigma}\frac{\partial\theta}{\partial u}[1 + \cos\sigma\cos(\varphi - \omega)]\,du \\ & - \left(\frac{\sin\varphi\cos\theta - \sin\sigma\cos\varphi\sin\theta}{\cos\sigma} + \cos\theta\sin\omega + \frac{\partial\omega}{\partial v}\right)dv. \end{aligned}$$

L'auteur donne la construction géométrique pour déduire ces surfaces dérivées de la primitive S. Il suffit de conduire, par un point P de S, un segment $PP_1 = \cos\sigma$ à angle droit sur $v = \text{const.}$ et incliné de l'angle φ sur $u = \text{const.}$ Le lieu des points P_1 est une des surfaces dérivées.

Tacchini (*P.*). — Sur le dernier minimum et sur le dernier maximum des taches solaires et sur les actuels grands groupes de taches. (258-261).

Millosevich (*E.*). — Observations de la nouvelle planète entre Mars et Jupiter (247), faites à l'équatorial de $0^m,25$ d'ouverture de l'Observatoire royal du Collège Romain. (262).

Arzelà (*C.*). — Un théorème sur les séries de fonctions. (262-267).

Si $\sum_1^\infty u_n(x)$ est une série de fonctions convergente en tous les points d'un intervalle $b-a$, la somme des traits, en chaque point desquels pour une même valeur de n, on a $\mathfrak{R}_n(x) > \sigma$, doit avoir pour limite zéro pour $n = \infty$.

Pincherle (*S.*). — Sur une formule de M. Hermite. (267-268).

M. Weierstrass [*Zur Functionenlehre* (*Monatsberichte der berlin. Akad.*, 1880)] construit une expression en forme de série de fonctions rationnelles qui, même étant une fonction d'une variable complexe dans le sens ordinaire, représente en diverses régions du plan diverses fonctions données. M. Hermite a construit une expression sous la forme d'intégrale définie, qui a ces mêmes propriétés, les régions du plan étant déterminées par des droites parallèles à l'axe imaginaire. Après avoir donné ces notices historiques, M. Pincherle trouve une expression analogue en prenant, au lieu des droites parallèles, des cercles ayant le centre à l'origine.

Padova (*E.*). — Recherches sur l'équilibre des surfaces flexibles et inextensibles. (269-274).

L'auteur prend pour lignes coordonnées sur la surface deux systèmes orthogonaux de lignes, pour lesquelles on a seulement des tensions normales, systèmes qui existent toujours, quel que soit le système de forces en équilibre appliqué à la surface.

Si les courbes $h =$ const. de la surface donnée, h étant la courbure moyenne au point (u, v), sont géodétiquement parallèles, et que par les points de cette surface nous menions des droites normales à une surface et aux courbes $h =$ const., la surface donnée sera en équilibre sous l'action de forces ayant les directions de ces droites, et pour intensité

$$\mathrm{F} = \frac{h}{\cos\gamma} e^{b - \int \frac{h}{\cos\gamma} d\rho}.$$

Un autre théorème, démontré aussi par l'auteur, donne le moyen de construire un nombre infini de systèmes de forces en équilibre sur la surface.

Volterra (*V.*). — Sur la déformation des surfaces flexibles et inextensibles. (274-278).

En deux Notes, publiées dans les *Transunti* de cette Académie en 1884, sur l'équilibre de ces surfaces, l'auteur avait indiqué que le problème de la recherche des déplacements infiniment petits d'une surface flexible et inextensible

$z = z(x, y)$, revient à l'intégration des équations à dérivées partielles

$$(1) \qquad \frac{\partial w}{\partial x} = -\frac{\partial \varpi}{\partial q}, \qquad \frac{\partial w}{\partial y} = \frac{\partial \varpi}{\partial p},$$

étant $p = \frac{\partial z}{\partial x}$, $q = \frac{\partial z}{\partial y}$ et w, ϖ etant deux fonctions l'une de x, y, l'autre de p, q qu'il appelait fonctions conjuguées. Si l'on connaît une solution particulière w_1, ϖ_1, il suffit d'intégrer l'équation à dérivées partielles

$$(2) \qquad \frac{\partial^2 w}{\partial \varpi^2} + \frac{\partial \left[(rt - s^2) \frac{\partial w}{\partial \varpi_1} \right]}{\partial \varpi_1} = 0,$$

et les déplacements sont donnés par

$$\begin{aligned} \delta x &= \int (w\, dp + \varpi\, dy), \\ \delta y &= \int (w\, dq - \varpi\, dx), \\ \delta z &= w. \end{aligned}$$

Il avait aussi fait remarquer l'analogie qu'il y a entre le probléme de l'équilibre et celui de la déformation.

Dans la présente Note, l'auteur donne pour quelques classes de surfaces l'intégration de l'équation (2), après avoir déterminé une solution particulière du système (1).

Les surfaces considérées par l'auteur sont celles du second degré, la pseudosphère, les hélicoïdes de M. Dini à courbure constante et les conoïdes.

Dans le cas des conoïdes $z = f\left(\frac{x}{y}\right)$, on a

$$\begin{aligned} w &= \frac{y}{\sqrt{f'}} \theta(f') - \frac{y^2}{f'} \varphi'\left(\frac{y^2}{f'}\right) + \varphi\left(\frac{y^2}{f'}\right), \\ \varpi &= \frac{\sqrt{f'}}{y} \theta(f') + \varphi'\left(\frac{y^2}{f'}\right), \end{aligned}$$

θ et φ étant des fonctions arbitraires.

Teixeira (F. Gomes). — Sur l'intégrale $\int e^{\omega x} f(x)\, dx$. (278-280).

On sait que, lorsque $f(x)$ est rationnelle, on a

$$\int e^{\omega x} f(x)\, dx = e^{\omega x} \Theta(x) + \Sigma \text{A} \int \frac{e^{\omega x}}{x - a} dx,$$

où $\Theta(x)$ est rationnelle. L'auteur fait voir que, si l'on veut seulement la première partie $e^{\omega x} \Theta(x)$, il n'est pas nécessaire de trouver les racines du dénominateur de $f(x)$. La méthode a encore pour fondement les propriétés des fonctions symétriques comme dans l'autre Note du même auteur que nous avons rencontrée plus haut.

Frattini (G.). — Sur la génération des groupes d'opérations. Note I (281-285), Note II (455-456).

Volterra (*V.*). — Intégration de quelques équations différentielles du deuxième ordre. (303-306).

Padova (*E.*). — Recherches sur l'équilibre des surfaces flexibles et inextensibles. Note II (306-309).

Sur les normales à une surface S et à partir de cette surface, on prend des segments l qui varient avec continuité de manière que le lieu des extrémités soit une autre surface S'. L'auteur trouve les équations d'équilibre pour S' exprimées par l et par des quantités qui dépendent directement de la surface S. Ces équations se réduisent à celles de M. Beltrami pour $l = 0$, et à celles de M. Jellett pour une autre hypothèse particulière. Il considère enfin le cas où S est une sphère.

Brioschi (*F.*). — Sur la transformation des fonctions hyperelliptiques du premier ordre. (315-318).

Arzelà (*C.*). — Sur l'intégrabilité d'une série de fonctions.

Soit $\sum_1^\infty u_n(x)$ une série convergente pour chaque valeur de x dans l'intervalle $b - a$. Soient σ et ε deux nombres autant petits que l'on voudra, et retranchons de l'intervalle $b - a$ les petits traits $\tau_1, \tau_2, \ldots, \tau_p$ en nombre fini et dont la somme soit $< \varepsilon$. On dira que la série est *convergente uniformément par traits en général* si pour tout nombre donné m_1 il existe un autre nombre $m_2 \geq m_1$ tel que pour chaque valeur de x dans l'intervalle $b - a$, excepté tout au plus les traits τ, on puisse trouver un nombre m compris entre m_1 et m_2 et pour lequel soit en valeur absolue

$$R_m(x) < \sigma.$$

Si les termes $u_n(x)$ sont des fonctions intégrables depuis a jusqu'à b, et que la fonction $\sum_1^\infty u_n(x)$ soit finie et $< L$ en chaque point x de cet intervalle, la condition nécessaire et suffisante pour l'intégrabilité de cette série est qu'elle soit convergente uniformément par traits en général dans l'intervalle considéré.

L'auteur déduit ce résultat de quelques considérations sur une fonction de deux variables, donnée dans l'intervalle $b - a$ sur des droites $y = y_i$ parallèles à l'axe des x, où les valeurs y_i forment un groupe ayant une limite y_0.

Pittarelli (*G.*). — Sur la Note de M. Spottiswoode : *Sur les invariants et les covariants d'une fonction transformée par une substitution quadratique*. Note I (327-331), Note II (374-380).

M. Pittarelli applique le calcul symbolique à cette question et obtient, par cette voie, les résultats de Spottiswoode, en en rectifiant trois qui n'étaient pas exacts.

Besso (*D.*). — Sur quelques propriétés des équations linéaires homogènes aux différences finies du deuxième ordre. (381-383).

Propriétés analogues à celles des équations différentielles linéaires, se rapportant au produit et à la somme des puissances semblables de plusieurs solutions.

Tacchini (*P.*). — Sur les observations solaires faites à l'Observatoire royal du Collège Romain, le premier trimestre de 1885. (448-449).

Millosevich (*E.*). — Observations de la nouvelle petite planète entre Mars et Jupiter (248), faites à l'Observatoire royal du Collège Romain. (458).

Morghen (*A.*). — Variations produites en la valeur du moment d'inertie d'un corps par la distribution irrégulière de la matière. Note I (469-474), Note II (616-621).

Brioschi (*F.*). — Sur une propriété de la réduite de l'équation modulaire du huitième degré. Note I (514-516), Note II (583-586).

Cerruti (*V.*). — Sur la déformation d'une couche isotrope indéfinie, limitée par deux plans parallèles. (521-522).

Tacchini (*P.*). — Sur le grand groupe de taches actuellement visible au centre du disque du Soleil. (528-529).

Millosevich (*E.*). — Sur le nombre de fois que les petites planètes, entre Mars et Jupiter, ont été observées en opposition. (529-532).

Arzelà (*C.*). — Sur l'intégration par série. Note I (532-537), Note II (566-569).

Soit $f(x, y)$ une fonction donnée pour les valeurs de x de l'intervalle $b - a$ et sur des droites $y = y_r$, étant y_r un groupe de points qui a pour point limite y_0. La condition nécessaire et suffisante pour que l'on ait

$$\int_a^x f(x, y_0)\,dx = \lim_{y_r = y_0} \int_a^x f(x, y_r)\,dx,$$

pour toute valeur de x entre a et b est que $\lim\limits_{y_r = y_0} \int_a^x f(x, y_r)\,dx$ soit une fonction de x finie et continue en tout point de ce même intervalle. Ce théorème vient compléter les résultats de la Note précédente du même auteur : *Sur l'intégrabilité des séries de fonctions.*

Dans la Note II, l'auteur applique ces résultats aux séries en posant

$$f(x, y_1) = \sum_1^n u_n(x),$$

$$f(x, y_0) = \sum_1^\infty u_n(x).$$

Narducci (E.). — Petit traité sur les divisions, suivant le système de l'abaque, écrit en Italie avant le XIIe siècle. (563-566).

Pizzetti (P.). — Sur les représentations géographiques conformes. Note I (599-605), Note II (628-632).

Tacchini (P.). — La couronne solaire. (609-610).

Millosevich (E.). — Observations de la nouvelle comète Barnard. (635).

Arzelà (C.). — Sur une certaine extension d'un théorème relatif aux séries trigonométriques. (637-640).

D'une proposition établie dans sa Note : *Un théorème sur les séries de fonctions,* l'auteur déduit le théorème suivant dont un de Neumann est un cas particulier :

« Si, pour chaque point x d'un intervalle (ab), la condition

$$\lim_{n=\infty} \varphi(n) f(nx) = 0$$

est satisfaite, $f(x)$ étant une fonction périodique, on aura nécessairement

$$\lim_{n=\infty} \varphi(n) = 0.$$

MATHEMATISCHE ANNALEN (1).

Tome XXIII; 1884.

Engel (*F.*). — Sur la théorie des transformations de contact. (1-44).

§ 1. Les transformations de contact de Lie dans le plan.

§ 2. Les transformations de contact d'ordre supérieur dans le plan.

§ 3. Les transformations de contact de Lie dans l'espace à $n+1$ dimensions.

§ 4. Détermination d'une transformation de contact du premier ordre des M_n dans l'espace R_{n+m}.

Le but de ces recherches est d'établir la connexion entre les transformations de contact et les transformations de point.

Voss (*A.*). — Sur la théorie des systèmes généraux de points et de plans. (45-81).

Une équation de la forme

$$\Sigma(X_i - x_i) = 0, \qquad \text{ou} \qquad \Sigma p_i\, dx_i = 0,$$

où les p_i sont des fonctions des variables x_1, x_2, x_3 fait correspondre de la façon la plus générale, à chaque point de l'espace, un plan qui passe par ce point. L'auteur montre d'abord comment on peut déduire de cette notion une série complète de propriétés analogues à celles dont l'ensemble constitue la théorie des surfaces. L'étude de la correspondance projective conduit à la notion de deux directions, les *tangentes d'inflexion* du système, à la notion de la *surface focale* du système de rayons des courbes asymptotiques, enfin, à la notion de la surface d'inflexion du système de points et de plans. L'auteur étudie ensuite les cas particuliers et spécialement le système *parabolique*, où les tangentes d'inflexion sont confondues. Enfin, les définitions de la *courbure* et des *lignes de courbure* du système de points et de plans conduit à une série de théorèmes dont les uns coïncident avec les théorèmes correspondants de la théorie des surfaces, dont les autres comprennent ces théorèmes comme cas particuliers.

Rohn (*K.*). — Étude de la surface de Hesse d'une surface donnée pour les points multiples et les courbes multiples de cette surface. (82-110).

Lindemann (*F.*). — Sur la représentation par des figures géométriques dans l'espace des formes binaires et de leurs covariants. (111-142).

L'auteur a donné (*Bulletin de la Société mathématique*, 1877) les fondements d'une connexion entre les théories des formes binaires et des formes ter-

(1) Voir *Bulletin*, 2e série, t. X, 2e Partie, p. 33.

naires algébriques. Dans le présent Mémoire, il discute et compare avec ses propres recherches les résultats contenus dans les travaux ultérieurs de MM. F. Mayer et Schlesinger, puis, sur des relations entre les invariants et les covariants de formes cubiques en nombre quelconque, il fonde la solution de problèmes liés à la représentation paramétrique des cubiques gauches; il établit aussi, et cela de la façon la plus générale, un mode de passage entre les formes binaires et les formes quaternaires.

Mehmke (*R.*). — Sur la détermination des moments d'inertie à l'aide des méthodes de Grassmann. (143-151).

Stolz (*O.*). — Sur une valeur limite relative à un ensemble infini de points. (152-156).

Dans la définition donnée par Riemann de l'intégrale définie, on a à considérer un ensemble de points qui peuvent être enfermés dans un nombre fini d'intervalles dont la somme peut être supposée aussi petite qu'on le veut. On est ainsi amené à poser la question suivante : Un ensemble de points étant défini dans un intervalle, y a-t-il une limite inférieure déterminée pour la somme des intervalles partiels dans lesquels on peut enfermer ces points? La réponse est affirmative et l'affirmation s'étend aux cas où l'ensemble est situé dans un plan ou dans l'espace.

Voss (*A.*). — Sur la théorie des équations différentielles algébriques du premier ordre et du premier degré. (157-180).

Ces recherches ont pour point de départ l'emploi des coordonnées homogènes ou, si l'on veut, la représentation d'une équation différentielle par un connexe. C'est la forme qu'avait aussi utilisée M. Darboux dans ses recherches sur la théorie des équations algébriques (*Bulletin*, 1878). La théorie des polaires permet d'étudier les propriétés du système, la courbe de Hesse au point de vue de ses singularités, les points singuliers du système, les courbes enveloppées par les tangentes d'inflexion et les droites d'inflexion, la courbe lieu du point double de la conique polaire, la courbe lieu du point d'intersection des droites d'inflexion et des tangentes d'inflexion. Enfin, relativement aux intégrales algébriques de l'équation différentielle, l'auteur déduit une suite de propriétés qui se rapportent aux points singuliers.

Hess (*W.*). — Sur la flexion et la torsion d'un barreau élastique infiniment mince dont une extrémité est soumise à l'action d'un couple. (181-212).

Segre (*C.*) *et Loria* (*G.*). — Sur les différentes espèces de complexes du second degré des droites qui coupent harmoniquement deux surfaces du second ordre. (213-243).

Harnack (*Ax.*). — Les théorèmes généraux sur la connexion entre une fonction d'une variable réelle et ses dérivées. (244-284).

Note sur la transformation d'un ensemble linéaire continu en un ensemble discontinu. (285-288).

L'auteur s'est proposé de faire une exposition systématique et, autant que possible, complète des propositions que l'on doit regarder comme fondamentales pour l'application du Calcul différentiel et intégral. Il y a été conduit par l'étude des propositions qui servent pour la théorie des séries de Fourier, propositions qu'il a réunies dans le *Bulletin,* t. VI. Mais il n'avait pas alors eu égard à ce que le théorème fondamental du Calcul intégral, à savoir

$$\int_a^x F'(x)\,dx = F(x) + \text{const.},$$

ainsi que le théorème

$$\int_\beta^x dy \int_\alpha^y \frac{d^2F(y)}{dy^2}\,dy = F(x) + Cx + C',$$

ne restent pas toujours vrais quand la fonction à intégrer devient infinie un nombre infini de fois. Il devenait ainsi nécessaire de reviser et parfois de modifier les démonstrations antérieurement données. La partie du travail de l'auteur que contient ce Volume se rapporte aux théorèmes du Calcul différentiel. Les quotients différentiels pris en avant et en arrière sont étudiés séparément. Pour ces quotients, les théorèmes de Rolle, Dirichlet, etc., sont démontrés sous les suppositions les plus générales possibles. Les théorèmes analogues sont étudiés pour les quotients différentiels seconds. Il s'agit là de montrer que la valeur du quotient

$$\frac{f(x+\Delta x) - 2f(x) + f(x-\Delta x)}{\Delta x^2},$$

relatif à un intervalle fini, est comprise à l'intérieur du système de valeurs que prend pour tous les points de l'intervalle le quotient différentiel second et de déterminer sous quelles conditions on peut conclure, de ce que le quotient différentiel second est nul en tous les points d'un intervalle, que la fonction est linéaire. Cette dernière recherche est étendue au cas du quotient différentiel $n^{\text{ième}}$.

Sturm (*R.*). — Sur les vingt-sept droites d'une surface cubique. (289-310).

L'auteur développe et continue dans ce travail ses recherches antérieures, il traite en particulier des figures fermées à quatre, cinq et six côtés formées par ces droites. Dans une addition à son Mémoire, il réunit les divers modes de génération de la surface cubique.

Nœther (*M.*). — Sur le moyen d'effectuer rationnellement les opérations dans la théorie des fonctions algébriques. (311-358).

Toutes les opérations nécessaires pour obtenir les fonctions algébriques et les nombres qui correspondent à une équation algébrique

$$f(x_1, x_2, x_3) = 0$$

peuvent être effectuées d'une manière rationnelle. Par la détermination de la *courbe adjointe* à f, on n'a jamais à considérer que des *groupes* déterminés de points singuliers. Les choses se présentent de même par la décomposition rationnelle de la résultante de f et de sa première polaire.

Pour le prouver et établir, comme pouvant se faire au moyen d'opérations rationnelles, cette théorie des fonctions algébriques que l'auteur a développée avec M. Brill dès 1873, on établit d'abord quelques théorèmes généraux sur l'élimination entre deux formes ternaires. Ces théorèmes, appliqués aux systèmes des points d'intersection d'une courbe et de sa première polaire, conduisent à la décomposition rationnelle de la résultante ainsi qu'à la détermination rationnelle de l'espèce et de la courbe adjointe. La dernière Section contient des développements ultérieurs sur la théorie des fonctions algébriques, sur le théorème du reste en particulier, qui résulte des propositions relatives à l'élimination.

Voss (*A.*). — Théorie des systèmes algébriques rationnels de points et de plans. (359-410).

§ 1. Le système algébrique rationnel de points et de plans.
§ 2. Les points singuliers du système et les nœuds de la surface focale.
§ 3. 4. Surfaces covariantes du système.
§ 5. Relations avec la géométrie de la droite.
§ 6. Système de rayons du second ordre et de la troisième classe.
§ 7. Tangentes singulières du système.
§ 8. Application du principe de correspondance à la détermination des singularités tangentielles.
§ 9. Courbe double de la surface covariante Σ.

Rosanes (*J.*). — Extension d'un théorème connu aux formes d'un nombre quelconque de variables. (412-415).

« Si l'invariant harmonique de deux formes quadratiques de $n+1$ variables s'annule, on peut trouver sur la première $n+1$ points distincts tels que deux quelconques d'entre eux soient conjugués par rapport à la seconde. »

Rosanes (*J.*). — Remarque sur la théorie des surfaces du second ordre (416-418).

Interprétation géométrique du précédent théorème pour certaines formes spéciales à six variables.

Pasch (*M.*). — Sur la théorie de la collinéation et de la réciprocité. (419-436).

Schur (*F.*). — Sur la construction des surfaces du $n^{\text{ième}}$ ordre. (437-446).

Solution générale du problème suivant :

« Par $\frac{1}{6}(n+1)(n+2)(n+3)-1$ points, faire passer une surface du

$(n+1)^{ième}$ ordre, engendrée par un faisceau de rayons et un faisceau de surfaces du premier ordre réciproque au faisceau de rayons.

König (*J.*). — Sur une propriété des séries de puissances. (447-449).

König (*J.*). — Sur les conditions de légitimité de la série de Taylor. (450-452).

Cantor (*G.*). — Sur les ensembles infinis linéaires. (453-488).

Suite du Mémoire contenu dans le tome XXI.

Parmi les théorèmes démontrés dans ce travail, nous citerons les suivants :

« 1. Un ensemble de points contenu dans un domaine continu à n dimensions ne peut pas être un ensemble parfait quand il est de la première puissance.

» 2. Un ensemble réductible est de la première puissance.

» 3. Si la première dérivée $P^{(1)}$ d'un ensemble P est de la première puissance, P est réductible.

» 4. Si la première dérivée $P^{(1)}$ d'un ensemble P est d'une puissance supérieure à la première, $P^{(1)}$ se décompose d'une seule manière en deux ensembles R et S, dont le second S est un ensemble parfait, et le premier R est fini ou de la première puissance. »

L'auteur définit ensuite le contenu ou le volume d'un ensemble compris dans un espace plan à n dimensions; cette définition a déjà été donnée sous une forme peut-être plus simple dans le travail de M. Harnack (*voir* les *Annalen*, t. XVII, et le Mémoire de M. Stolz, *Annalen*, t. XXIII). Le théorème le plus général démontré par M. Cantor est le suivant :

« Si $P^{(\alpha)}$ désigne un ensemble dérivé de l'ensemble P, le contenu de $P^{(\alpha)}$ coïncide avec le contenu de P. »

Dans la dernière Section, l'auteur prouve que tous les ensembles parfaits ont une même puissance et donne une extension de la démonstration du théorème suivant :

« La puissance d'un continuum linéaire dépasse la puissance des ensembles dénombrables. »

Weber (*H.*). — Sur le groupe de Galois de l'équation du vingt-huitième degré dont dépend la détermination des tangentes doubles à une courbe du quatrième ordre. (489-503).

König (*J.*). — Sur l'intégration des systèmes hamiltoniens et des équations différentielles partielles du premier ordre. (504-519).

Le théorème qui suit caractérise la nouvelle méthode proposée pour l'intégration d'un système hamiltonien ou d'une équation aux dérivées partielles du premier ordre :

« Pour l'intégration complète d'un système hamiltonien du $2(n-1)^{\text{ième}}$ ordre, il suffit d'avoir une intégrale première de certains systèmes hamiltoniens dont les ordres respectifs sont $2n-2$, $2n-4$, ..., 4, 2; les intégrations ultérieures se ramènent à des quadratures.

La même méthode, comme l'auteur le montre à la fin, permet de traiter un système général du $n^{\text{ième}}$ ordre.

König (*J.*). — Sur l'intégration de systèmes simultanés d'équations aux dérivées partielles à plusieurs fonctions inconnues. (520-526).

Étude du système dans le cas de l'*intégrabilité illimitée*.

Raffy (*L.*). — Détermination du genre d'une courbe algébrique. (527-538).

(Voir *Annales scientifiques de l'École Normale supérieure*, 1883.)

Klein (*F.*). — Sur la réduction de l'équation générale du second degré entre des coordonnées de droites à la forme canonique. (539-578).

Dissertation (Bonn, 1868).

§ 1. Sur les coordonnées de droites en général.

§ 2. Transformation des coordonnées de droites qui correspond à un changement du tétraèdre de référence.

§ 3. Sur les complexes de droites en général.

§ 4. Réduction de l'équation du second degré entre des coordonnées de droites à la forme canonique.

§ 5. Signification géométrique de la réduction à la forme canonique, en particulier dans le cas où tous les diviseurs élémentaires sont linéaires et distincts.

Lie (*S.*) *et Klein* (*F.*). — Sur les courbes asymptotiques de la surface du quatrième degré de Kummer à seize points doubles. (579-586).

(*Sitzungsberichte der Berliner Akademie*, décembre 1870.)

Klein (*F.*). — Sur certaines équations différentielles du troisième ordre. (587-596).

L'auteur traite de l'intégrale de l'équation différentielle

$$\frac{\eta_1'''}{\eta_1'} - \frac{3}{2}\left(\frac{\eta_1''}{\eta_1'}\right)^2 = f(z),$$

du point de vue général que voici :

Partant d'une fonction linéaire arbitraire, on aboutit à l'intégrale de l'équation différentielle en la composant une infinité de fois au moyen de transformations linéaires infinitésimales déterminées par l'équation différentielle. Dans une *Addition* à ce travail, les résultats en sont comparés aux recherches de MM. Prym, Poincaré et de Riemann.

Thieme (*H.*). — Sur ce problème : *Construire tous les éléments d'un groupe à q termes de formes binaires, lorsque q de ces formes sont données.* (597-598).

Sturm (*R.*). — Note sur la Table des divers modes de génération d'une surface cubique (*Math. Ann.*, t. XXIII, p. 308). (599).

Meissel. — Sur quelques fautes de la Table de facteurs de Burckhardt. (600). Ax. H.

MÉMOIRES DE L'ACADÉMIE ROYALE DES SCIENCES, DES LETTRES ET DES BEAUX-ARTS DE BELGIQUE. Bruxelles, F. Hayez. In-4° ([1]).

Tome XLIII; 1880-1882.

Catalan (*E.*). — Remarques sur la théorie des moindres carrés. (42 pages).

Simplifications diverses de la méthode de Gauss, dans la formation des équations normales. Voici quelques remarques de l'auteur qu'il convient de signaler. Si l'on déduit de m équations linéaires entre n inconnues ($m=n, m>n, m<n$), n équations linéaires par la méthode des moindres carrés, puis que l'on élimine l'une des inconnues entre la première de ces équations et les autres, on trouve le même résultat que si l'on élimine cette inconnue de toutes les manières possibles entre les m équations primitives, puis que des $\frac{1}{2}m(m-1)$ équations résultantes on forme, entre les autres inconnues, les $(n-1)$ équations linéaires, par la méthode des moindres carrés.

Si la somme des carrés des erreurs véritables est un minimum, la somme des carrés des erreurs virtuelles est aussi un minimum. L'auteur appelle *erreurs virtuelles* les quantités

$$a_1 w_2 - a_2 w_1,\quad a_1 w_3 - a_3 w_1,\quad a_2 w_3 - a_3 w_2,\quad \ldots$$

w_1, w_2, w_3, w_4, étant les erreurs données par les équations linéaires considérées dans la théorie des moindres carrés, $a_1, a_2, a_3, \ldots$ les coefficients de l'une des

---

([1]) *Voir Bulletin*, 2e série, tome III, 2e Partie, p. 36-39.

MANNHEIM (A.), Lieutenant-Colonel d'Artillerie, Professeur à l'École Polytechnique. — **Cours de Géométrie descriptive de l'École Polytechnique**, comprenant les ÉLÉMENTS DE LA GÉOMÉTRIE CINÉMATIQUE. Grand in-8, illustré de 249 figures dans le texte; 1880.............. 17 fr.

PETERSEN (Julius), Membre de l'Académie royale danoise des Sciences. professeur à l'École royale polytechnique de Copenhague. — **Méthodes et théories pour la résolution des problèmes de constructions géométriques**, *avec application à plus de 400 problèmes*. Traduit par O. CHEMIN, Ingénieur des Ponts et Chaussées. Petit in-8, avec figures; 1880.. 4 fr.

ROUCHÉ (Eugène), Professeur à l'École Centrale, Examinateur de sortie à l'École Polytechnique, etc., et **COMBEROUSSE (Charles de)**, Professeur à l'École Centrale et au Conservatoire des Arts et Métiers, etc. — **Traité de Géométrie**, conforme aux Programmes officiels, renfermant un très grand nombre d'Exercices et plusieurs Appendices consacrés à l'exposition des PRINCIPALES MÉTHODES DE LA GÉOMÉTRIE MODERNE. 5ᵉ édition, revue et notablement augmentée. In-8 de XLIX-966 pages, avec 616 figures dans le texte, et 1095 questions proposées; 1883.................. 16 fr.

Prix de chaque Partie :

Iʳᵉ PARTIE. — *Géométrie plane*.................................. 7 fr.

IIᵉ PARTIE. — *Géométrie de l'espace; Courbes et surfaces usuelles*.. 9 fr.

SCHRÖN (L.). — **Tables de logarithmes à 7 décimales**, pour les nombres de 1 jusqu'à 108000 et pour les lignes trigonométriques de 10 secondes en 10 secondes; et **Table d'Interpolation pour le calcul des parties proportionnelles**; précédées d'une *Introduction* par **M. J. Houel**, Professeur à la Faculté des Sciences de Bordeaux. 2 beaux volumes grand in-8° jésus, tirés sur vélin collé. Paris, 1885.

	PRIX : Broché.	PRIX : Cartonné.
Tables de Logarithmes	8 fr.	9 fr. 75 c.
Table d'Interpolation..........................	2	3 25
Tables de Logarithmes et Table d'Interpolation réunies en un seul volume................	10	11 75

Ces Tables, dont nous publions une édition française, se distinguent de toutes celles qui ont paru jusqu'à ce jour par les soins extrêmes qui ont été apportés à tout ce qui peut en augmenter la précision et en faciliter l'usage. Elles remplissent les conditions suivantes :

1° Éviter toute opération écrite dans les calculs auxiliaires d'interpolation;
2° Atteindre, en même temps, une exactitude supérieure à celle que peuvent donner les autres Tables de même étendue;
3° Permettre au calculateur de varier à son gré les méthodes d'interpolation suivant qu'il recherchera de préférence la précision ou la rapidité dans ses opérations;
4° Offrir, pour les calculs à 6 décimales, des moyens aussi commodes et plus exacts que les Tables ordinaires à 6 figures;
5° Donner aux Tables une disposition qui plaise à l'œil sans le fatiguer;
6° Réduire les erreurs de moitié, dans les calculs logarithmiques, sans augmenter le nombre des chiffres de la Table, en prenant soin de distinguer par un point ou par un petit trait horizontal placé sous le dernier chiffre les logarithmes *approchés par excès* des logarithmes *approchés par défaut*

TABLE DES MATIÈRES.

MAI 1886.

Comptes rendus et analyses.

Mélanges.

Revue des publications.

Paris — Imprimerie de GAUTHIER-VILLARS, quai des Augustins, 55.

Le Gérant : GAUTHIER-VILLARS.

inconnues. Le produit de deux sommes de N carrés (nombres ou polynômes entiers) est égal à la somme de $1+\frac{1}{2}N(N-1)$ carrés (nombres ou polynômes entiers). Une somme de N^3 carrés est le produit de la somme de N carrés, par N' carrés, par N" carrés et $N'=\frac{1}{2}N(N-1)$, $N''=\frac{1}{2}N'(N'-1)$, ...

Si la dernière des équations réduites de Gauss donne, pour le dénominateur de la dernière inconnue gardée, une certaine somme de carrés, le minimum de la somme des carrés des erreurs ne contiendra, en dénominateur, que cette somme de carrés.

Van der Mensbrugghe (*G.*). — Études sur les variations d'énergie potentielle des surfaces liquides. Premier Mémoire. (39 pages).

Premier Mémoire. — 1. Énergie potentielle d'une surface liquide soit libre, soit en contact avec un solide ou un autre liquide. Principe général concernant l'accroissement d'une surface liquide. 2. Vérifications expérimentales : 1° Cas des lames liquides libres, planes ou courbes. 2° Cas des lames liquides à une seule face libre. Le principe est : « Si la couche superficielle d'un liquide augmente ou qu'elle devienne le siège d'une énergie potentielle qu'elle ne possédait pas d'abord, il y a refroidissement et la tension est plus grande que primitivement; au contraire, si la couche superficielle diminue ou bien que son énergie potentielle disparaisse par la superposition d'une couche nouvelle, il y a échauffement et la tension est moindre que d'abord ».

Folie (*F.*) et *Le Paige* (*C.*). — Mémoire sur les équations du troisième ordre. Première Partie. (43 pages).

Au point de vue analytique, la théorie des coniques considérées comme intersection de faisceaux projectifs est équivalente à l'étude des propriétés des fonctions homogènes linéaires à deux séries de deux variables. La théorie des courbes du troisième ordre dépend, de la même manière; de l'étude des fonctions analogues à trois séries de variables. Mais, tandis que la théorie des coniques, basée sur la théorie des formes ou fonctions bilinéaires, a fait l'objet de travaux qui ne laissent, pour ainsi dire, rien à désirer, on n'a pas, jusqu'à présent, étudié, avec le soin qu'elle mérite, la théorie analytique des courbes du troisième ordre, en se fondant sur les propriétés invariantologiques des formes trilinéaires.

MM. Folie et Le Paige, que la découverte des rapports anharmoniques d'ordre supérieur semblait devoir conduire naturellement à cette étude des courbes du troisième ordre en général, l'ont, en effet, entreprise et le Mémoire soumis à l'Académie en contient les premiers Chapitres.

Dans le premier, intitulé *homographie,* les auteurs abordent l'étude de trois séries de points situés sur une droite et dont les coordonnées sont liées entre elles par une relation linéaire $f=0$, en cherchant d'abord les covariants de f, par les méthodes de Clebsch et Gordan. Ils donnent ensuite l'interprétation géométrique de ces covariants et trouvent ainsi des propriétés qui sont une introduction naturelle au Chapitre suivant, et ils démontrent l'existence de points doubles dans les séries de points appelées par eux *homographies de troisième ordre et de troisième classe.*

Le Chapitre II est consacré à l'étude des involutions du troisième ordre. Les auteurs retrouvent ici et développent diverses recherches de l'un d'entre eux, sur les involutions d'ordre supérieur et les rattachent, d'une part à l'étude de l'homographie exposée dans le Chapitre précédent, de l'autre à celle de certains invariants absolus, qui sont les rapports anharmoniques du troisième ordre. Les nombreux théorèmes sur les involutions de troisième ordre et de troisième classe donnés dans ce Chapitre, sont les uns analogues à ceux que l'on rencontre dans l'involution ordinaire, les autres, beaucoup plus compliqués tant dans leur énoncé que dans leur expression analytique, où l'on doit recourir à toutes les ressources de la théorie des invariants et covariants des formes considérées.

Le Chapitre III est une étude du rapport anharmonique du troisième ordre. Le rapport anharmonique du troisième ordre, au point de vue analytique, est le quotient du produit de trois différences entre les six racines d'une équation du sixième ordre, par le produit de trois autres de ces différences. Il y a quinze de ces produits et, par suite, deux cent dix de ces quotients, inverses l'un de l'autre deux à deux. Il existe de nombreuses relations entre les produits; les auteurs font connaître les plus simples et les plus belles, et parviennent ainsi à exprimer les quinze produits au moyen de quatre seulement et les deux cent dix rapports anharmoniques sont ramenés à trois seulement. Ils cherchent ensuite l'équation du quinzième degré qui a pour racines les quinze produits et ils y parviennent assez rapidement, malgré l'extrême complication de la question, en s'aidant des résultats, classiques déjà, du P. Joubert, sur l'équation du sixième degré. L'équation du quinzième degré trouvée, on imagine aisément un procédé pour en déduire celle du deux cent dixième degré qui a pour racines les rapports anharmoniques du troisième ordre; nonante de ceux-ci, au fond, se réduisent à des rapports anharmoniques ordinaires ou du second ordre. On en conclut que l'équation du deux cent dixième ordre est le produit d'une équation du quatre-vingt-dixième ordre, donnant ces rapports du second ordre, et d'une du cent vingtième, donnant ceux qui sont réellement du troisième ordre. Le discriminant de l'équation du quinzième ordre jouit de propriétés remarquables, qui sont ensuite exposées en recourant encore à quelques résultats du P. Joubert. Il contient, comme facteur octuple, l'invariant gauche de la forme qui constitue le premier membre de l'équation du sixième degré considérée au début du Chapitre; comme facteur triple le discriminant de cette fonction; enfin un dernier facteur qui, égalé à zéro, exprime que quatre des six points-racines de l'équation du sixième degré sont conjugués harmoniques. Le discriminant de l'équation, qui a pour racines, outre les quinze produits, les quinze produits pris en signe contraire, contient, outre les trois mêmes facteurs élevés respectivement aux puissances 16, 27 et 2, un autre facteur, à la quatrième puissance, qui est tel qu'égalé à zéro il exprime la condition pour que les points-racines soient en *évolution*. Le Mémoire se termine par des considérations, fragmentaires vraisemblablement, sur les points conjugués harmoniques représentés par les six racines d'une équation du sixième degré.

Catalan (*E.*). — Note sur la quadrature des courbes paraboliques. (9 pages).

Démonstration très simple de la formule de Gauss pour les quadrature approchées.

Catalan (*E.*). — Note sur les fonctions X_n de Legendre. (10 pages).

Complément d'un Mémoire sur le même sujet, publié antérieurement dans le tome XXXI des Mémoires in-8° de l'Académie.

Catalan (*E.*). — Mémoire sur une suite de polynômes entiers et sur quelques intégrales définies. (40 pages).

L'auteur considère des polynômes T_p très analogues aux polynômes X_n et définis par les relations

$$y_p = \frac{1^p + 2^p x + 3^p x^2 + \ldots}{(1-x)^{p+1}}, \qquad x = t(1+x),$$
$$T_p = (1-x)^{p+1} y_p (1+t)^{p-1}.$$

Il en trouve la fonction génératrice, s'en sert pour obtenir la valeur de plusieurs intégrales définies et maintes relations sur les nombres de Bernoulli.

Hirn (*G.*). — Recherches expérimentales sur la relation qui existe entre la résistance de l'air et sa température. Conséquences physiques et philosophiques. (91 pages).

Melsens, Folie (*F.*) et *Van der Mensbrugghe* (*G.*). — Rapports sur ce Mémoire. Bulletins de l'Académie de Belgique. (3) II. (225-257).

M. Hirn expose deux séries d'expériences qui tendent à prouver que la résistance que les gaz offrent au mouvement des corps est indépendante de la température de ces gaz, ce qui semble incompatible avec la théorie cinétique des gaz, d'après l'auteur. Il croit pouvoir en conclure aussi que la doctrine qui admet l'existence de la force comme un élément spécifique de l'Univers est par là fortifiée. M. Folie n'admet pas que la théorie cinétique des gaz soit renversée par les expériences de M. Hirn, et n'admet pas, non plus, les conséquences philosophiques de l'auteur relatives à la force.

Tome XLIV; 1882.

Catalan (*E.*). — Sur les fonctions X_n de Legendre. Second Mémoire. (P. I-II et 1-102).

Ce Mémoire, qui fait suite à ceux qui sont analysés plus haut, est impossible à analyser à cause du grand nombre (plus de deux cents) de formules plus ou moins compliquées et dont beaucoup sont nouvelles, qu'il renferme. Voici celles que l'auteur signale particulièrement :

$$\int_0^\pi \frac{A + B\sqrt{-1}\cos x}{(B - A\sqrt{-1}\cos x)^2} = 0,$$
$$\int_{-1}^{+1} dx \int_0^\pi d\omega \cos\left[\sqrt{x - \sqrt{x^2-1}\cos\omega}\right] = 2\pi.$$

Si a et b sont des racines de $\frac{dX_n}{dx} = 0$, on a

$$\int_a^b X_n dx = 0,$$

$$\int_{-1}^{+1} \frac{d(X_n + X_{n+1})}{\sqrt{1 - 2zx + z^2}} = 2\frac{1 - z^{n+1}}{1 - z},$$

$$\frac{1}{\sqrt{1 - 2zx^2 + z^2} + 1 - zx} = \sum_1 \frac{dX_n}{dx} \frac{z^{n-1}}{n(n+1)},$$

$$\log \frac{z - x + \sqrt{1 - 2zx + z^2}}{1 - x} = \sum_1^\infty X_n \frac{z^{n+1}}{n+1},$$

$$\int_{-1}^{+1} \frac{dx}{\sqrt{1 - x}} \log \frac{z^2 - x + \sqrt{1 - 2z^2x + z^4}}{1 - x} = 2\sqrt{2} \log[(1+z)^{1+z}(1-z)^{1-z}],$$

$$X_n = \Sigma(-1)^{\frac{n-q}{2}} \frac{1.3.5\ldots(n-q-1).1.3.5\ldots(n+q-1)}{1.2.3\ldots q.1.2.3\ldots(n-q)}$$

$$2^n X_n = \Sigma_0 \frac{1.2.3\ldots n}{(1.2.3\ldots\lambda)^2.1.2.3\ldots(n-2\lambda)}(x^2 - 1)^\lambda (2x)^{n-2\lambda},$$

$$\int_{-1}^{+1} \frac{\log(1+x)dx}{(1 - 2zx + z^2)^{\frac{3}{2}}} = \frac{2}{1 - z^2}[\log 2 - (1 - z)\log(1 + z)],$$

$$\frac{1}{\sqrt{1 - x^2}} = \sum_0^\infty X_n x^n,$$

$$\int_0^{\frac{\pi}{2}} \frac{d\theta}{\sqrt{1 - z^2 \sin^2\theta}} = \frac{1}{2}\sum_0^\infty z^{2n} \int_{-1}^{+1} \frac{X_{2n} dx}{\sqrt{1 - x^2}},$$

$$\text{arc} \sin x = \frac{\pi}{2} \sum_0^\infty \left[\frac{1.3.5\ldots(2n-1)}{2.4.6\ldots 2n}\right]^2 (X_{2n+1} - X_{2n-1}),$$

P. M.

BULLETINS de l'Académie royale des Sciences, des Lettres et des Beaux-Arts de Belgique. Bruxelles, F. Hayez ([1]).

Tomo XLVII (2e série); janvier à juin 1879.

Van der Mensbrugghe et *Folie* (*F.*). — Rapports sur le Mémoire intitulé : *De l'origine et de l'établissement des mouvements astronomiques*, 2e Partie. (4-15).

Analyse critique du Mémoire.

([1]) *Voir Bulletin*, 2e série, t. III, 2e Partie, p. 134-138.

Delarge (F.). — Note sur le téléphone, appliqué dans le voisinage des lignes télégraphiques ordinaires. (34-47).

Maus. — Rapport sur cette Note. (16-21).

Gérard (A.). — Compteur à secondes servant à contrôler la vitesse des moteurs de M. Valisse. (47-49).

Maus. — Rapport sur cette Note. (21-25).

Niesten (L.). — Recherches sur les couleurs des étoiles doubles. (50-69).

Houzeau. — Rapport sur ce Mémoire. (25-27).

Les composantes d'un système physique de deux étoiles passent par les mêmes variations de teintes, en général, à partir du périastre où elles sont blanches le plus souvent. Dans les systèmes purement optiques, la moins éclatante des deux étoiles est souvent bleuâtre.

Saltel. — Sur un paradoxe mathématique et sur un nouveau caractère de décomposition dû à la présence des lignes multiples. (184-210).

Le paradoxe est celui-ci : les coordonnées de tous les points de l'espace semblent vérifier les équations d'un lieu, bien que, d'après sa définition, il se compose de lignes ou de surfaces.

Cruls (L.). — Note sur le système stellaire $40o^2$ Eridan. (233-235).

Houzeau. — Rapport sur cette Note. (229).

Houzeau et *Montigny*. — Rapports sur le Mémoire de M. l'abbé Spée intitulé : *Sur le déplacement des raies des spectres des étoiles*. (318-324).

M. Houzeau fait remarquer que la plupart des observateurs admettent le déplacement, tandis que M. Spée le nie en se fondant sur certaines considérations théoriques. M. Montigny analyse des recherches d'Arago sur une question analogue.

Houzeau. — Rapport sur un Mémoire de M. O. Van Ertborn intitulé : *Observations de la planète Mars faites pendant l'opposition de 1877*. (325).

Van der Mensbrugghe (*G.*). — Nouvelles applications de l'énergie potentielle des surfaces liquides. (326-346).

Cause principale de la perte de charge des jets d'eau. Origine de l'énergie de mouvement acquise par les vagues de la mer. Cause de la production des mascarets à l'embouchure de certains fleuves.

Plateau (*J.*). — Un petit paradoxe. (346-348).

Réalisation d'une sorte de mouvement perpétuel, en supprimant les résistances au moyen d'une force toujours présente (un cours d'eau, par exemple).

Mansion (*P.*). — Sur l'élimination, 2e Note. (532-541).

Catalan (*E.*) et *Folie* (*F.*). — Rapport sur ce Mémoire. (490).

Voir plus bas l'analyse de ce travail.

Montigny (*Ch.*). — Sur la prédominance de la couleur bleue dans les observations de scintillation, aux approches et sous l'influence de la pluie. (755-766).

Tome XLVIII; juillet à décembre 1879.

Spring (*W.*) et *Van der Mensbrugghe* (*G.*). — Rapports sur un Mémoire de M. P. de Heen, intitulé : *De la dilatabilité des solutions salines et de quelques liquides organiques*. (4-16).

Le produit du coefficient de dilatation des liquides organiques, appartenant à une série homologue, par sa température d'ébullition, est constant.

Montigny (*Ch.*). — Notice sur la scintillation de l'étoile principale de γ d'Andromède dans ses rapports avec la couleur de cette étoile. (22-37).

Plateau (*J.*). — Un mot sur l'irradiation. (37-41).

Folie (*F.*) et *Le Paige* (*C.*). — Sur quelques théorèmes relatifs aux surfaces d'ordre supérieur. (41-44).

Applications aux surfaces du second et du troisième degré de la notion du rapport anharmonique généralisée.

Catalan (*E.*). — Rapport sur le Mémoire intitulé : *Mouvements relatifs de tous les astres du système solaire*, par M. Souillart. (96-102).

Analyse du Mémoire.

Plateau (*J.*). — Sur la viscosité superficielle des liquides. (106-128).

Examen des critiques de la théorie de M. Plateau, publiées en 1878, dans le *Nuovo Cimento*.

Montigny (*Ch.*). — Note sur des arcs-en-ciel surnuméraires, (343-346).

Van der Mensbrugghe (*G.*). — Sur quelques phénomènes curieux observés à la surface des liquides en mouvement. (346-359).

Nouvelles applications des principes de l'auteur sur les changements d'énergie potentielle en énergie actuelle ou inversement, quand la surface libre d'un liquide diminue ou augmente.

Mansion (*P.*). — Sur l'élimination (*Bulletin de Belgique*, (2), XLVI, (899-908); XLVII, (532-541); XLVIII), (463-472; 473-490).

Mansion (*P.*). — Théorie *a posteriori* de l'élimination entre deux équations algébriques, XLVIII. (491-526).

Catalan (*E.*) et *Folie* (*F.*). — Rapports sur ces Mémoires, *Ib.*, t. XLVI, p. 880-881; XLVII, p. 490; XLVIII, p. 445-452.

Comparez aussi les trois Notes de M. Mansion.

Sur l'élimination (*Comptes rendus*, t. LXXXVII, 975-978). — *On rational functional determinants* [*Messenger of Mathematics*, (2), t. IX, p. 30-32]. — *On the equality of Sylvester's and Cauchy's eliminants* (*Ib.*, p. 60-63).

Les trois dernières Notes sont des extraits des deux premiers Mémoires, dont les Rapports de M. Catalan sont des analyses succinctes. Il suffira donc de résumer les deux premiers.

Premier Mémoire. — Ce premier Mémoire est un exposé *a priori* de la théorie de l'élimination, soit par la méthode de Sylvester, soit par celle de Cauchy, en profitant d'une idée nouvelle, dont voici l'exposé pour deux équations

$$fx = a_0 + a_1 x + \ldots + a_4 x^4 = 0, \qquad gx = b_0 + b_1 x + b_2 x^2 + b_3 x^3 = 0,$$

ayant deux racines α, β communes. Dans cette hypothèse, on aura

$$(\mathrm{M}) \quad \begin{cases} \begin{vmatrix} 1 & f\alpha \\ 1 & f\beta \end{vmatrix} = 0, \quad \begin{vmatrix} 1 & \alpha f\alpha \\ 1 & \beta f\beta \end{vmatrix} = 0, \\ \begin{vmatrix} 1 & g\alpha \\ 1 & g\beta \end{vmatrix} = 0, \quad \begin{vmatrix} 1 & \alpha g\alpha \\ 1 & \beta g\beta \end{vmatrix} = 0, \quad \begin{vmatrix} 1 & \alpha^2 g\alpha \\ 1 & \beta^2 g\beta \end{vmatrix} = 0. \end{cases}$$

Entre ces relations, on pourra éliminer

$$\begin{vmatrix} 1 & \alpha \\ 1 & \beta \end{vmatrix}, \quad \begin{vmatrix} 1 & \alpha^2 \\ 1 & \beta^2 \end{vmatrix}, \quad \begin{vmatrix} 1 & \alpha^3 \\ 1 & \beta^3 \end{vmatrix}, \quad \begin{vmatrix} 1 & \alpha^4 \\ 1 & \beta^4 \end{vmatrix}, \quad \begin{vmatrix} 1 & \alpha^5 \\ 1 & \beta^5 \end{vmatrix}$$

et trouver une des conditions nécessaires pour que ces deux équations aient deux racines communes. On trouve de même les autres conditions nécessaires. Réunissant ces diverses conditions nécessaires, on trouve qu'on les exprime toutes en égalant à zéro un certain déterminant rectangulaire. Il en est de même dans le cas où l'on a recours à la méthode de Cauchy. Réciproquement, si un certain déterminant rectangulaire est nul, dans l'une ou l'autre méthode, les équations ont deux ou plusieurs racines égales. La considération des expressions (M) permet de transformer les conditions nécessaires et suffisantes trouvées, en d'autres données pour la première fois, mais non démontrées par Rouché, quand on emploie la méthode de Cauchy. On transforme de même les conditions dans le cas de la méthode de Sylvester. Enfin la considération des mêmes expressions (M) donne, encore une fois, dans l'une et l'autre méthode, l'équation aux racines communes, les équations aux racines non communes, et l'équation aux racines communes et non communes. L'idée nouvelle contenue dans ce premier Mémoire permet d'ailleurs d'étudier les cas où les racines communes sont égales.

Second Mémoire. — Le second Mémoire est une théorie *a posteriori* de l'élimination où sont démontrées les belles propositions trouvées par Rouché, en rendant rigoureux son procédé d'exposition et en en poussant les conséquences plus loin. Pour cela, on est forcé d'abord de se borner à l'étude de deux équations de même degré. Un artifice de calcul trés simple permet d'étendre ensuite ces diverses propositions au cas de deux équations quelconques. Enfin, en renversant l'ordre habituellement suivi pour écrire les lignes de l'éliminant de Sylvester qui contiennent les coefficients de la première équation donnée, l'auteur prouve que cet éliminant est égal à celui de Cauchy, qu'il en est de même de leurs mineurs principaux, que, par suite, on peut (comme on l'a d'ailleurs vu dans la théorie *a priori*) démontrer, dans la méthode de Sylvester, des propositions équivalentes à celles de Rouché, relativement à la méthode de Cauchy. Le Mémoire contient à la fin, un peu comme hors d'œuvre, une démonstration trés simple d'un beau théorème de Falk sur lequel on peut baser un exposé complet de la théorie de l'élimination, plus élémentaire que tous ceux qui sont usités jusqu'à présent [*voir* P. Mansion, *Déterminants*, 4ᵉ édition, Paris, Gauthier-Villars, p. 70 et suivantes ([1])].

Van der Mensbrugghe (*G.*). — Rapport sur un Mémoire intitulé : *De l'influence de la forme des masses sur leur attraction dans le cas d'une loi quelconque d'attraction, pourvu toutefois que l'attraction diminue indéfiniment quand la distance augmente*, par C. Lagrange. (453-454).

([1]) Les cinq Notes sur l'élimination, dont les deux premières sont publiées avec quelques additions, sont réunies en une brochure de 80 pages (Paris, Gauthier-Villars, 1884).

Le Paige (*C.*). — Note sur certains combinants des formes algébriques binaires. (530-545).

Folie (*F.*). — Rapport sur ce Mémoire. (460-461).

L'auteur, aprés un historique où il indique les points de contact de ses recherches antérieures avec celles de divers géomètres, rattache l'invariant d'involution aux invariants $(ab)^n$, dans le cas de n impair. Il prouve, pour les divers ordres, que si la condition d'involution entre $(n+1)$ formes est remplie, il existe entre ces formes une relation linéaire dont il détermine les coefficients. Dans le cas des formes paires, il étend à $2n$ formes d'ordre $2n$ un théorème connu seulement pour $n=1$.

Folie et *Houzeau*. — Rapports sur une Note intitulée : *Description d'un régulateur elliptique isochrone,* par M. J. Van Reysselberghe. (587-590).

Folie et *Van der Mensbrugghe*. — Rapports sur le concours relatif à l'étude de la torsion. (594-600).

Critique du Mémoire envoyé à l'Académie en réponse à la question.

Valérius. — Sur les variations du calorique spécifique de l'acide carbonique aux hautes températures. (601-604).

Niesten. — Note sur la tache rouge observée sur la planète Jupiter pendant les oppositions de 1878 et de 1879. (604-618, 1 planche).

Houzeau. — Rapport sur ce Mémoire. (590-592).

La tache rouge est peut-être périodique; sa période serait, si cette conjecture est vraie, égale à une demi-révolution de Jupiter.

Terby (*F.*). — Études sur la planète Mars (12e Notice). Tableau synonymique des dénominations données aux taches de la planète. (619-631).

Houzeau. — Rapport sur ce Mémoire. (592-594).

Saltel (*L.*). — Historique et développement d'une méthode pour déterminer toutes les singularités ordinaires d'un lieu défini par k équations algébriques contenant $k-1$ paramètres arbitraires. (632).

Le titre de ce travail en indique suffisamment l'objet. Il complète et précise les travaux antérieurs de l'auteur. Il contient une petite Note intéressante sur l'histoire de la transformation arguésienne.

Houzeau. — Rapport sur un Mémoire à l'appui des remarquables observations de M. Schiaparelli sur la planète Mars, par F. Terby. (725-726).

Liagre. — Rapport sur le concours quinquennal des Sciences mathématiques et physiques. (835).

Exposé sommaire des travaux relatifs aux Sciences mathématiques ou physiques publiés en Belgique en 1874, 1875, 1876, 1877, 1878.

Tome XLIX, janvier à juin 1880.

Weyr (Em.). — Remarques sur l'existence de l'évolution dans les courbes du troisième ordre et de la quatrième classe. (7-8).

Trois points d'une courbe plane rationnelle du troisième ordre situés en ligne droite et leurs points tangentiels également situés en ligne droite sont six points en évolution sur la courbe.

Van Rysselberghe (F.). — Description d'un régulateur elliptique isochrone dont on peut faire varier, à volonté, la vitesse de régime. (9-24).

Fievez (Ch.). — Recherches sur l'intensité relative des raies spectrales de l'hydrogène et de l'azote, en rapport avec la constitution des nébuleuses. (107-113).

Houzeau et *Stas.* — Rapports sur ce Mémoire. (88-91).

Huggins (W.). — Lettre sur ce Mémoire. (266-267).

Dépendance entre la visibilité des raies et l'intensité lumineuse de l'image, pour l'hydrogène et l'azote. Conséquence : il est probable qu'un élément connu existe dans un corps céleste quand on a constaté dans le spectre la présence d'une raie appartenant à cet élément.

Le Paige (C.). — Note sur certains covariants des formes algébriques binaires. (113-125).

Folie (F.). — Rapport sur ce Mémoire. (91-92).

Le carré du covariant $\Delta(a, b, \ldots, l)\, a_x^{k+1} b_x^{k+1} \ldots l_x^{k+1}$ de $(n-k)$ formes d'ordre pair (impair) $a_x^n, b_x^n, \ldots, l_x^n$ est une fonction quadratique (linéaire) des covariants

$$\Delta(a, b, \ldots, l)_{k+1}(a_x^{n-k} b_x^{n-k} \ldots l_x^{n-k})_{k+1}.$$

Pour $k = 0$, on retrouve un théorème de Rosanes.

Folie (F.), Catalan (E.) et *Tilly (J.-M. de)*. — Rapports sur le Mémoire intitulé : *Historique et méthode de détermination de toutes les singularités ordinaires d'un lieu défini par k équations algébriques contenant k — 1 paramètres arbitraires.* (149-171).

Discussion sur le *Principe de la théorie des Faisceaux* de MM. Folie et Le Paige.

Terby (F.). — Aspect de la planète Mars pendant l'opposition de 1879 et observations de la tache rouge de Jupiter et des taches de Vénus. (201-217 et cinq planches).

Houzeau. — Rapport sur ce Mémoire. (173-174).

Spée. — Sur la raie dite de l'hélium. (379).

Houzeau. — Rapport sur ce Mémoire. (311-312).

Van der Mensbrugghe (G.). — Sur l'application du second principe de Thermodynamique aux variations d'énergie potentielle des surfaces liquides. (620-627).

Complément rectificatif du Mémoire inséré au t. XLVIII, p. 354 et suivantes.

Tome L, juillet à décembre 1880.

Fievez (C.). — Recherches sur le spectre du magnésium en rapport avec la constitution du Soleil. (91-98).

Houzeau. — Rapport sur ce Mémoire. (78-79).

Le Paige (C.). — Sur la représentation géométrique des covariants d'une forme biquadratique. (115-121).

Van der Mensbrugghe (G.). — Du rôle de la surface libre de l'eau dans l'économie de la nature. (155-157).

Analyse d'un travail adressé en 1879 à l'Association française pour l'avancement des Sciences, où l'auteur résume ou complète plusieurs de ses Mémoires antérieurs.

Montigny (*Ch.*). — De l'influence des liquides sur le son des timbres sonores qui les contiennent et qui sont plongés dans ces liquides. (158-170).

La rapidité des vibrations d'un corps sonore est notablement diminuée par l'effet d'un milieu liquide avec lequel ses parois sont en contact et cette diminution est plus sensible quand ce contact est établi des deux côtés de la paroi du corps vibrant que lorsqu'il existe d'un seul côté.

Adan. — Sur la compensation d'une chaîne de triangles géodésiques. (260-265).

Montigny (*Ch.*). — Note sur l'application du diapason à l'étude de la propagation du son et des mouvements vibratoires dans les liquides. (300-307).

Catalan (*E.*), *Tilly* (*J.-M. de*) et *Folie* (*F.*). — Rapport sur un Mémoire de concours.

Analyse et critique d'un Mémoire couronné sur les surfaces classoïdes ou à courbure moyenne nulle. L'auteur est M. Ribaucour.

Van der Mensbrugghe (*G.*). — Voyages et métamorphoses d'une gouttelette d'eau. (423-447).

Exposé, sans calcul, de la plupart des recherches de l'auteur sur la théorie thermodynamique des liquides.

Troisième série. Tome I, janvier à juin 1881.

Adan (*E.*). — Sur la jonction géodésique exécutée entre l'Espagne et l'Algérie. (8-21).

Adan (*E.*). — Sur la détermination de la longitude de Karéma. (75-79).

Le Paige (*C.*). — Note sur la théorie des polaires. (134-138).

Tilly (*de*). — Rapport sur cette Note. (73-74).

Dans cette Note, l'auteur montre les relations existant entre la théorie des polaires successives des courbes et la théorie des involutions d'ordre n.

Exemple : Si par un point on mène une transversale rencontrant une courbe C_n d'ordre n en n points et la première polaire en $(n-1)$ points, chacun de ces derniers, considérés comme $(n-1)^{\text{uple}}$, forme, avec le point donné, un groupe de n points conjugués harmoniques des n intersections de la transversale avec C_n.

Montigny (*Ch.*). — De l'intensité de la scintillation pendant les aurores boréales. (231-250).

Van der Mensbrugghe (*G.*). — Sur une propriété générale des lames liquides en mouvement. (286-308).

Explication de divers faits au moyen du principe suivant : Si une masse liquide est transformée, par une force quelconque, en une lame de plus en plus mince, à mesure que cette force agit plus longtemps, le travail résistant, développé par l'accroissement d'énergie potentielle du liquide, augmente en raison directe de la valeur de T (énergie potentielle par unité de surface) appartenant à la surface liquide au moment considéré et en raison inverse de l'épaisseur de la lame au même instant.

Delbœuf (*J.*). — La liberté et ses effets mécaniques. (463-479).

L'auteur regarde l'homme comme une force analogue aux forces de la nature, mais agissant au moment où elle veut.

Le Paige (*C.*). — Note sur certains covariants. (490-499).

Folie (*F.*). — Rapport sur cette Note. (461-462).

I. Le déterminant fonctionnel de $(2k+1)$ formes binaires dont l'ordre est supérieur à $2k$ est une fonction linéaire des $(2k+1)$ formes, les coefficients étant des sommes de produits de covariants linéo-linéaires des formes prises deux à deux.

II. Le carré du déterminant fonctionnel de $2k$ formes binaires, dont l'ordre est supérieur à $(2k-1)$, est une fonction quadratique de ces formes, les coefficients étant des déterminants dont les éléments sont des covariants linéo-linéaires des formes prises deux à deux.

Folie (*F.*) et *Le Paige* (*C.*). — Note sur les courbes du troisième ordre. (611-613).

Résumé d'un Mémoire étendu sur ces courbes, qui sera publié ultérieurement.

Tome II; juillet à décembre 1883.

Le Paige (*C.*). — Sur les formes binaires à plusieurs séries de variables. (40-53).

Folie (*F.*). — Rapport sur ce Mémoire. (5-6).

L'auteur emploie directement la notation symbolique pour les formes à plusieurs séries de variables, au lieu de calculer un système binaire réduit, comme le fait Clebsch. Il peut d'ailleurs, grâce à cette méthode, soumettre les divers groupes de variables à des substitutions différentes. Il établit, dans le cas des formes trilinéaires, deux formes canoniques, qui lui permettent d'étudier ces formes avec assez de facilité. La méthode s'applique aux formes plurilinéaires.

Adan (*E.*). — Latitude en voyage. Procédé graphique. (112-127).

Folie (*F.*). — A propos de la détermination de la latitude. (257-263).

Le premier auteur donne une méthode graphique très simple pour calculer rapidement la latitude d'un lieu ; le second montre que le procédé de Bessel est plus sûr et plus simple encore si l'on se sert de Tables de lignes trigonométriques naturelles.

Folie (*F.*). — Sur la cause probable des variations de latitude et du magnétisme terrestre. (453-458).

Cette cause est peut-être l'oscillation de l'écorce solide autour de son noyau fluide et le frottement de l'un contre l'autre.

Van der Mensbrugghe. — Remarques sur les phénomènes électriques qui accompagnent les variations d'énergie potentielle du mercure.

Conséquences nouvelles des principes thermodynamiques de l'auteur.

Folie (*F.*). — Histoire de l'Astronomie en Belgique. (661-678).

Il n'y a pas eu d'observations astronomiques en Belgique avant le XIXe siècle, peu d'auteurs écrivant sur l'Astronomie (Fromond et les deux Van Laensberghe). Maintenant, au contraire, outre l'observatoire royal de Bruxelles, il y a plusieurs observatoires privés et beaucoup d'auteurs ont traité de sujets astronomiques ou géodésiques : Adolphe Quetelet, Ernest Quetelet, Houzeau, Meyer, Schaar, Mailly, Montigny, Terby, de Boe, Van Ertborn, Van Monckhoven, Van Tricht, Delsaux, Spée, Pirmez (et M. Folie lui-même).

Tome III, janvier à juin 1882.

Folie (*F.*) et *Van der Mensbrugghe* (*G.*). — Rapports sur le Mémoire intitulé : *Exposition critique de la méthode de Wronski pour la résolution des problèmes de Mécanique céleste;* par M. C. Lagrange. (5-13).

Analyse de ce Mémoire. Suivant l'auteur et les rapporteurs, la méthode de Wronski est plus générale que la méthode de la variation des constantes arbitraires. Elle en diffère par l'introduction de nouveaux paramètres variables, notamment de la vitesse moyenne w entre les vitesses extrêmes sur la conique variable, et un choix nouveau de coordonnées. Les forces composantes considérées sont la force radiale F, la force tangentielle T et la force normale P au plan de l'orbite. La méthode consiste à passer de la relation $G\,dt = -\varpi\,d\varphi$ (G étant la gravitation), qui est l'équation différentielle d'une conique, dans le cas où ϖ est constant, à la trajectoire réelle, dans laquelle ϖ varie sous l'influence des forces F, T, P. La supériorité de la méthode de Wronski sur les autres réside surtout dans l'introduction d'une masse fictive variable, au lieu de la masse constante à laquelle est due la force centripète, dans les méthodes ordinaires. La conique décrite sous l'influence de cette masse fictive coïncide mieux avec la trajectoire réelle, résultat qui ne semble pas avoir été aperçu par Wronski lui-même.

Folie (*F.*). — Sur un critérium astronomique certain de l'existence d'une couche fluide à l'intérieur de l'écorce terrestre. (20-23).

Folie (*F.*). — Existence et grandeur de la précession et de la nutation diurne, dans l'hypothèse d'une terre solide. (739-753).

Contrairement à l'assertion de Laplace, il y a une précession et une nutation diurne appréciables dont la valeur est plus grande, s'il y a une couche fluide à l'intérieur du globe.

Adan (*E.*). — Quelques mots sur une méthode de détermination de la latitude. (69-74).

Folie (*F.*). — Un mot encore sur la détermination de la latitude. (350-352).

M. Folie défend, contre M. Adan qui propose un procédé graphique, une méthode de Bessel.

Delbœuf (*J.*). — Déterminisme et liberté. La liberté démontrée par la Mécanique. (145-165).

L'auteur croit pouvoir concilier le déterminisme avec la liberté, en admettant que les êtres libres peuvent suspendre leur action.

Weyr (*Em.*). — Sur les surfaces d'involution. (472-485).

Folie (*F.*). — Rapport. (460-461).

Applications nouvelles des méthodes de l'auteur pour étudier à la fois les involutions et les courbes d'ordre supérieur.

Teixeira (*G.*). — Sur l'intégration d'une classe d'équations aux dérivées partielles du deuxième ordre. (486-498).

L'auteur cherche les trois conditions pour que l'équation aux dérivées partielles $Ar + Bs + Ct + D = 0$ ait une intégrale de la forme

$$f(x, y, z, p, q) = \varphi(x, y),$$

φ étant une fonction arbitraire. Quand ces conditions subsistent et même dans d'autres cas, il réduit l'intégration à celle de deux équations linéaires aux dérivées partielles, indépendantes l'une de l'autre.

Mansion (*P.*). — Principe fondamental relatif au contact de deux surfaces qui ont une génératrice commune. (753-760).

Catalan (*E.*). — Rapport. (716-717).

Deux surfaces engendrées par une courbe d'espèce donnée, et dont les équations contiennent $(n+1)$ paramètres, ont un contact d'ordre k, le long d'une génératrice commune si elles jouissent de cette propriété en n points de la génératrice commune.

Le Paige (*C.*). — Sur une représentation géométrique de deux transformations uniformes. (760-762).

Folie (*F.*). — Rapport. (717).

Représentation géométrique simple d'une transformation d'ordre 5 ou 6, à l'aide de cubiques.

Tome IV; juillet à décembre 1882.

Le Paige (*C.*). — Sur les courbes du troisième ordre. (334-344).

Folie (*F.*). — Rapport. (301-302).

Si par un point d'une cubique on mène les rayons aux points de contact des tangentes issues de tous les autres points de la courbe, on obtient une involution biquadratique du premier rang définie par une équation de la forme

$$a_x^4 + \lambda (aa') a_x^2 + a_x'^2 = 0.$$

Ce théorème permet de démontrer une foule de propriétés des cubiques, particulièrement celles qui se rapportent à leurs points d'inflexion, qui semblaient échapper aux méthodes antérieures de l'auteur.

Le Paige (*C.*). — Sur quelques transformations géométriques uniformes. (415-431).

Démonstration et complément des résultats indiqués dans le Tome précédent.

Genocchi (*A.*). — Sur les fonctions de M. Prym et de M. Hermite. (438-451).

Les deux fonctions de M. Hermite

$$P(x) = a^x\left[\frac{1}{x} - \frac{a}{x+1} + \frac{a^2}{1.2(x+2)} - \ldots\right], \qquad Q(x) = \int_a^\infty v^{x-1}e^{-v}\,dv,$$

qui deviennent celles de M. Prym pour $a = 1$, ont déjà été rencontrées, dans le cas où a est réel, par Legendre (*Fonctions elliptiques*, II, 502). Elles peuvent se mettre sous diverses autres formes assez intéressantes, mais longues à transcrire, sauf la suivante :

$$P(x) = \frac{1}{2\pi x}\int_{-\pi}^{+\pi} t^x e^{-t}\,d\varphi, \qquad t = ae^{\varphi\sqrt{-1}}.$$

Si x est entier, on prend, pour définition de $P(x)$, la limite de $P(x+\varepsilon)$, pour $\varepsilon = 0$.

Tome V, janvier à juin 1883.

Le Paige (*C.*). — Sur l'homographie du troisième ordre. (85-112).

Folie (*F.*). — Rapport. (25-30).

Tilly (*J. de*). — Sur le théorème de Chasles relatif aux axes centraux. (401-403).

Complément de la démonstration donnée dans le même Recueil, t. XXXV, 24-30.

Folie (*F.*). — Aux lecteurs des *Annali di Matematica*. (606-609).

Réponse à certaines critiques de M. Véronèse.

Le Paige (*C.*). — Sur les surfaces du second ordre. (618-625).

Folie (*F.*). — Rapport. (592-593).

Construction d'une surface du second ordre déterminée par neuf points, par une méthode extrêmement simple qui donne autant de groupes de six points que l'on veut de la surface, ces points étant situés sur un plan.

Ronkar (*E.*). — Essai de détermination du rapport A : C des moments d'inertie principaux du sphéroïde terrestre. (768-805).

Folie (*F.*). — Rapport. (600-605).

Cette détermination est faite en partant de deux hypothèses sur la loi de densité des couches terrestres, celle de Laplace et celle de M. Lipschitz. Les résultats trouvés s'approchent beaucoup de celui que Poisson a tiré de la théorie de la précession, surtout en prenant pour la valeur de l'aplatissement celle qui est donnée par Faye $\frac{1}{292,2}$.

Tome VI; juillet à décembre 1883.

Catalan (*E.*). — Théorèmes d'Arithmétique et d'Algèbre. (34. 264-265).

Extrait d'un Mémoire publié par l'Académie pontificale des *Nuovi Lincei*.

Folie (*F.*). — Note lue à l'Académie ou présentant les deux premières parties de la théorie des mouvements diurne, annuel et séculaire de l'axe du monde. (134-138).

Analyse d'un Mémoire publié en 1884 par l'Académie.

Catalan (*E.*), *Tilly* (*de*) et *Mansion* (*P.*). — Rapport sur un concours. (814-832).

Examen critique d'un Mémoire relatif au dernier théorème de Fermat.

Jamet (*V.*). — Généralisation d'une propriété des surfaces du deuxième ordre. (885-894).

Catalan (*E.*). — Rapport. (833-836).

Solution du problème suivant : Une surface S est coupée par un plan P contenant une droite fixe D. En chaque point de la section C, on mène le plan T tangent à S. Comment doit-on prendre cette surface S pour que les plans T concourent en un même point M et que le lieu de M soit une droite Δ. L'auteur prouve que D et Δ sont réciproques et il ramène la détermination des lignes asymptotiques de S aux quadratures.

Houzeau (*J.-C.*). — Note sur la parallaxe du Soleil, déduite des observations micrométriques faites aux stations belges, pendant le passage de Vénus du 6 décembre 1882, à l'aide d'héliomètres d'une construction particulière. (839-842).

Valeur trouvée $8'',907 \pm 0,084$.

MÉMOIRES couronnés et autres Mémoires publiés par l'Académie royale des Sciences, des Lettres et des Beaux-Arts de Belgique. — Collection in-8°. Bruxelles, F. Hayez (¹).

Tome XXVIII; juillet 1878.

Ne contient aucun Mémoire de Mathématiques pures ou appliquées.

Tome XXIX; juin 1879.

Adan (*E.*). — Attractions locales. Correction des éléments de l'ellipsoïde osculateur. (31 pages et 1 planche).

Adan (*E.*). — Comparaison entre les coordonnées réelles et les coordonnées théoriques d'un lieu de la Terre. Déviation ellipsoïdale. (16 pages).

Adan (*E.*). — Mémoire sur l'ellipsoïde unique. (10 pages).

Le but de l'auteur est de corriger les éléments de l'ellipsoïde terrestre géodésiques de manière à faire coïncider les résultats des calculs géodésiques avec la détermination directe des coordonnées astronomiques, pour un lieu donné.

Les coordonnées géodésiques diffèrent des astronomiques non seulement parce que celles-ci sont influencées par les causes locales, mais aussi parce que celles-là dépendent de l'ellipsoïde osculateur admis pour faire les calculs dans chaque pays particulier.

Van Reysselberghe (*F.*). — Note sur les oscillations du littoral belge. (18 pages et 1 carte).

Le littoral belge, à partir d'Ostende, a baissé depuis un siècle. Cela peut avoir influé sur les coordonnées géographiques d'un même repère.

Tome XXX; janvier 1880.

Spée. — Sur le déplacement des raies du spectre des étoiles. (15 pages).

Contre la thèse de Doppler.

(¹) Voir *Bulletin*, 2ᵉ série, t. II, 2ᵉ Partie, p. 250-251.

Tome XXXI; septembre 1881.

Catalan (E.). — Mémoire sur les fonctions X_n de Legendre. (1-64).

Développement d'une Note publiée dans le Recueil de l'*Association française pour l'avancement des Sciences.* Voici quelques-unes des innombrables formules établies par M. Catalan : 1° Les indices α, β, γ satisfaisant, de toutes les manières possibles, à la condition $\alpha + \beta + \gamma = n$,

$$\frac{dX_{n+1}}{dx} = SX_\alpha X_\beta X_\gamma.$$

2°
$$\pi X_n = R(2x)^{n+1} \int_0^{\frac{\pi}{2}} \frac{\cos^n\omega \cos n\omega \, d\omega}{(x^2 \sin^2\omega + \cos^2\omega)^{n+1}},$$

$R(a + b\sqrt{-1})$ désignant la partie réelle a de $a + b\sqrt{-1}$.

3°
$$\int_{-1}^{+1} X_n \log(1 + x)\, dx = (-1)^{n-1} \frac{2}{n(n+1)}.$$

4°
$$z^n = \frac{2n+1}{2} \int_{-1}^{+1} \frac{X_n \, dx}{\sqrt{1 - 2zx + z^2}}.$$

Le Mémoire contient 168 formules numérotées.

Tome XXXII; janvier 1881. Tome XXXIII; septembre 1882.

Ne contiennent aucun Mémoire de Mathématiques.

Tomes XXXIV et XXXV; août 1883.

Mailly (Ed.). — Histoire de l'Académie impériale et royale des Sciences et Belles-Lettres de Bruxelles. (720 et 428 pages).

L'ancienne Académie de Bruxelles a subsisté du 12 janvier au 21 mai 1794. Le présent Ouvrage en est une histoire très complète, où l'on trouve des renseignements exacts sur les rares mathématiciens belges, ou habitant la Belgique, à la fin du siècle passé : Bournons, Ghiesbrecht, de Marcy, de Nieuport, Scherffer, Van Swinden, de Zach.

BULLETIN DE LA SOCIÉTÉ MATHÉMATIQUE DE FRANCE.

Tome XII; 1884 ([1]).

D'Ocagne. — Sur l'évaluation graphique des moments d'inertie des aires planes. (21-27).

D'Ocagne. — Étude géométrique de la distribution des efforts autour d'un point dans une poutre rectangulaire et dans un massif de terre. (27-36).

David. — Sur une transformation de l'équation linéaire d'un ordre quelconque. (36-43).

Soit

$$\frac{d^n y}{dx^n} + \frac{n(n-1)}{2!} B \frac{d^{n-2} y}{dx^{n-2}} + \frac{n(n-1)(n-2)}{3!} C \frac{d^{n-3} y}{dx^{n-3}} + \frac{n(n-1)(n-2)(n-3)}{4!} E \frac{d^{n-4} y}{dx^{n-4}} + \ldots = 0,$$

une équation linéaire, dont on a fait disparaître le second terme (par une quadrature).

Si l'on pose

$$y = uv, \quad a_1 = \frac{dz}{dx}, \quad a_2 = \frac{d^2 z}{2!\,dx^2}, \quad a_3 = \frac{d^3 z}{3!\,dx^3}, \quad \ldots, \quad \frac{dv}{dx} = -v(n-1)\frac{a_2}{a_1},$$

on change l'équation proposée en une autre de même forme

$$\frac{d^n u}{dz^n} + \frac{n(n-1)}{2!} B_0 \frac{d^{n-2} u}{dz^{n-2}} + \frac{n(n-1)(n-2)}{3!} C_0 \frac{d^{n-3} u}{dz^{n-3}} + \frac{n(n-1)(n-3)}{4!} E_0 \frac{d^{n-4} u}{dz^{n-4}} + \ldots = 0,$$

dont les coefficients B_0, C_0, E_0 sont déterminés par des relations assez simples

$$B_0 = \frac{n+1}{a_1^2}\left(\frac{a_2^2}{a_1^2} - \frac{a_3}{a_1} + \frac{B}{n+1}\right), \quad \ldots.$$

Ces relations ont mis l'auteur sur la voie de deux invariants de l'équation différentielle :

$$3\frac{dB_0}{dz} - 2C_0 = a_1^{-3}\left(3\frac{dB}{dx} - 2C\right),$$

$$-3\frac{n+\frac{7}{5}}{n+1}B_0^2 + \frac{6}{5}\frac{d^2 B_0}{dz^2} - 2\frac{dC_0}{dz} + E_0 = a_1^{-4}\left(-3\frac{n+\frac{7}{5}}{n+1}B_2 + \frac{6}{5}\frac{d^2 B}{dx^2} - 2\frac{dC}{dx} + E\right).$$

([1]) Voir *Bulletin*, IX_2, 5.

dont le premier a été signalé par M. Laguerre pour les équations du troisième ordre.

En particularisant de diverses manières la fonction indéterminée $\frac{dz}{dx}$, M. David obtient ou retrouve plusieurs résultats dont voici les plus remarquables :

1° Dans l'équation linéaire du $n^{\text{ième}}$ ordre, on peut faire disparaître le deuxième et le troisième terme par des quadratures et par la résolution d'une équation linéaire du second ordre (Laguerre);

2° L'équation linéaire du troisième ordre se ramène par des quadratures à la forme

$$\frac{d^3u}{dz^3} + 2F(z)\frac{du}{dz} + \left[F'(z) + \tfrac{1}{2}\right]u = 0 \quad \text{(Laguerre)};$$

3° L'équation du quatrième ordre a la forme

$$\frac{d^4u}{dz^4} + 6B_0\frac{d^2u}{dz^2} + 2\left(3\frac{dB_0}{dz} - H_0\right)\frac{du}{dz} + \left(\frac{9^2}{5^2}B_0^2 + \frac{9}{5}\frac{d^2B_0}{dz^2}\right)u = 0.$$

Picard. — Sur un groupe de transformations des points de l'espace situés du même côté d'un plan. (43-47).

On sait que, par une substitution $\left(z, \frac{az+b}{cz+d}\right)$ à coefficients entiers et réels et au déterminant 1, à chaque point z situé au-dessus de l'axe des quantités réelles correspond un point situé au-dessus de cet axe et, en général, par une substitution du groupe, un point et un seul situé dans le *triangle fondamental.*

Ce théorème est étroitement lié à la question de la réduction des formes binaires définies. En substituant à l'étude de ces formes celle des formes quadratiques à indéterminées conjuguées, M. Picard est conduit à envisager la substitution

$$(S)\qquad \begin{cases} x' = \dfrac{ca_0(xx_0+y^2) + a_0dx + cb_0x_0 + db_0}{cc_0(xx_0+y^2) + dc_0x + d_0cx_0 + dd_0}, \\[2ex] x'x'_0 + y'^2 = \dfrac{aa_0(xx_0+y^2) + ba_0x + b_0ax_0 + bb_0}{cc_0(xx_0+y^2) + dc_0x + d_0cx_0 + dd_0}, \end{cases}$$

où x est complexe, y réel et positif, a, b, c, d complexes ($ad - bc = 1$) et où les quantités affectées de l'indice 0 sont les conjuguées des quantités correspondantes sans indice. A chaque point (ξ, η, ζ) situé au-dessus du plan des $\xi\eta$ correspond, si l'on pose

$$x = \xi + i\eta, \qquad y = \zeta,$$

une seule valeur de x et une seule de y, et réciproquement. A la substitution (S) correspond ainsi une transformation du point en question en un autre point du demi-espace (*comparer* le Mémoire de M. Poincaré sur les groupes kleinéens). Si, de plus, a, b, c, d sont des entiers complexes, le groupe (S) sera discontinu pour tout point du demi-espace non situé dans le plan des $\xi\eta$. Son *polyèdre fondamental* est limité par les quatre plans $\xi = \frac{1}{2}$, $\xi = -\frac{1}{2}$, $\eta = \frac{1}{2}$, $\eta = -\frac{1}{2}$ et extérieur à la sphère $\xi^2 + \eta^2 + \zeta^2 = 1$.

Picard. — **Sur la forme des intégrales des équations différentielles du premier ordre. (48-51).**

Soit l'équation différentielle

$$z\frac{du}{dz} = f(u, z),$$

dont le second membre est une fonction holomorphe dans le voisinage des valeurs $u = 0$, $z = 0$, et qui s'annule pour ces valeurs, en sorte que le coefficient différentiel devient indéterminé.

L'équation admet une infinité d'intégrales s'annulant pour $z = 0$ et se présentant sous forme de séries ordonnées suivant les puissances croissantes de z et de z^{b-1}, où b est le second coefficient du développement de

$$f(u, z) = az + bu + \ldots.$$

Ce résultat, établi simultanément par MM. Picard et Poincaré, suppose la partie réelle de b positive et supérieure à 1, hypothèse qui ne restreint pas la généralité. M. Picard complète cette proposition en montrant que l'on obtient ainsi toutes les intégrales qui s'annulent pour $z = 0$.

Raffy. — **Sur les transformations invariantes des différentielles elliptiques. (51-71).**

Si, $f(x)$ représentant une fonction rationnelle et $\sqrt{R(x)}$ un radical elliptique, il existe une fonction y vérifiant à la fois les deux équations

$$f(x) = -f(y), \quad \frac{dx}{\sqrt{R(x)}} = \pm \frac{dy}{\sqrt{R(y)}},$$

cette fonction sera dite fournir une *transformation invariante* de la différentielle $\dfrac{f(x)\,dx}{\sqrt{R(x)}}$.

L'auteur démontre d'abord que toute différentielle elliptique susceptible d'une transformation invariante s'intègre en termes finis; puis il indique les conditions nécessaires et suffisantes pour qu'une différentielle elliptique admette une pareille transformation. Il détermine les transformations invariantes du premier ordre. Il prouve qu'étant donné le radical $\sqrt{R(x)}$ il existe toujours une infinité de fractions rationnelles $f(x)$ de chaque degré telles que la différentielle $\dfrac{f(x)\,dx}{\sqrt{R(x)}}$ admette une transformation invariante du premier ordre; et il fait connaître le type qui contient toutes ces fractions $f(x)$.

Comme application on retrouve certains résultats connus concernant les intégrales pseudo-elliptiques, et on les généralise facilement. En terminant, M. Raffy remarque que toute transformation (au sens de Jacobi), effectuée sur une différentielle elliptique susceptible d'une transformation invariante, donne une différentielle elliptique également susceptible d'une transformation invariante. De là résulte la généralisation des trois cas de réduction des intégrales elliptiques, signalés par M. Hermite dans son Mémoire *Sur une formule d'Euler* (*Journal de Liouville*, 1880).

Lemoine. — Quelques propriétés des parallèles et des antiparallèles aux côtés d'un triangle. (72-78).

D'Ocagne. — Sur une série à loi alternée. (78-90).

L'auteur déduit l'expression explicite du terme général de la série définie par les deux formules de récurrence

$$\begin{cases} U_{2n-1} = \alpha U_{2n-2} + \beta, \\ U_{2n} \; = \gamma U_{2n-1} + \delta, \end{cases}$$

α, β, γ, δ et le premier terme U_0 étant quelconques. Si l'on désigne par $R\left(\frac{k}{2}\right)$ le reste de la division de k par 2, par $E\left(\frac{k}{2}\right)$ la partie entière du quotient, on aura

$$U_k = \frac{(\alpha\gamma)^{E\left(\frac{k}{2}\right)}\alpha^{R\left(\frac{k}{2}\right)}[U_0(\alpha\gamma - 1) + \beta\gamma + \delta] - \left[\alpha^{R\left(\frac{k}{2}\right)}\delta + \gamma^{R\left(\frac{k+1}{2}\right)}\beta\right]}{\alpha\gamma - 1}.$$

Dans le cas particulier où $\alpha = \gamma = 2$, $\beta = 0$, $\delta = -1$, $U_0 = 1$, cette formule permet à l'auteur d'exprimer les coordonnées des sommets des triangles inscrits les uns dans les autres, de telle sorte que les sommets de chaque triangle coïncident avec les milieux des côtés du précédent.

L'auteur calcule ensuite la somme $S = U_0 + U_1 + \ldots + U_k$. Elle croît indéfiniment avec k, mais $\frac{S}{k}$ a pour limite $\frac{\delta(1+\alpha) + \beta(1+\gamma)}{2(1-\alpha\gamma)}$.

Tannery (P.). — Note sur la théorie des ensembles. (90-96).

Démonstration de cette proposition, admise par M. Cantor : *La puissance de l'ensemble de tous les nombres réels de* 0 *à* 1 *n'est autre que celle de la seconde classe de nombres.*

A l'expression d'ensemble à n dimensions (terminologie de M. Cantor) M. P. Tannery substitue celle d'ensemble à n entrées. Chaque entrée sera déterminée complètement et dans un sens unique par son rang m, variant de 1 à n inclusivement; elle sera considérée comme se faisant suivant une certaine suite de nombres définis sans ambiguïté. Le nombre ω_m des éléments de cette suite pour la $n^{\text{ième}}$ entrée est l'*expression* de cette entrée.

Si l'on considère un ensemble fini d'éléments classés dans une pareille table à n entrées, dont les extensions ω (supposées égales) sont finies et connues, le nombre de ces éléments ou la puissance de leur ensemble sera le produit ω^n.

Si ω croît indéfiniment, de manière à représenter la puissance de la série des nombres entiers positifs, n étant déterminé, ω^n reste de la première puissance. Il n'en est plus de même, si en même temps l'entier positif n croît au delà de toute limite; on parvient ainsi à la conception d'un ensemble dont la puissance, supérieure à la première, pourra correspondre au symbole ω^ω. On peut aussi dépasser la première puissance, en laissant à l'extension des entrées une valeur fixe α, tandis que l'on fait croître n indéfiniment; on arrive ainsi à un autre symbole α^ω, qui sera de la seconde puissance; car, dans l'ordre d'idées où l'on s'est placé, il ne peut y avoir d'autre puissance intermédiaire entre celle de ω et celle de α^ω.

Il reste à prouver qu'il y a bien là deux puissances différentes; c'est ce que fait M. P. Tannery, en montrant que l'ensemble des nombres réels compris entre o et 1 est de la même puissance que α^{ω}. Le symbole ω^{ω} ne conduit pas à la conception d'une puissance supérieure.

Goursat. — Sur l'intégration de quelques équations linéaires au moyen de fonctions doublement périodiques. (96-114).

Soit une équation linéaire

$$F(y) = 0, \tag{1}$$

d'ordre m à coefficients rationnels et à intégrales régulières, admettant comme points de ramification pour l'intégrale générale les points $a_1, a_2, \ldots, a_\rho$ et le point $x = \infty$, qui par hypothèse est un véritable point critique. On suppose que les racines des diverses équations déterminantes fondamentales relatives aux points critiques $a_1, a_2, \ldots, a_\rho, \infty$ soient commensurables; que l'intégrale générale ne contienne aucun logarithme dans le domaine de chacun de ces points; que les racines d'une même équation fondamentale soient réduites à leur plus petit dénominateur commun (m_i pour a_i et n pour $x = \infty$). Si les nombres $m_1, m_2, \ldots, m_\rho$ vérifient la relation

$$\frac{1}{m_1} + \frac{1}{m_2} + \ldots + \frac{1}{m_\rho} + \frac{1}{n} = \rho - 1,$$

on sait que l'équation différentielle

$$\frac{dx}{dz} = g(x-a_1)^{1-\frac{1}{m_1}}(x-a_2)^{1-\frac{1}{m_2}}\cdots(x-a_\rho)^{1-\frac{1}{m_\rho}} \tag{2}$$

aura pour intégrale générale une fonction uniforme $f(z)$, rationnelle, simplement périodique ou doublement périodique. Supposons-la doublement périodique. Par le changement de variable $x = f(z)$, l'équation (1) se transforme en une équation à coefficients doublement périodiques, dont l'intégrale générale est aussi une fonction de z uniforme dans tout le plan et peut alors, en vertu du théorème de M. Picard, s'exprimer au moyen des fonctions Θ.

L'application de la méthode précédente permet à M. Goursat d'énumérer les équations linéaires qui correspondent aux quatre types bien connus d'équations binômes auxquels se ramènent, par une substitution linéaire, toutes les équations de la forme (2) dont l'intégrale est uniforme et doublement périodique. Signalons l'équation du troisième ordre

$$\left\{\begin{aligned} & x^2(x-1)^2\frac{d^3y}{dx^3} + [Ax + B(x-1)]x^2(x-1)\frac{d^2y}{dx^2} \\ & \quad + [Cx(x-1) + Dx + E(1-x)]x(x-1)\frac{dy}{dx} \\ & \quad - [Fx^2(x-1) + hx(x-1) + Hx + K(x-1)]y = 0, \end{aligned}\right. \tag{3}$$

où h est un paramètre arbitraire et où les coefficients A, B, C, D, E, F, H, K sont choisis de façon à donner aux racines des équations déterminantes fondamentales les valeurs

$$m,\quad m'+\frac{1}{3},\quad m''+\frac{2}{3},\quad \text{pour } x=0,$$

$$n,\quad n'+\frac{1}{3},\quad n''+\frac{2}{3},\quad \text{pour } x=1,$$

$$p,\quad p'+\frac{1}{3},\quad p''+\frac{2}{3},\quad \text{pour } x=\infty,$$

les m, n, p étant des entiers quelconques, mais dont la somme est nulle.

Si l'on fait $x = f(z)$, $f(z)$ étant une intégrale de l'équation binôme

$$\left(\frac{dx}{dt}\right)^3 = g x^2 (x-1)^2,$$

y sera une fonction uniforme de z, exprimable, quel que soit h, au moyen des fonctions Θ.

M. Goursat fait ressortir les analogies de l'équation de Lamé et de l'équation (3), dont il étudie l'intégration avec détails.

D'Ocagne. — Sur la droite moyenne d'un système de droites quelconques situées dans un plan. (114-123).

Poincaré. — Sur la réduction des intégrales abéliennes. (124-143).

L'auteur se propose de démontrer deux théorèmes de M. Weierstrass, énoncés dans un Mémoire de Mme Kowalevsky :

Si l'on envisage un système de ρ intégrales abéliennes de rang ρ, parmi lesquelles il y en a une susceptible d'être réduite aux intégrales elliptiques, et si l'on considère également la fonction Θ correspondante :

1° Cette fonction Θ à ρ variables peut être changée, par une transformation d'ordre k, dans le produit d'une fonction Θ à une variable et d'une fonction Θ à $\rho-1$ variables;

2° Elle peut également par une transformation linéaire, c'est-à-dire du premier ordre, être amenée à une forme telle que, le Tableau des périodes s'écrivant

$$\left\{\begin{matrix} 1 & 0 & \ldots & 0 & \tau_{11} & \tau_{12} & \ldots & \tau_{1\rho}, \\ 0 & 1 & \ldots & 0 & \tau_{21} & \tau_{22} & \ldots & \tau_{2\rho}, \\ . & . & \ldots & . & .. & .. & \ldots & \ldots, \\ 0 & 0 & \ldots & 1 & \tau_{\rho 1} & \tau_{\rho 2} & \ldots & \tau_{\rho\rho}, \end{matrix}\right.$$

avec les conditions habituelles

$$\tau_{\alpha\beta} = \tau_{\beta\alpha},$$

la période τ_{12} soit commensurable, et que les périodes $\tau_{13}, \tau_{14}, \ldots, \tau_{1\rho}$ soient nulles.

M. Poincaré généralise le premier de ces théorèmes, en supposant que μ des ρ intégrales abéliennes sont susceptibles d'être réduites au rang μ: alors la fonction Θ à ρ variables peut être changée, par une transformation d'ordre k, dans le produit d'une fonction Θ à μ variables et d'une fonction Θ à $\rho-\mu$ variables.

Le second théorème est également susceptible de généralisation (dans la même hypothèse). On peut choisir le système normal des périodes, de façon que les μ premières intégrales *normales*, qui correspondent à ce système, soient précisément μ des intégrales réductibles. Dans ces μ intégrales normales, les périodes de rang $2\mu+2$, $2\mu+4$, $2\mu+6$, ..., $2\rho-2$, 2ρ sont nulles; de plus, il y a des relations linéaires à coefficients entiers :

1° Entre les périodes de rang $2\mu+1$, 2, 4, 6, ... 2μ, 3, 5, 7, ..., $2\mu-1$;
2° Entre les périodes de rang $2\mu+3$, 4, 6, ..., 2μ, 5, 7, ..., $2\mu-1$;
3° Entre les périodes de rang $2\mu+5$, 6, 8, ..., 2μ, 7, 9, ..., $2\mu-1$;

....

μ-1° Entre les périodes de rang $4\mu-3$, $2\mu-2$, 2μ, $2\mu-1$;
μ° Entre les périodes de rang $4\mu-1$ et 2μ.

Dans le Tableau des périodes, la période de rang 2λ est supposée occuper la $\lambda^{\text{ième}}$ colonne, la période de rang $2\lambda-1$ la $(\rho+\lambda)^{\text{ième}}$ colonne.

Picard. — Remarque sur la réduction des intégrales abéliennes aux intégrales elliptiques. (153-155).

Du second théorème de M. Weierstrass, cité dans la Note précédente, il résulte en particulier que dans le cas où, pour une courbe du second genre, il y a une intégrale abélienne de première espèce ayant seulement deux périodes, on peut toujours, par une transformation du premier degré, obtenir un système d'intégrales abéliennes ayant pour Tableau des périodes

$$\left\{\begin{matrix} 0 & 1 & G & \frac{\mu}{k}, \\ 1 & 0 & \frac{\mu}{k} & G; \end{matrix}\right.$$

où μ est un des entiers $1, 2, \ldots, k-1$.

M. Picard avait, en 1881, déterminé ce Tableau de la manière la plus précise que voici

$$\left\{\begin{matrix} 0 & 1 & G & \frac{1}{D}, \\ 1 & 0 & \frac{1}{D} & G; \end{matrix}\right.$$

il montre actuellement que l'on peut, par une *transformation du premier degré*, passer du premier Tableau au second.

Lemoine. — Sur les nombres pseudo-symétriques. (155-167).

Tchebicheff. — Sur les fractions algébriques qui représentent approximativement la racine carrée d'une variable comprise entre les limites données. (167-168).

L'auteur détermine les fractions rationnelles d'un degré donné qui représentent avec le plus de précision $\sqrt{x}$ entre $x=\frac{1}{a}<1$ et $x=a>1$. Pour le degré 1, la fraction est de la forme $\frac{kx+1}{x+k}$, où k est racine de l'équation

$$k^4 - 6k^2 - 4\left(a + \frac{1}{a}\right)k - 3 = 0.$$

On en conclut la valeur approchée de $\sqrt{x}$ entre deux limites quelconques.

D'Ocagne. — Sur certaines figures minima. (168-177).

Lebon. — Sur la construction de la tangente en un point d'origine de l'ombre portée sur lui-même par un cylindre ou un cône creux. (177-179).

Tchebicheff. — Sur la transformation du mouvement rotatoire en mouvement sur certaines lignes, à l'aide de systèmes articulés. (179-187).

Tome XIII; 1885.

Appell. — Sur une méthode élémentaire pour obtenir les développements en série trigonométrique des fonctions elliptiques. (13-18).

Il s'agit de déterminer les coefficients A_m par la relation

$$\frac{\Theta_1\left(\frac{Kx}{\pi i}\right)}{\Theta\left(\frac{Kx}{\pi i}\right)} = \sum_{-\infty}^{+\infty} A_n e^{nx}.$$

Chassant le dénominateur et égalant dans les deux membres les coefficients de e^{nx}, on a

$$q^{n^2} = \Sigma(-1)^\nu q^{\nu^2} A_\mu,$$

pour toutes les valeurs de μ et ν dont la somme est n. Faisant $\nu = n - \mu$ et profitant de la relation $A_{-n} = A_n$, il vient

$$(1) \qquad (-1)^n = A_0 + \sum_{\mu=1}^{\mu=+\infty} (-1)^\mu q^{\mu^2} A_\mu (q^{2n\mu} + p^{-2n\mu}).$$

En faisant successivement $n = 0, 1, 2, \ldots$, on a une infinité d'équations pour déterminer les coefficients A_0, A_1, ... Pour en tirer ces coefficients, M. Appell fait d'abord $n = 0, 1, 2, \ldots, m$. Les équations proposées sont du type

$$\cos p\lambda = A \cos pa + B \cos pb + .. + L \cos pl, \qquad (p = 0, 1, 2, \ldots, m).$$

On en conclut

$$A = \frac{(\cos\lambda - \cos b)\ldots(\cos\lambda - \cos l)}{(\cos a - \cos b)\ldots(\cos a - \cos l)}, \quad \ldots.$$

Si l'on pose $\omega = \frac{2\pi K' i}{K}$, on retombe sur les équations (1) en faisant

$$A = A_0,\quad B = -2A_1 q,\quad C = 2A_2 q^4,\quad \ldots,\quad L = (-1)^m A_m q^{m^2},$$
$$\lambda = \pi,\quad a = 0,\quad b = \omega,\quad c = 2\omega,\quad \ldots,\quad l = m\omega.$$

On forme ainsi l'expression de A_μ, qui, en tenant compte des identités

$$\frac{\cos\nu\omega + 1}{\cos\mu\omega - \cos\nu\omega} = q^{2\mu-2\nu}\frac{(1+q^{2\nu})^2}{(1-q^{2\mu+2\nu})(1-q^{2\mu-2\nu})},$$
$$\frac{\cos\nu\omega + 1}{\cos\nu\omega - \cos\mu\omega} = \frac{(1+q^{2\nu})^2}{(1-q^{2\nu-2\mu})(1-q^{2\nu+2\mu})},$$

se transforme en la suivante :

$$A_\mu = \frac{2q^\mu}{1+q^{2\mu}}\,\frac{\prod_{\nu=1}^{\nu=m}(1+q^{2\nu})}{\prod_{\nu=1}^{\nu=m-\mu}(1+q^{2\nu})\prod_{\nu=1}^{\nu=m+\mu}(1-q^{2\nu})}$$

Si l'on fait $m = \infty$ et que l'on pose

$$Q = \prod_{\nu=1}^{\nu=\infty}\frac{(1+q^{2\nu})^2}{(1-q^{2\nu})^2} = \frac{\pi}{2gK}\sqrt{\frac{1}{k'}},$$

on retrouve la formule de Jacobi

$$A_\mu = \frac{2q^\mu}{1+q^{2\mu}}\,Q.$$

Poincaré. — Remarques sur l'emploi de la méthode précédente. (19-27).

Dans quel cas peut-on légitimement employer la méthode de M. Appell pour résoudre une infinité d'équations linéaires à une infinité d'inconnues, c'est-à-dire prendre m de ces équations, n'y conserver que les m premières inconnues, calculer leurs valeurs et faire croître m indéfiniment?

Pour répondre à cette question, M. Poincaré envisage d'abord le système homogène

$$(1)\qquad A_1 a_1^p + A_2 a_2^p + \ldots + A_n a_n^p + \ldots = 0,\quad (p = 0, 1, 2, \ldots, \text{ad inf.}),$$

où les nombres connus $a_1, a_2, \ldots$ vérifient les conditions

$$|a_{n+1}| > |a_n|,\qquad \lim |a_n| = \infty.$$

Il forme la fonction $f(x)$, holomorphe et de genre zéro, qui admet pour zéros $a_1, a_2, \ldots$. Soit J_{np} l'intégrale $\int \frac{x^p\,dx}{F(x)}$ prise le long d'un cercle qui a pour centre l'origine et un rayon variable compris entre $|a_n|$ et $|a_{n+1}|$; on suppose que J_{np} tend vers zéro, quel que soit p, pour $n = \infty$. Soit

$$A_i = \frac{-a_i}{\left(1 - \frac{a_i}{a_1}\right)\left(1 - \frac{a_i}{a_2}\right)\cdots},$$

le résidu de $\frac{1}{F(x)}$ pour $x = a_i$. L'hypothèse précédente peut s'écrire

$$\Sigma A_i a_i^n = 0,$$

de sorte que les A_i sont une solution du système (1). C'est bien celle à laquelle conduirait la méthode de M. Appell. Mais elle n'est pas unique; les quantités $A_i a_i$, $A_i a_i^2$, ..., par exemple, satisfont également aux équations (1). Il est difficile d'exprimer la solution la plus générale de ces équations; M. Poincaré donne la condition nécessaire et suffisante à laquelle elle doit satisfaire.

Il y a des cas où la solution obtenue par la méthode de M. Appell n'existe pas. Ainsi pour $a_n = (n - \frac{1}{2})^2\pi^2$, d'où

$$F(x) = \cos\sqrt{x},$$

les résidus de $\frac{1}{F(x)}$, savoir

$$A_n = \pm(2n-1)\pi,$$

ne donnent pas une solution des équations (1), car la série ΣA_n n'est pas convergente.

Reprenant les équations mêmes traitées par M. Appell, M. Poincaré montre que la solution trouvée par ce géomètre y satisfait effectivement. Il existe une infinité d'autres solutions, mais il n'y en a qu'une, celle de M. Appell, qui conduise à un développement convergent de $\Sigma A_\mu e^{\mu x}$.

Weill. — Sur la décomposition d'un nombre en quatre carrés. (28-34).

Démonstration directe d'un théorème dû à Jacobi, qui l'a déduit de la théorie des fonctions elliptiques :

N étant un entier impair, le nombre des décompositions de 4N en une somme de quatre carrés tous impairs est double du nombre des décompositions de N en quatre carrés.

M. Weill établit aussi la proportion suivante :

N étant un entier non multiple de trois, si les deux nombres N et 3N n'admettent l'un et l'autre que des décompositions en quatre carrés positifs non nuls et distincts, le nombre des décompositions de 3N est double du nombre des décompositions de N.

Marchand. — Méthode pour mener les plans tangents aux surfaces gauches. (34-48).

Sur la génératrice AB prenons trois points M_1, M_2, M_3 où le plan tangent est connu, et projetons-les en m_1, m_2, m_3 sur un plan arbitraire, mais non parallèle à AB. Sur le plan de projection par m_1, m_3 menons des parallèles à l'horizontale du plan tangent en M_3, par m_1 des parallèles aux horizontales des plans tangents en M_1, M_2. Joignons les points $I_{1,2}$, $I_{3,2}$, où les deux droites du second couple coupent celles du premier; 1° la droite $I_{1,2}$, $I_{3,2}$ est parallèle à la trace sur le plan de projection du plan tangent à l'infini à la surface gauche suivant AB; 2° elle coupe la projection de la génératrice AB au point où se projette le point de contact du plan tangent normal au plan de projection.

On obtient ainsi, en faisant varier le plan de projection, la solution générale du problème des plans tangents aux surfaces gauches, quand sur une génératrice trois plans tangents sont connus.

Humbert. — Sur les courbes unicursales. (49-64 et 89-95).

Une courbe unicursale de degré n est représentée, en coordonnées homogènes, par des équations de la forme

$$(1)\qquad \begin{cases} x_1 = a_0 t^n + a_1 t^{n-1} + \ldots, \\ x_2 = b_0 t^n + b_1 t^{n-1} + \ldots, \\ x_3 = c_0 t^n + c_1 t^{n-1} + \ldots. \end{cases}$$

M. Humbert résout les deux questions suivantes :

1° Étant donnée une courbe de degré n représentée par les équations (1), former l'équation de cette courbe et celle des adjointes de degrés $n-2$ et $n-1$;

2° Trouver les conditions nécessaires et suffisantes pour qu'une courbe représentée par des équations de la forme (1) ne soit pas de degré n, et exprimer ces conditions en fonction des coefficients qui figurent dans les équations (1).

Appell. — Sur la chaînette sphérique. (65-71).

Il s'agit de la courbe d'équilibre d'un fil homogène pesant posé sur la surface d'une sphère sur laquelle il peut glisser sans frottement. Si l'on prend la verticale pour axe des z, on peut exprimer les coordonnées rectangulaires x et y en fonction uniforme d'un paramètre u, de la manière suivante :

$$x + yi = \mathrm{R}\, e^{-\frac{\mathrm{G}u}{2}} \frac{\mathrm{H}(u-u_1)\,\mathrm{H}(u_2-u'_2)}{\mathrm{H}(u-\alpha)\,\mathrm{H}(u-\beta)},$$

$$x - yi = \mathrm{R}_1 e^{-\frac{\mathrm{G}u}{2}} \frac{\mathrm{H}(u-u_2)\,\mathrm{H}(u-u'_1)}{\mathrm{H}(u-\alpha)\,\mathrm{H}(u-\beta)},$$

R, R_1, G, α, β, u_1, u_2, u'_1, u'_2 désignant des constantes. M. Hermite avait déjà montré (*Journal de Crelle*, t. 85) que les coordonnées rectangulaires de l'extrémité d'un pendule sphérique sont exprimables en fonction uniforme du temps à l'aide des fonctions Θ.

D'Ocagne. — Sur les isométriques d'une droite par rapport à certains systèmes de courbes planes. (71-83).

Étant donné un système C de courbes planes, on considère des courbes K telles que les arcs de ces courbes compris entre deux quelconques des courbes du système C soient tous égaux entre eux : on dira que les courbes K sont des trajectoires isométriques du système C. On peut se donner arbitrairement une des courbes K; l'auteur se borne aux cas où cette courbe se réduit à une droite $x = a$.

Soit alors $F(x, y, \lambda) = 0$ l'équation du système C. L'ordonnée h du point où l'une des courbes C coupe la droite $x = a$ est donnée par l'équation

$$F(a, h, \lambda) = 0.$$

Éliminant λ entre ces deux équations, on a

$$h = \varphi(x, y), \qquad dh = \varphi'_x\, dx + \varphi'_y\, dy,$$

d'où

$$(\varphi'^2_y - 1)\left(\frac{dy}{dx}\right)^2 + 2\varphi'_x\varphi'_y \frac{dy}{dx} + (\varphi'^2_x - 1) = 0.$$

Cette équation du premier ordre et du second degré montre qu'il existe deux systèmes d'isométriques répondant à la droite donnée. M. d'Ocagne intègre cette équation dans divers cas.

Lorsque le système C se réduit à des droites concourantes, x et y s'expriment en fonction uniforme d'un paramètre u au moyen des fonctions σ' et p de M. Weierstrass, de la manière suivante :

$$x = \frac{C - a\dfrac{\sigma'(u)}{\sigma(u)}}{\sqrt{p(u)}}, \qquad y = x\left[\sqrt{p^2(u) - 1} - x\, p(u)\right].$$

Lorsque les courbes C sont des hyperboles équilatères de mêmes asymptotes dont l'une est parallèle à la droite donnée, on a

$$x = \frac{C + au}{\sqrt{p(u)}}, \qquad y = \frac{a\, p'(u) - (C + au)\, p(u)}{\sqrt{p(u)}}.$$

Humbert. — Sur les surfaces homofocales du second ordre. (95-119).

Sélivanoff. — Sur la recherche des diviseurs des fonctions entières. (119-131).

L'auteur montre sur divers exemples l'avantage qu'offre la considération des congruences pour trouver les diviseurs de divers degrés d'un polynôme à coefficients entiers $f(x)$. On connaît le nombre des fonctions irréductibles suivant un module premier, et il est facile de les former. Par rapport au module 2, il n'y a qu'une fonction irréductible du second degré

$$x^2 + x + 1,$$

et deux du troisième

$$x^3 + x^2 + 1, \quad x^3 + x + 1.$$

Pour le module 3, on a trois fonctions du second degré

$$x^2 + x + 1, \quad x^2 - x - 1, \quad x^2 + x - 1,$$

et huit du troisième

$$x^3 - x - 1, \quad x^3 - x + 1, \quad x^3 + x^2 - 1, \quad x^3 - x^2 + 1,$$
$$x^3 - x^2 + x + 1, \quad x^3 + x^2 - x + 1, \quad x^3 - x^2 - x - 1, \quad x^3 + x^2 + x - 1,$$

MANNHEIM (A.), Lieutenant-Colonel d'Artillerie, Professeur à l'École Polytechnique. — **Cours de Géométrie descriptive de l'École Polytechnique**, comprenant les ÉLÉMENTS DE LA GÉOMÉTRIE CINÉMATIQUE. Grand in-8, illustré de 249 figures dans le texte; 1880.............. 17 fr.

MARIE (Maximilien), Répétiteur de Mécanique et Examinateur d'admission à l'École Polytechnique. — **Histoire des Sciences mathématiques et physiques**. Petit in-8, caractères elzévirs, titre en deux couleurs.

Tome I. — Première période : *De Thalès à Aristarque.* — Deuxième période : *D'Aristarque à Hipparque.* — Troisième période : *D'Hipparque à Diophante;* 1883.............. 6 fr.

Tome II. — Quatrième période : *De Diophante à Copernic.* — Cinquième période : *De Copernic à Viète;* 1883.............. 6 fr.

Tome III. — Sixième période : *De Viète à Kepler.* — Septième période : *De Kepler à Descartes;* 1883.............. 6 fr

Tome IV. — Huitième période : *De Descartes à Cavalieri.* — Neuvième période : *De Cavalieri à Huygens;* 1884.............. 6 fr.

Tome V. — Dixième période : *De Huygens à Newton.* — Onzième période : *De Newton à Euler;* 1884.............. 6 fr.

Tome VI. — Onzième période : *De Newton à Euler* (suite); 1885. 6 fr.

Tome VII. — Onzième période : *De Newton à Euler* (suite); 1885. 6 fr.

Tome VIII. — Onzième période : *De Newton à Euler* (fin). — Douzième période : *D'Euler à Lagrange;* 1886.............. 6 fr.

Tome IX. — Douzième période : *D'Euler à Lagrange* (fin). — Treizième période : *De Lagrange à Laplace;* 1886.............. 6 fr.

Tome X. — Treizième période : *De Lagrange à Laplace* (fin). — Quatorzième période : *De Laplace à Fourier;* 1886.......... (*Sous presse.*)

Tome XI. — Quinzième période : *De Fourier à Arago;* 1887. (*S. pr.*)

Tome XII et dernier. — Seizième période : *D'Arago à Abel et aux Géomètres contemporains;* 1887.............. (*Sous presse.*)

PETERSEN (Julius), Membre de l'Académie royale danoise des Sciences, professeur à l'École royale polytechnique de Copenhague. — **Méthodes et théories pour la résolution des problèmes de constructions géométriques**, *avec application à plus de 400 problèmes*. Traduit par O. CHEMIN, Ingénieur des Ponts et Chaussées. Petit in-8, avec figures; 1880.. 4 fr.

TAIT (P.-G.), Professeur de Sciences physiques à l'Université d'Édimbourg. — **Traité des Quaternions**. Traduit sur la seconde édition anglaise, avec *Additions de l'Auteur* et *Notes du Traducteur*, par GUSTAVE PLARR, Docteur ès sciences mathématiques. Deux beaux volumes grand in-8, avec figures dans le texte, se vendant séparément :

PREMIÈRE PARTIE : *Théorie. — Applications géométriques.* Grand in-8 : 1882.............. 7 fr. 50

SECONDE PARTIE : *Géométrie des courbes et des surfaces. — Cinématique. Applications à la Physique.* Grand in-8 ; 1884.............. 7 fr. 50

TISSOT (A.), Examinateur d'admission à l'École Polytechnique. — **Mémoire sur la représentation des surfaces et les projections des Cartes géographiques**, suivi d'un Complément et de Tableaux numériques relatifs à la déformation produite par les divers systèmes de projection. In-8 : 1881.............. 9 fr.

JUIN 1886.

Comptes rendus et analyses.

Mélanges.

Revue des publications.

Paris. — Imprimerie de GAUTHIER-VILLARS, quai des Augustins, 55.

Le Gérant : GAUTHIER-VILLARS.

En divisant $f(x)$ par ces fonctions, on reconnait quels sont les diviseurs de $f(x)$ du second et du troisième degré par rapport aux modules 2 et 3.

Starkoff. — Sur la résolution des problèmes géométriques par le calcul des variations. (132-143).

Parmi les problèmes de variations qui ont pour objet la recherche des courbes, il y en a qui ne peuvent être résolus qu'en prenant l'arc s pour variable indépendante. Pour n'introduire dans la représentation analytique que des relations géométriquement possibles entre l'arc s et les coordonnées, on suppose habituellement les dérivées $\frac{dx}{ds}$ et $\frac{dy}{ds}$ liées par la relation

$$\left(\frac{dx}{ds}\right)^2 + \left(\frac{dy}{ds}\right)^2 = 1.$$

Cette condition trop restrictive revient à éliminer de la solution les lignes brisées composées de segments droits ou courbes.

Humbert. — Sur la détermination des axes de l'indicatrice en un point d'une surface du second ordre. (142-143).

Soient, dans un plan principal, D_1 et D_2 les perpendiculaires menées par le centre aux deux plans de section circulaire normaux au plan principal considéré. Si l'on désigne par P un plan quelconque, par p le pied de la perpendiculaire abaissée sur ce plan du centre de la surface, par m_1, m_2 les points où ce plan coupe les droites D_1, D_2, les axes de la section déterminée par le plan P sont parallèles aux bissectrices des droites pm_1, pm_2.

Goursat. — Sur la réduction des intégrales elliptiques. (143-162).

Voici les conclusions de ce travail :

1° Il existe une infinité de polynômes d'un degré donné supérieur à quatre, tels qu'en choisissant convenablement un polynôme $f_1(t)$ l'intégrale hyperelliptique

$$\int \frac{f_1(t)\,dt}{\sqrt{Q(t)}}$$

se réduise, par une substitution rationnelle, à une intégrale elliptique de première espèce; le degré de cette substitution peut être aussi grand qu'on le voudra.

2° Les seules substitutions rationnelles conduisant d'une intégrale hyperelliptique à une autre intégrale hyperelliptique de même genre sont les substitutions linéaires.

3° Il n'existe qu'un nombre *fini* de types de substitutions rationnelles conduisant d'une intégrale hyperelliptique de genre $p-1$ à une intégrale hyperelliptique de genre $q-1$ $(q > p)$.

4° Les coefficients d'un type réductible de genre $q-1$, ramené à la forme normale, dépendent au plus de $q-1$ paramètres arbitraires.

Entre autres résultats, M. Goursat montre que, si une intégrale hyperelliptique de première espèce est réductible à un genre moindre par une transformation du second degré, ses points de ramification sont liés deux à deux par une même relation d'involution et réciproquement.

Poincaré. — Sur la représentation des nombres par les formes. (162-194).

Étant donnée une forme à coefficients entiers, trouver des valeurs entières qui, mises à la place des variables, rendent la forme égale à un nombre entier donné.

Complètement résolu pour les formes quadratiques binaires, ce problème est loin de l'être pour les formes plus compliquées. Dans la première Partie de son Mémoire, seule publiée actuellement, M. Poincaré enseigne à représenter un nombre entier par une forme binaire de degré quelconque. Il ramène le problème, dont la solution est d'ailleurs connue plus ou moins explicitement dans les travaux d'Eisenstein, de MM. Hermite, Kummer, Dedekind, aux deux questions suivantes :

1° Former tous les idéaux de norme donnée (terminologie de M. Dedekind);
2° Reconnaître si deux formes décomposables en facteurs linéaires sont équivalentes.

De ces deux questions, dont la deuxième a été épuisée par M. Hermite, la première seule restait à traiter.

Perrin. — Sur l'équation indéterminée $x^3+y^3=z^3$. (194-197).

Démonstration nouvelle de l'impossibilité de résoudre cette équation en nombres entiers.

Chrystal. — Sur le problème de la construction du cercle minimum renfermant n points donnés d'un plan. (198-200).

Habich. — Sur les rayons de courbure de deux courbes qui rencontrent les tangentes d'une troisième courbe sous des angles liés par une relation donnée. (201-204).

D'Ocagne. — Sur les courbes polaires réciproques homologiques. (204-206).

THE QUARTERLY JOURNAL OF PURE AND APPLIED MATHEMATICS (1).

Tome XX; 1884.

Legoux (A.). — Sur une famille de surfaces algébriques. Considérations sur les surfaces orthogonales et homofocales. (1-12).

L'auteur démontre, par des calculs très élégants et très symétriques, d'intéressantes propriétés de la famille de surfaces représentées par l'équation

$$U = x^\alpha y^\beta z^\gamma u^\delta + kw^\varepsilon = 0,$$

où

$$w = ax + by + cz + du, \qquad \varepsilon = \alpha + \beta + \gamma + \delta,$$

et où k représente un paramètre variable. Le lieu des lignes paraboliques de ces surfaces est un cône imaginaire du second degré; les caractéristiques du système sont (1, 3, 3), d'après les notations de Chasles; les trois points de contact d'un plan quelconque avec les trois surfaces du système tangentes à ce plan forment les sommets d'un triangle conjugué par rapport à la section du cône imaginaire par ce plan. Du système précédent on déduit par le principe de dualité un nouveau système dont les caractéristiques sont (3, 3, 1); les plans tangents aux trois surfaces passant par un même point sont conjugués par rapport à une conique imaginaire. Si cette conique se réduit au cercle imaginaire de l'infini, on a un système algébrique triplement orthogonal.

Il est à remarquer que ces surfaces n'ont pas d'enveloppe. L'auteur indique un exemple en quelque sorte inverse du précédent.

Warren (J.-W.). — Un théorème général concernant le mouvement d'un corps solide. (13-18).

Si un polygone gauche rigide, ayant tous ses angles droits et un nombre pair de côtés glisse le long de ces côtés, pris de deux en deux, d'une longueur égale au double de ce côté et tourne en même temps autour de ce côté d'un angle égal au double de l'angle formé par les deux côtés adjacents, la position finale de ce polygone coïncide avec la position initiale. De ce théorème, qui est presque évident si l'on remarque que le polygone mobile reste dans toutes ses positions symétrique d'un polygone fixe, égal au premier, par rapport à un de ses côtés, l'auteur déduit certaines propriétés connues du mouvement fini d'un corps solide, de l'axe central, des axes conjugués, de la composition des mouvements finis.

Stuart (G.-H.). — Multiplication complexe des fonctions elliptiques. (18-56).

On sait que les fonctions elliptiques $\mathrm{sn}\left(\frac{u}{a}, k\right)$, $\mathrm{cn}\left(\frac{u}{a}, k\right)$, $\mathrm{dn}\left(\frac{u}{a}, k\right)$ s'ex-

(1) Voir *Bulletin*, IX_2, 114.

priment rationnellement au moyen des fonctions elliptiques de u de même module k lorsque a est l'inverse d'un nombre entier. Si le module k est quelconque, la condition précédente est nécessaire; mais, pour des valeurs particulières du module, a peut avoir d'autres valeurs. En particulier si le module est réel et inférieur à l'unité, on a les conditions

$$\frac{K'}{K} = \sqrt{\frac{-2r'}{s}}, \qquad \frac{1}{a} = r + \frac{1}{2} si \frac{K'}{K},$$

r, r', s étant des nombres entiers. Ces nombres peuvent être pairs ou impairs: ce qui fait en tout huit cas à examiner. L'auteur donne les formules de la multiplication complexe dans chacun de ces huit cas; pour retrouver les formules de la multiplication ordinaire, il suffit de faire $r' = s = 0$. M. Stuart indique en terminant comment on peut trouver les valeurs du module, telles que

$$\frac{K'}{K} = \sqrt{\frac{m}{n}},$$

m et n étant des nombres entiers, et il donne les valeurs de ce module pour les valeurs les plus simples de m et de n.

Tucker (*R.*). — Un groupe de cercles. (57-59).

Karl Pearson. — Sur le mouvement des sphères et des ellipsoïdes dans un milieu fluide. (60-80).

Dans ce premier Mémoire, l'auteur étudie le mouvement des corps sphériques, sujet qui a déjà donné lieu aux recherches de M. Bjerknes. Voici comment il pose le problème : étant données s sphères de rayons constants, de distances mutuelles très grandes par rapport à ces rayons, animées de vitesses $q_1, q_2, \ldots, q_s$, et admettant qu'il y a un potentiel de vitesses, il s'agit de trouver une fonction Φ, vérifiant l'équation connue du potentiel, nulle à l'infini et satisfaisant à l'équation $\frac{d\Phi}{dn_p} = q_p \cos(q_p, n_p)$, à la surface de la $p^{\text{ième}}$ sphère. L'auteur obtient l'expression de Φ en regardant comme négligeables les quatrièmes puissances des rapports des rayons aux distances. De la valeur de Φ on déduit l'énergie cinétique totale du système, qui se compose de deux sortes de termes : les premiers, indépendants de l'action mutuelle des sphères les unes sur les autres, montrent que chaque sphère se meut comme si sa masse s'était accrue de la moitié de son volume de fluide; les autres termes proviennent de l'action mutuelle des sphères. Le terme qui représente l'action *apparente* de deux sphères l'une sur l'autre est identique au potentiel mutuel de deux molécules magnétiques placées aux centres des deux sphères, de moments et de directions convenables; d'où le nom d'*hydromagnétisme* proposé par le professeur Bjerknes. M. Pearson montre ensuite, au moyen des équations de Lagrange, comment l'action mutuelle des deux sphères produit une attraction ou une répulsion apparente entre les deux sphères.

L'auteur étudie en second lieu le cas où les sphères se dilatent ou se contractent pendant le mouvement. L'expression de l'énergie cinétique totale se trouve compliquée de nouveaux termes, qui doivent également donner lieu à des attractions ou à des répulsions apparentes.

Glaisher (*J.-W.-L.*). — **Sur les représentations d'un nombre comme une somme de quatre carrés impairs, ou comme une somme de deux carrés pairs et de deux carrés impairs.** (80-96).

L'auteur énonce un certain nombre de théorèmes concernant la décomposition d'un nombre entier en une somme de quatre carrés; il introduit les fonctions numériques $\chi(n)$, $E(n)$, $\psi(n)$ qui se présentent aussi dans le Mémoire suivant.

Glaisher (*J.-W.-L.*). — **Sur la fonction $\chi(n)$.** (97-166).

Soit n un nombre entier impair, et considérons toutes les décompositions de ce nombre en une somme de deux carrés

$$n = a_1^2 + b_1^2 = a_2^2 + b_2^2 = \ldots,$$

où les a sont impairs. M. Glaisher définit $\chi(n)$ comme la somme suivante

$$\chi(n) = \Sigma(-1)^{\frac{1}{2}(a+b-1)} 2a,$$

cette somme étant étendue à toutes les décompositions de n. Si n est un carré parfait a^2, on devra supprimer le facteur 2 devant a. En employant les définitions de Gauss, on peut dire aussi que $\chi(n)$ est la somme des nombres premiers complexes dont la norme est égale à n. Les premiers paragraphes sont consacrés à l'exposition des principales propriétés de cette fonction numérique; ces propriétés résultent des formules suivantes; si p et q sont premiers entre eux, on a

$$\chi(pq) = \chi(p)\chi(q),$$

par suite, si l'on suppose n décomposé en ses facteurs premiers $n = a^\alpha b^\beta c^\gamma \ldots$, on a

$$\chi(n) = \chi(a^\alpha)\chi(b^\beta)\chi(c^\gamma)\ldots.$$

On ramène ainsi le calcul de $\chi(n)$ au cas où n est une puissance d'un nombre premier. Si p est un nombre premier de la forme $4m+3$, on a en général $\chi(p^{2n-1}) = 0$, $\chi(p^{2n}) = (-1)^n p^n$. Si p est un nombre premier de la forme $4m+1$, p admet, comme l'on sait, une seule décomposition de la forme

$$p = a^2 + b^2,$$

où a est impair. On a alors

$$\chi(p^n) = \frac{(a+ib)^{n+1} - (a-ib)^{n+1}}{2ib}$$

si n est pair, et la même expression multipliée par $(-1)^{\frac{1}{2}(a+b-1)}$ si n est impair. L'auteur considère en outre les autres fonctions numériques $E(n)$, $\psi(n)$, $E_1(n)$, $\lambda(n)$; $E(n)$ est égal à l'excès du nombre des diviseurs de n de la forme $4m+1$ sur le nombre des diviseurs de la forme $4m+3$. On peut dire aussi, lorsque n est impair, que $E(n)$ est égal au nombre des nombres premiers dont la norme est égale à n; ce qui établit un lien remarquable entre cette fonction numérique et la fonction $\chi(n)$; $\psi(n)$ désigne la somme des diviseurs de n, $E_1(n)$ l'excès de la somme des carrés de ces diviseurs de la forme $4m+1$

sur la somme des carrés des diviseurs de la forme $4m + 3$. Enfin $\lambda(n)$ représente la somme des carrés des nombres premiers qui ont n pour norme. Toutes ces fonctions se présentent dans la théorie des fonctions elliptiques quand on développe les quantités $\sqrt{\rho}$, $\sqrt{k'\rho}$, $\sqrt{k\rho}$, $\rho\sqrt{kk'\rho}$, où $\rho = \frac{2K}{\pi}$, suivant les puissances de q. En comparant les diverses expressions de $\sqrt{k}$, $\sqrt{k'}$, $\sqrt{k\rho}$, $\sqrt{k'\rho}, \ldots$, l'auteur est conduit à un très grand nombre de formules, qu'il serait difficile d'analyser. Nous ne pouvons que renvoyer aux élégantes formules de M. Glaisher et aux Tables numériques qui accompagnent son Mémoire.

Tucker (*R.*). — Sur l'axe du *symmedian-point* dans un système de triangles. (167-169).

Les lignes qui joignent les milieux des côtés d'un triangle aux milieux des hauteurs correspondantes passent par un même point, qui est le point de concours des symmédianes (*symmedian-point*). Si, par les sommets d'un triangle ABC, on mène des parallèles aux côtés opposés, on forme un nouveau triangle A′B′C′, et, en opérant ainsi successivement, on a une suite indéfinie de triangles. Le lieu des *symmedian-points* de tous ces triangles est une ligne droite, qui passe aussi par un certain nombre d'autres points remarquables.

Warren (*J.-W.*). — Corollaires des équations différentielles de la Trigonométrie sphérique. (170-178).

Application des équations différentielles de la Trigonométrie sphérique à l'étude du mouvement d'un corps solide, sans avoir recours à des décompositions de vitesse.

Russell (*R.*). — Sur les équations différentielles qui appartiennent à la classe

$$\frac{dx}{(U_x)^{\frac{2}{n}}} + \frac{dy}{(U_y)^{\frac{2}{n}}} + \ldots + = 0,$$

où

$$U_x \equiv (a, b, c, d, e, \ldots)(x, 1)^n.$$

(179-184).

Cette équation ne change pas de forme quand on effectue sur toutes les variables une même substitution linéaire. L'auteur applique cette remarque à l'intégration de l'équation d'Euler, à la solution d'une question proposée par le capitaine Mac-Mahon (*Educational Times*, 1883) et d'une question analogue.

Karl Pearson. — Sur le mouvement des sphères et des ellipsoïdes dans un milieu fluide. (184-211).

Extension des résultats obtenus dans un Mémoire précédent au mouvement des ellipsoïdes, en supposant : 1° que les ellipsoïdes n'ont pas de mouvement de rotation ; 2° que les distances mutuelles sont très grandes par rapport aux dimensions linéaires ; 3° qu'il existe un potentiel de vitesses.

Cayley. — Un théorème relatif aux péninvariants. (212-213).

Cayley. — Sur l'application conforme du cercle sur la parabole. (213-220).

M. Schwarz a montré (*Journal de Crelle*, t. 70) qu'on pouvait faire correspondre les points du cercle $x'^2+y'^2=1$ aux points de la parabole $y^2=4(1-x)$ par l'équation $\sqrt{x'+iy'}=\tang\frac{\pi}{4}\sqrt{x+iy}$, qui définit un mode de transformation où les angles se conservent. M. Cayley étudie ce mode de transformation et en indique des propriétés intéressantes. Les courbes transformées des cercles concentriques au premier et des rayons sont des courbes transcendantes; mais les paraboles confocales à la première ont, pour transformées dans le plan du cercle, un système confocal de limaçons.

Stuart (*G.-H.*). — Multiplication complexe des fonctions elliptiques. (221-233).

Résumé des formules obtenues dans un Mémoire antérieur.

Basset (*A.-B.*). — Sur le mouvement d'un liquide à l'intérieur et autour de certains cylindres quartiques et d'autres cylindres. (234-250).

L'auteur s'est proposé d'obtenir les fonctions de courant dues au mouvement de translation ou de rotation d'un cylindre à l'intérieur d'un liquide. Il examine successivement les cylindres ayant pour bases des limaçons elliptiques ou hyperboliques, c'est-à-dire les transformées des coniques par rayons vecteurs réciproques, le pôle de transformation étant un foyer, les cylindres ayant pour bases des lemniscates, ou des courbes dont l'équation polaire est de la forme $r^n=2c^n\cos n\theta$.

Coates (*C.-V.*). — Des fonctions de Bessel du second ordre. (250-260).

Larmor (*J.*). — Sur la symétrie hydro-cinétique. (261-265).

L'énergie cinétique totale d'un corps solide qui se meut sans frottement dans un fluide indéfini et incompressible a pour expression une forme quadratique homogène des six composantes de la vitesse et comprend par conséquent vingt et un coefficients. Cette expression se simplifie dans certains cas, remarqués par Kirchhoff, où l'on peut dire que le solide présente le *caractère* d'un solide de révolution ou d'une sphère. M. Larmor est amené à considérer une nouvelle espèce de symétrie qu'il appelle *hélicoïdale*, d'après la forme que prend l'expression de l'énergie cinétique. Les *hélicoïdes isotropiques* de Sir W. Thomson sont les solides qui possèdent la symétrie hélicoïdale par rapport à deux axes, qui doivent se rencontrer.

Russell (*R.*). — Sur l'équation différentielle

$$\frac{dx}{\sqrt{U_x}} + \frac{dy}{\sqrt{U_y}} + \frac{dz}{\sqrt{U_z}} + \frac{dw}{\sqrt{U_w}} = 0,$$

où

$$U_x = (a, b, c, d, e)(x, -1)^4.$$

(265-270).

Soient x, y, z, w les racines de $V_t = (a', b', c', d', e')(t, 1)^4 = 0$ et soit $U_t = (a, b, c, d, e)(t, 1)^4$; en égalant à zéro la condition pour que $\lambda U_t + \mu V_t$ soit un carré parfait et remplaçant a', b', c', d', e' par leurs expressions en x, y, z, w, on a une solution de l'équation précédente. Si dans cette solution on regarde w comme une constante arbitraire, on obtient l'intégrale générale de l'équation

$$\frac{dx}{\sqrt{U_x}} + \frac{dy}{\sqrt{U_y}} + \frac{dz}{\sqrt{U_z}} = 0.$$

Booth (*W.*). — Note sur la forme canonique de Sylvester des formes binaires de degré $2n - 1$. (270-273).

On sait que toute forme binaire de degré impair $2n - 1$ peut en général être mise sous la forme d'une somme de n puissances des racines du déterminant canonique de Sylvester. Ce théorème est en défaut si ces n racines ne sont pas toutes distinctes. M. Booth examine ce qui a lieu pour une forme du cinquième ordre, lorsque le déterminant canonique a une racine double; dans ce cas, la forme proposée peut être ramenée à la forme de Jerrard

$$ax^5 + 5exy^4 + fy^5$$

par une substitution linéaire. La condition pour qu'il en soit ainsi est exprimée par l'évanouissement de l'invariant L. Si le déterminant canonique est un cube parfait, la forme du cinquième ordre aura une racine triple. Des faits analogues se présentent pour les formes du septième ordre.

Jeffery (*H.-M.*). — Sur les courbes planes de quatrième classe avec un foyer triple et un foyer singulier. (273-305).

Sylvester (*J.-J.*). — Sur l'équation quadratique unilatérale à trois termes en matrices du second ordre. (305-312).

Glaisher (*J.-W.-L.*). — Sur les quantités K, E, J, G, K′, E′, J′, G′ dans la théorie des fonctions elliptiques. (313-361).

Soient K, E, K′, E′ les intégrales définies de Jacobi. M. Glaisher pose

$$J = K - E, \quad J' = K' - E', \quad G = E - k'^2 K, \quad G' = E' - k^2 K';$$

ces huit quantités se présentent concurremment dans la théorie des fonctions elliptiques. L'auteur s'est proposé de résumer les principales formules, relatives à ces fonctions, qui peuvent être utiles. Il donne successivement leurs expressions au moyen d'intégrales définies, les relations entre ces fonctions et leurs carrés, les équations différentielles qu'elles vérifient, leurs développements en séries et leurs expressions comme quotients de séries entières ordonnées suivant les puissances de q, ...

Mac-Mahon (*P.-A.*). — Les opérateurs dans la théorie des péninvariants. (362-364).

Dans un numéro récent du *Quarterly Journal* (octobre 1884), M. Cayley a indiqué un symbole d'opération qui, appliqué à un invariant de degré δ et de poids w, conduit à un invariant de même degré δ et de poids $w+1$. M. Mac-Mahon fait connaître deux séries de généralisations pour les opérateurs de M. Cayley.

Mac-Mahon (*P.-A.*). — Un nouveau théorème dans la théorie des fonctions symétriques. (365-369).

Soit $(k\lambda\mu\ldots)$ la fonction symétrique $\Sigma\alpha^k\beta^\lambda\gamma^\mu\ldots$ des racines de l'équation

$$a_0x^n - a_1x^{n-1} + a_2x^{n-2} - \ldots = 0.$$

On peut l'écrire

$$(k\lambda\mu\ldots) = \mathrm{T}_k + \mathrm{T}_{k-1} + \mathrm{T}_{k-2} + \ldots,$$

où T_k désigne la somme des termes de degré k dans la fonction symétrique. Ce terme T_k s'obtient très aisément; il est égal à $a_1^{k-\lambda}(\lambda\mu\ldots)_1$, l'indice 1 indiquant que la fonction a été rendue homogène par l'introduction d'une puissance convenable de a_0 et qu'on a augmenté tous les suffixes d'une unité.

M. Mac-Mahon donne d'abord une démonstration de ce théorème et montre ensuite comment on peut calculer les autres termes T_{k-1}, T_{k-2}, ... Le calcul peut se faire séparément pour les termes de chaque degré.

Roberts Samuel. — Note sur les diviseurs des nombres et les produits de facteurs. (370-378).

M. Roberts remarque que la formule

$$\psi(m) - \psi(m-1) - \psi(m-2) + \psi(m-5) + \ldots = 0,$$

où $\psi(m)$ désigne la somme des diviseurs de m, s'obtient de la manière la plus simple en appliquant la règle de Newton pour déterminer la somme des puissances $-m^{\text{ièmes}}$ des racines d'une équation à la série d'Euler

$$\prod_{r+1}^{r=\infty}(1-q^r) = 1 - q - q^2 + q^5 + q^7 - q^{12} - \ldots.$$

Cette remarque ingénieuse peut être le point de départ d'une méthode générale pour trouver une foule de relations arithmétiques analogues. L'auteur l'applique à deux exemples tirés de la théorie des fonctions elliptiques.

Russell (*R.*). — Une transformation des intégrales elliptiques et son application à la Trigonométrie sphérique. (378-383).

JOURNAL DE MATHÉMATIQUES SPÉCIALES, publié sous la direction de MM. BOURGET, DE LONGCHAMPS et VAZEILLE (¹).

2ᵉ série, t. I; 1882.

Mansion (*P.*). — Théorème de Taylor. (15-16).

Landry (*F.*). — Théorème d'Arithmétique. (16-17).

Longchamps (*G. de*). — Courbes diamétrales et transversales réciproques. (25-28).

Lieu du milieu du segment déterminé par deux courbes fixes, sur les tangentes d'une troisième courbe. Construction de la tangente en un point du lieu.

Boquel (*J.*). — Étude sur les coordonnées trilinéaires et leurs applications. (38-43; 59-64; 89-92; 134-139; 181-185; 272-283).

Exposé des premiers éléments de cette théorie classique.

Longchamps (*G. de*). — Construction de l'ellipse et de l'hyperbole, point par point, au moyen d'une équerre; transformation réciproque. (49-53; 77-82; 97-103; 121-126; 145-149; 193-195).

M. de Longchamps appelle *transformés l'un de l'autre* deux points alignés sur un point fixe O, et dont la distance est vue d'un autre point fixe O', sous un angle droit. L'auteur trouve une grande analogie entre sa transformation et l'inversion, et cela s'explique. M. de Longchamps rattache, avec beaucoup de raison, sa transformation à celles de Magnus, mais, en précisant davantage, nous croyons qu'il y a un certain intérêt à la rapprocher de l'*involution quadrique* de Hirst. Hirst regarde comme transformés l'un de l'autre deux points alignés sur un point fixe O', et conjugués par rapport à une quadrique Q. M. Darboux a remarqué que cette transformation est l'expression projective de l'inversion. Le seul cas exceptionnel est celui où Q est un cône; mais alors, en prenant ce

(¹) En 1882, le journal publié par M. Bourget a été scindé en deux journaux consacrés respectivement aux Mathématiques du programme de la classe d'élémentaires, et à celles de spéciales. Nous rendrons compte tout d'abord de ce dernier journal. Nous ne parlerons que des travaux originaux, ayant un intérêt scientifique ou pédagogique, et nous laisserons de côté les nombreuses questions proposées ou résolues et, généralement, tous les sujets d'exercice qui ne présentent d'autre intérêt que leur utilité pour les élèves.

cône pour un cône isotrope, on reconnaît que la transformation de Hirst devient celle de M. de Longchamps, le point O' étant le sommet du cône. Ainsi, la transformation de M. de Longchamps est une forme métrique de celle de Hirst, dans ce cas exceptionnel où cette dernière ne dérive pas de l'inversion. Les analogies s'expliquent donc, et leur explication ajoute un nouvel intérêt à cette transformation.

La transformée d'une droite est naturellement une conique; de là une construction de l'ellipse à l'aide de l'équerre seulement.

Picquet. — Quartique à point double. (73-77).

Génération de la courbe par un faisceau de coniques et un couple involutif de droites, liés homographiquement.

Petit. — Construction d'une conique au moyen d'une équerre, connaissant les deux extrémités d'une corde normale et deux autres points. (103-105).

Application de la transformation de M. de Longchamps, dont il a été déjà question ci-dessus.

Kœhler. — Étude sur l'équation et la forme binaire du quatrième degré. (105-112; 149-155; 197-202; 217-222).

Représentation géométrique d'une forme binaire par les points d'une droite; invariants et covariants, leur interprétation géométrique; méthode de Ferrari; résolvante, sa représentation à l'aide des invariants, discussion, équation aux rapports anharmoniques des quatre points représentatifs de la forme; forme canonique.

Walecki. — Condition de réalité de toutes les racines d'une équation. (169-170).

Soit $-\varphi(x)$ le reste de la division de $f(x)$ par sa dérivée $f'(x)$; si l'on suppose que $f(x)$ ait toutes ses racines réelles et simples et que son premier terme soit positif, il doit en être de même pour $\varphi(x)$; de plus, les racines de $\varphi(x)$ séparent celles de $f(x)$.

Ce théorème se déduit facilement de celui de Rolle; l'auteur en tire les conditions de réalité de toutes les racines de $f(x)$. Cette proposition peut être généralisée.

Longchamps (G. de). — Résolution algébrique de l'équation du quatrième degré. (170-177).

Si l'on groupe les points représentatifs des racines d'une équation du quatrième degré, en deux couples de points, ces deux couples définissent une involution; on tombe ainsi sur trois involutions différentes, d'après les combinaisons que l'on peut faire avec les racines, et une résolvante se présente ainsi naturellement. L'auteur montre que l'on peut passer de cette résolvante à celles de Lagrange et de Ferrari par des transformations homographiques. Les noms de MM. Hermite, Darboux, Mathieu sont cités, avec justice; mais, dans un pareil sujet, vouloir faire des citations complètes, ce serait se condamner à écrire plusieurs pages de l'histoire des Mathématiques.

Lucas (*E.*). — Récréations mathématiques. (177).

Extrait de l'Ouvrage si justement apprécié de M. E. Lucas.

Chasles. — Notes sur le principe de correspondance. Sur la détermination du nombre des points d'intersection de deux courbes qui sont à distances finies. (222-223; 241-249; 265-272).

Extraits des *Comptes rendus.*

Tome II; 1883.

Lemoine. — Étude sur de nouveaux points remarquables du plan d'un triangle. (p. 3-6; 26-33; 49-52).

Travail intéressant, qui a son point de départ dans la recherche d'un point tel qu'en menant par ce point des parallèles aux côtés, et prenant les intersections de ces parallèles avec les côtés, on forme un hexagone circonscriptible à un cercle.

L'auteur généralise ses résultats en leur donnant la forme projective et obtient d'élégantes propositions sur les figures homologiques.

Poujade. — Équation du système des tangentes, menées à une conique par un point donné. (6-7).

EXTRAIT D'UNE LETTRE DE FERMAT A MERSENNE. (16-22).

Communiquée à M. Lucas par le prince Boncompagni. Fermat y donne diverses applications de sa célèbre méthode des tangentes : on y trouve aussi une extension à l'espace du lieu des points dont la somme des carrés des distances à des points donnés est constante.

Walecki. — Note sur le théorème de Descartes. (25-26).

Soit $f(x) = a_m x^m + a_{m-1} x^{m-1} + \ldots + a_1 x + a = 0$ une équation algébrique, et supposons que, pour deux valeurs consécutives de l'indice p, il existe entre les coefficients une relation linéaire, telle que

$$\alpha a_p + \beta a_{p-1} + \ldots + \delta a_{p-r} = 0.$$

Si l'équation $\alpha + \beta x + \gamma x^2 + \ldots + \delta x^r = 0$ a toutes ses racines réelles, l'équation $f = 0$ a au moins deux racines imaginaires.

Cette règle, qui comprend beaucoup de cas particuliers, renferme notamment la règle due à M. Hermite.

Collin (*J.*). — **Sur une nouvelle approximation des racines incommensurables. (53-55).**

Soit $f(x) = 0$ l'équation, et considérons la courbe représentée par l'équation $y = f(x)$; prenons sur elle deux points A et B, répondant à deux approximations de sens contraires et comprenant entre eux le point où l'axe Ox est rencontré par la courbe. L'auteur substitue à la courbe une hyperbole qui la touche en A et B, et dont une asymptote est parallèle à l'axe Ox.

Bouget (*H.*). — **Note de Géométrie. Lieu géométrique du sommet de l'angle de grandeur constante circonscrit à une courbe de la classe *n*. (55-58).**

Évaluation du degré du lieu dans différentes hypothèses.

Lemoine (*E.*). — **Quelques théorèmes sur les droites menées par un point du triangle parallèlement à ses côtés. (73-78).**

Dans quels cas les trois parallélogrammes formés sont-ils proportionnels aux puissances $m^{\text{ièmes}}$ des côtés des triangles.

Parpaite (*A.*). — **Note sur la formule de Taylor. (82-83).**

Longchamps (*G. de*). — **Démonstration du théorème de d'Alembert, d'après M. Walecki. (97-102).**

La méthode de M. Walecki, indiquée aux *Comptes rendus de l'Académie*, consiste à ramener le cas général au cas d'une équation de degré impair et à coefficients réels, en s'appuyant sur la notion de résultant et sur la forme qu'en a donnée Sylvester. M. de Longchamps reprend cette méthode et la met à la portée des élèves.

Longchamps (*G. de*). — **Résolution algébrique de l'équation du troisième degré. (102-107).**

En identifiant son premier membre avec la somme de deux cubes.

Vazeille. — **Théorie de l'involution du second degré. (121-126; 169-174; 265-269).**

Exposition à l'usage des élèves de cette théorie élémentaire et classique.

Amigues. — **Théorème de d'Alembert. (145-147).**

Si a n'est pas racine du polynôme $f(z)$, on peut trouver une valeur de z telle que le module de $f(z)$ soit inférieur à celui de $f(a)$. Tel est le fond du raisonnement de l'auteur. On sait qu'il n'est pas nouveau.

Lucas (*E.*). — **Sur l'équation du troisième degré. (174-178).**

La méthode de résolution de l'équation du troisième degré, insérée par la rédaction, et consistant à identifier son premier membre avec la somme de deux cubes, n'est pas nouvelle; M. Lucas fait remarquer que Twining l'a donnée en 1825 : plus tard elle a été reprise par M. Hermite. L'auteur expose ces diverses méthodes et indique leur application à un problème proposé en 1882 au concours général, dont la solution se trouve d'ailleurs dans l'*Algèbre supérieure* de M. Serret (4ᵉ édition, t. II, p. 467).

Lucas (*E.*). — Sur l'équation du quatrième degré. (178-179).

Exposition d'une autre méthode de Twining, relative à l'équation du quatrième degré.

Longchamps (*G. de*). Sur une nouvelle espèce de fractions continues. (193-197; 217-220; 241-244; 269-274).

Lagrange a donné l'expression la plus générale d'une quantité U_n liée à U_{n-1}, U_{n-2}, …, U_{n-i} par une équation de récurrence linéaire et à coefficients constants. L'illustre analyste fait figurer dans cette expression les racines d'une *équation génératrice* facile à former. Mais il se trouve que l'on peut obtenir cette expression sous forme symétrique par rapport aux racines, et par conséquent sans qu'il soit nécessaire de résoudre l'équation; après avoir mis ce point en lumière, M. de Longchamps considère plus spécialement le cas d'une relation à trois termes de la forme

$$U_n - 2p\,U_{n-1} + q\,U_{n-2} = 0. \tag{1}$$

L'équation génératrice est alors

$$z^2 - 2pz + q = 0, \tag{2}$$

et en appelant x', x'' ses deux racines supposées réelles, l'intégrale générale de l'équation (1) s'expriment facilement à l'aide des fonctions

$$T_n = \frac{x'^n - x''^n}{x' - x''}, \qquad S_n = x'^n + x''^n,$$

étudiées par M. Lucas, dans ses recherches sur les *Fonctions numériques simplement périodiques*.

Abordant alors la question des fractions continues, M. de Longchamps envisage deux solutions α_n et β_n de l'équation (1), et, après avoir posé généralement

$$X_n = \alpha_0 + \alpha_1 + \ldots + \alpha_n, \quad Y_n = \beta_0 + \beta_1 + \ldots + \beta_n,$$

il forme les fractions

$$\frac{X_0}{Y_0}, \ \frac{X_1}{Y_1}, \ \ldots, \ \frac{X_n}{Y_n}, \ \ldots.$$

Lorsque n croît indéfiniment, $\frac{X_n}{Y_n}$ tend vers une limite. L'article se continue dans le Volume suivant.

Lucas (E.). — Sur l'équation au carré des différences. (199-201).

Formation rapide de cette équation pour le troisième et le quatrième degré. Signalons ce résultat bien simple : pour obtenir l'équation aux carrés des différences de l'équation $x^3 + px + q = 0$, il suffit d'y remplacer x par $\frac{3q}{p+x}$.

Lucas. — Sur le volume du tétraèdre en Géométrie analytique. (221-223).

Bioche. — Sur certaines courbes gauches du quatrième ordre. (223-225).

Il s'agit ici des quartiques de Steiner; courbes unicursales que l'on obtient par l'intersection de deux surfaces de degrés 2 et 3 ayant en commun deux droites non situées dans un même plan.

Un paradoxe géométrique. — Quadrature du cercle. (235-237).

Extraits des *Récréations mathématiques* de M. Lucas.

Le Pont. — Note sur les cubiques. (244-245).

Poujade. — Coniques passant par trois des quatre points communs à deux coniques. (246-248).

Marchand. — Sur la manière d'écrire $(x+h)^m$ sous forme de déterminant. (248-250).

Le Pont. — Note de Géométrie. (274-277).

I. Les coordonnées d'une courbe d'ordre n qui n'a que $\frac{(n-1)(n-2)}{2} - 3$ points doubles différents s'expriment rationnellement en fonction d'un paramètre λ et de l'expression

$$K = j\sqrt[3]{u(\lambda) + \varepsilon\sqrt{v(\lambda)}},$$

ε et j désignant une racine carrée et une racine cubique de l'unité; $u(\lambda)$ et $v(\lambda)$ sont des fonctions entières de λ.

II. Les coordonnées d'une courbe d'ordre n qui n'a que $\frac{(n-1)(n-2)}{2} - 4$ points doubles distincts s'expriment rationnellement au moyen d'un paramètre λ et de la racine carrée d'une fonction K.

Lorsqu'une courbe d'ordre n a moins de $\frac{(n-1)(n-2)}{2} - 4$ points doubles, on ne peut plus exprimer ses coordonnées en fonction rationnelle d'un paramètre et d'une fonction algébrique de ce paramètre.

Nous devons ajouter, pour l'exactitude de ce qui précède, que l'auteur appelle fonction algébrique d'un paramètre une quantité exprimable à l'*aide de radicaux* portant sur des polynômes entiers. Si l'on conservait au mot *fonction algébrique* le sens beaucoup plus large qu'on a coutume de lui attribuer, le théorème serait évidemment faux.

Disons encore que ce dernier théorème de l'auteur comporte autant d'exceptions qu'il y a d'équations de degré supérieur résolubles par radicaux.

L'auteur rapproche les résultats qu'il obtient du théorème suivant, démontré par M. Clebsch ; les coordonnées d'une courbe qui a $\frac{(n-1)(n-2)}{2} - 2$ points doubles s'expriment rationnellement à l'aide d'un paramètre et de la racine carrée d'une fonction entière du cinquième ou du sixième degré de ce paramètre.

Tome III ; 1884.

Laguerre. — Notes sur quelques inégalités. (p. 3-6).

En supposant que l'équation

$$\frac{A_1}{x+\alpha_1} + \frac{A_2}{x+\alpha_2} + \ldots + \frac{A_{n+1}}{x+\alpha_{n+1}} = 0$$

ait toutes ses racines réelles et négatives (ce qui a lieu par exemple si tous les A et tous les α sont positifs), on a

$$\alpha_1 + \alpha_2 + \ldots + \alpha_{n+1} - \frac{A_1\alpha_1 + A_2\alpha_2 + \ldots + A_{n+1}\alpha_{n+1}}{A_1 + A_2 + \ldots + A_{n+1}}$$
$$\geq n\sqrt{\frac{\alpha_1\alpha_2\ldots\alpha_{n+1}}{A_1 + A_2 + \ldots + A_{n+1}}\left(\frac{A_1}{\alpha_1} + \frac{A_2}{\alpha_2} + \ldots + \frac{A_{n+1}}{\alpha_{n+1}}\right)};$$

cette inégalité comporte beaucoup d'applications.

Realis. — Note d'Analyse. (6-8).

Walecki. — La multiplication des déterminants. (8-9).

Walecki. — Note sur les combinaisons complètes. (9).

Le Pont. — De l'équation du quatrième degré. (10-11).

Réduction de sa résolution à celle d'une équation bicubique.

Weill. — Note sur la droite de Simson. (11-16 ; 30-35 ; 57-62).

Exposition géométrique des propriétés les plus connues de la droite de Simson : l'auteur y a ajouté plusieurs théorèmes nouveaux.

Variétés. — (17-18).

On y trouve la reproduction de la méthode de M. Sélivanof pour la résolution du quatrième degré, qui a été publiée par le *Bulletin* (¹).

Longchamps (G. de). — Sur une nouvelle espèce de fractions continues. (25-30; 49-53).

Continuant l'étude commencée au Tome précédent, M. de Longchamps établit qu'il existe pour les quantités X_n (ou Y_n) une relation de récurrence à *quatre* termes, en sorte que X_n et Y_n sont de la forme

$$A + Bx'^n + Cx''^n,$$

où A, B, C sont des constantes et x', x'' les racines de l'équation génératrice primitive; de même, si l'on appelle Z_n le numérateur $X_n Y_{n-1} - X_{n-1} Y_n$ de la différence de deux fractions consécutives, Z_n vérifie une relation de récurrence à quatre termes, et l'on trouve pour expression générale de Z_n

$$A' x'^n x''^n + B' x'^n + C' x''^n,$$

où A', B', C' sont des constantes.

Enfin, entre deux fractions consécutives existe une relation homographique à coefficients constants. L'auteur termine en indiquant plusieurs rapprochements avec les fractions continues.

Fouret (G.). — Sur la somme des sinus ou cosinus de trois arcs dont la somme est un multiple de la demi-circonférence. (53-57).

Si l'on pose : $a + b + c = (4m + r)\pi$, avec $r = 0, 1, 2$, ou 3, on a généralement

$$\sin a + \sin b + \sin c = 4 \sin \frac{r\pi - a}{2} \sin \frac{r\pi - b}{2} \sin \frac{r\pi - c}{2},$$

$$(-1)^r + \cos a + \cos b + \cos c = 4 \cos \frac{r\pi - a}{2} \cos \frac{r\pi - b}{2} \cos \frac{r\pi - c}{2}.$$

Mais la réciproque n'est pas vraie; de ces dernières relations on ne peut pas conclure que $(a + b + c)$ est un multiple entier de π.

Variétés. — (66-69).

Reproduction du texte de Newton relatif à sa méthode d'approximation (extrait des opuscules publiés à Genève par Jean Castillion).

Longchamps (G. de). — Sur un Mémoire de M. Landry. (73-78; 97-101).

(¹) Tome VII, p. 246 des *Mélanges*.

Il s'agit d'un Mémoire publié en 1856 par M. F. Landry sur l'arithmétique des irrationnelles du second degré. En partant du développement en fraction continue de la racine carrée du nombre A, M. Landry démontre ce théorème :

« Si l'on pose $A = a^2 + r$ $(r \leq 2a)$, et que $\frac{m}{m'}$, et $\frac{p}{p'}$ soient deux fractions consécutives, on a

$$p^2 - Ap'^2 = -r(m^2 - Am'^2). \text{ »}$$

On déduit de là une solution en nombres entiers de l'équation

$$x^2 - Ay^2 = \pm r^m.$$

M. de Longchamps, en démontrant par une autre voie ces résultats, attire l'attention sur ces Mémoires de M. Landry, dont le seul tort, dit-il, est de n'avoir pas été connus à leur heure.

Niewenglowski. — Construction du centre de l'hyperbole équilatère, qui passe par les pieds des normales issues d'un point à une conique à centre. (78-80).

Hadamard. — Sur le limaçon de Pascal. (80-83).

Démonstration géométrique de l'anallagmatie de cette courbe.

Note sur un théorème de Joachimsthal. (83-86).

Si d'un sommet d'une ellipse on abaisse des perpendiculaires sur les quatre normales issues d'un point, les quatre points où ces perpendiculaires coupent de nouveau la conique sont sur un même cercle.

Amigues. — Élimination par la méthode de Bézout perfectionnée par Cauchy. (101-104).

Le raisonnement de l'auteur n'est pas entièrement satisfaisant.

Levavasseur. — Note d'analyse récurrente. (109-113; 127-135).

Calcul de la dérivée d'ordre quelconque de arc sin x.

De Longchamps. — Applications nouvelles des transversales réciproques. (121-126; 145-152).

L'auteur envisage la tangente d'une courbe en un point M, et le point A où elle coupe une seconde courbe; le symétrique M' du point M par rapport au point A appartient à une courbe dont on construit facilement la tangente.

M. de Longchamps généralise encore cette transformation, et revient sur les courbes diamétrales et les conchoïdales.

De Longchamps. — Sur l'hypocycloïde à trois points de rebroussement. (169-178).

Étude de cette courbe en partant de l'expression de ses coordonnées rectangulaires en fonctions rationnelles d'un paramètre.

Lucas (*E.*). — Notes sur l'ellipsoïde. (178-182).

L'auteur envisage la surface comme définie par un point d'une droite dont trois autres points décrivent les faces d'un trièdre. Il arrive à plusieurs propositions dignes d'intérêt et en démontre d'autres dues à M. Halphen et à M. Mannheim.

Kœhler. — Sur la décomposition des polynômes du deuxième degré en sommes de carrés. (185-189; 209-214).

De Longchamps. — Représentation plane des quadriques. (193-197; 217-224; 241-247; 265-272).

L'auteur commence par définir les surfaces dites *homaloïdes* et qu'il est possible de représenter d'une façon univoque sur un plan. Quoique d'origine assez récente, cette théorie a déjà été l'objet de nombreux Mémoires, et dans le *Bulletin* même ce sujet revient fréquemment. M. de Longchamps s'est imposé la tâche de mettre ces idées fécondes à la portée des élèves, et de les vulgariser en quelque sorte, en leur montrant comme exemple les surfaces du second degré. Sur ce terrain particulier des quadriques, M. Chasles a ouvert une voie large et aisée. La transformation adoptée par l'auteur revient à une projection stéréographique faite d'un sommet de la surface.

Brocard. — Hyperbole des neuf points. (197-209).

L'auteur prend pour base de son travail la transformation par droites symétriques étudiée par M. de Longchamps. Les droites qui coupent le cercle circonscrit au triangle fondamental se transforment en hyperboles; en particulier, tous les diamètres de ce cercle se transforment dans les hyperboles équilatères circonscrites au triangle. L'une d'elles est particulièrement remarquable : c'est celle qui contient le centre de gravité. Cette conique contient en outre cinq autres points remarquables. L'étude que fait M. Brocard des éléments de cette courbe ajoute une page intéressante à la géométrie du triangle, déjà si étendue.

Hadamard. — Extrait d'une lettre à M. de Longchamps. (226-232).

Étude sur l'hypocycloïde définie comme enveloppe des asymptotes des hyperboles équilatères formant un faisceau ponctuel.

G. K.

ZEITSCHRIFT FÜR MATHEMATIK UND PHYSIK, herausgegeben von Dr. O. SCHLOEMILCH, Dr. E. KAHL und Dr. M. CANTOR (¹).

Tome XXVIII, année 1883.

Lange (E.). — Les seize points à plan surosculateur de la courbe gauche du quatrième ordre et de première espèce. (1-23, 65-82).

Les quartiques gauches de première espèce offrent des analogies avec les cubiques planes sans point double : par exemple, elles ont le même genre que ces courbes. Mais les propriétés des points d'inflexion des cubiques planes se retrouvent aussi dans les points à plan surosculateur de ces quartiques gauches. Ces points sont au nombre de seize, et tout plan qui en contient trois passe par un quatrième. On arrive en tout à cent seize plans dont l'auteur étudie la configuration.

Sa méthode consiste dans l'emploi des fonctions σ, à l'aide desquelles M. Killing a représenté les coordonnées d'un point quelconque de la courbe, et dans l'usage d'une transformation étudiée par M. Harnack au tome XII des *Mathematische Annalen*.

Sundell (F.). — Le principe des vitesses virtuelles et les théorèmes de Mécanique analytique qui s'y rattachent. (24-31).

Établissement du principe, en partant directement des relations analytiques qui expriment les liaisons.

Matthiessen (L.). — Sur les lois du mouvement et de la déformation d'une figure cylindrique d'équilibre, homogène, tournant librement autour de son axe, et sur leur modification par expansion ou condensation. (31-45).

Dans les *Annali di Matematica* en 1869, et dans le *Zeitschrift*, tome XVI, 1871, l'auteur s'est occupé de la déformation et de l'altération du mouvement dus à une expansion ou à une condensation, pour les cas de figures annulaires ou ellipsoïdales. L'auteur, poursuivant ces études, considère le cas d'une figure cylindrique elliptique.

Dorogé (J.). — Équation du cercle en coordonnées trimétriques. (46-48).

(¹) Voir *Bulletin*, VIII₂, p. 194.

Rink (*J.*). — Sur un théorème de Liouville relatif aux fonctions doublement périodiques. (48-51).

Expression d'une fonction doublement périodique d'ordre p à l'aide de la fonction doublement périodique du second ordre aux mêmes périodes et de sa dérivée.

Hossfeld (*C.*). — Nouvelle démonstration simple d'un théorème de Géométrie de position. (51-53).

Amseder (*A.*). — Note sur les « triples » d'une courbe du troisième degré qui ont le même point de concours des hauteurs. (53-54).

Sur toute cubique plane il existe des groupes de trois points où la courbe est touchée par une même conique; les triangles formés par ces systèmes de trois points sont appelés les *triples*. Toute cubique possède trois systèmes de triples. Les coniques correspondant à chacun de ces systèmes forment un réseau, dont un cercle fait toujours partie. Les centres des trois cercles ainsi obtenus sont chacun le point de concours des hauteurs d'une infinité simple de triples. Les côtés de ces triples enveloppent la polaire de la cubique par rapport au cercle correspondant.

Heymann (*W.*). — Intégration de l'équation différentielle

$$(A_1x^2 + B_1y^2 + C_1xy)\,dx + (A_2x^2 + B_2y^2 + C_2xy)\,dy + (A_3x^2 + B_3y^2 + C_3xy + D_3x + E_3y + F_3)(x\,dy - y\,dx) = 0.$$

(54-56).

Cette équation est de la forme étudiée par Jacobi; elle admet trois intégrales particulières de la forme

$$y = \mu x,$$

où μ est une constante. Il en résulte que l'intégration de cette équation se ramène à l'intégration de l'équation différentielle de la série hypergéométrique.

Zimmermann (*H.-E.-M.-O.*). — Propositions diverses sur les coniques et les courbes du troisième degré à point double. (56-60).

Kessler (*O.*). — Sur la théorie de la divisibilité des nombres. (60-64).

Veltmann (*W.*). — Remarque sur l'expression « Division d'un segment en parties infiniment petites ». (64).

Bohn (*C.*). — Sur les diverses capacités calorifiques, et autres quantités qui se présentent dans la théorie de la chaleur. (83-96).

Niemöller. — Sur l'intégration de l'équation différentielle partielle

$$\Delta u = \frac{\partial}{\partial x}\left(x \frac{\partial u}{\partial x}\right) + \frac{\partial}{\partial y}\left(x \frac{\partial u}{\partial y}\right) = 0.$$

(97-104).

Cette équation différentielle représente le potentiel d'un courant électrique sur une surface dont la conductibilité est en chaque point proportionnelle à la distance de ce point à l'axe des y. On obtient facilement son intégrale à l'aide des intégrales de Bessel. L'auteur traite particulièrement le cas où l'électricité pénètre sur la surface par un point, et en sort par un autre.

Schlegel (*V.*). — Sur la résolution du point double d'une courbe plane dans l'espace à trois dimensions, et sur un problème de Mécanique lié à cette courbe. (105-114).

En transformant en une courbe gauche une courbe plane ayant la forme d'un huit, on peut finalement la transformer en une courbe plane fermée dénuée de point double.

L'auteur donne un exemple particulier, d'où il déduit la solution d'un problème sur le mouvement vibratoire.

Zimmermann (*O.*). — Sur la théorie de la courbure des courbes planes. (115-116).

Sellentin (*R.*). — Sur les roulettes et les lieux des pôles dans les systèmes cinématiques plans. (116-123).

Hocks (*H.*). — Sur le théorème fondamental de la théorie des équations algébriques. (123-125).

Toute équation d'ordre m a m racines.

Hertz (*H.*). — Sur la distribution des pressions dans un cylindre circulaire élastique. (125-128).

L'auteur considère un cylindre fixé par ses deux extrémités à deux parois normales à son axe; les pressions sont elles aussi rectangulaires avec l'axe, et indépendantes des cordonnées comptées parallèlement à cet axe. Malgré le caractère restreint du problème, l'étude de la distribution intérieure des pressions offre de l'intérêt.

Bohn (*C.*). — Sur le champ de l'accommodation au télescope, et la parallaxe. (129-149).

Stoll. — Le problème du plus court crépuscule. (150-156).

Solution élémentaire de ce problème, résolu pour la première fois par Jean Bernoulli.

Biehringer. — Sur les courbes tracées sur les surfaces de révolution. (157-177).

Fin d'un article commencé dans l'un des Tomes précédents.

Schrœter (H.). — Sur les communications 24 et 25 insérées au tome XXVII du Journal. (178-182).

Dans ces deux Communications, analysées par le *Bulletin*, MM. Schlömilch et Sachse ont donné des propriétés relatives à la projection d'un quadrilatère complet sur un plan passant par l'une de ses diagonales. L'auteur montre comment ces propriétés se rattachent à la considération des systèmes desmiques de trois tétraèdres étudiés par M. Stéphanos.

Schirek (C.). — Construction des tangentes et des plans tangents aux courbes et aux surfaces équidistantes. (183-188).

Par courbes ou surfaces équidistantes, l'auteur entend le lieu des centres des sphères tangentes à deux courbes ou à deux surfaces.

Weiler (A.). — Sur le complexe des axes de Reye. (188-192).

Les droites conjuguées rectangulaires d'une quadrique constituent ses axes; elles forment un complexe tétraédral. Il existe une double infinité de quadriques ayant les mêmes axes. Dans le nombre, figurent trois infinités simples de coniques. En prenant deux de ces coniques pour définir le complexe des axes, on obtient des constructions simples. L'auteur étudie aussi ce que devient le complexe tétraédral lorsque le centre des surfaces est à l'infini.

Quidde. — Démonstration d'un théorème projectif de Schlömilch. (192).

Herrmann (O.). — Recherches géométriques sur la marche des transcendantes elliptiques dans le domaine complexe. (194-210, 257-273).

Le problème des courants stationnaires, ou du potentiel cylindrique, et celui de la représentation conforme sont étroitement liés avec la théorie générale des fonctions d'une variable complexe. On peut alors se proposer, ou bien d'étudier les courants stationnaires et les représentations conformes qui dérivent des fonctions déjà connues; ou bien de chercher des fonctions nouvelles, d'après un système de courants stationnaires donné. Le travail de l'auteur se rattache au premier genre de recherches. Il part des transcendantes les plus importantes que l'on rencontre dans la théorie des fonctions elliptiques, pour étudier les courants stationnaires correspondants. Les travaux les plus récents dont l'auteur fait usage sont dus à MM. Klein et Holzmüller :

I. Introduction.
II. Les intégrales elliptiques. La surface de Riemann et le rectangle; l'intégrale de première espèce. Les intégrales de troisième espèce. Les intégrales de seconde espèce.
III. Les fonctions elliptiques.
IV. Les fonctions E de Weierstrass. La fonction $W = E(w)$. La fonction $W = E_0(w)$.
V. Les fonctions θ et σ. La fonction $W = \theta_0(w, i)$. La fonction $w = \sigma\left(w, \frac{1}{2}, \frac{i}{2}\right)$.
VI. Remarques finales.

Matthiessen (L.). — Les équations différentielles dans la dioptrique des cristallins sphériques des poissons. (211-216).

Suite du travail commencé dans les Tomes XXIV et XXVI du *Zeitschrift*.

Wittwer (W.-C.). — Fondements de la Chimie mathématique. (216-228, 352-378).

Schœnfliess (A.). — Sur le mouvement d'un système solide dans l'espace. (229-240).

L'auteur se propose de déterminer les éléments métriques des diverses courbes et surfaces dont l'existence a été rattachée par Chasles et plusieurs autres géomètres au déplacement infiniment petit d'un corps solide.

Heymann (W.). — Remarques sur l'équation différentielle

$$(a + bx + cx^2)^2 \frac{d^2 v}{dx^2}$$
$$+ (ax + bx + cx^2)(a_1 + b_1 x)\frac{dv}{dx} + (a_0 + b_0 x + c_0 x^2)v = 0.$$

(241-243).

L'auteur montre que, outre plusieurs équations linéaires intégrées par Liouville, Spitzer, Weiler, etc., cette forme renferme plusieurs autres équations remarquables, entre autres, l'équation

$$(\alpha + \beta\xi + \gamma\xi^2 + \delta\xi^3)^2 \frac{d^2\eta}{d\xi^2}$$
$$+ \alpha_1(\alpha + \beta\xi + \gamma\xi^2 + \delta\xi^3)\frac{d\eta}{d\xi} + (\alpha_0 + \beta_0\xi + \gamma_0\xi^2)\eta = 0.$$

Schönemann (P.). — Sur la construction géométrique des modèles pour la représentation des surfaces réglées. (243-247).

L'auteur considère deux génératrices voisines. Les courbes qui limitent la surface les coupent en quatre points A, A′ pour l'une des génératrices, B et B′ pour l'autre. Le quadrilatère gauche AA′B′B, formé par les génératrices et les cordes AB, A′B′ des courbes limitatrices, peut être représenté en papier à l'aide des deux triangles obtenus en menant une diagonale AB′. Cela permet de représenter en papier les surfaces gauches elles-mêmes : jusqu'ici on n'avait pu représenter avec cette substance que les surfaces réglées développables.

Morawetz (*J.*). — Application de la projection stéréographique à la construction des isophotes sur les surfaces de révolution. (247-249).

Thaer (*A.*). — Interprétation géométrique du sinus d'un trièdre. (249-251).

Klein (*B.*). — Sur le rapport anharmonique de quatre couples de points d'une série involutive de points du premier ordre. (252-255).

Zimmermann (*O.*). — Génération ponctuelle des surfaces développables du second degré. (255-256).

Weinmeister (*I.*). — Note sur les podaires. (256).

Baur (*M.*). — Sur les lignes de striction de l'hyperboloïde à une nappe, et du paraboloïde hyperbolique. (274-280).

Greiner (*M.*). — La conique d'aire minimum circonscrite à un triangle. (281-293).

Étude analytique du problème : l'auteur arrive à plusieurs résultats nouveaux. Par exemple, les cercles osculateurs de la conique aux sommets du triangle se coupent en un même point, qui n'est autre que le quatrième point de rencontre de la conique avec le cercle circonscrit au triangle.

Hossfeld (*C.*). — Sur les coniques confocales. (294-296).

Deux coniques confocales sont orthogonales : démonstration géométrique directe.

Hossfeld (*C.*). — Sur les courbes unicursales du quatrième ordre. (296-300).

Que par l'un des trois points doubles d'une quartique unicursale on mène une droite coupant en X_1 la ligne de jonction des deux autres points doubles et qui rencontre la courbe dans les points X_2 et X_3. Le point X_4, conjugué harmonique de X_1 par rapport à X_2 et X_3, décrit une conique passant par les trois points doubles. La courbe est donc le lieu des points d'intersection d'un rayon d'un faisceau avec les rayons d'un couple involutif lié homographiquement au faisceau. L'auteur développe plusieurs conséquences de ce théorème.

Böklen (*O.*). — Sur une propriété de l'ellipse. (300-304).

Böklen (*O.*). — Sur le pendule physique. (304-309).

Tous les points de suspension à oscillations isochrones d'un corps sont situés sur (ou entre) les deux nappes de deux surfaces (J) et (J'); la première de ces surfaces s'obtient en allongeant, et la seconde, en raccourcissant d'une longueur constante $\frac{1}{2}l$ le rayon d'une surface de vitesse des ondes. La quantité l est la longueur du pendule simple isochrone.

Luxemberg (*M.*). — Sur le pendule formé de deux points matériels. (309-315).

L'auteur étudie spécialement les petites oscillations d'un pendule formé de deux points matériels portés par un même fil. Au lieu de l'ellipse que l'on trouve dans le cas du pendule conique ordinaire, on tombe sur des courbes plus compliquées, et qui ne sont autres que celles réalisées optiquement par M. Lissajous, à l'aide des miroirs vibrants.

Thaer (*A.*). — Une définition géométrique des coordonnées homogènes d'une droite. (315-318).

Hofmann (*F.*). — Un paradoxe de la théorie de la collinéation. (318-320).

Weichold (*G.*). — Sur les surfaces de Riemann symétriques et les modules de périodicité des intégrales abéliennes normales de première espèce correspondantes. (321-351).

L'auteur cherche les conditions de réalité des modules de périodicité des intégrales abéliennes normales de première espèce, qui appartiennent à une équation algébrique de genre arbitraire, mais à coefficients réels. Dans ce cas les surfaces de Riemann sont symétriques, comme l'a montré M. Klein. Ce sujet, du moins dans certains cas particuliers, a occupé plusieurs géomètres : par exemple, MM. Hénoch, Klein, Hurwitz, Schottky.

La première Partie du Mémoire est consacrée à l'étude des surfaces symétriques, à leur classification, à leur réduction à la forme normale, et enfin à leur représentation schématique.

La question des modules occupe la seconde Partie.

Coupures canoniques.

Réalité des intégrales normales qui sont partout finies.

Parties imaginaires des modules de périodicité des intégrales normales.

Kantor (*S.*). — Permutations, avec des dispositions restrictives. (379-383).

Nombre des permutations de n éléments où il n'arrive jamais qu'un élément soit le seul qui conserve sa place primitive. Nombre des permutations de n éléments où il n'arrive jamais que m éléments déterminés conservent leurs positions.

Meyer (*A.-D.*). — Sur le faisceau de rayons du second ordre. (383-384). G. K.

GIORNALE DI MATEMATICHE, pubblicato per cura del professore G. BATTAGLINI (¹).

Tome XVIII; 1880.

Battaglini (*G.*). — Sur les complexes du second degré. (1-14).

Une équation entre les coordonnées homogènes de la ligne droite représente un complexe; tout point de l'espace est alors le sommet d'un cône déterminé, lieu des droites du complexe qui passent par ce point. Mais que l'on imagine une équation contenant, outre les coordonnées homogènes de la ligne droite, celles d'un point de cette droite; il se trouve encore que tout point de l'espace est le sommet d'un cône déterminé, seulement tous les cônes qui correspondent à tous les points de l'espace n'engendrent plus un complexe. Le système géométrique étudié par l'auteur offre, on le voit, une grande analogie avec le connexe de Clebsch. En associant, dans l'équation de définition, aux coordonnées homogènes de la ligne droite celles d'un plan mené par cette droite, on définit un système dont la notion est corrélative de celle du système précédent.

Les cônes du second ordre qui passent par cinq points, et les coniques tangentes à cinq plans, offrent deux de ces systèmes, corrélatifs l'un de l'autre. On est ainsi conduit de deux façons à des propriétés intéressantes des complexes tétraédraux.

Amodeo (*F.*). — Théorème de Géométrie projective. (15-16).

Capelli (*A.*). — Sur les formes algébriques ternaires à plusieurs séries de variables. (17-33).

L'objet de l'auteur est de ramener la théorie des formes ternaires à plusieurs séries de variables à celle de formes contenant un nombre moindre de séries de variables. L'auteur introduit pour cela certaines formations invariantes ou covariantes de la forme primitive. Ainsi, dans le cas de trois séries de variables,

---

(¹) Voir *Bulletin*, t. IV_2, p. 194.

$x_1, x_2, x_3; y_1, y_2, y_3; z_1, z_2, z_3$, l'auteur parvient à la formule

$$f(x^m, y^n, z^l) = \sum_\nu \sum_\mu \left[\begin{vmatrix} x_1 & x_2 & x_3 \\ y_1 & y_2 & y_3 \\ z_1 & z_2 & z_3 \end{vmatrix} D^\nu_{yz} D^\mu_{xz} \varphi_{\mu,\nu}(x^{m-\rho+\mu}, y^{n-\rho+\nu}) \right],$$

où $\varphi_{\mu,\nu}$ est un covariant de la forme f, contenant seulement les deux séries de variables x et y; D_{xz} représente le symbole de l'opération de la polaire

$$\frac{\partial}{\partial x_1} z_1 + \frac{\partial}{\partial x_2} z_2 + \frac{\partial}{\partial x_3} z_3;$$

les exposants μ et ν indiquent la répétition de l'opération. Enfin, entre les entiers μ, ν, ρ et l existe la relation

$$\mu + \nu + \rho = l.$$

Cette formule n'est que la généralisation d'une autre formule de Gordan, par laquelle ce géomètre ramène les formes binaires à plusieurs séries de variables à des formes à un nombre moindre de séries de variables.

M. Capelli donne ensuite une formule générale qui permet d'exprimer une forme ternaire à plusieurs séries de variables à l'aide de formations covariantes qui n'en contiennent que deux séries.

Morera (*Giacinto*). — Sur le mouvement d'un point attiré par deux centres fixes suivant la loi de Newton. (34-71).

Euler, Lagrange, Legendre, Liouville et Jacobi ont étudié ce problème. On sait quelle belle solution Jacobi en a donnée dans le cas général d'une trajectoire gauche, par l'emploi des coordonnées elliptiques.

L'auteur se borne au cas d'une trajectoire plane; il emploie les coordonnées elliptiques et applique la méthode de Jacobi : il établit ainsi les équations d'Euler. L'étude des cas où l'attraction de l'un des deux centres ou de tous les deux centres est nulle le conduit à d'intéressants résultats, et notamment au théorème d'Euler sur l'addition des intégrales elliptiques.

Lagrange a étudié le cas où le mouvement a lieu sur une conique; l'auteur retrouve divers résultats de l'illustre géomètre et parvient, en outre, à un théorème intéressant sur le mouvement oscillatoire. Qu'un point mobile soit attiré par un centre F et repoussé par un autre F' suivant la loi de Newton; que l'on abandonne sans vitesse le point matériel dans une position P où la résultante des forces soit tangente à l'une des deux coniques dont F et F' sont les foyers et qui passent au point P : cela étant, le mobile oscillera sur l'arc intercepté sur cette conique par la seconde des coniques homofocales qui passent au point P.

La fin du travail est consacrée à l'étude de la trajectoire en général, par une méthode un peu plus simple que celle de Legendre.

Cazzaniga (*Paolo*). — Sur l'intégration des équations algébrico-différentielles du premier ordre et du premier degré à l'aide de fonctions algébriques (72-91).

Pincherle (Salvatore). — Recherches sur une classe importante de fonctions monodromes. (92-136).

L'étude des fonctions définies par la propriété

$$\varphi(\omega x) = \varphi(x),$$

où ω est une constante, peut servir de base à la théorie des fonctions elliptiques. Les propriétés des fonctions φ présentent, du reste, un entier parallélisme avec celles que l'on rencontre dans cette théorie. Toute fonction φ admet zéro et l'infini pour lieux de singularités essentielles; dans l'intérieur de la couronne comprise entre deux cercles décrits de l'origine comme centre avec les rayons R et Rω, une fonction φ acquiert toutes les valeurs qu'elle peut acquérir; elle y devient autant de fois nulle qu'infinie. Le nombre des infinis d'une fonction φ dans une couronne (R, Rω) s'appellera son ordre; il n'y a pas de fonctions φ d'ordre inférieur à 2, et toutes les fonctions φ s'expriment rationnellement à l'aide de la fonction φ, du second ordre et de sa *fonction adjointe* $x\dfrac{d\varphi_1(x)}{dx}$. Entre une fonction φ et son adjointe $x\dfrac{d\varphi}{dx}$ existe toujours une relation algébrique. Si $z_1, z_2, \ldots, z_p$ sont les racines de l'équation $\varphi(x) = c$ intérieures à une couronne (R, Rω), le produit de ces racines est constant, c'est-à-dire indépendant de c, à un facteur près, de la forme ω^m. Enfin l'auteur forme des fonctions τ intermédiaires, qui servent à exprimer les fonctions φ, et ce dernier trait complète la ressemblance avec la théorie de Jacobi. Il suffit, en effet, de remplacer z par e^z pour tomber sur la théorie classique des fonctions elliptiques.

Le théorème algébrique d'addition domine cette théorie; aussi l'auteur a-t-il insisté sur ce sujet qui forme la seconde Partie de son intéressant Mémoire. Disons avec l'auteur qu'une fonction possède une *équation caractéristique* lorsqu'il existe une équation algébrique entre les trois valeurs que prend la fonction pour trois valeurs de la variable liées par une équation qui soit du premier degré par rapport à chacune d'elles. Il résulte d'une découverte antérieure de l'auteur que, si $f(z)$ admet une équation caractéristique, elle vérifie une équation de la forme

$$f(z) = f\left(\frac{az+b}{cz+d}\right).$$

L'auteur en déduit que, en représentant par R une fonction rationnelle et par φ une des fonctions précédemment étudiées, la fonction $f(z)$ a nécessairement l'une des formes suivantes :

$$\mathrm{R}(z), \quad \varphi\left(\frac{az+b}{a'z+b'}\right), \quad \mathrm{R}\left(e^{\frac{az+b}{a'z+b'}}\right), \quad \varphi\left(e^{\frac{az+b}{a'z+b'}}\right);$$

la dernière de ces formes comprend les fonctions elliptiques. Comme on le verra plus loin, M. Pincherle a suivi les Leçons de M. Weierstrass, et nous ne pensons rien ôter au mérite de l'auteur en disant que son travail porte comme un reflet des leçons de l'illustre Maître.

Jadanza (N.). — Sur les latitudes, longitudes et azimuts des points d'un réseau trigonométrique. (137-159).

Giletta (*L.*). — Sur les bases du principe des moindres carrés. (159-173).

Introduction.

Valeur la plus probable à déduire d'un système d'observations également attentives.

Si cette valeur est une fonction analytique des observations, elle ne peut être que symétrique et du premier degré.

Probabilité de la fonction $V = \frac{\Sigma O_i}{n} + c$.

Probabilité de l'hypothèse de Gauss $c = 0$.

Examen *a posteriori* des diverses hypothèses que l'on peut faire sur la valeur de c.

Conclusions.

Frattini (*G.*). — Résolution de six équations entre neuf quantités. (174-177).

Pincherle (*S.*). — Essai d'une introduction à la théorie des fonctions analytiques suivant les principes du professeur C. Weierstrass. (178-254; 317-357).

L'auteur s'est proposé, dans ce Mémoire, de faire connaître en Italie les leçons professées à Berlin par M. Weierstrass, leçons auxquelles il a assisté pendant l'année 1877-1878. Depuis cette époque, diverses publications ont contribué à répandre certaines méthodes de ce Maître éminent : nous citerons notamment le résumé de la théorie des fonctions elliptiques que publie en ce moment M. Schwarz. Les matières qui font l'objet du présent Mémoire ou, du moins, la façon dont M. Weierstrass les présente, ont été moins vulgarisées dans leur ensemble; aussi insisterons-nous un peu sur cette analyse.

La première Section est consacrée aux principes fondamentaux de l'Arithmétique, base première de toutes les théories de l'Analyse. Nombres entiers, opérations sur ces nombres; nombres fractionnaires, opérations sur les fractions. Vient ensuite la notion des nombres négatifs : pour les définir, on fait figurer à côté de l'unité une *seconde unité* dite *contraire*, définie par cette condition qu'ajoutée à la première unité elle donne pour somme zéro.

Le sixième paragraphe contient des notions importantes appelées à jouer un grand rôle. On appelle généralement *éléments* positifs ou négatifs l'unité positive ou négative et ses parties aliquotes. Un nombre est dit *déterminé* si l'on connaît les éléments qui le composent et le nombre de fois que chacun y figure; on exclut le cas où ce dernier nombre serait infini pour l'un des éléments. Mais un nombre est dit *fini* quand il existe un nombre entier assignable, positif, plus grand que la valeur absolue de n'importe quelle partie intégrante du nombre. Par partie intégrante d'un nombre on entend tout nombre contenu dans ce nombre. L'importance de cette définition du mot *fini* n'échappera à personne; elle ne s'applique pas, en effet, à la somme d'une série convergente, à termes positifs et négatifs, mais qui perdrait sa convergence en donnant un même signe à tous ses termes. Le mot *fini* ne doit donc s'entendre avec M. Weierstrass que de la somme de ces séries que l'on caractérise quelquefois d'*absolument convergentes*, et dans lesquelles on peut arbitrairement changer l'ordre des termes sans altérer la valeur de la somme.

La conception des imaginaires remplit le second Chapitre; au système de deux unités contraires, il convient d'ajouter un second système d'unités contraires, que l'on choisit de façon à conserver les propriétés des opérations fondamentales de l'Arithmétique ordinaire, dans l'arithmétique des nombres complexes formés avec ces unités.

Le troisième Chapitre est consacré à la théorie des séries et des produits infinis. M. Weierstrass établit d'abord une distinction entre les opérations *virtuellement* exécutables et celles qui le sont *effectivement*. Le premier mot s'applique au cas où le résultat de l'opération est seulement déterminé; le second, au cas où le résultat est non seulement déterminé, mais encore fini. L'objet principal des théorèmes sur les séries et les produits infinis est de déterminer les conditions sous lesquelles une somme ou un produit *virtuellement* exécutable l'est aussi *effectivement*.

La seconde Section traite des grandeurs en général. Définition d'une *variété* à *n* dimensions, d'un *point* d'une telle variété, du *domaine* autour d'un point. Un ensemble de points doués d'une propriété commune peut donner lieu à une *série discrète* de points ou bien former un *continuum*.

Un continuum est *connexe* ou non, selon que l'on peut établir ou non un *passage continu* entre deux points quelconques de ce continuum. Ces notions prêtent à d'importants développements qui ouvrent la voie à la Section suivante consacrée au concept de *fonction*, *continuité*, *dérivée;* toute fonction continue n'a pas nécessairement une dérivée : limite supérieure et limite inférieure d'une fonction dans un intervalle donné; tels sont les principaux points abordés dans cette Section, qui se termine par un exposé des vues de M. Weierstrass sur le concept de *fonction*.

Certains géomètres ont défini une fonction comme le résultat de la superposition de diverses opérations arithmétiques; d'autres regardent y comme fonction de x chaque fois qu'à une valeur de x répond une valeur (ou plusieurs valeurs) de y. Dans le premier cas se pose la question de savoir si tous les êtres analytiques possibles peuvent être obtenus en appliquant un nombre limité ou illimité de fois une série limitée d'opérations arithmétiques. Dans le second cas, la définition est si générale que l'on ne peut rien dire. On ne peut fonder une théorie des fonctions sans se limiter à des hypothèses, telles que la continuité et l'existence de la dérivée; or on ne peut définir rigoureusement *a priori* de pareilles fonctions. Aussi est-il préférable de commencer par étudier les fonctions formées directement avec les opérations les plus simples de l'Arithmétique et de s'élever ensuite à des combinaisons plus compliquées, d'où l'on déduira alors une propriété fondamentale des fonctions analytiques, la possibilité du développement en série de puissances.

Suivant ce programme, la sixième Section s'ouvre avec l'étude des fonctions rationnelles et celle des sommes d'une infinité de pareilles fonctions. Viennent ensuite les séries de puissances, les séries doubles de puissances, puis les questions de la condition d'identité de deux séries et de la différentiation des séries de puissances. De ces diverses études on arrive enfin à déduire une conception claire et précise des fonctions analytiques. On part d'une série de puissances $f(x \mid a)$, convergente dans un cercle C_a de centre a; en prenant un point b dans le cercle C_a, la série $f(x \mid a)$ donne lieu à une seconde série $f(x \mid a \mid b)$, convergente dans un cercle c_b de centre b, et qui peut avoir une partie extérieure au cercle c_a; on continuera en prenant un point c dans le cercle c_b et ainsi de suite. On parvient ainsi à définir une *fonction analytique* représentée par la série $f(x \mid a)$ dans le cercle c_a, par $f(x \mid a \mid b)$ dans le cercle c_b, ...

Il ne reste plus qu'à montrer que les fonctions analytiques ainsi définies peuvent donner la solution des problèmes exprimables à l'aide des symboles de l'analyse, au moins dans tous les cas que l'on rencontre communément.

Ricordi (*Ettore*). — Les cercles en Géométrie non euclidienne. (255-270).

Les cercles de la Géométrie non euclidienne sont, comme on sait, des coniques bitangentes à une conique fondamentale que l'on appelle l'*absolu*. Les propriétés métriques (non euclidiennes) ne sont autres que les relations projectives de cette figure avec la conique fondamentale : le rapport anharmonique y sert de base à la notion d'angle et de longueur. En se plaçant à ce point de vue, on peut établir géométriquement un grand nombre de propriétés métriques non euclidiennes, et c'est ce que s'est proposé l'auteur. Plusieurs de ces propriétés avaient été établies analytiquement par M. Battaglini.

Dainelli (*Ugo*). — Sur le mouvement suivant une ligne quelconque. (271-300).

MM. Darboux et Battaglini ont résolu ce problème proposé par M. Bertrand : *Sachant que les planètes décrivent des coniques, et sans autre hypothèse, trouver l'expression des composantes de la force en fonction des coordonnées du point mobile.* L'auteur reprend ce problème en l'étendant au cas d'une trajectoire plane ou gauche quelconque. Il étudie le cas d'une force centrale, d'une force de direction constante et d'une force parallèle à un plan fixe.

Texeira (*F.-Gomes*). — Sur les dérivées d'ordre quelconque. (301-307).

L'auteur commence par établir la formule connue

$$\frac{d^n u}{dx^n} = \sum \frac{1.2\ldots n.u^{(i)}(y')^\alpha(y'')^\beta\ldots(y^{(n)})^\lambda}{1.2\ldots\alpha \times 1.2\ldots\beta \times\ldots\times 1.2\ldots\lambda \times (1.2)^\beta \times (1.2.3)^\gamma \ldots (1.2\ldots n)^\lambda},$$

avec

$$\alpha + 2\beta + 3\gamma + \ldots + n\lambda = n, \qquad i = \alpha + \beta + \gamma + \ldots + \lambda,$$

où l'on a

$$u = f(y), \qquad y = \varphi(x), \qquad u^{(i)} = \frac{d^i u}{dy^i}, \qquad y^{(n)} = \frac{d^n y}{dx^n}.$$

De cette formule, l'auteur déduit l'expression générale des dérivées

$$\frac{d^n[\varphi(x)]^m}{dx^n}, \quad \frac{d^n a^{\varphi(x)}}{dx^n}, \quad \frac{d^n \sin\varphi(x)}{dx^n}.$$

Il montre également comment la dérivée $u^{(n)}$ peut être exprimée à l'aide d'un déterminant. Ces résultats sont étendus au cas d'une fonction de plusieurs fonctions de la variable.

en général purement numériques, j'ai cru pouvoir me dispenser d'en donner les solutions.

L'exposé qui précède montre suffisamment que cette publication ne fait pas double emploi avec celles du même genre qui ont paru précédemment.

Table des matières.

Appendice.

10626. Paris — Imprimerie de GAUTHIER-VILLARS, quai des Augustins, 55

TABLE DES MATIÈRES.

AOUT 1886.

Comptes rendus et analyses.

Mélanges.

Revue des publications.

Paris — Imprimerie de GAUTHIER-VILLARS, quai des Augustins, 55.

Le Gérant : GAUTHIER-VILLARS.

Gerbaldi (*F.*). — Sur quelques applications d'une formule combinatoire. (308-316).

Pucci (*E.*). — Sur les positions géographiques. (358-368).

Frattini (*G.*). — Un théorème d'Arithmétique. (369-376).

Crocchi (*L.*). — Une relation entre les fonctions symétriques simples et les fonctions symétriques complètes. (377-380).

Soit

$$S_p = x_1^p + x_2^p + \ldots + x_m^p$$

la somme des puissances $p^{\text{ièmes}}$ des quantités $x_1, x_2, \ldots, x_m$, et représentons par V_p l'expression $(x_1 + x_2 + \ldots + x_m)^p$ où, après le développement de la puissance, on remplacera par l'unité tous les coefficients binomiaux. L'auteur établit les relations suivantes :

$$\begin{aligned} V_0 s_1 &= V_1, \\ V_1 s_1 + V_0 s_2 &= 2V_2, \\ &\ldots\ldots\ldots\ldots, \\ V_2 s_1 + V_1 s_2 + V_0 s_3 &= 3V_3, \\ V_{m-2} s_1 + V_{m-3} s_2 + \ldots + V_0 s_{m-1} &= (m-1) V_{m-1}. \end{aligned}$$

Tome XIX; 1881.

Maggi (*G.-A.*). — Sur le mouvement d'un fil flexible et inextensible qui s'écarte très peu de sa position d'équilibre. (1-63).

L'auteur suppose le fil hétérogène mobile dans un milieu résistant; de plus, il admet que les déplacements sont assez petits pour que l'on puisse en négliger les puissances supérieures à la première. Dans la première Partie du Mémoire, on trouve les équations du mouvement oscillatoire du fil, sans hypothèse particulière sur la nature des forces. Ces équations sont présentées sous deux formes : la première contient les composantes des déplacements suivant trois axes rectangulaires; la seconde forme établit directement les relations entre la vibration longitudinale et les deux vibrations transversales, l'une située dans le plan osculateur et l'autre perpendiculaire à ce plan.

Dans la seconde Partie, l'auteur applique ces formules au cas où la direction de la force est constante, ainsi que son intensité.

Enfin, la troisième Partie est consacrée à l'intégration de l'équation la plus simple, dans l'hypothèse où une extrémité du fil est fixe, en supposant connues pour un instant donné la forme du fil et la loi de distribution des vitesses d'un point à l'autre. Mais la méthode de l'auteur ne lui permet d'effectuer l'intégration, en maintenant la résistance du milieu, qu'à la condition que le fil soit homogène. On est alors conduit à une classe de fonctions définies par une équation différentielle du second ordre, analogues aux fonctions circulaires. Dans le cas de l'homogénéité, on tombe sur les fonctions cylindriques de l'ordre zéro et de première espèce, lorsqu'une extrémité du fil est libre. Si les deux extrémités sont fixes, on est amené à introduire des transcendantes spéciales, voisines des fonctions du cylindre elliptique.

Battaglini (*G.*). — Sur l'équation différentielle elliptique. (65-75).

L'objet de cette Note est de montrer comment une équation entre trois variables, quadratique par rapport à chacune d'elles, peut représenter, sous certaines conditions, une intégrale particulière de l'équation différentielle elliptique à trois variables, et l'intégrale générale de l'équation différentielle elliptique à deux variables, la troisième variable jouant le rôle de constante arbitraire.

Prenant à cet effet une forme quadratique binaire φ à trois séries de variables (x_1, x_2; y_1, y_2; z_1, z_2) symétrique par rapport à ces trois séries, l'auteur met l'équation $d\varphi = 0$ sous la forme

$$(x\,dx)\sqrt{X} + (y\,dy)\sqrt{Y} + (z\,dz)\sqrt{Z},$$

où X, par exemple, est le discriminant de φ considéré comme une forme quadratique binaire de x_1 et x_2. Si X se décompose dans le produit de deux formes biquadratiques ne contenant chacune qu'une seule série de variables, on aura nécessairement

$$X = f_y^4 f_z^4,$$

et par symétrie

$$Y = f_z^4 f_x^4, \qquad Z = f_x^4 f_y^4,$$

d'où l'équation elliptique

$$\frac{x\,dx}{\sqrt{f_x^4}} + \frac{y\,dy}{\sqrt{f_y^4}} + \frac{z\,dz}{\sqrt{f_z^4}} = 0.$$

Le fond de la question est donc dans cette décomposition des discriminants X, Y, Z, et cette recherche donne lieu à d'élégants développements.

Volterra (*Vito*). — Quelques observations sur les fonctions ponctuées discontinues. (76-86).

Si une fonction ponctuée discontinue admet des points de discontinuité dans toute portion de l'intervalle où elle est définie, il ne peut exister une autre fonction ponctuée discontinue qui soit continue dans les points où la première est discontinue, et discontinue dans les points où la première est continue. Par exemple, Hankel ayant formé des fonctions continues dans tous les points irrationnels, et discontinues dans tous les points rationnels, il en résulte que, si une fonction est discontinue dans tous les points irrationnels dans un intervalle donné, elle doit être discontinue dans tout l'intervalle. Ces propositions font assez connaître l'ordre d'idées abordé dans ce travail.

Capelli (*A.*). — Sur un problème de partition en relation avec la théorie des formes algébriques. (87-116).

L'auteur envisage une forme quelconque à plusieurs séries de variables, ainsi que les covariants que l'on en déduit par l'application réitérée de l'opération de la polaire effectuée sur les diverses séries de variables qui figurent dans la forme. L'auteur considère ceux de ces covariants où les variables figurent au même degré que dans la forme primitive; parmi ces covariants spéciaux, il en est de linéairement indépendants, dont tous les autres seront des expressions linéaires. Le nombre de ces covariants indépendants est une fonction numérique $\varpi(m', m'', \ldots)$, où $m', m'', \ldots$ sont les degrés de la forme primitive par rapport aux diverses séries de variables. L'auteur donne, de cette fonction, une définition arithmétique, et, dans un travail étendu, montre que sa notion se rattache à d'intéressantes propriétés algébriques.

Re (*Alf. del*). — Relations entre deux déterminants. (116-117).

Rubini (*R.*). — Exercices d'intégration à l'aide du calcul des symboles d'opération. (118-130).

Mollo (*A.*). — Sur la diffraction des réticules. (131-135).

Bernardi (*G.*). — Sur les propriétés générales des invariants et des covariants de une et de plusieurs formes ternaires. (136-150; 258-298).

Exposition systématique de cette théorie.

Pucci (*E.*). — Sur la théorie des bases géodésiques. (151-155).

Marsano (*G.-B.*). — Sur le nombre des combinaisons de classe donnée effectuées à l'aide d'un certain nombre d'entiers successifs, et ayant chacune une somme non supérieure à une limite donnée. (156-170).

Par exemple, on combine les 90 premiers nombres entiers 2 à 2, 3 à 3, etc., combien y aura-t-il de ces combinaisons dans lesquelles la somme des éléments sera inférieure à 100? Cette Note se rattache à des travaux antérieurs de l'auteur.

Dainelli (*Ugo*). — Sur la décomposition de la force accélératrice d'un point matériel libre qui se meut suivant une courbe quelconque. (171-197).

Ce Mémoire fait suite au travail publié dans le tome précédent. Lorsqu'un mobile décrit une courbe plane quelconque, la force motrice est la résultante de deux forces dirigées respectivement suivant la tangente et suivant un rayon vecteur issu d'un point fixe; l'auteur donne des expressions très simples de ces composantes à l'aide d'une fonction arbitraire. Il donne également d'autres modes de décomposition de la force motrice, et étend son étude au cas d'une courbe gauche.

Maisano (*G.*). — Système complet des cinq premiers degrés de la forme ternaire biquadratique et des invariants, covariants et contrevariants du sixième degré. (198-237).

En représentant une forme ternaire de l'ordre n par le symbole

$$f = a_x^n = b_x^n = c_x^n = \ldots,$$

Clebsch a montré que toute formation invariante dérivée d'une forme ternaire de l'ordre n était une fonction entière rationnelle de forme du type

$$\mathrm{P} = a_x b_x c_x d_x \ldots (abu)(acu)\ldots(abc)(abd)(bcd)\ldots,$$

où l'on représente par $(abu)(abc)$ les déterminants

$$\Sigma \pm a_1 b_2 u_3, \quad \Sigma \pm a_1 b_2 c_3.$$

Le nombre des facteurs $a_x b_x c_x \ldots$ est l'*ordre* de la forme P : le nombre des facteurs $(abu)(acu)$ est sa *classe :* le nombre des symboles $a, b, c, \ldots$ est son *degré*. La somme de l'ordre et de la classe s'appelle le *rang*. Si le rang est nul, la forme P est un *invariant ;* c'est un *covariant* si la classe seule est nulle; un *contrevariant* si le degré seul est nul; enfin P est une *connexe* dans le cas général où ni l'ordre ni la classe ne sont nuls.

Un système de formes P d'un degré donné est dit complet, lorsque toutes les formes du même degré peuvent s'exprimer rationnellement et sous forme entière à l'aide des formes du système et de formes de degré inférieur.

Dans le présent Mémoire, l'auteur cherche les systèmes complets des cinq premiers degrés pour la forme ternaire biquadratique, ainsi que le système complet des invariants, covariants et contrevariants du sixième degré.

Un théorème donné par M. Gordan fournit une méthode pour passer d'un système complet du degré m à un autre de l'ordre $(m+1)$. L'auteur termine en donnant un grand nombre d'interprétations géométriques des fonctions invariantes qu'il a trouvées.

Grandi (*A.*). — Un théorème sur la représentation analytique des substitutions sur un nombre premier d'éléments. (238-244).

Cette Note se rattache à quelques théorèmes énoncés par M. Brioschi dans les *Rendiconti del R. Istituto Lombardo* en 1879.

Intrigila (*C.*) et *Laudiero* (*F.*). — Démonstration d'un théorème de Faure. (245-257).

Le lieu des centres des coniques qui touchent trois droites et passent par un point fixe est une conique.

Dina (*C.*). — Sur une courbe particulière tracée sur une surface en général. (298-310).

L'auteur envisage les courbes qui coupent sous un angle constant les courbes d'une famille. Par une extension de mot, il appelle *loxodromies* ces courbes.

Un cas intéressant, c'est celui où l'on considère les loxodromies par rapport à un système isotherme. Le ds^2 ayant alors la forme $\frac{du^2+dv^2}{\lambda^2}$, l'équation générale de ces loxodromies est de la forme

$$au + bv + c = 0,$$

où a, b, c sont des constantes. L'auteur introduit un élément, la courbure loxodromique, et en déduit plusieurs analogies avec les droites dans le plan. En prenant les loxodromies par rapport à des courbes isothermes, le seul cas où les loxodromies sont des géodésiques, c'est celui des surfaces à courbure constante : cela résulte immédiatement des recherches de M. Beltrami sur ces surfaces.

Piuma (*M.*). — Remarque sur l'équation $X^2 + Y^2 = Z^2$. (311-315).

Battaglini (*G.*). — Sur les connexes du second ordre et de la seconde classe en involution simple. (316-327).

Supposons que $\Phi_a = 0$, $\Phi_b = 0$ représentent deux courbes du second ordre, et que $\varphi_A = 0$, $\varphi_B = 0$ représentent deux courbes de la seconde classe; l'équation

$$\Phi_a \varphi_A + \Phi_b \varphi_B = 0$$

représente alors un connexe du second ordre et de la seconde classe, et l'auteur dit d'un tel connexe qu'il est en involution simple. Dans un connexe en involution simple, aux points du plan répondent des coniques tangentes à quatre droites fixes, et aux droites du plan répondent les coniques d'un faisceau. A toute conique du faisceau tangentiel se trouve aussi correspondre une conique du faisceau ponctuel et inversement. Mais on peut encore établir une correspondance homographique entre les coniques de ces deux faisceaux, en associant à chaque conique du faisceau tangentiel la conique du second faisceau circonscrite à un triangle conjugué par rapport à la première. De cette double correspondance résultent d'intéressantes propriétés.

Padelletti (*D.*). — Note sur la chaînette. (328-332).

On connaît l'utilité pour l'étude du polygone funiculaire du polygone construit avec les forces et dont les diagonales représentent les tensions. Dans le cas de l'équilibre d'un fil ayant la forme d'une courbe, le polygone de Varignon devient une courbe, la courbe des tensions. Dans le problème de la chaînette, la courbe des tensions est évidemment une verticale, et cette circonstance facilite beaucoup l'exposé des propriétés de cette courbe célèbre.

Volterra (*V.*). — Sur les principes du Calcul intégral. (333-372).

Riemann, on le sait, a ouvert une voie profonde aux géomètres dans son Mémoire *Sur la représentation d'une fonction par une série trigonométrique*. L'auteur s'est proposé de donner des exemples de fonctions dont la dérivée n'est pas apte à l'*intégration* au sens que Riemann a attaché à ce mot : il donne une démonstration du théorème de Riemann et l'applique à la démonstration de l'existence, dans certains cas, des intégrales des équations différentielles ordinaires.

Mallo (*A.*). — Sur un théorème d'électricité statique. (373-379).

Démonstration du théorème de Chasles sur la direction de la force dans l'attraction d'un ellipsoïde sur un point extérieur.

Amoroso (*N.*). — Un théorème de Mécanique. (380-384).

Pincherle (*S.*). — Sur une formule d'Analyse. (385-386).

Tome XX, 1882.

Padelletti (*D.*). — Exposition élémentaire des principes de la théorie des quaternions. (1-47).

Dans une courte introduction historique, l'auteur insiste avec raison sur l'emploi avantageux que les quaternions trouveraient dans l'énoncé des théorèmes généraux de la Mécanique. La méthode suivie par l'auteur diffère de celle que l'on rencontre dans les divers Traités s'occupant de cette matière. Les notions de *segment,* de *moment* et de *travail de deux segments* le conduisent très simplement, à l'aide d'éléments déjà connus, à la notion de *quaternions.* Voici d'ailleurs les titres des paragraphes :

Segments et vecteurs. — Addition et soustraction des vecteurs. — Moment. — Multiplication des segments. — Quaternions. — Addition et multiplication des quaternions. — Division des quaternions et des vecteurs. — Biradiale. — Interprétation géométrique. — Différentiation des quaternions et de leurs fonctions. — Résumé des symboles. — Exercices.

Cazzaniga (*P.*). — Exposé élémentaire du calcul des symboles d'opérations. (48-78).

La distributivité, l'associativité, la commutativité sont les propriétés qui servent de base à la théorie des opérations arithmétiques et algébriques : elles suffisent pour légitimer les formules et les transformations qu'on leur fait subir. De là la possibilité d'étendre ces formules et ces transformations à des symboles d'opérations possédant les mêmes propriétés fondamentales que les opérations algébriques. Ce point de vue élevé est comme le couronnement de tout l'édifice algébrique. Lorgna, Arbogast, Français, Labatto, Cauchy, etc., ont concouru à développer ce genre de calcul, et cependant ce n'est presque qu'en Angleterre qu'il se trouve en honneur. Dans l'exposé élémentaire que donne l'auteur, on rencontrera des applications intéressantes, notamment à la théorie des équations différentielles linéaires et à certaines équations aux différences finies : plusieurs de ces applications se rattachent à de curieuses recherches publiées par M. Casorati dans les *Lincei* et dans les *Annali di Matematica* (¹).

(¹) Voir *Bulletin,* VI_2, p. 106.

Peano (*G.*). — Formations invariantes des correspondances. (79-100).

Égalée à zéro, une forme binaire à deux séries de variables représente un correspondance entre deux éléments géométriques. L'auteur se propose de former les invariants fondamentaux de ces correspondances et résout complètement le problème pour les correspondances (1, 1), (1, 2) et (2, 2), où (m, μ) représente généralement une correspondance dont l'équation est respectivement des degrés m et μ par rapport à chaque série de variables.

Berardinis (*G. de*). — Sur le nivellement géométrique. (101-142).

Cassani (*P.*). — Les nouveaux fondements de la Géométrie. (143-166).

L'auteur reprend une question qu'il a traitée au t. XV du même Recueil.

Janni (*V.*). — Sur le théorème de Sturm. (166-167).

Gautero (*G.*). — Du mouvement d'une surface qui en touche constamment une autre fixe. (168-194).

L'auteur parvient à plusieurs résultats nouveaux qui rectifient quelques formules contenues dans le *Traité de Cinématique* de M. Resal. Ce travail a principalement pour objet le cas où les surfaces sont réglées et non développables.

Battaglini (*G.*). — Sur les connexes ternaires du premier ordre et de la première classe. (230-248).

Discussion des connexes du premier ordre et de la première classe.

Marsano (*G.*). — Sur le nombre des combinaisons trois à trois des entiers successifs 1, 2, 3, ..., B, ayant chacune une somme non supérieure à C. (249-269).

Suite d'un travail inséré au Tome précédent.

Tognoli (*O.*). — Sur la théorie de l'involution. (270-286).

L'auteur considère le système des points suivant lesquels une courbe de l'ordre n est coupée par des courbes d'ordre n' formant un faisceau : ce système de points forme sur la courbe une involution. En reliant projectivement deux faisceaux de courbes, on relie par le fait même projectivement les deux involutions que ces deux faisceaux déterminent soit sur une même courbe d'ordre n, soit sur deux courbes distinctes d'ordre n et n_1. On peut conclure de là, par exemple, que les propriétés involutives sont les mêmes sur deux courbes que l'on peut relier point par point d'une façon univoque. L'auteur en tire une demonstration de la conservation du genre : mais sa démonstration repose sur une formule qui, pour être rendue rigoureuse, exige que l'on ne se borne pas au cas où les singularités de la courbe sont des points doubles ou de rebroussement. L'auteur donne plusieurs applications qu'il étend à l'étude des courbes gauches, des surfaces et de leurs représentations.

Bianchi (*L.*). — Sur les surfaces à courbure constante positive. (287-292).

Les tangentes aux géodésiques, qui forment sur une surface S une famille, constituent une congruence de normales à une surface; la seconde surface focale de cette congruence est une surface S' que l'auteur appelle *complémentaire de la surface* S : à toute famille de géodésiques tracée sur la surface S répond ainsi une surface S' complémentaire à la surface S. Dans le t. XVII du même Recueil, l'auteur a introduit cette notion dans l'étude des surfaces hélicoïdales : au t. XVI des *Math. Ann.*, il s'est occupé des surfaces à courbure constante négative. Dans le cas où la courbure est constante et positive, les surfaces complémentaires sont applicables sur une surface de révolution, qui a pour méridien le profil de l'hélicoïde développable. Les profils méridiens d'hélicoïdes développables de même pas engendrent, par rotation autour de l'axe, des surfaces applicables les unes sur les autres.

Pour donner au moins un exemple de ces surfaces complémentaires, l'auteur part de la surface générale de révolution et à courbure constante positive. Il obtient ainsi une surface dont les coordonnées rectangulaires s'expriment à l'aide des fonctions elliptiques de seconde espèce. L'auteur termine en remarquant que l'on obtient une classe de surfaces applicables sur la surface de révolution dont le méridien est une tractrice accourcie, si l'on change R en Ri dans les formules relatives aux surfaces de courbure constante $\frac{1}{R^2}$.

Capelli (*A.*). — Sur le nombre des covariants de degré donné pour des formes d'espèce quelconque. (293-300).

Crocchi (*L.*). — Sur la correspondance entre les coefficients d'une équation algébrique et les fonctions symétriques complètes. (301-320).

Certo (*L.*). — L'espace des homologies affines d'un plan, en relation avec l'espace des coniques du même plan. (321-345).

On sait qu'une homologie est dite *affine* lorsque son pôle est à l'infini. L lieu du point des hauteurs d'un triangle dont deux sommets sont fixes sur une conique C, tandis que le troisième sommet décrit cette courbe, est une conique C qui est en homologie affine avec C. Ce théorème est la base d'une correspondance entre les coniques du plan et les diverses affinités que l'on peut considérer dans ce plan.

Angelitti (*P.*). — Sur l'attraction suivant une puissance entière quelconque de la distance. (346).

L'auteur étudie l'action de figures planes sur point attiré suivant une puissance entière de la distance par chacun des points de la figure. Dans le cas de l'attraction par les points d'une droite suivant la loi $\frac{1}{r^n}$, on trouve que la loi d'attraction est $\frac{1}{\rho^{n-1}}$, où ρ est la distance du point à la droite. L'auteur étudie encore le cas d'un arc de cercle, d'un arc de parabole, d'ellipse.

Passant ensuite au cas de l'espace, l'auteur considère le plan et l'action sur un point de leur axe d'une surface ou d'un solide de révolution.

Ce volume contient l'index général de la collection du t. XI inclus au t. XX inclus.

Tome XXI; 1883.

Pizetti (P.). — Sur la courbe d'alignement. (1-15).

Besso (D.). — Questions 39, 40, 41, 42. (15-16).

Retali (V.). — Sur des systèmes de points en ligne droite. (16-19).

Pittarelli (G.). — Les coniques et les formes binaires quadratiques et cubiques. (19-49).

Les coordonnées d'un point (ou d'une tangente) d'une conique peuvent se représenter par trois formes quadratiques binaires, contenant les mêmes variables. Les formations invariantes ou covariantes de ces trois formes simultanées correspondent aux formations invariantes et covariantes de la conique. On peut représenter une forme binaire quelconque d'ordre n par un polygone inscrit (ou circonscrit) à la conique. Il en résulte, en particulier, que toute forme quadratique binaire peut se représenter par un point (ou une droite) du plan de la conique. Les propriétés du plan d'une conique se trouvent ainsi correspondre aux propriétés invariantes des formes binaires [1].

Battaglini (G.). — Sur les formes ternaires bilinéaires. (50-67).

L'objet de cette Note est la représentation géométrique de ces formes. Elles ne représentent rien autre qu'une relation projective entre les droites d'un plan et les points d'un autre plan.

Angelitti (F.). — Sur le potentiel et l'attraction d'un anneau et d'une plaque circulaire subtile et homogène sur un point de

[1] On trouvera le principe de cette représentation du plan dans l'Ouvrage *Sur une classe remarquable de courbes et de surfaces*, par M. G. Darboux, p. 183 et suivantes.

son plan, suivant une puissance entière quelconque de la distance. (68-91).

M. Townsend a résolu déjà un problème analogue en se servant d'une formule due à M. Jelett. Cette formule est encore avantageuse dans les cas traités par l'auteur : il parvient à des relations simples entre les attractions des anneaux ou des plaques lorsque l'on donne diverses valeurs à l'exposant entier qui figure dans la loi élémentaire d'attraction.

Razzaboni (*A.*). — Sur quelques surfaces gauches applicables. (92-109).

Soient A, B, C, A_1, B_1, C_1 six angles constants liés par les équations

$$\cos^2 A + \cos^2 B + \cos^2 C = 1,$$
$$\cos^2 A_1 + \cos^2 B_1 + \cos^2 C_1 = 1;$$

soient encore C et C_1 deux courbes gauches et $\frac{1}{R}, \frac{1}{T}, \frac{1}{R_1}, \frac{1}{T_1}$ leurs courbures. Supposons que ces deux courbes vérifient les relations

$$\frac{\cos B}{\cos B_1} = \frac{R}{R_1},$$
$$\left(\frac{\cos A}{R} + \frac{\cos C}{T}\right)^2 + \frac{\cos^2 B}{T^2} = \left(\frac{\cos A}{R_1} + \frac{\cos C_1}{T_1}\right)^2 + \frac{\cos^2 B_1}{T_1^2};$$

par chaque point M de la courbe C menons alors une droite D faisant avec la tangente, la normale principale et la binormale les angles A, B, C; cette droite engendrera une surface réglée Σ; d'une façon analogue, une droite D_1 menée par un point M_1 de la courbe C_1 et faisant avec sa tangente, sa normale principale et sa binormale les angles constants A_1, B_1, C_1 engendrera une seconde surface Σ_1. *Les deux surfaces réglées Σ et Σ_1 sont applicables.*

Ce théorème intéressant est la source de plusieurs propositions dont certaines avaient été déjà données par MM. Dini et Bianchi.

L'auteur étend ensuite ses recherches au cas où, au lieu d'une ligne droite, on fait mouvoir une courbe plane. Mais il se borne au cas où la courbe directrice est une hélice circulaire, et la surface engendrée est un hélicoïde.

Amanzio (*D.*). — De quelques transformations du symbole d'opération $V\frac{d}{dx}\,U\frac{d}{dx}\cdots Z\frac{d}{dx}\,Y\frac{d}{dx}\,X\frac{d}{dx}$, et propriétés de quelques déterminants qui dérivent de cette transformation. (110-144).

Pittarelli (*G.*). — Le limaçon de Pascal. (145-168; 173-213).

L'auteur s'occupe d'abord d'exprimer rationnellement à l'aide d'un paramètre les coordonnées rectangulaires d'un point de la courbe : il exprime à l'aide des paramètres de deux points de la courbe les coordonnées de la corde déterminée par ces points; de là, il passe à la tangente en un point. Il définit ensuite le limaçon comme enveloppe de cercles, et arrive ainsi à trouver ses foyers. Il étudie l'intersection avec un cercle, une droite, et donne les formules de quadrature et de rectificatioh.

Dans un second travail, l'auteur considère une courbe de la troisième classe et du sixième ordre, qui n'est autre que l'enveloppe des droites coupées harmoniquement par le limaçon. Il étudie la génération de cette courbe, ses invariants, et exprime ses coordonnées en fonctions elliptiques d'un paramètre.

Presuti (*E.*). — Propriété de quelques triangles. (169-172).

L'auteur étudie les lieux des sommets des triangles dont la base BC est fixe, et où l'on a entre les angles une des trois relations

$$\begin{aligned} A &= 2C \text{ (cubique circulaire à point double)},\\ B &= 2C \text{ (hyperbole)},\\ C &= 2A \text{ (limaçon de Pascal)}. \end{aligned}$$

Ianni (*V.*). — Sur une formule d'Aronhold. (213-216).

Il s'agit de l'expression de la racine d'une équation du quatrième degré à l'aide de la somme de trois radicaux carrés.

Laudiero (*F.*). — Sur l'homologie de deux coniques situées dans un même plan. (217-221).

Bianchi (*L.*). — Sur les courbes à double courbure. (222-233).

« Déduire, à l'aide de simples quadratures, d'une courbe à double courbure une infinité d'autres courbes correspondant point par point à la courbe donnée, de sorte que les arcs correspondants et la torsion dans les points correspondants soient égaux, tandis que les rayons de première courbure varient suivant une loi déterminée. »

La solution de ce problème est contenue dans une transformation due à Sophus Lie, et par laquelle ce géomètre a appris à déduire d'une courbe à torsion constante une infinité d'autres courbes ayant la même torsion constante.

L'auteur remarque d'ailleurs, d'après la forme même des équations de Serret, que la même méthode permettrait de conserver la premiére courbure et de faire varier la torsion; tel serait le cas, par exemple, s'il s'agissait de trouver une développable dont l'arête de rebroussement dût prendre une forme donnée par le développement sur le plan.

Dina (*C.*). — Théorie des congruences bimodulaires. (234-269).

Nicomedi (*Rubino*). — Sur les surfaces gauches du troisième degré. (270-274).

Bianchi (*L.*). — Sur quelques classes de systèmes triples circulaires de surfaces orthogonales. (275-292).

M. Ribaucour a démontré que, si un système doublement infini de courbes planes admet une série de surfaces orthogonales, la même propriété subsiste pour le système obtenu en déformant la surface enveloppe des plans de ces courbes, pourvu que l'on suppose les courbes invariablement liées à la surface enveloppe. L'auteur démontre d'abord ce théorème, et considère le cas particulier où les courbes sont des cercles. Lorsque le centre du cercle est au point de contact de la surface enveloppe avec le plan qui le contient, il faut et il suffit pour la condition d'orthogonalité :

1° Que tous ces cercles aient le même rayon R;

2° Que la surface enveloppe ait une courbure négative constante $-\frac{1}{R^2}$.

Si l'on déplace alors le point de contact sur la surface enveloppe suivant les deux systèmes de lignes de courbure, on obtient deux familles de surfaces Σ_1, Σ_2 qui, avec la famille de surfaces Σ orthogonales aux cercles considérés forment un système de trois familles orthogonales. On remarquera que deux de ces familles sont engendrées par le déplacement d'un cercle de rayon constant. Toutes les surfaces du système Σ ont la même courbure constante négative $-\frac{1}{R^2}$.

Des surfaces de révolution et hélicoïdales ayant pour profil la tractrice, l'auteur déduit effectivement des systèmes triples orthogonaux. Il généralise ensuite ses résultats et arrive à un système triple composé de sphères dont les centres sont en ligne droite, d'un système de surfaces à lignes de courbures planes et sphériques, et enfin d'un système de surfaces à lignes de courbure circulaire. Il parvient également à un système formé de plans, de surfaces moulures et de surfaces canaux.

Battaglini (*G.*). — Sur les formes quaternaires bilinéaires. (293-322).

Interprétation géométrique, comme précédemment pour les formes ternaires.

Intrigila (*C.*). — Sur les polygones inscrits et circonscrits simultanément à deux cercles. (323-335).

Bonolis (*A.*). — Sur une manière nouvelle et simple de développer les déterminants de degré quelconque et son application à la recherche du résultant de deux équations quelconques. (336-342).

Capelli (*A.*). — Quelques formules numériques en relation avec la théorie de l'opération de la polaire. (343-354).

Segré (*C.*). — Sur une transformation irrationnelle de l'espace et son application à l'étude du complexe quadratique de Battaglini, et d'un complexe linéaire de coniques inscrites dans un tétraèdre. (355-378).

En adjoignant à un trièdre trirectangle le plan de l'infini, les deux espèces de symétrie par rapport au trièdre prennent une signification projective très simple : symétrie par rapport à un couple d'arêtes opposées d'un tétraèdre, symétrie par rapport aux systèmes des faces et des sommets opposés.

Si, à un point quelconque, on adjoint ses symétriques des deux genres par rapport à un tétraèdre T, pris pour tétraèdre de référence, on obtient en tout huit points, dont les coordonnées sont les mêmes aux signes prés. A une droite il en correspond sept autres qui sont situées avec elle sur une même quadrique, conjuguée par rapport au tétraèdre.

Les seuls complexes quadratiques entièrement symétriques par rapport à un tétraèdre sont le complexe tétraédral et le complexe de Battaglini, qui ne contient que les carrés des six coordonnées de la ligne droite, lorsque la forme fondamentale est réduite à la somme de trois rectangles.

En posant $x'_i = x_i^2$, on fait correspondre à tout point (x') d'un espace S' le système des huit points $(\pm x)$ de l'espace S. Cette transformation irrationnelle fournit a l'auteur une méthode élégante pour l'étude du complexe de Battaglini.

Après avoir étudié cette transformation, qui fait correspondre à un plan la surface de Steiner, l'auteur fait voir qu'à une droite répond une conique inscrite dans le tétraèdre de référence, et qu'un complexe quadratique de droites est représenté par un complexe linéaire de ces coniques. L'auteur développe plusieurs conséquences de ces diverses correspondances.

Levi (*D.*). — Quelques propriétés des surfaces de révolution ayant pour méridien une lemniscate. (379-380).

Tome XXII; 1884.

Loria (*G.*). — Sur la correspondance projective entre deux plans et entre deux espaces. (1-16).

Discussion et classification des divers cas qui peuvent se présenter, que les espaces soient superposés ou non.

Piuma (*M.*). — Solution d'un problème proposé par M. Lucas. (17-28).

Segré (*C.*). — Théorème sur les relations entre un couple de formes bilinéaires et le couple de leurs formes réciproques. (29-32).

Cesaro (*E.*). — Sur certaines fonctions isobariques homogènes. (33-43; 166).

Étant données des quantités $c_1, c_2, \ldots, c_n$ en nombre quelconque, on forme la somme

$$S_p(n) = \Sigma c_{r_1} c_{x_2} \ldots c_{x_n},$$

où l'on aura

$$x_1 + x_2 + \ldots + x_n = p.$$

La quantité $S_p(n)$ est formée de termes de même *degre n* et de même *poids p*. L'auteur étudie ces fonctions et établit entre elles des relations de récurrence. Il montre comment ces fonctions peuvent servir dans l'étude des fonctions symétriques.

Cesàro (*E.*). — Ellipse ou hyperbole. (44-46).

Quelle est la probabilité pour que l'équation du second degré représente une ellipse ou une hyperbole? L'auteur ramène cette recherche à celle du rapport de deux volumes. Si l'on prend l'ensemble des termes du second degré sous la forme $Ax^2 + mBxy + Cy^2$, l'auteur arrive à ce résultat singulier que la probabilité dépend du nombre m; il trouve en effet

$$P = \frac{1}{72}\left(36 + 5m^2 - 6m^2 \log \frac{m}{2}\right), \qquad \text{pour } m < 2,$$

et

$$P = 1 - \frac{4}{9m}, \qquad \text{pour } m > 2.$$

Cesàro (*E.*). — Quelques propriétés des groupes plusieurs fois transitifs. (47-49).

Zanotti-Bianco (*O.*). — Propriétés curieuses de quelques nombres. (50).

Cassani (*P.*). — Recherches sur les surfaces du troisième ordre. (51-61).

Ce Mémoire fait suite à un travail précédent présenté par l'auteur à l'Institut vénitien en 1871, intitulé : *Recherches sur l'involution quadratique*.

Si autour d'un point fixe A on fait tourner une droite sur laquelle on marque les points doubles de l'involution que détermine sur elle un faisceau de quadriques, le lieu de ces points doubles est une surface cubique.

Pincherle (*S.*). — Sur une généralisation de la dérivation dans les fonctions analytiques. (62-74).

L'auteur considère la série

$$a_0A_0 + a_1A_1x + a_2A_2x^2 + \ldots = A(x),$$

où

$$a_n < M\rho^n, \quad A_n < M'R^n,$$

les quantités A étant des nombres entiers. Cette série est convergente dans un cercle de rayon $\frac{1}{R\rho}$. Il forme ensuite la série

$$DA(x) = a_0A_1 + a_1A_2x + a_2A_3x^2 + \ldots,$$

qui est aussi convergente dans le même cercle. L'opération représentée par le symbole D peut être évidemment répétée plusieurs fois de suite, elle est distributive et jouit de plusieurs des propriétés de la dérivation.

L'auteur en donne plusieurs applications.

Re (*A. del*). — Obliques et cercles osculateurs aux coniques. (75-117).

Pirondini (*G.*). — Sur les surfaces à lignes de courbure planes dans un système. (118-129).

Utilisant un théorème de Joachimsthal et un autre de M. Dini, l'auteur détermine d'abord par un calcul élégant les équations qui représentent les surfaces dont les lignes de courbure d'un système sont dans des plans menés par une droite fixe. Après avoir fait une étude préalable de ces surfaces, l'auteur remarque que toute surface dont les lignes de courbure sont planes peut être considérée comme l'enveloppe d'une série de surfaces de la première catégorie, ces surfaces ayant pour axes les génératrices de la développable enveloppe des plans qui contiennent les lignes de courbure de la surface générale considérée. De là une génération des surfaces à lignes de courbures planes dans un système. L'auteur traite plusieurs cas particuliers.

Brioschi (*F.*). — Sur les propriétés d'une forme biquadratique. (130-132).

L'auteur étudie les conditions sous lesquelles les racines y d'une équation du quatrième degré seraient exprimables à l'aide des racines x d'une équation du même degré, par la formule

$$y = \frac{\alpha x^2 + \beta}{\gamma x^2 + \delta},$$

où α, β, γ, δ sont des constantes.

Bettazzi (*R.*). — Sur les concepts de dérivation et d'intégration des fonctions de plusieurs variables réelles. (133-166).

Bastia (*C.-M.*). — Du mouvement d'un point attiré par un centre fixe proportionnellement à la distance, considéré comme un mouvement troublé. (167-190).

Cesàro (*E.*). — Remarques sur les fonctions holomorphes. (191-200).

L'expression générale d'une fonction holomorphe du genre ω est, comme on sait,

$$\left[f(z) = e^{G(z)}\prod\left(1 - \frac{z}{a_n}\right)e^{Q_\omega\left(\frac{z}{a_n}\right)}\right],$$

où l'on pose

$$Q_\omega(z) = \frac{z}{1} + \frac{z^2}{2} + \ldots + \frac{z^\omega}{\omega}.$$

L'auteur suppose que la fonction holomorphe $G(z)$ se réduit à une constante, et que tous les zéros de $f(z)$ ont le même argument. Alors tous les zéros de $f'(z)$ ont aussi le même argument que ceux de $f(z)$ et séparent ces zéros, comme le théorème de Rolle l'indique dans le cas des polynômes. Il en résulte que $f'(z)$ est aussi du genre ω, ce qui constitue une belle généralisation d'un théorème dû à M. Laguerre.

Giuliani (*G.*). — Sur la démonstration d'une formule d'Analyse. (201-206).

L'auteur critique la démonstration donnée par Heine dans le *Handbuch der Kugelfunctionen* de la formule

$$[(x-a)^2 + t^2 - rts\cos\omega + s^2]^{-\frac{1}{2}} = \sum_0^\infty \varepsilon_n \cos n\omega \int_0^\infty e^{\mp(x-a)\lambda} I_n(\lambda t) I_n(\lambda s)\, d\lambda.$$

Borletti (*F.*). — Aire des surfaces courbes. (207-210).

Bassani (*A.*). — Sur un problème d'analyse infinitésimale des courbes planes. (211-216).

Retali (*V.*). — Sur une propriété focale de la parabole (217-220).

Re (*A. del*). — La quadrique des douze points et la quadrique des douze plans. (221-235).

Giuliani (*G.*). — Sur la fonction $P^n(\cos\gamma)$ pour n infini (236-239).

Cesàro (*E.*). — Étude de transversales. (240-242).

Vivanti (*G.*). — Quelques théorèmes sur les fonctions entières. (243-261).

Ces recherches ont trait à la théorie des facteurs primaires et à la généralisation de plusieurs résultats de M. Laguerre, qui ont fait l'objet d'un Mémoire de M. Cesàro, déjà analysé. Malheureusement les démonstrations de l'auteur ne sont pas à l'abri de tout reproche, ainsi qu'il le dit lui-même dans une note placée à la fin du Volume.

Schrœter (*E.*). — Théorèmes relatifs aux coniques inscrites, circonscrites et conjuguées. (262-271).

en général purement numériques, j'ai cru pouvoir me dispenser d'en donner les solutions.

L'exposé qui précède montre suffisamment que cette publication ne fait pas double emploi avec celles du même genre qui ont paru précédemment.

Table des matières.

10626. Paris. — Imprimerie de GAUTHIER-VILLARS, quai des Augustins, 55

TABLE DES MATIÈRES.

SEPTEMBRE 1886.

Comptes rendus et analyses.

Mélanges.

Revue des publications.

ERRATA.

Page 167, ligne 17, dans l'expression de A_1, *au lieu de* $-k_2 k_3 \lambda_{23}$ *lisez* $+k_2 k_3 \lambda_{23}$.

Paris. — Imprimerie de GAUTHIER-VILLARS, quai des Augustins, 55.

Le Gérant : GAUTHIER-VILLARS.

Pirondini (*G.*). — Sur les lignes de courbure et sur les surfaces qui ont une développée commune. (272-303).

Entre autres résultats intéressants obtenus par l'auteur, citons d'abord le suivant : *Si le plan osculateur d'une ligne de courbure coupe la surface sous un angle qui est une fonction linéaire $as + b$ de l'arc s de cette ligne, la torsion de cette ligne est constante et égale à a.* En faisant $a = 0$, on retrouve un théorème bien connu de Joachimsthal. Il étudie les surfaces développantes d'une surface réglée dont la ligne de striction est orthogonale aux génératrices, cette ligne ayant une torsion constante; d'une surface de révolution.

Il détermine ensuite toutes les surfaces dont les normalies développables d'un système sont toutes égales entre elles, et toutes les surfaces qui ont pour développées un hélicoïde donné. Le Mémoire se termine par d'intéressantes applications et notamment par la solution de ce probléme :

« Trouver toutes les courbes qui, en décrivant un hélicoïde autour d'un axe donné, sont des géodésiques sur cette surface. »

Nicola Trudi. — (304-307).

Notice nécrologique.

Tognoli (*O.*). — Les fonctions algébriques étudiées géométriquement. (308-332).

Bianchi (*L.*). — Sur les systèmes triples cycliques de surfaces orthogonales. (333-373).

Dans ce travail, qui fait suite à un Mémoire précédemment analysé, l'auteur aborde la théorie générale des systèmes triples cycliques de surfaces orthogonales, c'est-à-dire qui contiennent un (et par suite deux) systèmes de surfaces à lignes de courbure circulaires.

Aprés avoir démontré les principaux résultats dus à M. Ribaucour, l'auteur applique ses formules au cas des surfaces qui dérivent de la déformation des surfaces de révolution. Il démontre que, si l'on connaît sur une de ces surfaces les lignes de courbure, on peut, par des quadratures, en déduire un système triple cyclique orthogonal, dont fait partie la surface et qui contient une constante arbitraire.

En faisant correspondre à chaque cercle la droite qui perce normalement son plan en son centre, les propriétés des cercles d'un système ∞^2 admettant des trajectoires orthogonales, se transforment en propriétés d'une congruence de rayons. On peut alors renverser le probléme et, partant d'une telle congruence supposée connue *a priori*, essayer de remonter au système de cercles : le problème dépend d'une équation aux dérivées partielles du premier ordre linéaire, contenant une fonction inconnue et deux variables indépendantes.

L'auteur termine en étudiant le cas où un système de sphères fait partie du système triple.

Bianchi (*L.*). — Sur une propriété caractéristique des surfaces minima. (374-377).

M. Bonnet a démontré que l'on peut déformer une surface minimum, de sorte que ses lignes asymptotiques deviennent les lignes de courbure de la transformée et inversement. L'auteur démontre en outre que, dans cette transformation, la première et la deuxième courbure d'une géodésique quelconque se transforment dans la deuxième et la première courbure de la géodésique transformée.

Vivanti (*G.*). — Rectification à la Note « Quelques théorèmes sur les fonctions entières ». (378-380). G. K.

THE MESSENGER OF MATHEMATICS, edited by W.-Allen WHITWORTH, C. TAYLOR, W.-J. LEWIS, R. PENDLEBURY, J.-W.-L. GLAISHER. London and Cambridge, Macmillan and C° ([1]).

Tome VIII; 1878-1879.

Sylvester (*J.-J.*). — Sur une règle pour abréger le calcul du nombre des invariants et covariants de degré et de poids donnés d'une forme binaire de degré donné. (1-8).

Soit i le degré d'une forme binaire, le nombre des invariants ou covariants de la forme d'ordre j et de poids w par rapport aux coefficients est

$$(w:i,j)-(w-1:i,j),$$

où en général $(x:i,j)$ désigne le nombre des décompositions de x en i nombres dont aucun ne dépasse j. L'objet de cette Note est de montrer comment on peut calculer cette différence sans calculer chacun des deux termes séparément.

Russell (*W.-H.-L.*). — Sur l'apparition des transcendantes d'ordre supérieur dans certains problèmes de Mécanique. (8-11).

Continuation de recherches commencées dans le précédent Volume. L'auteur s'occupe du problème suivant :

« Déterminer le mouvement d'un cylindre d'axe horizontal placé sur un plan incliné, autour duquel s'enroule un fil dont l'autre extrémité est fixe. » On est conduit à des intégrales hyperelliptiques.

Leudeslorf (*C.*). — Note sur un théorème de Cinématique. (11-12).

([1]) Voir *Bulletin*, t. II_2, p. 73.

Tanner (H.-W.-Lloyd). — Note d'Arithmétique. (13-17).

Mansion (Paul). — Démonstration élémentaire du théorème de Taylor pour les fonctions d'une variable imaginaire. (17-20).

La démonstration est absolument identique à celle que l'on donne pour les variables réelles et qui se déduit de la formule

$$F(Z) - F(Z_0) = \int_{Z_0}^{Z} F'(z)\,dz.$$

Glaisher (J.-W.-L.). — Sur un point particulier dans l'intégration des équations différentielles au moyen de séries. (20-23).

Darwin (G.-H.). — Note sur la théorie de Thomson des marées d'une sphère élastique. (23-26).

Glaisher (J.-W.-L.). — Une énumération de *prime-pairs*. (28-33).

L'auteur appelle ainsi un couple de nombres premiers séparés seulement par un nombre entier, comme 11 et 13, 17 et 19, etc. Un tableau donne le nombre des *prime-pairs* contenus dans chaque chiliade, jusqu'à 10000000.

Scott (R.-F.). — Quelques théorèmes sur les déterminants. (33-37).

Lucas (Édouard). — Sur les relations entre les angles de cinq cercles dans le plan et de six sphères dans l'espace. (37-42).

Soient r, r' les rayons de deux cercles et d la distance des centres; l'auteur définit la puissance mutuelle A des deux cercles par la formule

$$2rr'A = r^2 + r'^2 - d^2.$$

Entre les puissances mutuelles de cinq cercles dans un même plan pris deux à deux, il existe une relation qui s'écrit très simplement sous forme de déterminant. Si l'on suppose que quelques-uns de ces cercles se réduisent à des points ou à des lignes droites, cette relation se prête à une foule d'applications intéressantes.

Notes de Mathématiques. — (42-52, 81-84, 122-131).

Kempe (A.-B.). Un théorème de Cinématique. — *Hicks (W.-M.).* Mouvement d'un fluide dans un cylindre semicirculaire animé d'un mouvement de rotation. — *Glaisher (J.-W.-L.).* Sur la caustique par réfraction d'un cercle pour des rayons parallèles. — Une identité algébrique. — Sur certaines sommes de carrés. — *Lewis (T.-C.).* Les centres de pression. — *Cayley (A.).* Sur la déformation d'un hyperboloïde.

Lucas (*Édouard*). Sur une longue suite de nombres composés. — *Greenhill*. Équation intrinsèque de la courbe élastique. — *Whitworth* (*W. Allen*). Un théorème de combinaisons. — *Glaisher* (*J.-W.-L.*). Généralisation d'un théorème du professeur Cayley sur les partitions.

Mannheim (*A.*). Démonstration géométrique d'un théorème connu sur les surfaces. — *Torry* (*A.-F.*). Sur les triangles conjugués par rapport à la parabole. — *Sharpe* (*J.-W.*). Note sur le centre de gravité d'un tronc de pyramide. — *Cayley* (*A.*). Une formule de Gauss pour le calcul de log 2 et de quelques autres logarithmes. — Note sur une intégrale définie. — Sur une formule des fonctions elliptiques. — *Glaisher* (*J.-W.-L.*). Somme d'une série. — *Whitworth* (*W. Allen*). Note sur *Le choix et la chance*. — *Pendlebury* (*R.*). Théorème sur un système de coniques. — *Kempe* (*A.-B.*). Note sur un théorème de Cinématique. — *Walton* (*W.*). Note sur une inégalité.

Glaisher (*J.-W.-L.*). — Sur une classe d'identités algébriques. (53-56).

Il s'agit d'un théorème de Cauchy relatif à la divisibilité de

$$(x+y)^n+(-x)^n+(-y)^n$$

par x^2+xy+y^2 et par $xy(x+y)$, suivant la forme de n.

Tanner (*H.-W.-Lloyd*). — Un théorème relatif aux pfaffiens. (56-60).

Cayley (*A.*). — Formules nouvelles pour l'intégration de l'équation

$$\frac{dx}{\sqrt{X}}+\frac{dy}{\sqrt{Y}}=0,$$

(60-62).

Glaisher (*J.-W.-L.*). — Note sur certains théorèmes relatifs à des intégrales définies. (63-74).

Niven (*C.*). — Sur un cas particulier du mouvement vibratoire. (75-80).

Lewis (*T.-C.*). — Sur la théorie électrodynamique d'Ampère. (84-87).

Greenhill (*A.-G.*). — Mouvement d'un fluide dans un cylindre demi-circulaire animé d'un mouvement de rotation. (89-105).

Whitworth (*W.-Allen*). — Arrangements de m objets d'une espèce et de n objets d'une autre espèce, sous certaines conditions de priorité. (105-114).

Lewis (*T.-C.*). — Sur les centres de pression, les métacentres, etc. (114-118).

Muir (*Thomas*). — Le théorème de Cauchy sur la divisibilité de

$$(x+y)^n+(-x)^n+(-y)^n,$$

(119-120).

Glaisher (*J.-W.-L.*). — Note sur le théorème précédent. (121).

Scott (*R.-F.*). — Sur certaines formes symétriques de déterminants (131-138, 145-150).

On trouvera dans cet article un grand nombre d'exemples, pouvant donner lieu à des exercices élémentaires.

Robert (*Samuel*). — Note sur certains déterminants liés à des expressions algébriques ayant la même forme que leurs diviseurs. (138-140).

Glaisher (*J.-W.-L.*). — Théorèmes d'Algèbre. (140-144).

Greenhill (*A.-G.*). — Solution d'un problème de Mécanique. (151-155).

Il s'agit du mouvement d'un anneau sur une circonférence qui tourne d'un mouvement uniforme autour d'un axe vertical passant par son centre et qui fait un angle constant avec le plan de cette circonférence.

Scott (*R.-F.*). — Note sur un théorème de M. Cayley. (155-157).

Glaisher (*J.-W.-L.*). — Sur une classe de déterminants, avec une Note sur les partitions. (158-167).

Hopkinson (*J.*). — Sur les pressions causées dans un solide élastique par les différences de température. (168-174).

Thomson (*J.-J.*). — Mouvement tourbillonnaire dans un fluide visqueux incompressible. (174-181).

Scott (*R.-F.*). — Note sur les déterminants. (182-187).

Sylvester (*J.-J.*). — Sur les continuants. (187-189).

Cayley (*A.*). — Équation de la surface de l'onde en coordonnées elliptiques. (190-191).

Tome IX; 1879-1880.

Lewis (*T.-C.*). — Sur la cylindroïde. (1-5).

Webb (*R.-R.*). — Sur un certain système d'équations différentielles simultanées. (6-9).

Intégration directe du système d'équations différentielles auxquelles on est conduit en recherchant les courbes gauches pour lesquelles les rayons de courbure et de torsion sont les mêmes en tous les points.

Sharpe (*J.-W.*). — Note sur une méthode en coordonnées aréolaires, qui est liée avec la méthode géométrique des projections orthogonales. (10-23).

La même équation, quand on change le triangle de référence, représente des courbes différentes qui se déduisent de l'une d'elles par projection orthogonale. L'auteur applique cette remarque à un certain nombre de problèmes relatifs aux sections coniques.

Cayley (*A.*). — Sur une liaison entre certaines formules de la théorie des fonctions elliptiques. (23-25).

L'illustre géomètre montre comment de la formule de Jacobi

$$\int_0^u \frac{k^2 \operatorname{sn} a \operatorname{cn} a \operatorname{dn} a \operatorname{sn}^2 u \, du}{1 - k^2 \operatorname{sn}^2 a \operatorname{sn}^2 u} = u \frac{\Theta'(a)}{\Theta(a)} + \frac{1}{2} \log \frac{\Theta(u-a)}{\Theta(u+a)},$$

on peut déduire le théorème d'addition pour la fonction sn u.

Pendelebury (*R.*). — Notes d'Optique. (26-30).

Mansion (*Paul*). — Sur certains déterminants. (30-32).

Taylor (*C.*). — Le cône scalène. (33-34).

Greenhill (*A.-H.*). — Mouvement d'un fluide dans un rectangle formé par deux arcs de cercle concentriques et deux rayons, animé d'un mouvement de rotation. (35-39).

Russell (*W.-H.-L.*). — Note sur l'intégration des transcendantes qui se présentent dans certains problèmes de Mécanique. (40-42).

Notes de Mathématiques. (42-54, 121-133, 188-192).

Anthony (*Edwin*). Note sur les coniques. — *Lewis* (*T.-C.*). Sur la torsion d'un barreau. — *Glaisher* (*J.-W.-L.*). Note sur un développement dû à Euler. — Note sur un exemple du Traité de Boole : *Sur les équations différentielles*, relatif aux trajectoires orthogonales. — Théorème sur les partitions. — *Curran Sharp* (*W.-J.*). Note sur certains cas d'intersection de courbes et de surfaces par des lignes droites. — *Pendlebury* (*R.*). Sur les directrices d'une conique représentée par une équation homogène. — *Lloyd Tanner* (*H.-W.*). Sur le signe d'un terme quelconque dans un déterminant. — *Mansion* (*Paul*). Généralisation d'une propriété des courbes podaires. — *Thomson* (*J.-J.*). Note sur la formule d'addition des fonctions elliptiques. — *Hobson* (*E.-W.*). Démonstration du théorème de Rodrigues. — *Pendlebury* (*R.*). Sur les nombres d'Euclide. — *Glaisher* (*J.-W.-L.*). Sur de longues suites de nombres composés.

Crofton (*M.-W.*). Extension du théorème de Leibnitz en Statique. — *Elliott* (*E*). Sur le dédoublement des théorèmes relatifs aux maxima et aux minima. — *Taylor* (*H.-M.*). Note sur le Livre II d'Euclide. — *Glaisher* (*J.-W.-L.*). Une identité trigonométrique. — Théorème sur les fonctions elliptiques. — Note sur un point de la méthode des moindres carrés. — Théorème relatif à une certaine figure inscrite dans un cercle. — *Webb* (*R.-R.*). Sur une intégrale élémentaire. — Sur les coefficients de Legendre. — *Karl Pearson*. Sur l'intégration de quelques équations au moyen des fonctions de Bessel. — *Harry Hart*. Intégration en coordonnées rectangulaires des équations du mouvement dans le cas d'une force centrale variant en raison inverse du carré de la distance.

Sharp (*W.-J.-C.*). Sur quelques formules de la théorie des équations. — *Harry Hart*. Une identité trigonométrique. — *Taylor* (*C.*). Sur la directrice d'une parabole inscrite dans un triangle.

Glaisher (*J.-W.-L.*). — Sur le théorème de Rodrigues. (55-60).

Mansion (*Paul*). — Sur l'égalité des éliminants de Sylvester et de Cauchy. (60-63).

Taylor (*C.*). — Insigniores orbitæ cometarum proprietates. (63-71, 158-164).

Exposé des principaux résultats contenus dans l'Ouvrage de Lambert publié sous ce titre à Augsbourg en 1761.

Sylvester (*J.-J.*). — Sur un théorème lié à la règle de Newton pour la découverte des racines imaginaires des équations. (71-84).

Elliot (*E.-B.*). — Sur les normales aux enveloppes, et sur les enveloppes qui sont normales à une double infinité de lignes droites. (85-90).

Étant donnée l'équation d'une ligne droite dans un plan ou d'un plan variable, on peut obtenir immédiatement la normale à l'enveloppe. Il en est encore de même si l'on a un système de lignes droites dans l'espace tangentes à une courbe gauche.

Whitworth (*W. Allen*). — Un phénomène du calendrier. (90-92).

Lewis (*T.-C.*). — Quelques cas de mouvement tourbillonnaire. (93-95).

Currau Sharp (*W.-J.*). — Sur les développées successives d'une courbe. (95-99).

Soient

s l'arc d'une courbe plane;

φ l'angle que fait la tangente avec une droite fixe;

$\rho, \rho_1, \rho_2, \ldots, \rho_n$ le rayon de courbure de la courbe et de ses développées successives.

On a

$$\rho = \frac{ds}{d\varphi}, \qquad \rho_1 = \frac{d^2 s}{d\varphi^2}, \qquad \ldots, \qquad \rho_n = \frac{d^{n+1} s}{d\varphi^{n+1}}:$$

ces formules permettent de traiter rapidement un certain nombre de questions relatives aux courbes qui coïncident avec une de leurs développées ou qui sont semblables à l'une d'elles, etc. Ces questions conduiraient à des équations différentielles compliquées en coordonnées cartésiennes.

Johnson (*W.-W.*). — Puissances symboliques et racines de fonctions de la forme

$$f(x) = \frac{ax+b}{cx+d}.$$

(99-103).

Cayley. — Sur la matrice $\begin{vmatrix} a & b \\ c & d \end{vmatrix}$ et ses rapports avec la fonction

$$\frac{ax+b}{cx+d}.$$

(104-109).

Lloyd Tanner (*H.-W.*). — Note sur la fonction

$$\varphi x = \frac{ax+b}{cx+d}.$$

(109-112, 139-150).

Ces articles renferment différents procédés pour trouver la puissance symbolique φ^n, qui n'est autre que le résultat de l'opération φ répétée n fois. La méthode la plus simple paraît être celle de M. Cayley qui revient au fond à la considération des points doubles de la substitution linéaire $y = \dfrac{ax+b}{cx+d}$.

Greenhill (*A.-G.*). — Notes d'Hydrodynamique. (113-120).

Forsyth (*A.-R.*). — Sur le mouvement d'un fluide visqueux incompressible. (134-139).

Webb (*R.-R.*). — Le problème de la brachistochrone pour un système. (151-158).

Sylvester (*J.-J.*). — Sur la relation exacte entre les résultants et les discriminants et les produits des différences de racines. (164-166).

Roberts (*Samuel*). — Sur certaines séries dont les coefficients sont les inverses des coefficients binomiaux. (166-170).

Webb (*R.-R.*). — Quelques applications d'un théorème de Géométrie à trois dimensions. (170-178).

Soient l, m, n les cosinus directeurs de la normale à une surface, ρ_1 et ρ_2 les rayons de courbure principaux; on a

$$\frac{1}{\rho_1}+\frac{1}{\rho_2}=\frac{\partial l}{\partial x}+\frac{\partial m}{\partial y}+\frac{\partial n}{\partial z}.$$

L'auteur applique cette formule à la détermination des volumes et des surfaces et à quelques questions analogues.

Niven (*C.*). — Sur le vecteur potentiel et sur quelques propriétés des solides harmoniques. (178-187).

Tome X; 1880-1881.

Cayley. — Une construction géométrique relative aux quantités imaginaires. (1-3).

Construction géométrique des racines de l'équation

$$\frac{p}{X-A}+\frac{q}{X-B}+\frac{r}{X-C}=0,$$

p, q, r désignant des nombres réels et A, B, C des quantités imaginaires quelconques.

Hill Curtis (*Arthur*). — Sur le mouvement libre sous l'action de plusieurs forces centrales. (3-12).

Taylor (*C.*). — Coordonnées tangentielles. (13-15).

Cockle (sir *James*). — Supplément aux « Exercices ». (15-18).

Frots (*Percival*). — Expression générale du rayon de courbure en coordonnées bipolaires. (18-21).

Turner (*H.-H.*). — Sur les courbes représentées par l'équation

$$\frac{dx}{\sqrt{(1-x^2)(1-k^2x^2)}} \pm \frac{dy}{\sqrt{(1-y^2)(1-k^2y^2)}} = 0,$$

et leurs enveloppes. (21-25).

On sait que ces courbes sont du quatrième ordre, qu'elles ont deux points doubles à l'infini sur les axes de coordonnées et qu'elles sont tangentes à huit droites fixes $x^2=1$, $x^2=\frac{1}{k}$, $y^2=1$, $y^2=\frac{1}{k}$.

L'auteur discute les différentes formes de ces courbes.

Glaisher (*J.-W.-L.*). — Théorèmes trigonométriques où figurent les produits de quatre sinus ou de quatre cosinus. (26-34).

Lamb (*H.*). — Note sur un théorème relatif aux formes quadratiques. (35-36).

Soit T une forme quadratique renfermant $m+n$ variables $x_1, x_2, \ldots, x_m$; $y_1, y_2, \ldots, y_n$.

Si l'on élimine les variables y au moyen des relations $\eta = \frac{\partial T}{\partial y}$, T devient la somme de deux formes quadratiques, dont l'une contient les x, l'autre les η. L'auteur donne une preuve très simple de ce théorème.

Zajackowski (*W.*). — Un théorème relatif aux pfaffiens. (36-37).

Russell (*W.-H.-L.*). — Sur l'intégration des équations différentielles. (38-44).

Recherche des cas où une équation linéaire admet pour intégrale un polynôme ou une fraction rationnelle. La méthode s'applique aussi à des équation d'une forme un peu plus compliquée.

Forsyth (*A.-R.*). — Sur les fonctions symétriques des racines d'une équation. (44-54).

Glaisher (*J.-W.-L.*). — Note sur une identité algébrique. (54-60).

Notes de Mathématiques. (60-65, 118-123, 190-192).

Glaisher (*J.-W.-L.*). Sur quelques expressions algébriques qui ne changent pas par certaines substitutions. — *Harry Hart*. Addition à la Note sur une identité trigonométrique. — Sur la trajectoire d'un projectile. — *Wilkinson* (*M.-M.-U.*). Une identité entre des fonctions elliptiques.

Elliot (*E.-B.*). Un développement pour $\int_0^\infty \frac{\Phi(ax) - \Phi(bx)}{x^n}\,dx$, n étant un nombre entier positif. — *Niven* (*W.-D.*). Application des coordonnées de Lamé à la détermination de la distribution de l'électricité sur un conducteur de forme ellipsoïde placé dans un champ de force électrique. — Sur le potentiel en un point de l'espace dû à une sphère solide dont la densité varie en raison inverse de la cinquième puissance de la distance du centre. — *Asutosh Mukhopadhyay*. — Démonstration de la proposition I_{25} d'Euclide.

Mac Mahon (*P.-A.*). Une propriété des courbes podaires. — *Steinthal* (*E.*). Les maxima et les minima.

Anthony (*Edwin*). — Notes sur les quaternions. (66-72).

Glaisher (*J.-W.-L.*). — Un système de formules trigonométriques. (73-78).

Ces formules contiennent six lignes trigonométriques, sinus ou cosinus, les arguments s'exprimant linéairement au moyen de trois d'entre eux qui restent arbitraires. La première de ces formules est l'identité bien connue

$$\sin B \sin C \sin(B - C) + \sin C \sin A \sin(C - A) \\ + \sin A \sin B \sin(A - B) + \sin(B - C)\sin(C - A)\sin(A - B) = 0.$$

Taylor (*C*). — Insigniores orbitæ cometarum proprietates. (79-83).

Greenhill (*A.-G.*). — Sur le mouvement d'un liquide sans frottement dans un secteur animé d'un mouvement de rotation. (83-89).

Harry Hart. — Sur les *criteria* pour déterminer la nature d'une conique représentée par l'équation générale en coordonnées aréolaires. (90-92).

Glaisher (*J.-W.-L.*). — Sur quelques fonctions elliptiques et sur des théorèmes trigonométriques. (92-97).

Cockle (*sir James*). — Sur une intégrale définie. (98-101).

Ferrers (*N.-M.*) — Note sur les fonctions elliptiques. (102-103).

Expressions diverses de

$$\operatorname{sn}(u+v)\operatorname{sn}(u-v), \quad \operatorname{cn}(u+v)\operatorname{cn}(u-v), \quad \operatorname{dn}(u+v)\operatorname{dn}(u-v).$$

Glaisher (*J.-W.-L.*). — Systèmes de formules relatives aux fonctions elliptiques. (104-111).

Tableau de formules donnant : 1° $\operatorname{sn}^2 u$, $\operatorname{cn}^2 u$, $\operatorname{dn}^2 u$ en fonction de $\operatorname{cn} 2u$ et $\operatorname{dn} 2u$; 2° $\operatorname{sn}(u+\frac{1}{2}k)$ en fonction de $\operatorname{sn} u$, $\operatorname{cn} u$, $\operatorname{dn} u$; 3° $\operatorname{sn}^2(u+\frac{1}{2}k)$ en fonction de $\operatorname{sn} 2u$, $\operatorname{cn} 2u$, $\operatorname{dn} 2u$, etc.

Taylor (*C.*). — La perspective. « Qu'est-ce qu'en connaissaient les géomètres grecs »? (112-113).

Discussion des conclusions que l'on peut tirer d'un passage de Serenus cité par M. Cantor dans ses *Vorlesungen über Geschichte der Mathematik*.

Niven (*W.-D.*). — Sur une forme spéciale de l'équation de Laplace. (114-117).

Glaisher (*J.-W.-L.*). — Sur l'équation d'addition pour les intégrales elliptiques de troisième espèce. (124-135).

On sait que le théorème d'addition est exprimé par la formule suivante :

$$\Pi(u, a) + \Pi(v, a) - \Pi(u+v, a) = \tfrac{1}{2}\log\Omega;$$

la valeur de Ω a été donnée par Legendre et par Jacobi. M. Glaisher donne quatre-vingt-seize expressions différentes pour Ω, d'où l'on peut déduire un grand nombre d'identités intéressantes.

Niven (*W.-D.*). — Sur le potentiel dû à un courant électrique dans un circuit elliptique. (136-141).

Scott (*R.-F.*). — Notes de Mathématiques. (142-149).

Webb (*R.-R.*). — Sur un théorème de Statique. (150-156).

Étant donné un tétraèdre ABCD, on peut déterminer six forces agissant suivant les côtés du tétraèdre admettant une résultante donnée, et cela d'une seule manière; au contraire, on peut trouver une infinité de systèmes de couples ayant pour axes les six côtés du tétraèdre et un couple donné pour couple résultant.

Elliott (*E.-B.*). — Extension aux aires des surfaces courbes d'un théorème sur les aires planes. (156-158).

Étant donné un segment de droite ab dont les extrémités a et b décrivent deux portions de surfaces courbes, de telle façon que les plans tangents aux deux surfaces aux points correspondants soient toujours parallèles; soient A et B les aires de ces portions de surfaces et C l'aire de la surface courbe décrite par un point c de la droite ab qui divise cette droite dans un rapport constant $\frac{m}{n}$, on a la relation

$$C = \frac{mB + nA}{m+n} - \frac{mn}{(m+n)^2} S;$$

S désigne l'aire de la surface décrite par l'extrémité d'un segment égal et parallèle à ab, dont l'autre extrémité serait fixe. On obtient un résultat particulièrement simple si l'on suppose le segment ab de longueur constante et normal aux surfaces décrites par les points a et b.

Lloyd Tanner (H.-W.). — Un paradoxe dans la théorie des équations différentielles ordinaires. (158-160).

Torry (A.-F.). — Sur les coniques inscrites ou circonscrites à des triangles qui sont conjugués par rapport à une conique donnée. (161-170).

Énoncé et démonstration de propriétés intéressantes relatives à ces coniques, propriétés dont la plupart sont bien connues.

Mollison (W.-L.). — Sur la propagation de la chaleur. (170-174).

Sharpe (H.-J.). — Sur une équation différentielle. (174-185).

Intégration de l'équation différentielle

$$xy'' + y' + y(x + A) = 0,$$

par des séries ou au moyen d'intégrales definies.

Steinthal (A.-E.). — La méthode des moindres carrés appliquée aux observations qui vérifient certaines conditions. (185-190).

Tome XI; 1881-1882.

Smith (H.-J.-S.). — Sur quelques séries discontinues considérées par Riemann. (1-11).

L'éminent professeur s'est proposé de compléter un Mémoire posthume de Riemann sur certaines séries ordonnées suivant les puissances de q dans le cas limite où le module de q est égal à l'unité. Les séries que l'on est amené à considérer sont les suivantes :

$$\sum \frac{(-1)^n}{n} \operatorname{tang} \frac{n\theta}{2}, \quad \sum \frac{(-1)^n}{n^2} \log\left(4 \cos^2 \frac{n\theta}{2}\right);$$

elles présentent cette particularité curieuse que, dans un intervalle aussi petit qu'on le veut, il y a toujours des valeurs de θ pour lesquelles elles sont convergentes et d'autres pour lesquelles elles sont divergentes.

Ainsi la première série est toujours divergente lorsque $\frac{\theta}{\pi}$ est incommensurable et elle est convergente si $\frac{\theta}{\pi}$ est égal à la fraction irréductible $\frac{a}{b}$, où a est pair. De même la seconde série est convergente lorsque $\frac{\theta}{\pi}$ est racine d'une équation algébrique à coefficients entiers et cependant dans tout intervalle il y a une infinité de valeurs de θ pour lesquelles elle est divergente. M. Smith calcule les sommes de ces deux séries pour $\frac{\theta}{\pi} = \frac{2a}{b}$ et complète la méthode de Riemann pour trouver la valeur limite d'une intégrale définie qui se présente aussi dans ces recherches.

Hobson (*E.-W.*). — Sur le théorème de Fourier. (11-14).

Méthode géométrique élémentaire pour trouver la limite de l'intégrale définie

$$\int_0^\pi \frac{1-h^2}{1-2h\cos(\theta-\theta')+h^2} f(\theta)\, d\theta,$$

lorsque h tend vers l'unité.

Cayley. — Sur une question du prix Smith, relative au potentiel. (15-18).

Rawson (*Robert*). — Sur la première résolvante de l'équation

$$y^4 + ay^2 + x_1 y - \tfrac{1}{12}a^2 = 0.$$

(19-23).

Cayley. — Solution d'un problème de Senate-House. (23-25).

Purser (*Frederick*). — Sur certaines identités mathématiques qui se présentent dans le *Traité de Philosophie naturelle* de Thomson et Tait. (26-32).

Russell (*W.-H.-L.*). — Sur le calcul des différences finies. (33-36).

Lewis (*T.-C.*). — Quelques propriétés du tétraèdre dont les côtés opposés sont à angle droit. (36-38).

Mansion (*Paul*). — Sur la série harmonique et la formule de Stirling. (38-40).

Démonstration élémentaire de la formule de Stirling

$$l(1.2.3\ldots N) = \tfrac{1}{2}(1+C) + (N+\tfrac{1}{2})\, l N - N + \tfrac{1}{2}\theta,$$

θ désignant un nombre compris entre 0 et 1.

Sharpe (*H.-J.*). — Sur une équation différentielle. (41-44).

Glaisher (*J.-W.-L.*). — Formules pour sn, cn, dn de $u + v + w$. (45-48).

Cockle (sir *James*). — Transformation d'un biordinal de Schwarz. (49-52).

Homersham Cox. — Sur la distance des arcs-en-ciel. (52-54).

Torry (*A.-F.*). — Notes de Géométrie. (54-56).

Sharpe (*H.-J.*). — Sur une équation différentielle transcendante. (56-63).

Besant (*W.-H.*). — Note sur l'élasticité. (63-64).

Muir (*Thomas*). — Sur une propriété des déterminants persymétriques. (65-67).

Le déterminant persymétrique de $a_1, a_2, \ldots, a_{2n-1}$ est égal au déterminant persymétrique de

$$a_1,\ (a_1, a_2 \between m, 1),\quad (a_1, a_2 a_3 \between m, 1),\quad \ldots,\quad (a_1, a_2, \ldots, a_{2n-1} \between m, 1)^{2n-2}.$$

Hicks (*W.-M.*). — Sur le nombre de systèmes de lignes planes équipotentielles du second degré, symétriques par rapport à un axe fixe. (67-74).

Les seuls systèmes en question se composent : 1° de cercles concentriques; 2° de coniques confocales; 3° d'hyperboles équilatères; 4° de cercles passant par deux points fixes.

Notes de Mathématiques. (74-80, 190-192).

Greaves (*J.*). Une démonstration du parallélogramme des forces. — *Michael* (*W.-P.*). Preuve élémentaire du contact du cercle des neuf points avec les cercles inscrits et exinscrits. — *Glaisher* (*J.-W.-L.*). Un système d'équations différentielles pour les fonctions elliptiques. — *Van Tunzelman* (*G.-W.*). Un théorème sur l'attraction des ellipsoïdes confocaux.

Mannheim (*A.*). Théorèmes de Géométrie. — *William Woolsey* (*Johnson*). Sur certaines relations symboliques.

Glaisher (*J.-W.-L.*). — Sur les fonctions elliptiques. (81-95, 120-138).

M. Glaisher considère à la fois douze fonctions elliptiques, à savoir sn u, cn u, dn u, leurs inverses et leurs rapports. Il donne les formules pour le changement de u en $u+k$, $u+ik'$, $u+k+ik'$, le tableau des dérivées de ces douze fonctions et de leurs intégrales. La seconde Partie du Mémoire contient les formules pour le changement du module, les systèmes d'équations différentielles et les formules de réduction pour les intégrales telles que $\int \operatorname{sn}^n u\, du$.

Scott (*R.-F.*). — Sur certaines formes de déterminants composés. (96-98).

Scott (*R.-F.*). — Sur quelques fonctions alternées de n variables. (98-103).

Harry Hart. — Note sur les coordonnées aréolaires. (104-105).

Muir (*Thomas*). — Sur la décomposition de certains déterminants en facteurs quadratiques. (105-108).

Cockle (sir *James*). — Transformation des équations différentielles. (109-111).

Cayley. — Explication d'un théorème de la théorie des équations. (111-113).

Temperley (*Ernest*). — Sur le tétraèdre dont les côtés opposés sont à angle droit. (114-119).

Woolsey Johnson (*William*). — Sur la déduction des formules elliptiques par la transformation du module réciproque et du module complémentaire. (138-141).

Cayley. — Réduction de $\int \frac{dx}{(1-x^2)^{\frac{2}{3}}}$ aux intégrales elliptiques. (142-143).

Cette réduction est effectuée en posant $x = \frac{-1+\theta \operatorname{sn} u \operatorname{cn} u \operatorname{dn} u}{1+\theta \operatorname{sn} u \operatorname{cn} u \operatorname{dn} u}$, le module k^2 et la constante θ étant définis par les deux équations

$$k^4 - k^2 + 1 = 0, \qquad \theta^2 = -1 - k^2.$$

Buchheim (*A.*). — Quelques applications des méthodes symboliques. (143-145).

Webb (*R.-R.*). — Sur les pressions et les déformations en coordonnées cylindriques et polaires. (146-155).

Webb (*R.-R.*). — Sur l'équilibre d'une lame courbe. (156-160).

des signaux de feu. Calculs des azimuts, longitudes et latitudes des stations d'un réseau géodésique Distance de deux lieux de la Terre. Vérification des opérations et des calculs géodésiques. Perpendiculaires à la méridienne. Mesure des arcs de méridien et de parallèles. Aires des zones et du sphéroïde terrestre. — Chap. V : *Nivellement*. Nivellement géodésique. Coefficient de la réfraction. Dépression de l'horizon. Usage du baromètre pour mesurer les hauteurs. — Chap. VI : *Du pendule*. Pendule à secondes. Nombre d'oscillations en un jour moyen. Correction d'amplitude. Réduction au vide, au niveau de la mer. Pendule de Borda. Pendule invariable et réciproque. Formules générales du pendule, aplatissement de la Terre, gravité, force centrifuge. — Chap VII : *Cartes géographiques*. Cartes géographiques. Mappemonde. Projections stéréographiques. Projection de Lorgna. Projection conique. Projection de Flamsteed. Projection du Dépôt de la Guerre. — Chap. VIII : *Géomorphie astronomique*. Étoiles, constellations. Mouvement propre du Soleil. Mouvement propre de la Lune. Coordonnées des astres. Interpolation. Des réfractions. Des parallaxes. Des demi-diamètres. Du temps vrai, moyen et sidéral. Détermination de l'heure. Trouver l'heure par la hauteur absolue d'un astre. Hauteurs correspondantes. Latitude du lieu. Longitude du lieu. Azimut d'un astre ou d'un signal. — **Livre III : Navigation.** — Chap. I : *Vitesse et direction du navire*. Estime, loch, boussole. Angles des rumbs. Problèmes des routes. Loxodromie. Latitudes croissantes. Lieues mineures et majeures. — Cartes marines. Règles logarithmiques, quartier de réduction. — Chap. II : *Astronomie nautique*. Description et usage du sextant. Cercle de réflexion. Détermination de l'heure à bord. De la latitude du lieu. De la longitude par les distances lunaires. De la longitude par les chronomètres. Des azimuts. Déclinaison de l'aiguille aimantée. Relèvements astronomiques. Explication des Tables. — **Tables.** — I. Pour réduire les angles à l'horizon. — II. Longueur du degré, tant de longitude que de latitude, et logarithmes des normales. — III. Système métrique français. — IV. Mesures itinéraires des principales nations. — V. Marche du Soleil moyen en ascension droite. — VI. Longueurs du pendule à secondes. — *Tables diverses*. Longueurs du degré du méridien. Éléments du sphéroïde terrestre. Arcs de parallèle à l'équateur. Bases mesurées en France ; latitudes et azimuts. Pendule, gravité, force centrifuge. Cercles pour la construction des mappemondes. Projections de Lorgna et de Flamsteed. Table pour obtenir l'ascension droite du Soleil moyen. Rumbs ou aires de vent.

Notes sur la mesure des bases, par M. Hossard : 1° Développements relatifs aux règles de Borda. 2° Aperçu des méthodes employées à l'étranger. 3° Description de l'appareil Porro.

Note sur la méthode et les instruments d'observation employés dans les grandes opérations géodésiques ayant pour but la mesure des arcs de méridien et de parallèle terrestre, par M. Perrier. — I. *Méthode de la réitération*. Des microscopes à micromètres. Tare des microscopes. Degré de précision des lectures avec les microscopes à micromètres. — II. *Description du cercle azimutal réitérateur du Dépôt de la Guerre de France*. — § 1. *Du cercle*. De l'alidade. De la lunette. Du niveau. Des microscopes. Éclairage des divisions. Pince et vis de rappel. — § 2. *Détermination des constantes instrumentales*. 1° Valeur angulaire des divisions du niveau. Mesure de l'inclinaison d'un axe. 2° Valeur angulaire du pas de la vis micrométrique de l'oculaire. Méthode d'observation. Détermination du point v_0 de la vis. Tours d'horizon ou séries. — § 3. *Réduction des observations*. 1° Réduction relative à l'inclinaison de l'axe de rotation. 2° Correction relative aux pointés faits avec la vis micrométrique, ou correction des collimateurs. 3° Correction des microscopes. Erreur moyenne d'une direction. — III. *Des signaux solaires et des signaux de nuit*. Héliotrope de Gauss. Héliotrope simple. Apparence des signaux solaires. Observations et signaux de nuit. Collimateurs optiques. Visibilité. Station géodésique normale. — IV. *Théodolite répétiteur employé dans les observations géodésiques de second ordre*. Mesure des angles horizontaux ou tours d'horizon. Réduction au centre. — V. *Mesure des distances zénithales*. Influence des erreurs instrumentales sur la mesure des distances zénithales. 1° Erreurs résultant du déplacement de la bulle. 2° Erreur due à l'inclinaison du plan du cercle des hauteurs. 3° Erreur provenant de la collimation de l'axe optique.

Note sur la jonction géodésique et astronomique de l'Espagne avec l'Algérie, par M. Perrier.

1224 Paris. — Imprimerie de GAUTHIER-VILLARS, quai des Augustins, 55.

TABLE DES MATIÈRES.

OCTOBRE 1886.

Comptes rendus et analyses.

Mélanges.

Revue des publications.

Paris. — Imprimerie de GAUTHIER-VILLARS, quai des Augustins, 55.

Le Gérant : GAUTHIER-VILLARS.

Muir (*Thomas*). — Sur un déterminant obtenu en bordant le produit de deux déterminants. (161-165).

Scott (*R.-F.*). — Sur certains déterminants dont les éléments sont des fractions rationnelles. (165-172).

Walker (*G.-F.*). — Deux constructions pour les sphères tangentes à quatre sphères données. (173-174).

Ces constructions reposent sur l'emploi des plans qui contiennent six des centres de similitude et de la sphère orthogonale aux quatre sphères données,

Mannheim (*A.*). — Construire les axes d'une ellipse dont on connaît deux diamètres conjugués. (175-177).

Taylor (*H.-M.*) — Sur un cercle de six points lié à un triangle. (177-179).

Hill Curtis (*Arthur*). — Note sur les forces centrales. (179-190).

Tome XII, 1882-1883.

Glaisher (*J.-W.-L.*). — Exemples explicatifs de la théorie des intégrales singulières de Cayley. (1-14).

Étant donnée une équation différentielle du premier ordre $f(x, y, y') = 0$, on sait que la solution singulière, si elle existe, s'obtient en éliminant y' entre les deux équations $f(x, y, y') = 0$, $\frac{\partial f}{\partial y'} = 0$. Mais le résultat de cette élimination ne donne pas en général une solution singulière. Ainsi, dans le cas d'une équation du second degré, $Ly'^2 + 2My' + N = 0$, l'équation $M^2 - LN = 0$ donne à la fois la solution singulière, s'il y en a une, le lieu des points de rebroussement des courbes intégrales, et le lieu où passent deux courbes intégrales distinctes tangentes l'une à l'autre (*tac-locus*). Les facteurs donnant les deux premières courbes figurent une fois dans $LN - M^2$, tandis que le facteur donnant le dernier lieu y entre au carré. M. Glaisher donne un grand nombre d'exemples, en général extrêmement simples.

Walton (*William*). — Sur la méthode pour trouver les maxima et les minima des fonctions d'une ou de deux variables indépendantes. (14-20).

Workman (*W.-P.*). — Sur les lieux de contact. (21-25).

Si l'équation d'un système de courbes algébriques est de degré r par rapport au paramètre variable, le facteur donnant le *tac-locus* entre à la puissance $r(r-1)$ dans le discriminant de l'équation différentielle.

Allen (*A.-J.-C.*). — Notes sur la Géométrie à trois dimensions. (26-28).

Cayley. — Détermination de l'ordre d'une surface. (29-32).

Notes de Mathématiques. (33-41, 173-182).

Harry Hart. Preuve par les quaternions de la triple génération du mouvement de trois barres. — Sur l'équation linéaire en rayons vecteurs de la podaire d'une conique par rapport à son centre. — *Curtis* (*A.-H.*). Démonstration géométrique que la caustique par réflexion d'une cardioïde, le foyer lumineux étant au point de rebroussement, est une épicycloïde. — *Rawson* (*Robert*). Note sur une transformation de l'équation de Riccati. — *Rowe* (*R.-C.*). Note sur le cercle de six points de M. Taylor. — *Walker* (*G.-F.*). Sur une certaine inégalité. — *Nanson* (*E.-J.*). Sur le potentiel d'une sphère. — Note sur les coniques. — *Cayley* (*A.*). Une preuve du théorème de Wilson.

Cayley (*A.*). Note sur une forme de l'équation modulaire pour la transformation du troisième ordre. — La construction de Schröter pour le pentagone régulier. — *Glaisher* (*J.-W.-L.*). Note sur les fonctions elliptiques. — *Mannheim*. Théorèmes de Géométrie. — *Leudesdorf* (*C.*). Note sur un problème de Senate-House. — *Chevallier* (*J.*). Note sur une preuve du théorème de Fourier. — *Lodge* (*Alfred*). Note sur les coefficients d'une équation transformée. — *Taylor* (*J.-P.*). Sur une équation en Algèbre élémentaire. — *Burnside* (*William*). Note sur le centre de pression d'un polygone plan. — *Tucker* (*R.*). Note sur le cercle de six points de M. Taylor.

Walton (*William*). — Sur la détermination des maxima et des minima d'une fonction d'un nombre quelconque de variables. (42-43).

Glaisher (*J.-W.-L.*). — Preuve de la formule d'addition pour les intégrales elliptiques de seconde espèce déduite des séries en q. (43-48).

Smith (*H.-J.-S.*). — Notes sur la théorie de la transformation elliptique. (49-99).

La première Partie du Mémoire de l'éminent géomètre est destinée à compléter un point important dans la théorie de la transformation. On sait que la recherche des transformations primitives d'ordre impair n dépend avant tout de la résolution d'une certaine équation algébrique, dite équation modulaire, entre le module primitif et le module transformé $f(k^2, \lambda^2) = 0$. Connaissant une racine de cette équation, le multiplicateur M et les coefficients de la transformation correspondante s'expriment rationnellement au moyen de k^2 et de λ^2. Mais ces formules deviennent illusoires lorsque l'équation modulaire acquiert des racines égales. L'auteur s'est proposé de lever cette indétermination ; s'appuyant pour cela sur les résultats de son Mémoire *Sur les singularités des équations modulaires* (*Proceedings of the London Math. Society*, vol. IX), il montre qu'à une racine multiple d'ordre s de l'équation modulaire correspondent s transformations primitives différentes. Le multiplicateur M dépend dans ce cas d'une équation algébrique d'ordre s, ainsi que les coefficients de la transformation. L'application aux cas de $n = 3$ et de $n = 5$ termine cette partie.

La seconde Partie est consacrée à la définition précise d'un système élémentaire et réduit de périodes. Cette définition est liée à la réduction des formes binaires quadratiques de déterminant négatif. Si $P = r + is$, $P' = r' + is'$ forment un système élémentaire de périodes, ce système sera dit réduit si la forme quadratique $Ax^2 + 2Bxy + Cy^2$, où $A = r^2 + s^2$, $B = rr' + ss'$, $C = r'^2 + s'^2$, est réduite. L'auteur examine ensuite comment on doit prendre les périodes $4K$ et $2iK'$ pour qu'elles forment un système réduit, quand on connaît le module k^2.

Forsyth (*A.-R.*). — Porisme du polygone inscrit et circonscrit. (100-105).

Développement des conditions que doivent remplir les rayons et la distance des centres de deux cercles pour qu'il existe un polygone de n côtés inscrit à l'un et circonscrit à l'autre, pour $n = 3, 4, 5, 6, 7, 8, 9$.

Scott (*R.-F.*). — Notes sur les déterminants. (105-118).

Mac Mahon (*P.-A.*). — Les cassiniennes. (118-120).

Rectification de la cassinienne à deux foyers dans le cas où elle se compose d'un seul ovale.

Glaisher (*J.-W.-L.*). — Formules pour la $r^{\text{ième}}$ intégrale des coefficients de Legendre et du logarithme intégral. (120-128).

Buchheim (*Arthur*). — Sur l'application des quaternions à la théorie des congruences et des complexes linéaires. (129-133).

Forsyth (*A.-R.*). — Les fonctions elliptiques de $\frac{1}{3}k$. (134-138).

Mac Mahon (*P.-A.*). — Une extension du problème de Steiner. (138-141).

Si d'un point P d'un cercle circonscrit à un triangle ABC on abaisse sur les côtés trois droites faisant un angle θ avec ces côtés, les pieds de ces droites sont situés sur une même ligne droite. L'enveloppe de cette ligne droite est une hypocycloïde à trois rebroussements, différente de celle de Steiner.

Forsyth (*A.-R.*). — Une série pour $\frac{1}{\pi}$. (142-143).

Elliot (*E.-B.*). — Sur quelques intégrales définies liées à la série de Taylor. (144-148).

Muir (*Thomas*). — Sur le périmètre d'une ellipse. (149-151).

La différence entre le périmètre d'une ellipse dont les demi-axes sont a et b et la circonférence de rayon $\left(\frac{a^{\frac{3}{2}}+b^{\frac{3}{2}}}{2}\right)^{\frac{2}{3}}$ est de l'ordre de e^8 et le terme principal est $\frac{e^8}{2^{14}}$.

Mac Mahon (*P.-A.*). — L'hypocycloïde à trois rebroussements. (151-153).

Propriétés relatives aux triangles formés par trois tangentes.

Burnside (*William*). — Les fonctions elliptiques de $\frac{1}{3}K$. (154-157).

Glaisher (*J.-W.-L.*). — Un théorème sur les partitions. (158-170).

Glazebrook (*R.-T.*). — Notes d'optique. (171-173).

Hicks (*W.-M.*). — Sur la résistance électrique d'une sphère conductrice avec des électrodes données. (183-186).

Anglin (*A.-H.*). — Sur le coefficient général dans certains développements. (187-191).

Cayley. — Note sur un système d'équations. (191-192).

Tome XIII; 1883-1884.

Smith (*H.-J.-S.*). — Notes sur la théorie de la transformation elliptique. (1-54).

Notes trouvées parmi les papiers du regretté Smith; ces fragments étaient destinés à un travail important, qui devait faire suite au Mémoire publié dans le Tome précédent. On les a reproduits dans l'ordre qui a paru le plus convenable.

Sur les fonctions $Q(\omega)$ et $Q'(\omega)$. — Emploi des transformations de la fonction de seconde espèce pour obtenir des expressions rationnelles en λ^2 et k^2 pour les coefficients de la transformation d'ordre n. — Relations des formules de Jacobi entre les éléments η avec la transformation représentée par la formule $\omega = \frac{\gamma+\delta\Omega}{\alpha+\beta\Omega}$. — Nouvelle théorie des fonctions $Q(\omega)$ et $Q'(\omega)$. — Formules relatives aux fonctions elliptiques de seconde espèce. — Les fonctions Al de Weierstrass. — Les courbes modulaires. — Sur les quarts de périodes K, $\frac{1}{2}i\text{K}'$.

Cayley. — Sur la transformation linéaire des fonctions θ. (54-60).

L'illustre géomètre envisage les fonctions θ comme limites du produit d'un nombre infini de facteurs rationnels; la méthode repose sur les résultats qu'il a obtenus dans l'important Mémoire publié dans le t. X du *Journal de Liouville.*

Larmor (J.). — Un porisme relatif aux cercles. (61-62).

Extension des théorèmes de Poncelet. — Si l'on a une série de cercles tangents à deux cercles fixes ou les coupant sous des angles fixes, telle que deux cercles consécutifs de la série se coupent sur un cercle donné, le second point d'intersection de deux cercles consécutifs sera sur un quatrième cercle fixe; si la série est fermée, il en sera de même de toute série obtenue en changeant le point de départ.

Buchheim (Arthur). — Notes de Mathématiques. (62-66).

Transformations orthogonales. — Transformation de Poisson pour les équations de la Dynamique. — Une identité dans la théorie des matrices.

Sharpe (H.-J.). — Sur une équation différentielle. (66-79).

Suite des recherches de l'auteur sur l'équation

$$xy'' + y' + y(x + \text{A}) = 0.$$

Pearson (Karl). — Note sur les torsions d'un solide élastique indéfini. (79-95).

Muir (Thomas). — Sur un développement particulier d'un déterminant spécial du sixième ordre. (95-103).

Elliot (E.-B.). — Nouveaux théorèmes sur des intégrales définies liées à la série de Taylor. (103-107).

Cayley. — Sur le théorème d'Archimède relatif à la surface d'un cylindre. (107-108).

Nanson (E.-J.). — Sur le potentiel d'un ellipsoïde. (109-110).

Sharpe (H.-J.). — Sur les fonctions Γ d'une variable complexe. (111-112).

Les intégrales

$$\int_0^\infty \frac{\sin}{\cos}(2x^2 + A \log x)\, dx$$

s'expriment au moyen des fonctions Γ d'une variable imaginaire.

Nanson (E.-J.). — Sur les conditions d'équilibre des forces dans l'espace. (113-116).

Leudesdorf (C.). — Démonstration du théorème de Feuerbach. (116-120).

Buchheim (Arthur). — Application des quaternions à la théorie des complexes linéaires. (120-124).

Neuberg (M.-J.). — Démonstration analytique du théorème de M.-S. Roberts sur quatre sphères concourantes. (124-125).

Si sur chaque arête d'un tétraèdre on marque un point arbitrairement, les quatre sphères passant par un sommet et les trois points marqués sur les arêtes aboutissant à ce sommet sont concourantes.

Glaisher (J.-W.-L.). — Sur quelques formules algébriques liées à un système de séries en q dans les fonctions elliptiques. (126-135).

Muir (Thomas). — Sur le développement des déterminants qui ont des éléments polynomiaux. (135-139).

Forsyth (A.-R.). — Preuve d'un théorème de Cayley relatif aux matrices. (139-142).

Mac Mahon (P.-A.). — Note sur une identité algébrique. (142-144).

Si $a+b+c=0$, on a

$$\left(\frac{a}{b-c}+\frac{b}{c-a}+\frac{c}{a-b}\right)\times\left(\frac{b-c}{a}+\frac{c-a}{b}+\frac{a-b}{c}\right)=9.$$

Il existe une identité analogue dans le cas de n quantités, telles que la somme de leurs puissances $k^{\text{ièmes}}$ soit nulle ($k=1, 2 \ldots, n-2$).

Taylor (H.-M.). — Sur une surface cubique. (145-148).

Il s'agit de la surface cubique, lieu des centres des quadriques passant par huit points fixes. Cette surface contient les milieux des droites joignant ces huit points deux à deux.

Basset (*A.-B.*). — Note sur les fonctions associées et les harmoniques sphériques. (147-152).

Wilberforce (*Lionel*). — Note sur un problème électrostatique. (152-154).

Tait (*P.-G.*). — Théorème relatif à la somme des coefficients binomiaux pris d'une certaine façon. (154-155).

Soit N_r^m, où $r \leqq m$, la somme des coefficients du binôme de rang r, $r+m$, etc., dans le développement de $(1+x)^n$. M. Tait trouve, par une voie très ingénieuse, que la limite de l'expression $2^{-n} N_r^m$ est égale à $\frac{1}{m}$ pour n infini.

Lachlan (*R.*). — Démonstration d'une généralisation de la formule de Newton pour les sommes des puissances semblables des racines d'une équation. (155-157).

Cette formule est la suivante. Soient $\alpha_1, \alpha_2, \ldots, \alpha_n$ les racines de l'équation $x^n + a_1 x^{n-1} + \ldots + a_n = 0$, et T_m la somme des fonctions symétriques de poids m qui contiennent r racines seulement dans chaque terme; on a

$$T_m + a_1 T_{m-1} + \ldots + a_{m-r} T_r = \frac{(-1)^r m!}{r!(m-r)!} a_m.$$

On l'obtient en formant le développement de $\frac{f^r(x)}{f(x)}$, où

$$f(x) = 1 + a_1 x + \ldots + a_n x^n,$$

et identifiant les deux membres.

Asutoh Mukhopadhyay. — Extension d'un théorème de Salmon. (157-160).

Il s'agit du théorème relatif à quatre points d'un cercle que l'auteur étend à cinq points d'une sphère.

Stuart (*G.-H.*). — Note sur la liaison entre les coefficients de Legendre et l'intégrale complète elliptique de première espèce. (161-163).

Sylvester. — Note sur la transformation de la théorie des invariants du capitaine Mac Mahon. (163-165).

Anglin (*A.-H.*). — Quadratures approchées du cercle. (165-167).

Mannheim (*A.*). — Sur le déplacement d'un dièdre de grandeur constante. (168-169).

Forsyth (*A.-R.*). — Les racines primitives des nombres premiers et leurs résidus. (169-192).

Exposition élémentaire de cette théorie. Le travail contient un Tableau des racines primitives des nombres premiers jusqu'à 53 inclusivement.

Tome XIV; 1884-1885.

Harry Hart. — Sur les quadriques focales d'une cyclide. (1-8).

Discussion de la forme d'une cyclide d'après la nature des quadriques focales.

Mac Mahon (*P.-A.*). — Identités algébriques déduites d'une extension de la formule de Waring. (8-11).

Cayley. — Note sur une difficulté apparente de la théorie des courbes, lorsque les coordonnées d'un point sont exprimées en fonction d'un paramètre variable. (12-14).

Johnson (*W.-W.*). — Note sur une méthode de former les périodes des fractions décimales périodiques. (14-18).

Notes de Mathématiques. (18-21, 189-192).

Hopkins (*F.-V.*). Sur une courbe liée à l'intégrale elliptique de première espèce. — *Hogg* (*R.-V.*). Théorème de Rodrigues. — *Mannheim.* Note sur les appareils articulés.

Mannheim. Sur la surface des ondes. — *Griffiths* (*John*). Sur une intégrale définie. — *Cayley* (*A.*). Sur un opérateur différentiel. — Sur la valeur de

$$\operatorname{tang}(\sin\theta) - \sin(\operatorname{tang}\theta).$$

— *Nanson* (*E.-J.*). Sur une certaine inégalité.

Cayley. — Sur une formule dans la théorie des fonctions elliptiques. (21-22).

M. Cayley obtient les trois formules d'addition en appliquant le théorème d'Abel à la biquadratique gauche $x^2+y^2=1$, $z^2+k^2x^2=1$.

Forsyth (*A.-R.*). — Note sur la formule du professeur Cayley. (23-25).

Nouvelles formules que l'on peut déduire de la méthode de M. Cayley en la complétant un peu.

Mac-Aulay (*A.*). — Quelques théorèmes généraux relatifs à l'intégration des quaternions. (26-37).

Thomson (*J.-J.*). — Note sur les courants induits dans une sphère qui tourne dans un champ de force magnétique uniforme. (37-40).

Forsyth (*A.-R.*). — Sur certains produits symétriques contenant les racines primitives de l'unité. (40-56).

Développement du produit $\Pi(U_0 + \omega U_1 + \omega^2 U_2 + \ldots + \omega^{s-1} U_{s-1})$, où l'on prend successivement pour ω les s racines de l'unité, s étant un nombre premier. L'auteur donne d'abord le moyen de trouver la forme d'un terme quelconque du produit, puis de déterminer les coefficients numériques. A chaque formule ainsi obtenue on peut rattacher la résolution algébrique d'une équation. Ainsi l'équation du septième degré

$$x^7 - 7ax^5 + 14a^2x^3 - 7a^3x + b = 0$$

admet pour racine les sept valeurs de $-(\omega V + \omega^6 T)$, où V et T sont donnés par les équations $a = VT$, $b = V^7 + T^7$.

Cayley. — Sur l'addition des fonctions elliptiques. (56-61).

Nouvelle méthode pour obtenir les formules d'addition en appliquant le théorème d'Abel à la biquadratique gauche. Au lieu de prendre quatre points dans un même plan, on prend deux couples corésiduels de points.

Lormor (*J.*). — Sur la théorie d'un système de forces appliquées à un solide astatique. (61-73).

Le complexe des axes centraux. — L'équilibre astatique. — Système généralisé.

Buchheim (*Arthur*). — Une extension du théorème de Pascal à l'espace à trois dimensions. (74-75).

Si un octogone est inscrit dans une cubique gauche, les intersections des faces opposées sont quatre génératrices d'un même hyperboloïde. Démonstration analytique.

Johnson (*A.-R.*). — Deux théorèmes généraux dont les théorèmes de Lagrange et de Laplace sont des cas particuliers. (76-87).

L'auteur s'est proposé de développer en série ordonnée suivant les puissances de x une fonction quelconque $f(y)$, y désignant la racine de l'équation

$$y = s + x\Phi_1(y) + \frac{x^2}{1.2}\Phi_2(y) + \frac{x^3}{1.2.3}\Phi_3(y) + \ldots,$$

qui se réduit à z pour $x = 0$, $\Phi_1(y)$, $\Phi_2(y)$, ... désignant des fonctions quelconques de y. L'expression symbolique des coefficients est relativement simple.

Lamb (*Horace*). — Preuve d'un théorème d'Hydrodynamique. (87-92).

Sylvester (*J.-J.*). — Sur le paradoxe géométrique de d'Alembert et de Carnot et sa solution. (92-96).

Cayley. — Sur la résolution de Cardan pour l'équation du troisième ordre. (96-97).

Frost (*Percival*). — Sur une certaine surface cubique. (97-100).

Il s'agit de la surface cubique étudiée par M. H.-M. Taylor dans le Tome précédent.

Harry Hart. — Sur des théorèmes analogues à celui de Guldin. (100-102).

Glaisher (*J.-W.-L.*). — Note sur une classe de formules que l'on déduit des séries en q dans les fonctions elliptiques. (102-108).

Cayley. — Sur l'équation en quaternions $qQ - Qq' = 0$. (108-112).

Cayley. — Sur le paradoxe géométrique de d'Alembert et de Carnot. (113-114).

Tucker (*R.*). — Construction géométrique du cube d'un nombre. (114).

Muir (*Thomas*). — Sur les fractions continues qui représentent les racines carrées des nombres entiers et ont un nombre pair d'éléments dans le cycle des dénominateurs. (115-122).

Burnside (*William*). — Sur certaines harmoniques sphériques. (122-126).

Buchheim (*Arthur*). — Une application des méthodes symboliques. (127-128).

Cayley. — Sur les cubiques gauches situées sur une quadrique. (129-132).

Distinction de ces deux cubiques en deux espèces, suivant qu'elles rencontrent les génératrices d'un système en un point ou en deux points.

Roberts (*R.-A.*). — Sur un lieu relatif à une certaine surface. (132-134).

On sait que, si l'on peut circonscrire un trièdre trirectangle à un cône du second ordre, on peut en circonscrire une infinité. Ce théorème ne s'étend que par exception aux cônes de degré supérieur. M. Roberts donne un exemple intéressant qui est lié à la surface de Steiner.

Roberts (*R.-A.*). — Sur les trajectoires orthogonales de certains systèmes de cercles. (134-138).

L'auteur considère successivement les cercles coupant orthogonalement un cercle fixe et satisfaisant à une autre condition, les cercles tangents à deux cercles fixes, les cercles doublement tangents à une conique ou à une quartique bicirculaire, les cercles orthogonaux en deux points à une conique.

Hime (*H.-W.-L.*). — Sur une construction géométrique pour obtenir le centre de gravité de trois poids placés aux sommets d'un triangle. (138-141).

Muir (*Thomas*). — Note sur une équation liée à la recherche des petites oscillations d'un système autour d'une position d'équilibre. (141-143).

Buchheim (*Arthur*). — Sur un théorème relatif aux déterminants symétriques. (143-144).

Ces deux articles se rapportent à l'équation en *s* généralisée.

Lacklan (*R.*). — L'équation d'un petit cercle d'une sphère. (145-152).

Lloyd Tanner (*H.-W.*). — Note sur le cas ambigu de la Trigonométrie sphérique. (153-154).

Jenkins (*M.*). — Note sur l'article précédent. (155).

Glaisher (*J.-W.-L.*). — Sur le carré de la série dans laquelle les coefficients sont les sommes des diviseurs des exposants. (156-163).

Mac-Mahon (*P.-A.*). — La multiplication des fonctions symétriques. (164-167).

Buchheim (*Arthur*). — Un théorème sur les matrices. (167-168).

Muir (*Thomas*). — Note sur le développement des circulants. (169-175).

Cette question est identique au fond avec celle qui a donné lieu au travail de M. Forsyth. (40-56).

Cayley. — Sur l'équation en matrices $qQ - Qq' = 0$. (176-178).

Cayley. — Sur la géométrie du compas de Mascheroni. (179-181).

Elliott (*E.-B.*). — Sur les maxima et minima conjugués. (182-185).

Anglin (*A.-H.*). — Quadratures approchées du cercle. (185-189).

JOURNAL DE MATHÉMATIQUES PURES ET APPLIQUÉES, fondé par J. LIOUVILLE et continué par H. RESAL.

3e série, t. X, 1884 (¹).

Lévy (*Maurice*). — Mémoire sur un nouveau cas intégrable du problème de l'élastique et l'une de ses applications. (5-42).

Il s'agit de la déformation d'une verge circulaire qui, en outre des forces ou des couples agissant à ses extrémités, supporte une pression uniformément répartie sur sa fibre moyenne et constamment normale. Une pareille verge se comprime en restant circulaire, mais se trouve ainsi dans un état d'équilibre instable, en ce sens que la moindre déviation l'aplatit plus ou moins si son épaisseur est trop faible par rapport à son rayon.

Quelle doit être cette épaisseur pour que cet accident ne se produise pas? Telle est la question que se pose M. Maurice Lévy. Pour la résoudre, il faut chercher toutes les déformations de grandeur finie que peut amener une déviation accidentelle. L'intégration de l'équation différentielle du second ordre de la fibre moyenne déformée introduit deux constantes u et U qu'on détermine à

(¹) Voir *Bulletin*, IX_2, 12.

l'aide d'un système des deux équations modulaires simultanées :

$$\frac{\pi}{n}\left(\frac{\mathrm{EI}}{p\rho_0^4}\right)^{-\frac{1}{3}}\mathrm{U}^{-\frac{2}{3}}=\int_{-1}^{+1}\frac{dy}{\sqrt{1-y^2}\sqrt{\mathrm{U}^2+\mathrm{U}(1+uy)-\frac{u^2}{4}(1-y^2)}},$$

$$\frac{2\pi}{n}=\int_{-1}^{+1}\frac{2\mathrm{U}(1+uy)-u^2(1-y^2)}{(1+2uy+u^2)\sqrt{1-y^2}\sqrt{\mathrm{U}^2+\mathrm{U}(1+uy)-\frac{u^2}{4}(1-y^2)}},$$

où n est un nombre entier arbitraire, et où E, I, p, ρ_0 sont respectivement le coefficient d'élasticité, le moment d'inertie de la section de l'anneau, la pression par unité de longueur de la fibre moyenne, le rayon de cette fibre après la compression simple sans flexion due à la pression p.

L'entier n étant arbitraire, il pourra se produire en général une infinité de modes de flexion. Mais, si les dimensions de l'anneau sont suffisamment grandes, les deux équations précédentes pourront n'être plus compatibles que pour certaines valeurs de l'entier n, et si ces dimensions sont plus grandes encore, elles pourront devenir incompatibles, quel que soit n. Alors la pièce sera préservée de toute flexion accidentelle : il suffira pour cela de prendre

$$\frac{\mathrm{EI}}{p\rho_0^3}>\frac{4}{9}.$$

Ce nombre $\frac{4}{9}$ ne représente pas la limite la plus faible possible. M. Maurice Lévy assigne à cette dernière la valeur probable $\frac{1}{3}$, induction qui depuis a été justifiée rigoureusement par M. Halphen.

Le Cordier. — Théorie des actions électrodynamiques les plus générales qui puissent être observées. (43-96).

En partant de l'hypothèse des actions directes à distance, Ampère a calculé l'influence mutuelle de deux éléments de courant linéaires. En supposant les actions propagées par un milieu continu, M. Reynard a donné du même problème une solution différente. Le désaccord disparaît quand on évalue la résultante des actions de tous les éléments d'un contour fermé sur un élément de courant; mais les données seules de l'expérience, sur lesquelles s'appuie exclusivement M. Le Cordier, peuvent le faire disparaître indépendamment de toute hypothèse. L'analyse de l'auteur embrasse tous les systèmes de courants fermés à une ou à plusieurs dimensions.

Deux méthodes sont successivement employées : la première repose sur les cas d'équilibre les plus simples, la seconde sur les résultats d'expérience les plus incontestables. Celle-ci exige uniquement qu'on admette que l'action cherchée se réduit à une force unique appliquée à l'élément qui la subit. La première méthode, qui n'implique aucune hypothèse théorique, conduit aux mêmes formules avec autant de rigueur et plus de généralité; on devra la préférer, lorsqu'on aura refait, avec toute la précision désirable, les deux expériences suivantes :

1° Un système fixe de courants fermés ne peut faire tourner un arc circulaire de rhéophore mobile dans son plan autour de son centre.

2° Un pareil système ne peut faire tourner autour de son axe de révolution un fil cylindrique parcouru par un courant.

Joukovsky. — Sur le principe de la moindre action. (97-100).

Démonstration élémentaire du théorème de Serret : la variation du deuxième ordre de la quantité d'action est essentiellement positive.

Farkas. — Sur les fonctions itératives. (101-108).

L'*itérative* de degré k d'une fonction $f(z)$ est définie par la relation récurrente

$$z_k = f(z_{k-1}), \qquad z_0 = z.$$

Lorsque $f(z)$ est holomorphe dans une aire S et que toutes ses itératives sont représentées par des points situés à l'intérieur de cette aire, si z_k tend vers une limite fixe, de quelque manière que l'entier positif k devienne infini, la limite ζ de z_k est racine de l'équation $f(z) = z$ (Schrœder). Dans ce cas les itératives de $f(z)$ sont dites convergentes dans l'aire S.

Si l'aire $f(S)$, domaine du point z_1 quand le point z se meut dans l'aire S, est comprise dans l'aire S et y reste toujours comprise lorsque S se réduit à un point, les itératives de $f(z)$ sont convergentes dans l'aire S.

M. Farkas généralise la notion d'itérative : 1° l'itérative de degré fractionnaire $\frac{n}{m}$ de la fonction $f(z)$ est la fonction dont l'itérative de degré m est égale à l'itérative de degré n de $f(z)$; 2° l'itérative de degré négatif est définie par la relation $f^k(z_{-k}) = z$.

Le problème de l'itération analytique a pour but d'exprimer les itératives d'une fonction analytique par une fonction analytique de l'indice k considérée comme variable indépendante. L'auteur transforme ce problème en montrant que $f^k(z)$ satisfait, pour toutes les valeurs de l'indice, à l'équation de M. Schrœder.

$$\varphi[f^k(z)] = a^k \varphi(z),$$

où a est une constante et φ une fonction définie par la relation

$$\varphi[f(z)] = a\,\varphi(z).$$

L'étude de l'itération analytique est alors réduite à celle de la fonction φ.

Si $f(z)$ est holomorphe dans un cercle décrit d'une des racines ζ de l'équation $f(\zeta) = z$ comme centre avec un rayon plus grand que l'unité, et que l'on ait

$$\operatorname{mod} f'(\zeta) + \tfrac{1}{2} \operatorname{mod} f''(\zeta) + \tfrac{1}{2.3} \operatorname{mod} f'''(\zeta) + \ldots < 1,$$

la fonction φ est holomorphe dans le cercle de rayon 1 décrit du point ζ comme centre.

Legebeke. — Sur une formule générale relative à l'électrisation; par M. R. Clausius.

Soient :

C une surface fermée;
h la densité électrique en un de ses points;

U le potentiel en ce point de la couche de densité h et d'autres couches répandues sur d'autres surfaces données;
V le potentiel au point en question quand on remplace les couches susdites par d'autres de densité η;
$d\omega$ un élément de la surface C.

On aura

$$\Sigma \int U \eta \, d\omega = \Sigma \int V h \, d\omega.$$

Cette formule, qui n'est qu'une transformation de celle de Green, donne comme cas particulier celle de M. Clausius quand on y fait les U et les V constants.

Le Cordier. — Actions mécaniques produites par les aimants et par le magnétisme terrestre. (113-146).

Jablonski. — Recherches sur l'action de la matière pondérable sur l'éther. (147-180).

Fresnel admet que l'éther engagé dans un milieu cristallisé subit des déformations parallèles aux lignes du cristal. Reprenant une idée de Cauchy, M. Jablonski retrouve et calcule la loi de ces déformations, dans l'hypothèse d'une action directe des molécules pondérables sur les particules d'éther. L'expression des déformations une fois connue, on peut former les équations du mouvement de l'éther engagé dans un milieu matériel d'une structure déterminée. On trouve ainsi une relation très simple entre les indices de réfraction et le coefficient de dilatation ou de contraction de l'éther. En discutant le résultat obtenu, on est conduit à cette conclusion : si dans l'éther libre les vibrations longitudinales peuvent se propager, l'éther est repoussé par le milieu pondérable, et la densité moyenne de l'éther dans ce milieu est moindre que celle de l'éther libre.

Cette conclusion est contraire à l'hypothèse de Fresnel, que les densités moyennes de deux milieux éthérés sont inversement proportionnelles aux carrés des vitesses de propagation des vibrations transversales.

Méray. — Exposition nouvelle de la théorie des formes linéaires et des déterminants. (181-280).

Le Cordier. — Actions mécaniques produites par les aimants et le magnétisme terrestre. (281-328).

Jablonski. — Recherches sur l'action de la matière pondérable sur l'éther. (329-365).

Léauté. — Sur l'équilibre et la déformation des pièces circulaires. (367-385).

On est en droit d'admettre que les forces extérieures agissant sur la pièce circulaire peuvent être évaluées comme si cette pièce n'avait pas été déformée, les réactions des appuis pouvant dépendre des déformations. Les équations de l'équilibre se réduisent dès lors à trois équations ordinaires du premier degré et six équations différentielles linéaires à coefficients constants, que les méthodes connues permettent d'intégrer. Ces équations déterminent les neuf inconnues du problème, savoir : les trois composantes de l'effort élastique, l'allongement, le glissement et la flexion en un point, les déplacements de ce point suivant la tangente et la normale, la déviation angulaire de la section normale.

Les intégrales renferment six constantes arbitraires. Ces constantes conservent les mêmes valeurs tant que les efforts élastiques ne subissent pas de variations brusques par le fait de la réaction d'un appui ou de l'action d'une force extérieure de grandeur finie. Si l'on partage la pièce en n tronçons séparés soit par un support, soit par un point d'application de force, il entrera dans la solution $6n$ constantes. M. Léauté montre qu'on aura dans tous les cas $6n$ équations pour les déterminer.

Le problème de l'élimination des douze constantes relatives à deux tronçons contigus amène l'auteur au théorème suivant, qui est la généralisation de celui du Clapeyron sur les trois moments successifs dans une poutre droite à plusieurs travées :

« Dans une pièce circulaire à plusieurs appuis, les réactions d'un point d'appui quelconque peuvent toujours s'exprimer à l'aide des réactions des deux points d'appui immédiatement voisins, et les relations ainsi obtenues sont linéaires. »

Sauvage. — Intégration d'un système d'équations aux différentielles totales. (387-406).

Soit le système

$$(1) \qquad dy_i = (a_{i1}y_1 + \ldots + a_{in}y_n)\,dx_1 + \ldots + (l_{i1}y_1 + \ldots + l_{in}y_n)\,dx_p$$
$$(i = 1, 2, \ldots, n),$$

où les $a, b, \ldots, l$ désignent des constantes. Il admet au moins une intégrale de la forme

$$y_i = A_i e^{r'_1 x_1 + \ldots + r'_p x_p},$$

où chaque nombre r'_k satisfait à l'équation caractéristique

$$(2) \qquad \begin{vmatrix} g_{11} - r_k & \ldots & g_{1n} \\ \ldots\ldots & \ldots & \ldots \\ g_{n1} & \ldots & g_{nn} - r_k \end{vmatrix} = 0.$$

Si toutes les équations caractéristiques ont leurs racines distinctes, voici la règle pour intégrer le système (1).

Les équations du premier degré

$$A_1 g_{i1} + \ldots + A_i(g_{ii} - r_k) + \ldots + A_n g_{in} = 0$$

admettront une solution déterminée pour les valeurs proportionnelles de A_1, $A_2, \ldots, A_n$. Les racines des autres équations caractéristiques seront déterminées successivement par l'une des séries de rapports

$$\frac{r'_1}{A_1 a_{i1} + \ldots + A_n a_{in}} = \ldots = \frac{r'_k}{A_1 g_{i1} + \ldots + A_n g_{in}} = \ldots = \frac{r'_p}{A_1 l_{i1} + \ldots + A_n l_{in}},$$

où r'_k représente successivement toutes les racines de l'équation (2). On pourra ainsi former n solutions, constituant un système *fondamental*

$$y_{ik} = A_{ik} e^{r'_{1k} x_1 + \ldots + r'_{pk} x_p} \qquad (k = 1, 2, \ldots, n).$$

Dans le cas général où toutes les équations caractéristiques n'ont pas leurs racines distinctes, la méthode d'intégration doit être modifiée suivant une règle indiquée par l'auteur.

Au système (1) se ramène le système

$$dy_i = (a_{i1} y_1 + \ldots + a_{in} y_n) \frac{dx_1}{x_1} + \ldots + (l_{i1} y_1 + \ldots + l_{in} y_n) \frac{dx_p}{x_p},$$

par la transformation

$$x_k = e^{u_k}.$$

Appell. — Sur une formule de M. Tisserand et sur les fonctions hypergéométriques de deux variables. (407-428).

Soit

$$\frac{1}{(1 - 2\theta z + \theta^2)^{\frac{p-1}{2}}} = \sum_{N=0}^{N=\infty} \theta^N P^{(N)}(p, z).$$

M. Tisserand s'est proposé de trouver une formule générale donnant le développement du polynôme $P^{(N)}(p, z)$ suivant les cosinus des multiples de x et y quand on pose

$$z = \mu \cos x + \nu \cos y.$$

Ce développement est de la forme

$$P^{(N)}(p, z) = 4 \sum B_{i,j}^{N,p} \cos ix \cos iy.$$

M. Appell a montré précédemment que les coefficients $B_{ij}^{N,p}$ peuvent, quels que soient p, μ, ν, s'exprimer à l'aide d'une des fonctions hypergéométriques de deux variables qu'il a étudiées dans le *Journal de Math. pures et appliquées*, année 1882. Il signale actuellement une propriété de ces coefficients qui les rapproche des fonctions sphériques : c'est que l'intégrale double

$$\iint \mu\nu (1 - 2\mu^2 - 2\nu^2)^{\frac{p-1}{2} - 2} B_{ij}^{N,p} B_{i,j}^{N_1,p} \, d\mu \, d\nu$$

$\left(\text{où } \frac{p-1}{2} - 1 > 0\right)$, étendue aux limites

$$\mu \geq 0, \quad \nu \geq 0, \quad 1 - 2\mu^2 - 2\nu^2 \geq 0,$$

est nulle tant que N diffère de N_1.

Dans l'application à la Mécanique céleste que M. Tisserand avait en vue, on a

$$\mu = \cos^2 \frac{J}{2}, \qquad \nu = \sin^2 \frac{J}{2}.$$

Dans ce cas, le coefficient $B_{ij}^{N,p}$, considéré comme fonction de J, vérifie une équation linéaire du troisième ordre, déjà indiquée mais non complètement formée par M. Callandreau. Après quelques réflexions générales sur les équations linéaires aux dérivées partielles, M. Appell forme l'équation du troisième ordre à laquelle satisfait $B_{ij}^{N,p}$.

Gilbert. — Sur quelques conséquences de la formule de Green et sur la théorie du potentiel. (429-444).

Cette Note, rédigée dans un but didactique, a pour objet principal la démonstration rigoureuse des théorèmes de Gauss sur la possibilité de couvrir une surface de matière agissante de façon que le potentiel de la couche satisfasse à certaine condition. L'auteur suit à peu près la même marche que M. Betti.

ANNUAIRE DE L'ACADÉMIE ROYALE DES SCIENCES, DES LETTRES ET DES BEAUX-ARTS DE BELGIQUE. Bruxelles, Hayez, in-18 (¹).

Tome XLV; 1879.

Tilly (J. de). — Notice sur la vie et les travaux de A.-H.-E. Lamarle, Associé de l'Académie, né à Calais le 16 septembre 1806, mort à Douai le 14 mars 1875. (205-254).

Anatole-Henri-Ernest Lamarle, né à Calais le 16 septembre 1806, mort à Douai le 14 mars 1875, a été professeur de construction à l'école du Génie civil de Gand, de 1838 à 1867. Il a publié, principalement dans les *Recueils de l'Académie de Belgique* dont il faisait partie depuis 1847, un grand nombre de Mémoires dont la plupart ont pour objet une théorie cinématique des courbes et des surfaces, basée sur l'idée fondamentale suivante : « Une courbe est la trace d'un point qui se meut sur une droite (tangente à la courbe), tandis que la droite tourne autour du point ». La plupart des résultats obtenus par lui en Géométrie cinématique sont résumés dans son Ouvrage intitulé : *Exposé géométrique du Calcul différentiel et intégral,* 1861 et 1863; Paris, Gauthier-Villars. Néanmoins il importe de signaler ici quelques autres de ses travaux : 1° *Étude approfondie sur deux équations fondamentales du Calcul différentiel*, 1855 (*Mémoires de l'Académie de Belgique*, t. XXIX), où, en cherchant à établir l'existence de la dérivée des fonctions continues, il montre l'insuffisance des démonstrations antérieures et arrive à maints résultats curieux sur les limites d'oscillation du rapport $(\Delta F x : \Delta x)$; 2° un essai de *Démonstration du postulatum d'Euclide*, 1856 (*Bulletins de l'Académie de Belgique*, t. XXXIII), où il introduit une notion nouvelle, celle de *ligne équidistante* de la droite, dont

(¹) Voir *Bulletin*, 2ᵉ série, t. III p. 41-43.

de Tilly a montré toute l'importance; 3° un petit Mémoire inséré dans le t. XIX des *Bulletins de l'Académie de Bruxelles*, où il a, le premier (avant Foucault), indiqué l'usage du gyroscope pour prouver la rotation de la Terre; 4° deux Mémoires *Sur la stabilité des systèmes liquides en lames minces* (*Mémoires de l'Académie de Bruxelles*, t. XXXV, XXXVI, 1865, 1867), où il démontre les principales propriétés des systèmes laminaires de M. Plateau d'une manière extrêmement remarquable.

Tome XLVI; 1880.

Mailly (*E.*). — Notice sur Ernest Quetelet. (169-216).

Ernest Quetelet, fils du célèbre statisticien Adolphe Quetelet, est né à Bruxelles le 7 août 1825 et mort à Ixelles le 6 septembre 1873. On lui doit, comme géomètre, une généralisation de la théorie des foyers; comme astronome, un Catalogue des étoiles à mouvement propre, quand celui-ci est au moins d'un dixième de seconde.

Tome XLVII; 1881.

Ne contient de Notice sur aucun mathématicien.

Tome XLVIII; 1882.

Ne contient de Notice sur aucun mathématicien.

Tome XLIX; 1883.

Liagre (*J.-B.-J.*). — Le colonel Émile-Henri-Joseph Adan. (307-340).

Adan, né à Bruxelles, le 18 octobre 1830, mort à Ixelles, le 13 janvier 1882, a pris une grande part aux travaux relatifs à la triangulation du royaume de Belgique et s'est occupé de diverses questions de Géodésie générale, qui ont été annoncées dans le *Bulletin*. Son Ouvrage le plus important est toutefois celui qui est intitulé : *Probabilité du tir et appréciations des distances à la guerre*. (1 vol. in-8°). Bruxelles, 1866.

MÉMOIRES couronnés et Mémoires des savants étrangers publiés par l'Académie royale des Sciences, des Lettres et des Beaux-Arts de Belgique; Bruxelles, F. Hayez. In-4° (1).

Tome XLII; 1879.

Lagrange (*C.*). — De l'origine et de l'établissement des mouvements astronomiques, Ire Partie. (48 p. et 1 pl.).

Voici les conclusions de l'auteur :

« Une masse déformable soumise à l'attraction d'un système matériel prend généralement un mouvement accéléré de rotation sur elle-même, qu'elle soit libre dans l'espace ou douée d'un point fixe.

» L'effet de la rotation est non seulement d'allonger la masse déformable par rapport à son axe de rotation et par conséquent de rendre son équateur plan de maximum d'attraction, mais encore de déplacer les axes d'attraction maxima de cette masse, produits par l'attraction d'un système matériel, dans le sens de sa rotation, ces axes se trouvant donc toujours en avance sur la position qu'ils occuperaient si la rotation n'existait pas.

» Un point matériel soumis à l'attraction d'une masse déformable en rotation peut, dans une circonstance particulière, décrire une conique déterminée par sa position et sa vitesse.

» Une masse déformable soumise à l'attraction d'une autre masse déformable en rotation prend une rotation de même sens. »

Les masses déformables dont il est question dans le Mémoire ne peuvent se déformer que d'une manière déterminée. L'auteur espère montrer que l'attraction réciproque a donné lieu à des systèmes déformables, comme il les a admis.

Lagrange (*C.*). — De l'origine et de l'établissement des mouvements astronomiques, IIe Partie. (70 p.).

Van der Mensbrugghe et Folie. — Rapport sur ce Mémoire. *Bull. de Belgique* (2), t. XLVII. (4-15).

Application des principes exposés dans la première Partie. Voici le sommaire du Mémoire :

On peut concevoir un état initial du système solaire, tel que, sous l'influence des forces attractives et répulsives, les masses qui le composent se soient trouvées dans les conditions supposées dans le premier Mémoire. Ces masses ont donc pu prendre des mouvements de rotation. Les révolutions de ces masses, telles que nous les observons, ont pu s'établir aux dépens de ces mouvements de rotation, si l'on suppose un milieu résistant interplanétaire. L'auteur ne suppose plus, comme dans son premier travail, que la rotation du Soleil soit une suite de l'action des

(1) Voir *Bulletin*, 2e série, t. III, p. 39-41.

planètes; il fait intervenir maintenant l'influence d'autres étoiles. Selon lui, d'ailleurs, les planètes sont des globes formés indépendamment du Soleil, en dehors de son atmosphère. Dans une Note qui vient après le Mémoire principal, il répond à diverses objections de M. Folie, au point de vue de la Thermodynamique, en se basant sur une conception spéciale relative à la constitution de la matière. Suivant lui, l'Univers est plein : la matière ordinaire est douée d'une attraction constante; une autre matière remplissant tous les vides de la première est douée d'une action répulsive qui peut être nulle (zéro absolu de température). Les atomes sont de petits volumes sphériques complètement occupés par la matière attractive, volumes qui, à l'origine, étaient à des distances finies les uns des autres.

Le Paige (*C.*). — Mémoire sur quelques applications de la théorie des formes algébriques à la Géométrie. (71 p.).

Folie (*F.*). — Rapport sur ce Mémoire [*Bull. de Belgique* (2), t. XLV, p. 158-166].

Nous renvoyons au Rapport de M. Folie pour une analyse du travail de M. Le Paige. Dans ce Mémoire, le savant géomètre expose sous une forme systématique et complète ses recherches antérieures sur les rapports anharmoniques du $n^{ième}$ ordre, l'homographie et les involutions d'ordre supérieur.

Souillart. — Mouvements relatifs de tous les astres du système solaire, chaque astre étant considéré individuellement.

Catalan. — Rapport sur ce Mémoire [*Bull. de Belgique* (2), t. XLVIII, p. 96-102].

Dans ce Mémoire, l'auteur embrasse, dans une même recherche, l'ensemble des mouvements tant de rotation que de translation de tous les astres à la fois considérés individuellement; autrement dit, il traite les questions les plus générales dont s'occupe la Mécanique céleste, en s'interdisant les diverses simplifications habituellement adoptées (réduction de chaque planète à son centre de gravité, étude séparée des diverses actions des corps perturbateurs, etc.). Le premier paragraphe est consacré au calcul d'une valeur approchée du potentiel de deux masses; le second et le troisième aux équations générales des mouvements de translation et de rotation des planètes et des satellites; le quatrième traite des fonctions perturbatrices beaucoup plus compliquées naturellement que celles que l'on rencontre en Mécanique céleste, où l'on a fait les simplifications dont il est parlé plus haut. Enfin, le dernier paragraphe, qui est le plus étendu, a pour titre : *Équations relatives aux plans des orbites et des équateurs* et contient la proposition suivante, dont la démonstration est regardée par l'auteur comme l'objet principal de son travail :

« Si l'on néglige les termes qui seraient du troisième degré par rapport aux excentricités et aux inclinaisons, les déplacements séculaires des plans des orbites et des équateurs de tous les astres qui composent le système solaire dépendent d'un système d'équations linéaires, tout pareil à celui que l'on obtient habituellement pour déterminer les déplacements séculaires des plans des orbites planétaires. »

Van Ertboon. — Observations de la planète Mars, faites pendant l'opposition de 1877. (8 p. et 3 pl.).

Houzeau. — Rapport sur ce Mémoire [*Bull. de Belgique* (2), t. XLVII, p. 325].

Tome XLIII.

Lagrange (*C.*). — Recherches sur l'influence de la forme des masses dans le cas d'une loi quelconque d'attraction diminuant indéfiniment quand la distance augmente, comme préliminaire de la théorie de la cristallisation (33 p.).

Van der Mensbrugghe (*G.*). — Rapport sur ce Mémoire [*Bulletin de l'Académie de Belgique* (2), t. XLVIII, p. 453-457].

L'auteur démontre d'abord le théorème suivant :

« Quand l'attraction s'exerce suivant une loi telle qu'elle soit une fonction de la distance rapidement décroissante, une masse quelconque agit, à des distances suffisamment grandes, avec des énergies maxima moyennes et minima suivant trois directions rectangulaires qui sont respectivement les axes d'inertie minimum moyen et maximum de la masse considérée. »

Il déduit de ce théorème les deux propositions suivantes :

« Les positions relatives d'un point et d'un système matériels soumis à leur attraction mutuelle sont déterminées par les axes d'équilibre stable du système. Les axes d'inertie minimum moyen et maximum du système sont respectivement axes d'équilibre, stable dans un plan et instable dans un plan perpendiculaire, enfin instable.

» Les conditions d'équilibre du centre d'inertie O d'un système M soumis à l'attraction d'un autre système N dépendent à la fois de la position de O par rapport à N et de l'orientation de M dans l'espace. En particulier, l'équilibre est toujours stable quand les axes d'inertie minimum coïncident; toujours instable quand les axes d'inertie maximum coïncident; enfin tantôt stable, tantôt instable quand un axe d'inertie d'une espèce de M coïncide avec un axe d'inertie d'espèce différente dans N. »

De ces théorèmes et de quelques autres sur l'existence d'axes d'attractions secondaires, il déduit la division habituelle des cristaux en six systèmes.

Tome XLIV; 1882.

Ribaucour (*A.*). — Étude sur les élassoïdes ou surfaces à courbure moyenne nulle. (VI-236 p.).

Analyse dans la première Partie du *Bulletin*, 2e série, t. VI, pp. 11-14.

Lagrange (*C.*). — Exposition critique de la méthode de Wronski pour la résolution des problèmes de Mécanique céleste. (70 p.).

Voir l'analyse de ce travail dans les *Bulletins de l'Académie royale de Belgique*, 2ᵉ série, t. III, p. 5-13. *Voir* plus haut, p. 126.

Tome XLV; 1883.

Ne contient aucun Mémoire de Mathématiques.

ANNALI DI MATEMATICA PURA ED APPLICATA. Diretti da prof. Francesco Brioschi (¹).

Série II, tome XII.

Arcais (*F. d'*). — Sur le degré et les discriminants d'une équation algébrique différentielle du premier ordre entre quatre variables et de son équation primitive complète. (1-11).

Soit $f = 0$ l'équation algébrique par rapport aux variables et aux constantes, qui définit l'intégrale complète d'une équation aux dérivées partielles du premier ordre $F = 0$, que l'on suppose admettre une telle intégrale. M. Casorati a trouvé que, si n est le degré de f par rapport aux constantes, le degré de F par rapport aux dérivées partielles est en général n^2, lorsqu'il y a deux variables indépendantes. L'auteur prouve que, s'il y a trois variables indépendantes, le degré de F par rapport aux dérivées est en général n^3. Les cas de réduction du degré de F correspondent à des propriétés des discriminants de f et F considérés respectivement comme fonctions des constantes et des dérivées. L'auteur en ramène l'étude à celle des singularités ordinaires d'une certaine surface représentative.

Pincherle (*S.*). — Sur les systèmes de fonctions analytiques, et les séries formées avec ces mêmes fonctions. (11-42).

L'auteur remarque que les propriétés les plus importantes des fonctions sphériques ne sont pas spéciales à ces fonctions. Il s'attache, dans ce Mémoire, à donner une définition de toute une classe de fonctions qui résultent, comme les fonctions sphériques, du développement d'une fonction de deux variables $T(u, v)$, suivant les puissances de l'une de ces deux variables, en sorte que

$$T(u, v) = \Sigma p_n(u) v^n.$$

(¹) Voir *Bulletin*, 2ᵉ série: t. VIII, p. 189.

L'auteur apprend à déterminer les régions du plan dans lesquelles convergent les développements de la forme

$$\Sigma c_n p_n(u).$$

Le problème de la représentation d'une fonction donnée à l'aide d'une telle série se résout par une simple application du théorème de Cauchy, du moment que l'on admet l'existence de fonctions associées $q_n(x)$, telles que l'on ait

$$\frac{1}{y-x} = \Sigma p_n(x) q_n(y),$$

dans un champ convenablement limité.

L'auteur termine en reprenant ce problème par une méthode directe indépendante du théorème de Cauchy.

Il cherche à déterminer un système de fonctions $q_n(x)$ par les conditions

$$\int p_m(x) q_n(x)\, dx = 0 \quad \text{si } m \gtrless n,$$
$$\int p_m(x) q_n(x)\, dx = \mathrm{C}, \quad \text{si } m = n,$$

où les intégrales sont prises suivant un contour convenable, qu'il s'agira de déterminer. Il s'appuie, pour cela, sur des propriétés de certains groupes doublement infinis de nombres dont il fait une étude approfondie.

Ricci (*G.*). — Sur quelques systèmes d'équations différentielles. (42-49).

Un nombre fini de constantes arbitraires suffit pour assurer la généralité de la solution d'une équation différentielle ordinaire, au sens qu'Ampère a précisé pour le mot général. La même propriété subsiste pour certains systèmes complets d'équations aux dérivées partielles d'un ordre m quelconque, dans lesquels les dérivées de l'ordre m sont, ou peuvent être, exprimées à l'aide des variables indépendantes, des fonctions inconnues et de leurs dérivées d'ordre inférieur à m. Le cas du second ordre est spécialement étudié par l'auteur, qui le ramène à la considération d'un système complet et jacobien du premier ordre.

Brioschi (*F.*) — Sur la théorie des fonctions elliptiques. (49-73).

L'auteur considère les deux fonctions

$$\mathrm{F}_\alpha(\omega) = (-1)^\alpha q^{\frac{\alpha^2}{n}} i\theta_1(\alpha\omega\pi, n\omega);$$
$$\mathrm{G}_{\beta,s}(\omega) = -(-1)^\beta i \frac{\theta_1\left(\frac{\beta\pi}{n}, \frac{\omega+8s}{n}\right)}{\sqrt{(-1)^{\frac{n-1}{2}} n}},$$

qui pour $n=3$, $s=0$ reproduisent la fonction de Dedekind

$$\eta(\omega) = q^{\frac{1}{12}} \prod_r (1-q^{2r}) = \sum_m q^{\frac{(6m+1)^2}{12}},$$

sidérée aujourd'hui comme le meilleur Traité réellement classique; malheureusement, il est fort incomplet.

N'était-ce pas rendre service à bon nombre de personnes que de faire paraitre un Traité très-élémentaire dans ses principes, mais cependant assez complet pour permettre de lire tout ce qui a été écrit sur la matière? C'est cette pensée qui a inspiré la publication du présent Ouvrage, qui peut être considéré comme une véritable introduction au Traité de Laplace, quoiqu'il forme à lui seul un corps assez étendu pour embrasser toute la science des hasards

---

TABLE DES MATIÈRES.

Paris. — Imprimerie de GAUTHIER-VILLARS, quai des Augustins, 55.

TABLE DES MATIÈRES.

NOVEMBRE 1886.

Comptes rendus et analyses.

Mélanges.

Revue des publications.

Paris. — Imprimerie de GAUTHIER-VILLARS, quai des Augustins, 55.

Le Gérant : Gauthier-Villars.

où l'on fait $\omega = i\frac{K'}{K}$ et $q = e^{i\pi\omega}$; n est un nombre premier, et α, β deux entiers qui peuvent prendre les valeurs o, 1, ..., $\frac{n-1}{2}$.

La fonction $G_{\beta,\epsilon}(\omega)$ s'exprime linéairement à l'aide des fonctions F, et de plus on a

$$F_{n-\alpha}(\omega) = -F_\alpha(\omega),$$
$$F_{n+\alpha}(\omega) = +F_\alpha(\omega).$$

Après avoir établi plusieurs autres formules qui lient les fonctions F et G, l'auteur introduit les fonctions

$$y_\alpha = \frac{F_\alpha(\omega)}{\eta(\omega)}, \qquad \xi_{\beta,\epsilon} = \frac{G_{\beta,\epsilon}(\omega)}{\eta(\omega)},$$

qui donnent encore lieu a diverses relations; les premières ont été déjà considérées par M. Klein (*Math. Ann.*, vol. XVII, p. 565).

Le carré de la fonction $\eta(\omega)$ vérifie une équation linéaire du second ordre. M. Brioschi donne une extension de cette propriété et démontre plusieurs propositions qui intéressent la théorie des équations modulaires.

Dans la seconde Partie du Mémoire, M. Brioschi développe les cas $n = 5$, 7 et 11.

Martinetti (*V.*). — Les involutions de troisième et de quatrième classe. (74-107).

M. Bertini, dans les *Rendiconti* de l'Institut Lombard (2ᵉ série, t. XVI), a donné la configuration des points fondamentaux, et la construction de toutes les involutions de de Jonquières, et de celles de la première et de la deuxième classe. L'auteur continue le même sujet pour la troisième et la quatrième classe.

Pincherle. — Sur les systèmes de fonctions analytiques et les développements en série formés avec ces fonctions. (107-134).

L'auteur continue l'étude commencée ci-dessus.

Il cherche dans quels cas *zéro* peut être ou bien ne peut pas être développé en série de fonctions $p_n(x)$; et, par suite, dans quels cas le développement d'une fonction donnée suivant les fonctions $p_n(x)$ peut être effectué de plusieurs manières ou bien d'une seule. L'auteur retrouve les polynômes étudiés par M. Appell, et les développements considérés par MM. Fröbenius et Lindemann.

Appell. — *Sur une classe de polynômes* (*Ann. de l'École Normale*, 1880).

Frobenius. — *Ueber die Entwickelungen die nach gegebenen Functionen fortschreiten* (*Crell*, t. 73).

Lindemann. — *Entwickelungen der Functionen einer complexen Variabeln nach Lamé'schen Functionen* (*Math. Annalen*, t. XIX).

Ricci (*G.*). — Principes d'une théorie des formes quadratiques de différentielles. (135-168).

Au tome V des *Annali di Mathematica* (p. 178), Schlæfli a montré qu'une forme quadratique positive de différentielles à n variables peut toujours se déduire d'une forme quadratique à $(n+h)$ variables à *coefficients constants*, où $\nu \leq h \leq \frac{n(n-1)}{2}$.

Cette remarque est le point de départ des recherches de l'auteur. La valeur minimum de l'entier h pour une forme donnée est la *classe* de la forme, supposée irréductible, c'est-à-dire non réductible à un nombre moindre de variables. Cette supposition est importante, aussi l'auteur consacre-t-il un premier paragraphe à la recherche des caractères de réductibilité d'une forme. Il passe ensuite à l'étude des formes de classe *zéro*, c'est-à-dire de celles qui dérivent d'une forme à coefficients constants d'un même nombre de variables. En s'appuyant sur son Mémoire précédemment analysé, il retrouve les résultats déjà connus, dus à Riemann, Christoffel et Lipschitz. Il termine son Mémoire par l'étude analogue pour le cas de la première classe.

Jung (*G.*). — Sur l'équilibre des polygones articulés en connexion avec le problème des configurations. (169-238).

Sabinisse (*G.*). — Sur le principe de la moindre action. (239-265).

Padova. — Sur la théorie des mouvements relatifs. (265-282).

Bour (*Journal de Liouville*, 1863) a ramené le problème du mouvement relatif d'un point ou système de points à la détermination d'une solution complète d'une équation aux dérivées partielles du premier ordre, dans le cas où le système par rapport auquel a lieu le mouvement relatif est un système rigide. C. Neumann a traité le même problème dans le *Zeitschrift* de Schlömilch, 1866. L'auteur reprend la question dans toute sa généralité, en supposant mobile et déformable le système par rapport auquel a lieu le mouvement relatif. Il ramène encore le problème à la détermination de l'intégrale complète d'une certaine équation aux dérivées partielles du premier ordre. Il déduit de ses formules, avec la plus grande facilité, celles trouvées par Bour pour le cas d'un système invariable de référence et envisage particulièrement le cas où l'une des variables est absente dans l'expression de la force vive, et dans l'expression de la fonction de force; on rencontre encore ici des particularités analogues à celles que Jacobi a trouvées dans le cas ordinaire du mouvement absolu. Le Mémoire se termine par plusieurs applications, notamment le mouvement d'un point attiré par deux centres qui s'éloignent l'un de l'autre avec une vitesse constante, en suivant la droite qui les joint.

Krazer (*A.*). — Sur la composition de substitutions linéaires entières de déterminant *un* avec un nombre minimum de substitutions fondamentales. (283-300).

Bertini. — Contribution à la théorie des 27 droites et des 45 plans tritangents d'une surface du troisième ordre. (301-346).

G. K.

MÉMORIAL DE L'OFFICIER DU GÉNIE (¹).

2ᵉ série, tome XXVI; 1885.

La France est une des rares puissances militaires qui ne possède pas encore un recueil périodique ou quelque publication spécialement destinée à intéresser le public aux questions techniques relatives à l'art de l'ingénieur militaire. Nous avons bien, depuis 1872, la *Revue d'Artillerie;* mais nous n'avons fait que suivre en cela l'exemple de plusieurs de nos voisins, tandis que la Belgique, l'Espagne, l'Autriche, l'Allemagne, l'Italie, l'Angleterre, la Russie et d'autres nations encore possèdent depuis longtemps des recueils, journaux ou annuaires consacrés à des études toutes militaires, et où se trouvent exposés les progrès apportés à l'armement, à la construction et à la défense des places fortes.

En France, le *Mémorial* n'y supplée qu'imparfaitement, car il ne paraît qu'à des intervalles irréguliers. Le nº 26 vient, en effet, d'être publié après neuf ans d'interruption. Ceci fait compensation avec d'autres années où l'on a édité deux numéros du *Mémorial* (en 1872 et en 1874); mais il nous semble que, pour publier vingt-six volumes en quatre-vingt-deux ou quatre-vingt-trois ans, il aurait été préférable de les échelonner à des intervalles moins longs. Le vœu que nous exprimions en 1876 ne s'est donc point réalisé, et, après avoir espéré une certaine régularité dans la publication des numéros du *Mémorial,* il semble que celle-ci ait repris le caractère capricieux et insaisissable du mode d'apparition des volumes antérieurs à 1872.

Le volume nouvellement paru ne renferme pas de Mémoires se rattachant à des théories mathématiques, à l'exception d'une Note sur la quadrature des courbes planes. Tous les autres articles se rapportent plus spécialement à la pratique des constructions ou à de récentes applications de la Physique aux arts militaires. Nous n'en ferons donc ici que l'énumération, comme pour les précédents Volumes du *Mémorial.*

Peaucellier. — De la salubrité des constructions casematées au point de vue des phénomènes d'hygrométrie dus à la ventilation. (39-61, 5 fig.).

Mangin. — Note au sujet de l'établissement des communications optiques entre les îles Maurice et de la Réunion. (62-74, 1 pl.).

Parmentier. — Note sur la quadrature des courbes planes. (75-89, 2 fig.).

L'auteur a publié en 1855, dans le nº 16 du *Mémorial* et dans le t. XIV, 1ʳᵉ série, des *Nouvelles Annales de Mathématiques,* une formule alors nouvelle,

(¹) Voir *Bulletin*, XI, p. 244, III₂, p. 75.

résultant d'un perfectionnement de la formule de Poncelet, qui a pour expression

$$S = h\left(2\Sigma y_i + \frac{y_0 + y_{2n}}{4} - \frac{y_1 + y_{2n-1}}{4}\right).$$

Le présent article a pour objet de montrer l'avantage que donne la modification suivante :

$$S = h\left(2\Sigma y_i + \frac{y_0 + y_{2n}}{6} - \frac{y_1 + y_{2n-1}}{6}\right).$$

La démonstration en a été exposée pour la première fois en 1875 au Congrès de Nantes et dans le t. XV, 1876, 2ᵉ série, des *Nouvelles Annales*, et elle est reproduite ici.

Le même sujet a été repris, avec plus de détails, en 1882, au Congrès de la Rochelle, et enfin une discussion complète des différentes formules de quadrature approchée a été présentée dans un *Supplément* au t. I, 1881, de *Mathesis* par M. P. Mansion (*Bulletin*, VI_2, p. 193-195).

Boulanger. — Sur les progrès de la science électrique et les nouvelles machines d'induction. (90-260, 50 fig.).

Colson. — État actuel de la télégraphie optique et de l'éclairage électrique. (261-286, 3 fig., 3 pl.).

Renard (P.-G.), Peaucellier, Perboyre, Guinot, Coville, Porez. — Notes diverses sur l'art des constructions (ventilation, assainissement, terrassements, etc.). (287-338, 25 fig.)

Grillon. — Les hôpitaux militaires en Prusse et en Saxe. (339-399, 14 pl.).

H. B.

ANNALES SCIENTIFIQUES DE L'ÉCOLE NORMALE SUPÉRIEURE, PUBLIÉES SOUS LES AUSPICES DU MINISTRE DE L'INSTRUCTION PUBLIQUE, PAR UN COMITÉ DE RÉDACTION COMPOSÉ DE MM. LES MAÎTRES DE CONFÉRENCES DE L'ÉCOLE (1).

Troisième série, t. I, 1884; Supplément.

Kœnigs. — Sur les intégrales de certaines équations fonctionnelles. (3-41).

Soit $\varphi(z)$ une fonction uniforme dans tout l'intérieur d'une région R et telle que, si z est intérieur à cette région, il en est de même du point $z_1 = \varphi(z)$

(1) Voir *Bulletin*, IX_2, 151.

les points de la suite $z, z_1, z_2, \ldots$ définis par la relation récurrente $z_{i+1} = \varphi(z_i)$ sont tous intérieurs à la région R. Lorsque cette suite converge *régulièrement* vers un point x qui n'est pas pour $\varphi(z)$ un point essentiel, on sait que x est un zéro de la fonction $z - \varphi(z)$, vérifiant l'inégalité $\operatorname{mod}\varphi'(x) < 1$.

Dans ses recherches sur les substitutions uniformes (*Bulletin des Sciences mathématiques*, 1883), M. Kœnigs a démontré la proposition réciproque : Si x est un zéro de la fonction $z - \varphi(z)$ vérifiant l'inégalité $\operatorname{mod}\varphi'(x) < 1$, le point x est le centre d'un cercle C_x à l'intérieur duquel $\varphi(z)$ est holomorphe et $\dfrac{\varphi(z) - x}{z - x}$ reste toujours inférieur à l'unité d'une quantité finie.

L'auteur apprend actuellement à former la limite $B(z)$ du rapport $\dfrac{\varphi_p(z) - x}{[\varphi'(x)]^p}$: c'est une fonction holomorphe dans tout le cercle C_x ; elle jouit d'une propriété importante exprimée par la relation

$$B(z) = \frac{1}{\varphi'(x)} B[\varphi(z)].$$

Donc $B(z)$ est, pour une valeur particulière de la constante c, une solution de l'équation fonctionnelle de M. Schrœder

$$\Xi[\varphi(z)] = c\,\Xi(z),$$

et toute solution de cette équation, qui est holomorphe ou méromorphe au point x, ne diffère que par un facteur constant d'une puissance entière positive ou négative de $B(z)$.

L'équation d'Abel

$$\Xi[\varphi(z)] = 1 + \Xi(z)$$

se déduit de la précédente en prenant les logarithmes des deux membres et divisant par $\log c$. Il en résulte qu'elle ne peut avoir aucune solution holomorphe ni méromorphe au point x, et qu'elle en admet une et une seule pour laquelle ce point est un point logarithmique, savoir

$$b(z) = \frac{\log B(z)}{\log\varphi'(x)}.$$

Les intégrales générales des équations d'Abel et de M. Schrœder sont respectivement

$$b(z) + \Omega[b(z)], \quad B(z)\,\Omega[b(z)],$$

Ω désignant une fonction périodique quelconque, de période égale à l'unité.

Ces deux équations sont d'ailleurs des cas particuliers d'équations fonctionnelles plus générales

$$\Xi[\varphi(z)] = \Xi(z) + f(z), \qquad \Xi[\varphi(z)] = \frac{1}{g(z)}\Xi(z),$$

où $f(z)$ et $g(z)$ sont des fonctions holomorphes à l'intérieur du cercle C_x, dont la première prend au point x la valeur zéro et la seconde la valeur 1. M. Kœnigs donne le moyen d'intégrer ces équations plus générales.

Les points limites à *convergence régulière* ne sont pas les seuls points à considérer. L'auteur, dans son premier travail, en a défini d'autres à *conver-*

gence périodique pour lesquels il pose et résout le problème de l'intégration des équations fonctionnelles d'Abel et de M. Schræder.

Dans la voie qu'il a suivie, M. Kœnigs a été précédé par MM. Schræder et Korkine; mais le caractère propre de ses recherches est la réduction au nombre minimum nécessaire des hypothèses qui servent de base aux travaux de ces deux analystes. Ces hypothèses, qui se ramènent à une seule, celle de l'holomorphisme, portent soit sur la possibilité de certaines différentiations, soit sur l'existence de certaines limites.

Troisième série, t. II, 1885.

Appell. — Développement en série des fonctions doublement périodiques de troisième espèce. (9-36).

Dans un précédent travail (*Ann. de l'École Normale*, 1884), M. Appell a montré qu'une fonction uniforme $F(z)$ vérifiant les deux équations

$$F(z+2K)=F(z), \qquad F(z+2iK')=e^{-\frac{m\pi z i}{K}}F(z),$$

et n'ayant que des pôles dans un parallélogramme des périodes $2K$ et $2iK'$, peut être décomposée en une partie entière (toujours nulle lorsque l'entier m est négatif) et en une somme d'éléments simples

$$\chi_\mu(z,a)=\frac{\pi}{2K}\sum_{n=-\infty}^{n=+\infty}e^{\frac{\mu n\pi a i}{K}}q^{\mu n(n-1)}\cot\frac{\pi}{2K}(z-a-2niK'),$$

n'ayant qu'un pôle a dans chaque parallélogramme.

Il se propose actuellement de développer en série suivant les puissances de q les fonctions

$$\chi_\mu(x+iK',a+iK'),\quad \chi_\mu(x+iK',a),\quad \chi_\mu(x,a+iK'),\quad \chi_\mu(x,a).$$

Ces développements une fois connus, il suffit, pour former les développements en série de toutes les fonctions doublement périodiques de troisième espèce, d'appliquer à ces fonctions la formule de décomposition en éléments simples et de développer ensuite chaque élément.

Les résultats auxquels parvient M. Appell confirment une loi vérifiée par M. Biehler sur un grand nombre d'exemples et complètement démontrée par M. Hermite dans un travail inédit.

Si l'on développe une fonction doublement périodique de troisième espèce en une série ordonnée suivant les puissances de q, on voit apparaître dans les sinus et cosinus qui forment le coefficient de $q^{\frac{N}{4}}$ les combinaisons $\frac{\delta'\pm m\delta}{2}$ des diviseurs conjugués de N ($N=\delta\delta'$), le signe $+$ convenant au cas où il y a au numérateur m fonctions Θ de plus qu'au dénominateur et le signe $-$ au cas où il y a au dénominateur m fonctions Θ de plus qu'au numérateur.

Goursat. — Sur les transformations rationnelles des équations différentielles linéaires. (37-66).

L'auteur généralise les résultats auxquels il est parvenu antérieurement en étudiant les intégrales rationnelles de l'équation du troisième ordre de M. Kummer, qui se présente à propos de la transformation des séries hypergéométriques. Le problème d'Algèbre soulevé par M. Goursat offre plus d'une analogie avec celui de la transformation des intégrales elliptiques, traité par Jacobi. Les deux questions ne sont d'ailleurs que des cas particuliers d'un problème très général relatif aux transformations rationnelles des équations différentielles linéaires, qui comprend toutes les questions que l'on peut se poser sur la réduction des intégrales hyperelliptiques au moyen des substitutions rationnelles :

Étant donnée une équation à p points singuliers, trouver toutes les fonctions rationnelles $\varphi(t)$ telles que, par le changement de variable $x = \varphi(t)$, on obtienne une équation à q points singuliers seulement.

La question dépend de la recherche des solutions en nombres entiers positifs de certaines équations indéterminées. Ces systèmes de solutions une fois connus, la détermination effective des substitutions rationnelles exige l'emploi de calculs souvent très compliqués, par la méthode des coefficients indéterminés.

Comme application, l'auteur montre comment on peut ramener à un problème d'élimination la question de reconnaître si une équation linéaire du second ordre donnée a son intégrale générale algébrique.

Appell. — Application du théorème de M. Mittag-Leffler aux fonctions doublement périodiques de troisième espèce. (67-74).

Former une fonction uniforme $\Phi(x)$ admettant les pôles

$$\alpha + 2mK + 2niK', \quad (m \text{ et } n \text{ entiers}),$$

avec les résidus respectifs

$$A\lambda^n e^{-\frac{\mu n \pi \alpha i}{K}} q^{-\mu n(n-1)},$$

λ désignant un facteur constant et μ un entier positif.

Si l'on pose

$$\varphi_n(x) = \lambda^n e^{-\frac{\mu n \pi \alpha i}{K}} q^{-\mu n(n-1)} \cot \frac{\pi}{2K}(x - \alpha - 2niK'),$$

la question revient à retrancher de $\varphi_n(x)$ un polynôme $g_n(x)$ en $\cos \frac{\pi x}{K}$ et $\sin \frac{\pi x}{K}$, tel que la série

$$\Phi(x) = \sum_{n=-\infty}^{n=\infty} [\varphi_n(x) - g_n(x)],$$

soit absolument convergente. L'auteur montre qu'on satisfait à cette question de la manière la plus simple en prenant

$$\varphi_n(x) - g_n(x) = \lambda^n e^{-\mu n \frac{\pi x i}{K}} q^{mn(n+1)} \cot \frac{\pi}{2K}(x - \alpha - 2niK').$$

On voit que, dans cette application du théorème de M. Mittag-Leffler, les degrés des polynômes que l'on retranche de la partie principale croissent indéfiniment.

André (D.). — Sur le nombre des variations d'un polynôme entier en x dont les coefficients dépendent d'un paramètre α. (75-92).

On tracera autant d'ordonnées verticales équidistantes que le polynôme $f(x, \alpha)$, ordonné par rapport aux puissances décroissantes de x, a de coefficients. Soit m le nombre des racines positives en α du coefficient qui en a le plus de cette espèce; sur l'ordonnée correspondante on marquera m gros points. Soit $m' < m$ le nombre des racines positives d'un autre coefficient; sur l'ordonnée correspondante on marquera m' gros points à distance finie, plus un gros point supplémentaire à distance infinie. En allant de bas en haut sur chaque ordonnée, on joindra par un point le premier gros point de l'ordonnée de gauche au premier gros point de l'ordonnée de droite, et ainsi de suite, en traçant les traits *pleins* ou *ponctués*, suivant que les deux coefficients présentent, à l'instant initial, une *permanence* ou une *variation*. On formera ainsi un réseau de lignes brisées, que l'on coupera par l'*horizontale* α. Si l'on appelle *système impair de traits* l'ensemble des traits en nombre impair compris entre deux ordonnées consécutives et coupées par l'horizontale α, on aura ce théorème :

« Le nombre des variations de $f(x, \alpha)$ est égal au nombre des variations initiales, plus le nombre des systèmes impairs de traits pleins coupés par l'horizontale α, moins le nombre des systèmes impairs de traits ponctués coupés par cette horizontale. »

L'auteur déduit de là un abaissement de la limite de Descartes pour le nombre des racines positives.

Stieltjes. — Sur une généralisation de la série de Lagrange. (93-98).

Soient X, Y, Z, ... n variables liées à $x, y, z, \ldots$ par les n équations

$$\begin{aligned} X &= x + a\varphi(X, Y, Z, \ldots),\\ Y &= y + b\psi(X, Y, Z, \ldots),\\ Z &= z + c\chi(X, Y, Z, \ldots),\\ &\ldots\ldots\ldots\ldots\ldots\ldots \end{aligned}$$

On a, en désignant par Δ le déterminant fonctionnel de X, Y, Z, ...,

$$\Delta f(X, Y, Z, \ldots) = \sum_0^\infty \sum_0^\infty \sum_0^\infty \frac{a^m b^{m'} c^{m''} \ldots}{m!\, m'!\, m''! \ldots} \; \frac{\partial^{m+m'+m''}(f\varphi^m \psi^{m'} \chi^{m''} \ldots)}{\partial x^m\, \partial y^{m'}\, \partial z^{m''} \ldots}.$$

Cette formule, démontrée par M. Darboux dans le cas de $n = 2$, l'est par M. Stieltjes dans le cas de $n = 3$. La démonstration s'étend facilement au cas de n quelconque.

Raffy. — Sur une proposition de M. Hermite. (99-112).

Soit u une fonction de z liée à sa dérivée par une équation algébrique où n'entre pas z. MM. Briot et Bouquet ont fait connaître les conditions pour que la fonction u soit uniforme, et indiqué des méthodes pour l'obtenir alors. Ces procédés exigent la résolution d'équations algébriques. M. Raffy prouve qu'on peut toujours obtenir par des opérations purement algébriques l'intégrale u quand on a reconnu qu'elle est uniforme. Il démontre au préalable qu'en vertu des conditions données par MM. Briot et Bouquet, l'équation différentielle est toujours du genre zéro ou un, résultat dû à M. Hermite. Il indique de nouveaux moyens de reconnaître que la fonction est uniforme.

Lefébure. — Mémoire sur la composition des polynômes entiers qui n'admettent que des diviseurs premiers d'une forme déterminée. (113-122).

Suite d'un travail dont la première Partie a paru en 1884 dans les *Annales de l'École Normale.*

Demartres. — Sur les surfaces à génératrice circulaire. (123-184).

De ses recherches sur les propriétés infinitésimales des surfaces *cerclées,* l'auteur déduit une classification rationnelle de ces surfaces, fondée sur la situation relative de deux cercles infiniment voisins.

Première classe. — Deux cercles infiniment voisins n'ont, en général, aucun point commun; les normales le long d'une même génératrice rencontrent une conique fixe; chaque génératrice est tangente en deux points distincts à une ligne de courbure de la surface.

Deuxième classe. — Chaque génératrice a un point commun unique avec la génératrice voisine; les points communs forment sur la surface une courbe à laquelle le cercle mobile reste constamment tangent. Les normales le long d'un même cercle rencontrent, outre l'axe de ce cercle, une droite fixe; enfin chaque génératrice est osculatrice en un point à une ligne de courbure de la surface.

Troisième classe (enveloppes de sphères). — Deux génératrices infiniment voisines ont constamment deux points communs; le cercle mobile reste constamment tangent à deux directrices curvilignes; les normales correspondant aux points d'une même génératrice forment un cône de révolution, et chaque génératrice est une ligne de courbure de la surface.

Quatrième classe. — Pour les surfaces de cette classe, les deux directrices curvilignes dont on vient de parler se confondent, et le cercle mobile reste constamment osculateur à une ligne à double courbure.

Dans la dernière Partie de son travail, l'auteur étudie les surfaces cerclées au point de vue du Calcul intégral; il donne divers exemples de détermination d'une pareille surface, d'après une propriété générale imposée à ses génératrices.

Raffy. — Sur les quadratures algébriques et logarithmiques. (185-206).

L'auteur établit des règles données sans démonstration par Liouville pour reconnaître si une intégrale abélienne donnée s'exprime algébriquement.

Il prouve ensuite que, pour savoir si une différentielle algébrique donnée s'intègre par un seul logarithme, il suffit de connaître un certain entier. Le problème est ramené alors à la résolution d'un système d'équations du premier degré.

Duhem. — Application de la Thermodynamique aux phénomènes capillaires. (202-254).

L'auteur applique à l'étude de la capillarité les propriétés du *potentiel thermodynamique*, c'est-à-dire de la quantité

$$\Phi = E(U - TS) + PV,$$

où E désigne l'équivalent mécanique de la chaleur, U l'énergie interne d'un système matériel, T sa température absolue supposée uniforme, S son entropie, V son volume, P la pression extérieure supposée normale et constante.

L'état du système étant défini par sa température T et par un certain nombre d'autres paramètres $\alpha_1, \alpha_2, \ldots, \alpha_n$, les équations de l'équilibre sont

$$\frac{\partial \Phi}{\partial \alpha_i} = 0, \qquad (i = 1, 2, \ldots, n).$$

La quantité de chaleur dégagée dans une modification élémentaire sous pression constante est

$$dQ = \frac{1}{E} T \, d \frac{\partial \Phi}{\partial T}.$$

S'affranchissant de l'hypothèse des attractions moléculaires, l'auteur suppose seulement que la densité, l'énergie et l'entropie d'un corps ne commencent à éprouver de variation sensible qu'à très petite distance de la surface. Il retrouve ainsi, en partant des seules lois de la Thermodynamique, l'équation de la surface capillaire, la formule de M. van der Mensbrugghe relative à l'influence que les changements d'état produits au voisinage des surfaces terminales exercent sur les phénomènes thermiques qui accompagnent une modification du système, et, entre autres résultats, il démontre rigoureusement l'impossibilité pour une bulle de vapeur de prendre naissance au sein d'un liquide.

Goursat. — Sur les différentielles des fonctions de plusieurs variables indépendantes. (255-302).

Trouver toutes les fonctions $f(x_1, x_2, \ldots, x_\mu)$ d'un nombre quelconque μ de variables indépendantes telles que deux différentielles totales successives aient un facteur commun, fonction entière et homogène des différentielles

$$dx_1, dx_2, \ldots, dx_\mu.$$

Ce problème est une généralisation de celui qui a été résolu par M. Darboux (*Bull. des Sciences math.*, 2e série, t. V) : Déterminer toutes les fonctions d'un nombre quelconque de variables pour lesquelles la différentielle totale d'ordre $n+1$ est exactement divisible par la différentielle totale d'ordre n.

La solution du problème de M. Goursat repose sur le théorème suivant :

« Si $d^n f$ et $d^{n+1} f$ sont divisibles par un même facteur, ce facteur divise toutes les différentielles d'ordre plus élevé. »

Dans le cas de deux variables x et y, ce problème est susceptible d'une interprétation géométrique simple. Soit S la surface

$$z = f(x, y);$$

l'existence d'un facteur $A\,dx + B\,dy$ commun à $d^n f$ et $d^{n+1} f$ signifie que par chaque point de la surface S passe une parabole d'ordre $n-1$ ayant Oz pour direction diamétrale et située tout entière sur la surface. Cette interprétation conduit à une solution du problème que l'auteur étend au cas général de n variables par la considération des espaces à plusieurs dimensions.

Les fonctions qui répondent à la question proposée sont de trois sortes :

1° Les fonctions de la forme

$$f = \int_0^u [x_1\varphi_1(u) + x_2\varphi_2(u) + \ldots + x_\mu\varphi_\mu(u) + \psi(u)]^{p-1} F_1(x_1, x_2, \ldots, x_\mu)\, du,$$

avec la condition

$$x_1\varphi_1(u) + x_2\varphi_2(u) + \ldots + x_\mu\varphi_\mu(u) + \psi(u) = 0,$$

F_1 désignant une fonction entière des x_i de degré $n-p$ dont les coefficients dépendent de u, et $\varphi_1, \varphi_2, \ldots, \varphi_\mu, \psi$ des fonctions quelconques;

2° Les fonctions de la forme

$$f = Q(x_1, x_2, \ldots, x_\mu)\sqrt{R(x_1, x_2, \ldots, x_\mu)},$$

Q étant un polynôme de degré $n-2$ et R une fonction entière du second degré;

3° Les fonctions rationnelles de la forme

$$f = \varphi_0\left(\frac{R}{u}\right)^p + \varphi_1\left(\frac{R}{u}\right)^{p-1} + \ldots + \varphi_{p-1}\left(\frac{R}{u}\right) + \varphi_p,$$

où φ_i est une fonction entière de degré $n + p - 1 - q(p-i) - i$, R une fonction entière de degré q et u une fonction rationnelle.

Méray. — Décomposition des polynômes entiers à plusieurs variables en éléments linéaires. (289-302).

Hermite. — Sur une application de la théorie des fonctions doublement périodiques de seconde espèce. (303-314).

Développement en séries trigonométriques des seize quotients qui ont pour numérateurs

$$\Theta(x+a),\quad H(x+a),\quad \Theta_1(x+a),\quad H_1(x+a)$$

et pour dénominateurs

$$\Theta(x),\quad H(x),\quad \Theta_1(x),\quad H_1(x).$$

On sait que Jacobi a fait connaître les développements de quatre d'entre eux

$$\frac{\Theta(x+a)}{\Theta(x)},\quad \frac{H(x+a)}{\Theta(x)},\quad \frac{\Theta_1(x+a)}{\Theta(x)},\quad \frac{H_1(x+a)}{\Theta(x)}.$$

Les seize formules obtenues par M. Hermite se partagent en deux groupes bien distincts. Dans les huit premières, qui correspondent aux dénominateurs $\Theta(x)$ et $\Theta_1(x)$, figurent sous les lignes trigonométriques des différences d'arguments $(ma - nx)$; dans les huit autres, correspondant aux dénominateurs $H(x)$ et $H_1(x)$, figurent des sommes d'arguments.

Lipschitz. — Sur la théorie des fonctions elliptiques. (315-320).

Interprétation physique du développement de $\frac{2K}{\pi}\,\frac{H'(0)H(z+\omega)}{H(z)H(\omega)}$ donné par M. Hermite dans son Mémoire *Sur quelques applications des fonctions elliptiques*. M. Lipschitz montre quel problème du mouvement de la chaleur est résolu par la fonction de M. Hermite.

Gomes Teixeira. — Sur le développement des fonctions satisfaisant à une équation différentielle. (321-324).

La série

$$a_0 + a_1 x + a_2 x^2 + \ldots + a_n x^n + \ldots,$$

où $a_1, a_2, \ldots, a_n$ sont des fractions irréductibles, ne peut pas être le développement d'une fonction y définie par une équation algébrique en x, y, $\frac{dy}{dx}$ à coefficients entiers, s'il existe une valeur de n à partir de laquelle les dénominateurs de $a_{n+1}, a_{n+2}, \ldots$ contiennent des facteurs premiers respectivement supérieurs à $n+1$, $n+2$, ...

Vivanti. — Démonstration d'un théorème sur les périodes de la fonction elliptique pu. (325-336).

Ce théorème, dû à M. Weierstrass, est le suivant :

Il existe un couple de périodes primitives 2Ω, $2\Omega'$ de la fonction pu, et un seul, qui satisfait aux trois conditions que voici :

1° $p\Omega = e$, $p\Omega' = e'$, e, e' étant deux valeurs choisies arbitrairement parmi les trois racines de l'équation

$$4p^3u - g_2 pu - g_3 = 0;$$

2° La partie réelle de $\frac{\Omega'}{\Omega i}$ est positive ;

3° Le parallélogramme dont deux côtés contigus sont Ω, Ω' est divisé par sa plus petite diagonale en deux triangles acutangles.

Méray. — Démonstration analytique de l'existence et des propriétés essentielles des racines des équations binômes. (337-356).

La théorie exposée par l'auteur est purement algébrique; elle ne repose en rien sur les propriétés des arcs de cercle et de leurs lignes trigonométriques.

Picard. — Sur les fonctions hyperfuchsiennes provenant des séries hypergéométriques de deux variables. (357-384).

Les intégrales $\int_g^h u^{b_1-1}(u-1)^{b_2-1}(u-x)^{\lambda-1}\,du$, où g et h désignent deux des quantités 0, 1, x, ∞, satisfont à une équation linéaire du second ordre. Si l'on désigne par ω_1 et ω_2 deux intégrales de cette équation, la relation $\frac{\omega_2}{\omega_1} = z$ donne pour x, dans le cas où chacune des trois quantités

$$\lambda + b_1 - 1,\quad \lambda + b_2 - 1,\quad b_1 + b_2 - 1$$

est égale à l'inverse d'un entier positif, une fonction uniforme de z, définie seulement à l'intérieur d'un cercle et qui est une fonction hyperfuchsienne.

De même les intégrales hypergéométriques

$$\int_g^h u^{b_1-1}(u-1)^{b_2-1}(u-x)^{\mu-1}(u-y)^{\lambda-1}\,du,$$

où g et h désignent deux des quantités 0, 1, x, y et ∞, satisfont à un système de trois équations linéaires aux dérivées partielles ayant trois solutions communes linéairement indépendantes.

Désignant par ω_1, ω_2, ω_3 trois pareilles solutions et formant les équations

$$\frac{\omega_2}{\omega_1} = z,\qquad \frac{\omega_3}{\omega_1} = t,$$

M. Picard recherche les cas où ces deux équations donnent pour x et y des fonctions uniformes de z et t; ces cas sont ceux où, considérant deux quelconques des quantités λ, μ, b_1, b_2, par exemple λ et b_1, la différence $\lambda + b_1 - 1$ est égale à l'inverse d'un entier positif; de plus, si l'on prend trois quelconques de ces quantités, par exemple λ, μ et b_1, la différence $2 - \lambda - \mu - b_1$ sera égale à l'inverse d'un nombre entier positif.

On peut choisir ω_1, ω_2, ω_3 de telle sorte que le domaine où x et y sont déterminés soit l'intérieur de l'hypersphère

$$z'^2 + z''^2 + t'^2 + t''^2 = 1,$$

si l'on pose $z = z' + iz''$, $t = t' + it''$; x et y sont des fonctions hyperfuchsiennes.

Kœnigs. — Nouvelles recherches sur les équations fonctionnelles. (385-402).

Dans un Mémoire précédent, M. Kœnigs a montré que, si l'on désigne par $\varphi(z)$ une fonction uniforme, holomorphe dans le domaine d'un point limite x de la substitution $[z, \varphi(z)]$ et par $\varphi_p(z)$ l'opération $\varphi(z)$ effectuée p fois, la limite pour $p = \infty$ du rapport

$$\frac{\varphi_p(z) - x}{[\varphi'(x)]^p}$$

est une fonction B (z), holomorphe dans le domaine du point x.

La fonction $B(z)$ jouit de la propriété suivante, qui est fondamentale : si l'on considère l'équation fonctionnelle

$$\Xi[\varphi(z)] = [\varphi'(x)]^n \Xi(z),$$

où n est un entier positif ou négatif, toute solution de cette équation assujettie à être holomorphe ou méromorphe ne diffère que par un facteur constant de $[B(z)]^n$.

Actuellement, M. Kœnigs étend le rôle de la fonction $B(z)$ aux équations fonctionnelles

$$\Xi[\varphi(z)] = \varphi[\Xi(z)],$$
$$\Xi_p(z) = \varphi(z),$$
$$\Xi[\varphi(z)] = \psi[\Xi(z)].$$

Duhem. — Applications de la Thermodynamique aux phénomènes thermo-électriques et pyro-électriques. (405-424).

L'auteur établit d'une manière rigoureuse les lois des courants thermo-électriques en partant des principes de la Thermodynamique et des expériences de Coulomb, et en s'aidant de deux hypothèses très générales sur la relation qui existe entre l'intensité d'un flux permanent d'électricité et la chaleur que ce flux développe dans un conducteur; ces hypothèses, d'une nature purement mathématique, lui permettent de s'affranchir de l'hypothèse, aujourd'hui inadmissible, de l'attraction mutuelle des éléments électriques. Il démontre en toute rigueur la formule qui traduit analytiquement le phénomène de Thomson.

Cesaro. — Considérations nouvelles sur le déterminant de Smith et Mansion. (425-435).

Ce déterminant est celui dont chaque élément est égal à une fonction quelconque $F(i, j)$ du plus grand commun diviseur des indices i et j. Soit $\mu(x)$ une fonction égale à l'unité pour $x = 1$ et à $(-1)^\tau$ lorsque x est le produit de τ facteurs premiers inégaux; et soit f une autre fonction définie par la relation

$$f(x) = \mu\left(\frac{x}{1}\right) F(1) + \mu\left(\frac{x}{2}\right) F(2) + \dots.$$

M. Mansion a montré que le déterminant

$$\begin{vmatrix} F(1,1) & F(1,2) & \dots & F(1,n) \\ F(2,1) & F(2,2) & \dots & F(2,n) \\ \dots\dots & \dots\dots & \dots & \dots\dots \\ F(n,1) & F(n,2) & \dots & F(n,n) \end{vmatrix},$$

a pour valeur

$$f(1)f(2)\dots f(n).$$

M. Cesaro poursuit l'étude de ce déterminant remarquable et cherche ce qu'il devient lorsqu'on y supprime les colonnes et les lignes dont les indices sont respectivement $i_1, i_2, \dots, i_\nu$ et $j_1, j_2, \dots, j_\nu$.

Troisième série, t. III, 1885; supplément.

Dautheville. — Étude sur les séries entières par rapport à plusieurs variables imaginaires indépendantes. (3-59).

Ce travail est le commentaire d'une Note communiquée par M. Weierstrass à la Société mathématique de Berlin : *Einige auf die Theorie der analytischen Functionen mehrerer Veränderlichen sich beziehende Sätze.*

Soient $z_1, z_2, \dots, z_n$ n variables complexes indépendantes. Un ensemble de valeurs $a_1, a_2, \dots, a_n$, attribuées à ces n variables, constitue le point α. Un ensemble d'aires $A_1, A_2, \dots, A_n$, tracées respectivement dans les plans des z_1, $z_2, \dots, z_n$, constitue l'aire A.

Le théorème suivant, dû à M. Weierstrass, est fondamental dans la théorie des séries entières à plusieurs variables $z_1, z_2, \dots, z_n$: si S désigne une pareille série, admettant A pour cercle de convergence et telle que $S(z_1, 0, \dots, 0)$ ne soit pas nulle pour toute valeur de z_1, on peut fixer un nombre positif $\delta(\delta \leq A)$ tel qu'on ait, pour chaque point du domaine de l'origine, $S = PS'$; S' désigne une série entière en $z_1, \dots, z_n$ convergente dans δ et qui ne s'annule en aucun point de ce domaine; P est un polynôme entier par rapport à z_1; son degré est le plus faible exposant de z_1 dans $S(z_1, 0, 0, \dots, 0)$ et ses coefficients sont des séries entières par rapport aux autres variables, séries qui convergent dans δ et s'annulent à l'origine.

M. Dautheville déduit de là plusieurs conséquences relatives aux zéros d'une série et aux zéros communs à deux séries.

Il donne, d'après M. Weierstrass, les conditions pour qu'une série soit divisible par une autre et les conditions pour que deux séries admettent des diviseurs communs; il étudie en particulier le plus grand commun diviseur de deux séries.

Il applique enfin les propriétés des séries à l'étude des points singuliers des fonctions uniformes de plusieurs variables complexes et démontre un théorème qui généralise celui de M. Mittag-Leffler relatif aux fonctions d'une seule variable. Il donne, en terminant, la démonstration complète de cette proposition énoncée par M. Weierstrass : Toute fonction dépourvue de points singuliers essentiels est une fraction rationnelle.

FIN DE LA SECONDE PARTIE DU TOME X.

TABLES

DES

MATIÈRES ET NOMS D'AUTEURS.

TOME X; 1886. — SECONDE PARTIE.

TABLE ALPHABÉTIQUE

DES MATIÈRES.

RECUEILS ACADÉMIQUES ET PÉRIODIQUES DONT LES ARTICLES ONT ÉTÉ ANALYSÉS DANS CE VOLUME.

Annales scientifiques de l'École Normale supérieure; 3e série, T. I. *Supplément*, 1884, et T. II, 1885. — 236-247.

Annali di Matematica pura ed applicata; 2e série, T. XII. — 231-234.

Annali della R. Scuola Normale superiore di Pisa; T. I, 1871. — 93-95.

Annuaire de l'Académie royale des Sciences, des Lettres et des Beaux-Arts de Belgique; T. XLV, 1879, à XLIX, 1883. — 226-227.

Atti della R. Accademia dei Lincei; 4e série, T. I, 1884-1885. — 95-105.

Atti della R. Accademia delle Scienze di Torino; T. XIV, 1878-1879, à XIX, 1883-1884. — 76-93.

Bulletins de l'Académie royale des Sciences, des Lettres et des Beaux-Arts de Belgique; 2e série, T. XLVIII, 1879, à XL, 1880; 3e série, T. I, 1881, à VI, 1883. — 116-130.

Bulletin de la Société mathématique de France; T. XII, 1884. — 133-146.

Časopis pro pěstování Mathematiky a Physiky; rediguye Dr F.-J. Studnicka; T. IX, 1880. — 40-45.

Giornali di Matematiche, pubblicato per cura del professore G. Battaglini, T. XVIII, 1880 à XXII, 1884. — 171-194.

Journal de Mathématiques pures et appliquées, publié par M. Resal; 3e série, T. X, 1884. — 220-226.

Journal de Mathématiques spéciales; 2e série, T. I, 1882, à III, 1884. — 154-163.

Mathematische Annalen; T. XXII, 1883, et T. XXIII, 1884. — 33-40, 106-112.

Mathésis, recueil mathématique publié par P. Mansion et J. Neuberg; T. II, 1882; T. III, 1883. — 59-65.

Mémoires couronnés et autres Mémoires publiés par l'Académie royale des Sciences, des Lettres et des Beaux-Arts de Belgique; in-8°, T. XXVIII, 1878, à XXXV, 1883. — 131-132.

Mémoires couronnés et Mémoires des savants étrangers publiés par l'Académie royale des Sciences, des Lettres et des Beaux-Arts de Belgique; T. XLII, 1879, à XLV, 1883. — 228-231.

Mémoires de l'Académie des Sciences et Lettres de Montpellier; années 1847 à 1884. — 10-16.

Mémoires de l'Académie royale des Sciences, des Lettres et des Beaux-Arts de Belgique; T. XLIII, 1880-1882; XLIV, 1832. — 112-116.

Mémorial de l'Officier du Génie; 2e série. T. XXVI, 1885. — 235-236.

Monatsberichte der Akademie der Wissenschaften zu Berlin; année 1881. — 45-59.

Nouvelles Annales de Mathématiques; 3e série, T. III, 1884. — 16-32.

Sitzungsberichte der Kaiserlichen Akademie der Wissenschaften zu Wien; T. LXXIX et LXXX. — 65-75.

The Messenger of Mathematics; t. VIII, 1878-1879, à XIV, 1884-1885. — 194-220.

The Quarterly Journal of pure and applied Mathematics; T. XX, 1884. — 147-153.

Zeitschrift für Mathematik und Physik, herausgegeben von Dr O. Schlömilch, Dr E. Kahl, und Dr M. Cantor; T. XXXIII, année 1883. — 164-171. — Historische-Literarische Abtheilung; T. XXIX, année 1884. — 5-10.

TABLE DES NOMS D'AUTEURS

PAR ORDRE ALPHABÉTIQUE.

FIN DE LA TABLE DE LA SECONDE PARTIE DU TOME X.

Paris. — Imp. de Gauthier-Villars, quai des Augustins, 55

— Raymond Lulle. — École de Raymond Lulle. — Paracelse. — Agricola. Bernard Palissy. — Conclusion.

IIe Leçon. — Nicolas Le Fèvre. — Les cinq éléments. — Esprit universel. — Augmentation de poids des métaux par la calcination. — Glaser. — Lémery. — Homber. — Becher. — Stahl. — Théorie du phlogistique. — Conclusion.

IIIe Leçon. — Schéele. — Résumé de ses découvertes. — Son Traité de l'air et du feu. — Priestley. — Résumé de ses découvertes. — Conclusion.

IVe Leçon. — Premiers essais de Lavoisier. — Point de départ de sa théorie. — Résumé de ses travaux. — Sa discussion du phlogistique. — Son Traité de Chimie. — Ses expériences sur la chaleur. — Discussion de l'essai de J. Rey. — Réclamation de Lavoisier. — Sa mort. — Conclusion.

Ve Leçon. — Résumé de la théorie de Lavoisier. — Réflexions sur les sels. — Rouelle. — Wenzel. — Richter et sa loi. — Proust. — Dalton et sa théorie des multiples. — Équivalents chimiques.

VIe Leçon. — Théorie atomique. — La matière est elle divisible à l'infini? — Atomes des philosophes grecs. — Lucrèce. — Gassendi. — Wolf. — Swedenborg. — Conclusion.

VIIe Leçon. — Combinaisons des gaz en volumes. — Rapports réels des volumes et des atomes. — Loi de Dulong et Petit. — Calorique spécifique des corps simples. — Calorique spécifique des composés. — Isomorphisme. — Conclusion.

VIIIe Leçon. — Dimorphisme. — Isomérie.

IXe Leçon. — Véritable constitution des corps. — Nomenclature. — Guyton de Morveau. — Discussion des théories proposées sur la constitution des composés. — Nomenclature symbolique. — Conclusion.

Xe Leçon. — Affinité. — Tables de Geoffroy. — Opinions de Berthollet. — Lois de Berthollet. — Réflexions sur l'attraction moléculaire.

XIe Leçon. — Électricité développée par l'action chimique. — Action chimique de la pile. — Théorie électrochimique de Davy. — Théorie d'Ampère. — Théorie de Berzélius. — Expériences de M. Faraday. — Conclusion.

Paris. — Imprimerie de GAUTHIER-VILLARS, quai des Augustins, 55.

TABLE DES MATIÈRES.

DÉCEMBRE 1886.

Comptes rendus et analyses.

Mélanges.

Revue des publications.

Paris. — Imprimerie de GAUTHIER-VILLARS, quai des Augustins, 55.

Le Gérant : GAUTHIER-VILLARS.